工程训练

GONGCHENG XUNLIAN

主　编　赵正杰　靳　鸿
副主编　孔为民　冯再新　刘　姿
主　审　陈　晔

国防工业出版社
·北京·

内 容 简 介

本书采用模块化结构，根据国家教育部修订的《工程训练教学基本要求》，在总结工程训练教学改革经验的基础上，结合培养应用创新型工程技术人才的实践教学特点编写而成。全书共四篇，包括工程训练总论、传统加工、现代加工和综合训练实践四个部分22个模块，内容主要包括铸造，锻压，焊接，热处理，车削加工，铣削、刨削和磨削加工，钳工，数控加工，特种加工、3D打印、工业控制及机器人等部分。

本书可作为高等工科院校机类、近机类等专业的工程训练教材，也可作为工科院校本科其他专业的工程训练教材，同样可供相关领域开展职业培训和工程素质教育参考。

图书在版编目(CIP)数据

工程训练／赵正杰，靳鸿主编. —北京：国防工业出版社，2025.1重印

ISBN 978-7-118-12174-2

Ⅰ.①工… Ⅱ.①赵… ②靳… Ⅲ.①机械制造工艺-高等学校-教材 Ⅳ.①TH16

中国版本图书馆CIP数据核字(2020)第165382号

※

国防工业出版社出版发行

(北京市海淀区紫竹院南路23号 邮政编码100048)

北京虎彩文化传播有限公司印刷

新华书店经售

*

开本 787×1092 1/16 **印张** 30½ **字数** 700千字

2025年1月第1版第7次印刷 **印数** 8501—9000册 **定价** 65.00元

国防书店：(010)88540777　　书店传真：(010)88540776

发行业务：(010)88540717　　发行传真：(010)88540762

前　言

当前，国家推动创新驱动发展，实施“中国制造2025”“互联网+”等重大战略，迫切需要培养实践能力强、创新能力强、具备国际竞争力的高素质复合型新工科人才。工程训练作为培养学生实践能力和创新意识的重要环节，给大学生以工程实践的教育、工业制造的了解、工业文化的体验，是工科院校学生的必修课。工程训练是我国高校实施工程教育的实践性公共教育平台，是培养大学生实践和创新能力的重要教育资源。

本书由浅入深，在介绍基础知识的前提下，对机械加工的传统热、铸、锻、焊、车、铣等加工方法和现代数控车、铣、放电、特种加工、智能制造等方法进行论述。为了扩展学生的综合能力，还增加了单片机、Arduino、工业控制、机器人等内容，希望通过新工艺和新技术能提高学生工程训练的质量和综合素质。内容编排方面注重学生工程意识的培养和工程实践能力的提高，每个模块基础知识介绍后以实际的加工示例为引导进行知识和实践的融合和示范，与工程训练的实践项目相结合，突出实践性和适用性。

本书前言由中北大学赵正杰编写；第1章由中北大学赵正杰、董振、徐健、冯再新编写，第2章由赵正杰编写，第3章由中北大学靳鸿编写；第4章、第6章由冯再新编写，第5章、第7章由中北大学刘姿编写，第8~9章由中北大学孔为民编写，第10章由孔为民、中北大学陈晔编写；第11~15章由中北大学邢俊峰编写，第16章由邢俊峰、刘姿编写，第17章由中北大学胡海军、昆山巨林科教实业有限公司吴仙华、费亚军编写；第18章由中北大学鲜浩编写，第19章由中北大学郝骞、靳鸿编写，第20章由中北大学孟令军编写，第21~22章由靳鸿编写。本书由赵正杰、靳鸿任主编，孔为民、冯再新、刘姿任副主编，全书由陈晔主审，马仙、姜决成老师审阅，苗鸿宾教授等对本书提出了很多宝贵意见，在此表示衷心的感谢。

为增强操作的可视性，本书部分章节增加了视频内容，读者可以结合章节内容观看操作步骤，更加直观地进行相关内容学习。

由于编者水平所限，书中难免有许多不足，恳请读者批评指正。

编者

2019年9月

目　　录

第一篇　工程训练总论

第二篇 传统加工

第三篇　现 代 加 工

第四篇 综合训练实践

第一篇

工程训练总论

第1章
工程训练概述

1.1 工程训练意义及学习方法

工程训练是高校人才培养过程中重要的集中性实践教学环节，是工程技术基础训练的重要组成部分，是一门具有很强实践性的技术基础课，是刚跨入大学校门的学生在未系统接受专业知识培训之前对工业生产的内容、形式等进行学习的先修课程。通过工程训练使学生初步接触实际生产，了解机械制造基础方面的知识，为学习有关课程建立一定的实践基础。

工程训练教学以实际工业环境为背景，以产品全生命周期为主线，给学生带来工程实践的教育、工业制造的了解和工程文化的体验。通过对学生进行工程技能和操作实践的训练，增强学生工程实践能力，提高综合素质，培养创新意识和创新能力。

1. 学习工艺知识

理工科及部分文管类专业的学生，除应具备较强的基础理论知识和专业技术知识外，还必须具备一定的工程制造的基本工艺知识。与一般的理论课程不同，学生在工程训练中，通过自己的亲身实践来获取工程制造的基本工艺知识。这些工艺知识都是非常具体、生动而实际的，对于各专业的学生学习后续课程、进行毕业设计乃至以后的工作，都是必要的。

2. 增强工程实践能力

实践能力包括动手能力，向实践学习、在实践中获取知识的能力，以及运用所学知识和技能独立分析和亲手解决工艺技术问题的能力。在工程训练中，学生亲自动手操作各种机器设备，使用各种工具、夹具、量具、刀具，独立完成简单零件的制造过程，使学生对简单零件初步有选择加工方法和分析加工工艺的能力，具备初步的工程综合应用能力。

3. 提高综合素质

工程训练是现场实践教学环节，教学内容丰富多样，实践环境多变，对大多数学生来说，是第一次接触机械制造工业技术，第一次接触工厂环境，第一次通过理论与实践的结合来检验自身的学习效果，同时接受社会化生产的熏陶以及组织性、纪律性的教育。学生将亲身感受到劳动的艰辛，体验到劳动成果的来之不易，这些对提高学生的综合素质起到非常重要的作用。

4. 培养创新意识和创新能力

大学的核心任务是立德树人，要培养具备厚实的理论基础、较强实践能力和创新精神的高素质创新型人才。在工程训练中，学生要接触到几十种设备，并了解、熟悉和掌握其中一部分设备的结构、原理和使用方法，在这种环境下学习，有利于培养学生的创新意识。在实践过程中，还要有意识地安排一些自行设计、自行制作的创新实践环节，让学生头脑中的创新思想走向创新行动，增强同学们的创新实践能力。

工程训练面向全校所有的工科专业，提供多层次、模块化、多学科交叉融合培养的各类实习实训项目，在大工程观下充分培养学生的工程设计能力与创新实践能力。工程训练教学以认知实习、实践操作及虚拟仿真等方式开展。认知实习主要包括参观前沿学科实验室、参观典型机械系统、工业控制系统等内容；实践操作以动手实践各类传统、现代设备加工制作简零部件，通过项目实践切实培养学生的动手能力；虚拟仿真则为学生提供接近真实的训练环境，学生可以自己设置各种实验参数和实验条件，并及时得到实验结果，为学生提供充分的实践机会。

1.2 工程训练教学目标要求

工程训练教学目标要求如下：

(1) 通过理论、实践教学与相关重点学科认知等环节，建立机械制造过程中“毛坯制造—零件加工—机器装配与调试”的基本流程概念，应用相关工程领域的技术标准表述和评价工件加工过程的工序和质量；明确产品全生命周期。

(2) 通过对毛坯制造和零件切削加工等主要方法的学习和安全及纪律教育，对于给定零件选择加工方法及工艺过程，体验特定产品对象分析、设计、制造与实际运行的完整过程，具备初步的工程综合应用能力，遵守工程职业道德和规范，具备守时守法等基本素质。

(3) 通过对冷、热加工的有关设备、附件、刀具、工具、量具的结构、用途及使用方法的学习，具有传统加工主要设备的实践操作能力，根据要求完成多种不同工艺要求工件的设计加工；通过对数控车、加工中心、电火花和激光切割、快速成型技术等设备使用方法的学习，具有使用常用现代加工设备，完成简单多种不同工艺要求工件工艺操作的基本技能；通过基于 PLC 器件的工业控制系统设计流程与方法学习，具有完成工业控制基本设备的实践操作能力，分析控制程序及进行结果验证。

(4) 通过小组形式进行各工种的实践操作，在车工、钳工等重要工种进行发散式设计实践，培养学生的团队合作意识，具备初步的创新思维、创新精神和创新能力，建立质量、安全、效益等系统的工程意识。

1.3 机械加工类研究中心及前沿技术简介

1.3.1 现代深孔加工技术

1. 深孔加工技术发展历程

在机械制造业中，一般将孔深超过孔径 5 倍的圆柱孔(内圆柱孔)称为深孔。而孔深与孔径的比值，称为长径比或深径比。长径比不大于 5 倍的圆柱孔，可称为浅孔。

人类对深孔加工技术的需求,至少可追溯到14世纪欧洲滑膛枪的问世,远比第一次产业革命后现代机械技术的发展要早。元、明朝时期普遍使用的金属管形火器——手铳、火铳及火枪,所出现的深孔零件比现代意义上的机械零件要早出现若干世纪。最早的管式火器是采用铸造、锻造方法制成的。由于内膛精度较低,只能发射石子、铅丸和铁丸,其射速、射程和命中率十分有限。13世纪火药从中国传入欧洲后,进一步推动了管式火器向精确型、威力型、自动化和可以大批量生产的现代化武器发展。在这一发展过程中,深孔加工技术的发展和改进始终起着关键作用。但正因为深孔加工技术的发展被长期局限在军工生产相对狭窄的天地里,直到1930年才出现了第一支能够自动连续供油排屑并具有自导向功能的深孔钻头——枪钻。枪钻的应用为枪械和小口径火炮的现代化和大批量生产奠定了一个重要的物质基础。20世纪40年代产生的Beisner内排屑深孔钻,为第二次世界大战后期火炮的现代化制造和改进提供了重要工艺保证。但至第二次世界大战结束前,深孔加工技术在民用制造业中还一直鲜为人知。当时,在我国麻花钻、多刃铰刀仍然是枪械厂用以加工枪膛的主要手段。采取的保证枪膛直线度手段,是多次反复进行人工目测和手工校直,效率极其低下,浪费了大量的人力、物力。

20世纪50年代,世界格局进入以和平和建设为主基调的时代,深孔加工技术随之脱颖而出,成为“军转民”技术中的一朵奇葩,迅速被扩展应用于能源采掘、航空航天、发动机制造、机床汽车制造、石化及轻重化工、纺织机械、饲料机械、冶金、仪器仪表等广泛的产业领域。

20世纪80年代后期经济进入快速发展阶段,各行业对深孔加工技术和先进深孔加工装备提出了广泛需求,但由于绝大多数企业无法承受进口装备昂贵的价格和深孔刀具的高售价和高使用成本,同时又没有自己的专业化深孔加工装备生产体系,致使需求与供给之间的矛盾不断扩大。先进深孔加工技术和高性能价格比的深孔加工装备的短缺,成为制约我国装备制造业高速发展的瓶颈之一。

1）枪钻加工系统

枪钻系统适用于30mm小直径深孔的加工,工作原理如图1-1所示,高压切削液由刀体内部圆孔进入切削区,冲击加工形成的切屑,切屑经刀体V形外槽被切削液流体带入排屑箱。枪钻系统加工精度可达IT7~IT10级,孔的表面粗糙度可达*Ra*0.8~*Ra*3.2,孔的直线度可达0.3mm/m,孔的同轴度可达0.5μm。

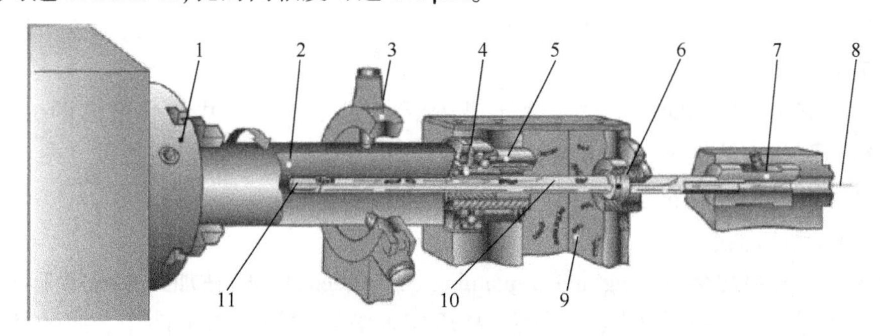

图1-1　枪钻系统

1—夹盘;2—工件;3—静态中心架;4—密封圈;5—钻套;6—主轴支承;7—动力夹;8—切削液;9—排屑箱;10—钻杆;11—钻头。

(1) 枪钻的构造。

枪钻由钻头、钻杆和钻柄三部分构成,如图 1-2 所示。枪钻的外部有一条贯通前后的 V 形槽,供排出切屑之用;位于 V 形槽对侧设有油孔,供通入切削液之用。钻杆由薄壁无缝钢管轧出 V 形槽。再与钻头对焊成为一个整体。由于钻杆尾端单薄,不便于夹持,另制成一个钻柄焊在钻杆末端。

20 世纪 60 年代后,硬质合金很快取代了高速钢。8mm 以下的钻头,有硬质合金烧结成整体式钻头坯,再经焊、磨而成,如图 1-2(a)所示。为节约硬质合金,直径大的钻头可改用三片硬质合金镶在钢质钻头体上,如图 1-2(b)所示。

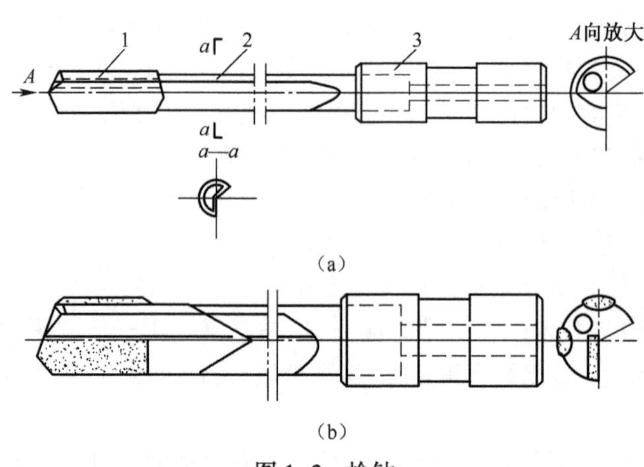

图 1-2　枪钻

枪钻的这种不可拆卸结构,带来了一些本质性的缺陷,如重磨时拆卸,安装不便,钻头报废时钻杆不能重复使用,因而也增大了刀具成本等。钻头直径越大,钻杆越长,上述弊端就越显得突出。这是枪钻不适用于 30mm 以上深孔加工的一个主要原因。历史上,曾经有不少人多次尝试过采用可拆卸的连接方案(如埋头孔销钉结合、埋头孔柄舌结合、螺纹夹紧 V 形槽结合、凸轮面结合等),但都因缺乏实用价值而以失败告终。

钻柄的作用是与机床实现对接、承受夹持力、传递转矩及进给力,并在密封条件下向钻头传输高压切削液。其外径必须与钻杆严格同轴,并且有足够大的直径以便于固紧。

(2) 枪钻机床。

机床是刀具和加工方法的载体。机床的设计主要取决于所用刀具、加工方法和所采用的加工方式。

枪钻机床按三种不同加工方式设计、配置。图 1-3 为生产中应用最多的工件旋转、刀具进给式卧式枪钻机床。图 1-4 为钻头旋转进给、工件固定式枪钻机床。图 1-5 为工件与刀具相对旋转方式的枪钻机床。

2) BTA 钻加工系统

钻镗孔与套料协会(boring and trepanning association,BTA)钻加工系统属于深孔单管内排屑系统,其工作原理如图 1-6 所示,高压切削液通过钻杆与工件孔之间的环形间隙空间流向切削区,将切削形成的切屑反向压入钻头内腔,经钻杆内腔流入排屑箱;切削液经过滤装置回流到油箱中,经若干过滤层被油泵再次抽出,循环使用。

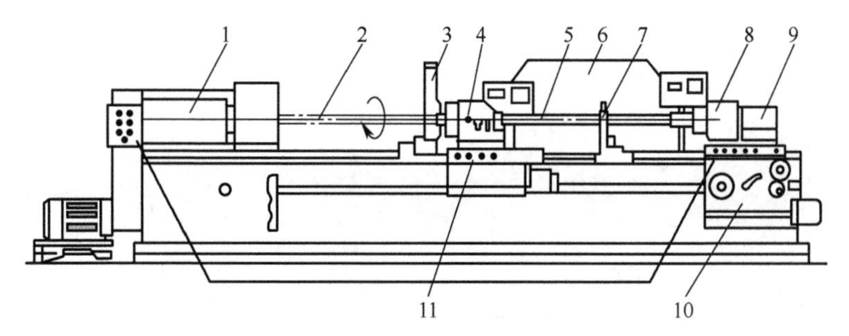

图 1-3　工件旋转、刀具进给式卧式枪钻机床

1—主轴箱;2—旋转工件;3—中心架;4—排屑器;5—钻杆;6—显示器;7—钻杆支架;8—进给座;9—输油器;10—进给箱;11—控制盘。

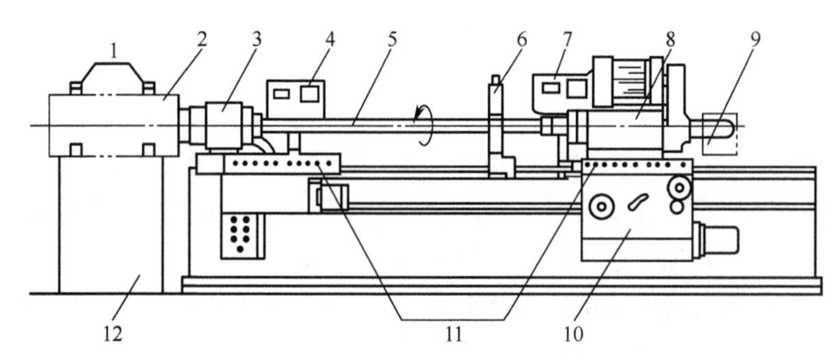

图 1-4　钻头旋转进给、工件固定式枪钻机床

1—工件夹具;2—工件;3—排屑器;4、7—显示器;5—钻杆;6—钻杆支架;8—动力头进给座;9—输油器;10—进给箱;11—控制盘;12—工作台。

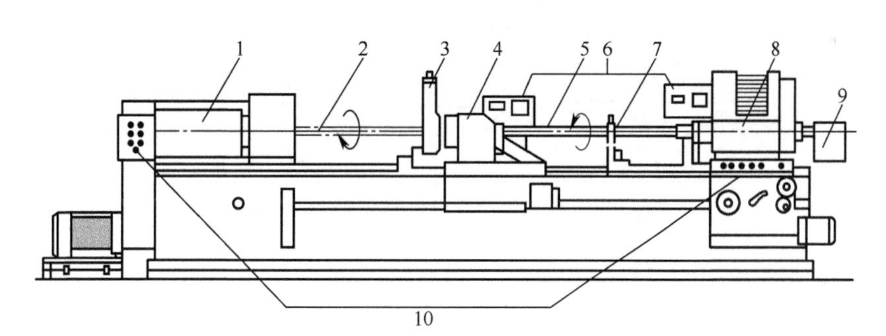

图 1-5　工件与刀具相对旋转方式的枪钻机床

1—主轴箱;2—回转体工件;3—中心架;4—排屑器;5—钻杆;6—显示器;7—钻杆支架;8—动力头;9—输油器;10—控制盘。

(1) BTA 钻的产生与发展。

单管内排屑深孔钻产生于枪钻之后。其历史背景是:枪钻的发明,使小深孔加工中自动冷却润滑排屑和自导向问题获得了满意的解决,但由于存在钻头与钻杆难于快速拆装更换和钻杆刚性不足、进给量受到严格限制等先天缺陷,而不适用于较大直径深孔的加工。如能改为内排屑,则可以保持钻头和枪杆为中空圆柱体,使钻头快速拆装和提高刀具刚性问题同时得到解决。

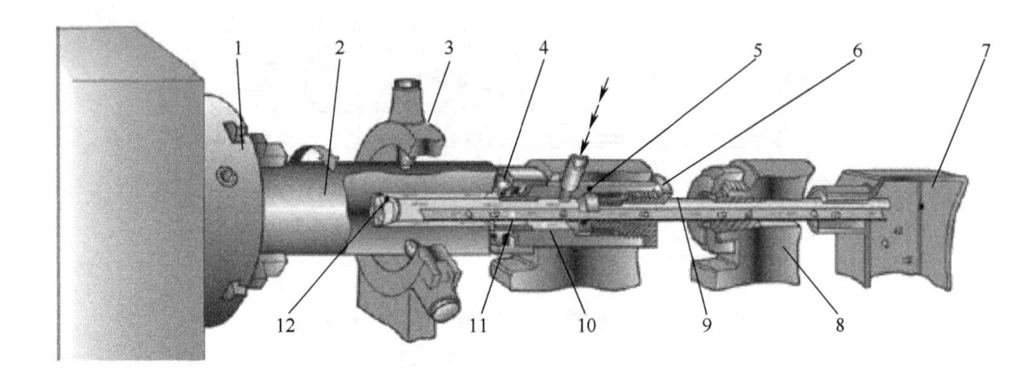

图 1-6　BTA 钻系统

1—夹盘;2—工件;3—静态中心架;4—密封圈;5—空心套;6—密封压套;7—排屑箱;
8—钻杆支架;9—钻杆;10—施压头;11—导向套;12—钻头。

1942 年,德国人 Beisner 设计出一种带 3 片硬质合金镶片(1 片为切削刃,其余 2 片为导向条)组成的单出屑口内排屑深孔钻(图 1-7)。其外刃后刀面上磨出一两个分屑刃,外刃前刀面磨有断屑台。钻头有一个封闭的空腔,后部有制口和方牙螺纹,与钻杆相应的外制口和外方牙螺纹构成快速连接副。直到 Beisner 钻头的出现,内排屑深孔钻都是单出屑口的结构。这种内排屑钻头的明显优点在于钻头和枪杆的快速拆卸功能和远大于枪钻的刚度,因而可以采用更大的进给量,工效高于枪钻。但在实际应用中很快就暴露出以下各种缺陷:钻头出屑口通道面积不足,对切屑的宽度和形态要求苛刻,必须根据工件材质的变化刃磨出与之相适应的断屑台(高度、宽度和过渡圆角 R),使切屑成为“C”形,并且切屑宽度不大于钻头直径的 1/3。当时欧洲的跨国研究机构“BTA”对这种内排屑钻头加以总结后,推出了由实体钻和扩孔钻、套料钻组成的 BTA 刀具系列。

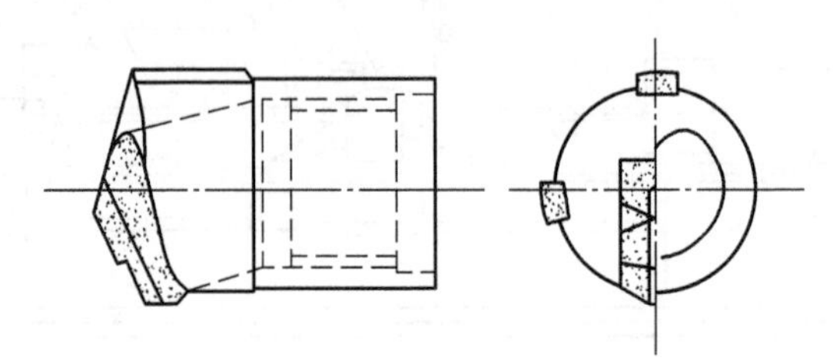

图 1-7　Beisner 内排屑深孔钻

(2) BTA 钻分类及应用。

BTA 钻主要包括实体钻、扩孔钻和套料钻三种类型。

BTA 实体钻按其刀片与刀体的连接方式可分为焊接刀片机构和机夹可转位刀片的组装结构两种结构,如图 1-8 所示。

BTA 扩孔钻的用途是对工件已有的底孔进行加工。目前,BTA 扩钻多采用机夹可转位刀片型结构,只有一片刀齿,如图 1-9 所示。

BTA 套料钻用于较大深孔的钻削。套料钻仅在外周有刀齿,刀齿可在实心料上切出一个环形槽并留下一根芯棒,结构如图 1-10 所示。

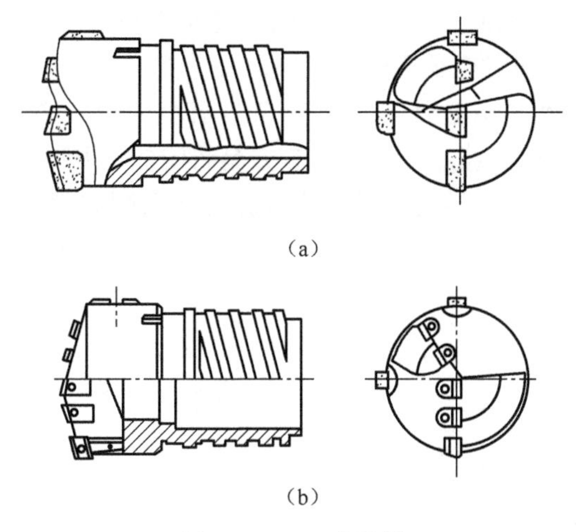

图 1-8　BTA 实体钻

(a)焊接刀片型;(b)机夹可转位型。

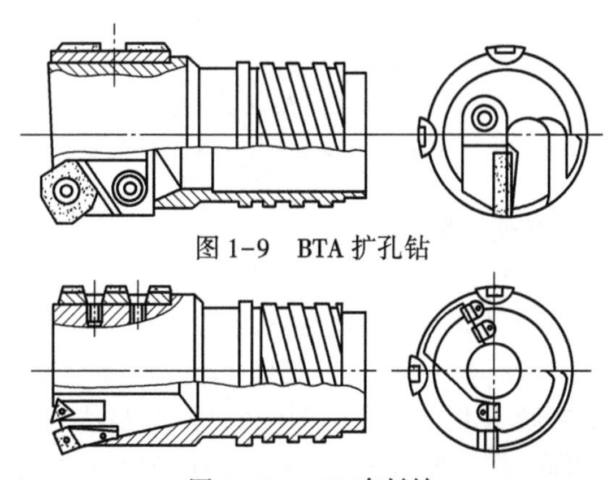

图 1-9　BTA 扩孔钻

图 1-10　BTA 套料钻

(3) BTA 钻的排屑机理。

图 1-11(a)、(b)、(c)分别示出 BTA 实体钻、扩孔钻和套料钻的供油和出屑情况。图中,箭头表示切削液进入通道和切屑排出通道的走向。

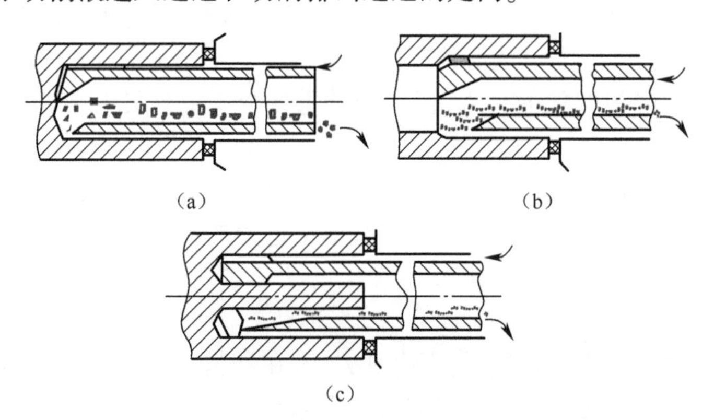

图 1-11　三种 BTA 刀具的供油及排屑通道示意图

(a)实体钻;(b)扩孔钻;(c)套料钻。

图 1-12 为输油器(或称油压头)的示意图。输油器是内排屑深孔钻床上一个十分重要的部件(也称辅具),它同时要承担以下三项重要功能。

将高压切削液输向钻头切削刃,以完成冷却、润滑和排屑三重使命。由图可见,切削液从输油器中间的孔口进入空腔后,由于其右方是封闭的,切削液只能向左通过钻套与钻杆之间的环状空隙和切削刃与导向条之间的空隙流向切削刃部,然后将切屑以反方向推入钻头出屑口,进入钻杆内腔并向后排出。对工件定心和实行轴向夹紧。对钻头进行导向。

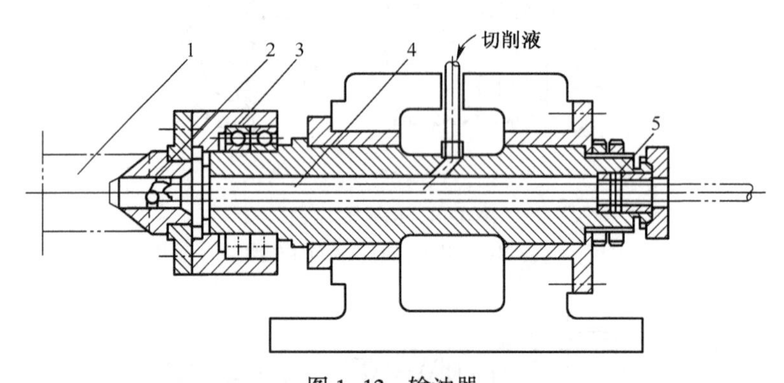

图 1-12 输油器

1—工件;2—钻套;3—钻头;4—钻杆;5—刀杆密封件。

2. 现代深孔加工技术发展趋势

作为制造技术中一个不可替代的分支,深孔加工技术具有其独特性。由于它的影响力几乎遍及所有装备行业,所以绝不可视之为“长线”技术。深孔加工技术的研究开发工作需要必要的物质和资金保证,费力费时,一般企业难以承担得起。除了高校和社会科研机构参与和投入外,国家在政策上的支持也必不可缺。应当从制造业特别是装备制造业的发展战略全局出发,把深孔加工技术作为其中必不可少但发展水平滞后的一个环节给予关注和扶持。

本技术由于进入制造技术“大家庭”的历史短暂,远未达到成熟和完善,且有巨大的发展潜力。判断一项技术或一个技术门类是否达到成熟,公认的标准是:基本理论相对成熟、高生产效率、高加工质量、高可靠性、安全(包括无环境污染)、具有易操作性和易控制性、机械化自动化程度较高、能以较低的成本取得巨大的经济和社会效益。以此衡量,应将金属切削加工技术视为成熟的技术,但作为其重要分支的深孔加工技术则远未成熟。主要表现在:

(1) 对深孔加工过程中特定条件下切削液参数及其影响、切屑的形成规律、排屑及抽屑机理、不同加工条件下工艺参数的最佳匹配、加工过程的控制和检测、刀(工)具和辅具的设计理论、深孔加工装备的规范化及现代化设计等的一系列基础研究,尚处于起步阶段。

(2) 实体钻孔由于其不可替代性,不论过去、现在和将来,将始终是衡量深孔加工技术发展水平的最重要的标志。但从其目前的水平来看,还远未臻于成熟阶段。主要问题是:内、外排屑两类深孔钻在钻孔直径范围上形成的难以逾越的鸿沟,已成为深孔加工技术通用化的巨大障碍;内排屑深孔钻的断屑、排屑问题始终制约着整个实体深孔钻技术的发展和广泛应用;在克服深孔钻排屑障碍的同时,进一步提高实体钻的工效和加工质量(尺寸、形位精度及表面完整性),以达到减少后续工序并降低综合加工成本问题;深孔钻削过程的有效控制和检测问题;难加工材料、材质的加工和排屑问题(加工机理研究、新型刀具材料的应用、刀具设计、特种加工技术的发展和应用等)。

(3) 深孔加工技术面临的另一类重大课题是:开发与深孔钻削配套的后续精加工刀具和技术,重点是开发可在深孔钻床上通用的高效的后续精加工刀具和技术。一旦上述课题取得重大突破,深孔加工技术将步入一个更加广阔的发展应用境界。

单从技术可行性角度而论,浅孔加工技术中的切削加工技术,几乎均不适用于深孔加工。但在很多情况下,深孔加工技术不仅可用于浅孔加工,而且在保证孔的尺寸、形位精度和改善钻孔粗糙度诸方面比浅孔加工技术更优越。之所以未能变成现实,关键在于深孔加工的成本太高。据粗略估算,如能通过种种措施使目前深孔加工的综合成本降低60%,则深孔加工技术会开始部分应用于浅孔加工;如能将深孔加工的综合成本进一步降低,就会衍生出一批新型的集约制造方法(如精密制管技术)、新型制造装备(如精孔加工机床)和新型产业(如精密浅孔零件集约生产、精密制管业)。

(4) “深孔加工技术”在概念上已发生了实质性的变革。它除了包括用机械加工法钻出深孔外,还应包括深孔的特种加工技术、对已有深孔精密加工的各种方法,还有浅孔零件集约加工技术,以及超长深孔、精密制管技术等。此外,深孔加工装备的门类还外延到制造业之外的第一、第三产业。

(5) 由于机械加工所固有的各种优势,可以预见,在今后很长的时期内,用机械加工方法进行深孔加工仍然占有主流地位。因此,具有机械加工属性的深孔加工技术,在工具、加工机理、设备研制开发诸方面必须进一步发展创新。原创性深孔加工技术在机理、装备设计方面的创新,始终是深孔加工技术进步的基础。传统深孔加工技术,与机床工具制造技术、材料技术及其改性技术、制管技术、特种加工技术、先进检测技术、计算机及信息技术和先进制造模式的不断融合,是必然的发展趋势,并将派生出更多的丰硕成果。

(6) 深孔加工技术具有深刻的学术和技术内涵。其学科的理论基础与机械制造学科完全一致,但面对的课题常常更特殊和更复杂,需要采取特殊的对策。因此,长期从事深孔加工技术研究和操作的专业人员,常常有“深孔加工(指刀具设计、制造、切削用量选择、液压、密封、导向、机床状况、切削液、工件材质、切屑形态、气候变化等)无小事”的感触。因为任何细微的失察和失误,都会导致加工的失败,甚至故障和事故的发生。因此,深孔加工技术进步的一个重要标志应当是高度的技术内涵和最大限度的易操作性。

任何深孔加工技术的突破,必须以“排屑”和“工具自导向”为突破口,机械加工和特种加工技术均无例外。

3. 山西省深孔加工工程技术研究中心简介

山西省深孔加工工程技术研究中心,依托中北大学,经山西省科技厅批准,于2010年正式成立(图1-13)。中心紧随国家发展战略目标指引,面向航空、航天、兵工、铁路、汽车等国民经济和国家重大工程之需求,着力在深孔加工技术、难加工材料切削上有所突破和创新,为国家经济建设做出贡献,形成了“立足科技前沿、攻克特殊结构、突破材料障碍”的战略路线。围绕深孔加工装备的设计与制造、难加工材料切削加工技术、高速深孔钻削及高效排屑技术的研究,形成了自己的优势和特色,取得了一批重要成果。

中心承担相关工程技术研究项目100余项，其中，国家科技部国际合作项目1项，国家自然基金项目1项，山西省自然基金11项，总经费达2000多万元；通过省部级鉴定9项，获省部级奖励8项；获国家发明专利39项，实用新型专利19项；出版专著6部，国家级规划教材3部，发表论文200余篇，其中被SCI、EI收录52篇。

中心拥有深孔钻镗床3台（图1-14），深孔珩磨机床1台，数控加工中心4台，数控车床1台，其他常规设备10余台；三坐标测量机1台，激光振动测量仪、超声波测厚仪、残余应力测量仪等先进测量实验仪器20余台。

图1-13　山西省深孔加工工程技术研究中心实验室

图1-14　T2120深孔钻镗床

1.3.2　现代塑性成形技术概述

金属材料在外力作用下会发生变形，当外力去除后，能够完全恢复的变形称为弹性变形；但当外力足够大时，材料将产生不能自动恢复的变形，则这种不可恢复的变形称为塑性变形。塑性成形技术便是将材料置于一定外力作用下，使之发生塑性变形，将材料成形为指定形状，不仅可以有效节省原材料，而且能够减少后续的机械加工量。塑性成形技术历史悠久，随着对材料塑性成形机理、成形方法、成形设备研究的不断深入和发展，金属塑性成形技术得到极大程度的扩展，其中主要包括：锻造、轧制、挤压、旋压、柔性成形技术、超塑性成形技术、辊锻成形技术、辗压等。金属塑性成形技术不仅可以实现从原材料到零件毛坯的变形，而且有助于提升制件的性能，使得塑性成形技术广泛应用于现代工业生产中。

金属材料的性能包括使用性能和工艺性能，使用性能是指产品在一定条件下，实现预定目的或者规定用途的能力；而工艺性能主要包括：铸造性能、锻造性能、焊接性能、切削性能和成型性能。对于具体零件的加工生产，需综合考虑其使用性能和工艺性能确定其生产工艺。根据零件工作环境，确定对其使用性能要求，从而初步选定零件材料；而后根据选定材料的工艺性能确定其成形工艺及参数。

1. 金属塑性成形技术的基本概念

采用塑性成形工艺生产零件时，通常需要考虑材料的锻造性能。锻造性能的优劣决定了此种材料是否适应于塑性成形，而影响金属材料锻造性能的主要指标包括：强度、塑性、硬度等。

强度是材料抵抗塑性变形和破坏的能力，按照外部载荷的作用方式分类，可分为抗拉强度、抗压强度、抗弯强度和剪切强度等。当在单向拉力作用下，强度特性指标主要包括屈服强度和抗拉强度。大部分材料的强度随温度的升高而逐渐降低，因此在金属材料塑性成形时需对材料进行加热处理。

金属材料的塑性是评价其成形性的重要指标，常用的材料塑性指标包括断后伸长率(A)和断面收缩率(Z)(式(1-1))。塑性与强度具有一定的线性关系，为了便于对比不同材料的强度与塑性，通常我们采用 GB/T 228—2002《金属材料室温拉伸试验方法》标准，结合拉伸试验机获得材料的应力—应变曲线。图 1-15 为低碳钢单向拉伸条件下应力—应变曲线。图中 Oa 段表示弹性变形，$abce$ 段表示塑性变形，σ_s 为屈服强度，σ_b 为抗拉强度。

$$A = \frac{L_u - L_0}{L_0} \times 100\%, Z = \frac{S_0 - S_u}{S_0} \times 100\% \tag{1-1}$$

式中：L_u 为试样拉断后标距长度(mm)；S_u 为试样拉断后最小横截面积(mm^2)。A、Z 的值越大，材料的塑性越好。

硬度是指材料抵抗局部变形的能力，是衡量金属软硬程度的性能指标，常用的硬度判据有布氏硬度和洛氏硬度。图 1-16 是常用的硬度检测设备。

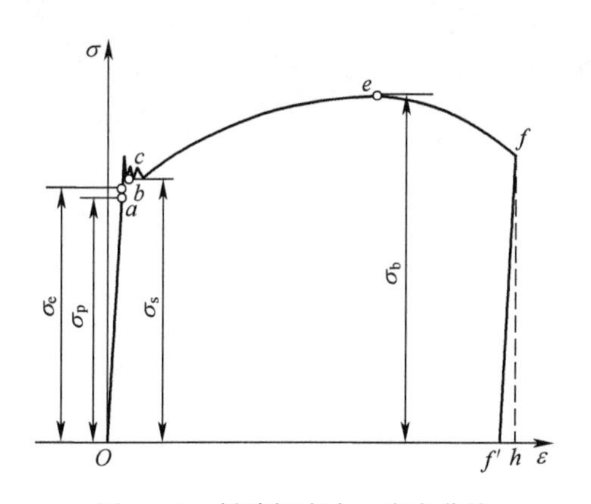

图 1-15　低碳钢应力—应变曲线

图 1-16　硬度检测设备

2. 现代金属材料塑性成形的设计流程

传统的金属材料塑性成形设计往往依靠经验盲目开展，其研发过程往往周期长、前期投入成本高，致使早期的塑性成形技术给人们的印象往往是“傻大黑粗”。随着科学技术的不断发展和进步，现代的塑性成形设计方法已经淘汰了传统的“经验主义”，已经过渡到依靠成形试验和计算机模拟指导设计的阶段，本节笔者也将就当代金属材料塑性成形设计流程进行简单介绍。通常研究人员首先根据金属材料使用性能要求选取适当的金属材料，结合现代试验设备和有限元分析软件进行分析，确定成形工艺参数，通过优化成形模具，实现金属材料的塑性成形，结合相应的热处理工艺，最终成形符合设计要求的毛坯。

1）材料变形试验及数据处理

随着新材料的不断涌现，材料塑性变形工艺参数尚不明晰，因此需对材料的热成形性能进行模拟试验。目前主要采用的设备是材料万能试验机、Gleeble 热模拟试验机(图 1-17),通过模拟不同温度条件下金属材料应力与应变关系,获得成形材料的应变速率敏感性、温度敏感性、内部变形缺陷及其演变、晶粒结构及其演变规律,建立变形材料在一定温度条件下的流变应力模型,建立此种材料热加工图,从而确定适宜塑性变形的工艺参数范围。

通过热模拟试验获得新型材料的热成形性能,将断裂后的试验件利用光学显微镜、扫描电子显微镜等试验设备,对试样断口进行观察显微组织变化,进一步缩小塑性成形工艺参数选择范围。将材料主要性能参数导入有限元模拟软件中的材料库中,以便后续进行模具成形模拟。

(a)

(b)

图 1-17 试验设备

(a) Instron 材料万能试验机;(b) Gleeble 3500 热模拟试验机。

2) 有限元仿真技术模拟成形

根据零件结构特点毛坯图,通过计算获得材料体积及下料尺寸;绘制模具图并建立三维实体模型,导入如 Deform3D、Simufact 等专业数值仿真软件,在材料库中选取变形材料,结合选定的不同工艺参数(成形温度、变形速度、变形量等),开展塑性变形模拟试验。图 1-18 展示的是 Deform3D 软件模拟的某杯型件成形过程。成形材料为 45 钢,成形温度为 950℃,应变速度为 $10s^{-1}$。

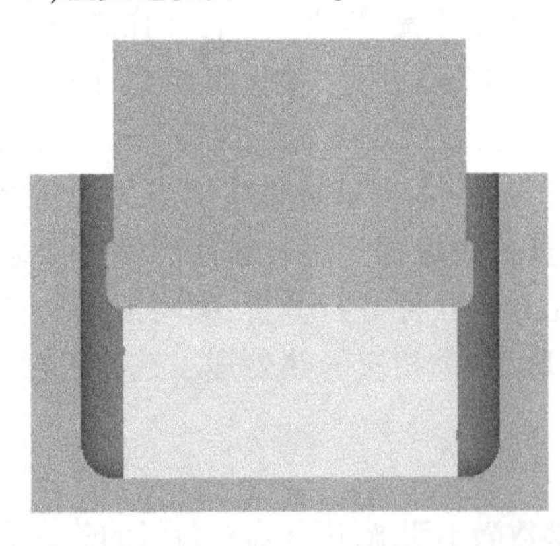

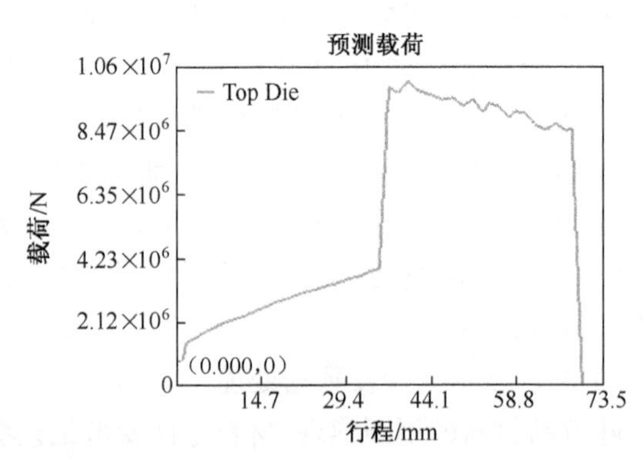

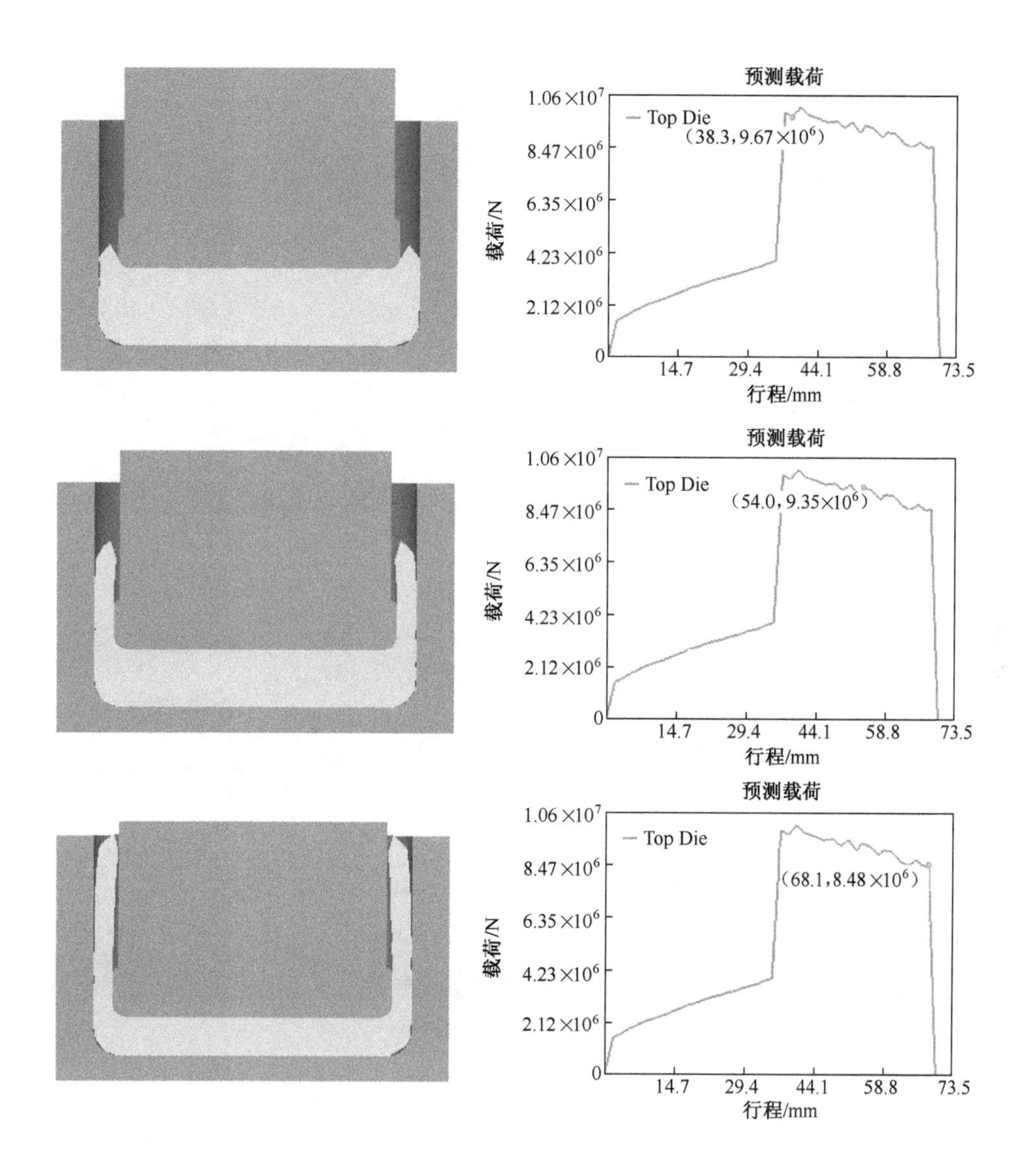

图 1-18　模拟图

通过采用有限元仿真模拟软件进行成形过程模拟，不仅大幅度缩短研发周期、节约研发成本，而且可以准确预测成形过程中可能出现的缺陷，结合成形载荷计算，不仅能够指导选取成形设备，而且可以将单道次难以成形的零件分解为多道次成形；通过优化模具结构和成形温度、变形速度等工艺参数，可以有效控制局部填充顺序、速度，掌握金属流动规律，避免缺陷产生，为后续开展缩比件成形试验和试制奠定基础。

3）成形试制

在已有研究基础上，结合塑性成形设备便可以开展塑性成形试验。图 1-19 为中北大学研制的 1250-315-315 吨多向加载液压机，图 1-20 为 3000 吨快速液压机，图 1-21 为 630 吨液压机。

图 1-19　1250-315-315 吨液压机

图 1-20　3000 吨液压机

图 1-21　630 吨液压机

开展后续试制工作，图 1-22 为某民用载重车辆负重轮毛坯与零件，原材料为国产 7A04 铝合金。由于铝合金锻造温度范围狭窄，材料对温度敏感，通过采用等温挤压成形技术，实现零件的近净成形，材料利用率达到 60%以上，节约了材料成本和机加工工时成

图 1-22　负重轮毛坯与零件

本;并且相较于传统钢制负重轮,铝制负重轮减重 60%以上,降低了整车油耗,提高了机动性能;经过形变强化后的铝合金材料,晶粒组织细化,铝合金性能得到了提升。

4) 成形零件性能测试

对试制样件开展性能检测,主要包括静态拉伸试验、金相试验、疲劳试验等测试,主要依靠材料疲劳试验机、扫描电子显微镜等(见图 1-23)。结合原材料开展对照试验,对比变形前后、热处理前后的试样分别进行试验、观察,从而得到塑性成形的强化效果。

(a)

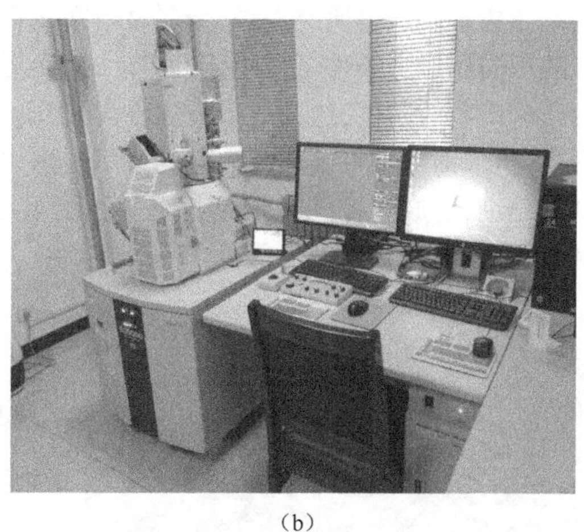

(b)

图 1-23　性能检测试验设备

(a)疲劳试验机;(b)热场扫描电子显微镜。

测试后表明铝合金经过塑性变形后,其抗拉强度达到 600MPa,而与原材料 300MPa 的抗拉强度相比,其强度大幅度提高。对其显微组织照片进行对比可以发现,晶粒组织细化均匀,如图 1-24 所示。

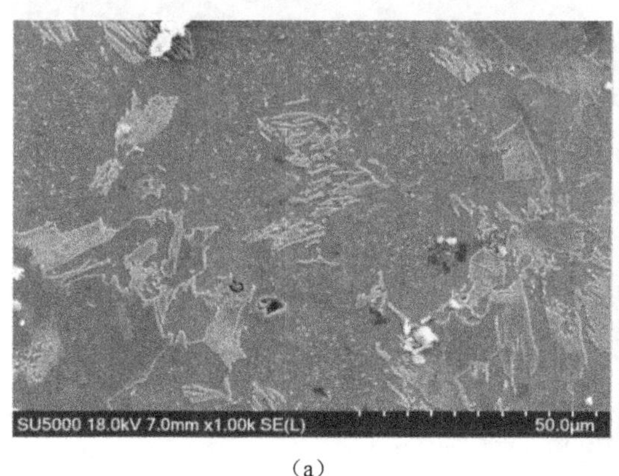

(a)

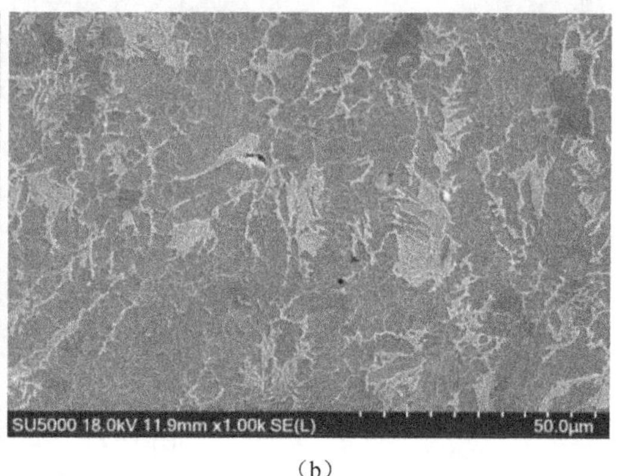

(b)

图 1-24　未变形及变形区微观组织形貌

(a)未变形区;(b)变形区。

试验对比表明,金属材料在特定工艺参数条件下的塑性变形可以获得良好的力学性能,并且晶粒组织得到细化,对于提升零件性能具有重要意义,因此包括飞机、汽车、机械设备上的大部分零件均采用塑性变形工艺进行生产,而近净成形技术的应用有助于提高材料利用率，节省原材料、人力、设备资源，可以有效控制成本。

3. 塑性成形技术应用情况

对于铝合金、镁合金、钛合金等高合金化的有色金属材料，由于其比强度、比刚度高，使之广泛应用于国民经济的众多领域。而上述轻质合金材料又具有锻造温度范围狭窄、塑性差的特点，由于普通锻造工艺仅对材料局部加压，易引起局部应力集中，造成变形材料的开裂、晶粒破碎等现象，从而导致良品率的下降，因此传统锻造工艺不适用于轻合金材料的塑性成形。通过研究发现，金属材料在凹模中通过冲头或凸模对坯料加压，使坯料在强烈的三向压应力条件下发生塑性流动，从而提高材料的塑性，以获得相应于模具的型孔或凹凸模形状的制件，这种成形方法称为挤压。对于变形量较大的有色金属材料的塑性成形，挤压成形不仅可以实现零件的近净成形，并且经过多道次挤压后，毛坯的晶粒组织得到充分细化，成形零件性能提升明显。图 1-25 为中北大学集成精密成形中心近年来针对镁合金、铝合金开发的部分产品。

图 1-25　部分镁、铝合金产品

塑性成形技术依靠材料自身塑性，在外力作用下实现近净成形，不仅可以减少后续机械加工切削量，而且能够使晶粒组织得到细化，提升成形零件性能；相较于其他金属热加工工艺，克服了高能耗、高污染、生产周期长、成形零件性能低等缺点，广泛应用于现代加工制造行业。随着材料检测、试验设备和计算机模拟技术的发展与应用，针对特定材料、特定零件的研发周期和投入得到大幅度降低，使塑性成形技术得到广泛的应用。

4. 镁基材料深加工教育部工程研究中心

镁基材料深加工教育部工程研究中心目前具有自主研发的数控多向加载旋转挤压试验机等成形设备(见图 1-26),国际首个带压缩旋转功能的 Gleeble 3500 热模拟实验机、材料万能实验机、疲劳实验机等力学性能测试设备(见图 1-27),SU 5000 扫描电镜等微观测试设备(见图 1-28),初步建成了国内一流的轻合金挤压成形工程中心。

图 1-26　主要成形设备

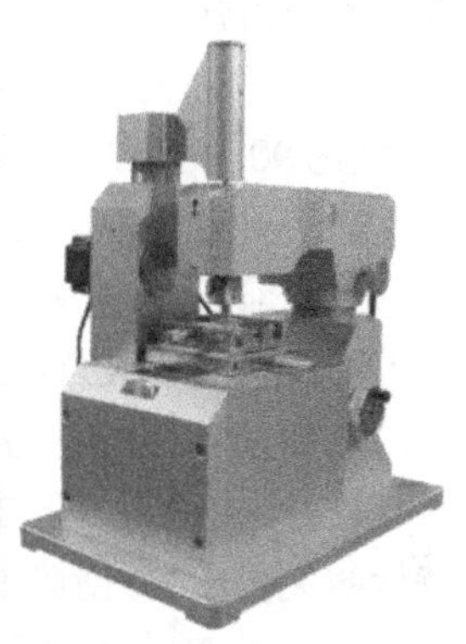

图 1-27　性能测试设备

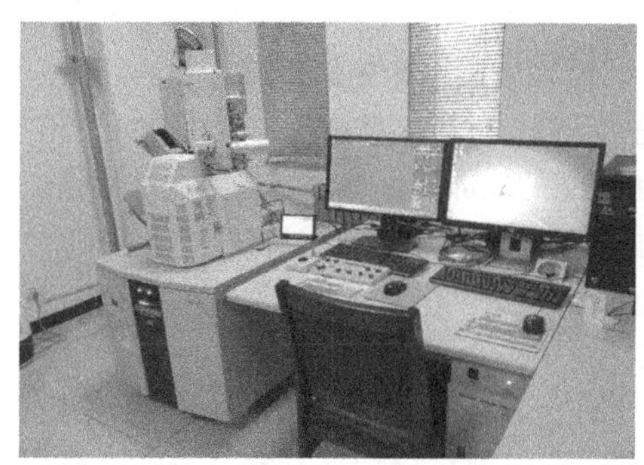

图 1-28　微观分析测试设备

中心团队现有 36 人,首席科学家张治民教授近年来带领团队成员先后承担国防 973、国家自然基金、国防军工等各类科研项目 19 项,科研经费达 4453 万元;开发新产品

20余件,新工艺10余项,研发新装备2套,工程化验证项目7项,直接经济效益达10亿余元;先后申请并获得授权国内外发明专利50余项;获国家奖1项、省部级奖14项;发表学术论文200余篇,其中SCI、EI收录60余篇;制定行业标准6项。中心紧紧围绕地方特色和国防发展急需,以解决科学问题为核心、关键共性技术为突破口,研发出了多种轻量化构件,为国防科技工业技术提升、武器装备型号研制、山西地方经济的转型发展做出了突出贡献,并且研究成果已在航天、兵器等国防和民用领域得到广泛应用,已获得"国防科技精密塑性成形创新团队""山西省高等学校优秀创新团队""山西省科技创新重点团队"等称号。

1.3.3 金属旋压成形技术概述

1. 旋压成形技术发展历程

我国是普通旋压技术的发源地,已有悠久的发展历史,而我国旋压技术真正起步于20世纪60年代中期。60年代中期至80年代中期的前20年为初创期,在此期间,我国开始研究变薄旋压技术,主要用于制造航空航天薄壁壳体及导弹、火箭等特殊冶金产品。20世纪80年代中期到现在30多年,是我国旋压技术的转型和发展期,在这期间,我国旋压技术的发展由强力旋压为主转为强力旋压与普通旋压并重,由以军工产品为主线转为军民制品兼顾。20世纪末至21世纪初引进一批数控旋压机,加强了国内旋压加工能力。自20世纪90年代以来,我国陆续制定和颁布了一些行业标准、行业制品标准,促进了旋压技术在相关行业中的有序发展。之后,我国不少知名教授介入旋压理论研究,30多年来北京航空航天大学、西北工业大学、哈尔滨工业大学、中北大学、燕山大学以及华南理工大学等院校进行了大量旋压理论分析、研究工作,这些研究对于认识旋压过程、旋压工艺参数的选择、旋压设备所需力能参数的确定以及提高旋压制品质量起到了重要的作用。改革开放至今,我国旋压技术进步迅猛,在军工和民用的应用不断扩大,旋压产品成为不可替代的关键产品,创造了很大的经济效益。

2. 旋压成形技术的基本概念

旋压是利用旋压工具(旋轮)对旋转毛坯施加外力,使旋压毛坯在外力作用下产生连续的局部塑性变形,从而得到所需的回转类零件的一种塑性加工方法。在旋压成形过程中,旋压毛坯装卡在与其配套的芯模上,并随其旋转,芯模与旋压机床主轴连接,并在机床主轴带动下一起做旋转运动,而旋轮按一定的轨迹做进给运动,并在与其接触的旋压毛坯摩擦力的作用下绕自身轴线被动旋转,使得旋压毛坯产生连续的局部塑性变形并最终获得所需工件。主要可分为两个大类:即普通旋压成形技术和强力旋压(变薄旋压)成形技术。

普通旋压成形技术按成形过程中坯料的变形方式,可以分为三个基本种类:拉深旋压、缩径旋压、扩径旋压,各自的旋压变形方式如图1-29~图1-31所示。

强力旋压(变薄旋压)成形技术按照金属流动方向与进给方向的不同,分为正旋压和反旋压,如图1-32和图1-33所示;按照旋压时成形温度可分为冷旋和热旋;按旋轮分布的位置不同可分为无错距旋压和错距旋压。

3. 强力旋压技术成形机理

强力旋压变形过程是一个较为复杂的弹塑性变形的过程,变形过程中旋压力使坯料逐点产生变形,金属毛坯壁厚逐渐变薄,毛坯的内径基本保持不变,而轴向长度延长,这种

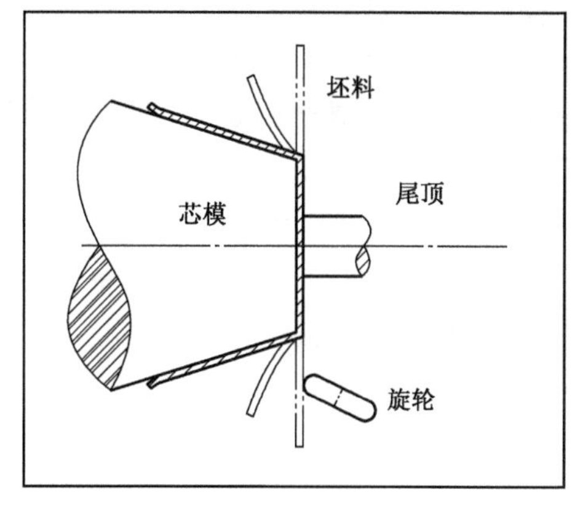

图 1-29　拉深旋压示意图

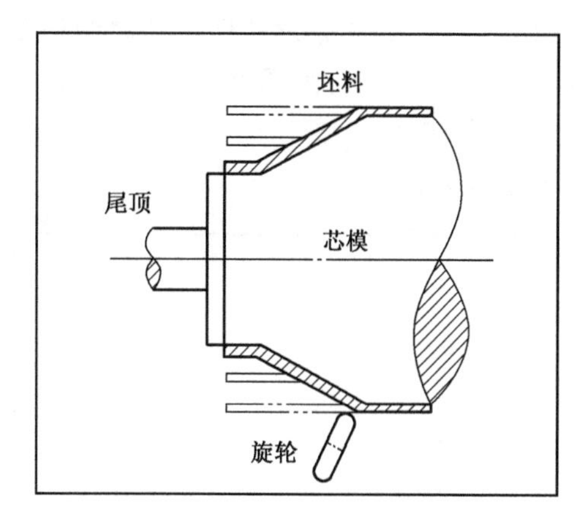

图 1-30　缩径旋压示意图

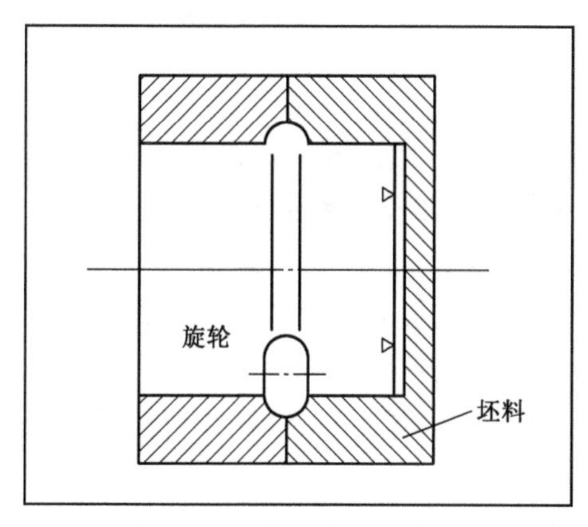

图 1-31　扩径旋压示意图

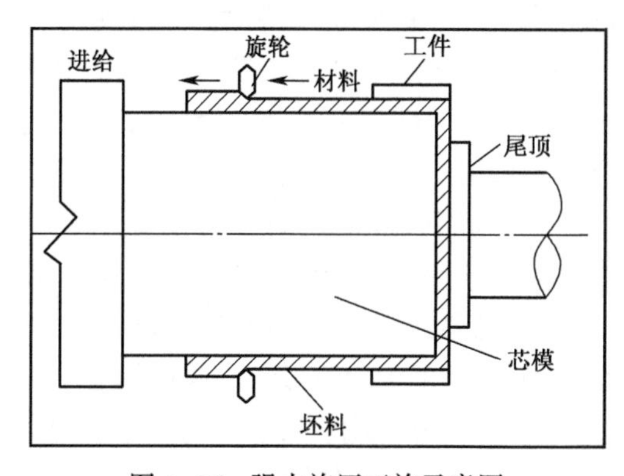

图 1-32　强力旋压正旋示意图

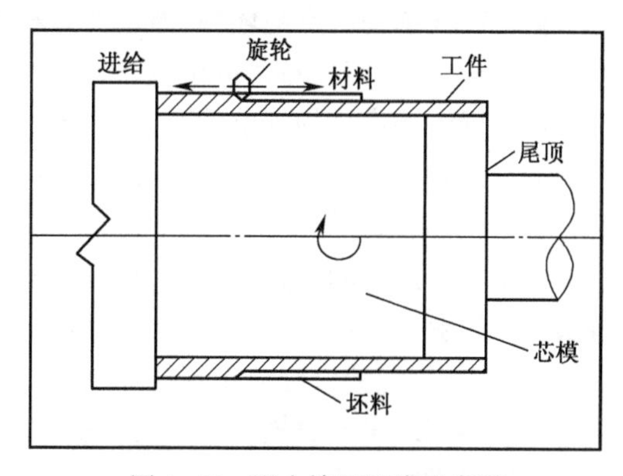

图 1-33　强力旋压反旋示意图

同时改变坯料形状和壁厚的旋压成形过程称为变薄旋压。在强旋成形过程中,毛坯在旋轮压力作用下产生塑性变形,遵循金属流动最小阻力定律,强旋属体积成形范畴,该过程中主要使壁厚减薄而坯料体积基本不变,根据旋压独特的变形方式可实现自检功能。其变形过程一般可分为三个阶段,即起旋阶段、稳定阶段以及终旋阶段。三个阶段的应力分布如图 1-34 所示,金属塑性流动模型如图 1-35 所示,利用塑性流动模型对材料的流动以及变形进行分析,由图可知,在未成形区(Ⅰ)和已成形区(Ⅲ)中,质点在平行 x 轴流动时,分别以初速 v_0 和终速 v_f 流动。在成形区(Ⅱ)中,各质点的流速相等。按照塑性流动连续性的要求:

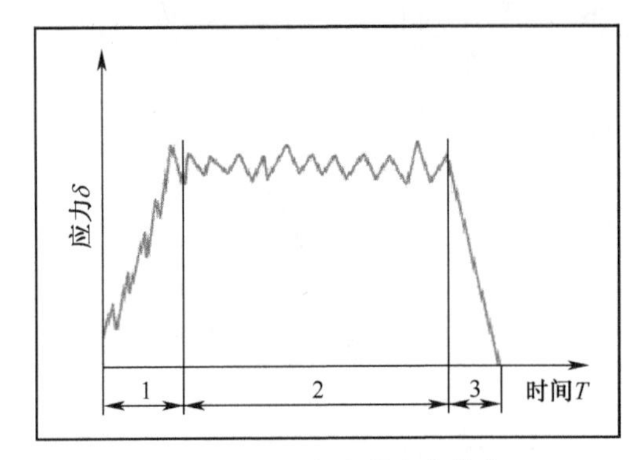

图 1-34　三个阶段应力分布

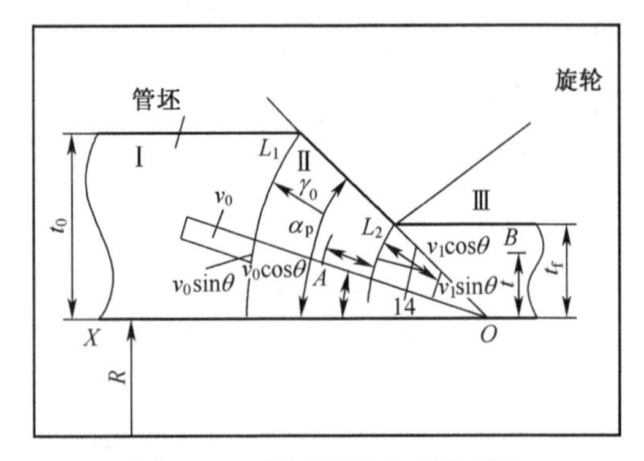

图 1-35　旋压塑性流动模型图

$$v_0t_0 = v_ft_f \tag{1-2}$$

成形区中,向 O 点流动的质点在任何半径 r 处的流速为

$$v = (v_0r_0\cos\theta)/r \tag{1-3}$$

其中 θ 为任意角($0<\theta<\alpha_p$),变形区以径向压缩导致轴向和周向的金属流动,产生以轴向塑性流动为主的变形过程,变形遵循体积不变规律和金属流动最小阻力定律,从而产生体积位移。金属塑性流动时,金属有压缩、拉伸和剪切的综合变形,金属畸变量随变形量增大而递增。

4. 金属旋压成形的设计流程

1) 有限元仿真技术模拟成形

根据零件结构特点毛坯图,通过计算获得材料体积及下料尺寸,绘制模具图并建立三维实体模型,导入 Simufact. forming 专业数值仿真软件,在材料库中选取变形材料,定义旋压成形过程中各模具的约束情况,定义各模具的旋转轴及局部坐标系,针对旋压成形工艺模拟的网格划分技术,对于回转体强力旋压成形工艺采用六面体单元,并结合选定的不同工艺参数,从而保证旋压仿真成形过程顺利进行,之后利用软件极强的后处理能力,对旋压成形过程中工件的应力、应变、应变速率、各方向应力分量、材料流动速度、温度分布、接触情况等能够清晰地呈现,同时利用软件具有的剖面分析功能,对旋压成形过程中网格变形情况、内外层应力应变分布规律、材料流动速度差异等进行深入的分析,通过历史追踪功能查看不同增量步时模具的受力情况,并能将数据导出,方便用户对旋压成形中各模具的受力情况进行分析。在 Simufact. forming 中,图 1-36~图 1-38 分别为成形过程中三旋轮在全局坐标系下沿 X、Y、Z 方向的受力情况,图 1-39 为旋压成形过程中三旋轮径向力变化规律。

采用 Simufact. forming 模拟错距旋压成形后,由于在成形过程中单元变形较大,变形后的单元及各节点不严格对称,图 1-40 和图 1-41 所示为变形前与变形后某截面单元及节点分布图。数值模拟后工件内外圆尺寸实际是由一系列离散的节点决定的,同时各节点的分布情况决定了工件的形状误差。Simufact. forming 软件有自带的测量工具可以测得各节点坐标值,并将测得的数据以 * . txt 文件格式输出,方便用户进行数据分析处理,本书采用该方法获得数值模拟后工件沿轴线方向不同位置处各截面内、外圆节点坐标,并将测得的各节点坐标值以 * . txt 文件格式输出保存,以此为计算工件内径精度及形状误差的原始数据。采用有限元分析软件对成形过程进行模拟仿真,大幅度缩短研发周期、节约研发成本。

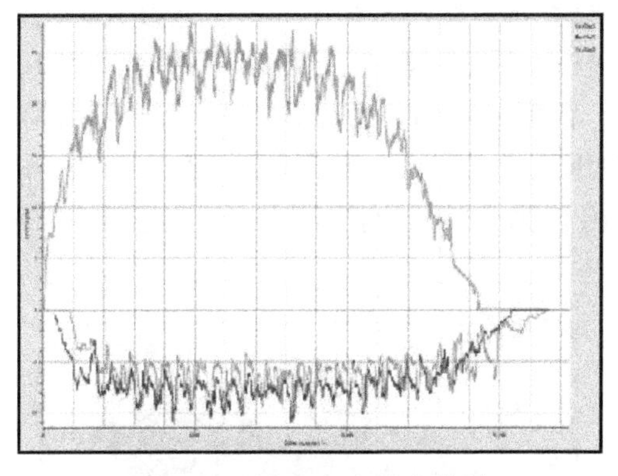

图 1-36　沿 X 方向受力情况

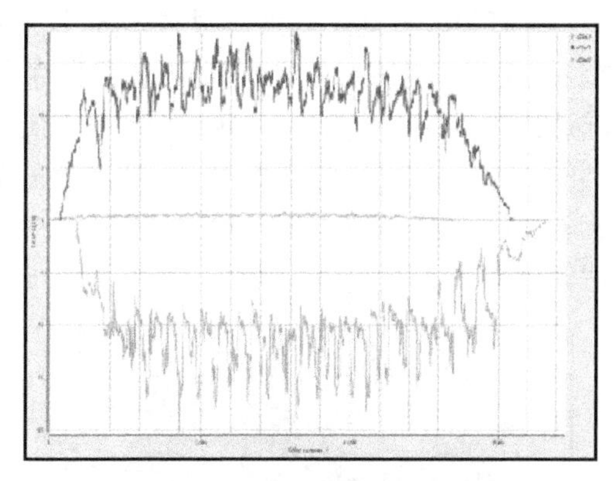

图 1-37　沿 Y 方向受力情况

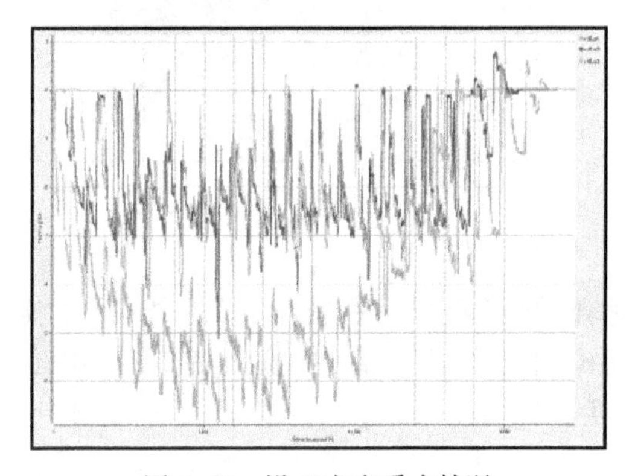

图 1-38　沿 Z 方向受力情况

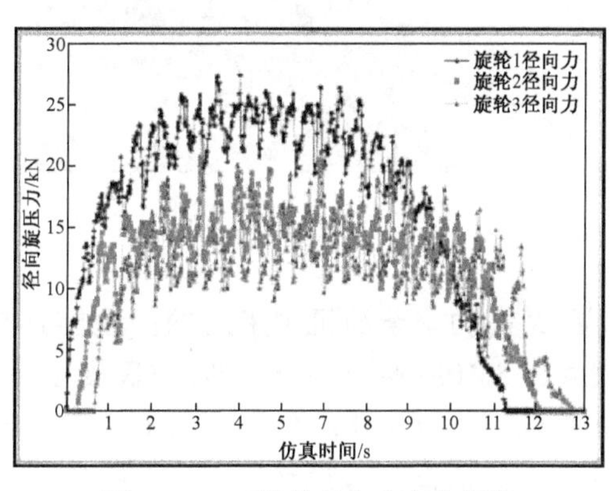

图 1-39　三旋轮径向力变化规律

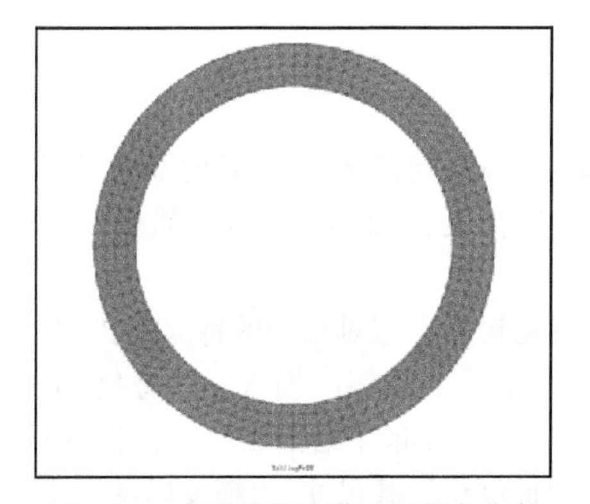

图 1-40　变形前截面单元及节点分布

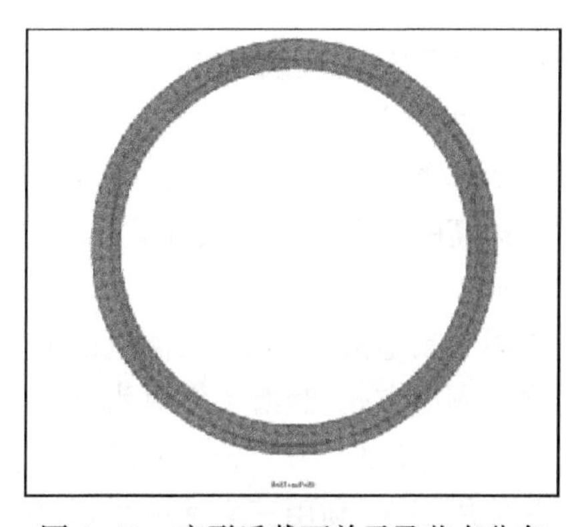

图 1-41　变形后截面单元及节点分布

2）旋压成形

由于高性能的连杆衬套是连接发动机连杆小端与活塞销的关键零部件，其与连杆小端采用过盈配合，与活塞销采用间隙配合。在发动机正常工作过程中，汽缸内燃烧气体使发动机活塞做循环往复运动，连杆在工作过程中极易在小端出现应力集中现象，引起该处发生断裂现象。在正常工作时，连杆衬套不仅受到与其配合的连杆小头及活塞销的摩擦作用，同时高温环境及交变应力的影响也对其性能提出了很高的要求，而影响强力旋压锡青铜连杆衬套性能的因素有很多，为保证旋压质量，选取旋压过程中成形工艺参数就尤为重要，且在一定的工艺条件下，工艺参数存在最佳值或者最佳范围，结合试件力学性能要求选择最佳的工艺参数，确定合理的工艺过程。利用 Simufact. forming 有限元分析软件得到的工艺参数最优解，选取最优工艺参数（旋轮压下量、进给比、减薄率）以及合适产品的旋轮，进行旋压成形，图 1-42 为 SXD100/3-CNC 强力数控旋压机，图 1-43 为毛坯件及旋后筒形件。

图 1-42　强力旋压成形

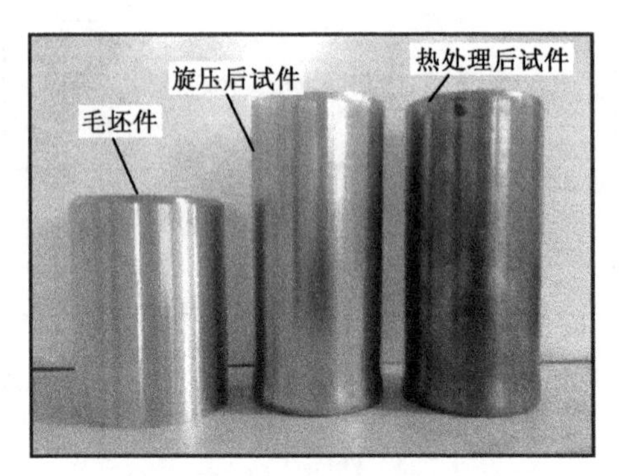

图 1-43　毛坯件及旋后筒形件

某高功率柴油机中采用的高性能连杆衬套，原材料采用锡青铜，其性能：抗拉强度≥355MPa；伸长率≥55%；布氏硬度≥70HB，经强力旋压后，抗拉强度≥600MPa；屈服强度≥560MPa；伸长率≥10%；布氏硬度≥200HB，与传统的卷制衬套、经整形的工艺制造筒形金属坯料，通过采用旋压成形技术，大大提高了生产效率，节约了材料成本，且采用旋压后的衬套晶粒组织明显细化，使得锡青铜的综合力学性能得到提高。

5. 尺寸测量及性能测试

1）尺寸测量

高功率密度柴油机在高转速、高爆压和紧凑性等设计指标条件下，其内部的高速运动机件在极高的气压载荷和惯性载荷的边界条件下工作，对滑动轴承的成形质量提出了更高的要求。

不同于其他滑动轴承，柴油机的滑动轴承与活塞销具有相对摆动的特点，同时由于其采用飞溅润滑方式，润滑条件更为恶劣，将导致轴承表面的摩擦磨损进一步恶化，所以对其尺寸、粗糙度以及形位公差要求较高，所以在旋压后增加精车磨削工序，使得连杆衬套满足其使用要求，利用三坐标测量仪、圆柱度仪、粗糙度仪对其尺寸、粗糙度以及形位公差进行测量，如图 1-44~图 1-46 所示。

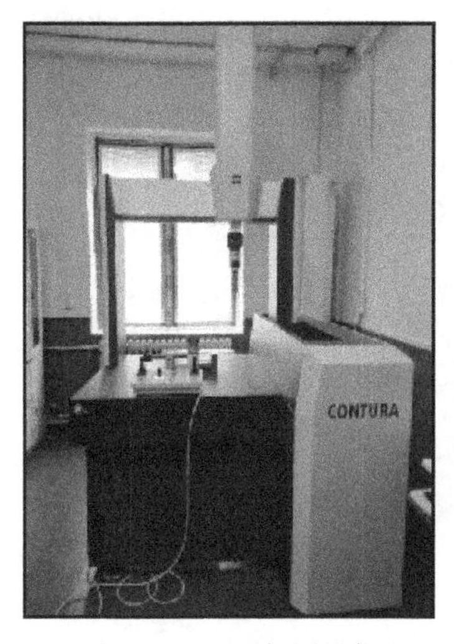

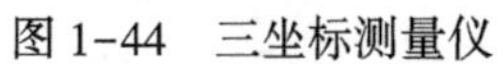
图 1-44　三坐标测量仪

图 1-45　圆柱度仪

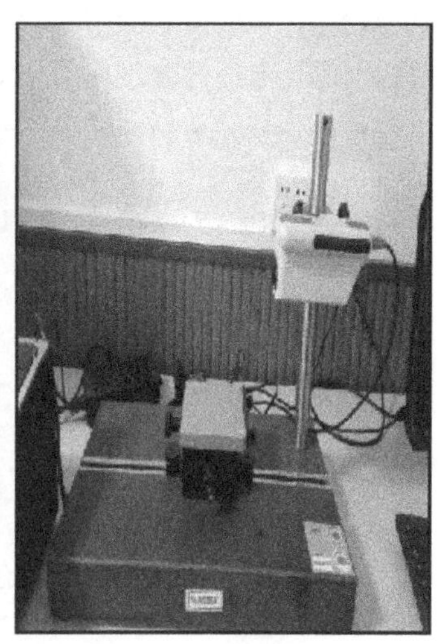

图 1-46　粗糙度仪

2）性能测试

对去应力退火后筒形件进行性能测试，主要包括静态拉伸试验、布氏硬度试验以及金相试验，主要依靠数显布氏硬度计、万能拉伸试验机、扫描电子显微镜等，如图 1-47 和图 1-48 所示。

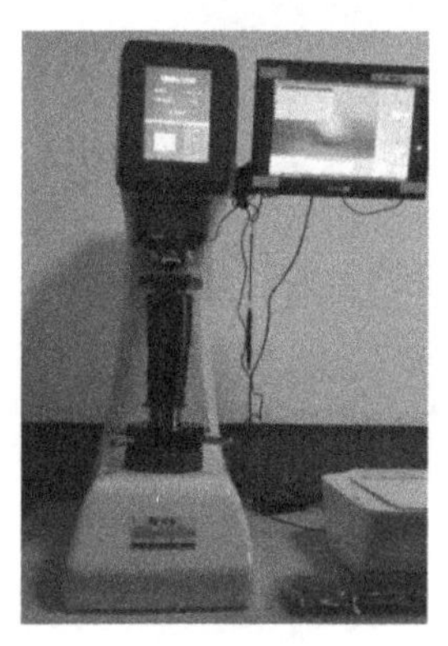

图 1-47　数显布氏硬度计

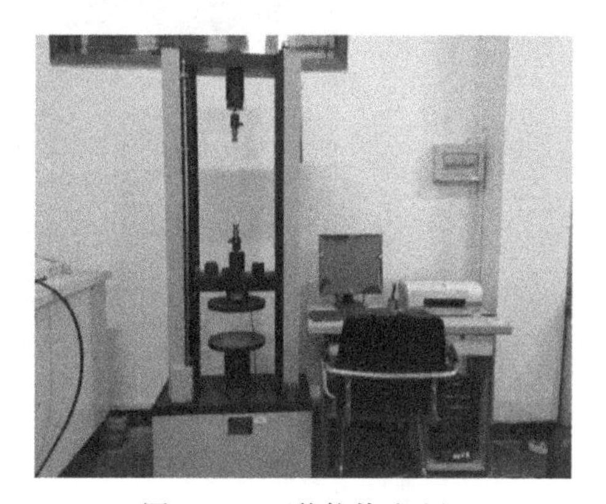

图 1-48　万能拉伸试验机

经强力旋压后，抗拉强度≥600MPa；屈服强度≥560MPa；伸长率≥15%；布氏硬度≥200HB，与原材料抗拉强度≥355MPa；伸长率≥55%；布氏硬度≥70HB 相比，其强度硬度大幅度提高。小减薄率旋压后晶粒组织细化，如图 1-49 和图 1-50 所示。

6. 强力旋压技术应用情况

为实现动力装备“平台轻量化、装备数字化、体系网络化”的目标，满足未来装甲车辆“轻量化、信息化”跨越式发展的需要，针对高性能滑动轴承的工作特性，理想的材料应具有下列各种性能：减摩性、耐磨性、抗咬合性、可嵌入性、跑合性、承载能力、抗疲劳性、亲油性、耐蚀性。应用成形过程的有限元数值模拟技术，结合金属旋压成形技术，完成强力旋压连杆衬套工作机理分析、过盈量及结构相关变化影响曲线分析、材料特性分析、实验验证规范及考核技术等,从工作机理、设计准则、试验验证等方面,总结形成一套关于柴油机强力旋压连杆衬套准则及设计方法,积累了丰富的技术手段和生产经验。

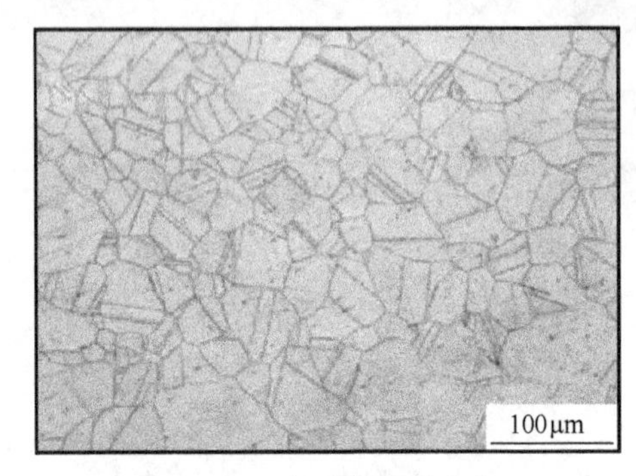

图 1-49　锡青铜原始组织

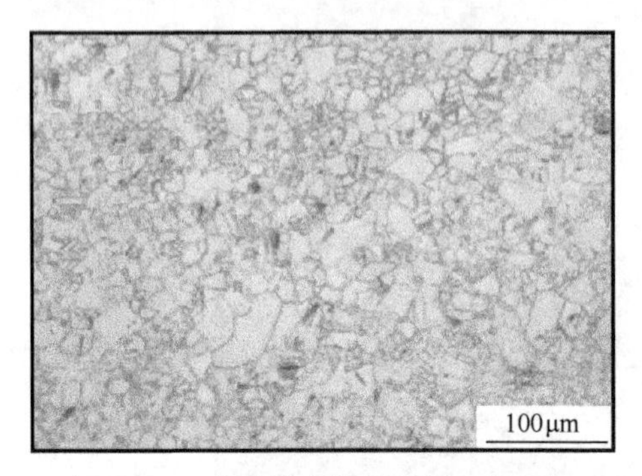

图 1-50　小减薄率旋压后的金相组织

中北大学旋压中心自主研制了与多种高、中、低速柴油机配套的连杆衬套,取得了部委生产许可证,研发能力在国内处于领先地位。图 1-51 为中北大学旋压中心近年来针对铜合金开发的部分产品。

图 1-51　滑动轴承

第 2 章
工程训练基础

2.1　机械产品设计与制造

2.1.1　产品全生命周期简介

产品全生命周期，也称产品生命周期，是指一个产品从构思到生产、使用、再生的全过程。其概念最初由 Dean 和 Levirt 提出，主要用于研究经济管理领域战略。进入 20 世纪 80 年代，并行工程概念的提出将产品生命周期的概念拓展到工程领域，真正提出了覆盖产品需求分析、概念设计、详细设计、制造、销售、售后服务及产品报废回收全过程的产品生命周期的概念。产品的全生命周期模型如图 2-1 所示。

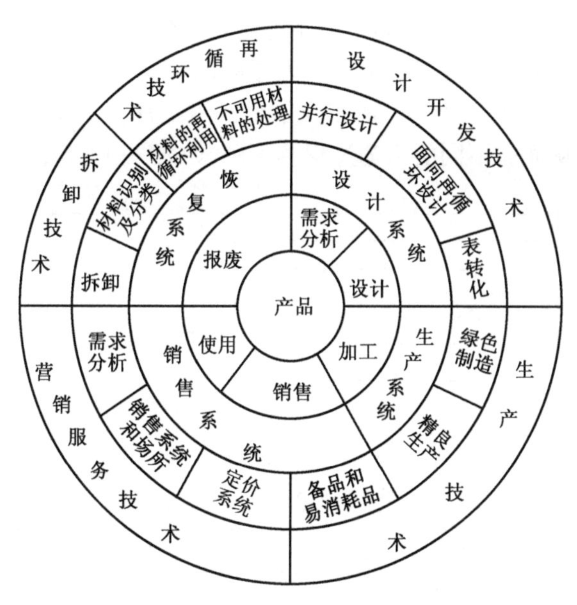

图 2-1　产品的全生命周期模型

随着市场竞争能力的加剧，企业迫切需要将信息技术、现代管理技术和制造技术相结合，以提高企业对新产品的开发周期、质量、成本以及服务等各项指标，从而增强其快速响应能力和竞争能力。产品全生命周期管理（PLM）成为一种新兴的企业信息化的战略性商业经营与管理方法。它能为用户提供产品信息的数据获取、处理、传递、存储和管理等。

2.1.2 机械产品生产过程

机械产品生产过程是指从原材料开始到成品出厂的全部劳动过程,它不仅包括毛坯的制造,零件的机械加工、特种加工和热处理,机器的装配、检验、测试和涂装等主要劳动过程,还包括专用工具、夹具、量具和辅具的制造,机器的包装,工件和成品的储存和运输,加工设备的维修,以及动力(电、压缩空气、液压等)供应等辅助劳动过程。

由于机械产品的主要劳动过程都使被加工对象的尺寸、形状和性能产生了一定的变化,即与生产过程有直接关系,因此称为直接生产过程,也称为工艺过程。而机械产品的辅助劳动过程虽然未使加工对象产生直接变化,但也是非常必要的,因此称为辅助生产过程。所以,机械产品的生产过程由直接生产过程和辅助生产过程组成。

随着机械产品复杂程度的不同,其生产过程可以由一个车间或一个工厂完成,也可以由多个车间或工厂协作完成。

2.1.3 机械加工工艺过程

机械加工工艺过程是机械产品生产过程的一部分,是直接生产过程,它指通过采用机械加工方法直接改变毛坯的形状、尺寸、各表面间相互位置及表面质量,使之成为合格零件的过程,包括工序、安装、工位、工步、走刀等。

1. 工序

工序是指由一个或一组工人在同一工作地点对一个或几个工件连续完成的那部分工艺过程,是机械加工工艺过程的基本单元。工序的四要素是工作地、工人、工件和连续作业。如果其中任意一要素发生变换,则变为了另一道工序。如图 2-2 所示的阶梯轴,根据不同的生产批量,从而有不同的工艺过程及工序,如表 2-1 和表 2-2 所示。

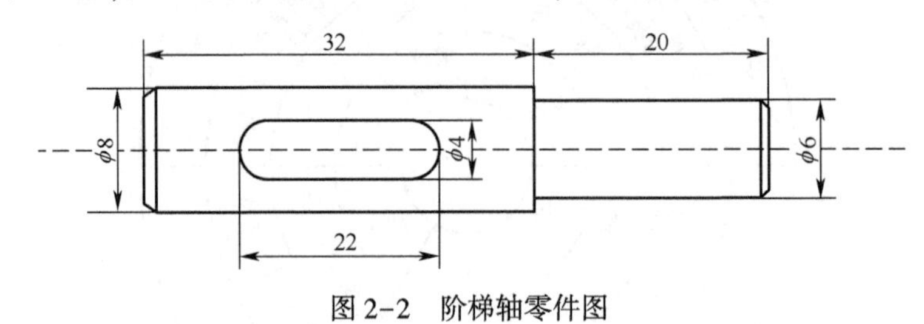

图 2-2 阶梯轴零件图

表 2-1 阶梯轴单件生产的工艺过程

工序号	工序内容	设备
1	加工小端面,小端面钻中心孔; 粗车小端外圆,小端倒角; 加工大端面,大端面钻中心孔; 粗车大端外圆,大端倒角 精车外圆	车床
2	铣键槽,手工去毛刺	铣床

表 2-2 阶梯轴大批量生产的工艺过程

工序号	工 序 内 容	设 备
1	加工小端面,小端面钻中心孔; 粗车小端外圆,小端倒角	车床
2	加工大端面,大端面钻中心孔; 粗车大端外圆,大端倒角	车床
3	精车外圆	车床
4	铣键槽,手工去毛刺	铣床

2. 安装

在一道工序中,工件在加工位置上要装夹一次或多次,工件每经一次装夹后,所完成的那部分工序称为安装。因为安装是有误差的,故应尽可能减少装夹的次数。例如表 2-1 中工序 1 在加工过程中需要 3 次掉头装夹才能完成全部工序内容,因此该工序共有 4 个安装。表 2-2 中工序 2 一次装夹下可以完成全部工序内容,故该工序只有 1 个安装。

3. 工位

现实生产中,常采用多工位夹具或多轴机床,以减少装夹次数,使工件可以在一次安装中先后经过若干个不同位置依次进行加工。而工件在机床上所在的每一个位置所完成的那部分工序称为工位。

4. 工步

在加工表面、切削刀具不变的情况下所连续完成的那部分工序称为工步。

5. 走刀

一次走刀是指在同一加工表面上因加工余量较大,可以作几次进给,每次进给时所完成的工步。

2.2 材料成型基础

材料成型是通过改变材料的微观结构、宏观性能和外部形状,满足各类产品的结构、性能、精度及特殊要求的工程活动。它是研究材料成型的机理、成型工艺、成型设备及相关过程控制的一门综合性应用技术。根据成型过程中材料物态及变化的特点,材料成型主要包括塑性成型、液态成型、连接成型等。

2.2.1 材料成型原理

1. 塑性成型

金属材料的塑性成型又称为金属压力加工,它是利用金属材料的塑性变形能力,在外力的作用下使金属材料产生预期的塑性变形来获得所需形状、尺寸和力学性能的零件或毛坯的一种加工方法。

1) 塑性变形实质

金属塑性变形时,由外力引起的金属内部应力超过了该金属的屈服点,其内部的原子排列位置将发生不可逆的变化。金属塑性变形的实质是晶体内部产生了滑移。

对于单晶而言,滑移变形和孪生变形是金属晶内塑性变形的两种基本形式,滑移是在切应力的作用下晶体的一部分相对另一部分沿一定的晶面和晶向发生相对的移动,晶体在晶面上的滑移是通过位错的不断运动来实现的,如图 2-3 所示。孪生变形是晶体在切应力的作用下,晶体的一部分相对另一部分沿晶面发生相对转动的结果,如图 2-4 所示。

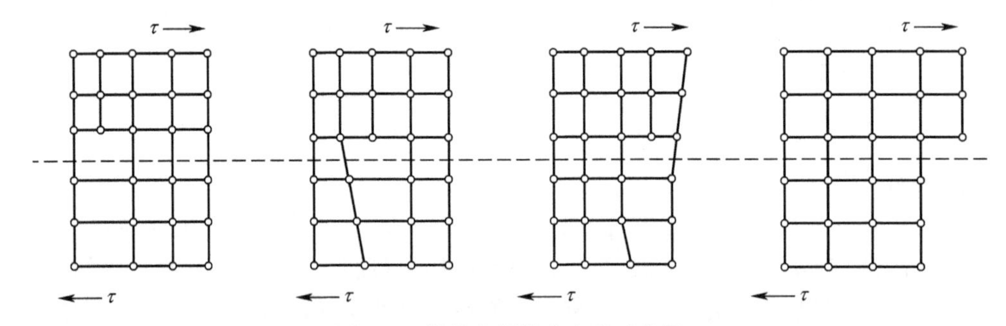

图 2-3　晶体位错滑移变形示意图

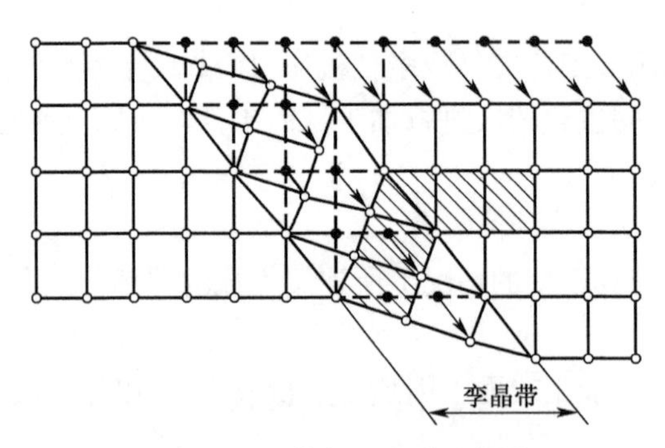

图 2-4　晶体孪生变形示意图

•—原子移动前的位置;◦—原子移动后的位置。

实际金属属于多晶体,它的塑性变形很复杂,分为晶内变形和晶间变形。晶粒内部的塑性变形称为晶内变形。多晶体的晶内变形形式和单晶体一样,但各个晶粒所处的塑性变形条件不同,即晶粒内晶格排列的方向性决定了其变形的难易程度,与外力成 45°的滑移面最易变形;晶粒之间相互移动或转动称为晶间变形。金属在外力作用下,变形首先发生在有利于滑移的晶粒内,处于不利滑移的晶粒逐渐向有利方向转动,互相协调,由少量晶粒的变形扩大到大量晶粒的变形,从而实现宏观塑性变形。

综上,金属塑性变形是由金属晶粒内部产生相互滑移(晶内滑移)与晶粒之间发生相对滑动(晶间滑动)和转动的结果。

2）变形强化与再结晶

冷变形的金属随着变形程度的增加,强度和硬度提高,而塑性和韧性降低的现象,称为加工硬化,又称变形强化。加工硬化现象产生的原因主要是冷变形时,因晶粒的界面、合金中的某些硬质点、杂质原子及其他固定位错等对位错的移动产生阻碍作用,致使位错难以越过障碍物,造成大量位错堆积在障碍物处,因而增加了滑移阻力,若继续增加金属的变形程度,必须提高所施加的外力,才有可能使位错越过障碍物同时,塑性变形中金属内部产生大量新的位错,并使滑移带附近的原子偏高其稳定位置而发生晶格畸变,使内应力增加,从而使滑移阻力增加;此外,金属冷变形后,其晶体被分割成极小的晶粒碎块(称为亚晶),亚晶界聚集了大量位错,使滑移阻力进一步增加。金属变形过程中位错增殖、晶格畸变及亚晶的形成,都会增加晶体的滑移阻力,变形程度越大,滑移阻力也越大,因此,金属的硬度和强度随变形程度的增加而逐渐提高。图 2-5 为低碳钢冷变形程度与力学性能的关系。实践证明金属的变形量愈大,其强度、硬度越高,塑性、韧性越差。

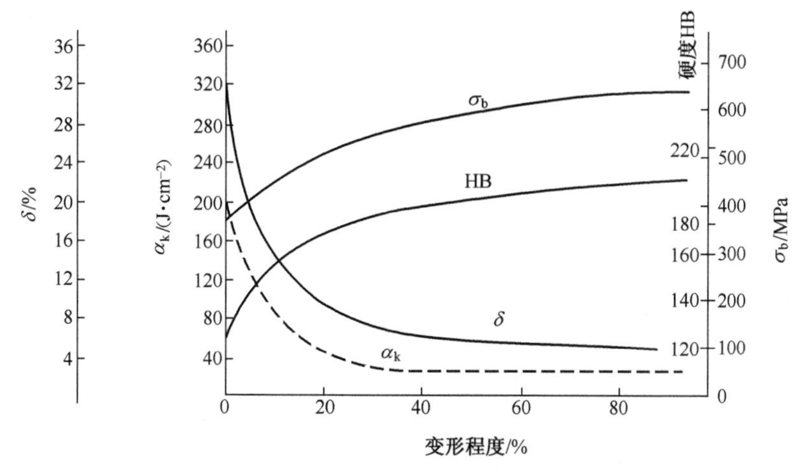

图 2-5 低碳钢冷变形程度与力学性能的关系

加工硬化是一种不稳定现象。随着加热温度提高,冷塑性变形金属组织和力学性能变化。加热温度不高时,冷变形金属的晶粒内部原子排列变得比较规则,内应力大为降低,但晶粒的外形及材料的强度和塑性变化不大,这种现象称为回复。

随加热温度的升高,金属原子因获得更大的扩散能力,使被拉长的晶粒变成完整的等轴晶粒,这个过程称为再结晶。再结晶后的金属晶格类型不变,只是晶粒大小和形状改变。再结晶不是一个恒温过程,是自某一温度开始,在一定温度范围内连续进行的过程,冷变形金属发生再结晶的最低温度称为再结晶温度。金属经过再结晶以后,其强度、硬度下降,塑性、韧度显著提高。各种金属的再结晶温度与其熔点之间的关系用下式表示:

$$T_{再结晶} \approx 0.4T_{熔点} \tag{2-1}$$

式中:$T_{再结晶}$为以热力学温度表示的金属再结晶温度(K);$T_{熔点}$为以热力学温度表示的金属熔点温度(K)。

3) 金属塑性成型的基本规律

(1) 体积不变定理。

金属固态成型加工中金属变形后的体积等于变形前的体积,称为体积不变定理。实际上金属在塑性变形过程中,体积总有些微小变化,如锻造钢锭时,由于气孔、缩松的锻合密度略有提高,以及加热过程中因氧化生成的氧化皮耗损等。然而这些变化对整个金属坯件来说是相当微小的,故一般可忽略不计。因此可以根据体积不变定理,确定塑性成型加工中毛坯尺寸与各工序间尺寸的变化。

(2) 最小阻力定律。

金属在塑性变形过程中,其质点都将沿着阻力最小的方向移动,称为最小阻力定律。

一般来说,金属内某一质点塑性变形时移动的最小阻力方向就是通过该质点向金属变形部分的周边所做的最短法线方向。因此可以根据最小阻力定律,确定金属变形中质点的移动方向。

2. 液态成型

液态成型技术是指将熔融金属在重力场或其他外力场作用下注入铸型腔,待其冷却凝固后获得与型腔形状相似的铸件的一种成形方法。广义地讲,涉及金属从熔炼到凝固这个过程的工艺方法都可称为液态成形技术。工业上通常将这种成形方法称为铸造。

1) 合金的铸造性能

铸件质量与合金的铸造性能密切相关。合金的铸造性能是指液态金属在铸造过程中获得外形准确、内部健全的铸件的能力,通常用合金的流动性、充型能力和收缩性等来衡量。

液态合金本身的流动能力称为合金的流动性。液态合金的流动性越好,越容易浇注出轮廓清晰、薄而复杂的铸件;越利于非金属夹杂物和气体的上浮和排除;越利于补缩及热裂纹的弥合。合金的流动性是以螺旋形流动试样的长度来衡量的。合金的流动性与合金的化学成分、浇注温度和铸型结构等因素有关。

液态合金填充铸型的过程简称充型。液态合金在充型过程中所体现的能力称为液态合金的充型能力。充型能力强,易获得形状完整、轮廓清晰的铸件;充型能力差,在型腔被填满之前,形成的晶粒将充型的通道堵塞,金属被迫停止流动,铸件将产生浇不足或冷隔等缺陷。液态合金的充型能力与合金的流动性、浇注条件和铸型条件等因素有关。

在冷却过程中,铸件的体积和尺寸缩小的现象称为收缩。收缩是合金的物理本性,它是多种铸造缺陷产生的根源。合金的收缩主要包括三个阶段:液态收缩、凝固收缩和固态收缩。其中液态收缩和凝固收缩表现为合金体积的收缩,使铸型腔内金属液面下降,是铸件产生缩孔或缩松的主要原因。固态收缩表现为铸件尺寸的缩小,是产生铸造应力、铸件变形甚至裂纹的主要原因。合金的收缩主要与合金本身的化学成分、浇注温度、铸型条件和铸件结构等因素有关。

2) 铸造应力及铸件的变形与裂纹

(1) 铸造应力。

铸件凝固后将在冷却至室温的过程中继续收缩,有些合金甚至还会发生固态相变而引起收缩或膨胀,这些都使铸件内部产生应力。应力是铸件产生变形及裂纹的主要原因。

① 热应力。

铸件在凝固和其后的冷却过程中,因壁厚不均,各部分冷却速度不同,便会造成同一时刻各部分收缩量不同,因此在铸件内产生热应力。金属在冷却过程中,从凝固终止温度到再结晶温度阶段,处于塑性状态。在较小的外力下,就会产生塑性变形,变形后应力可自行消除。低于再结晶温度的金属处于弹性状态,受力时产生弹性变形。

固态收缩使铸件厚壁或心部受拉,薄壁或表层受压缩。合金固态收缩率愈大,铸件壁厚差别愈大,形状愈复杂,所产生的热应力愈大。

② 约束应力。

铸件收缩受到铸型、型芯及浇注系统的机械阻碍而产生的应力称为约束阻碍应力,简称约束应力。铸型或型芯退让性良好,约束应力则小。约束应力在铸件落砂之后可自行消除。但是约束应力在铸型中能与热应力共同起作用,增加了铸件产生裂纹的可能性。

应力的存在将引起铸件变形和冷裂的缺陷。

(2) 铸件的变形。

如果铸件存在内应力,则铸件处于不稳定状态。铸件厚的部分受拉应力,薄的部分受压应力。如果内应力超过合金的屈服点,则铸件本身总是力图通过变形来减缓内应力。因此细而长或大又薄的铸件易发生变形。

尽管铸件冷却时发生部分变形,但内应力仍未彻底消除。在经过机加工后内应力重新分布,铸件仍发生变形,影响零件的精度。因此,对某些重要的、精密的铸件,必须采取去应力退火或自然时效等方法,将残余应力消除。

(3) 铸件的裂纹。

当铸件内应力超过金属的强度极限时便会产生裂纹。裂纹是铸件上最常见的也是最严重的铸造缺陷,按其形成的温度范围可分为热裂和冷裂两种。

①热裂。

热裂是在凝固末期高温下产生的裂纹。热裂纹一般沿晶界产生,其形状特征是裂纹短、缝隙宽、形状曲折、缝内呈氧化色。铸件凝固末期,固态合金已形成了完整的骨架,但晶粒之间还存有少量液体,故强度、塑性较低。当铸件的收缩受到铸型、型芯或浇注系统阻碍时,若铸造应力超过了该温度下合金的强度极限,则发生热裂。热裂一般出现在铸件上的应力集中部位(如尖角、截面突变处)或热节处等。铸钢件、可锻铸铁件以及某些铸造铝合金件容易产生热裂纹缺陷。

② 冷裂。

冷裂是铸件处于弹性状态时,铸造应力超过合金的强度极限而产生的。冷裂常常是穿过晶体而不是沿晶界断裂,裂纹细小,外形呈连续直线状或圆滑曲线状,且裂纹内干净,有时呈轻微氧化色。冷裂往往出现在铸件受拉伸的部位,特别是在有应力集中的地方。

铸件产生冷裂的倾向与铸件形成应力的大小密切相关。影响冷裂的因素与影响铸造应力的因素基本是一致的。脆性大、塑性差的合金(如白口铸铁、高碳钢及某些合金钢)最易产生冷裂纹,大型复杂铸件也容易产生冷裂纹。大型复杂铸件由于冷却不均匀,应力状态复杂,铸造应力大而易产生冷裂。有的铸件在落砂和清理前可能未产生冷裂,但内部已有较大的残余应力,而在清理或搬运过程中,因为受到激冷或震击作用而促使其冷裂。铸件产生冷裂的倾向还与材料的塑性和韧性有密切关系,塑韧性好,冷裂倾向小。

因此,为有效地防止铸件裂纹的发生,应尽可能采取措施减小铸造应力。

3. 连接成形

材料通过机械、物理化学或冶金方式,由简单型材或零件连接成复杂零件和机械部件的工艺过程称为连接成形。材料连接成形主要包含机械连接成形、物理化学连接成形以及冶金连接成形。冶金连接是材料连接的主要方法,应用最为广泛。

金属原子依靠金属键结合在一起,由图 2-6 可以看到,两个原子间的结合力大小决定于二者之间的引力与斥力共同作用的结果。当原子间的距离为 γ_A 时,结合力最大。对于大多数金属,$\gamma_A \approx 0.3 \sim 0.5$nm,当原子间的距离大于或小于 γ_A 时,结合力都显著降低。理论来讲,就是当两个被焊的固体金属表面接近到相距 γ_A 时,就可以在接触表面上进行扩散、再结晶等物理化学过程,从而形成金属键,达到连接的目的。然而,事实上即使是经过精细加工的表面,在微观上也会存在凹凸不平之处,更何况在一般金属的表面上还常常带有氧化膜、油污和水分等吸附层。这样,就会阻碍金属表面的紧密接触。

为了克服阻碍金属表面紧密接触的各种因素,在焊接工艺上采取以下两种措施:

(1) 对被连接的材质施加压力,目的是破坏接触表面的氧化膜,使结合处增加有效的接触面积,从而达到紧密接触。

(2) 对被连接材料加热(局部或整体)。对金属来讲,使结合处达到塑性或熔化状态,此时接触面的氧化膜迅速破坏,降低金属变形的阻力,加热也会增加原子的振动能,促进扩散、再结晶、化学反应和结晶过程的进行。

每种金属实现焊接所必须的温度与压力之间存在一定的关系,对于纯铁来讲,如图 2-7 所示。由图可见,金属加热的温度越低,实现焊接所需的压力就越大。当金属的加热温度 $T < T_1$ 时,压力必须在 AB 线的右上方(Ⅰ区)才能实现焊接,当金属的加热温度下在 $T_1 \sim T_2$ 之间时,压力应在 BC 线以上(Ⅱ区);当 $T > T_2 = T_M$(T_M 是金属的熔化温度)时,则实现焊接所需的压力为零,此即熔焊的情况(Ⅲ区)。

黏接,是靠黏结剂与母材之间的黏合作用,一般来讲没有原子的相互渗透或扩散。

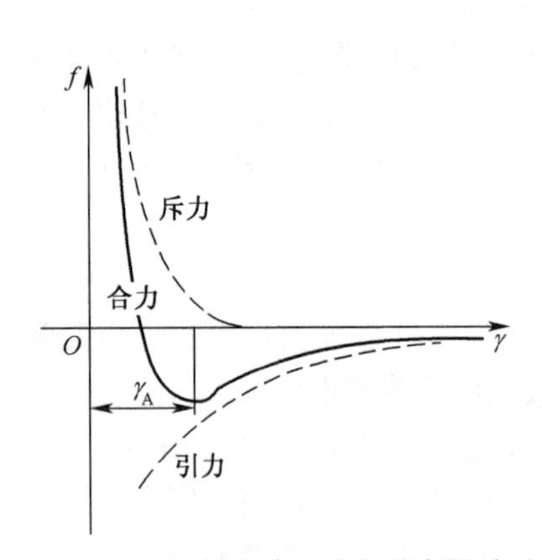

图 2-6 原子间的作用力与距离的关系

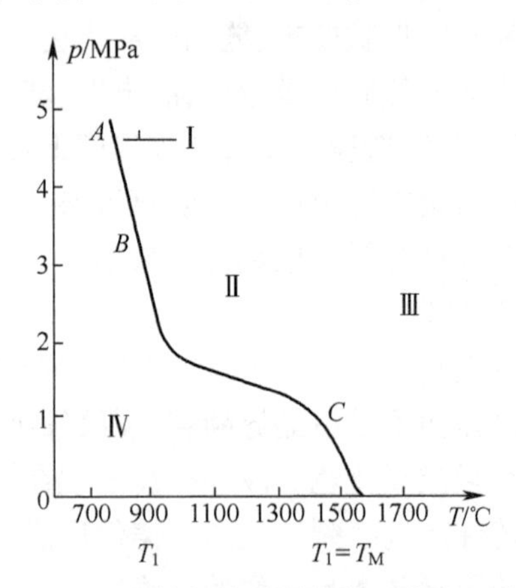

图 2-7 纯铁焊接时所需的温度和压力

2.2.2 成型材料基础知识

材料是人类赖以生存的物质基础,人类最早使用的材料是石头、泥土、树枝、兽皮等天然材料。由于火的使用,人类发明了陶器、瓷器,其后又发明了青铜器、铁器。人类文明的发展史,相当于一部学习利用材料、制造材料、创新材料的历史,材料的发展水平和利用程度已成为人类文明进步的标志。

材料按照用途分为工程材料和功能材料,其中,功能材料具有特殊的物理、化学、生物效应,是一种高新技术材料。工程材料是用于机械、车辆、船舶、建筑、化工、能源、仪器仪表、航空航天等工程领域的材料。工程材料按照化学成分和结构可分为金属材料、非金属材料(高分子材料和无机非金属材料)和复合材料。

1. 金属材料

金属材料是指金属元素或以金属元素为主构成的具有金属特性的材料的统称,包括纯金属、合金、金属材料金属间化合物和特种金属材料等。常用金属材料分为黑色金属和有色金属两大类。黑色金属是指以铁、锰、铬或以它们为主而形成的具有金属特性的物质,如钢、生铁、铁合金、铸铁等。碳的质量分数在2.11%以下的铁碳合金称为钢,碳的质量分数在2.11%以上的合金称为生铁,把铸造生铁放在熔铁炉中熔炼成液体,浇注进模具型腔,就得到铸铁件。有色金属是指除黑色金属以外的其他金属材料,如铜、铝、镁以及它们的合金等。

1) 钢

钢按其化学成分可分为碳素钢和合金钢。碳素钢的主要成分为铁和碳,在碳素钢的基础上冶炼时专门加入一种或几种合金元素就形成了合金钢。此外,钢中还含有少量其他杂质,如硅、锰、硫、磷等。其中硫和磷通常是有害杂质,必须严格控制其含量。

(1) 碳素钢。

根据生产上的需要有多种方法对碳素钢进行分类。

按化学成分不同,可将碳素钢分为低碳钢、中碳钢和高碳钢。其中,低碳钢的碳的质量分数小于0.25%,其性能特点是强度低,塑性、韧性好,锻压和焊接性能好;中碳钢的碳的质量分数在0.25%~0.60%,这类钢具有较高的强度和一定的塑性、韧性;高碳钢的碳的质量分数大于0.6%,经适当的热处理后,可达到很高的强度和硬度,但塑性和韧性较差。按照钢的质量,根据含有害杂质S、P的多少,碳钢又可以分为普通碳素钢、优质碳素钢和高级优质碳素钢。按用途不同,可分为碳素结构钢和碳素工具钢。碳素结构钢主要用于制造机械零件和工程结构,大多是低碳钢和中碳钢;碳素工具钢主要用于制造硬度高、耐磨的工具、刀具。

普通碳素结构钢的牌号主要由表示机械性能指标中屈服点的"屈"字拼音首字母"Q"和屈服点数值(以MPa为单位)构成。常用的种类有Q195、Q235等,它们常用于制造螺栓、螺钉、螺母、法兰盘、键、轴等,如图2-8所示。

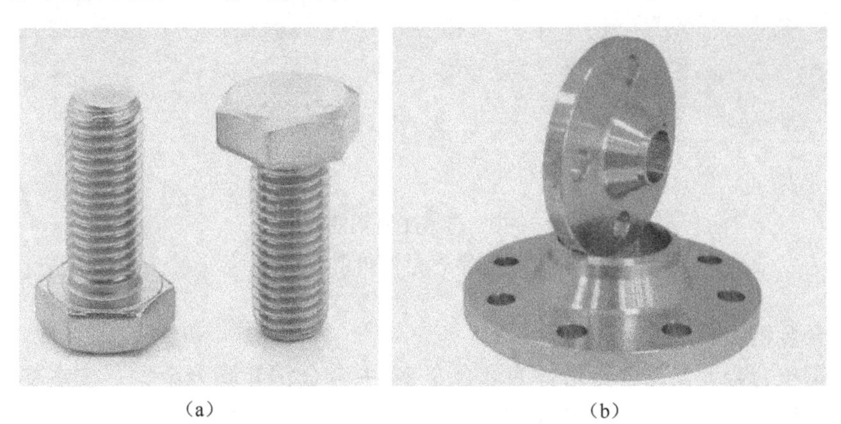

(a)　　　　　　　　　　(b)

图2-8　普通碳素结构钢的应用

(a)Q195制作的螺钉;(b)Q235制作的法兰。

优质碳素结构钢的牌号由代表钢中平均碳的质量分数的万分数的两位数字来表示。常用的有低碳钢08、15、20,中碳钢35、45、50,高碳钢65等。其中08钢主要用于冲压件和焊接件,45钢可用于制造齿轮、轴、连杆等零件,65钢多用于制造弹簧等,如图2-9所示。

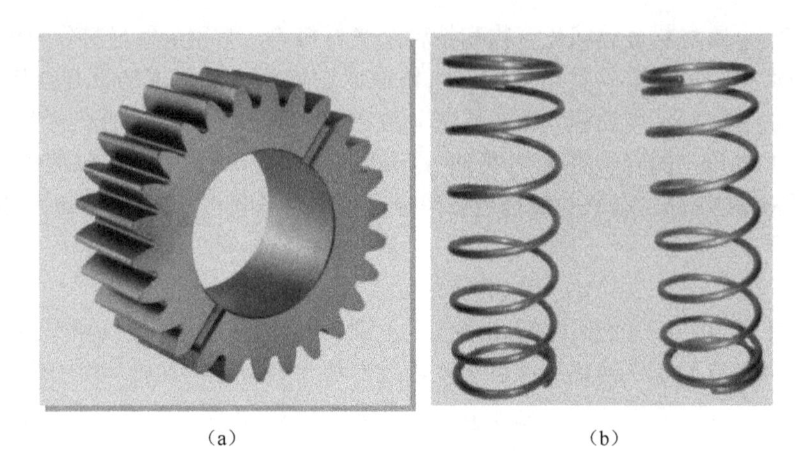

（a）　　　　　　　　　　　　　　　　（b）

图 2-9　优质碳素结构钢的应用

(a)45 钢制作的齿轮;(b)65 钢制作的弹簧。

碳素工具钢的牌号由“碳”字的拼音首字母“T”和代表钢中平均碳的质量分数的千分数的数字来表示。常用的牌号有 T8、T10、T12 等。碳素工具钢主要用于制造硬度高、耐磨的工具、量具和模具,如锯条、手锤、刮刀、锉刀、丝锥、量规等,如图 2-10 所示。

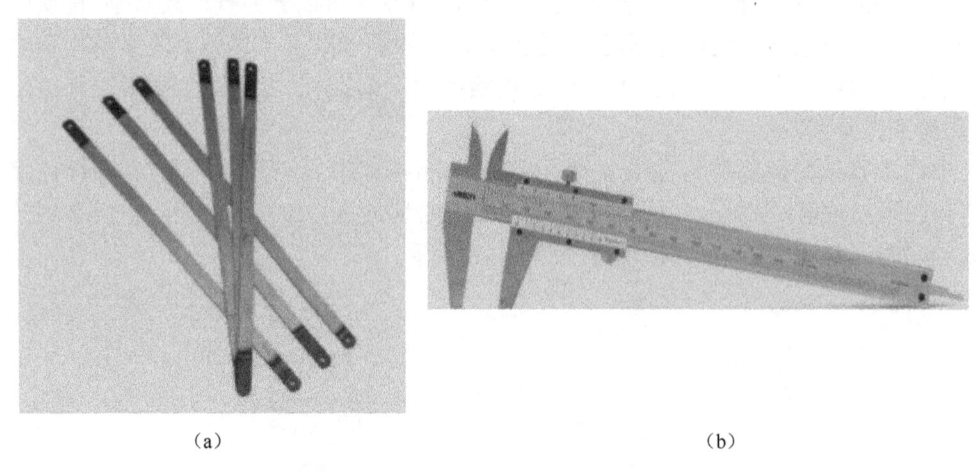

（a）　　　　　　　　　　　　　　　　（b）

图 2-10　碳素工具钢的应用

(a)T12 钢制作的锯条;(b)T10 钢制作的卡尺。

(2) 合金钢。

合金钢按合金元素的含量可分为低合金钢、中合金钢和高合金钢。按主要用途可分为合金结构钢、合金工具钢和特殊性能钢(不锈钢、耐热钢、耐磨钢等)。

合金结构钢可用于制造各种机械结构零件,如 40Cr、40CrNiMoA、45CrNi 等可以做一些简单的齿轮、连杆、曲轴、车床主轴等。合金工具钢主要有 Cr12、9SiCr、W6Mo5Cr4V2、W18Cr4V 等,分别可用于制造冷作模具、量具、刀具等。特殊性能钢中的不锈钢(0Cr19Ni9、1Cr18Ni9 等)可因其耐腐蚀性好用来做医疗器具、量具等,耐热钢(2Cr12wMovNbB、0Cr25Ni20 等)可用来做叶片、轮盘等,耐磨钢(ZGMn13 等)可用来做铲斗、衬板等耐磨件,如图 2-11 所示。

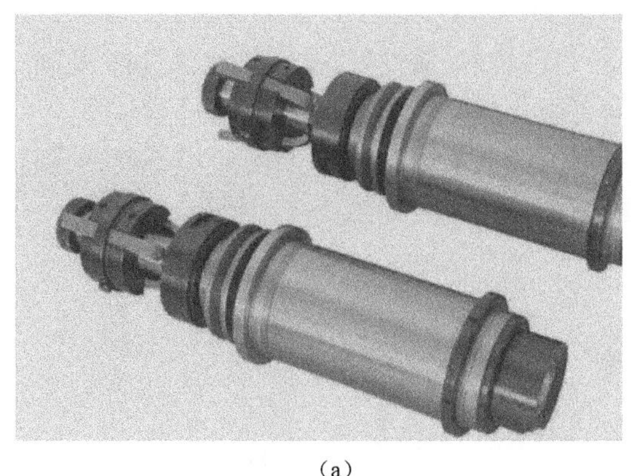

（a）　（b）

图 2-11　合金钢的应用

(a)合金钢制作的车床主轴;(b)耐热钢制作的叶片。

2）铸铁

生产上常用的铸铁有灰口铸铁(片状石墨)、球墨铸铁(球状石墨)、可锻铸铁(团絮状石墨),它们的碳的质量分数通常在 2.5%~4.0%。其中最常用的是灰铸铁,它的铸造性能好,可浇注出形状复杂和薄壁的零件,但灰铸铁脆性较大,不能锻压,且焊接性能也差,因此主要用于生产铸件。灰铁的抗拉强度、塑性和韧性都远低于钢,但抗压性能好,还具有良好的减振性、耐磨性和切削加工性能,生产方便,成本低廉,生产上主要用于制作机床床身、内燃机的汽缸体、缸套、活塞环及轴瓦、曲轴等,如图 2-12 所示。

灰口铸铁的牌号以“灰铁”汉语拼音字母“HT”加表示其最低抗拉强度(MPa)的三位数字组成,如 HT100、HT150、HT350 等。常用于机器设备的床身、底座、箱体、工作台等,其商品产量占铸铁总产量的 80%以上。球墨铸铁的牌号以“球铁”汉语拼音字母 QT 加表示其最低抗拉强度(MPa)和最小伸长率(%)的两组数字组成,如 QT600-3。球墨铸铁强化处理后比灰口铸铁有着更好的机械性能,又保留了灰口铸铁的某些优良性能和价格低廉的优点,可部分代替碳素结构钢用于制造曲轴、凸轮轴、连杆、齿轮、汽缸体等重要零件。

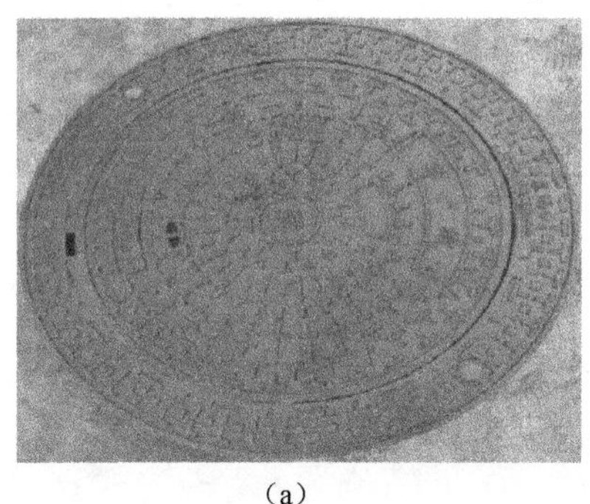

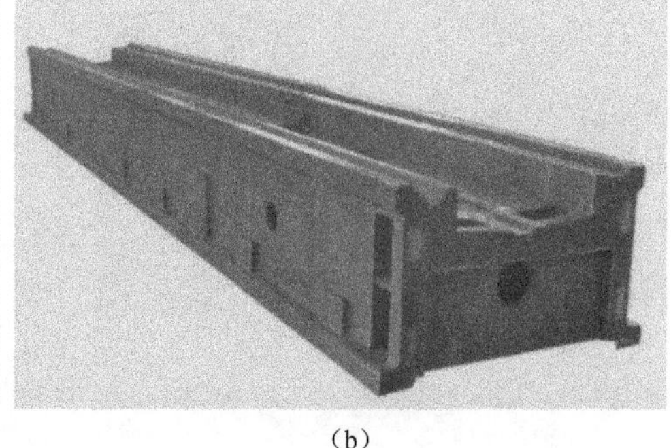

（a）　（b）

图 2-12　铸铁的应用

(a)铸件制作的井盖;(b)铸铁制作的机床床身。

3）铝及其合金

铝的主要特点是比重小，导电、导热性较好，塑性好，抗大气腐蚀性好，能通过冷、热变形制成各种型材。铝的强度低，经加工硬化后强度可提高，但塑性下降。

工业纯铝主要用来制造电线、散热器等要求耐腐蚀而强度要求不高的零件以及生活用具等。铝的合金可用来制作门框、窗框、家具等，如图 2-13 所示。

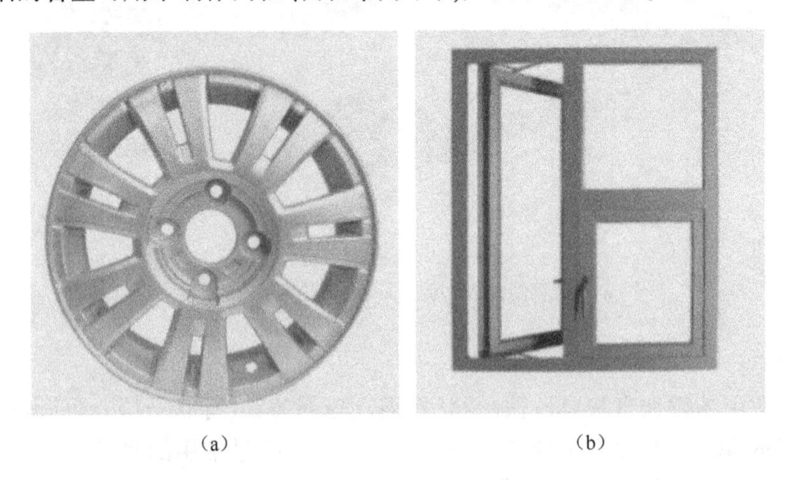

（a）　　　　（b）

图 2-13　铝合金的应用

（a）铝合金制作的轮毂；（b）铝合金制作的门窗。

4）铜及其合金

铜具有良好的导电性、导热性、耐腐蚀性和延展性等物理化学特性。纯铜可拉成很细的铜丝，制成很薄的铜箔。纯铜的新鲜断面是玫瑰红色的，但表面形成氧化铜膜后，外观呈紫红色，故常称紫铜。铜可以与锡、锌、镍等金属化合成具有不同特点的合金，即青铜、黄铜和白铜。铜及其合金在电器、电力和电子工业中用量最大。据统计，世界上生产的铜近半消耗在电器工业中。军事上用铜制造各种子弹、炮弹、舰艇冷凝管和热交换器以及各种仪表的弹性元件等，还可用来制作轴承、轴瓦、油管、阀门、泵体，以及高压蒸汽设备、医疗器械、光学仪器、装饰材料及金属艺术品和各种日用器具等，如图 2-14 所示。

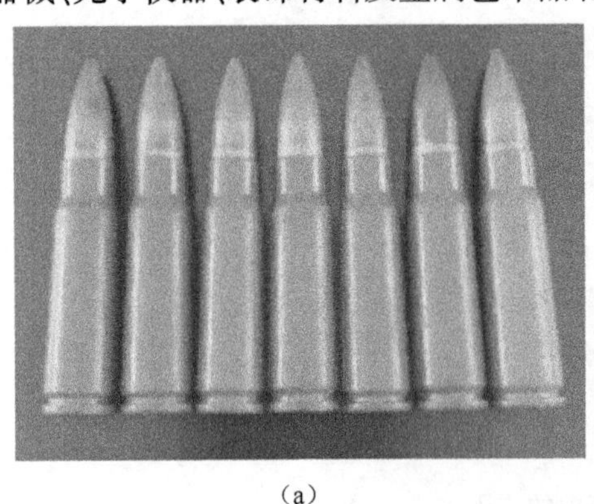

（a）　　　　（b）

图 2-14　铜合金的应用

（a）铜合金制作的子弹；（b）铜合金制作的管材。

5）钛

钛和钛合金被认为是21世纪的重要材料，它具有很多优良的性能，如熔点高、密度小、可塑性好、易于加工、机械性能好等。尤其是抗腐蚀性能非常好，即使把它们放在海水中数年，取出后仍光亮如新，其抗腐蚀性能远优于不锈钢，因此被广泛用于火箭、导弹、航天飞机、船舶、化工和通信设备等，钛合金与人体有很好的“相容性”，因此可用来制造人造骨，如图2-15所示。

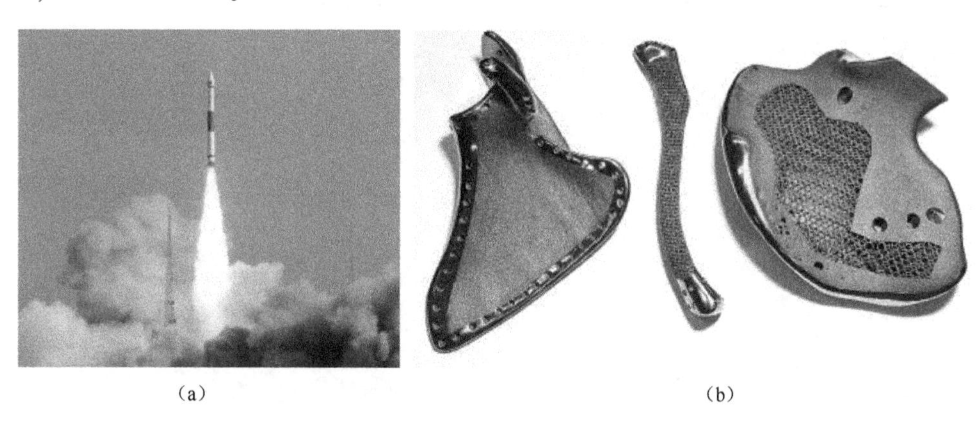

（a）　　　　（b）

图2-15　钛合金的应用

（a）钛合金制作的火箭构件；（b）钛合金制作的骨头假肢。

金属材料的力学性能是指材料在受外力作用时所表现出来的各种性能。由于机械零件大多是在受力的条件下工作，因而所用材料的力学性能就显得格外重要。力学性能指标主要有强度、塑性、韧性、硬度等。

强度是指材料在外力的作用下抵抗塑性变形和断裂的能力。金属强度指标主要以屈服强度 σ_s 和抗拉强度 σ_b 最为常用。

塑性是指金属材料在外力作用下发生塑性变形而不被破坏的能力。常用的塑性指标是延伸率 δ 和断面收缩率 ψ 。二者数值越大，表明材料的塑性越好。

韧性是指材料在断裂前吸收变形能量的能力。常用的韧性指标是用通过冲击试验测得的材料冲击吸收功的大小来表示的。

硬度是反应材料抵抗比它更硬的物体压入其表面的能力。常用的硬度指标有布氏硬度和洛氏硬度。在压缩状态下，不同深度的金属所承受的压力及引起的变形不同，硬度值是压痕附近局部区域内及金属材料的弹性、微量塑性变形能力、塑性变形强化能力、大量塑料变形抗力等机械性能的综合反映。

2. 非金属材料

1）高分子材料

高分子材料是以高分子化合物（聚合物）为主要成分的材料，可以分为天然高分子化合物和合成高分子化合物两类。按照用途可将高分子材料分为塑料、橡胶、合成纤维和胶黏剂等。

（1）塑料。

塑料是以天然或合成的高分子化合物（树脂）为主要成分加入适量填料和添加剂，在高温、高压下塑化成型，且在常温、常压下保持制品形状不变的材料。塑料按高分子化学和加工条件下的流变性能，可分为热塑性和热固性塑料两大类。热塑性塑料可以反复成型，对塑料制品的再生很有意义，其占塑料总产量的70%以上。热固性塑料则不溶不熔，无法重新塑造使用。

塑料具有质量轻、比强度高、化学稳定性好、电绝缘性好、耐磨、减摩和自润滑性好等优点，在工业、农业、交通运输业以及国防工业领域广泛应用，如图2-16所示。

（a）　　　　（b）

图2-16　塑料的应用

（a）塑料制作的杯子；（b）塑料制作的玩具。

（2）橡胶。

橡胶是一种具有高弹性的有机高分子材料。按其原料来源，橡胶可分为天然橡胶和合成橡胶两大类。天然橡胶是指橡胶树上流出的胶乳经过凝固、干燥等工序加工而成的弹性固状物。天然橡胶的弹性和力学性能较高，有较好的耐碱性能，是电绝缘体，但产量远不能满足各方面需要。合成橡胶是通过化学合成的方法制取的，也可以根据需要合成具有特殊性能的特种橡胶。橡胶的应用如图2-17所示。

橡胶具有优良的伸缩性和可贵的积储能量的能力，同时，橡胶还具有良好的耐磨性、隔声性和阻尼特性，在机械工程中常用作密封件、减震件、防振件、传动件及运输胶带。

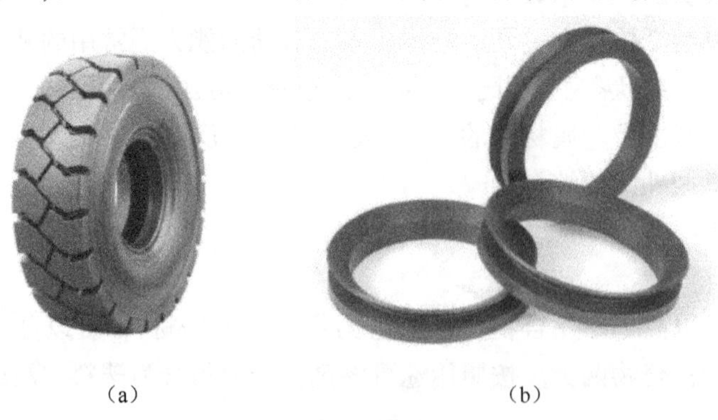

（a）　　　　（b）

图2-17　橡胶的应用

（a）橡胶制作的轮胎；（b）橡胶制作的垫圈。

(3) 纤维。

纤维材料指的是在室温下分子的轴向强度很大,受力后变形较小,在一定温度范围内力学性能变化不大的高聚物材料。纤维材料分为天然纤维与化学纤维两大类,而化学纤维又可分为人造纤维和合成纤维两种。人造纤维是以天然高分子纤维素或蛋白质为原料经过化学改性而制成的。合成纤维是由合成高分子为原料通过拉丝工艺而得到的,主要有聚酯纤维(涤纶),聚酰胺纤维(锦纶)和聚丙烯腈纤维(腈纶)等。

合成纤维一般具有强度高、密度小、弹性好、耐磨、不霉烂、不怕虫蛀等特点。此外,不同品种的合成纤维各具有某些独特性能,如耐高温纤维(聚苯咪唑纤维)、耐高温腐蚀纤维(聚四氟乙烯)、耐辐射纤维(聚酰亚胺纤维)。合成纤维一般常用作衣料、渔网、索桥、船缆、降落伞、绝缘布等,如图 2-18 所示。

(a)

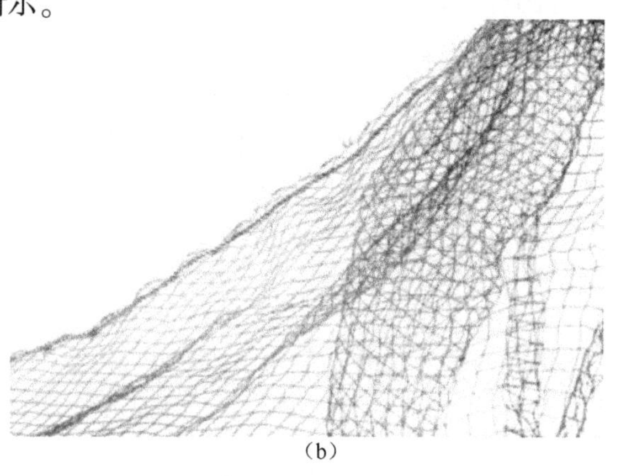

(b)

图 2-18　纤维的应用

(a)衣服;(b)渔网。

(4)胶黏剂。

胶黏剂一般由几种材料组成,通常是以具有黏性或弹性的天然产物和合成高分子化合物为基料加入固化剂、填料、增韧剂、稀释剂、防老剂等添加剂而组成的一种混合物。按胶接强度特性分类,可分为结构型胶黏剂、非结构型胶黏剂及次结构型胶黏剂 3 种类型。结构型胶黏剂具有足够高的胶接强度,胶接接头可经受较苛刻的条件,因而此类胶黏剂可用以胶接结构件;非结构型胶黏剂的胶接强度较低,主要用于非结构部件的胶接;次结构型胶黏剂则介于二者之间。胶黏剂的应用如图 2-19 所示。

(a)

(b)

图 2-19　胶黏剂的应用

(a)丁苯乳胶;(b)502。

2）无机非金属材料

无机非金属材料是以某些元素的氧化物、碳化物、氮化物、卤素化合物、硼化物以及硅酸盐、铝酸盐、磷酸盐、硼酸盐等物质组成的材料，是除有机高分子材料和金属材料以外的所有材料的统称。常见的无机非金属材料有二氧化硅气凝胶、水泥、玻璃和陶瓷。

传统陶瓷是以黏土、石英、长石为原料制成，质地坚硬，有良好的抗氧化性、耐蚀性和绝缘性，能耐一定高温，成本低，生产工艺简单。但由于含有较多的玻璃相，故结构疏松，强度较低。在一定温度下会软化，耐温性能不如近代陶瓷。传统陶瓷广泛应用于日用、电气、化工、建筑等部门，如装饰瓷、餐具、绝缘子、耐蚀容器、管道设备等。

近代陶瓷是化学合成陶瓷，是经人工提炼的、纯度较高的金属氧化物、氮化物、硅酸盐等化合物，经配料、烧结而成的陶瓷材料。氧化铝陶瓷具有较高的硬度、强度、高温强度和耐磨性以及良好的绝缘性和化学稳定性，广泛用于制造高速切削工具、量规、高温炉零件、真空材料、绝热材料和坩埚材料。氮化硅陶瓷具有良好的耐磨性，化学稳定性高，可耐各种无机酸和碱溶液的腐蚀，并能抵抗熔融铝、铅、镍等非铁金属的侵蚀，具有优异的绝缘性，可用来制造各种泵的密封环、热电偶套、切削刀具、高温轴承等，如图 2-20 所示。

（a）

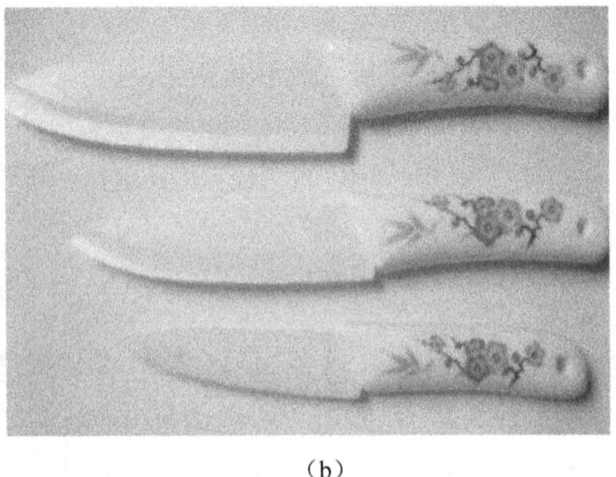

（b）

图 2-20　陶瓷的应用

（a）景德镇陶瓷；（b）陶瓷刀具。

3. 复合材料

复合材料是以合成树脂、金属材料和陶瓷材料等为基体，另外加入各种增强纤维或增强颗粒而形成。这种材料的力学性能、耐热性能均优于基体材料，既有树脂的化学性能、电性能和密度小、易加工等特性，又有无机纤维的高模量、钢的高强度等性能。因此，复合材料研制和应用越来越广泛。复合材料依照增强相的性质和形态，可分为纤维增强复合材料、颗粒增强复合材料和层状复合材料三类。

1）纤维增强复合材料

纤维增强复合材料主要包括玻璃纤维增强复合材料和碳纤维增强复合材料。

玻璃纤维增强复合材料是由玻璃纤维与各种树脂复合而成，通常称为玻璃钢，并按树脂性质不同分为热塑性玻璃钢和热固性玻璃钢。热塑性玻璃钢是由玻璃纤维与热塑性树脂结合在一起而形成，不仅强度和韧性高，耐热性能，化学稳定性好，还具有较高的介电和抗老化性能以及较好的工艺性能等，可用于制造轴承、法兰圈、齿轮、紧固件等零件，以及高压气瓶和管道、阀门、储罐、防护罩、叶片等构件。热固性玻璃钢是由玻璃纤维与热固性树脂构成，具有质量轻、比强度高、耐蚀性好、介电性能优越、成形性能良好等优点，但刚度较差，耐热性不高且易老化。可用于制造游船和舰艇的船体、直升机旋翼、各种车辆的车身及配件等，也可用于制造车身、直升机旋翼等，如图 2-21 所示。

碳纤维增强复合材料以碳纤维为增强剂，以树脂、金属、陶瓷等为黏结剂而制成。这种材料还具有密度小、疲劳强度高、冲击韧度高、耐水和湿气、化学稳定性高、摩擦系数小、导热受热性好等特点。用作航空航天结构材料，减重效果十分显著，显示出无可比拟的巨大应用潜力，当前先进固体发动机均优先选用碳纤维复合材料壳体。采用碳纤维复合材料可提高弹头携带能力，增加有效射程和落点精度。

（a）　　（b）

图 2-21　纤维增强复合材料的应用

（a）玻璃钢管道；（b）碳纤维自行车。

2）颗粒增强复合材料

由陶瓷颗粒与金属结合的颗粒增强复合材料称为金属陶瓷。陶瓷颗粒多为氧化物、碳化物、硼化物和氮化物颗粒，在材料中起强化作用，而金属 Ti、Cr、Ni、Co 及其合金则起黏结作用。陶瓷含量高的为工具材料，金属含量高的为结构材料。

碳化物基金属陶瓷称为硬质合金，其硬度高、热硬性好、耐磨性优良，但由于硬度太高、质脆，很难进行机械加工，常做成一定规格的刀片镶焊在刀体上制作刀具及冷作模具使用。氧化物基金属陶瓷具有高强度、高硬度、高耐磨性、热硬性及耐腐蚀，但韧性和热稳定性较低，主要用作工具材料，如图 2-22 所示。

3）层状复合材料

层状复合材料是由两层或两层以上不同性质的材料结合而成，达到增强的目的。例如以钢板为基体、烧结铜网为中间层、塑料为表层制成的三层复合材料，这种材料具有金属的力学、物理性能和塑料的表面耐摩擦、磨损性能。这种复合材料已广泛应用于制造各种机械、车辆等的无润滑的轴承，还可制作机床导轨、衬套、垫片等，如图 2-23 所示。

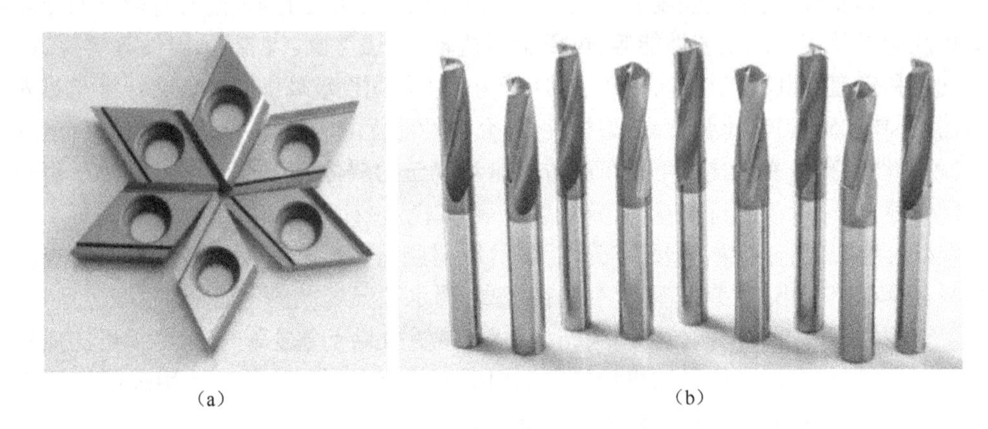

(a)　　(b)

图 2-22　颗粒增强复合材料的应用
(a)金属陶瓷刀片;(b)硬质合金刀。

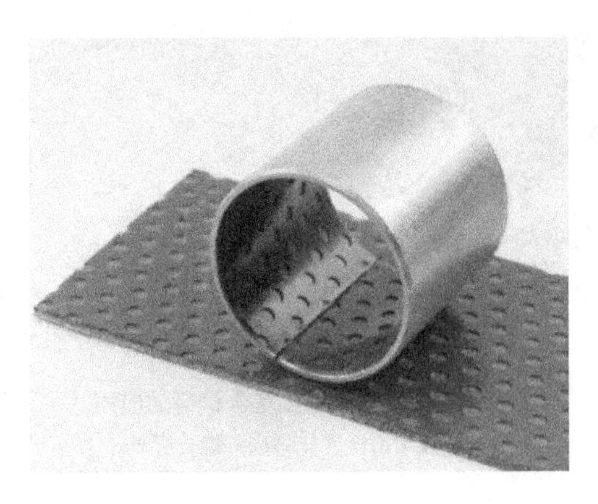

图 2-23　无润滑轴承

2.3　切削加工基础

2.3.1　切削加工概述

切削加工的实质是指切削刀具和被切削工件按一定的规律作相对运动,将毛坯材料的多余部分切去从而获得所要求工件的尺寸精度、形状精度、位置精度和表面粗糙度。

切削加工通常分为两大类,一类是通过工人操纵机床来完成切削加工,称为机械加工。其主要方法有车削、钻削、铣削、刨削和磨削等,如图 2-24 所示。另一类是通过工人使用手用工具对工件进行切削加工,称为钳工,其主要内容包括划线、錾削、锯削、锉削、刮削、研磨、钻孔、扩孔、铰孔、攻螺纹、套螺纹、装配等。

1. 机床的切削运动

在机床上切削加工必须要有刀具和工件的相对运动,这一运动称为切削运动。切削

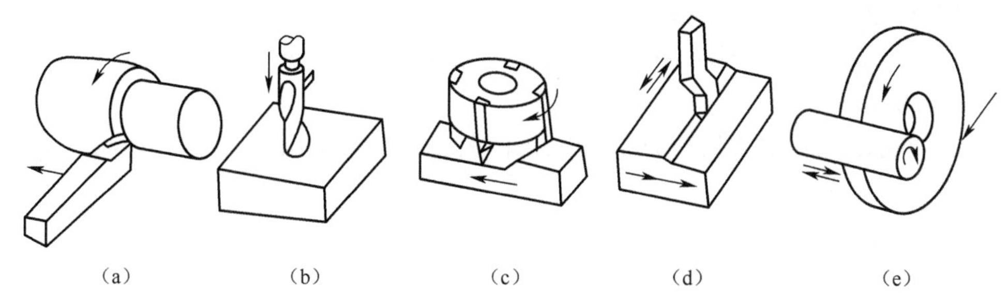

图 2-24　机械加工的主要方法

(a)车削;(b)钻削;(c)铣削;(d)刨削;(e)磨削。

运动按照其特性以及在切削过程中的作用不同,可以分为主运动和进给运动。

主运动是提供可以产生切削的运动,没有主运动就无法进行切削。在机床上主运动消耗动力最大且运动速度最高。

进给运动是使工件的多余材料不断被去除的工件运动,是提供连续切削可能性的运动。进给运动的速度一般较低。在机械加工中,主运动只有一个,进给运动则可能有一个或几个。

在这两个运动合成的切削运动作用下,工件表面的一层金属不断被车刀切下来成为切屑,从而加工出所需的工件新表面,在此过程中,工件上形成了三个表面,如图 2-25 所示。

(1) 已加工表面:工件上已经切除多余金属而形成的新表面。

(2) 待加工表面:工件上即将被切削的表面。

(3) 过渡表面:工件上正在加工的表面。

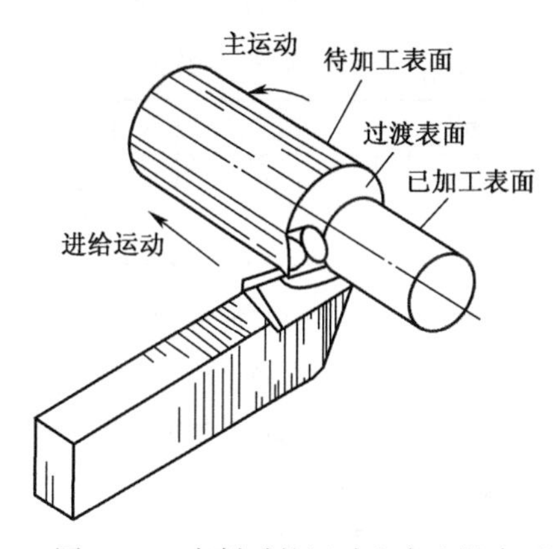

图 2-25　车削时的运动和产生的表面

2. 切削用量三要素

切削用量三要素是指切削速度 v_c、进给量 f 和背吃刀量 a_p。

(1) 切削速度 v_c 是指单位时间内工件和刀具沿主运动方向相对移动的距离,即工件加工表面相对刀具的线速度,计算公式为

$$v_c = \frac{\pi dn}{1000}\ (\mathrm{m/min}) \tag{2-2}$$

式中：d 为待加工表面或刀具的最大直径(mm)；n 为工件的转速(r/min)。

(2) 进给量 f。在车削加工中，进给量是指工件每转一转时，车刀沿进给方向移动的距离，单位为 mm/r。

(3) 背吃刀量 a_p 又称切削深度，是指工件上已加工表面和待加工表面之间的垂直距离，单位为 mm。

2.3.2 零件加工质量

零件的加工质量包括零件的加工精度和表面粗糙度两方面。

1. 加工精度

加工精度是指零件经加工后，其尺寸、形状等实际参数与其理论参数相符合的程度。相符合的程度越高，偏差(加工误差)越小，加工精度越高，加工精度包括尺寸精度、形状精度和位置精度等。

尺寸精度是指加工后零件的实际尺寸与零件理想尺寸相符合的程度。尺寸精度用尺寸公差等级表示，国家标准规定 20 级，即 IT01，IT0，ITI，IT2，…，IT18。从前到后公差等级逐渐降低，IT01 公差等级最高，IT18 公差等级最低。IT5～IT13 用于一般配合尺寸，特别精密零件配合用 IT2～IT5，非配合尺寸用 IT12～IT18，原材料配合用 IT8～IT14。尺寸精度的高低是由尺寸公差(简称公差)控制，同一基本尺寸的零件，公差值小的精度高，公差值大的精度低。

形状精度是指零件上的被测要素(线和面)相对于理想形状的准确度。形状精度用形状公差来控制。根据国家标准 GB/T 1182—2008，形状公差有 6 项，以控制加工出的零件形状准确度，表 2-3 列出了形状公差的名称及符号。形状精度主要与机床本身的精度有关，如车床主轴在高速旋转时，旋转轴线有跳动就会使工件产生圆度误差。

表 2-3　形状公差的名称及符号

项目	直线度	平面度	圆度	圆柱度	线轮廓度	面轮廓度
符号	—	▱	○	⌭	⌒	⌓

位置精度是指零件上被测要素(线和面)相对于基准之间的位置准确度。它由位置公差来控制。GB/T 1182—2008 规定了 6 项位置公差。位置精度主要与工件装夹、加工顺序安排及操作人员技术水平有关。如车外圆时次装夹如表 2-4 所列可能造成被加工外圆表面之间的同轴度误差值增大。

表 2-4　位置公差的名称及符号

项目	位置度	同心度	同轴度	对称度	线轮廓度	面轮廓度
符号	⌖	◎	◎	⌯	⌒	⌓

2. 表面粗糙度

表面粗糙度是指零件表面微观不平度的大小。主要是在零件的切削加工过程中，刀具在零件表面留下的加工痕迹以及由于刀具和工件的振动或摩擦等原因，会使工件已加工表面生成微小的峰谷。表面粗糙度是评定零件表面质量的一项重要指标，它对零件的配合、耐磨性、抗腐蚀性、密封性和外观均有影响。表面粗糙度常用微观不平度的平均算术偏差 *Ra* 来测量。

2.4 测量技术

制造和测量是现代工业必不可缺的部分，尤其在这个越来越追求质量的时代，不仅会加工产品，更要保证质量，那么如何检测产品质量就成为一项必不可少的技能。

2.4.1 测量技术基础

(1) 计量学是有关测量知识的一门学科，采用的术语主要包括：测量、测试、检验、检定和对比。

① 测量：用实验的方法，把被测量与同性质的标准量进行比较，确定被测量与标准量的比值，从而得到被测量的量值。

② 测试：具有实验性质的测量，也可理解为实验和测量的全过程。

③ 检验：判断被测物理量是否合格，通常不要求测出具体值，检验的主要对象是工件。

④ 检定：为评定计量器具是否符合法定要求所进行的全部工作，包括检查、加标记和出具检定证书，检定的主要对象是计量器具。

⑤ 比对：在规定的条件下，对相同不确定度等级的同类基准、标准或工作用计量器具之间的量值进行比较的过程。

(2) 测量过程。

一个完整的测量过程应包含四个要素测量对象、测量单位、测量方法(含测量器具)和测量精度。

① 测量对象。

测量对象是指测量过程需要检测的物理量。如长度、角度、表面粗糙度、形位误差以及螺纹、齿轮的各个几何参数等。

② 测量单位。

全球普遍采用的测量单位制是国际单位制，即公制(C 也称为米制)，其基本的长度单位为 m(米)，在机械制造中常用的单位为 mm(毫米)、角度单位为 rad(弧度)。

③ 测量方法。

测量方法是根据一定的测量原理，在实施测量过程中对测量原理的运用及其实际操作，广义的测量方法可以理解为测量原理、测量器具和测量条件的总和。在实施测量过程中，应该根据被测对象的特点(如材料硬度、外形尺寸、生产批量、制造精度、测量目的等)和被测参数的定义来拟定测量方案，选择合适的测量器具、规定测量条件，合理地获得可靠的测量结果。

④ 测量精度(不确定度)。

测量精度表示测量结果与真值的一致程度。不考虑测量精度而得到的测量结果是没有任何意义的。每一个测量值都应给出相应的测量误差范围,说明其可信度。

2.4.2 常用测量设备及量具

量具是一种在使用时具有固定形态、用以复现或提供给定量的一个或多个已知量值的器具。机械加工生产中根据被测量工件的内容和精度不同,常用的量具有游标卡尺、千分尺、百分表等。

1. 游标卡尺

游标卡尺,是一种测量长度、内外径、深度的量具。游标卡尺由主尺和附在主尺上能滑动的游标两部分构成。游标卡尺的主尺和游标上有两副活动量爪,分别是内测量爪和外测量爪,内测量爪通常用来测量内径,外测量爪通常用来测量长度和外径,如图 2-26 所示。

常用的游标卡尺的分度值有 0.02mm、0.05mm 和 0.1mm 三种。测量范围有 0~125mm、0~200mm 和 0~300mm 等数种规格。游标卡尺的结构简单,使用方便,应用广泛。

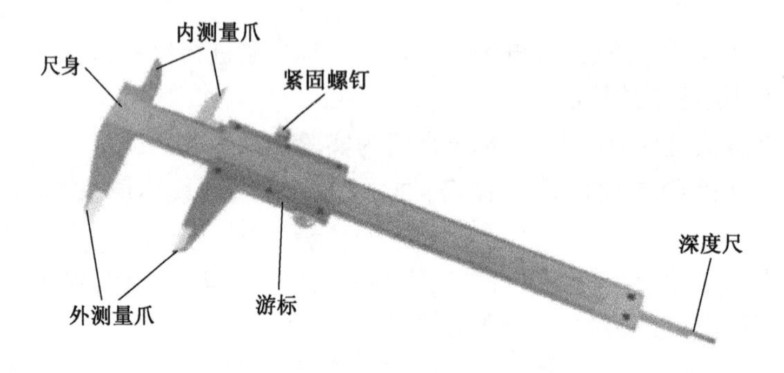

图 2-26 游标卡尺

1) 游标卡尺的读数原理

游标卡尺由主尺身和游标副尺组成。当尺身、游标的测量爪闭合时,主尺身和游标副尺的零线对准,如图 2-27(a)所示。游标副尺上有 n 个分格,它和主尺上的 $(n-1)$ 个分格的总长度相等,一般主尺上每一分格的长度为 1mm,设游标上每一个分格的长度为 x,则有 $nx=n-1$,主尺上每一分格与游标上每一分格的差值为 $1-x=1/n$ (mm),因而 $1/n$ (mm)是游标卡尺的最小读数,即游标卡尺的分度值。若游标上有 50 个分格,则该游标卡尺值为 1/50 = 0.02,这种卡尺称为 50 分游标卡尺。游标卡尺的仪器误差一般取决于游标卡尺的最小分度值。

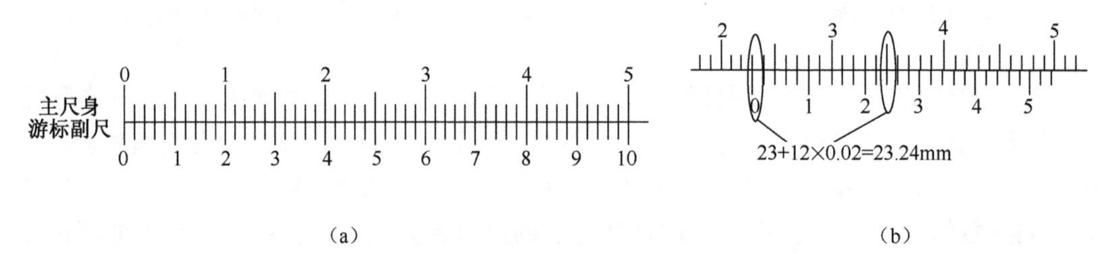

图 2-27 游标卡尺读数原理

(a)读数原理;(b)读数示例。

游标量具是以游标零线为基线进行读数的。以 0.02mm 游标卡尺为例,如图 2-27

(b)所示,其读数方法分三个步骤。

(1) 先读整数。根据游标零线以左的主尺身上的最近刻线读出整毫米数。

(2) 再读小数。根据游标零线以右与主尺身刻线对齐的游标副尺上的刻线条数乘以游标卡尺的读数值(0.02mm),即为毫米的小数。

(3) 整数加小数。将上面整数和小数两部分读数相加,即为被测工件的总尺寸值。图2-27(b)所示为23.24mm。

2) 游标卡尺使用注意事项

(1) 使用前首先应把测量爪和被测工件表面上的灰尘和油污等擦拭干净,以免擦伤游标卡尺测量面和影响测量精度;其次检查卡尺各部件间的相互作用是否正常,如尺框和微动装置移动是否灵活,紧固螺钉是否能起紧固作用;游标卡尺与被测工件温度尽量保持一致,以免产生温度差引起的测量误差。

(2) 检查游标卡尺零位。使游标卡尺两测量爪紧密贴合,用眼睛观察应无明显的间隙,同时观察游标副尺零线与主尺身零线是否对齐,若没有对齐,应记下零点读数,以便对测量值进行修正。

(3) 测量工件外尺寸时,应先使游标卡尺外测量爪间距略大于被测工件的尺寸,再使工件与尺身外测量爪贴合,然后使游标外测量爪与被测工件表面接触,并找出最小尺寸。同时注意外测量爪的两测量面与被测工件表面接触点的连线应与被测工件的表面垂直,不能歪斜,如图2-28所示。

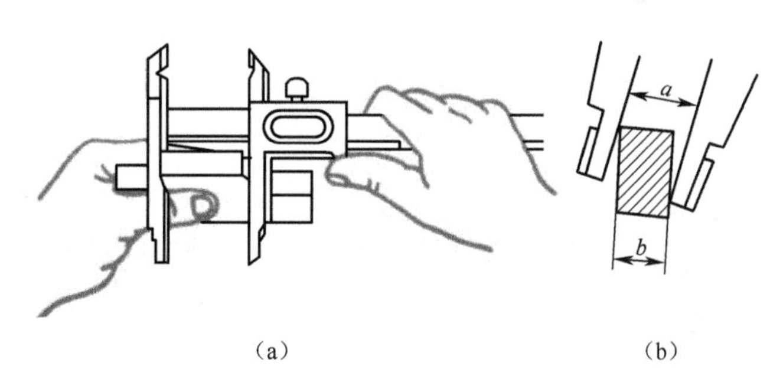

图2-28　游标卡尺测量外形尺寸的方法

(a)正确;(b)不正确。

(4) 测量工件内尺寸时,应使游标卡尺内测量爪的间距略小于工件的被测孔径尺寸,将测量爪沿孔中心线放入,先使尺身内测量爪与孔壁一边贴合,再使游标内测量爪与孔壁另一边接触,找出最大尺寸。同时注意使内测量爪两测量面与被测工件内孔表面接触点的连线与被测工件内表面垂直,如图2-29所示。

(5)用游标卡尺的深度尺测量工件深度尺寸时,要使卡尺端面与被测工件的顶端平面贴合,同时保持深度尺与该平面垂直,如图2-30所示。

2. 千分尺

千分尺又名螺旋测微器(见图2-31),是一种应用广泛的精密量具,其精度高于游标卡尺,可精确到0.01mm。常用的千分尺测量范围有0~25mm、25~50mm、50~75mm、75~100mm等规格。

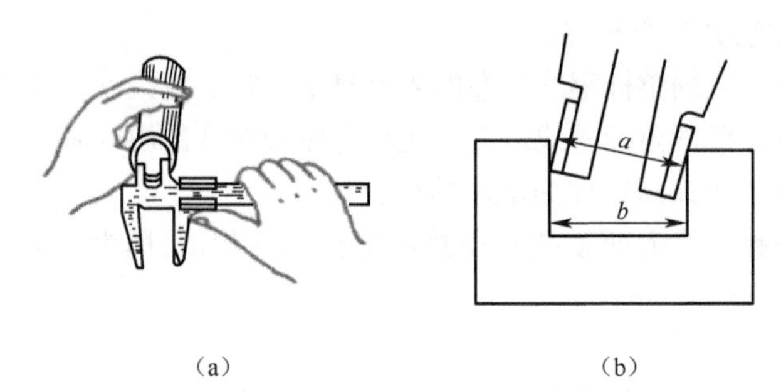

（a）　　　　　　　　（b）

图 2-29　游标卡尺测量内孔尺寸的方法
(a)正确;(b)不正确。

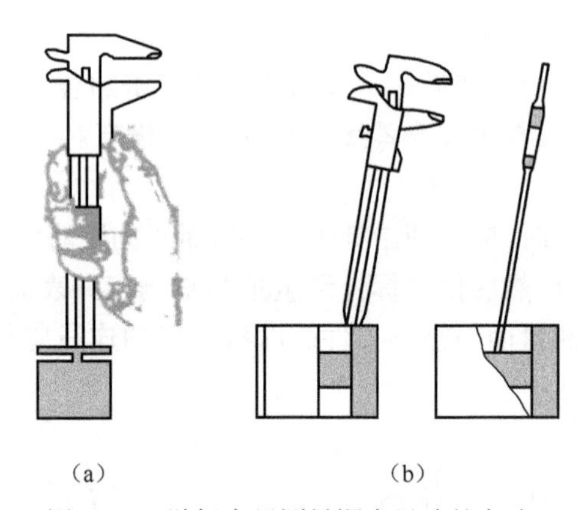

（a）　　　　　　　　（b）

图 2-30　游标卡尺测量深度尺寸的方法
(a)正确;(b)不正确。

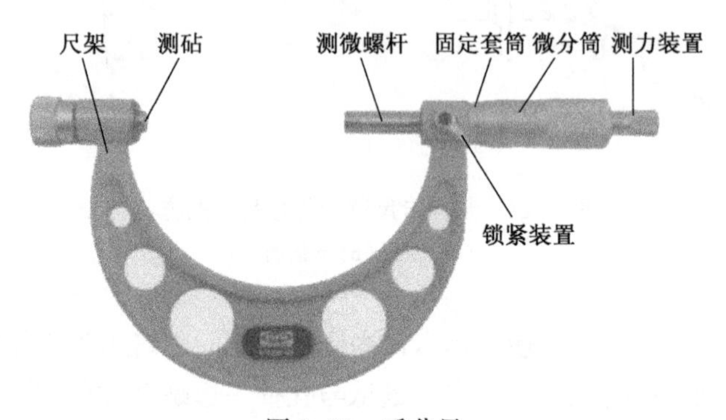

图 2-31　千分尺

1) 千分尺的读数原理

微分筒左端的圆锥面上刻有 50 条等分刻线。当微分筒旋转一圈时,由于测微螺杆的螺距为 0. 5mm,因此它就轴向移动了 0. 5mm,当微分筒旋转一格时,测微螺杆轴向移动距离为 0. 01mm(0. 5mm÷50),因此千分尺的分度值为 0. 01mm。

千分尺的读数步骤如下:

(1) 整数部分。读出在固定套筒上读出与微分筒相邻近的刻线数值(包括整数与

0.5mm 数)；

(2) 小数部分。在微分筒上读出与固定筒的基准线对齐的刻线数值,并估读一位,再乘以 0.01,即为小数值;

(3) 待测长度为两者之和,如图 2-32 所示。

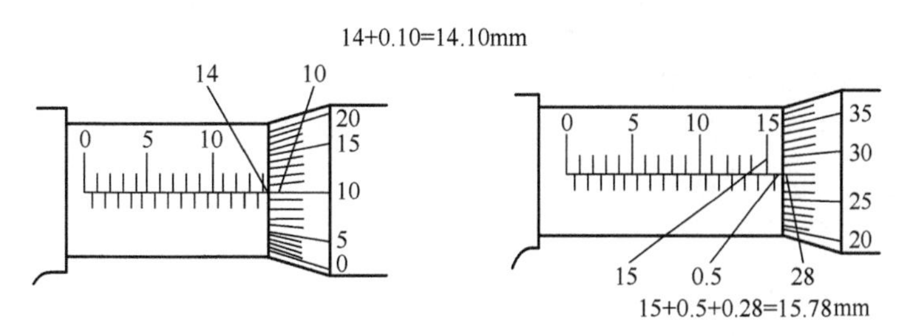

图 2-32　千分尺读数原理

2) 千分尺使用注意事项

(1) 使用前,应先用清洁纱布将千分尺及工件被测面擦拭干净,检查千分尺各活动部分是否灵活可靠,接触面上应没有间隙和漏光现象,同时微分筒和固定套筒要对准零位。

(2) 用千分尺测量零件时,应当手握测力装置的转帽来转动测微螺杆,使测砧表面保持标准的测量压力,即听到"咔咔"的声音,表示压力合适,并可开始读数。要避免因测量压力不等而产生测量误差。

(3) 在读取百分尺上的测量数值时,要特别留心不要读错 0.5mm。

(4) 为了获得正确的测量结果,可在同一位置上再测量一次。尤其是测量圆柱形零件时,应在同一圆周的不同方向测量几次,检查零件外圆有没有圆度误差,再在全长的各个部位测量几次,检查零件外圆有没有圆柱度误差等。

3. 百分表

百分表是一种精度较高的比较量具(见图 2-33),读数精确度为 0.01mm。它只能测出相对数值,不能测出绝对数值,主要用于测量形状和位置误差,也可用于机床上安装工件时的精密找正。它具有外形尺寸小、质量轻、使用方便等特点。百分表测量范围一般有 0~3mm、0~5mm 和 0~10mm 三种。

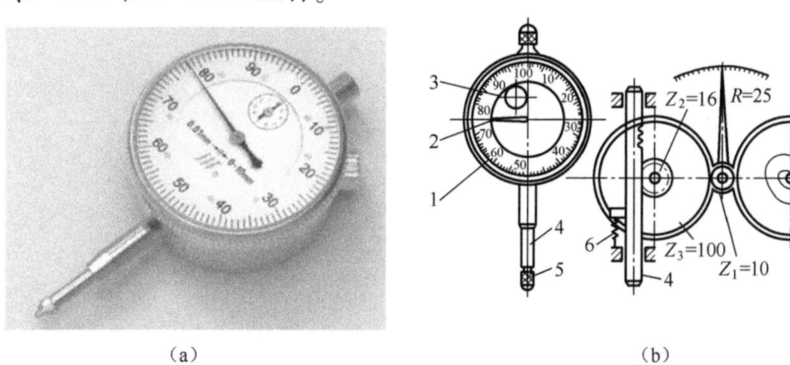

(a)　　　　　　　　　　(b)

图 2-33　百分表

(a)百分表实体图;(b)百分表结构图。

1—表盘;2—大指针;3—小指针;4—测量杆;5—测量头;6—弹簧;7—游丝。

1）百分表读数原理

百分表的结构原理如图 2-33(b)所示。当测量杆向上或向下移动 1mm 时，通过齿轮传动系统带动大指针转一圈，小指针转一格。刻度盘在圆周上有 100 个等分格，各格的读数值为 0.01mm。小指针每格读数为 1mm。测量时指针读数的变动量即为尺寸变化量。刻度盘可以转动，以便测量时大指针对准零刻线。

百分表的读数步骤为：先读小指针转过的刻度线（即毫米整数），再读大指针转过的刻度线（即小数部分），并乘以 0.01，然后两者相加，即得到所测量的数值。

2）百分表使用的注意事项

（1）根据工件的形状、表面粗糙度和材质，选用适当的测量头。

（2）测量前，应检查测量杆活动的灵活性。即轻轻推动测量杆时，测量杆在套筒内的移动要灵活，没有任何轧卡现象，手松开后，指针能回到原来的刻度位置。

（3）测量时，必须把百分表固定在可靠的夹持架上。切不可随便夹在不稳固的地方，否则容易造成测量结果不准确或摔坏百分表。

（4）测量平面时，测量面和测杆要垂直；测量圆柱形工件时，测杆的中心线要与被测工件的中心线垂直，否则，将使测量杆活动不灵或测量结果不准确。

第 3 章 现代软件概述

现代软件技术的发展与计算机的发展密切相关,并且越来越相互依赖,机械加工、电子设计等都需要采用相关的软件完成,既降低了人的工作强度,又可以通过软件仿真提高设计的正确性和准确性。

3.1 EDA 常用软件

EDA 即电子设计自动化(electronics design automation),在 20 世纪 60 年代中期从计算机辅助设计(CAD)、计算机辅助制造(CAM)、计算机辅助测试(CAT)和计算机辅助工程(CAE)的概念发展而来的。

几乎所有理工科类的高校都开设了 EDA 课程。使学生掌握用 EDA 工具进行电子电路课程的实验验证并从事简单系统的设计,为今后工作打下基础。EDA 在教学、科研、产品设计与制造等各方面都有着广泛的应用,已经渗透到各行各业,包括在机械、电子、通信、航空航天、化工、矿产、生物、医学、军事等各个领域都有应用。

3.1.1 Matlab

Matlab 是 MathWorks 公司于 1982 年推出的一套高性能数值计算的可视化软件,用于算法开发、数据可视化、数据分析以及数值计算的高级技术计算语言和交互式环境,主要包括 Matlab 和 Simulink 两大部分。它将数值分析、矩阵计算、科学数据可视化以及非线性动态系统的建模和仿真等诸多强大功能集成在一个易于使用的视窗环境中,代表了当今国际科学计算软件的先进水平。

20 世纪 70 年代,美国新墨西哥大学计算机科学系主任 Cleve Moler 用 FORTRAN 编写了最早的 Matlab。

1983 年 Steve Bangert 主持开发编译解释程序,Steve Kleiman 完成图形功能的设计,John Little 和 Cleve Moler 主持开发了各类数学分析的子模块,撰写用户指南和大部分的 M 文件。这样用 C 语言开发了第二代 Matlab 专业版,也是 Matlab 第一个商用版,同时赋予了它数值计算和数据图示化的功能。

1984 年,Cleve Moler 和 John Little 成立了 Math Works 公司,发行了 Matlab 第 1 版(DOS 版本 1.0),正式把 Matlab 推向市场。

1993 年,MathWorks 公司推出了 Matlab 4.1 版。也是在这年(1993 年)MathWorks 公司从加拿大滑铁卢大学购得 Maple 的使用权,以 Maple 为“引擎”开发了 Symbolic Math Toolbox 1.0。MathWorks 公司此举加快结束了国际上数值计算、符号计算孰优孰劣的长期争论,促成了两种计算的互补发展新时代。

2001 年,MathWorks 公司推出 Matlab 6.0 版本,6.0 版在继承和发展其原有的数值计算和图形可视能力的同时,推出了 Simulink,打通了 Matlab 进行实时数据分析、处理和硬件开发的道路。

Matlab 可以进行矩阵运算、绘制函数和数据、实现算法、创建用户界面、Matlab 开发工作界面连接其他编程语言的程序等(主界面见图 3-1),具有众多的面向具体应用的工具箱(图 3-2)和仿真块,包含了完整的函数集用来对图像信号处理、控制系统设计、神经网络等特殊应用进行分析和设计。

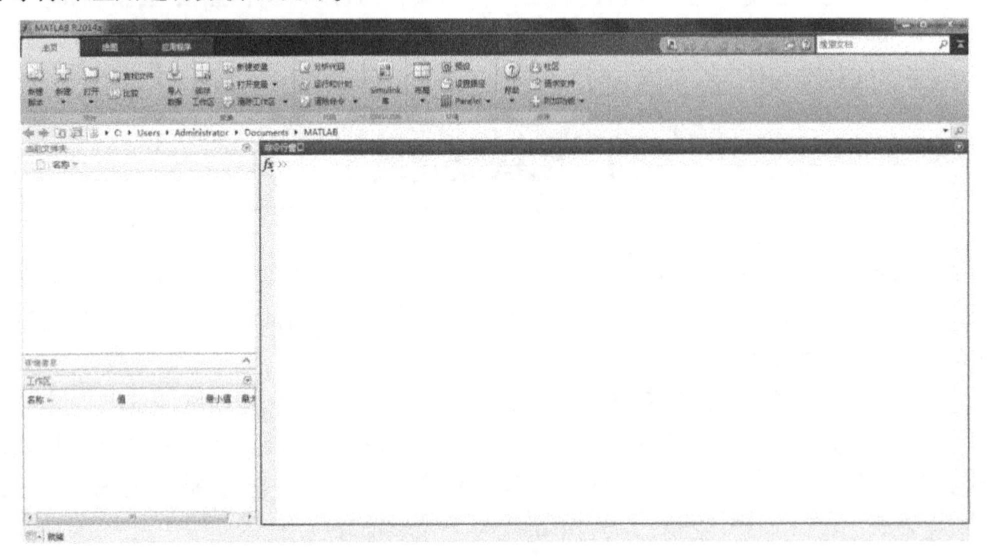

图 3-1　Matlab 主界面

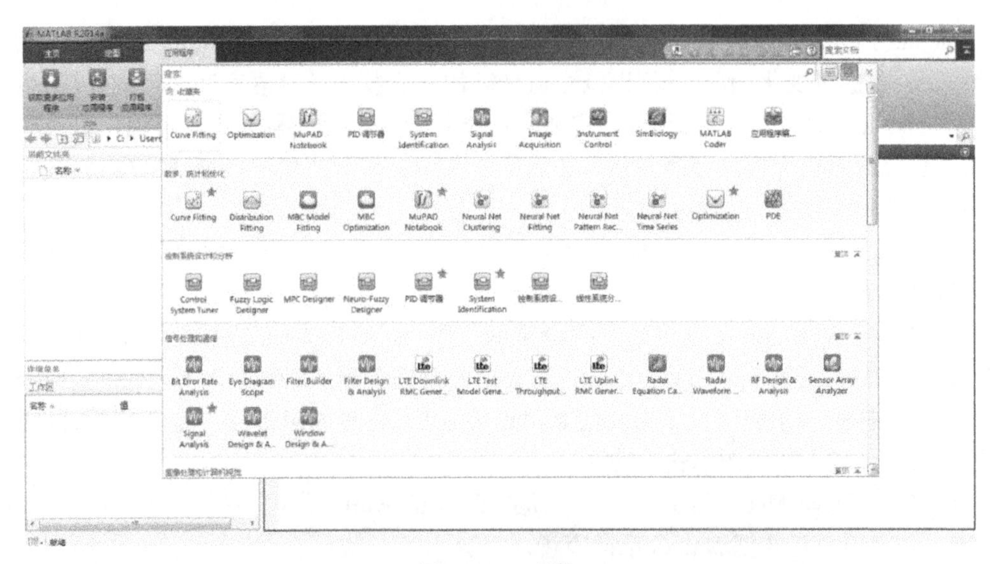

图 3-2　工具箱

Matlab 主要应用于工程计算(图 3-3)、控制设计、信号处理与通信、图像处理(图 3-4)、信号检测、金融建模设计与分析等领域。

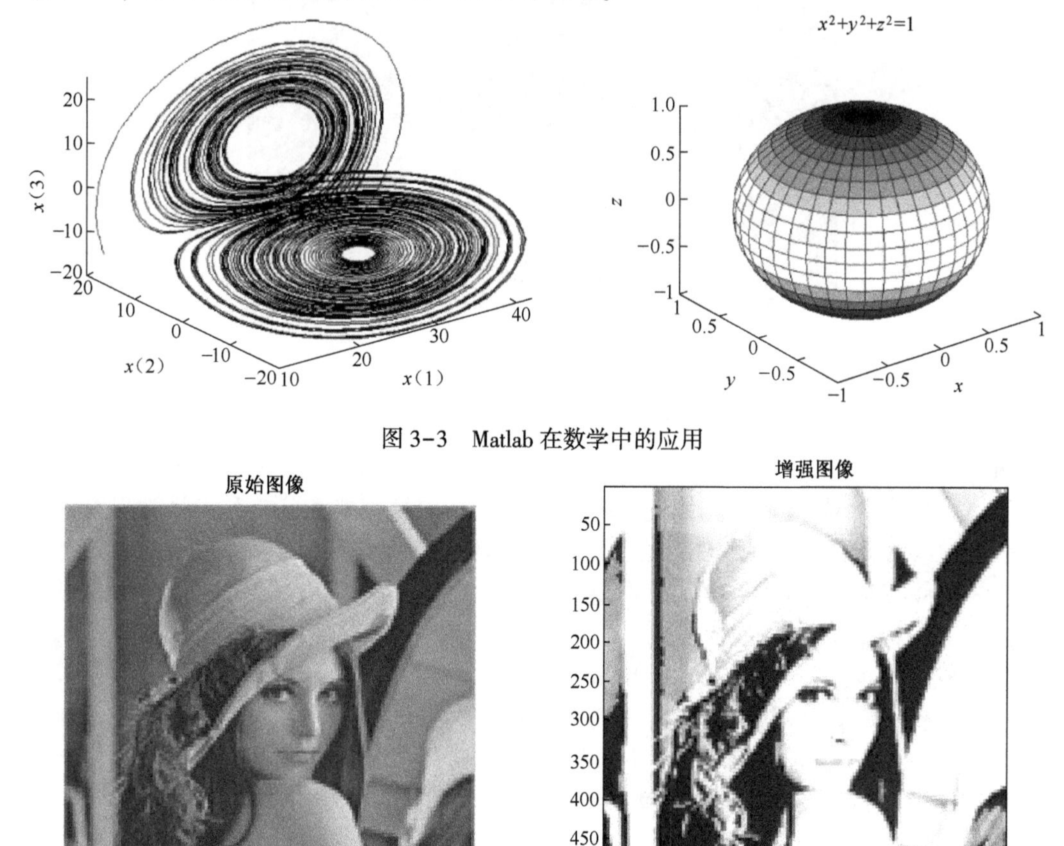

图 3-3　Matlab 在数学中的应用

图 3-4　图像增强前后的效果对比
(a)原始图像;(b)增强图像。

3.1.2 PCB 设计软件

印制电路板(printed circuit board,PCB)是重要的电子部件、电子元器件的支撑体、电子元器件电气连接的载体。

PCB 是所有电子产品的硬件基础,也是电子设计工作的重要实物成果之一。所有的数据、算法、程序等软件资源都需要在电路板上运行。高效而稳定的电路板是电子产品正常工作的前提条件,对系统性能的优劣有至关重要的作用。

印制板从单层发展到双面、多层,并且仍旧保持着各自的发展趋势。由于不断地向高精度、高密度和高可靠性方向发展,不断缩小体积、减少成本、提高性能,使得印制板在未来电子设备的发展工程中,仍然保持着强大的生命力。

成品电路板如图 3-5 所示,其上焊接相应的电子元器件。无论是单面板、双面板、多面板,制作之前都要通过 PCB 设计软件进行设计,在当今众多优秀的电子设计工具中,

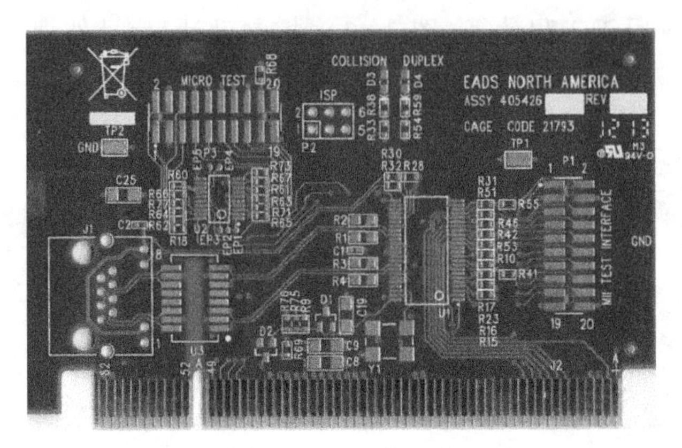

图 3-5　PCB 成品图

Altium Designer(AD)无疑是居于领先地位的电路板设计软件之一,Altium Designer 是原 Protel 软件开发商 Altium 公司推出的一体化电子产品开发系统。这套软件通过把原理图设计、电路仿真、PCB 绘制编辑、拓扑逻辑自动布线、信号完整性分析和设计输出等技术的完美融合,为设计者提供了全新的设计解决方案,使设计者可以轻松进行设计,熟练使用这一软件必将使电路设计的质量和效率大大提高。目前最高版本为 Altium Designer 18.1.7。

相对于其他电路板设计工具,Altium Designer 的特色明显:UI(用户接口)界面丰富(图 3-6),操作简单灵活,赋予设计者的自由度较大;具有强大的原理图和 PCB 设计功能;支持电路板的 3D 视图显示;对旧版兼容性强;支持多种第三方电子设计工具的文件格式;支持基于数据保险库的设计模式;能够输出丰富的报表和文档等。

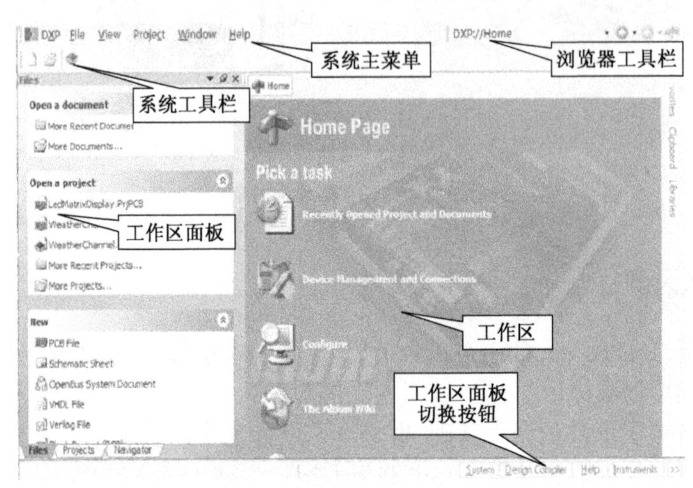

图 3-6　AD 软件操作界面

虽然 Altium Designer 提供了众多功能,但其中使用最广泛,也是最重要的功能还是电路原理图和 PCB 的设计。Altium Designer 原理图设计系统(SCH)主要包括原理图编辑器和原理图库编辑器两个部分,功能主要是绘制电路原理图,并为以后的 PCB 设计做准备。Altium Designer PCB 设计系统主要包括 PCB 图编辑器和封装模型编辑器两个部分,功能主要是绘制 PCB 图,及生产 PCB 的各种文件。

电路板设计制作主要有 4 个步骤:

(1) 完成原理图绘制;

(2) 编译原理图导入信息到 PCB;

(3) 完成 PCB 设计;

(4) 印制板设计完成并检查无误后,可以直接拿到专业制作电路板的公司进行加工,制作电路板。

熟练掌握 Altium Designer 的使用方法和实用技巧,能极大地提高设计效率,缩短产品研发周期。

3.1.3 Multisim

Multisim 是美国国家仪器(NI)有限公司推出的以 Windows 为基础的仿真工具,适用于板级的模拟/数字电路板的设计工作。它包含了电路原理图的图形输入、电路硬件描述语言输入方式,具有丰富的仿真分析能力。相对于其他 EDA 软件,它具有更加形象直观的人机交互界面,特别是其仪器仪表库中的各仪器仪表与操作真实实验中的实际仪器仪表完全相同,几乎能够 100%地仿真出电路的结果。在它的仪器仪表库中不仅提供了万用表、信号发生器、双踪示波器、逻辑分析仪、电压表、电流表等仪器仪表,还提供了各种建模精确的元器件、各种运算放大器、其他常用集成电路,同时它还能进行 VHDL 仿真和 Verilog HDL 仿真。

图 3-7 给出了 Multisim14.0 的界面图,主要包括主菜单栏、设计工具箱、虚拟元件工具条等模块,基本界面的中间空白部分即电路窗口,用于电路仿真图的绘制、编辑和分析。Multisim 提供了多种电路分析方法,包含直流工作点分析、交流分析、瞬态分析、傅里叶分析等,基本能满足一般电子电路的分析设计要求。

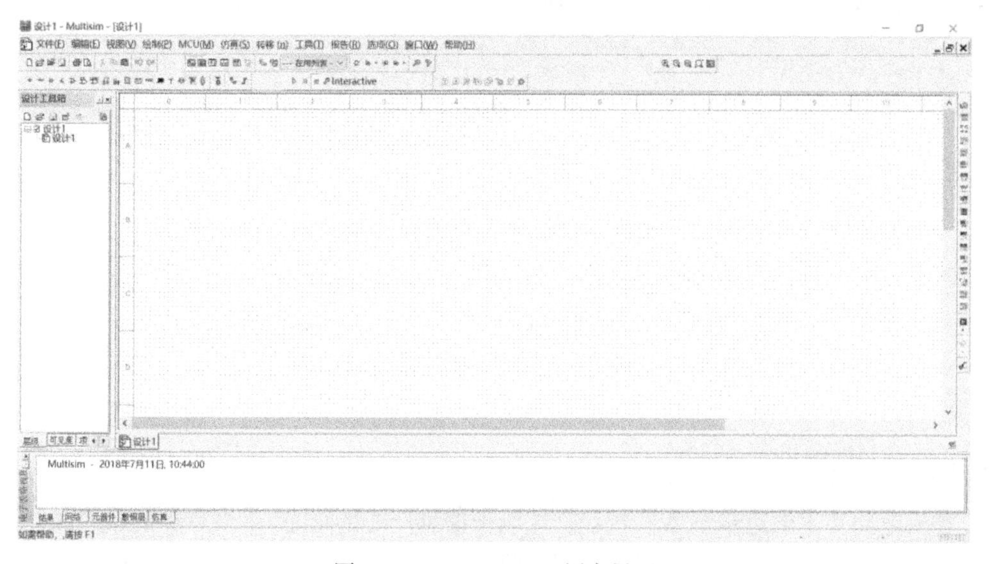

图 3-7　Multisim 14.0 用户界面

以基本的反相放大电路为例给出搭建仿真电路图示例:

选择 Multisim 元件库中的 OPA340 运算放大器、电阻、激励源等器件，电路图如图 3-8 所示。

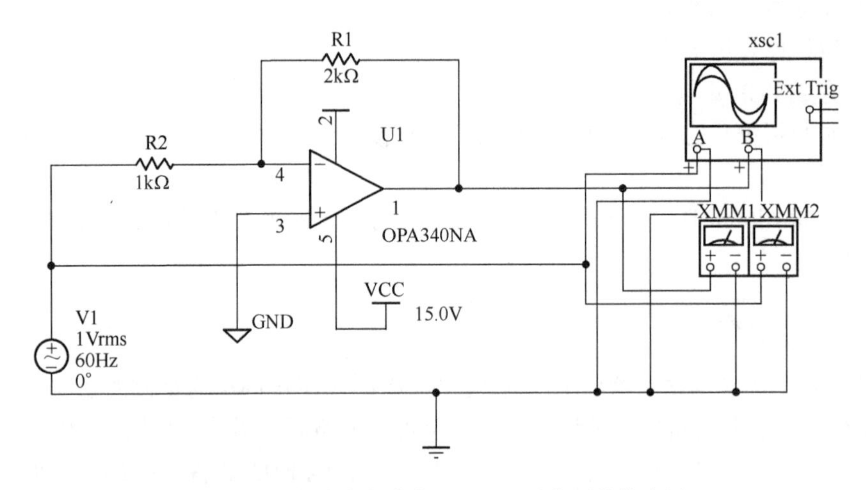

图 3-8　反相放大电路在 Multisim 平台下的仿真图

根据电路相关知识可得，对于反相放大电路，输入输出满足以下关系：

$$u_o = -\frac{R_1}{R_2}u_i \tag{3-1}$$

式中：u_o 为输出信号；u_i 为输入信号；R_1 为反馈电阻阻值；R_2 为输入电阻阻值。

为了直观看到该电路的工作状态，选择虚拟仪器工具条中的示波器和万用表对电路进行检验，其结果图如图 3-9 所示。由示波器图像可知，该电路不仅将输入信号的幅值进行放大，同时对输入信号的相位进行了反相操作，通过万用表对输入、输出信号的幅值进行测试，其数值之比符合电路设计的放大倍数。

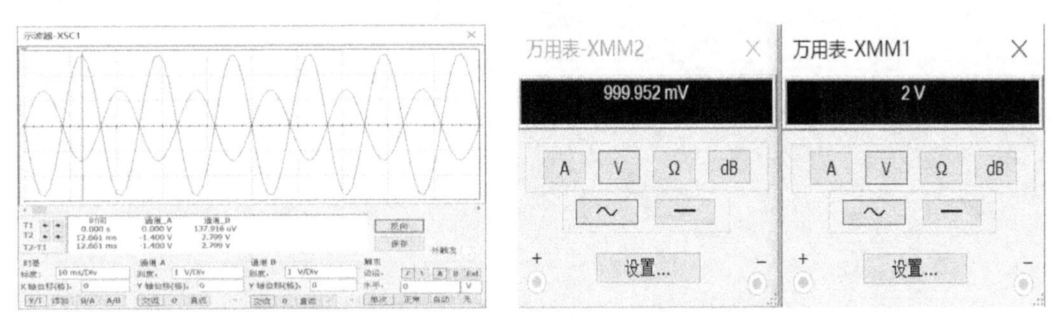

图 3-9　虚拟仪器验证图

3.1.4 PLD 设计软件

集成电路技术的进步不断刷新着全球电子信息产业的形态，诸多种类的新产品、新应用也改变了人类的生活方式。市场的需求使得电子产品的市场寿命周期日益缩短，与此同时，工艺技术的升级也让产品的开发成本呈几何级数上升。市场急需一种能够降低研发成本、缩短开发周期并具有设计灵活性的产品。在此背景下出现了可编程逻辑器件

(programmable logic device, PLD)，其中应用最广泛的是现场可编程门阵列(field programmable gate array, FPGA)和复杂可编程逻辑器件(complex programmab1e logic device, CPLD)，这些器件广泛应用在通信、工业、航空等领域(见图3-10)，并显露出不可阻挡的气势。

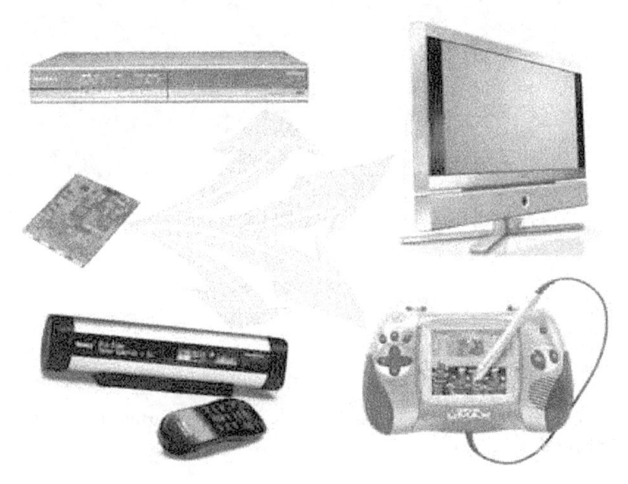

图3-10　基于FPGA的各种电子产品

从20世纪60年代开始，为了解决大规模复杂集成电路的设计问题，许多EDA厂商和科研机构就建立和使用着自己的电路硬件描述语言，如Data I/O公司的ABEL-HDL，Altera公司的AHDL，Microsim公司的DSL等。借鉴软件编程的思想，硬件描述语言的诞生实现了把复杂的电子电路用文字文件方式描述并保存下来的可能。

20世纪80年代末至90年代初，EDA技术发展的主要特点是采用自顶向下的设计方法，最终实现可靠的硬件系统，为此，配备了系统设计自动化的全部工具，如硬件描述语言平台。采用不同公司的CPLD和FPGA芯片进行设计需要选用芯片所属公司的开发平台完成，目前较常被选用的是Altera和Xilinx公司的CPLD和FPGA。

Quartus Ⅱ是Altera公司的综合性CPLD/FPGA开发软件平台(见图3-11)，它支持原理图、纯HDL语言(VHDL、Verilog以及AHDL)和图文混合等多种设计输入模式，内嵌了综合器以及仿真器。用户只需要利用一套高度集成化的Quartus Ⅱ软件，就可完成从设计输入、综合编译和目标板下载的全套可编程逻辑器件开发工作。

Xilinx Platform Studio(XPS)是Xilinx公司的FPGA开发平台(ISE Design Suite)的一个组件，用于开发基于FPGA的嵌入式MCU系统(从状态机到32位MCU均支持)(见图3-12)。它的图形设计视图和高级向导能让研发人员在短时间内完成创建一个嵌入式定制系统的任务。XPS可以配置和集成Xilinx嵌入式IP核和第三方Verilog及VHDL设计。

超高速集成电路硬件描述语言(VHSIC hardware description language, VHDL)是实现硬件电路设计软件化的重要语言工具，它实现了将数字系统的设计直接面向用户，根据系统的行为和功能要求，自上而下地完成相应的描述、综合、优化、仿真和验证，直到生成器件。

VHDL是专用集成电路(application specific integrated circuit, ASIC)设计和PLD设计的一种主要输入工具。VHDL是用来描述从抽象到具体硬件级别的工业标准语言，已成

图 3-11　Altera 公司可编程器件开发平台 Quartus Ⅱ主界面

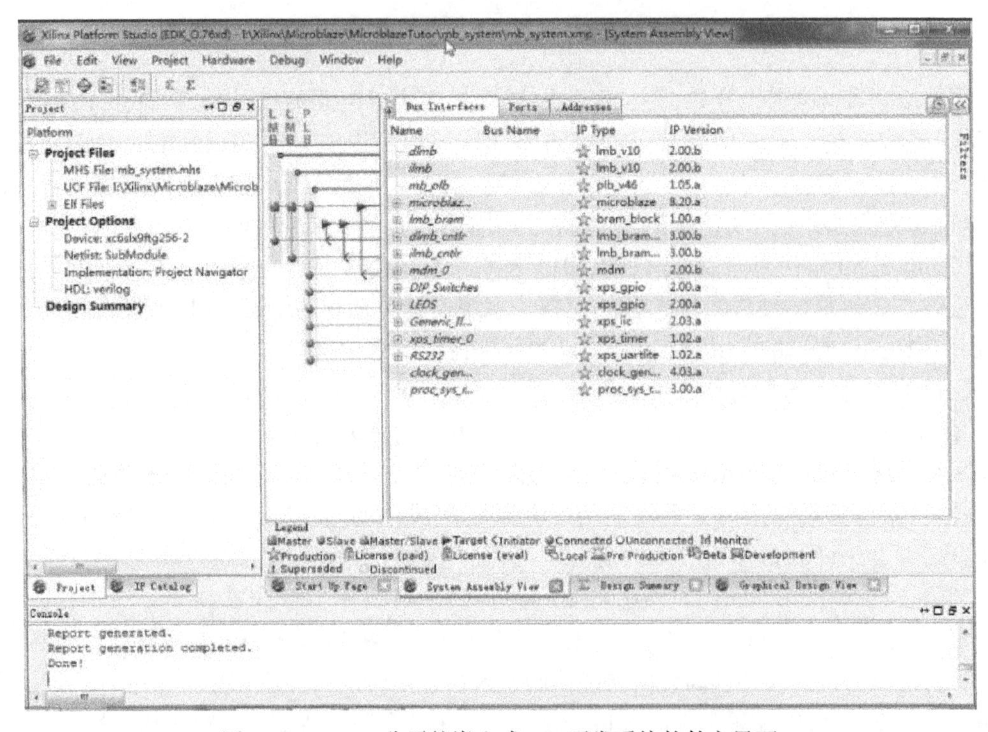

图 3-12　Xilinx 公司的嵌入式 ISE 开发系统软件主界面

为一种通用的硬件设计交换媒介。计算机辅助工程软件的供应商已把 VHDL 作为其 CAD 或 EDA 软件输入与输出的标准，例如 SYNOPSYS、ALTERA、CA - DENCE、VIEWLOGIC 等 EDA 厂商均提供了 VHDL 的编译器，并在其仿真工具、综合工具和布图工具中提供了对 VHDL 的支持。VHDL 的设计流程如图 3-13 所示。

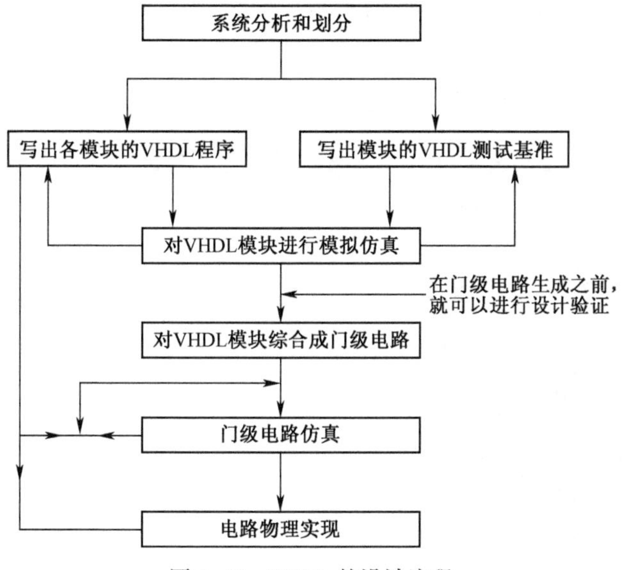

图 3-13　VHDL 的设计流程

3.2　Python 与 Arduino

3.2.1　Python

Python 是一种解释型、面向对象、动态数据类型的高级程序设计语言,具有入门简单、开发效率极高、可移植性、可扩展性强等特点,几乎可以在所有操作系统中使用,凭借其独特的优势,Python 在编程领域的占有率一直保持着稳步上升的态势。

Python 以变量、数据类型、语句、函数的语法体系为基础,开发了数据压缩、时间日期、操作系统接口、文件处理、数学、互联网等功能的标准库,此外 Python 具有庞大的第三方库用于解决各式各样的编程问题。Python 主要应用在系统编程、网络爬虫、人工智能、科学计算、Web 开发、系统运维、大数据和云计算、图形界面设计、金融分析等领域(如图 3-14 所示)。人工智能前沿设计都是基于 Python 语言开发的,在数据表示、数据清洗、数据统计、数据可视化、数据挖掘、机器学习等方面构成了其独有的计算生态体系,随着机器学习和人工智能的发展将焕发出强大的生命力。

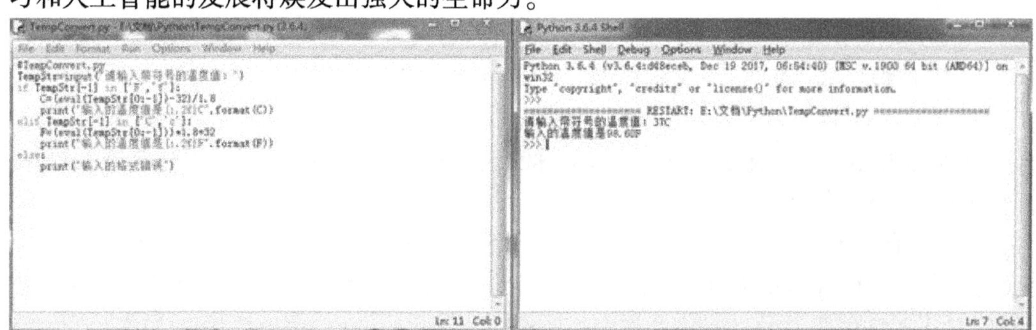

图 3-14　Python 实现的摄氏温度与华氏温度换算实现

在 Web 开发方面，Python 具有丰富的 Web 开发框架，如国内的豆瓣、果壳网；国外的的 Google、Dropbox 等均使用了 Python 的 Web 开发框架。其在图像处理、文字处理、金融分析等方面的应用如图 3-15~图 3-18 所示。

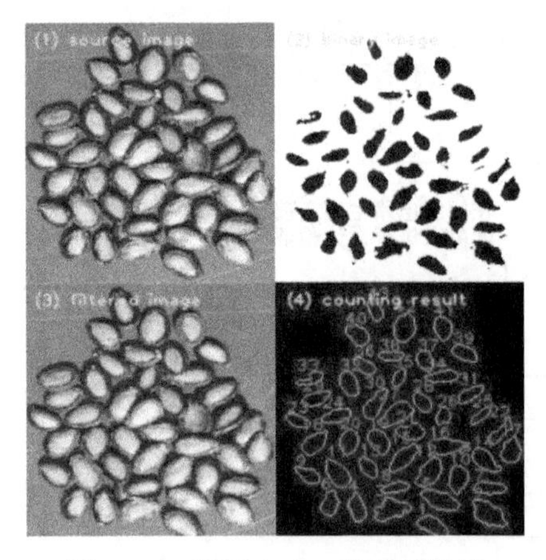

图 3-15　使用 Python 给瓜子计数

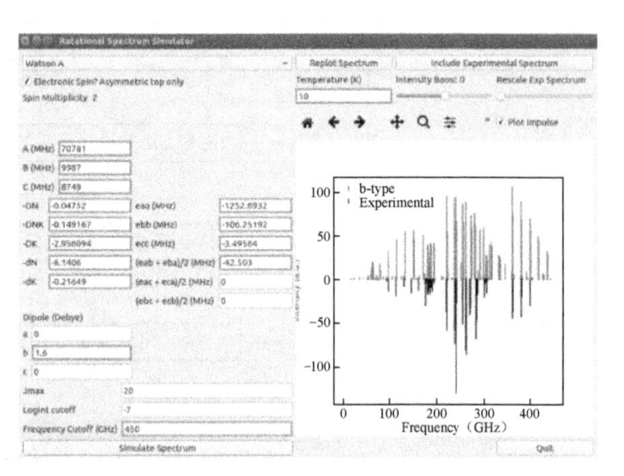

图 3-16　使用 Python 设计理论、实验数据对比界面

图 3-17　利用 Python 制作词云

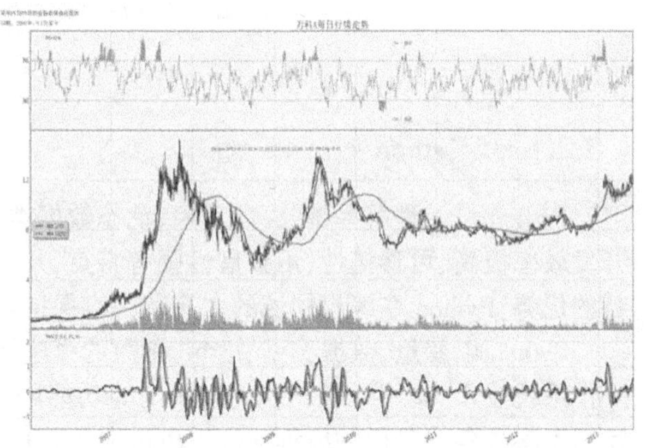

图 3-18　用 Python 绘制金融数据曲线

1991 年，第一个 Python 编译器诞生。它通过 C 语言实现，并能够调用 C 语言的库文件，已经具有了类、函数、异常处理、表和词典等核心数据类型，并设计了以模块为基础的拓展系统，这为之后实现丰富扩展功能奠定了基础。之后增加了 lambda，map，filter and reduce 等标准库。2000 年，研发团队发布了 Python 2.0，将内存回收机制加入其中，构成了现在 Python 语言框架的基础，Python 凭借它简洁明了的语法、高效的高层数据结构、能够简单有效面向对象编程等优势，逐渐推广开来。之后不断改进出现 Python 2.4、Python3.0。2018 年，Python3.7 发布，增加了众多新的类，可用于数据处理、针对脚本编译和垃圾收集的优化和更快的异步 I/O，新的升级使 Python 许多操作更快速，缩短开发时间。到目前为止 Python 在相关统计网站上显示，其受欢迎程度已经超过 C 语言，并且机器学习、人工智能领域的高速发展将会进一步刺激 Python 语言的使用需求。

3.2.2 Arduino

Arduino 是一款便捷灵活、方便上手的开源电子原型平台，主要由两部分组成：硬件部分，是用来做电路连接的，即设计 Arduino 电路板；另一部分是计算机中的程序开发环境——Arduino IDE。

Arduino 设计功能的实现需要开发者在程序开发环境 Arduino IDE 中编写代码(主要为 C 与 C++混合)，再将程序编译到 Arduino 电路板。大部分单片机编译软件只能运行在 Windows 系统，而 Arduino IDE(图 3-19)可以运行在 Windows、MACOs 和 Linux 三大主流操作系统。一方面 Arduino 可以通过各式各样的传感器感知周围环境信息，并通过控制灯光、马达或其他执行装置来反馈信息、实现控制；另一方面，Arduino 也可以独立运行，并与 Macromedia Flash、Processing、Max/MSP、Pure Data 或其他互动软件进行交互。

图 3-19　Arduino IDE 软件界面

第一款 Arduino 控制板是基于 Atmel 生产的 8 位 AVR 单片机开发的一种开源硬件平台：具有 16MHz 主频和 8KB 的 Flash 存储空间，最近的 Arduino 版本使用了具有 32KB Flash 存储空间的 ATmega328，目前市场上还出现了比 AVR 性能更为强大的 Arduino 产品，如 Arduino Zero，它采用了 32 位 ARM Cortex-M0 内核的 Atmel SAM D21 微控制器。

Arduino 的应用如图 3-20~图 3-23 所示。

图 3-20　Arduino 智能小车

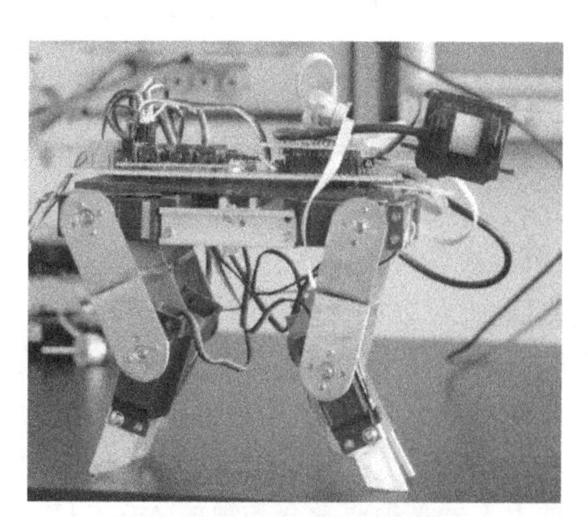

图 3-21　Arduino 四足机器人

图 3-22 Arduino 创意无限镜子

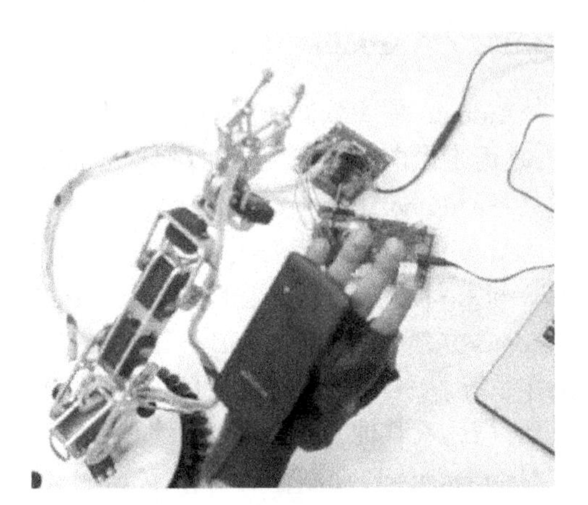

图 3-23 Arduino 机械手

作为目前较为主流的智能控制编程语言,Python 与 Arduino 的开发都采用了开源的思想,吸引世界各地的研发人才在使用过程中进一步开发、维护,推动了 Python 与 Arduino 的发展,使它们在科技不断革新的时代不断焕发活力。此外,Python 与 Arduino 都具有较强的可扩展性,能够不断适应智能控制发展的新要求,与多种平台语言等交互使用。例如:用户可以在 PC 使用 Python serial 库编写串口程序实现与 Audunio 的硬件串口通信。

3.3 机械设计常用软件

3.3.1 AutoCAD

AutoCAD(autodesk computer aided design)是 Autodesk 公司于 1982 年针对 PC 开发的计算机辅助设计软件,主要用于二维绘图、详细绘制、设计文档和基本三维设计,现已经成为国际上广为流行的工程图绘图工具。AutoCAD 版本更新速度较快,几乎每年都有新版本推出,最新版为 AutoCAD 2019。各个版本适用的操作系统也不同,对于 Windows XP 系统、Windows7、Windows10 都有不同的版本,另外,还有 32 位/64 位版本之分。因此,用户需要针对自己的操作系统来选择合适的版本。

AutoCAD 具有良好的用户界面,通过交互菜单或命令行方式便可以进行各种操作;它具有完善的图形绘制和编辑功能,可进行多种图形的绘制;AutoCAD 具有广泛的适应性,可以在各种操作系统支持的微型计算机和工作站上运行;AutoCAD 具有较强的数据交换能力,可以进行多种图形格式的转换;它的多文档设计环境,让非计算机专业人员也能很快地学会使用。界面图如图 3-24 所示。

目前,AutoCAD 已经成为工程制图的标配软件,在土木建筑、装饰装潢、工业制图、工程制图、电子工业、服装加工等多个领域中得到广泛应用(图 3-25~图 3-27)。因此,工程技术人员必须要学会和掌握 AutoCAD 软件的使用方法。

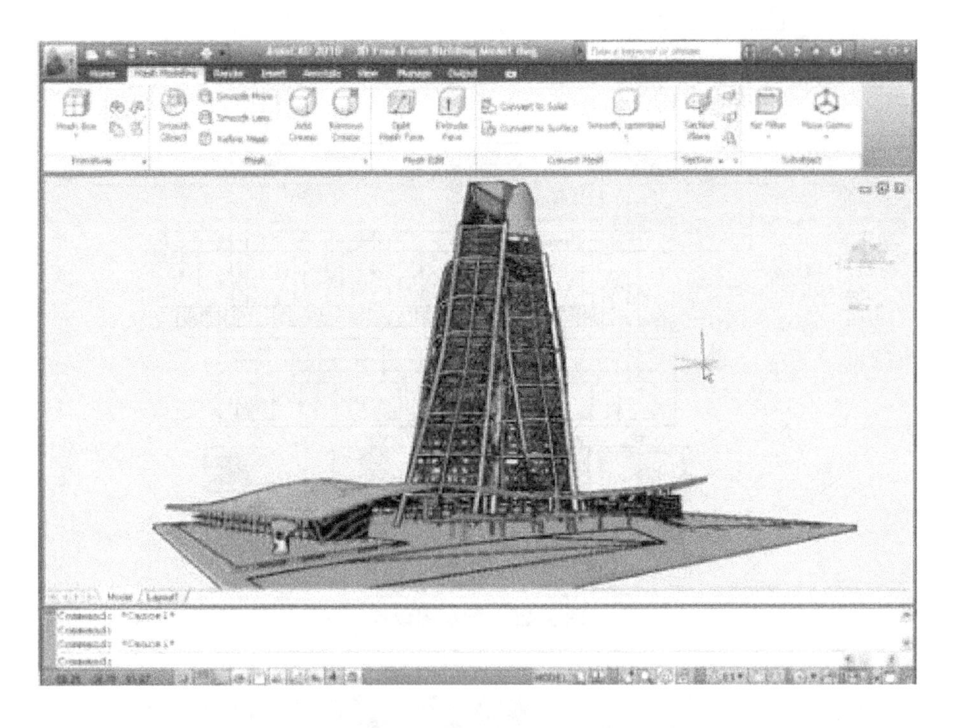

图 3-24　AutoCAD　软件界面

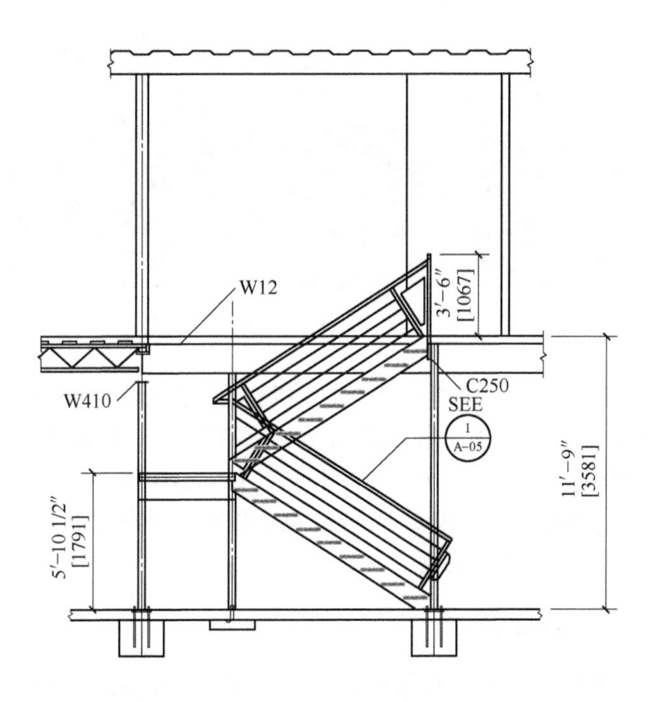

图 3-25　AutoCAD 在土木建筑中的应用

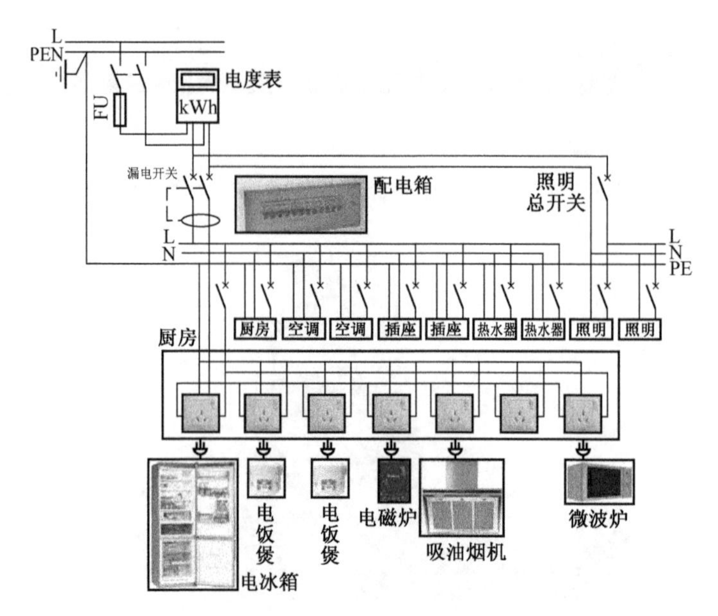

图 3-26　配电图设计

图 3-27　结构组件的虚拟装配

自从 20 世纪 80 年代 PC 问世以来,计算机辅助设计技术便得到飞速发展。无纸化的各类自动设计软件已经成为工程技术人员的标准配置。AutoCAD 快速便捷的设计与出图能力,使之成为当今 CAD 类软件的领头羊。AutoCAD 软件的应用不仅为广大设计人员节约了宝贵时间,降低了设计失误率,同时也帮助企业缩短了产品研制和施工周期,有效提高了企业的经济效益和市场竞争力。

3.3.2 Pro/Engineer

Pro/Engineer WildFire(本文简称 Pro/E)软件是一套具有 CAD/CAM/CAE 功能的大型三维结构造型设计软件。它由美国参数技术公司(PTC - Parametric Technology Corporation)开发和销售。Pro/E 软件使用参数化设计技术,属于行业中的主流三维造型软件,主要用于零部件、曲面、整机虚拟装配等造型设计(如消费电子、玩具设计、模具制造等)。

与其他商业软件类似,Pro/Engineer 也有多个版本,使用率较高的版本有 WildFire4.0、WildFire5.0、Creo3.0/5.0 等。Pro/E 和 UG/Solidworks 都属于三维结构造型设计软件,在国内产品设计领域中占据重要位置。图 3-28 为 Pro/E 5.0 软件的主界面。

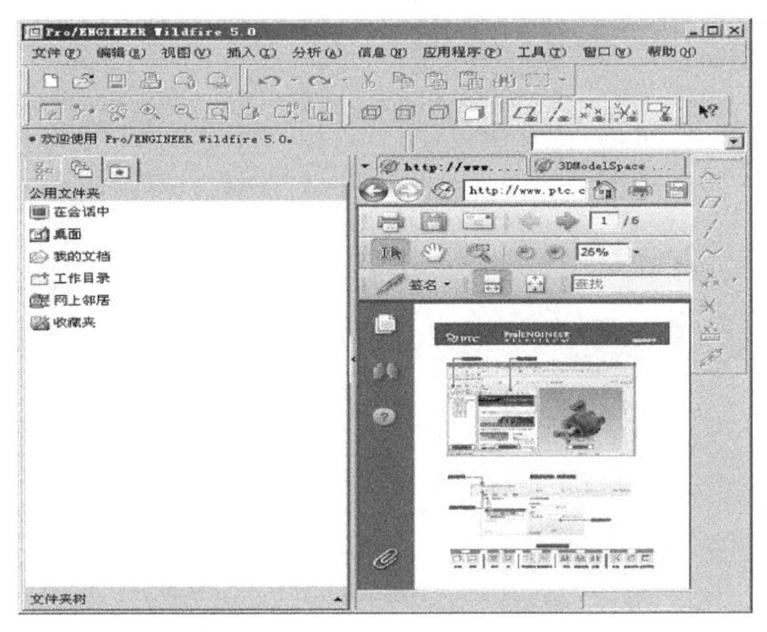

图 3-28　Pro/E 软件界面

Pro/E 采用了模块化设计方式,可分别进行草图绘制、零件制作、装配设计、钣金设计、CNC 加工处理等,以确保用户能按需选择使用。

Pro/E 软件具有三个重要的特点:

(1) 参数化设计:根据几何特征参数进行设计。

(2) 基于特征建模:智能特征建模技术,可方便地进行腔/壳/曲面等的快速造型设计。

(3) 单一数据库:方便设计更改,一处设计修改,其他的模块会自动执行这些修改。

Pro/E 是一个包括了若干模块的软件包,这些模块可以根据用户需要而选配。下面是一些常用的模块:

- Engineer:Pro/E 的基本软件包,包括参数化设计、三维造型等。
- ASSEMBLY:组装管理模块。
- CABLING:电缆布线模块。
- DEVELOP:用户开发工具模块。
- DESIGN:大型设计组装模块。
- DETAIL:工程图生成模块。
- DRAFT:二维绘图模块。
- ECAD:PCB 板设计模块。
- MOLD DESIGN:模具设计组装模块。

- MANUFACTURING：加工过程规划、刀具路径规划模块。
- SURFACE：曲线曲面设计模块，主要用于汽车飞机等领域。

Pro/E 软件在消费电子、玩具、模具制造、汽车设计等行业中被大量应用，是国内主流的三维机械设计、造型、CAM 软件。图 3-29～图 3-32 是利用 Pro/E 设计的一些产品模型。

图 3-29　飞机模型

图 3-30　轨道车轮组件

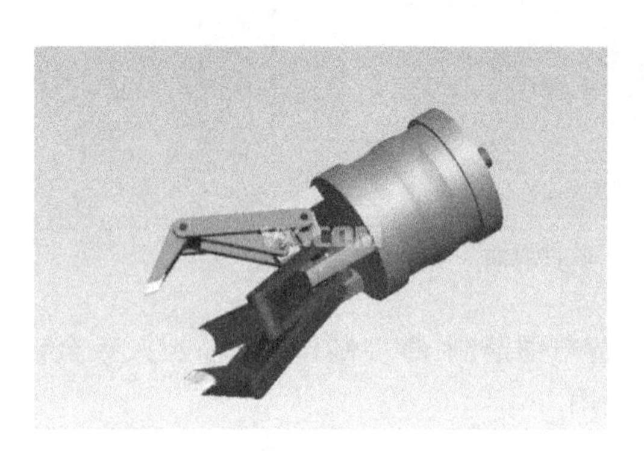

图 3-31　机械手

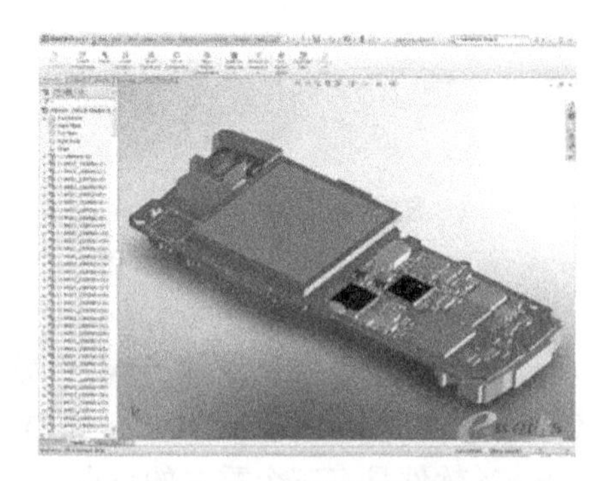

图 3-32　手持无线终端

随着计算机图像处理技术飞速发展，在 PC 上进行复杂的高精度三维结构设计已经普及，目前，很多公司及创业学生都在应用 Pro/E 软件来做产品造型设计，配合快速数控加工中心，能在短时间内制造出产品模块或者样机。Pro/E 的应用大大缩短了产品研发周期，有效降低了研发成本，提高了工作效率，给企业带来了良好的经济效益。

3.3.3 SolidWorks

SolidWorks 是基于 Windows 系统下原创的三维设计软件，能够在整个产品设计的工作中，自动捕捉设计意图和引导设计修改；能够实现机械造型设计和机械工程设计同一软件完成，有效地将设计思路合为一体。SolidWorks 以其丰富的功能和特点在引领新时尚的工业设计中日益重要，并且已广泛应用于机械设计、航空航天、机器人技术、制造技术、汽车系统等领域。

完整的设计文件包括零件文件、装配文件和二者的工程图文件。SolidWorks 软件可以任意地绘制草图，然后再进行旋转、拉伸、扫描等基本操作，完成基本图形的绘制。能够对零件进行动态、多角度的演示，把零件的内腔结构和外观轮廓更好地表达出来。

在 SolidWorks 的装配设计中可以直接参照已有的零件生成新的零件，并通过其易用的操作大幅度地提高设计的效率。其中装配体由零件组成，而零件由特征（如凸台、螺纹孔、筋板等）组成，这种特征造型方法，直观地展示人们所熟悉的三维物体，体现设计者的设计意图（图 3-33～图 3-35）。

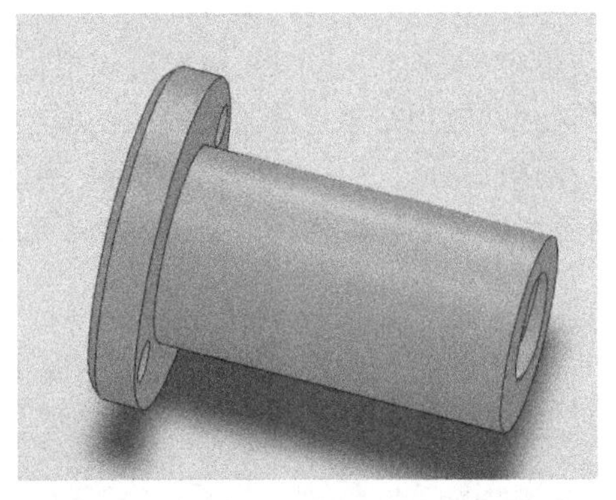

图 3-33　用 SolidWorks 绘制的 T 型螺母

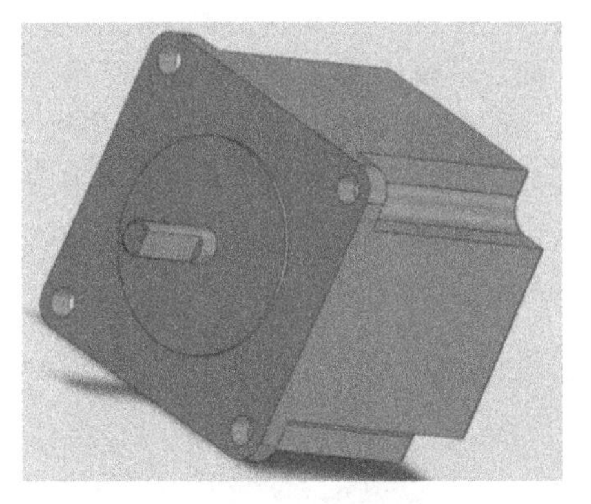

图 3-34　用 SolidWorks 模拟的步进电机

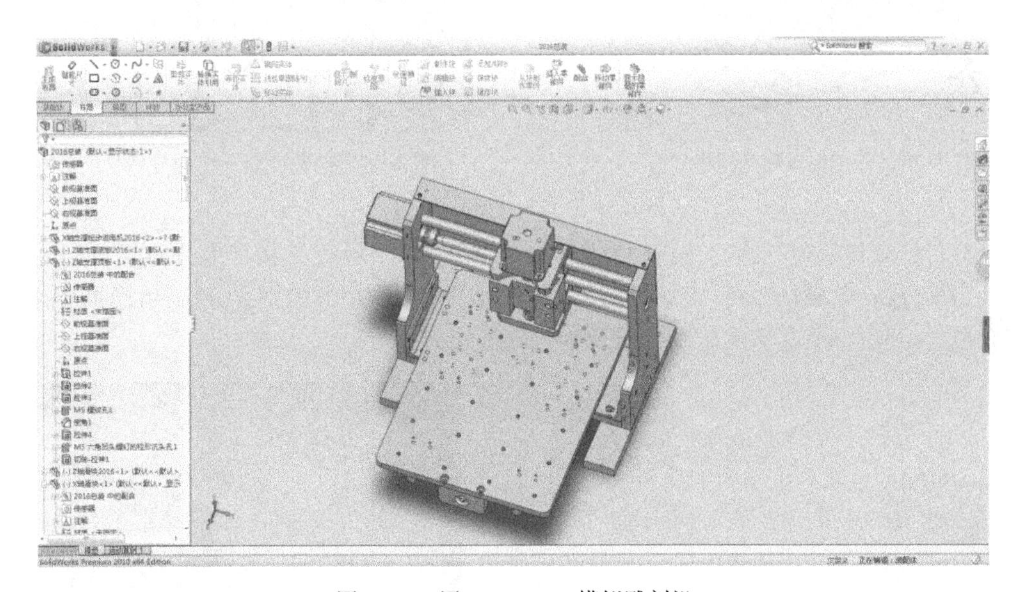

图 3-35　用 SolidWorks 模拟雕刻机

当今世界科技产品趋向于功能强大、结构紧凑且新颖独特；市场竞争要求产品研发设计周期短、上市快、成本低且性能优良；生产制造全球化要求多方合作、协同管理且共享资源。因此，SolidWorks 软件也必然适应世界发展的需要，“不断增强三维造型功能，不断提高软件的易用性，不断扩展数据的交流”，向着智能化、协同化和虚拟现实化软件方向发展。

3.3.4　Ansys

Ansys 是融结构、流体、电场、磁场、声场分析于一体的大型通用有限元分析软件。由世界上最大的有限元分析软件公司之一的美国 Ansys 公司开发。它能与多数 CAD 软件接口,实现数据的共享和交换,如 NASTRAN、Alogor、I-DEAS、AutoCAD 等,是现代产品设计中的高级 CAE 工具之一。

软件主要包括三个部分:前处理模块、分析计算模块和后处理模块,如图 3-36~图 3-39 所示。

前处理模块即有限元分析的准备阶段,包含实体建模、网格划分等,用户可以根据创建点、线、面、体等方法快速地建立各种复杂的几何模型,应用布尔运算可对完成的模型进行复制、修改等操作,这样可以大大缩短建模时间;网格划分可分为自由划分、映射、智能、自适应等多种,可以自动生成有限元网格,或根据模型的复杂程度选择适合的网格手动划分,以提高计算精度。

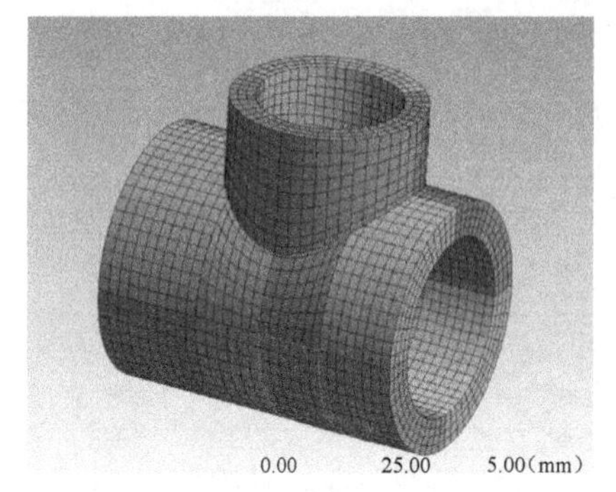

图 3-36　管接头有限元网格划分

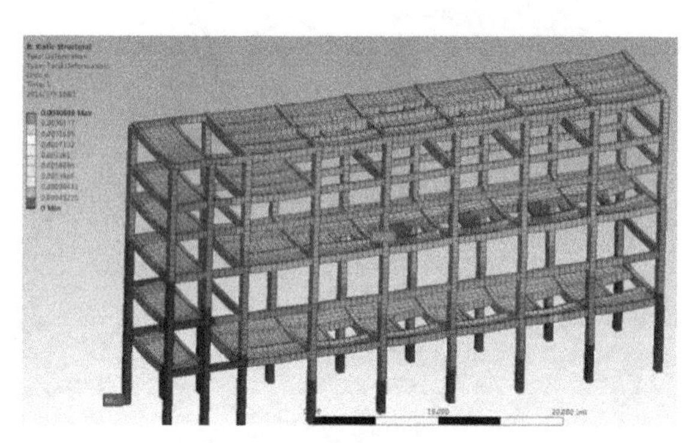
图 3-37　钢筋混凝土结构分析

分析计算模块包括结构分析(可进行线性分析、非线性分析和高度非线性分析)、流体动力学分析、电磁场分析、声场分析、压电分析以及多物理场的耦合分析,可模拟多种物理介质的相互作用,具有灵敏度分析及优化分析能力。

图 3-38　悬架动力分析

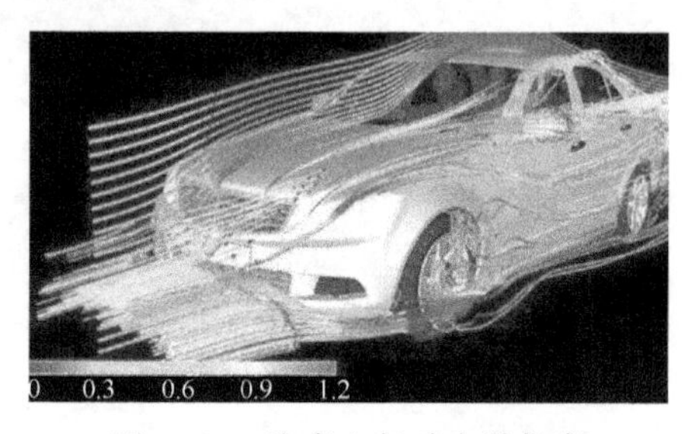

图 3-39　汽车空气动力学仿真

后处理模块可将计算结果以彩色等值线显示、梯度显示、矢量显示、粒子流迹显示、立体切片显示、透明及半透明显示(可看到结构内部)等图形方式显示出来,也可将计算结果以图表、曲线形式显示或输出。

多年来,大量学者应用 Ansys 有限元分析结果作为项目的理论依据,事实证明,Ansys 的计算结果是与实际工程相符的。采用 Ansys 有限元分析软件后,简化了人工计算的难度,提高了计算精度,提升了工作效率,对低成本研发起到了至关重要的作用。

第二篇

传统加工

第4章 热处理

热处理一般指金属热处理,是机械制造中的重要工艺之一,与其他加工工艺相比,热处理一般不改变工件的形状和整体的化学成分,而是通过改变工件内部的显微组织,或改变工件表面的化学成分及显微组织,赋予或改善工件的机械性能、物理性能和使用性能。

钢铁是机械工业中应用最广的材料,钢铁显微组织复杂,可以通过热处理予以控制,所以钢铁的热处理是金属热处理的主要内容。另外,铝、铜、镁、钛等及其合金也都可以通过热处理改变其力学、物理和化学性能,以获得不同的使用性能。

本章只介绍钢的普通热处理。

4.1 概　　述

钢的热处理是将固态钢在一定介质中加热、保温和冷却,以改变其整体或表面的组织、结构,从而获得特定性能的工艺方法。

钢的热处理有许多类型,基本理论是铁碳合金状态图。

4.1.1 铁碳合金及其状态图

1. 合金的基本概念

材料有许多种,现代工业应用最多的是金属材料。一般纯金属的强度、硬度低、价格贵,实际工程应用受到限制,故工程上多用合金。合金是将两种或两种以上金属或金属与非金属元素通过熔炼、烧结或其他方法结合在一起,形成具有金属特性的材料,如铁和碳组成的合金称为铁碳合金。合金一般都具有较高的力学性能,合金中的成分、比例、组织不同则性能不同,例如改变铁碳合金中铁、碳的比例,可获得不同牌号与性能的碳素钢。

组元:组成合金的独立的、最基本的单元。可以是金属、非金属元素和稳定的化合物。由若干组元配制成一系列成分不同的合金称为合金系,如铁与不同碳含量构成铁碳合金系。

2. 相图的基本概念

(1) 相:指具有相同结构、相同成分和性能的(可以连续变化的)并以界面相互分开的均匀组成部分,如液相、固相就是不同的相。在室温时只有一个相组成的合金称为单相合金,由两个相组成的合金称为两相合金,由多个相组成的合金称为多相合金。绝大多数合金在液态时各组元之间相互溶解形成单一的均匀液相,但是固态时,各组元之间相互作用,形成各种晶体结构和化学成分的相。通常分为固溶体和金属化合物两大类。

固溶体:合金在结晶成固态时,组元间相互溶解,当一种组元 A 溶解到另一种组元 B 中形成的固体,其结构仍保留为组元 B 的结构时,这种固体称为固溶体。B 组元称为溶剂,A 组元称为溶质。组元 A、B 可以是元素,可以是化合物。固溶体分成置换式固溶体和间隙式固溶体两大类。置换式固溶体溶质原子处于溶剂原子的位置上,即置换了溶剂原子,如 α 黄铜中,锌置换了铜原子;间隙式固溶体是溶质原子处于溶剂原子的间隙处,如 α 铁中,碳原子处在铁原子排列的间隙处。合金中固溶体的晶格类型为溶剂的晶格类型,但又以置换方式或嵌入方式溶入了溶质原子,造成晶体晶格畸变,变形抗力增加,使合金的强度和硬度提高,此现象称为固溶强化。

金属化合物:指合金中的两个元素,按一定的原子数量之比相互化合而形成的具有与这两元素完全不同类型晶格的化合物。它具有金属特性,一般可用化学式表示,具有复杂的晶格结构。其性能特点是熔点高、硬度高、脆性大。当合金中出现金属化合物时,通常能提高合金的硬度和耐磨性,但塑性和韧性会降低。金属化合物是许多合金的重要组成相。金属化合物在合金中一般起强化作用。

(2) 组织:又称金相组织,是指金属组织中化学成分、晶体结构和物理性能相同的相组成,其中包括固溶体、金属化合物及纯物质。当组成相的数量、大小、形态和分布不同时,其组织也不同,导致其性能不同,因此可以通过改变组织来改变其性能。用肉眼观察到的组织称为宏观组织,用显微镜放大后观察到的组织称为微观组织,通常的组织指微观组织。

(3) 相图:严格说是相平衡图,用来表示材料相的状态和温度及成分关系的综合图形,其所表示的相的状态是平衡状态,是表达混合材料性质的一种很简便的方式。二元相图可以看作是标示出两种材料混合物稳定相区域的一种图,这些相区域是组成百分比和温度的函数。相图也可能依赖于气压。

3. 铁碳合金的基本相

铁碳合金就是常说的钢铁材料,即以铁和碳为基本元素的合金。把含碳量(质量)在 0.0218%~2.11%之间的铁碳合金称为钢,而把含碳量大于 2.11%的铁碳合金称为铸铁。一般地,铁碳合金中的基本相有如下几类:

1) 铁素体(F)

铁素体是碳元素溶解在 α 铁(α-Fe)中形成的间隙固溶体,用符号“F”(或 α)表示,保持 α - Fe 的体心立方晶格(BCC);α - Fe 晶粒间隙小,碳溶解量极微小,最大碳溶量只有 0.0218%(727℃),室温时仅为 0.0008%,即铁素体是几乎不含碳的铁,故铁素体的性能与纯铁相似,硬度低而塑性高,并有铁磁性。铁素体的显微组织与纯铁相同,用 4%硝酸酒精溶液浸蚀后,在显微镜下呈现明亮的多边形等轴晶粒,在亚共析钢中铁素体呈白色块状分布,但当含碳量接近共析成分时,铁素体因量少而呈断续的网状分布在珠光体的周围。

2）奥氏体(A)

奥氏体是 γ 铁(γ-Fe)中溶入碳元素或其他元素构成的间隙固溶体,用符号“A”(或 γ)表示,保持 γ-Fe 的面心立方晶格(FCC);其晶格间隙较大,在 727℃ 时溶碳量为 0.77%,1148℃时溶碳量为 2.11%。在一般情况下,奥氏体是一种高温组织,稳定存在的温度范围为 727~1394℃,故奥氏体的硬度低,塑性较高,通常在对钢铁材料进行热变形加工,如锻造、热轧等时,都应将其加热成奥氏体状态,另外奥氏体还有一个重要的性能,就是它具有顺磁性,可用于要求不受磁场的零件或部件,奥氏体的组织与铁素体相似,但晶界较为平直,且常有孪晶存在。

3）渗碳体(Fe_3C)

渗碳体是铁和碳形成的具有复杂结构的金属化合物,用化学分子式 Fe_3C 表示。含碳量为 6.69%,熔点为 1227℃,质硬(800HBS)而脆,耐腐蚀,用 4%硝酸酒精溶液浸蚀后,在显微镜下呈白色,如果用 4%苦味酸溶液浸蚀,渗碳体呈暗黑色。渗碳体是钢中的强化相,根据生成条件不同,渗碳体有条状、网状、片状、粒状等形态,它们的大小、数量、分布对铁碳合金性能有很大影响。

4. 铁碳合金基本组织

相构成组织,组织可以是单相,也可以是多相组成的机械混合物,铁碳合金的基本组织有两类,一类为单相组织,如铁素体、奥氏体、渗碳体,如前述;另一类为机械混合物,一般有珠光体、莱氏体。

(1) 珠光体:铁素体与渗碳体的机械混合物,用 P 表示。渗碳体以细片状分散在铁素体基体上,起着强化作用。它的力学性能介于铁素体和渗碳体之间,即其强度、硬度比铁素体显著增高,塑性、韧性比铁素体要差,但比渗碳体要好得多。平衡结晶条件下,抗拉强度为 570MPa,延伸率为 20%~25%,硬度为 180HB。

(2) 莱氏体(Ld):铸铁或高碳合金钢由液态铁碳合金发生共晶转变形成的由奥氏体(或其转变物)与碳化物(包括渗碳体)组成的共晶组织。渗碳体是连续分布相,奥氏体呈颗粒状或块状分布在渗碳体基体上。其力学性能与渗碳体相似,硬度高、脆性大,塑性很差。727℃以上称为高温莱氏体,用 Ld 表示;727℃以下,该组织转变为珠光体、渗碳体和共晶渗碳体的机械混合物,称为低温莱氏体(Ld′)。

5. 铁碳合金相图分析

1）铁碳合金相图

碳含量大于 6.69%的铁碳合金脆性很大,工业上没有使用价值。一般只研究 $W_C \leq$ 6.69%的部分。$W_C = 6.69\%$ 正好全部是渗碳体,可视为一组元,常说的铁碳合金相图是 Fe-Fe_3C 相图。其通过将 $W_C \leq 6.69\%$ 的不同含碳量的合金,在极其缓慢冷区或加热条件下测得相变过程,得到一系列相变点(临界点),标记在以温度为纵坐标、含碳量为横坐标(左端表示 100%的铁,右端 $W_C = 6.69\%$ 或 100%的 Fe_3C,横坐标上的任意一点均代表一种成分的铁碳合金)的图上,并把意义相同的点连接起来称为相界线,即得到图 4-1 所示的 Fe-Fe_3C 状态图(也称铁碳合金相图、铁碳相图)。

2）Fe-Fe_3C 相图分析

(1) Fe-Fe_3C 相图的特性点及含义。

Fe-Fe_3C 相图中特性点的温度、成分及含义见表 4-1。

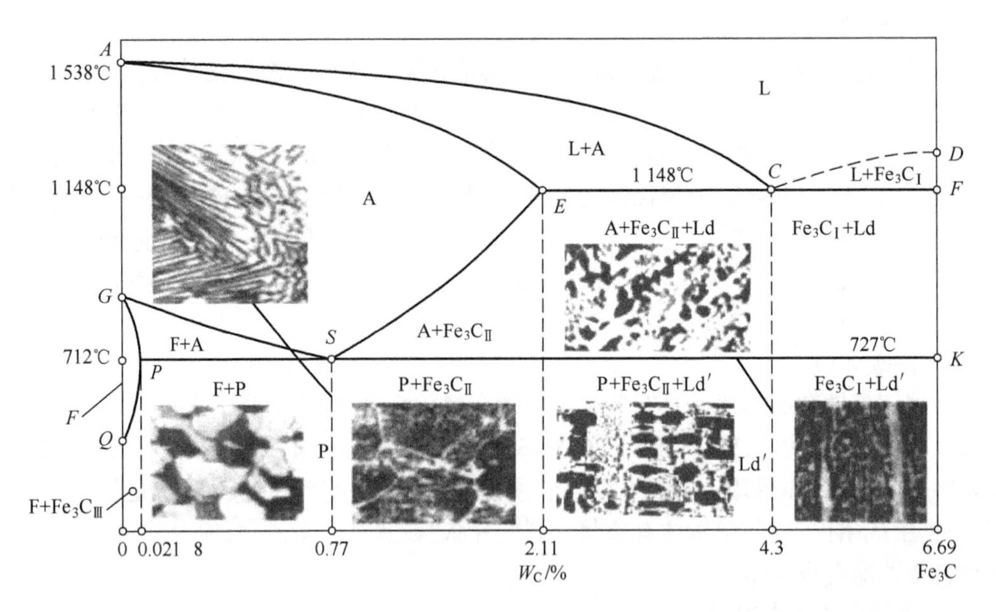

图 4-1 Fe-Fe_3C 相图及室温组织图

表 4-1 Fe-Fe_3C 相图中的特性点

符号	温度/℃	W_C/%	含　义
A	1538	0	纯铁的熔点
C	1148	4.3	共晶点:Lc→A+Fe_3C
D	1227	6.69	渗碳体的熔点
E	1148	2.11	碳在 γ-Fe 中的最大溶解度
G	912	0	纯铁的同素异构转变点 α-Fe↔γ-Fe
P	727	0.0218	碳在 α-Fe 中的最大溶解度
S	727	0.77	共析点,As→F+Fe_3C
Q	600	0.0057	600℃时碳在 α-Fe 中的溶解度

点 *S*——共析点:在一定温度下,一定成分的固相同时析出两种一定成分的固相的反应称为共析反应。当合金中的奥氏体成分为点 *S*(W_C=0.77%),在 727℃时发生共析反应,生成由点 *P* 成分的铁素体和点 *F* 成分的渗碳体组成的混合物,即珠光体(P),点 *S* 称为共析点。

点 *C*——共晶点:在一定温度下,一定成分的液相同时结晶出成分不同的固相的转变过程称为共晶转变。当合金中液相 L 的成分为 *C*(W_C=4.3%),在 1148℃发生共晶转变,生成由点 *E* 成分的奥氏体和点 *F* 成分的渗碳体组成的混合物,即莱氏体(Ld),点 *C* 为共晶点。

(2) Fe-Fe_3C 相图的特性线及含义。

Fe-Fe_3C 相图中的特性线是不同成分(含碳量不同)合金具有相同物理意义的相变点连接线,其名称及含义见表 4-2。

表 4-2 $Fe-Fe_3C$ 相图中的特性线

特性线	名称	含义
ACD 线	液相线	此线以上任一成分合金均处于液相,缓冷至此线开始结晶
AECF 线	固相线	此线以下为固相区。在液相线和固相线之间为液相与固相共存区。*AC* 线以下结晶出奥氏体,*CD* 线以下结晶出渗碳体
ECF 水平线	共晶线	W_C=2.11%~6.69%的合金冷却到此线时,发生共晶转变($Lc \rightarrow A+Fe_3C$),生成莱氏体(Ld)
PSK 线	共析线(A_1线)	当合金冷却至此线时(727℃),发生共析转变($As \rightarrow F+Fe_3C$),从奥氏体中同时析出铁素体和渗碳体的混合物,即珠光体
GS 线	A_3线	W_C<0.77%的合金,冷却时由奥氏体析出铁素体的开始线或加热时铁素体转变为奥氏体的终了线
ES 线	A_{cm}线	碳在奥氏体中的溶解度曲线,1148℃时碳在奥氏体中最大溶解度为 2.11%,而在 727℃ 仅为 0.77%。由高温缓冷时,从奥氏体中析出二次渗碳体(Fe_3C_{II})的开始线;缓慢加热时,二次渗碳体溶入奥氏体的终了线。一次渗碳体为液态金属直接结晶的渗碳体
PQ 线	固溶线	碳在铁素体中的固溶线,727℃时达最大溶解度为 0.0218%,温度降至 600℃时,可溶解 0.0057%的碳,室温时仅可溶 0.0008%的碳,故一般铁碳合金从 727℃缓冷至室温时,均可从铁素体中析出渗碳体,称为三次渗碳体(Fe_3C_{III})

3)铁碳合金按含碳量分类

根据铁中的含碳量,将铁碳合金分为以下几类,见表 4-3。

表 4-3 铁碳合金按含碳量分类

类别	钢			白口铸铁		
含碳量 W_C/%	0.0218~2.11			2.11~6.69		
	0.0218~0.77	0.77	0.77~2.11	2.11~4.3	4.3	4.3~6.99
名称	亚共析钢	共析钢	过共析钢	亚共晶白口铸铁	共晶白口铸铁	过共晶白口铸铁

4)$Fe-Fe_3C$ 相图的应用

铁碳合金相图是研究铁碳合金的工具,是研究碳钢和铸铁成分、温度、组织和性能之间关系的理论基础,也是制定各种热加工工艺的依据。

渗碳体含量越多,分布越均匀,材料的硬度和强度越高,塑性和韧性越低;但当渗碳体分布在晶界或作为基体存在时,则材料的塑性和韧性大为下降,且强度也随之降低。

对切削加工性来说,一般认为中碳钢的塑性比较适中,硬度在 HB200 左右,切削加工性能最好。含碳量过高或过低,都会降低其切削加工性能。

对可锻性而言,低碳钢比高碳钢好。由于钢加热呈单相奥氏体状态时,塑性好、强度低,便于塑性变形,所以一般锻造都是在奥氏体状态下进行。锻造时必须根据铁碳相图确定合适的温度,始轧和始锻温度不能过高,以免产生过烧;始轧和温度也不能过低,以免产生裂纹。

对铸造性来说,铸铁的流动性比钢好,易于铸造,特别是靠近共晶成分的铸铁,其结晶温度低,流动性也好,更具有良好的铸造性能。从相图的角度来讲,凝固温度区间越大,越容易形成分散缩孔和偏析,铸造性能越差。

一般而言,含碳量越低,钢的焊接性能越好,所以低碳钢比高碳钢更容易焊接。

在热处理方面,$Fe-Fe_3C$ 相图反映了不同成分合金在缓慢加热或冷却时发生的组织转变温度,是确定钢的热处理工艺(退火、正火、淬火等)加热温度的理论依据。

4.1.2 热处理的过程

热处理使材料内部组织发生改变在于外界提供的能量,这个能量就是通过加热获得,能量大小与温度有关,能量的获得与在一定温度下的保温时间有关,因此,热处理过程包括三个环节:

(1) 加热:以某种加热速度把工件加热到预定的温度;

(2) 保温:在规定的加热温度下保持一段时间,保温的时间与工件的尺寸和性能有关;

(3) 冷却:以一定的冷却速度进行冷却。

热处理工艺指热处理时的加热温度、保温时间和冷却速度等工序的总和。热处理工艺曲线:将热处理工艺参数标示在温度—时间坐标图上,得到的曲线即为热处理工艺曲线。图 4-2 就是热处理工艺曲线的示意图。

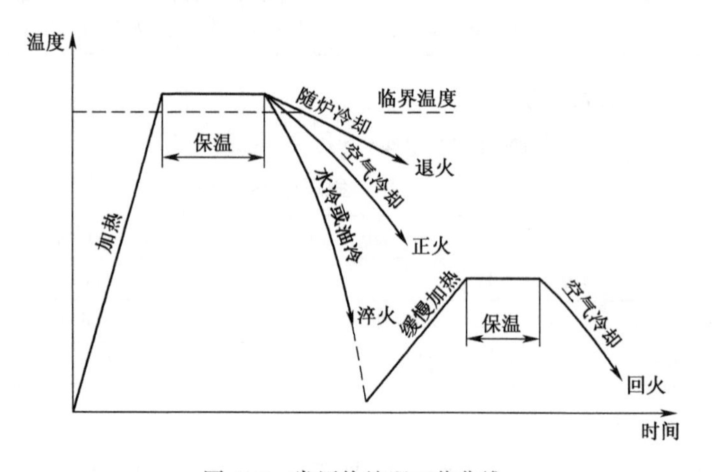

图 4-2 常用热处理工艺曲线

由铁碳合金相图知,共析钢在加热或冷却过程中经过 *PSK*(A_1)时,发生珠光体与奥氏体之间的相互转变;亚共析钢经过 *GS* 线(A_3)时,发生铁素体溶入奥氏体或铁素体从奥氏体中开始析出的转变;过共析钢经过 *ES* 线(A_{cm})时,发生渗碳体溶入奥氏体或渗碳体从奥氏体开始析出的转变。这种金属或合金的结构随温度而变化的现象称为相变,相变的温度称为临界点,在钢中常用 A 表示。

铁碳合金相图相变点 A_1、A_3、A_{cm}是碳素钢在极缓慢加热或冷却条件下测得的平衡相变点,实际生产中加热或冷却不是这样缓慢的,因此钢的实际相变点都会偏离平衡相变点,即加热时相变点要高于平衡相变点,冷却时低于平衡相变点。通常将实际的加热时相变点标为 Ac_1、Ac_3、Ac_{cm};冷却时相变点标为 Ar_1、Ar_3、Ar_{cm}。

钢在热处理时首先要加热、保温,钢加热到 Ac_1线以上时珠光体开始向奥氏体转变,

加热到 Ac_3、Ac_{cm}以上时，全部转变为奥氏体，这种加热转变过程称为钢的奥氏体化。此时奥氏体晶粒大小直接影响其冷却后的组织的晶粒大小。为了在加热时使奥氏体均匀化，冷却时获得细晶组织，获得良好的力学性能，在热处理过程中必须严格控制加热温度和保温时间。

热处理中不同冷却方式和冷却速度下获得不同的组织，从而获得不同的性能。冷却时当温度降到 A_1以下时，奥氏体并未立即发生组织转变，而处于不稳定的状态，此时的奥氏体称为过冷奥氏体（A'）。当温度继续下降到相变临界点（Ar_1）时，过冷奥氏体将发生组织转变。表 4-4 列出了共析钢在等温冷却时的产物及相关性能。

表 4-4　共析钢过冷奥氏体等温转变

名称	符号	转变温度/℃	组织形态	硬度(HRC)
珠光体	P	A_1~650	粗层片状	<25
索氏体	S	650~600	细层片状	25~35
托氏体	T	600~550	极细层片状	35~40
上贝氏体	$B_{上}$	550~350	羽毛状	40~45
下贝氏体	$B_{下}$	350~M_s(约 230℃)	黑色(针)状	45~50
马氏体	M	M_s~M_f(约 50℃)	针状、竹叶状	55~60
注：表中 M_s、M_f为马氏体转变的开始与终止温度				

可见，通过热处理可以改变钢的组织、调整材料的机械性能，充分发挥材料的潜力，满足机械零件在加工和使用过程中对性能的要求。所以，在实际生产中凡是重要的零部件都必须经过适当的热处理。

4.1.3 常见的热处理方法

钢的热处理工艺方法很多，常用的有普通热处理（即退火、正火、淬火、回火）及表面热处理（即表面淬火、表面化学热处理）等。根据热处理时加热和冷却方法的不同，常用的热处理方法分类如下：

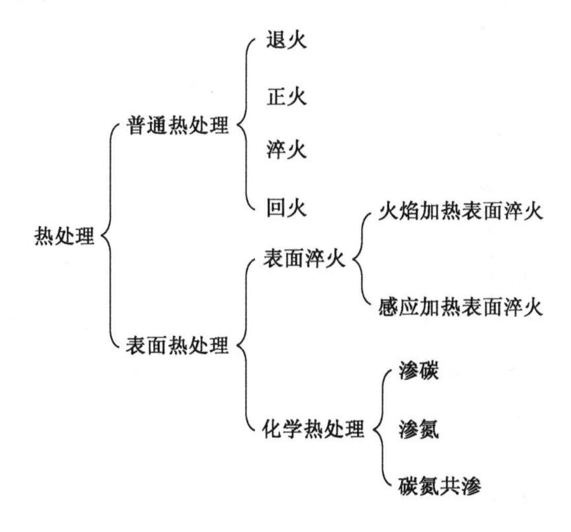

4.2 常用热处理设备

工件要进行热处理就需要能够实现热处理条件的设备及其控制系统。热处理常用的设备有加热设备、控温仪表、质检设备和冷却设备等。热处理加热炉是热处理车间的主要设备,通常按下列方法分类;按热能来源分为电阻炉、燃料炉;按工作温度分为高温炉(>1000℃)、中温炉(650~1000℃)和低温炉(<600℃),按工艺用途分为正火炉、退火炉、淬火炉、回火炉、渗碳炉等;按外形和炉膛形状分为箱式炉、井式炉等;按加热介质分为空气炉、盐浴炉、真空炉等。常用的热处理炉主要有电阻炉和盐浴炉。

4.2.1 加热设备

(1) 箱式电阻炉。炉膛由耐火砖砌成,侧面和底面布置有电热元件(铁铬铝或镍铬电阻丝)。通电后,电能转换为热能,通过对流和辐射对工件进行加热。图 4-3 所示为中温箱式电阻炉结构示意图,炉子型号为 RX60-9,其中,R 表示电阻炉,X 表示箱式,60 表示额定功率 60kW,9 表示最高使用温度为 950℃,功率有 30kW、45kW、60kW 等规格,可根据工件大小和装炉量的多少进行选用,一般可用来加热除长轴类零件外的各类零件。中温箱式电阻炉应用最为广泛,可用于碳钢、合金钢件的退火、正火、淬火以及固体渗碳等。

(2) 井式电阻炉。分为中温井式电阻炉、低温井式电阻炉和气体渗碳炉。炉子炉口向上,形如井状而得名。炉口向上,工件可用吊车起吊,减小劳动强度,应用广泛,如图 4-4 所示,型号为 RJ36-6。其中,R 表示电阻炉,J 表示井式,36 表示额定功率 36kW,6 表示最高使用温度为 650℃。目前我国生产的中温井式电阻炉最高工作温度为 950℃,有 30kW、35kW、55kW、70kW 等 4 种规格,适用于长轴类工件垂直悬挂加热,以减少弯曲变形。

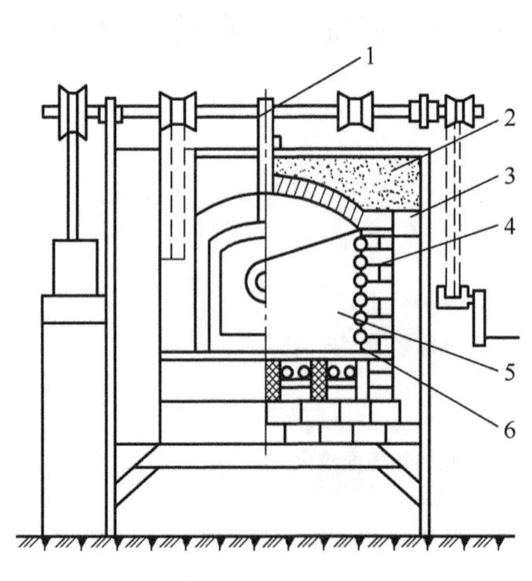

图 4-3 箱式电阻炉

1—热电偶;2—炉壳;3—炉门;4—电热元件;5—炉膛;6—耐火砖。

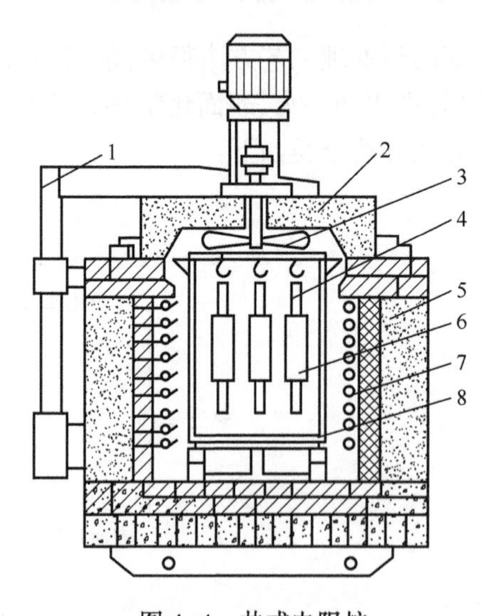

图 4-4 井式电阻炉

1—升降机构;2—炉盖;3—风扇;4—工件;5—炉体;6—炉膛;7—电热元件;8—装料筐。

(3) 盐浴炉。热处理浴炉是采用液态的熔盐或油类作为加热介质的热处理设备，按其所用液体介质的不同，浴炉可分为盐浴炉及油浴炉。现仅介绍盐浴炉。盐浴炉又分为外热式和内热式两种。内热式盐浴炉又分为电极盐浴炉和电热元件盐浴炉。盐浴炉的优点是结构简单，制造容易，加热速度快而均匀，工件氧化脱碳少，便于细长工件悬挂加热或局部加热，可以减少变形。盐浴炉可进行正火、淬火、化学热处理、局部加热淬火、回火等。

图 4-5 为插入式电极盐浴炉。盐浴炉所用熔盐主要有氯化钠、氯化钾和氯化钡。在插入炉膛(坩埚)的电极上，通以低压、大电流的交流电，借助熔盐的电阻发出热能，使熔盐达到要求的温度，以加热熔盐中的工件。

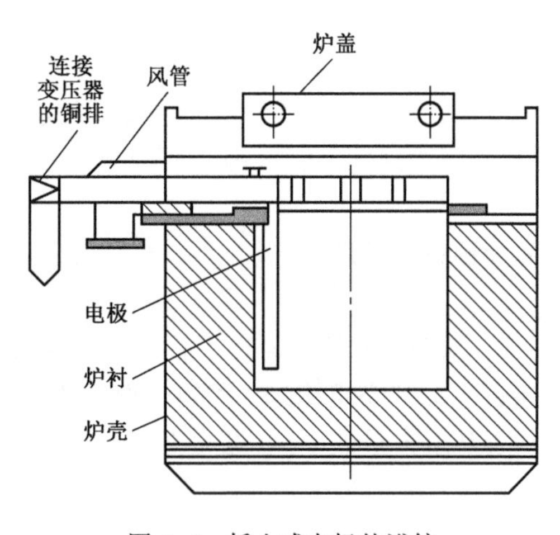

图 4-5　插入式电极盐浴炉

(4) 控温仪表。加热炉的温度测量和控制主要用热电偶和温度控制仪表，其工作状态和控制精度直接关系到热处理工艺的正常进行与热处理质量。

4.2.2　其他设备

(1) 专用工艺设备。专门用于某种热处理工艺的设备，如气体渗碳炉、井式回火炉、中频或高频局部加热淬火装置等。

(2) 冷却设备。主要包括水槽、油槽和盐浴槽等。为保证冷却设备的生产能力和效果，各类槽常配置冷却介质强制循环冷却系统。

(3) 质量检验设备。依据热处理零件质量检验项目要求，常用的质检设备有：检验硬度的硬度计，检查内部组织的金相显微镜，检验裂纹的磁力探伤仪、超声波探伤仪，测量变形的平台、检弯机和校正变形的压力机等设备。

4.3　热处理工艺及方法

普通热处理是将工件整体进行加热、保温和冷却，以使其获得均匀的组织和性能的一种操作。它包括退火、正火、淬火和回火。

4.3.1 钢的退火与正火

实际生产中,各种工件在制造过程中有不同的工艺路线,如:铸造(或锻造)→退火(正火)→切削加工→成品;或铸造(或锻造)→退火(正火)→粗加工→淬火→回火→精加工→成品。可见,退火与正火是应用非常广泛的热处理,一般在铸造或锻造之后,切削加工之前进行,可以起到如下作用:

(1) 在铸造或锻造之后,钢件中不但残留有铸造或锻造应力,而且还往往存在着成分和组织上的不均匀性,因而机械性能较低,还会导致淬火时的变形和开裂。经过退火和正火后,便可得到细而均匀的组织,并消除应力,改善钢件的机械性能并为随后的淬火作了准备。

(2) 铸造或锻造后,钢件硬度经常偏高或偏低,严重影响切削加工。经过退火与正火后,钢的组织接近于平衡组织,其硬度适中,有利于下一步的切削加工。

(3) 如果工件的性能要求不高时,如铸件、锻件或焊接件等,退火或正火常作为最终热处理。

因此,退火与正火又称为预备热处理工艺。

1. 钢的退火

退火是将工件加热到某一温度,保温一定时间后,然后以缓慢的冷却速度(炉冷、坑冷、灰冷)进行冷却,得到接近平衡状态组织的一种热处理工艺。

根据钢的成分、组织状态和退火目的不同,退火工艺可分为:完全退火、等温退火、球化退火、去应力退火等。

1) 完全退火和等温退火

用于亚共析钢成分的碳钢和合金钢的铸件、锻件及热轧型材,有时也用于焊接结构。完全退火的目的是为了细化晶粒、均匀组织、消除内应力和热加工缺陷、降低硬度、改善切削加工性能、提高室温塑性变形能力。

(1) 完全退火工艺。将工件加热到 Ac_3 以上 30~50℃,保温一定时间后,随炉缓慢冷却到 500℃以下,然后在空气中冷却。这种工艺过程比较费时间,为克服这一缺点,产生了等温退火工艺。

(2) 等温退火工艺。将工件加热到 Ac_3 以上 30~50℃,保温一定时间后,先以较快的冷速冷到珠光体的形成温度等温,待等温转变结束再快冷。这样就可大大缩短退火的时间。

2) 球化退火

球化退火是使钢中的碳化物(层状渗碳体和网状渗碳体)球化,获得粒状(球状)珠光体的一种热处理工艺。主要用于共析或过共析成分的碳钢及合金钢。球化退火的目的是降低硬度,改善切削加工性,并为以后淬火做准备。

球化退火工艺,将钢件加热到 Ac_1 以上 30~50℃,保温一定时间后随炉缓慢冷却至 600℃后出炉空冷。同样为缩短退火时间,生产上常采用等温球化退火,它的加热工艺与普通球化退火相同,只是冷却方法不同。等温的温度和时间要根据硬度要求,利用 C 曲线确定。可见球化退火(等温)可缩短退火时间。

3) 去应力退火(低温退火)

目的:主要用于消除铸件、锻件、焊接件、冷冲压件(或冷拔件)及机加工的残余内应力。这些应力若不消除会导致随后的切削加工或使用中的变形开裂,降低机器的精度,甚至会发生事故。

去应力退火工艺:将工件随炉缓慢加热(100~150℃/h)至500~650℃(<A_1点),保温一段时间后随炉缓慢冷却(50~100℃/h),至200℃出炉空冷。

在去应力退火中不发生组织转变。在保温过程中(500~650℃)部分弹性变形转变为塑性变形,使内应力下降。退火温度愈高,内应力消除越充分,退火所需的时间越短。

2. 钢的正火

正火是将工件加热到 Ac_3 或 Ac_{cm} 以上 30~80℃,保温后从炉中取出在空气中冷却。与退火的区别是冷速快、组织细、强度和硬度有所提高。当钢件尺寸较小时,正火后组织为奥氏体,而退火后组织为珠光体。钢的退火与正火工艺参数如图 4-6 所示。

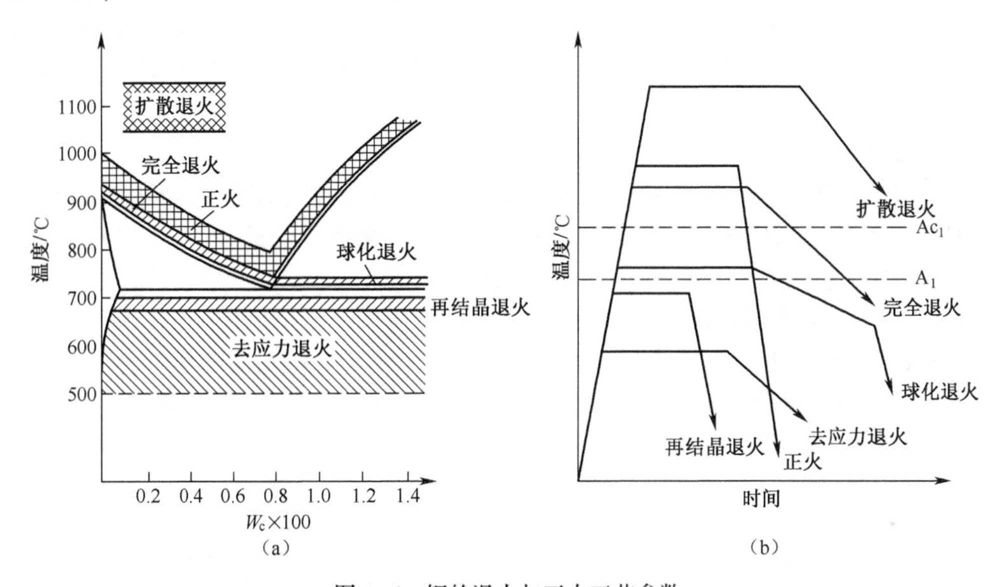

图 4-6 钢的退火与正火工艺参数

正火的应用如下:

(1) 用于普通结构零件,作为最终热处理,细化晶粒提高机械性能;

(2) 用于低、中碳钢作为预先热处理,得到合适的硬度,便于切削加工;

(3) 用于过共析钢,消除网状 Fe_3C_{II},有利于球化退火的进行。

3. 退火和正火的选择

从前面的学习中知,退火与正火在某种程度上有相似之处,在实际生产中又可替代,那么,在设计时根据以下三方面因素进行选择:

1) 从切削加工性上考虑

切削加工性包括硬度、切削脆性、表面粗糙度及对刀具的磨损等。一般金属的硬度在HB170~230 范围内,切削性能较好,高于它过硬,难以加工,且刀具磨损快;过低则切屑不易断,造成刀具发热和磨损,加工后的零件表面粗糙度很大。对于低、中碳结构钢以正火作为预先热处理比较合适,高碳结构钢和工具钢则以退火为宜。至于合金钢,由于合金元素的加入,使钢的硬度有所提高,故中碳以上的合金钢一般都采用退火以改善切削性。

2）从使用性能上考虑

如工件性能要求不太高，随后不再进行淬火和回火，那么往往用正火来提高其机械性能，但若零件的形状比较复杂，正火的冷却速度有形成裂纹的危险，应采用退火。

3）从经济上考虑

正火比退火的生产周期短，耗能少，且操作简便，故在可能的条件下，应优先考虑以正火代替退火。

4.3.2 钢的淬火

1. 淬火的目的

淬火就是将钢件加热到 Ac_3 或 Ac_1 以上 30~50℃，保温一定时间，然后快速冷却（一般为油冷或水冷），从而获得马氏体的一种操作。因此淬火的目的就是获得马氏体，但淬火必须和回火相配合，否则淬火后得到了高硬度、高强度，但韧性、塑性低，不能得到优良的综合机械性能。

2. 钢的淬火工艺

淬火是一种复杂的热处理工艺，又是决定产品质量的关键工序之一，淬火后要得到细小的马氏体组织而又不产生严重的变形和开裂，就必须根据钢的成分、零件的大小、形状等，结合 C 曲线合理地确定淬火加热和冷却方法。

1）淬火加热温度的选择

马氏体针叶大小取决于奥氏体晶粒大小。为了使淬火后得到细而均匀的马氏体，首先要在淬火加热时得到细而均匀的奥氏体。因此，加热温度不宜太高，只能在临界点以上 30~50℃。淬火工艺参数如图 4-7 所示。

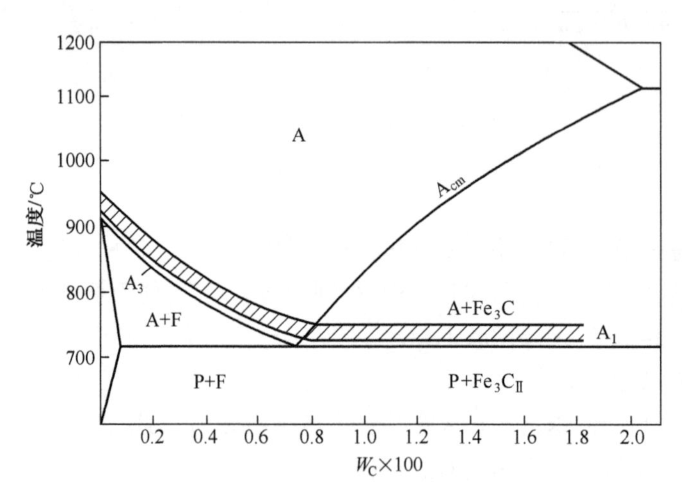

图 4-7 淬火工艺参数的选择

（1）对于亚共析钢：Ac_3+（30~50℃），淬火后的组织为均匀而细小的马氏体。

（2）对于过共析钢：Ac_1+（30~50℃），淬火后的组织为均匀而细小的马氏体和颗粒状渗碳体及残余奥氏体的混合组织。如果加热温度过高，渗碳体溶解过多，奥氏体晶粒粗大，会使淬火组织中马氏体针变粗，渗碳体量减少，残余奥氏体量增多，从而降低钢的硬度和耐磨性。

2）淬火冷却介质

淬火冷却是决定淬火质量的关键，为了使工件获得马氏体组织，淬火冷却速度必须大于临界冷却速度 $v_{临}$，而快冷会产生很大的内应力，容易引起工件的变形和开裂。所以既不能冷速过大又不能冷速过小，理想的冷却速度应是如图 4-8 所示的速度，但到目前为止还没有找到十分理想的冷却介质能符合这一理想的冷却速度的要求。

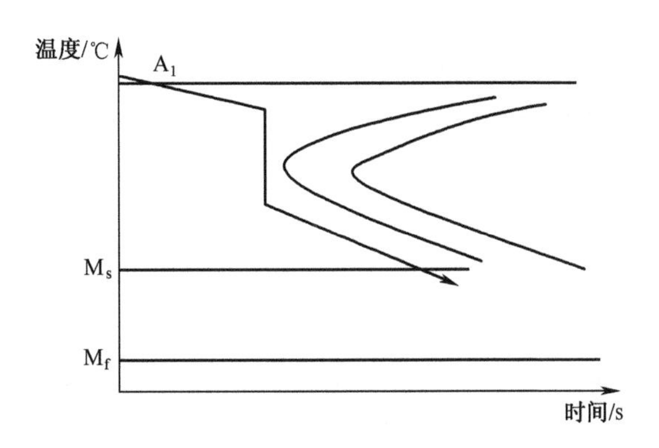

图 4-8 淬火理想的冷却速度

最常用的冷却介质是水和油，水在 650~550℃范围内具有很大的冷却速度（>600℃/s），可防止珠光体的转变，但在 300~200℃时冷却速度仍然很快（约为 270℃/s），这时正发生马氏体转变，具有如此高的冷速，必然会引起淬火钢的变形和开裂。若在水中加入 10%的盐（NaCl）或碱（NaOH），可将 650~550℃范围内的冷却速度提高到 1100℃/s，但在 300~200℃范围内冷却速度基本不变，因此水及盐水或碱水常被用作碳钢的淬火冷却介质，但都易引起材料变形和开裂。而油在 300~200℃范围内的冷却速度较慢（约为 20℃/s），可减少钢在淬火时的变形和开裂倾向，但在 650~550℃范围内的冷却速度不够大（约为 150℃/s），不易使碳钢淬火成马氏体，只能用于合金钢。常用淬火油为 10#、20#机油。

此外，还有硝盐浴（55%KNO_3+45%$NaNO_2$，另加 3%~5%H_2O）、碱浴（85%KOH+15%$NaNO_2$，另加 3%~6%H_2O）及聚乙烯醇水溶液（浓度为 0.1%~0.3%）和三硝水溶液（25%$NaNO_3$+20%KNO_3+20%$NaNO_2$+35%H_2O）等作为淬火冷却介质，它们的冷却能力介于水与油之间，适用于油淬不硬而水淬开裂的碳钢零件。

3）淬火方法

为了使工件淬火成马氏体并防止变形和开裂，单纯依靠选择淬火介质是不行的，还必须采取正确的淬火方法。最常用的淬火方法有如下 4 种（图 4-9）：

（1）单液淬火法。将加热的工件放入一种淬火介质中一直冷到室温。这种方法操作简单，容易实现机械化、自动化，如碳钢在水中淬火，合金钢在油中淬火。但其缺点是不符合理想淬火冷却速度的要求，水淬容易产生变形和裂纹，油淬容易产生硬度不足或硬度不均匀等现象。

（2）双液淬火法。将加热的工件先在快速冷却的介质中冷却到 300℃左右，立即转入另一种缓慢冷却的介质中冷却至室温，以降低马氏体转变时的应力，防止变形开裂。如形状复杂的碳钢工件常采用水淬油冷的方法,即先在水中冷却到 300℃后在油中冷却;而合金钢则采用油淬空冷,即先在油中冷却后在空气中冷却。

(3) 分级淬火法。将加热的工件先放入温度稍高于 M_s 的硝盐浴或碱浴中,保温 2~5min,使零件内外的温度均匀后,立即取出在空气中冷却。这种方法可以减少工件内外的温差和减慢马氏体转变时的冷却速度,从而有效地减少内应力,防止产生变形和开裂。但由于硝盐浴或碱浴的冷却能力低,只能适用于零件尺寸较小、要求变形小、尺寸精度高的工件,如模具、刀具等。

(4) 等温淬火法。将加热的工件放入温度稍高于 M_s 的硝盐浴或碱浴中,保温足够长的时间使其完成贝氏体转变,等温淬火后获得 $B_下$组织。

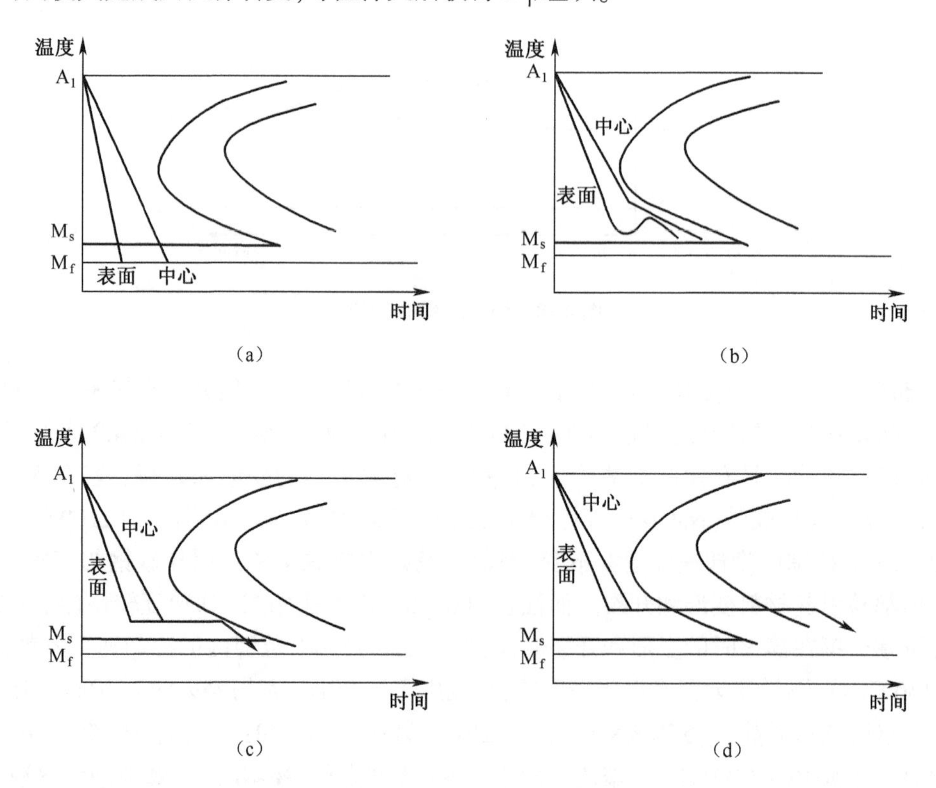

图 4-9　各种淬火方法示意图

(a)单液淬火法;(b)双液淬火法;(c)分级淬火法;(d)等温淬火法。

下贝氏体与回火马氏体相比,在含碳量相近,硬度相当的情况下,前者比后者具有较高的塑性与韧性,适用于尺寸较小、形状复杂、要求变形小、具有高硬度和强韧性的工具、模具等。

3. 钢的淬透性

1) 淬透性的概念

所谓淬透性是指钢在淬火时获得淬硬层的能力。淬硬层一般规定为工件表面至半马氏体(马氏体量占 50%)之间的区域,它的深度叫淬硬层深度。不同的钢在同样的条件下淬硬层深度不同,说明不同的钢淬透性不同,淬硬层较深的钢淬透性较好。

淬硬性是指钢以大于临界冷却速度冷却时,获得的马氏体组织所能达到的最高硬度。

钢的淬硬性主要决定于马氏体的含碳量,即取决于淬火前奥氏体的含碳量。

2) 影响淬透性的因素

(1) 化学成分。*C* 曲线距纵坐标愈远,淬火的临界冷却速度愈小,则钢的淬透性愈好。对于碳钢,钢中含碳量愈接近共析成分,其 *C* 曲线愈靠右,临界冷却速度愈小,则淬透性愈好,即亚共析钢的淬透性随含碳量增加而增大,过共析钢的淬透性随含碳量增加而减小。除 CO 和 Al(>2.5%) 以外的大多数合金元素都使 *C* 曲线右移,使钢的淬透性增加,因此合金钢的淬透性比碳钢好。

(2) 奥氏体化温度。温度愈高,晶粒愈粗,未溶第二相愈少,淬透性愈好。因为奥氏体晶粒粗大使晶界减少,不利于珠光体的形核,从而避免淬火时发生珠光体转变。

3) 淬透性的表示方法及应用

钢的淬透性必须在统一标准的冷却条件下来测定和比较,其测定方法很多。过去为了便于比较各种钢的淬透性,常利用临界直径 D_c 来表示钢获得淬硬层深度的能力。

所谓临界直径就是指圆柱形钢棒加热后在一定的淬火介质中能全部淬透的最大直径。

对同一种钢 $D_{c油}<D_{c水}$,因为油的冷却能力比水低。目前国内外都普遍采用"顶端淬火法"测定钢的淬透性曲线,比较不同钢的淬透性。

"顶端淬火法"——国家规定试样尺寸为 ϕ25×100mm;水柱自由高度 65mm,此外应注意加热过程中防止氧化、脱碳。将钢加热奥氏体化后,迅速喷水冷却。显然,在喷水端冷却速度最大,沿试样轴向的冷却速度逐渐减小。据此,末端组织应为马氏体,硬度最高,随距水冷端距离的加大,组织和硬度也相应变化,将硬度随水冷端距离的变化绘成曲线称为淬透性曲线,如图 4-10 所示。

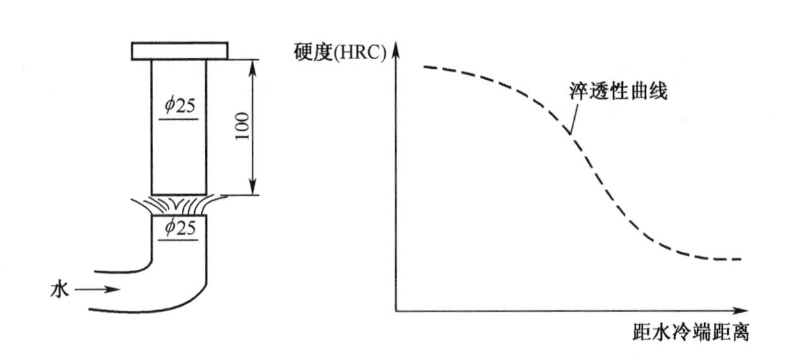

图 4-10 钢的淬透性曲线

不同钢种有不同的淬透性曲线,工业上用钢的淬透性曲线几乎都已测定,并已汇集成册可查阅参考。由淬透性曲线就可比较出不同钢的淬透性大小。

此外对于同一种钢,因冶炼炉不同,其化学成分会在一个限定的范围内波动,对淬透性有一定的影响,因此钢的淬透性曲线并不是一条线,而是一条带,即表现出"淬透性带"。钢的成分波动愈小,淬透性带愈窄,其性能愈稳定,因此淬透性带愈窄愈好。

淬透性是机械零件设计时选择材料和制定热处理工艺的重要依据。

淬透性不同的钢材,淬火后得到的淬硬层深度不同,所以沿截面的组织和力学性能差别很大。图 4-11 表示淬透性不同的钢制成直径相同的轴,经调质后力学性能的对比。图 4-10(a)表示全部淬透,整个截面为回火索氏体组织,机械性能沿截面是均匀分布的;图 4-10(b)表示仅表面淬透,由于心部为层片状组织(索氏体),冲击韧性较低。由此可见,淬透性低的钢材力学性能较差。因此机械制造中截面较大或形状较复杂的重要零件,以及应力状态较复杂的螺栓、连杆等零件,要求截面力学性能均匀,应选用淬透性较好的钢材。

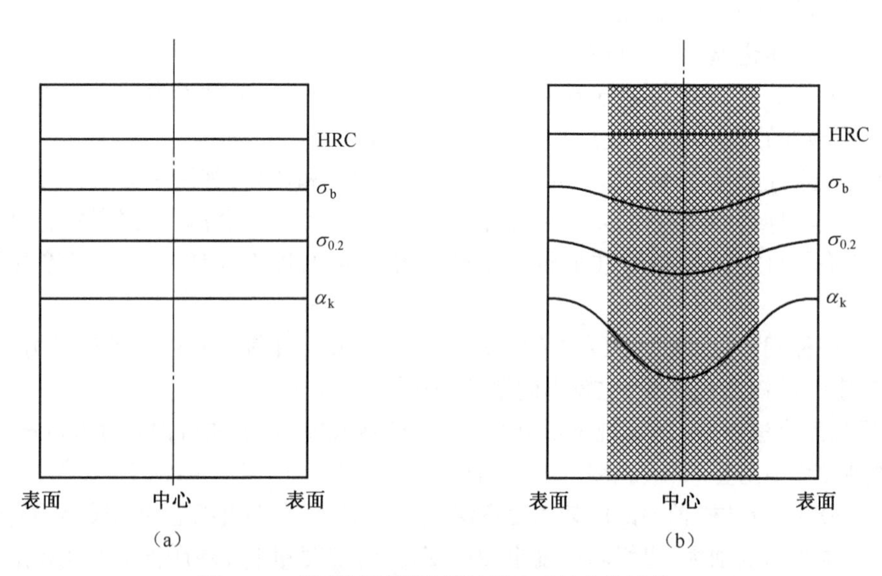

图 4-11　淬透性不同的钢经调质后的力学性能

(a)全淬透;(b)未淬透。

受弯曲和扭转力的轴类零件,应力在截面上的分布是不均匀的,其外层受力较大,心部受力较小,可考虑选用淬透性较低、淬硬层较浅(如为直径的 1/3~1/2)的钢材。有些工件(如焊接件)不能选用淬透性高的钢件,否则容易在焊缝热影响区内出现淬火组织,造成焊缝变形和开裂。

4.3.3 钢的回火

1. 钢的回火概念及回火目的

回火是将淬火钢重新加热到 A_1 点以下的某一温度,保温一定时间后,冷却到室温的一种操作。

由于淬火钢硬度高,脆性大,存在着淬火内应力,且淬火后的组织 M 和 A' 都处于非平衡态,是一种不稳定的组织,在一定条件下,经过一定的时间后,组织会向平衡组织转变,导致工件的尺寸形状改变,性能发生变化,为克服淬火组织的这些弱点而采取回火处理。

回火的目的是降低淬火钢的脆性,减少或消除内应力,使组织趋于稳定并获得所需要的性能。

2. 淬火钢在回火时组织和性能的变化

淬火钢在回火过程中,随着加热温度的提高,原子活动能力增大,其组织相应发生以下 4 个阶段性的转变。

1）80~200℃，发生马氏体的分解

由淬火马氏体中析出薄片状细小的 ε 碳化物（过渡相分子式 $Fe_{2、4}C$），使马氏体中碳的过饱和度降低，因而马氏体的正方度减小，但仍是碳在 α-Fe 中的过饱和固溶体，通常把这种过饱和 α+ε 碳化物的组织称为回火马氏体（M'）。它是由两相组成的，易被腐蚀，在显微镜下观察呈黑色针叶状。这一阶段内应力逐渐减小。

2）200~300℃，发生残余奥氏体分解

残余奥氏体分解过为饱和的 α+ε 碳化物的混合物，这种组织与马氏体分解的组织基本相同。把它归入回火马氏体组织，即回火温度在 300℃以下得到的回火组织是回火马氏体。

3）250~400℃，马氏体分解完成

过饱和的 α 中的含碳量达到饱和状态，实际上就是 M→F，使马氏体的正方度 c/a=1，但这时的铁素体仍保持着马氏体的针叶状的外形，这时 ε 碳化物这一过渡相也转变为极细的颗粒状的渗碳体。这种由针叶状铁素体和极细粒状渗碳体组成的机械混合物称为回火屈氏体（$T_{回}$），在这一阶段马氏体的内应力大大降低。

4）400℃以上

回火温度超过 400℃时，具有平衡浓度的 α 相开始回复，500℃以上时发生再结晶，从针叶状转变为多边形的粒状，在这一回复再结晶的过程中，粒状渗碳体聚集长大成球状，即在 500℃以上（500~650℃）得到由粒状铁素体+Fe_3C 组成的回火组织——回火索氏体（$S_{回}$）。

可见，碳钢淬火后在回火过程中发生的组织转变主要有：马氏体和残余奥氏体的分解，碳化物的形成、聚集长大，以及 α 固溶体的回复与再结晶等几个方面。而且随回火温度的不同可得到三种类型的回火组织（图 4-12）：300℃以下得到 M'，其硬度与淬火马氏体相近，但塑性、韧性较淬火马氏体提高；回火温度在 300~500℃范围内得到回火屈氏体组织，具有较高的硬度和强度以及一定的塑性和韧性；回火温度在 500~650℃范围时，得到回火索氏体组织，与 $T_{回}$ 相比，它的强度、硬度低而塑性和韧性较高。硬度大约在 200℃以后呈直线下降；钢的强度在开始时虽然随着内应力和脆性的减少而有所提高，但自 300℃以后也和硬度一样随回火温度升高而降低；而钢的塑性和韧性则相反，自 300℃以后迅速升高。

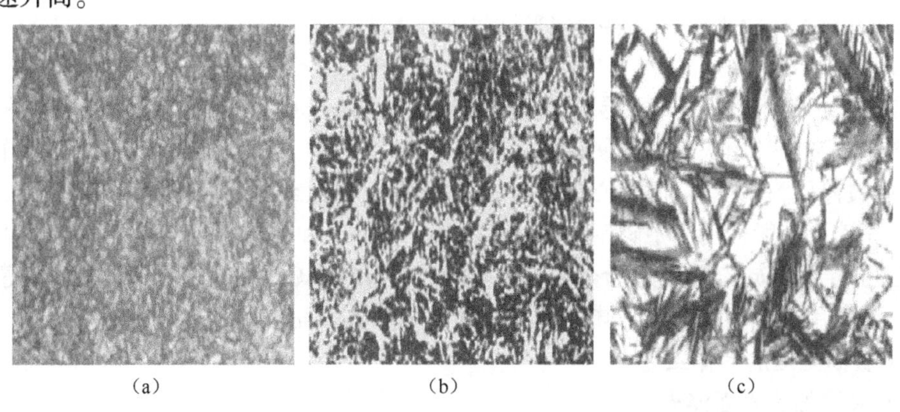

(a)　　(b)　　(c)

图 4-12　回火组织

（a）回火索氏体；（b）回火屈氏体；（c）回火马氏体。

值得注意的是,所有淬火钢回火时,在300℃左右由于薄片状碳化物沿马氏体板条或针叶间界面析出而导致冲击韧性降低,这种现象称为低温回火脆性,生产上要避免在此温度范围内回火。

3. 回火的方法及应用

钢的回火按回火温度范围可分为以下3种:

1)低温回火

回火温度范围为150~250℃,得到的组织是回火马氏体,内应力和脆性降低,保持了高硬度和高耐磨性。

这种回火主要应用于高碳钢或高碳合金钢制造的工具、模具、滚动轴承及渗碳和表面淬火的零件,回火后的硬度一般为58~64HRC。

2)中温回火

回火温度范围为350~500℃,回火后的组织为回火屈氏体,硬度为35~45HRC,具有一定的韧性和高的弹性极限及屈服极限。

这种回火主要应用于含碳0.5%~0.7%的碳钢和合金钢制造的各类弹簧。

3)高温回火

回火温度范围为500~650℃,回火后的组织为回火索氏体,其硬度为25~35HRC,具有适当的强度和足够的塑性和韧性。

这种回火主要应用于含碳0.3%~0.5%的碳钢和合金钢制造的各类连接和传动的结构零件,如轴、连杆、螺栓等。

通常在生产上将淬火加高温回火的处理称为"调质处理"。

对于在交变载荷下工作的重要零件,要求其整个截面得到均匀的回火索氏体组织,首先必须使零件淬透,因此,随着调质零件尺寸不同,要求钢的淬透性也不同,大零件要求选用高淬透性的钢,小零件则可以选用淬透性较低的钢。

4.3.4 钢的表面热处理

一些在弯曲、扭转、冲击载荷、磨擦条件下工作的齿轮等机器零件,它们要求具有表面硬、耐磨,而心部韧、能抗冲击的特性,仅从选材方面去考虑是很难达到此要求的。如用高碳钢,虽然硬度高,但心部韧性不足,若用低碳钢,虽然心部韧性好,但表面硬度低,不耐磨,所以工业上广泛采用表面热处理来满足上述要求。

1. 钢的表面淬火

表面淬火是将工件的表面层淬硬到一定深度,而心部仍保持未淬火状态的一种局部淬火方法。它是利用快速加热使钢件表面奥氏体化,而中心尚处于较低温度,迅速予以冷却,表层被淬硬为马氏体,而中心仍保持原来的退火、正火或调质状态的组织。

表面淬火一般适用于中碳钢(含0.4%~0.5%的C)和中碳低合金钢(如40Cr、40MnB等),也可用于高碳工具钢、低合金工具钢(如T8、9Mn2V、GCr15等)以及球墨铸铁等。

目前应用最多的是感应加热表面淬火和火焰加热表面淬火。

2. 表面处理的具体工艺

1)火焰加热表面淬火

火焰加热表面淬火是用乙炔-氧或煤气-氧的混合气体燃烧的火焰,喷射至零件表面上,使它快速加热,当达到淬火温度时立即喷水冷却,从而获得预期的硬度和淬硬层深度的一种表面淬火方法。火焰加热常用的装置如图 4-13 所示。

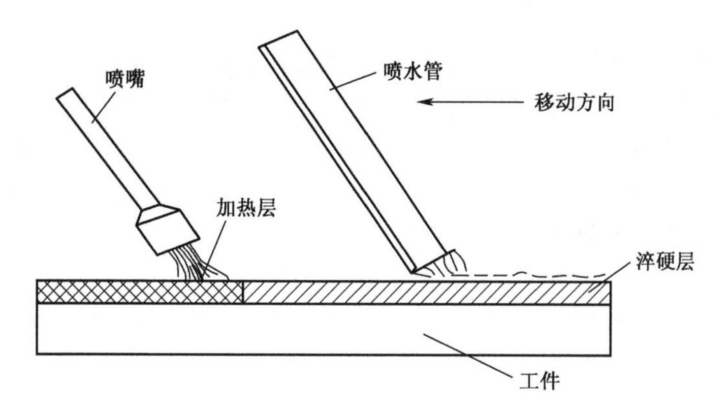

图 4-13 火焰加热装置示意图

火焰表面淬火零件的选材,常用中碳钢如 35、45 钢,以及中碳合金结构钢如 40Cr、65Mn 等,如果含碳量太低,则淬火后硬度较低;碳和合金元素含量过高,则易淬裂。火焰表面淬火法还可用于对铸铁件如灰铸件、合金铸铁进行表面淬火。

火焰表面淬火的淬硬层深度一般为 2~6mm,若要获得更深的淬硬层,往往会引起零件表面严重的过热,且易产生淬火裂纹。

火焰淬火后,零件表面不应出现过热、烧熔或裂纹,变形情况也要在规定的技术要求之内。

由于火焰表面淬火方法简便,无需特殊设备,可适用于单件或小批生产的大型零件和需要局部淬火的工具和零件,如大型轴类、大模数齿轮、锤子等。但火焰表面淬火较易过热,淬火质量往往不够稳定,工作条件差,因此限制了它在机械制造业中的广泛应用。

2）感应加热表面淬火

它是在工件中引入一定频率的感应电流(涡流),使工件表面层快速加热到淬火温度后立即喷水冷却的方法。

(1）工作原理。

在一个线圈中通过一定频率的交流电时,在它周围便产生交变磁场。若把工件放入线圈中,工件中就会产生与线圈频率相同而方向相反的感应电流。这种感应电流在工件中的分布是不均匀的,主要集中在表面层,愈靠近表面,电流密度愈大;频率愈高,电流集中的表面层愈薄。这种现象称为“集肤效应”,它是感应电流能使工件表面层加热的基本依据。

(2）感应加热的分类。

根据电流频率的不同,感应加热可分为如下几类:

① 高频感应加热(100~1000kHz):最常用的工作频率为 200~300kHz,淬硬层深度为 0.2~2mm,适用于中小型零件,如小模数齿轮。

② 中频感应加热(2.5~10kHz):最常用的工作频率为 2500~8000Hz,淬硬层深度为 2~8mm,适用于大中型零件,如直径较大的轴和大中型模数的齿轮。

③ 工频感应加热(50Hz):淬硬层深度一般在10~15mm以上,适用于大型零件,如直径大于300mm的轧辊及轴类零件等。

(3) 感应加热的特点。

加热速度快、生产率高;淬火后表面组织细、硬度高(比普通淬火高2~3HRC);加热时间短,氧化脱碳少;淬硬层深易控制,变形小、产品质量好;生产过程易实现自动化。其缺点是设备昂贵,维修、调整困难,形状复杂的感应圈不易制造,不适于单件生产。

对于感应加热表面淬火的工件,其设计技术条件一般应注明表面淬火硬度、淬硬层深度、表面淬火部位及心部硬度等。在选材方面,为了保证工件感应加热表面淬火后的表面硬度和心部硬度、强度及韧性,一般用中碳钢和中碳合金钢如40、45、40Cr、40MnB等,此外合理地确定淬硬层深度也很重要,一般说,增加淬硬层深度可延长表面层的耐磨寿命,但却增加了脆性破坏倾向,所以,选择淬硬层深度时,除考虑磨损外,还必须考虑工件的综合机械性能,应保证兼有足够的强度、耐疲劳度和韧性。

另外,工件在感应加热前需要进行预先热处理,一般为调质或正火,以保证工件表面在淬火后得到均匀细小的马氏体和改善工件心部硬度、强度、韧性以及切削加工性,并减少淬火变形。工件在感应表面淬火后需要进行低温回火(180~200℃)以降低内应力和脆性,获得回火马氏体组织。

3. 钢的化学热处理

1) 化学热处理原理

化学热处理是将工件置于一定介质中加热和保温,使介质中的活性原子渗入工件表层,以改变表层的化学成分和组织,从而使工件表面具有某些特殊的机械或物理化学性能的一种热处理工艺。

与表面淬火相比,化学热处理的主要特点是:表面层不仅有组织的变化,而且有成分的变化。

化学热处理工艺较多,由于渗入元素不同,会使工件表面所具备的性能也不同。如渗碳和碳氮共渗可提高钢的硬度、耐磨性及疲劳强度;渗氮、渗硼、渗铬使表面特别硬,显著提高耐磨性和耐蚀性;渗硫可提高减摩性;渗硅可提高耐酸性;渗铝可提高耐热和抗氧化性等。目前在汽车、拖拉机和机床制造中,最常用的化学热处理工艺有渗碳、渗氮和气体碳氮共渗。

2) 钢的渗碳

渗碳是向钢的表面层渗入碳原子的过程。其目的是使工件在热处理后表面具有高硬度和高耐磨性,而心部仍保持一定强度以及较高的韧性和塑性。

按照采用的渗碳剂不同,渗碳法可分为气体渗碳、固体渗碳、液体渗碳三种,常用的是前面两种,尤其是气体渗碳。气体渗碳法生产率高,劳动条件较好,渗碳质量容易控制,并易于实现机械化、自动化,故在当前工业中得到极广泛的应用。

工件渗碳后必须进行淬火+低温回火处理,才能达到表面高硬度、高耐磨性,心部高韧性的要求,发挥渗碳层的作用。

3) 钢的氮化(气体氮化)

氮化是向钢的表面层渗入氮原子的过程。其目的是提高表面硬度和耐磨性,并提高疲劳强度和抗腐蚀性。

氮化通常利用专门设备或井式渗碳炉来进行。工件在氮化前一般需经调质处理,获得回火索氏体组织以提高氮化工件的心部强度,保证良好的综合机械性能。而工件在氮化后,由于表层形成了高硬度的氮化物(HV1000~1100),无需进行淬火便具有高的耐磨性。

4)钢的碳氮共渗

碳氮共渗是向钢的表层同时渗入碳和氮的过程,习惯上又称氰化。目前以中温气体碳氮共渗和低温气体碳氮共渗(即气体软氮化)应用较广泛。中温气体碳氮共渗的主要目的是提高钢的硬度、耐磨性和疲劳强度;低温气体碳氮共渗以渗氮为主,其主要目的是提高钢的耐磨性和抗咬合性。缺点主要是表层碳氮化合物层太薄,仅有0.01~0.02mm,加热气氛具有毒性,限制了应用。

4.4　热处理质量控制及检测

4.4.1　钢的热处理常见缺陷及防治措施

(1)氧化和脱碳:炉内空气与钢件表面的铁与碳发生化学反应,如果炉膛是氧化性气氛,表面生成氧化物则为氧化,也叫烧损;而钢件表层的碳与炉气中的氧化性气体及还原性气体发生反应,造成钢件表面含碳量减少的现象则为脱碳。氧化使工件表面金属烧损,影响精度并使表面不光洁;而脱碳使钢件表面含碳量降低,淬火后强度和硬度下降,尤其降低疲劳强度。

防止与补救方法:正确控制加热温度和保温时间,在炉内放置木炭粉、生铁屑或通入保护气体或在工件表面涂防氧化膏剂等。在盐浴炉中加热可减轻或防止氧化脱碳。

(2)过热:钢的加热温度过高,高温停留时间过长造成奥氏体晶粒粗大,影响钢件性能,容易造成淬火变形和开裂,并显著降低工件的塑性和韧性。

防止与补救方法:定期检验仪表,保证其控制的准确性,严格控制加热温度和保温时间等。若工件已经过热,可通过1~2次正火或退火处理,使钢的晶粒细化后再重新淬火。

(3)过烧:加热温度过高,停留时间长,晶粒的晶界发生熔化或氧化。

防止与补救方法:严格控制温度过高。发生过烧,只好报废工件。

(4)变形与开裂:快速冷却工件内部产生内应力(残余应力、温度应力和组织应力综合作用),导致工件形状尺寸的变化,当内应力超过材料屈服极限时,过强度极限时,将导致开裂。

防止与补救方法:热处理件结构力求对称,截面均匀,导热性差的合金钢应预热;严格选择热处理工艺,适当控制加热速度和选择恰当的冷却剂,正确地掌握工件淬火冷却的方法等。如对工件的尖角、孔、槽等应力集中部位采用石棉缠绕后淬火,淬火后立即回火。

若工件变形不大,可进行校正;如严重变形或已产生微小裂纹则无法补救。

(5)硬度不足:可能是加热温度低、保温时间过短、淬火介质的冷却能力差使冷却速度慢、操作不当或回火温度过高等。

防止与补救方法:可以重新热处理予以挽救;如果脱碳使含碳量低,除非去掉脱碳层,否则无法弥补。

(6) 软点是指工件淬火后出现小区域硬度不足的现象。原因可能有:钢的成分(特别是含碳)、组织不均匀;表面存在氧化皮;附有污物;温度不足、保温时间过短;局部脱碳;或冷却介质老化、污染等,或操作不当,如工件间相互接触,在冷却介质中运动不充分等其他原因造成部分硬度不足。

防止与补救方法:通过锻造或球化退火等预备热处理改善工件原始组织;可用退火或正火使组织均匀化予以消除,或重新淬火等;选用合适的冷却介质并保持清洁;工件在冷却介质中冷却时要进行适当的搅拌运动或分散冷却;淬火温度和保温时间要足够,保证相变均匀,防止因加热温度和保温时间不足而造成"软点"。

4.4.2 热处理工件的质量检验

工件在热处理过程中及完成后,都要依据图纸和技术要求严格进行各项质量检验。

1. 热处理质量一般检验内容

(1) 工件的外观和精度检验:工件热处理后,检验外观表面的氧化、腐蚀、烧损和有无表面裂纹等情况。工件热处理后,形状和尺寸要发生变化。经检验若变形量超出图纸要求,需通过校正达到要求。

(2) 机械性能的检验:工件热处理后的机械性能,一般用硬度衡量,故主要是硬度检验。对于重要的或有特殊要求的工件,还需进行其他机械性能指标的检验。

(3) 内部质量的检验:有些工件在热处理后,还要用金相显微镜、磁力探伤仪或超声波探伤仪等,检验内部的显微组织和内裂情况。

2. 硬度检验

金属硬度检测是评价金属力学性能最迅速、最经济、最简单的一种试验方法。通过硬度试验可以反映金属材料在不同的化学成分、组织结构和热处理工艺条件下性能的差异,因此硬度试验广泛应用于金属性能的检验、监督热处理工艺质量和新材料的研制。可见,硬度是金属材料的重要机械性能指标,各种工件都要在图纸上注明硬度要求,围绕硬度要求选择热处理方法和制订工艺。生产上应用最多的硬度测试方法是布氏硬度法和洛氏硬度法。

1) 布氏硬度

把试件放在布氏硬度计的工作台上,在一定垂直压力 F 的作用下,将一定直径 D 的淬火钢球压入试件表面,载荷持续一定时间,去除载荷后,在试件表面压出球形压痕。压力除以压痕表面积的商值即为布氏硬度数值。图 4-14 为布氏硬度测试原理图。

布氏硬度试验数值准确,但操作较烦琐。不能测试高硬度(>450HB)或太薄的材料,多用于测试较软的金属材料和铸、锻等毛坯制品。

2) 洛氏硬度

用洛氏硬度计测试,其基本原理与布氏硬度相似,所不同的是应用的压头是 120°顶角的金刚石圆锥和 ϕ1. 588mm 的钢球两种,根据压痕深度相应大小确定洛氏硬度值,其数值大小可在硬度计的刻度盘上直接读出。

洛氏硬度标尺有 3 种:HBA、HRB、HRC。以 HRC 应用最广泛。

(1) HRA 是金刚石圆锥作压头,载荷为 600N,主要用于测试大于 70HRA 的极硬材

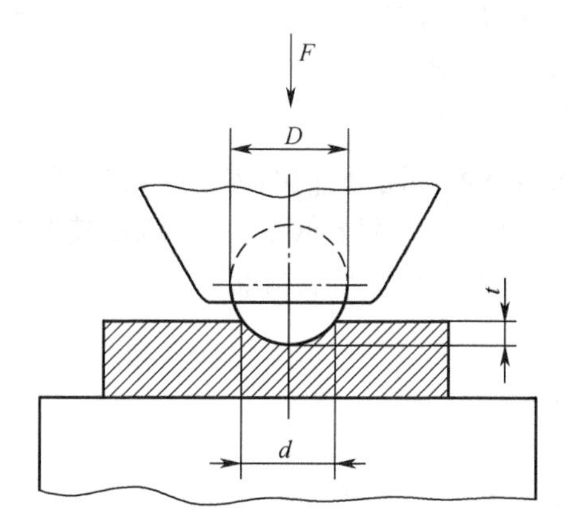

图 4-14 为布氏硬度测试原理图

料和薄硬层的硬度,如渗碳、氮化工件和硬质合金等。

(2) HRB 是用 ϕ1.588mm 钢球作压头,载荷为 1000N,主要用于测试 25~100HRB 范围内的软材料,如各种金属原材料与毛坯制品的硬度。

(3) HRC 是用金刚石圆锥作压头,载荷为 1500N,主要用于测试 20~67HRC 范围的较硬材料,如一般淬火、回火工件的硬度。

洛氏硬度试验操作迅速简便,可直接测试成品工件,故生产上应用最多,但其测量值比较分散,需要在不同部位多测试几点,取平均值作为该材料的硬度值。

在热处理生产现场,为了迅速判断热处理后的硬度,还可以采用挫刀法作粗略判断。用多把标准硬度的挫刀在试件表面挫削,根据锉痕和用力情况可大致判断其硬度范围。此法迅速简便,但需要丰富的经验,最后仍需用硬度计给予准确测定。

4.5 热处理实践技能训练

金属材料性能首先与其成分相关,其次与其组织结构有关。为使金属工件发挥其力学性能、物理性能和化学性能,除合理选用材料和各种成形工艺外,热处理工艺往往是必须的。钢铁是机械工业中应用最广的材料,钢铁显微组织复杂,可通过热处理予以控制,达到理想性能。另外,铝、铜、镁、钛等及其合金也都可通过热处理改变其力学、物理和化学性能,以获得不同的使用性能。

金属热处理是机械制造中的重要工艺之一。与其他加工工艺相比,热处理一般不改变工件的形状和整体的化学成分,而是通过改变工件内部的显微组织,或改变工件表面的化学成分,赋予或改善工件的使用性能。其特点是改善工件的内在质量,而这一般是肉眼所能看到的。

1. 常用热处理实践

(1) 制备 45 钢材圆柱体若干,规格 ϕ20×15。

(2) 分别进行退火、正火、淬火、回火处理,学生自行查阅热处理手册,制订热处理曲线。

(3) 热处理后,测各个金属试样的硬度 HB,总结热处理对材料力学性能、工艺性能的影响规律;制备金相试样,观察微观组织。

2. 热处理实例:斧头的热处理

斧头是常用工具,要求有硬度和耐磨,同时需要一定的韧性。选用常用的 45 钢,进行淬火,保证工具的硬度和耐磨性,同时配上低温回火,既使其保持较高的硬度,同时能够减小淬火产生的内应力,而且增加了韧性,脆性降低。

材料:45 钢

热处理要求:53~57HRC

热处理方法:淬火+低温回火

工艺流程:下料—锻造—机加工—钳工制作—淬火+低温回火—检验

热处理工艺曲线如图 4-15 所示。

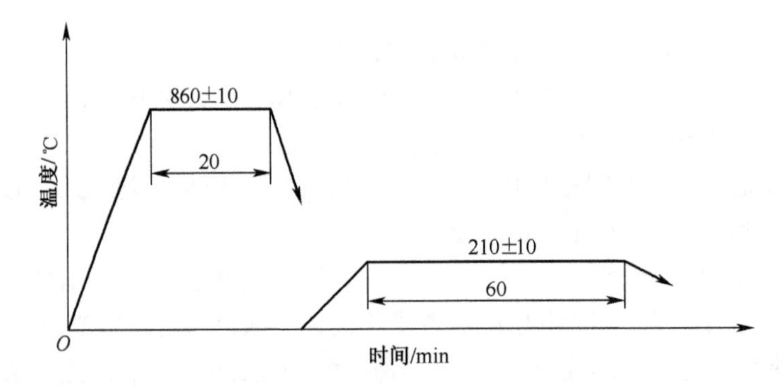

图 4-15 斧头热处理工艺曲线

淬火处理工序注意事项:为防止氧化、脱碳,减小加热时间采用到温装炉。淬火加热时炉内放入少量木炭,防止斧头表面脱碳,硬度上不去。淬火冷却时,手持钳子夹持斧头入水,并不断在水中摆动,以保证硬度均匀。

第5章 铸造

5.1 铸造概述

铸造作为技术材料的基本成型方法，伴随着金属材料的诞生而形成，并伴随着金属材料的发展而发展。从青铜器的铸造开始，铸造在我国已有近4000年的历史。当今的铸造技术主要包括机械行业铸件的铸造和冶金行业铸锭的铸造。铸件的铸造因其经济实用，成为机械零件制造最先考虑的工艺方法。而铸锭的铸造几乎是除了铸件以外所有金属材料加工工艺流程中不可缺少而且至关重要的关键环节。同时，铸造技术也已被引入电子材料以及其他新材料制备中。

铸造是指将熔融金属液浇入具有和零件形状相适应的铸型空腔中，凝固后获得一定形状和性能的毛坯或零件的成形方法。用铸造方法得到的毛坯或零件称为铸件。铸造主要工艺过程包括金属熔炼、模型制造、浇注凝固和脱模清理等。

铸造成形方法很多，主要有砂型铸造、金属型铸造、压力铸造、离心铸造以及熔模铸造等，其中砂型铸造是目前生产中用的最多、最基本的铸造方法，其生产的铸件占总量的80%以上。把除砂型铸造以外的各种铸造统称为特种铸造。

铸造生产特点：

(1) 适应性强，铸件的质量不受限制，小到几克，大到数百吨。铸件的轮廓尺寸小可至几毫米，大至几十米。铸件几乎不受工件的形状、尺寸、质量和生产批量的限制。除了各种铸造合金以外，高分子材料也可以采用铸造方法成形。

(2) 成本低，铸件具有良好的经济性。铸件的形状和尺寸接近于零件，能节省金属材料和切削加工工作量。铸造生产所用的原材料来源广，且可以利用废机件等废料回炉熔炼，价格低廉。

(3) 铸造常用于制造形状复杂、承受静载荷及压应力的构件，如箱体、床身、支架、机座等。

但铸造生产也存在不足。铸件组织疏松、晶粒粗大，内部易产生缩孔、缩松、气孔等缺陷；铸造工序多，且难以精确控制，使得铸件质量不够稳定，铸件的废品率较高；劳动条件差，劳动强度比较大。

5.2 常用铸造设备及工具

5.2.1 铸造合金熔炼设备

铸件在浇注之前要熔炼金属。熔炼就是将固态金属炉料通过加热转变成具有规定成分和规定温度的液态合金的过程。目前用于铸造的合金通常可分为铸铁、铸钢和铸造有色合金三大类。

在铸造生产中,目前用于熔炼铸铁的设备通常有冲天炉和感应电炉等;熔炼铸钢的设备通常有电弧炉、感应电炉以及平炉和转炉等;熔炼铸造有色合金的设备通常有坩埚炉和感应电炉等,如图 5-1 所示。

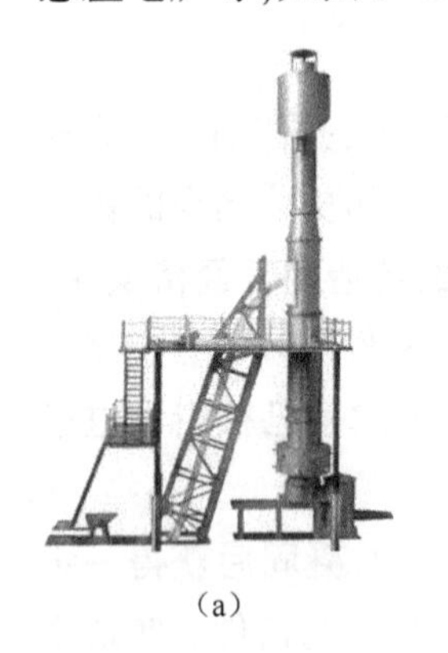

(a)

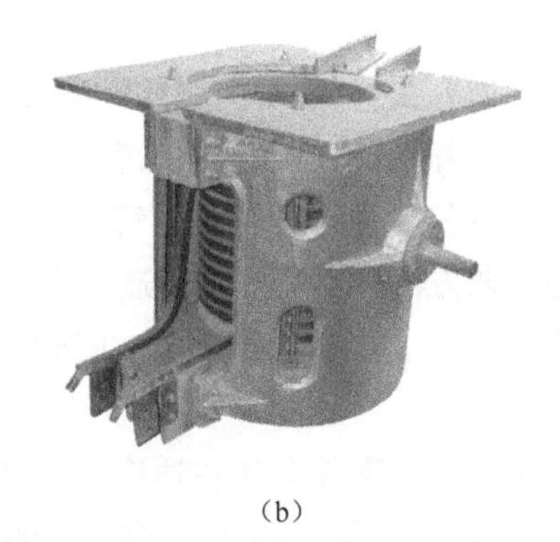

(b)

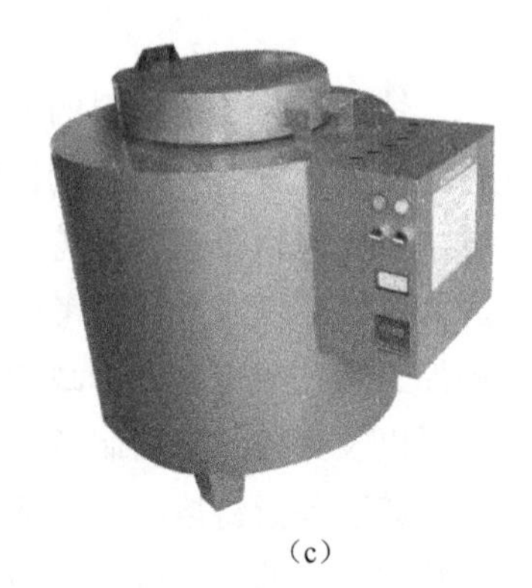

(c)

图 5-1 常用加热炉

(a)冲天炉;(b)感应电炉;(c)电阻坩埚炉。

1. 冲天炉

冲天炉是铸铁的主要熔炼设备,它是利用对流原理进行熔炼的。熔炼时焦炭燃烧所产生的热炉气自下而上运动,按一定比例的冷炉料依靠自重从上向下移动,在此逆向运动中发生以下变化:底焦燃烧、金属炉料预热、熔化并且使铁水温度过热以及铁水的化学成分发生冶金变化。

冲天炉具有结构简单、操作方便、生产效率高、生产成本低、能连续生产等特点,所以在实际生产中使用最为普遍。

2. 感应电炉

感应电炉是目前铸造生产中使用较为普遍的熔炼设备。它是根据电磁感应和电流热效应原理,利用炉料内感应电流的热能熔化金属的。感应电炉加热速度快、热量散失少、热效率高、温度可控制(最高温度可达 1650℃以上)、可熔炼各种铸造合金。但感应电炉耗电量大,去除硫、磷有害元素作用的能力差。

3. 坩埚炉

普通坩埚炉利用热量的传导和辐射原理进行熔炼。熔炼时,通过燃料(如焦炭、重油、煤气等)燃烧热量加热坩埚,使坩埚内金属炉料熔化。这种加热方式速度缓慢、温度较低、坩埚容量小,一般只用于有色合金的熔炼。

电阻坩埚炉是利用电热元件通电产生的热量加热坩埚的一种熔炼设备。它主要用于铸铝合金的熔炼,其优点是炉气为中性,铝液不会强烈氧化,炉温易控制,操作简单;但是熔炼时间长,耗电量大。

5.2.2 常用造型工具

手工造型的种类较多、方法各异,再加上生产条件、地域差异和使用习惯等的不同,造型多种多样。图 5-2 为常用手工造型工具。

(1) 砂箱。容纳和支撑砂型。

(2) 刮砂板。刮去高出砂箱上平面的型砂和修大平面。

(3) 底板。用于放置模样。

(4) 砂舂。造型时,用来舂实型砂。砂舂的头部,分扁头和平头两种,扁头用来舂实模样周围及砂箱边或狭窄部分的型砂,平头用来舂实砂型表面。

(5) 浇口棒。制作浇注通道。

(6) 通气针。用来在砂型中扎出通气的孔眼,通常由铁丝或钢条制成,一般为 $\phi 2 \sim 8$mm。

(7) 起模针。用来起出砂型中的模样。工作端为尖锥形的称为起模针,用于起出较小的模样。

(8) 皮老虎。吹去模样上的分型砂和散落在表面的砂粒和其他杂物,使砂型表面干净整洁。

(9) 馒刀。修整型砂表面或者在型砂表面挖沟槽。

(10) 馒勺。在砂型上修补凹的曲面。

(11) 提钩。修整砂型底板或侧面,也可钩出砂型中的散砂和其他杂物。

(12) 掸笔。用来润湿模样边缘的型砂,以便起模和修型,有时也用掸笔来对狭小型腔处涂刷涂料。

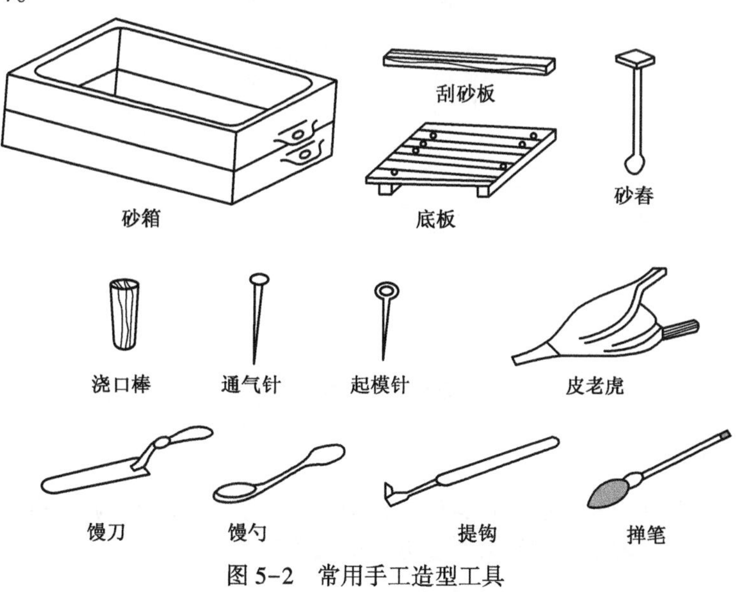

图 5-2 常用手工造型工具

5.3 铸造工艺及方法

5.3.1 砂型铸造

砂型铸造是指将熔炼好的金属液注入由型砂制成的铸型中，冷却凝固后获得铸件的方法。生产工艺过程包括模样和芯盒的制作、型砂和芯砂配制、造型制芯、合箱、熔炼金属、浇注、落砂、清理及铸件检验。图 5-3 是套筒铸件的铸造生产工艺过程。

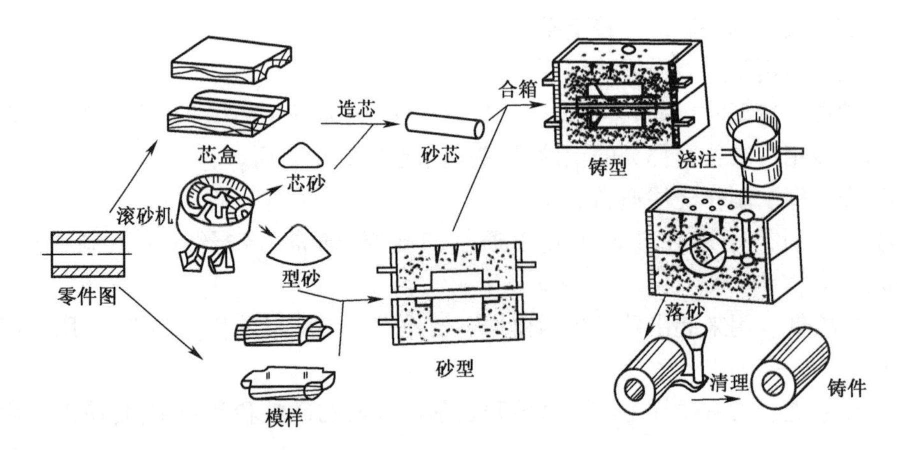

图 5-3　套筒铸件的铸造生产工艺过程

1. 铸型

铸型一般由上型、下型、型芯、浇注系统等几部分组成。图 5-4 为常用两箱造型的铸型。

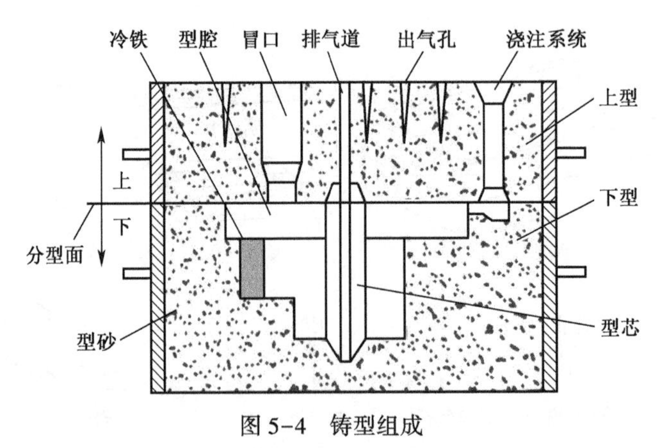

图 5-4　铸型组成

2. 造型材料

用于制造铸型型腔和型芯的材料称为造型材料。砂子、金属、陶瓷、石膏、石墨等均可作为造型材料。这里着重介绍用来制造砂型的型砂。

1）型砂的组成

由砂子(也称为原砂)作为主体材料制成造型材料称为型砂或芯砂。型砂用于制造砂型,芯砂用于制造砂芯。型(芯)砂一般是由原砂、黏结剂、附加物和水按照一定比例混制而成的且具有一定性能要求的混合物,其结构示意图如图 5-5 所示。

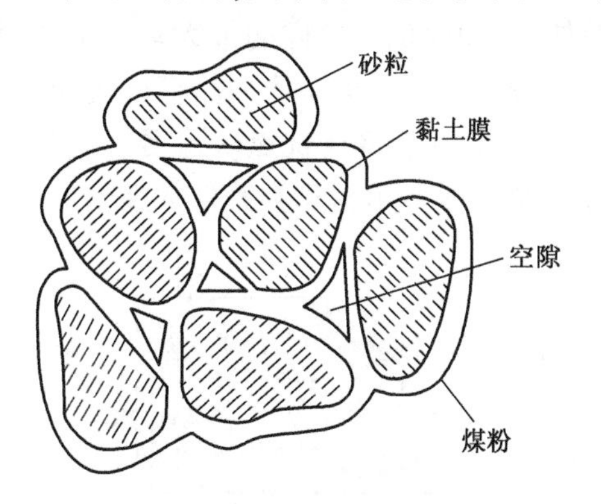

图 5-5 型砂结构示意图

原砂是型砂的主体,常用 SiO_2 含量较高的硅砂或海(河)砂作为原砂,以圆形、粒度均匀、含杂质少为最佳。

黏结剂的作用是使砂粒黏结成具有一定可塑性和强度的型砂。砂型铸造中常用的黏结剂有黏土、膨润土、水玻璃以及桐油等,最常用的是黏土和膨润土。

附加物是为了改善型砂的性能而加入的其他物质。水能使原砂和黏土混成一体,并保持一定的强度和透气性。但水分含量必须合适,过多或过少都对铸件不利。

2）型砂的性能要求

(1) 流动性,指型(芯)砂在外力或自身重力的作用下砂粒间相对移动的能力。流动性好的型(芯)砂易于填充、舂紧和形成紧实度均匀、轮廓清晰、表面光洁的型腔。

(2) 强度,指紧实的型(芯)砂抵抗外力破坏的能力。强度过低,铸型易造成塌箱、冲砂、胀大等缺陷,强度过高,会使铸型过硬,透气性、退让性和落砂性降低。

(3) 透气性,指紧实的型(芯)砂能让气体通过而逸出的能力。透气性太低,气体将留在型腔内,使铸件形成呛火、气孔等缺陷。

(4) 耐火度,指型(芯)砂在金属液高温的作用下不熔化、不软化、不烧结,而保持原有性能的能力。耐火度低的型(芯)砂易使铸件产生黏砂等缺陷。

(5) 退让性,指铸件在冷凝收缩时,紧实的型(芯)砂能相应地被压缩变形,而不阻碍铸件收缩的性能。退让性不好,铸件易产生内应力、变形甚至开裂。

(6) 韧性(也称可塑性),指型(芯)砂在外力作用下变形,去除外力后仍保持已获得形状的能力。韧性好,造型操作方便,容易起模,便于制作形状复杂、尺寸精确、轮廓清晰的砂型。

3. 造型方法

砂型铸造通常分为手工造型和机器造型两种类型。

1）手工造型

手工造型是指全部用手工或手动工具完成的造型,其特点是操作灵活、适应性强、生产成本低,应用较为普遍,但生产效率低,劳动强度大。手工造型按照砂箱特征通常可分为两箱造型、三箱造型、多箱造型、脱箱造型和地坑造型等;按照模样特征通常可分为整模造型和分模造型、挖砂造型、活块模造型、假箱造型和刮板造型等。

(1) 整模造型。

将铸件的模样做成整体,分型面位于模样的最大端面上,模样可直接从砂型中起出,这样的造型方法就称为整模造型。由于整模造型的模样是位于一个砂型型腔内,因此整模造型具有造型操作简单、铸件精度较高的优点。适用于外形轮廓的顶端截面大、形状简单的铸件,如盘、盖类铸件。图 5-6 所示为盘类铸件的整模造型工艺过程。

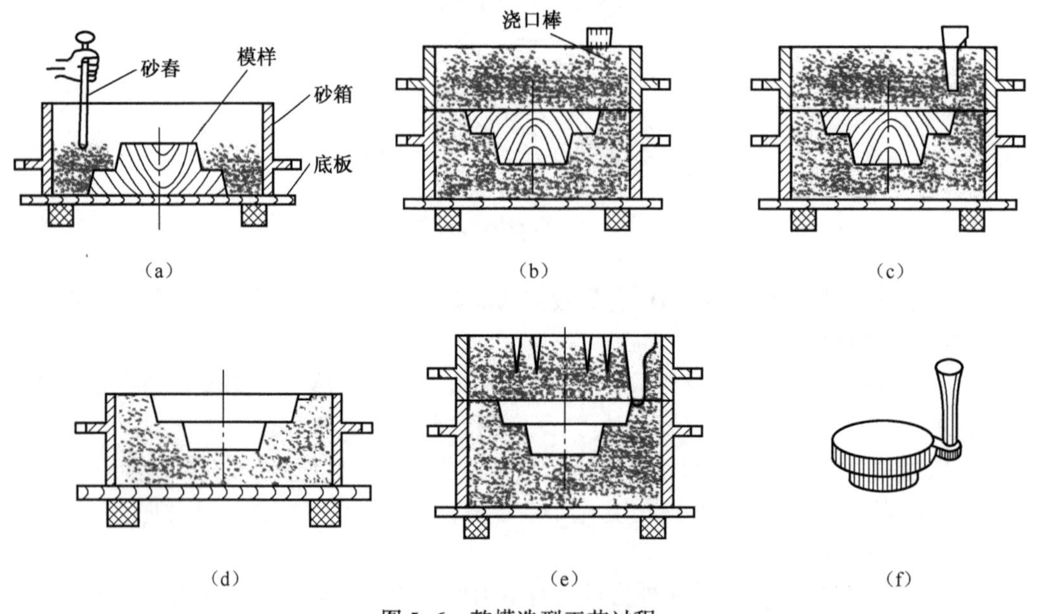

图 5-6 整模造型工艺过程

(a)造下砂型;(b)造上砂型;(c)开浇交口,扎气孔;(d)起模出样;(e)合型;(f)带浇口铸件。

(2) 分模造型。

分模造型是用分块模样造型的方法。分模面是模样的最大截面,型腔被放置在两个砂箱内,易产生因合箱误差而形成的错箱。这种造型方法简单,应用较广,适用于形状较复杂且有良好对称面的铸件,如套筒、管子和阀体等。图 5-7 所示为套筒的分模造型过程。

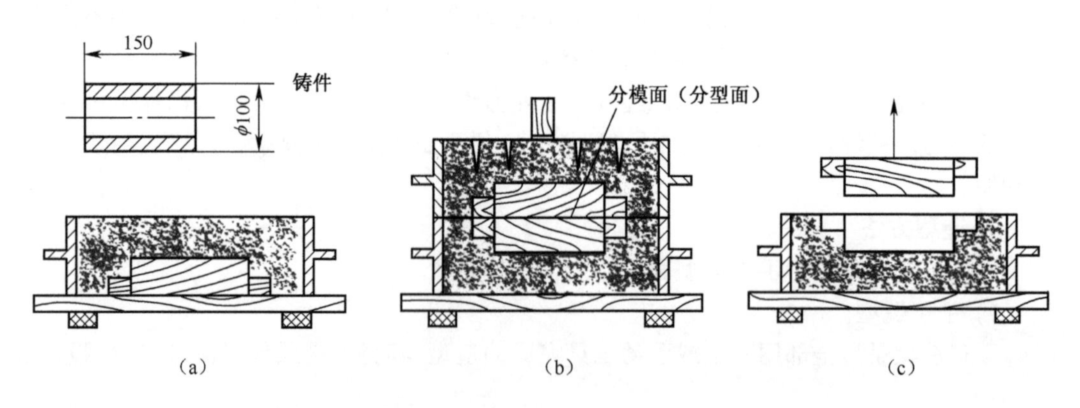

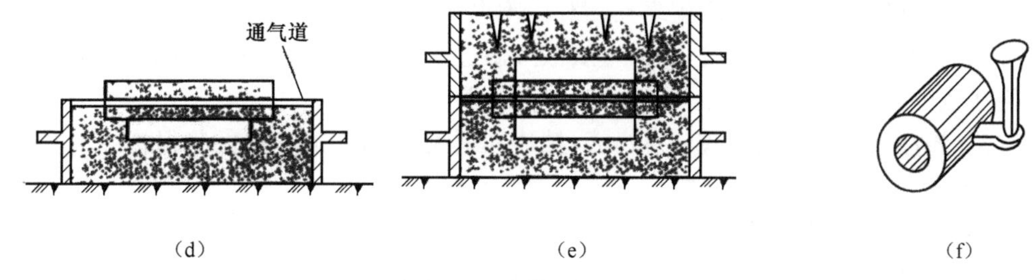

(d) (e) (f)

图 5-7 分模造型过程

(a)造下砂型,撒分型砂;(b)造上砂型;(c)起模出样;(d)开浇口,下芯;(e)合型;(f)带浇口铸件。

(3) 挖砂造型。

有些铸件如手轮、法兰盘等,最大截面不在端面,而模样又不能分开时,只能做成整模放在一个砂型内。为了起模,需要在造好下砂型翻转后,挖掉妨碍起模的型砂至模样最大截面处,其下型分型面被挖成曲面或有高低变化的阶梯形状(称不平分型面),这种方法称为挖砂造型。手轮的挖砂造型工艺过程如图 5-8 所示。

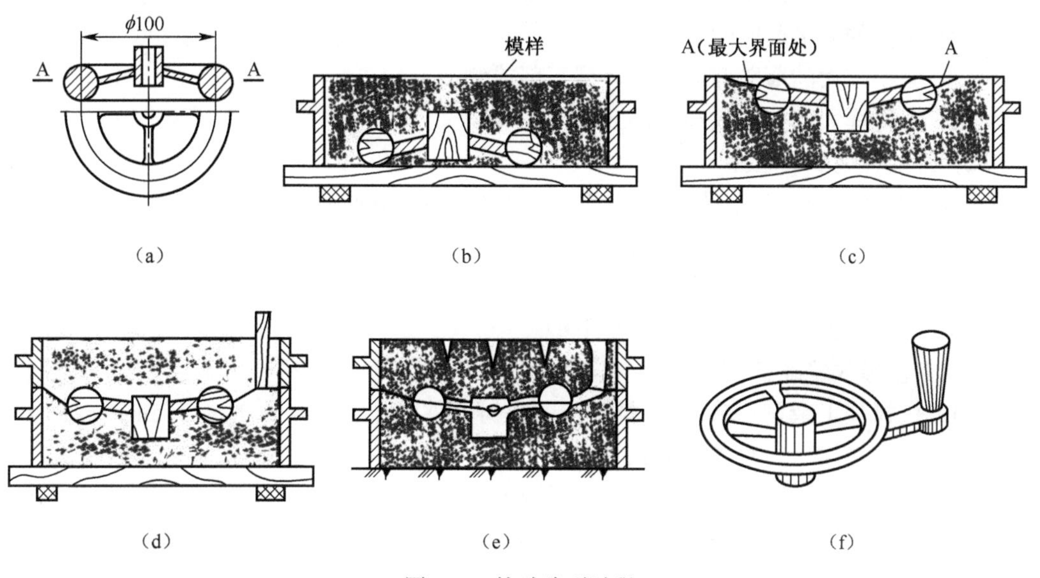

(a) (b) (c)

(d) (e) (f)

图 5-8 挖砂造型过程

(a)手轮零件;(b)放置模样,开始造下型;(c)反转,最大截面处挖出分型面,撒分型砂;(d)造上型;(e)起模型;(f)带浇口铸件。

2) 机器造型

机器造型是指用机器全部完成或至少完成紧砂操作的造型工序,其特点是砂型型腔质量好、生产效率高,但设备成本高,适合于成批或大批量的生产。

4. 铸造合金的浇注

把熔融金属浇铸成型的操作过程称为浇注。浇注前根据铸件的大小选择浇注包,并对其进行烘干处理,避免因潮湿而引起金属液的飞溅及降温等。浇注时应注意以下问题:

(1) 浇注温度。浇注温度过低,金属液的流动性差,铸件易产生气孔、冷隔、浇不足等缺陷;浇注温度过高,铸件易产生缩孔、裂纹、跑火、黏砂等缺陷。

(2) 浇注速度。浇注速度太慢,金属液降温过多,铸件易产生夹渣、冷隔、浇不足等缺陷;浇注速度太快,铸件易产生气孔、冲砂、抬箱、跑火等缺陷。

(3) 浇注操作。浇注时应注意扒渣、挡渣和引火,浇注过程中应始终保持浇口杯处于充满状态。

5. 铸件的落砂与清理

铸件在浇注完毕并冷却后,还必须进行落砂与清理工序,有些铸件还要进行热处理。

铸件凝固冷到一定温度后,将其从型砂中取出的过程称为落砂。落砂后,还需对铸件进行清理,清除铸件表面黏砂和异物,切除浇口、冒口、飞边、毛刺等。

6. 铸造工艺设计

铸造工艺图包括:铸件的浇注位置、铸型分型面、铸造工艺参数、支座的零件图、铸造工艺图、模样图及合型图。

1) 浇注位置的选择

浇注位置是浇注时铸件在铸型中的空间位置。浇注位置的选择原则如下:

(1) 铸件的重要加工面应朝下或位于侧面;

(2) 铸件的大平面应朝下;

(3) 面积较大的薄壁部分置于铸型下部或侧面;

(4) 铸件厚大部分应放在上部或侧面。

2) 铸型分型面的选择

三通的分型方案:四箱造型、三箱造型、两箱造型。分型面的选择原则如下:

(1) 便于起模,使造型工艺简化;

(2) 尽量使铸件全部或大部置于同一砂箱;

(3) 尽量使型腔及主要型芯位于下型。

3) 工艺参数的确定

(1) 机械加工余量。单件、小批生产的小铸铁件的加工余量为4.5~5.5mm。

(2) 最小铸出孔。对过小的孔、槽,由于铸造困难,一般不予铸出。单件、小批量生产的小铸铁件上直径小于30mm的孔一般不铸出。

(3) 起模斜度。是指平行于起模方向的模样壁的斜度,其值与模样壁的高度有关,壁矮时为3°左右,壁高时为0.5°~1°。

(4) 铸造收缩率。指铸件从高温冷却至室温时,尺寸的缩小值与铸件名义尺寸的百分比,灰铸铁为0.8%~1%,铸钢件为1.8%~2.2%。

4) 浇注系统

浇注系统和铸件质量有密切关系,若设置不当,铸件容易出现冲砂、砂眼、渣孔、浇不到、气孔以及缩松等缺陷。

将液态金属平稳地导入、填充型腔与冒口的通道,称为浇注系统。如图5-9所示,通常由浇口杯、直浇道、横浇道和内浇道组成,它们的作用如下:

(1) 浇口杯的作用是承接金属液、减少其冲击力,使其能够平稳地流入直浇道,并部分分离熔渣。漏斗形浇口杯用于中、小铸件;盆形浇口杯用于大铸件。

(2) 直浇道的作用是使金属液产生静压力,可以迅速充满型腔。直浇道一般为倒圆

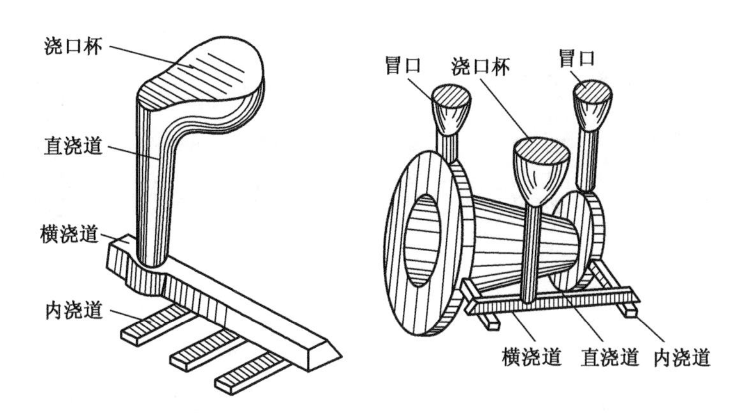

图 5-9 浇注系统的组成

锥形,其目的是便于起模,防止浇道内形成真空引起金属液吸气。直浇道底部要做出直浇道窝,低于直浇道底面,以减轻液流冲击,使金属液流动平稳。

(3) 横浇道是连接直浇道和内浇道的水平通道,其主要作用是挡渣。其截面多为高梯形,且位于内浇道顶面上,末端应超出内浇道侧面。浇注时金属液始终充满横浇道,熔渣浮到横浇道顶面,纯净金属液从底部流入内浇道。

(4) 内浇道是引导金属液进入型腔的通道,它的主要作用是控制金属液的流入速度和方向。

铸件冷却凝固时体积收缩会产生缩松、缩孔等缺陷,为了防止缩松、缩孔,会在铸件的顶部或厚实部位设置冒口。冒口是指在铸型内特设的空腔及注入该空腔的金属,其作用是补缩、排气和除渣。

5.3.2 特种铸造

特种铸造是指与砂型铸造不同的其他铸造方法。常用的有熔模铸造、金属型铸造、压力铸造、低压铸造、离心铸造、陶瓷型铸造、实型铸造等。与砂型铸造相比,这些铸造方法铸件精度和表面质量高、铸件内劳动条件好,但铸件的结构、形状、尺寸、质量、材料种类往往受到一定限制。

1. 熔模铸造

熔模铸造又称失蜡铸造,它是用低熔点材料(蜡料)做成易熔性的一次模样代替木质模样或金属模样,在易熔模样表面多次反复涂挂耐火涂料,经硬化之后,将易熔模样熔化掉(该步骤称为失蜡),所获膜壳高温焙烧后,即可浇注获得铸件的成形方法。其铸造工艺过程如图 5-10 所示。

熔模铸造的铸件尺寸精度较高,表面质量好,可铸造形状复杂的构件,铸造合金种类不受限。但熔模铸造工艺过程比较复杂,生产周期长,成本高,铸件尺寸不能太大。

熔模铸造是一种少、无切削的先进精密成形工艺,最适合 25kg 以下的高熔点、难加工合金铸件的批量生产。如汽轮机叶片、泵轮、复杂刀具、汽车上小型精密铸件。

2. 金属型铸造

金属型铸造是在重力作用下将液态金属浇入金属铸型的成型方法。由于金属型能反

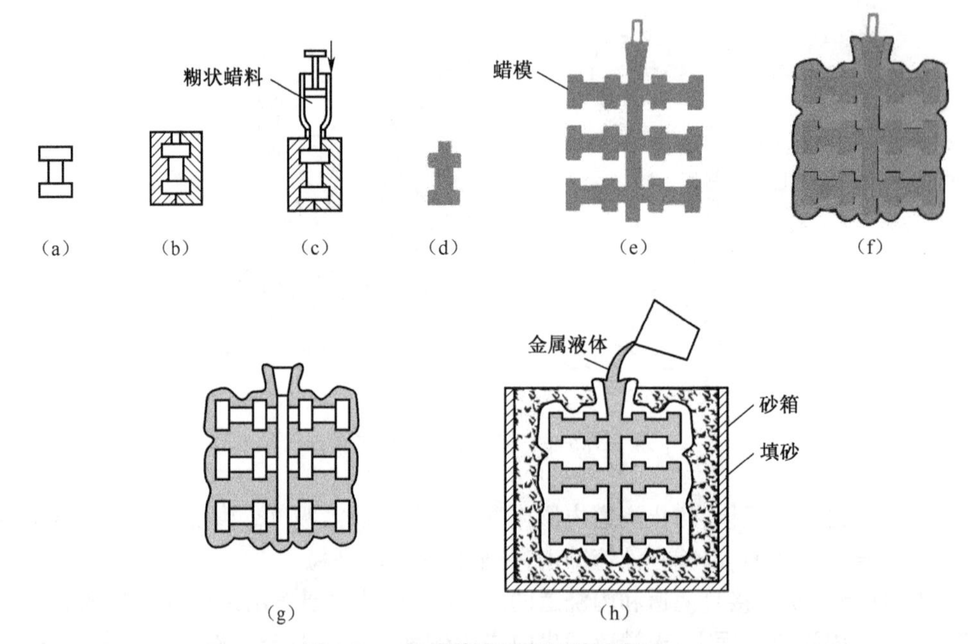

图 5-10　熔模铸造生产过程示意图

(a)铸件;(b)压型;(c)压制蜡模;(d)单个蜡模;(e)蜡模组合;(f)黏制模壳;(g)模壳(已失蜡);(h)装箱浇注。

复使用多次,故又称永久型铸造。金属型一般用铸铁或铸钢制成,铸件的内腔可以用金属型芯或砂芯来获得。铸造铝活塞的金属型及金属型芯如图 5-11 所示。

金属型铸造铸件冷却快,组织致密,机械性能好,尺寸精度高,表面质量好。

金属型铸造主要用于铜、铝、镁等有色金属铸件的大批量生产。如内燃机活塞、汽缸盖、油泵壳体、轴瓦、轴套等。

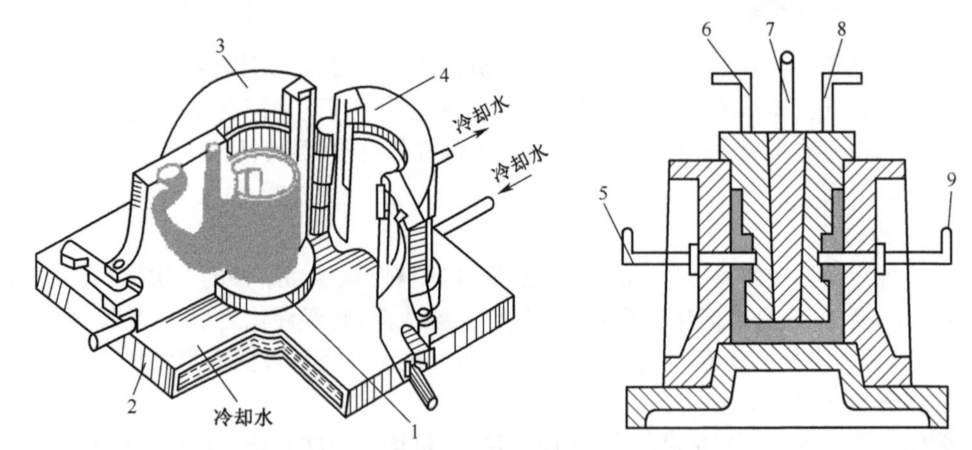

图 5-11　铸造铝活塞的金属型及金属型芯

1—底型;2—底板;3—左半型;4—右半型;5—左销孔型芯;6—左侧型芯;7—中间型芯;8—右侧型芯;9—右销孔型芯。

3. 压力铸造

压力铸造是将液态金属在高压作用下快速压入金属铸型中,并在压力下结晶凝固,以获得铸件的方法。高压力和高速度是压铸时液态金属填充成型过程的两大特点,也是压力铸造与其他铸造方法的最根本的区别。压力铸造时,作用在金属液上的压力有时可高达200MPa,金属液填充铸型时的线速度为0.5~0.7m/s,有时可高达120m/s。

压力铸造是在压铸机上进行的。压铸机有热压室和冷压室之分,冷压室压铸机根据冷压室在空间位置的不同又可分为立式、卧式和全立式三种,常用的是卧式冷压室压铸机。图5-12为卧式冷压室压铸机的工作过程。

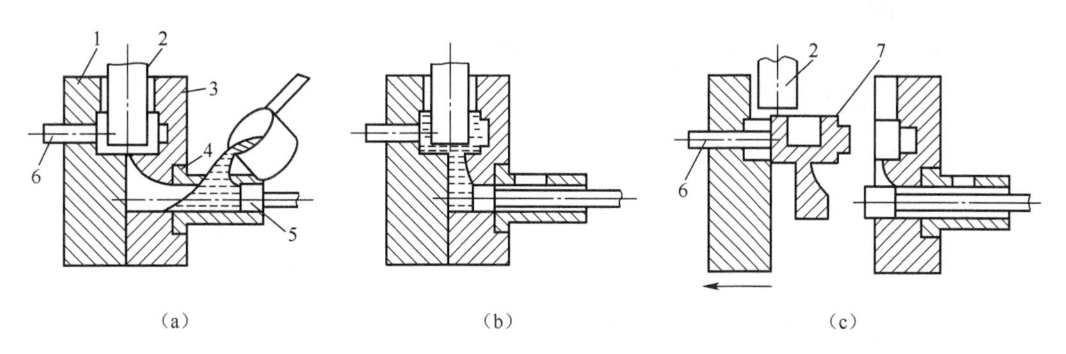

图5-12 卧式冷压室压铸机工作过程

(a)浇入金属液;(b)进行压铸;(c)取出铸件。

1—动型;2—型芯;3—定型;4—压室;5—压射冲头;6—顶杆;7—铸件。

压铸件精度高,铸件组织致密,强度高,但因为充型快,气体来不及排除而易在铸件内形成气孔,加工时应严格控制切削量,以免把表面致密层切去,露出气孔。压铸机铸造生产效率高,但压铸机及其模具造价高。

压力铸造主要用于铝合金、锌合金和铜合金铸件。压铸件广泛应用于车、仪器仪表、计算机、医疗器械等制造业,如发动机汽缸体、汽缸盖、仪表和照相机的壳体与支架、管接头、齿轮等。

4. 低压铸造

低压铸造是液体金属在压力作用下,完成充型及凝固过程而获得铸件的一种铸造方法。由于作用的压力较低(一般为2~6MPa),故称为低压铸造。图5-13所示为低压铸

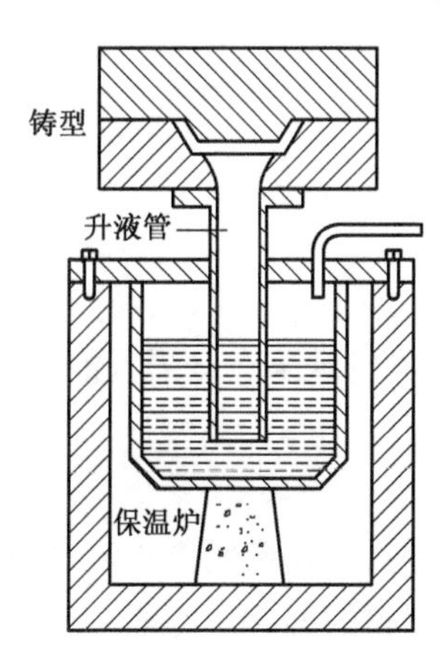

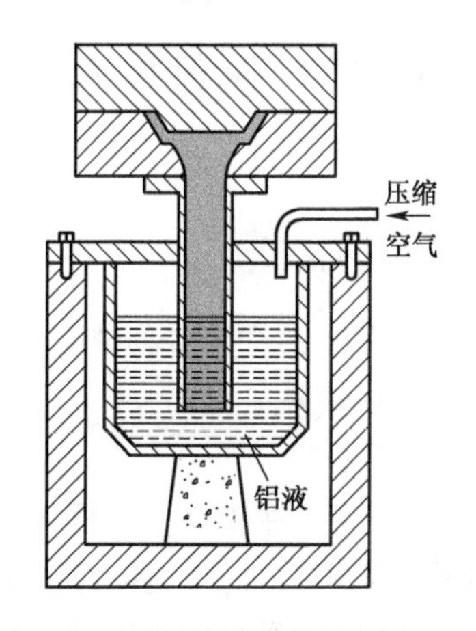

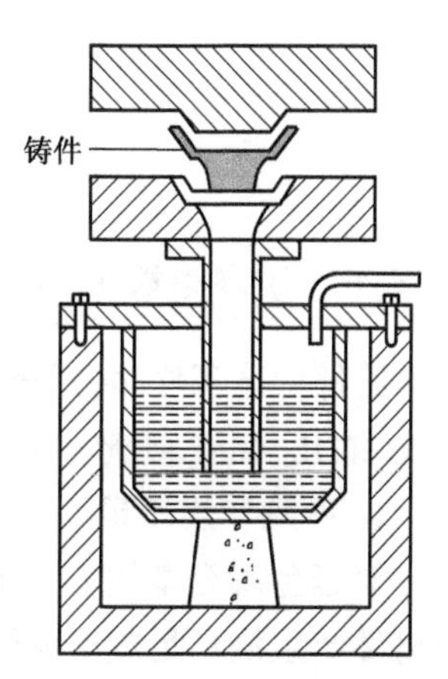

图5-13 低压铸造工艺示意图

造工艺图。坩埚内金属液在压力作用下经浇注管,由金属型底部浇口注入型腔,保持压力适当时间,从而凝固成型。

低压铸造采用底注式冲型,金属液冲型平稳,金属利用率可达90%以上。铸件在压力下结晶,铸件组织致密、轮廓清晰,机械性能高。

低压铸造目前广泛应用于铝合金铸件的生产,如汽车发动机缸体、缸盖、活塞、叶轮等形状复杂的薄壁铸件。

5. 离心铸造

离心铸造是将金属液浇入旋转的铸型中,使其在离心力作用下成型并凝固的铸造方法。离心铸造机包括立式和卧式两种,如图5-14所示。

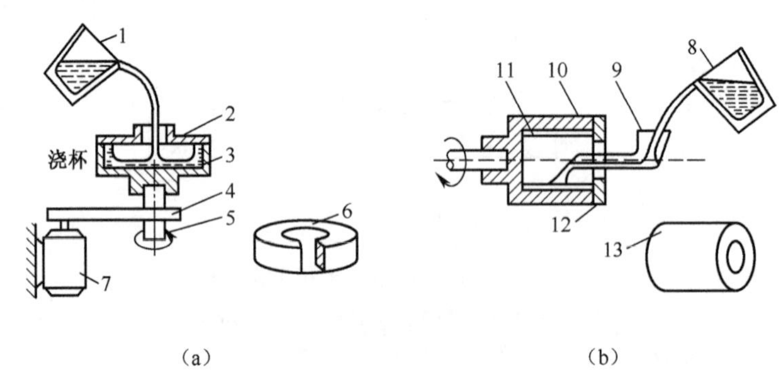

图5-14 离心铸造机示意图

(a)立式离心铸造机示意图;(b)卧式离心铸造机示意图。

1—浇包;2—铸型;3—金属液;4—皮带和皮带轮;5—轴;6—铸件;7—电动机;

8—浇包;9—浇注槽;10—铸型;11—金属液;12—端盖;13—铸件。

由于离心力的作用,离心铸造件组织致密,无缩孔、缩松、气孔、夹渣等铸造缺陷,力学性能好。离心铸造件内腔为自由表面成型,精度差,表面粗糙,需要留有较大的加工余量,偏析大。

离心铸造是铸铁管、汽缸套、铜套、双金属轴承的主要生产方法,铸件最大可达十多吨。此外,在耐热钢辊道、特殊钢的无缝管坯、造纸机干燥滚筒等生产中得到应用。

5.4 铸件质量控制及检测

5.4.1 铸件常见缺陷及预防措施

铸件生产工序多,过程复杂,很容易产生各种缺陷。铸件常见的缺陷有冷隔、浇不足、气孔、缩孔、黏砂、夹砂、砂眼、胀砂等(图5-15)。

1. 冷隔和浇不足

液态金属充型能力不足,或充型条件较差,在型腔被充满之前,金属液便停止流动,将使铸件产生浇不足或冷隔缺陷。浇不足时,会使铸件不能获得完整的形状。冷隔时,铸件虽可获得完整的外形,但因存有未完全融合的接缝,铸件的力学性能严重受损,甚至成为

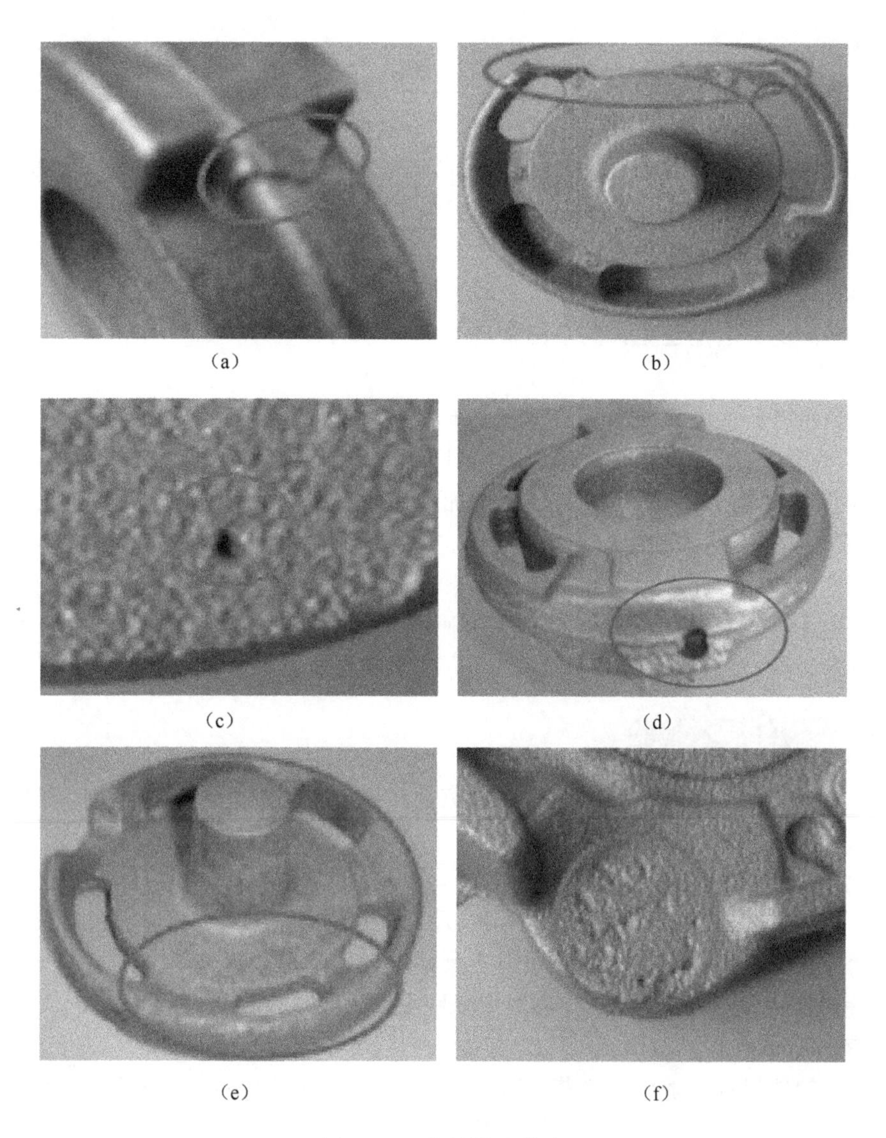

图 5-15　常见铸造缺陷

(a)冷隔;(b)浇不足;(c)气孔;(d)缩孔;(e)黏砂;(f)砂眼。

废品。

提高浇注温度与浇注速度,合理设计铸件壁厚可防止浇不足和冷隔的产生。

2. 气孔

气孔是指气体在金属液结壳之前未及时逸出,在铸件内生成的孔洞类缺陷。它将减小铸件有效承载面积,且在气孔周围会引起应力集中而降低铸件的抗冲击性和抗疲劳性。气孔还会降低铸件的致密性,致使某些要求承受水压试验的铸件报废外,气孔对铸件的耐腐蚀性和耐热性也有不良的影响。

降低金属液中的含气量,增大砂型的透气性和在型腔高处增设出气冒口等可防止气孔产生。

3. 黏砂

铸件表面上黏附有一层难以清除的砂粒称为黏砂,黏砂既影响铸件外观,又增加了铸件清理和切削加工的工作量,甚至会影响机器的寿命。

在型砂中加入煤粉,或在铸型表面涂刷防黏砂涂料可以有效防止黏砂的产生。

4. 夹砂

铸件表面形成的沟槽和疤痕缺陷。大多发生在与砂型上表面相接触的地方,铸件的上表面越大,型砂体积膨胀越大,形成夹砂的倾向性也越大。

防止夹砂的方法是避免大的平面结构。

5. 砂眼

砂眼是指在铸件内部或表面充塞着型砂的孔洞类缺陷。主要由于型砂或芯砂强度低、型腔内散砂未吹尽、铸型被破坏、铸件结构不合理等原因产生。

提高型砂强度,合理设计铸件结构,增加砂型紧实度是防止砂眼有效的方法。

6. 胀砂

胀砂是指浇注时在金属液的压力作用下,铸型壁移动,铸件局部胀大形成的缺陷。

为了防止胀砂,应提高砂型强度、砂箱刚度,加大合箱时的压箱力或紧固力,并适当降低浇注温度,使金属液的表面提早结壳,以降低金属液对铸型的压力。

5.4.2 铸件质量检验

清理后的铸件应根据其技术要求进行质量检验,判断铸件是否合格。铸件检验主要分为外观质量检验和内在质量检验。

1. 铸件外观质量检验

铸件外观质量检验项目包括铸件形状、尺寸、表面粗糙度、重量偏差、表面缺陷、色泽、表面硬度和试样断口质量等。铸件外观质量检验通常不需要破坏铸件,借助于必要的量具、样块和测试仪器,用肉眼或低倍放大镜即可确定铸件的外观质量状况。

1) 铸件形状和尺寸检测

铸件在铸造过程及随后的冷却、落砂、清理、热处理和放置过程中会发生变形,使其实际尺寸与铸件图规定的基本尺寸不符。铸件形状和尺寸检测,就是检查铸件实际尺寸是否落在铸件图规定的铸件尺寸公差带内。

2) 铸件表面粗糙度的评定

铸件表面粗糙度是衡量未经机械加工的毛坯铸件表面质量的重要指标。铸件表面粗糙度用其表面轮廓算术平均偏差 Ra 或微观不平度十点高度 Rz 进行分级,并用按 GB/T 6060.1—1997《表面粗糙度比较样块铸造表面》的规定,由全国铸造标准化技术委员会监制的铸造表面粗糙度比较样块进行评定。

3) 铸件重量偏差的检测

铸件重量偏差是指铸件实测重量与工程重量(包括机械加工余量和其他工艺余量)的差值占铸件工程质量的百分比。其值应当在铸件重量公差要求范围内。

4) 铸件表面和近表面缺陷检验

目视外观检验即用肉眼或借助于低倍放大镜检查暴露在铸件表面的宏观缺陷,如毛刺、胀砂、冷隔、暴露在铸件表面的夹杂物、气孔、缩孔、渣气孔、砂眼等。

磁粉检测是常用的检查铸钢、铸铁等铁磁性材料表面和近表面缺陷的无损检测方法。渗透检测是检查铸件表面开口缺陷常用的无损检测方法。

2. 铸件内在质量检验

铸件内在质量包括力学性能、内部缺陷、显微组织、化学成分和特殊性能。

1）铸件力学性能检验

铸件力学性能检验一般包括抗拉强度、屈服强度、冲击吸收能量抗弯强度及硬度等，主要通过拉伸实验、冲击实验和硬度实验等测定。

2）铸件特殊性能试验

铸件特殊性能包括耐热性、耐蚀性、耐磨性、摩擦性能、减振性、防爆性能、电学性能、磁学性能、热学性能、声学性能、压力密封性能，以及其他物理化学性能。要求进行特殊性能检验的铸件，其检验方法应按有关标准规定进行。

3）铸件的化学分析

非铁合金铸件以及要求特殊性能的高合金铸件和特种铸铁件，常把化学成分作为铸件验收条件之一。铸件的化学分析，一般分为炉前检验和成品铸件终端检验。炉前检验采用热分析、超声波法等可快速测定铸造合金液或试样中的主要成分元素的含量等。成品铸件的化学分析方法主要有微探针分析、衍射分析、热分析和气体分析等。

4）铸件的金相组织检验

铸件标准对铸件的金相组织有要求时，铸件在交付前应检查显微组织。铸件的显微组织通常采用金相显微镜进行观测。

5）铸件内部缺陷的无损检测

铸件内部缺陷无损检测的主要检验方法有射线检测法和超声波检测法。射线检测能发现铸件内部的缩孔、缩松、疏松、夹杂物、气孔、裂纹等缺陷，确定缺陷平面投影的位置、大小和缺陷种类。超声波检测可发现形状简单、表面平整铸件内的缩孔、缩松、疏松、夹杂物、裂纹等缺陷，确定缺陷的位置和尺寸，但较难判定缺陷的种类。

5.5 铸造实践技能训练

实训设备：型砂、模样、造型工具、坩埚炉

工件材料：铝合金

实训内容：

主要包括整模造型、分模造型、挖砂造型、熔炼与浇注、落砂清理及检验等。

1. 整模造型

（1）造下砂型；顺序安放造型用底板、砂箱和模样，填入型砂。填砂时必须将型砂分次加入，用砂舂捣实，并用刮板刮去多余型砂，使砂箱表面和砂箱边平齐。

（2）翻转下砂箱：将已造好的下砂箱翻转180°后，撒上一层分型砂。

（3）造上砂型：放置上砂箱、浇冒口模样并填砂紧实。

（4）取浇口棒、扎通气孔，做合箱记号。

（5）开箱起模：修整分型面并用刮板刮去多余的型砂，起模针位置尽量与模样的重心铅垂线重合,起模后,型腔如有损坏,可使用各种修型工具将型腔修好。

(6)开设内浇道(口):内浇道(口)是将浇注的金属液引入型腔的通道。

(7)合箱紧固:合箱时应注意使砂箱保持水平下降,并且应对准合箱线,防止错箱。

2. 分模造型

(1) 造下砂型:顺序安放造型用底板、砂箱和下半模样。先填部分砂,将模样盖住,压紧实,然后用铁锹加入型砂,用砂舂捣实,并用刮板刮去多余型砂,使砂箱表面和砂箱边平齐。

(2) 翻转下砂箱:将已造好的下砂箱翻转 180°后,修整分型面。

(3) 造上砂型:放置上砂箱、上半模样、浇口棒,撒分型砂,并填砂紧实。

(4) 取浇口棒、扎通气孔,做合箱记号。

(5) 取上半模:翻转下砂箱,模型周围刷适量的水,取上半模并修整。

(6) 取下半模:在下砂箱模型周围刷适量的水,取下半模。

(7) 开设内浇道。

(8) 合箱紧固。

3. 熔炼与浇注

熔化前的准备→装料→熔化→调整化学成分→精炼→变质处理→调整炉温→浇注。

通过浇注包,将熔融的金属铝倒入做好的砂型中。浇注时注意扒渣、挡渣和引火,浇注过程中始终保持浇口杯处于充满状态。

4. 落砂清理

铸件凝固冷到一定温度后,将其从型砂中取出的。随后,清除铸件表面黏砂和异物,切除浇口、冒口、飞边、毛刺等。

5. 检测

实训时,铸件检测主要进行外观检测。

通过铸件形状和尺寸检测,检查铸件实际尺寸是否落与铸件图规定的基本尺寸相符。

通过目视外观检验,检查暴露在铸件表面的宏观缺陷如毛刺、胀砂、冷隔、暴露在铸件表面的夹杂物、气孔、砂眼等。

本章相关操作视频,请扫码观看

第6章 锻压

锻压是锻造和冲压的总称,也称为塑性加工或压力加工,由古老的俗称“打铁”“钣金”等生产方法发展而来,是利用外力使被加工金属产生塑性变形,从而获得具有一定尺寸、形状和机械性能的原材料、毛坯或零件的一种加工方法。随着工业的不断发展,现在锻压生产的外延很广,包含其他的压力加工方法,如轧制,多用于生产板材;挤压、拉拔,多用于棒料、管料等型材的加工;旋压、摆碾等。

本章主要介绍锻造和冲压中常见的基本成形方法。

6.1 概述

锻压时通过锻压设备施以压力,使被加工材料产生塑性变形,当外力去除时材料的塑性得以保留,在此过程中,材料获得特定的尺寸、形状,同时材料性能一般得以改善。因此,能够进行锻压加工的金属材料首先要具有良好的塑性。

锻压生产中,就被加工对象形状而言,锻造加工对象主要是体积料,即坯料的长、宽、高三个方向的尺寸相差不大,如多为圆柱体、正方体、长方体的形状的坯料。冲压加工对象则为板料,即厚度尺寸远小于另外的长、宽两个方向的尺寸。

锻压生产时为了获得更为精确的形状和尺寸,一般需要有相应的模具,如模锻模、冲孔模、弯曲模、拉延模等。同时,由于利用了模具进行锻压生产,因此锻压生产特别适合大批量产品的生产,如飞机、汽车、装甲车辆等生产过程中,其中大多数的零件采用锻压方式进行生产。

锻造依据有无模具,分为自由锻和模锻。自由锻生产适合于单件、少量的件、大型件生产。模锻适用于大批量生产,经过模锻得到的件称为模锻件。锻造生产所得的件称为锻件,锻件一般为零件的毛坯,需要进行后续机械加工。

冲压生产一般均需要制造模具,属于大批量生产,冲压生产的零件称为冲压件,一般不再进行后续加工。

锻压生产所用设备的共同点是能够产生一定压力,分为液压设备、机械压力设备。不同锻压设备有不同的运动特性,主要表现在速度、有效力行程大小及设备有无打料、顶出装置等。

金属的塑性和变形抗力决定锻压性能。塑性指变形后不可恢复的形变,塑性指标有延伸率、断面收缩率等。变形抗力是指在变形过程中金属抵抗工具作用的力,主要指材料的屈服强度等。金属的锻压性能以其塑性和变形抗力综合衡量。金属的塑性越好,变形抗力越小,锻压性能越好。

碳钢的塑性随碳含量增加而降低,变形抗力升高,故钢的含碳量及合金元素含量越低,锻压性能越好。低碳钢、中碳钢及低合金钢具有良好的锻压性能。奥氏体不锈钢及铜、铝等有色金属也是常用的锻压材料。铸铁无论温度高或低,塑性均很差,属于脆性材料,不宜进行锻压加工。

为了提高材料锻压性能,一般采用加热的方法来提高塑性、降低变形抗力。锻压件为了获得良好的组织性能,一般要进行合理的加热及冷却或进行必要的热处理。锻造时坯料一般需要加热,冲压时板料一般不需要加热。

6.2 常用锻压设备

6.2.1 自由锻的设备和工具

常用的自由锻的设备有空气锤、蒸汽-空气锤和水压机等。空气锤、蒸汽-空气锤的吨位以落下部分的质量来表示,其打击力大约是落下部分质量的 100 倍左右。水压机的锻造能力以它所能产生的最大压力来表示。

1. 空气锤

空气锤是依靠电动机驱动产生的压缩空气为动力,推动锤头等下落部分对坯料做功的锻造设备。空气锤的吨位一般为 50~1000kg。

1) 结构

空气锤是由锤身、压缩缸、工作缸、传动机构、操纵机构、落下部分和锤砧等几部分组成的,如图 6-1 所示。传动机构包括电动机、减速机构及曲柄、连杆等。操纵机构包括手柄、旋阀及其连接杠杆。落下部分包括工作活塞、锤杆、锤头和上抵铁等。

2) 工作原理

接通电源,启动空气锤后通过手柄或脚踏杆,使旋阀处于不同位置,可使空气锤实现空转、锤头悬空、连续打击、压锤和单次打击 5 种动作,以适应各种加工需要。

(1) 空转。当上、下旋阀操纵手柄在垂直位置,同时中阀操纵在手柄“空程”位置时,压缩缸上、下腔直接与大气接通,压力变成一致,由于没有压缩空气进入工作缸,因此,锤头不进行工作,设备处于空转状态。

(2) 锤头悬空。当上、下旋阀操纵手柄在垂直位置,将中阀操纵手柄由“空程”位置转至“工作”位置时,工作缸和压缩缸的上腔与大气相通。此时,压缩活塞上行,被压缩的空气进入大气;压缩活塞下行,被压缩的空气由空气室冲开止回阀进入工作缸的下腔,使锤头上升,置于悬空位置。

(3) 锤头下压。压缩缸上气道及工作缸下气道与大气相通,压缩空气由压缩缸下部经逆止阀及中间通道进入工作缸上部,使锤头向下压紧锻件。此时可进行弯曲、扭转等操作。

(4) 连续打击。中阀操纵手柄在“工作”位置时,驱动上下阀操纵手柄向逆时针方向

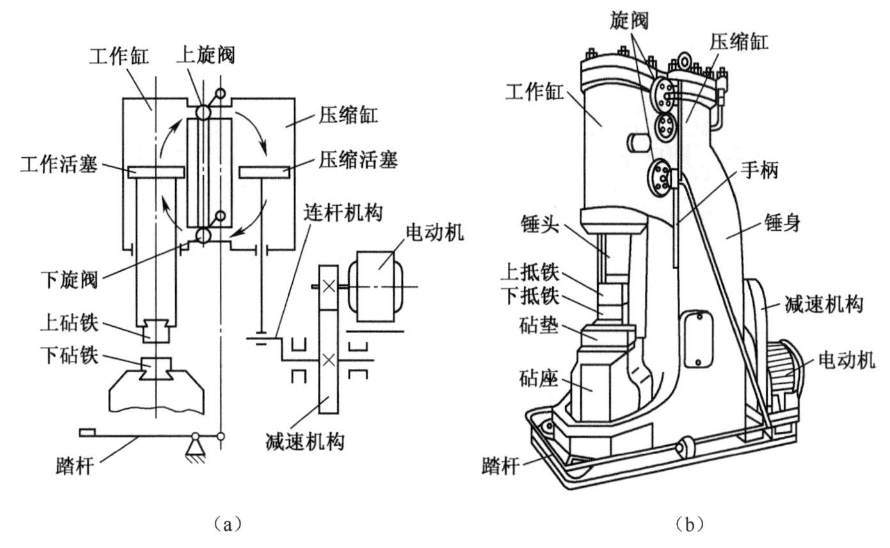

(a)　　(b)

图 6-1 空气锤结构原理图

(a)原理图;(b)结构图。

旋转使压缩缸上、下腔与工作缸上、下腔互相连通。当压缩活塞向下或向上运动时,压缩缸下腔或上腔的压缩空气相应地进入工作缸的下腔或上腔,将锤头提升或落下。如此循环,锤头产生连续打击。打击能量的大小取决于上、下阀旋转角度的大小,旋转角度越大,打击能量越大。

(5) 单次打击。将手柄由锤头上悬位置推到连续打击位置后,再迅速退回到上悬位置,即可实现单次打击。

2. 蒸汽-空气锤

蒸汽-空气锤也是靠锤的冲击力来锻打工件,如图 6-2 所示。蒸汽-空气锤需要蒸汽锅炉或空气压缩机向其提供具有一定压力的蒸汽、压缩空气。蒸汽-空气锤的吨位一般为 500~5000kg,常用于大中型锻件的锻造。

3. 水压机

水压机由静压力使坯料变形,工作平稳,振动小,如图 6-3 所示。水压机不需要笨重的砧座,锻件变形速度低,变形均匀,易将锻件锻透,使得整个截面呈细晶粒组织,锻件的力学性能提高,容易获得大的工作行程并能在行程的任何位置进行锻压,劳动条件较好。但由于水压机主体庞大,并需配备供水和操纵系统,故造价较高。水压机的压力大,规格为 500~12500t,能锻造 1~300t 的大型重型坯料。

6.2.2 冲压设备

冲压常用设备有剪床、冲床、液压机等。剪床是用来把标准尺寸的板料剪切成一定宽度的条料,供冲压使用。冲床是进行冲压加工的基本设备。常用的小型冲床的结构如图 6-4 所示。

电动机 4 带动带传动减速装置,并经离台器 8 传给曲轴 7,曲轴和连杆 5 则把传来的旋转运动变成直线往复运动,带动固定上模的滑块 11,沿床身导轨 2 作上、下运动,完成

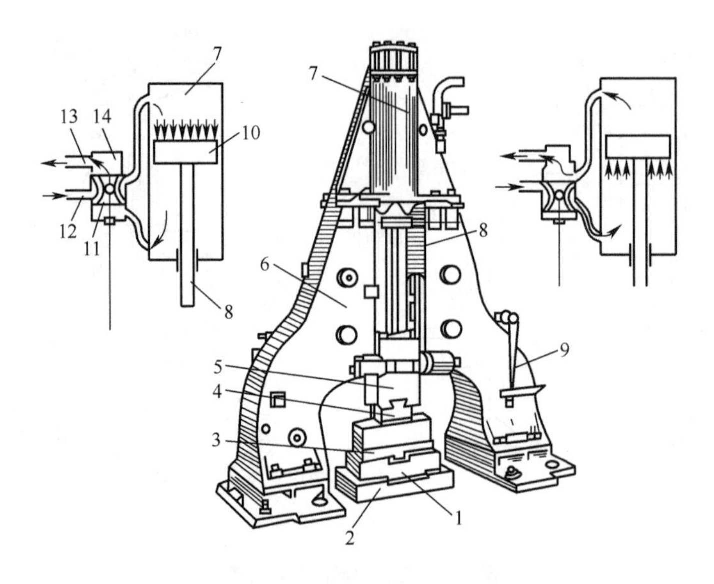

图 6-2　双柱拱式蒸汽-空气锤

1—砧垫;2—底座;3—下砧;4—上砧;5—锤头;6—机架;7—工作缸;8—锤杆;9—操纵手柄;
10—活塞;11—滑阀;12—进气管;13—排气管;14—滑阀汽缸。

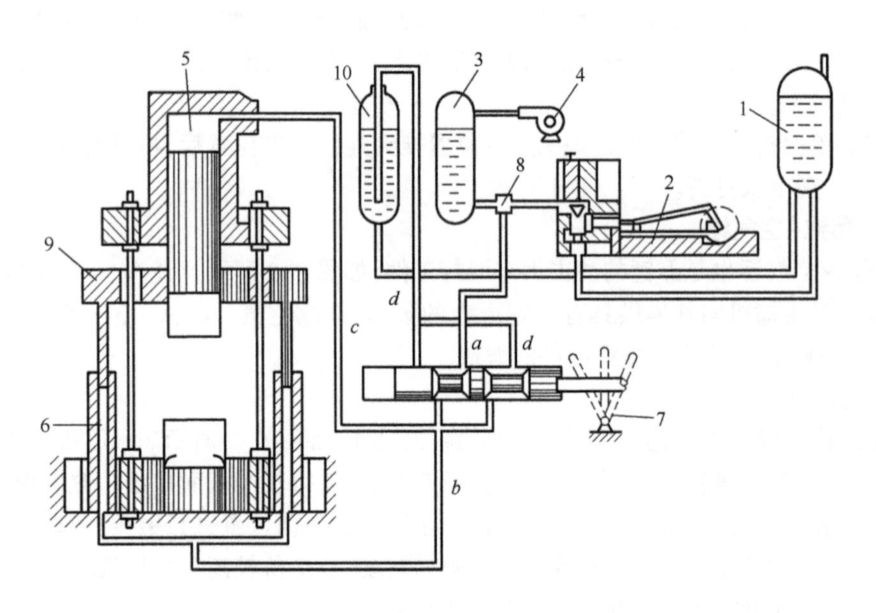

图 6-3　万吨水压机工作原理示意图

1—水箱;2—高压水泵;3—高压容器;4—空气压缩机;5—主缸;
6—升降缸;7—开停阀;8—三通接头;9—动横梁;10—低压容器。

冲压动作。冲床开始后尚未踩踏板 12 时,带轮 9 空转,曲轴不动。当踩下踏板时,离合器把曲轴和带轮连接起来,使曲轴跟着旋转,带动滑块连续上、下动作。抬起脚后踏板升起,滑块便在制动器 6 的作用下,自动停止在最高位置上。

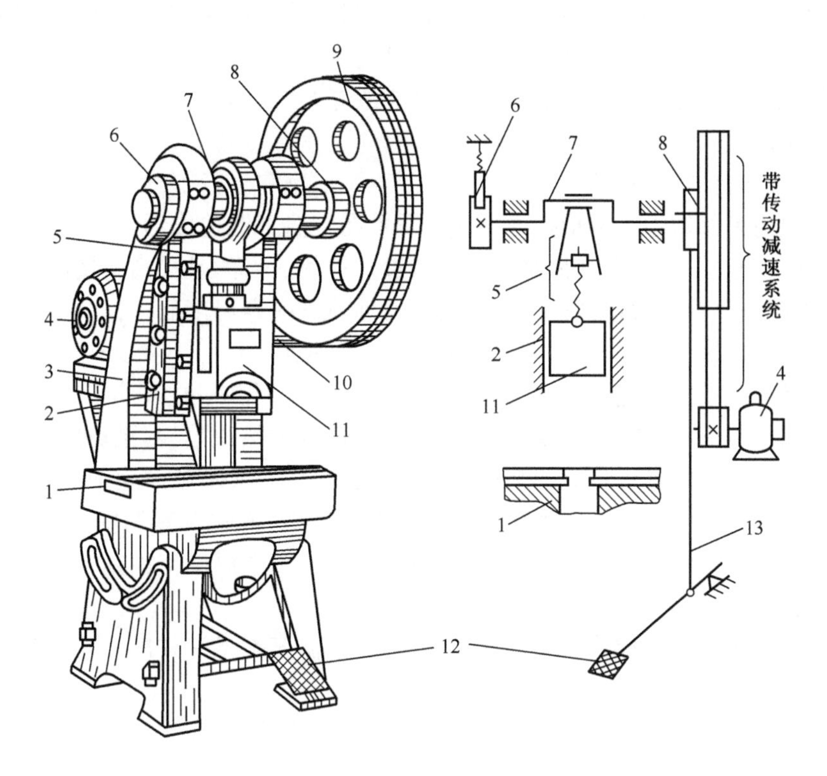

图 6-4 冲床

1—工作台;2—导轨;3—床身;4—电动机;5—连杆;6—制动器;7—曲轴;8—离合器;9—带轮;10—传动带;11—滑块;12—踏板;13—拉杆。

6.3 锻压工艺及方法

6.3.1 锻造过程

金属材料经过锻造后,其内部组织更加致密、均匀,性能得到改善,承受外力的能力有所提高。因而受力大的重要的机械零件,如齿轮、曲轴、连杆、刀具等,多以锻件为毛坯。

锻造过程主要包括:下料(备料)—坯料加热—锻打成形—冷却—热处理。

1. 下料

锻造用钢有钢锭和型钢(或钢坯)两种类型。大中型锻件一般使用钢锭材料为铸造组织,该锻造主要方式为自由锻,目的以改善组织和性能为主;中小型锻件使用型钢(或钢坯),它是钢锭经过轧制、挤压或锻造而成,铸造组织的缺陷基本消除,主要目的为成形,多采用模锻成形。锻造用型钢多为圆形、方形棒料。

下料是根据锻件的形状、尺寸和重量从选定的原材料上截取的坯料。采用剪切、锯割、氧气切割等传统的下料方法,下料品质不太理想,断口不齐,坯料的长度与品质重复精度低。

现代化的离子束切割、电火花线切割、激光切割、水切割等新型下料方法,能锯切很硬的材料,剪切品质很好,但成本高,不宜用于大批量生产。

金属带锯下料既能得到高的下料精度,又能适应大批量生产。

2. 坯料加热

1)坯料加热目的和锻造温度

除少数具有良好塑性且变形抗力小的金属可在常温下锻造成形外,大多数金属在常温下的锻造性能较差,造成锻造困难或不能锻造。加热的目的是提高金属的塑性和降低变形抗力,即提高金属的锻造性能。将这些金属加热到一定温度后,可以大大提高塑性,只需要施加较小的锻打力,便可使其发生较大的塑性变形。

锻前加热是锻造工艺过程中的一个重要环节,直接影响锻件的质量。一般情况下,加热温度越高塑性越好、越软,但温度过高,会使材料产生加热缺陷,甚至造成废品。因此,为了保证金属在变形时具有良好的塑性、较低的变形抗力,又不致产生加热缺陷,锻造必须在合理的温度范围内进行。各种金属材料锻造时允许的最高加热温度称为该材料的始锻温度,停止锻造的最低温度称为该材料的终锻温度。锻造温度范围是指从始锻温度到终锻温度的温度区间,其范围越大,越有利于进行锻造。

每种材料根据其化学成分不同,始锻温度和终锻温度是不一样的。几种常用材料的锻造温度范围见表6-1。

表6-1　常用材料的锻造温度范围

材料种类	牌号举例	始锻温度/℃	终锻温度/℃
低碳钢	20、Q235、Q275	1200~1260	720
中碳钢	40、45	1150~1200	800
碳素工具钢	T7、T8	1050~1080	750~800
合金结构钢	40Cr、2CrNi3A	1100~1180	850
铝合金	3A21、5A02	450~480	350~380
铜合金	HPb59-1	800~900	650~700

2)加热缺陷及防止措施

加热过程中,由于加热时间、炉内温度、扩散气氛、加热方式等选择不当,坯料可能产生各种加热缺陷,影响锻件质量。金属在加热过程中可能产生的缺陷有氧化、脱碳、过热、过烧和裂纹。

(1)氧化。

钢铁表面的铁和炉气里的氧化性气体发生化学反应,生成氧化皮,这种现象称为氧化。氧化造成金属烧损,造成金属表面质量下降,加剧锻模的损耗。

减少氧化的措施:保证加热质量的前提下,尽量采用快速加热,并避免坯料在高温下停留过长时间。此外还应控制炉气中的氧化性气体。

(2)脱碳。

加热时,金属坯料表层的碳与氧或氢发生化学反应,造成金属表层碳含量的降低,这种现象称为脱碳。脱碳后,金属表层的硬度与强度会明显降低,影响锻件质量。减少脱碳的方法与减少氧化的措施相同。

(3) 过热。

坯料加热温度过高或在高温下保温时间过长时,其内部晶粒组织变粗大,这种现象称为过热。过热组织的力学性能变差,脆性增加,锻造时易产生裂纹,所以应当避免产生。如锻造后发现过热组织,可采用热处理方法使晶粒细化。

(4) 过烧。

坯料的加热温度过高,时间过长时,造成晶界融化,结合力丧失,锻打时坯料碎裂成废品,这种现象称为过烧。过烧的坯料无法挽救,避免发生过烧的措施是严格控制加热温度和保温时间。

(5) 裂纹。

导热性较差的金属加热或加热速度过快,引起坯料内外的温差过大,会产生很大的内应力,严重时会导致坯料开裂。为防止裂纹的产生,应严格制定和遵守正确的加热规范。

3) 加热方法及设备

坯料加热可以分为火焰加热和电加热。

火焰加热是利用燃料(如煤、重油、柴油、煤气、天然气等)燃烧时所产生的热量,通过对流、辐射加热坯料。燃料来源方便、加热炉修造容易、加热费低、适应性强。缺点:劳动条件差,加热速度慢,质量低、热效率低。应用范围:大、中、小型坯料。

电加热是利用电能转换热能来加热坯料。有电阻炉加热、盐浴炉加热、接触电加热和感应加热。其中感应加热的速度快、质量好、温度易控制、烧损少、易实现机械化,适于精密成形的加热。

3. 锻造成形

坯料在锻造设备上进行锻打成形,使坯料成为一定形状和尺寸。常用的锻造方法有自由锻、模锻和胎模锻。

自由锻是将加热好的坯料直接置于锻造设备的上、下砧之间,施加力或借助通用工具,使坯料产生塑性变形的锻造方法。自由锻锻件形状简单、余量大、效率低,对工人操作要求高、劳动强度大,适于单件或小批量生产以及大型锻件。

模锻是将加热好的坯料置于固定在锻造设备上的锻模里进行锻打成形的锻造方法。由于有模具约束,模锻件精度高、生产效率高、材料利用率高,适合大批量生产。

胎模锻是在自由锻设备上利用简单的非固定模具(胎模)生产锻件的方法。兼有模锻与自由锻的优点,适于小锻件的小批量生产。

4. 锻件的冷却

锻件的冷却也是保证锻件质量的重要环节,冷却太快会使锻件发生翘曲,表面硬度提高,内应力增大,甚至会产生裂纹,使锻件报废。常用的冷却方法有 3 种:

(1) 空冷:在无风的空气中,干燥的地面上进行冷却。

(2) 坑冷:在充填有石棉灰、沙子或炉灰等绝热材料的坑中或箱子里进行冷却。

(3) 炉冷:在 500~700℃的加热炉或保温炉中,断电后随炉温降低缓慢冷却。

一般地,碳素结构钢和低合金钢的中小型锻件,锻后采用冷却速度快的空冷进行冷却;导热性差、成分复杂、体积大、形状复杂的锻件,冷却速度要缓慢,否则会造成变形、硬化,难以切削加工,甚至会产生裂纹。

5. 锻后热处理

锻件在切削加工前，一般要进行热处理，使锻件的组织均匀、晶粒细化、锻造残余应力减少、硬度适中、切削加工性能改善，并为最终热处理做准备。常用的锻后热处理方法有正火、退火和球化退火等。

6.3.2 自由锻

自由锻是将加热后的坯料置于锻造设备的上、下砧铁之间，施加外力进行锻打成形的锻造方法，所用工具简单，金属变形流动相对自由。

1. 自由锻工具

自由锻的工具按照其功用可分为成形(衬垫)工具、夹持工具和测量工具等。成形(衬垫)工具是指锻造过程中直接与坯料接触并使之变形而达到所要求的形状的工具，如冲孔用的冲子、修光外圆面的摔子、切断用的剁刀、錾子等。夹持工具是指用来夹持、翻转和移动坯料的工具，如各种钳子。测量工具是指用来测量坯料和锻件尺寸或形状的工具，如钢直尺、卡钳、样板等。

2. 自由锻工序

自由锻工序分为基本工序、辅助工序和精整工序。锻件主要成形的工序称为基本工序，如镦粗、拔长、冲孔、弯曲、扭转、错移和切割等。基本工序前做必要准备的工序称为辅助工序，如压钳口、压钢锭棱边和切肩等。基本工序后要有修整形状的精整工序，如滚圆、摔圆、平整和校直等。

1) 镦粗

镦粗是使坯料高度减小、截面增大的锻造工序，如图 6-5 所示。主要用来生产盘类件、饼块类锻件，如齿轮坯、法兰盘等，也可用于冲孔前平整或作为拔长的准备工序。

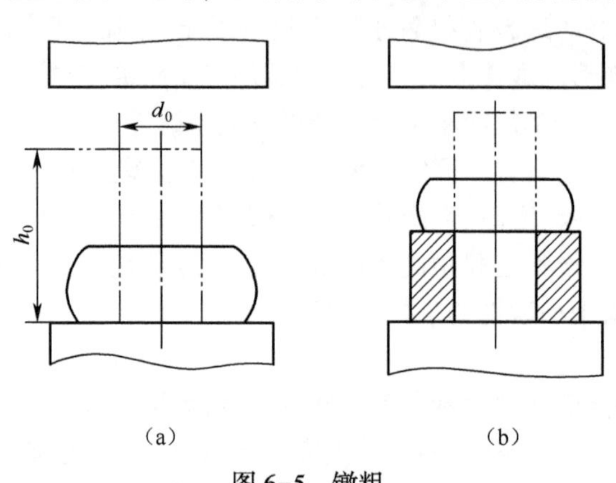

图 6-5 镦粗

(a)整体镦粗；(b)局部镦粗。

镦粗的主要方法有平砧镦粗和局部镦粗。为了保证镦粗的质量和顺利进行，镦粗时必须遵循以下原则：

(1) 坯料的高径比，即坯料的原始高度 H_0 与直径 D_0 之比，应小于 2.5~3。以防止出现双鼓形、折叠或者镦弯等，如图 6-6 所示。

(2) 坯料端面平整且垂直于轴线，坯料放置要正，以防止镦斜。

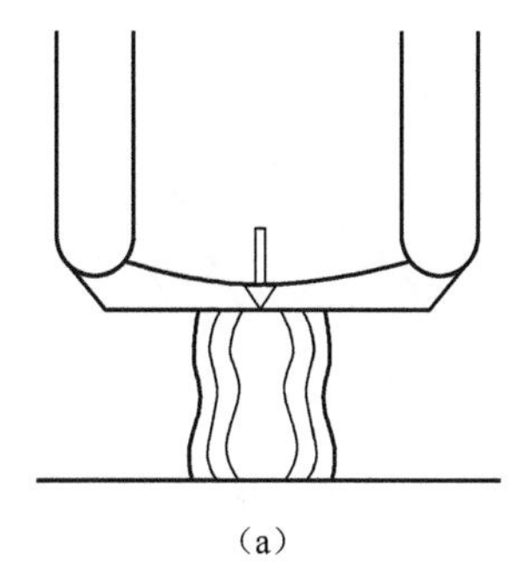

(a)

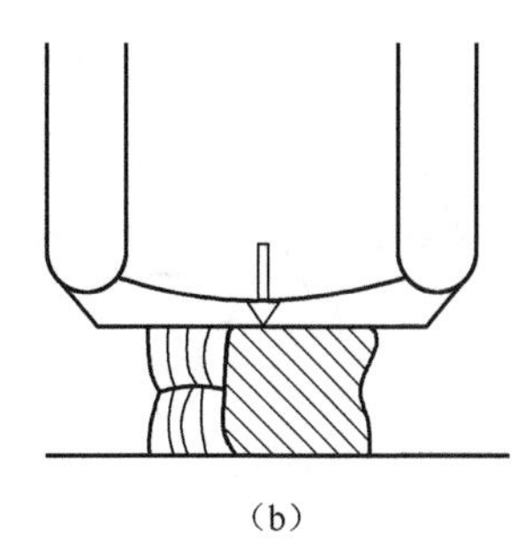

(b)

图 6-6 双鼓形及折叠

(a)双鼓形;(b)折叠。

(3) 坯料的加热温度应当均匀,终锻温度不能太低,打击力不能太轻,避免坯料产生不均匀变形。

2) 拔长

拔长是使毛坯的横截面积减小而长度增加的锻造工序。拔长的主要方法有平砧拔长、芯轴拔长、V 形砧拔长等。其中平砧拔长是最常用的拔长方法;采用 V 形砧拔长可以锻合心部缺陷,并提高拔长效率;芯轴拔长是空心毛坯外径、壁厚均减小,长度增加的锻造工序,用于长筒类零件。为了提高拔长效率和锻件质量,拔长应遵循以下原则:

(1) 合理的送进量,一般送进量应小于坯料的宽度,使金属在长度方向的流动大于横向的流动,拔长效率高,如图 6-7 所示。

(2) 将圆形断面坯料拔长为圆形断面锻件时,应先拔长为较大断面的方坯,再拔长成小断面的方坯,最后滚圆成所需要的圆棒,如图 6-8 所示。

(3) 拔长过程中要经常翻转 90°,如图 6-9 所示。翻转前的压下量应使工件的宽度与高度之比小于 2.5。拔长的单边压下量应等于或小于送进量,否则会发生折叠。

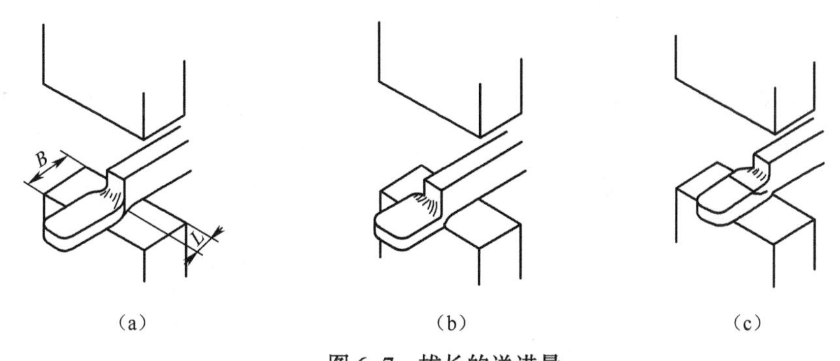

(a) (b) (c)

图 6-7 拔长的送进量

(a)送进量合适;(b)送进量太大,拔长效率低;(c)送进量太小,产生夹层。

3) 冲孔

冲孔是在坯料上冲出通孔或盲孔的锻造工序。冲孔主要有实心冲孔、空心冲孔和板料冲孔。实心冲孔主要用于锻件上孔径小于 40~50mm 的孔,如图 6-10 所示;孔径大于 400mm 的孔则可用空心冲子冲孔;对于薄饼类锻件上的孔则可以在垫环上进行直接冲

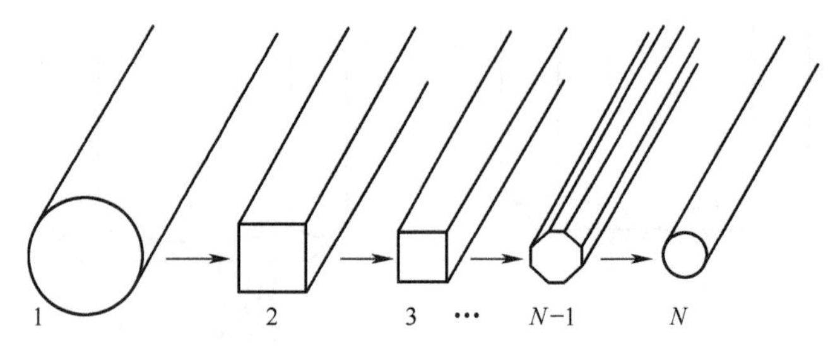

图 6-8　圆形坯料拔长时的过渡截面形状

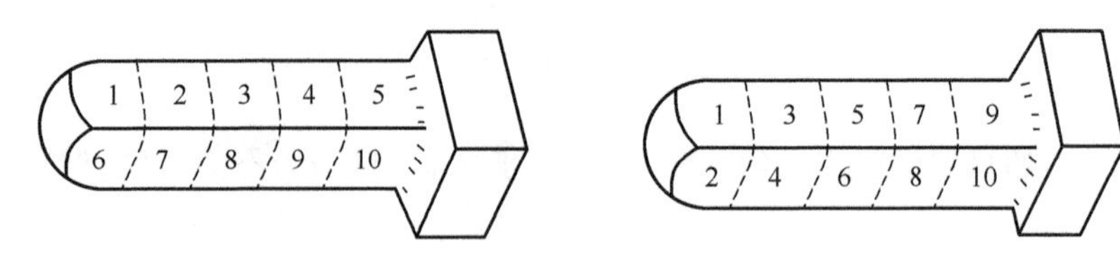

图 6-9　拔长时坯料的翻转方法

孔。冲孔时为了保证质量，应在冲孔前将坯料镦粗并使坯料断面平整，冲子应找准位置并垂直于断面放置，打击力要平稳，防止将孔冲偏、冲斜。

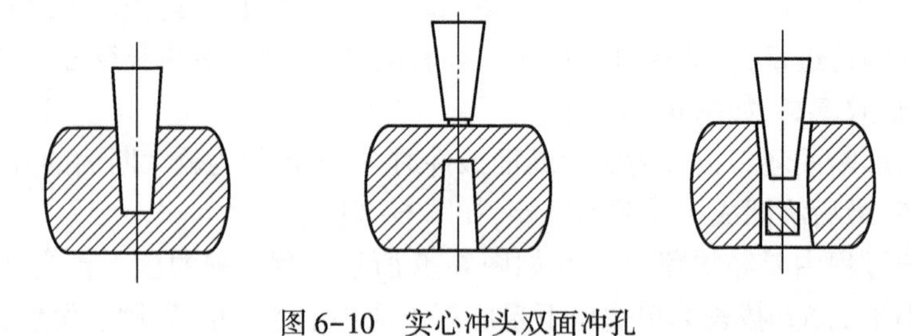

图 6-10　实心冲头双面冲孔

4）弯曲

弯曲是将坯料弯成一定角度或形状的锻造工序，如图 6-11 所示。弯曲时，变形部分横截面积有所减小，可采用断面稍大的坯料，先拔长不弯曲的部分到锻件所要求的断面积，然后弯曲成形。弯曲前对被弯曲部分加热要均匀，锻件多处需要弯曲时，应按照一定的顺序弯曲，保证获得较准确的外形。

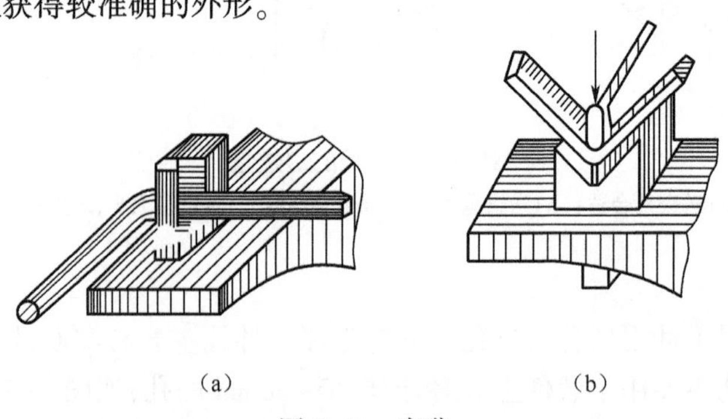

图 6-11　弯曲

(a)角度弯曲；(b)成形弯曲。

5）扭转

扭转是在保持坯料轴线方向不变的情况下，将坯料的一部分相对于另一部分扳转一定角度的工序，如图 6-12 所示。扭转时，必须将坯料加热至始锻温度，受扭曲变形的部分必须表面光滑，面与面的相交处要有圆角过渡，以防扭裂。

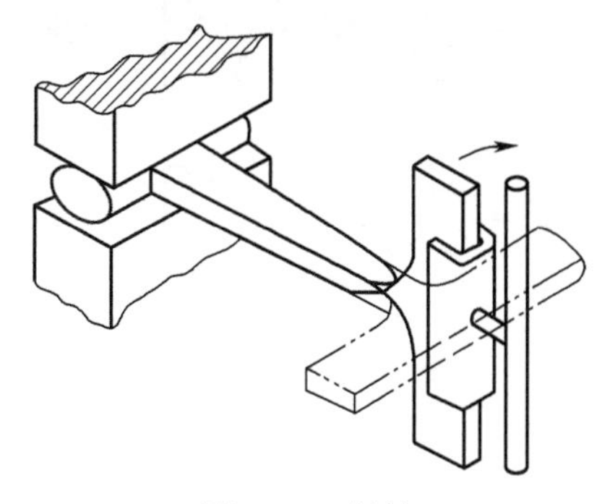

图 6-12 扭转

6）错移

错移是将坯料的一部分相对另一部分相互平行错移的锻造工序。用以锻造曲轴类锻件，错移前坯料需要压肩。

7）切割

切割是将坯料分割或切除锻件余料的工序。方形截面坯料或锻件的切割如图 6-13(a)所示，先将剁刀垂直切入工件，至快要断开时将工件翻转，再用剁刀或克棍截断。切割圆形工件时，要将工件放在带有凹槽的剁垫中，边切割边旋转，如图 6-13(b)所示。

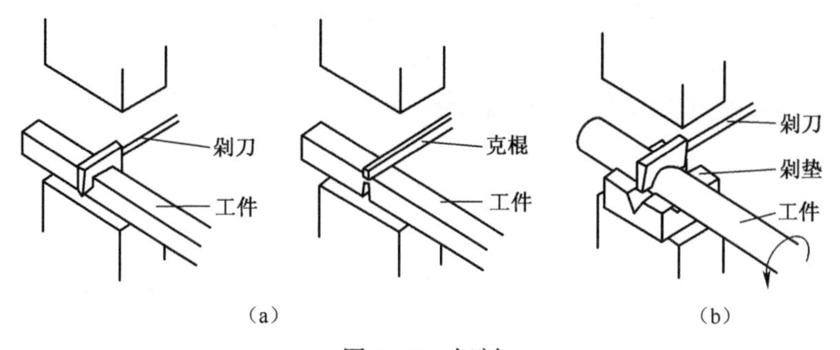

图 6-13 切割

(a)方形坯料的切割；(b)圆形坯料的切割。

6.3.3 模锻及胎模锻

1. 模锻

模锻是指在压力作用下，利用模具使坯料变形而获得锻件的锻造方法。具有精度高、生产率高、可生产形状复杂的锻件和操作要求不高等优点。按照模锻成形工步分为：开式模锻、闭式模锻、挤压、顶镦。按照使用设备，模锻可以分为锤上模锻和压力机模锻两种。

1）锤上模锻

锤上模锻由上锻模和下锻模两部分组成，如图 6-14 所示。分别安装在锤头和模垫上,工作时上锻模随锤头一起上下运动。上锻模向下扣合时,对模膛中的坯料进行冲击、施加力,使其充满整个模膛,从而得到所需的锻件。

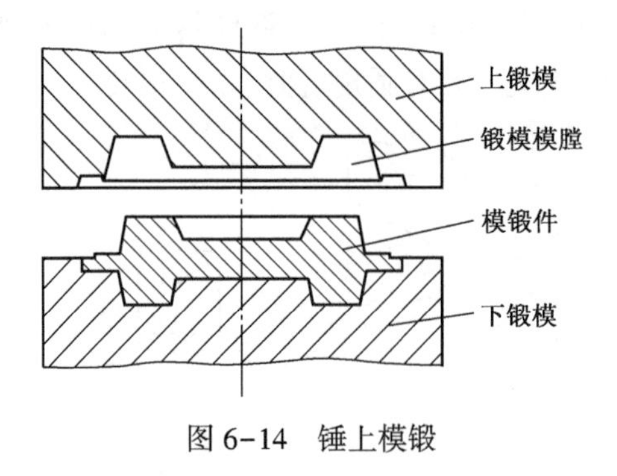

图 6-14　锤上模锻

2）压力机模锻

常用的压力机有热模锻压力机、摩擦压力机等。工作时前者具有振动和噪声小、便于实现机械化和自动化、生产率高、锻件精度高等优点。但是设备结构复杂、造价高,而且由于滑块的行程和压力不能在锻造过程中调节,因而不能进行拔长、滚压等制坯工步,必须配备制坯工艺的专用设备;后者具有工艺适用性好的优点,但是具有承受偏心载荷的能力差、打击速度比锻锤低、机械效率低、生产率不高等缺点。

模锻零件必须具有一个合理的分模面,以保证模锻件易于从锻模中取出、敷料最少、锻模容易制造。锻件与锤击方向平行的非加工表面应设计出模锻斜度。非加工表面所形成的角部按模锻圆角标准设计。

为了使金属容易充满模膛和减少锻造工序,锻件外形力求简单、平直和对称,尽量避免锻件截面间差别过大,或具有薄壁、高筋、凸起等结构。在锻件结构允许的条件下,设计时尽量避免有深孔或多孔结构。在可能条件下,应采用锻-焊组合工艺,以减少敷料,简化模锻工艺。

2. 胎模锻

胎模锻是指在自由锻造设备上使用胎模生产锻件的加工方法。与自由锻相比,它的锻件具有尺寸精度高、生产率高、成本低、使用方便等特点。常用的胎模有扣模、套模、摔模、合模、垫模、弯曲模、跳模等。

1）扣模(图 6-15)

扣模分单扇扣模和双扇扣模。用于非回转体类锻件的局部扣形,也可为合模制坯。

2）套模(图 6-16)

套模有开式套模和闭式套模两种。开式套模多用于法兰、齿轮类锻件;闭式套模常用于回转体锻件,有时也用于非回转体锻件。

3）摔模

根据用途不同有多种摔模,如用于压痕称为卡摔,用于制坯称为型摔,用于整径称为光摔,用于校正整形称为校正摔等。摔模均用于回转体锻件。

4）合模

合模由上、下模及导向装置构成,如图 6-17 所示。适合于各类锻件的终锻成形,尤其连杆、叉形等较复杂的非回转体件常用。

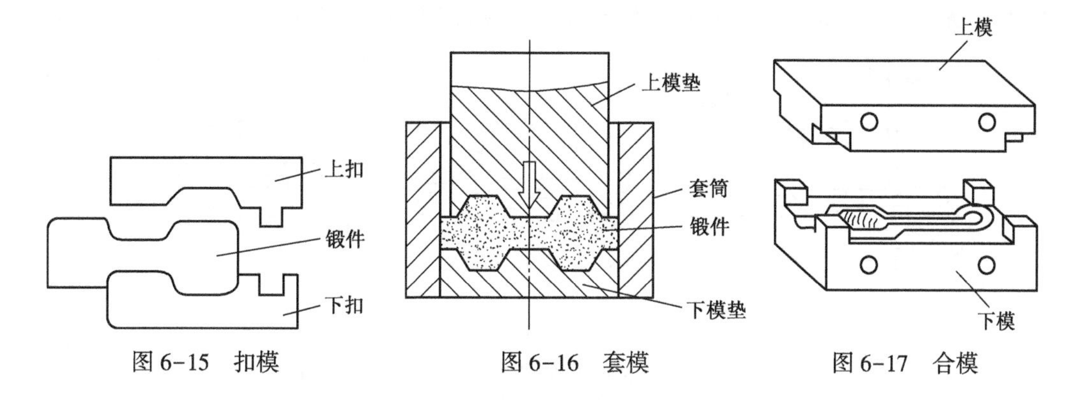

图 6-15 扣模　　图 6-16 套模　　图 6-17 合模

6.3.4 冲压

冲压是利用模具使板料产生分离或成形而获得一定形状、尺寸的零件的加工方法。通过冲压所得的零件称为冲压件。冲压一般在室温下进行,故又称冷冲压。仅当板料塑性差,如一些镁合金,或变形抗力较大,如厚度超过 8~10mm 时,才采用热冲压。

冲压生产均需要特定模具。冲压过程一般为:下料(剪床或剪板机)—冲压工序。冲压依据冲压件复杂程度有不同的工序。

冲压广泛应用于汽车、航空航天、电器仪表、国防、机器设备等各类工业生产,特别是大批量生产时,更能充分显示其优越性:

(1) 冲压件质量稳定、尺寸精度较高和表面质量好,一致性好、互换性高,一般不需要切削加工即可装配使用。

(2) 冲压件可制成复杂的零件、质量轻、强度和刚度好,有利于减轻结构重量。

(3) 冲压件质量为一克到几十千克,尺寸为一毫米到几米均可。

(4) 生产过程便于实现机械化和自动化,生产率高,成本低。

1. 冲压的基本工序

冲压工序分为分离工序和变形工序两大类。

1) 分离工序

分离工序是将坯料的一部分和另一部分分开的工序,如落料、冲孔、修整、剪切等。

(1) 用剪刃或冲模将板料沿不封闭轮廓进行分离的工序,称为剪切。

(2) 落料和冲孔都是将板料沿封闭轮廓分离的工序,一般统称为冲裁。这两个工序的模具结构与坯料变形过程是一样的,只是用途不同。落料是指分离后封闭轮廓之内的部分为所需要的成品或坯料,周边部分是废料;冲孔则是指分离后被封闭部分为废料,带孔的部分是所需要的成品。

图 6-18 所示为落料与冲孔过程示意图,凸模与凹模都有锋利的刃口,两者之间留有间隙 z。为使成品边缘光滑,凹凸模刃口必须锋利,凹凸模间隙 z 要均匀适当,因为它不仅严重影响成品的断面质量,而且影响模具寿命、冲裁力和成品的尺寸精度。

(3) 使落料或冲孔后的成品获得精确的轮廓的工序称为修整。利用修整模沿冲压件外缘或内孔刮削一层薄薄的切屑或切掉冲孔或落料时在冲压件截面上存留的剪裂带和毛刺,从而提高冲压件的尺寸精度和降低表面粗糙度,如图 6-19 所示。

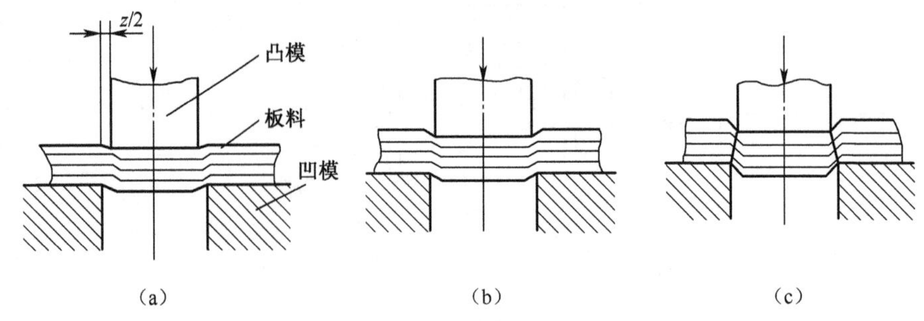

图 6-18　落料和冲孔时金属板料的分离过程示意图

(a)弹性变形;(b)塑性变形;(c)分离。

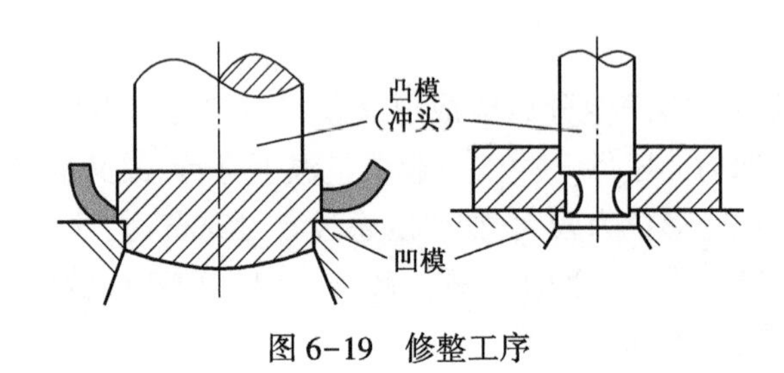

图 6-19　修整工序

2) 变形工序

变形工序是使坯料产生不均匀塑性变形成为一定形状而不破坏的工序,如弯曲、拉深、翻边等。

(1) 弯曲。使坯料的一部分相对于另一部分弯曲成一定角度的工序称为弯曲,如图 6-20 所示。

弯曲时材料内侧受压应力,而外侧受拉应力。当外侧拉应力越过坯料的抗拉强度时,就会造成裂纹。坯料愈厚,内弯曲半径愈小,应力愈大,愈易弯裂。材料塑性好,则最小弯曲半径可小些。弯曲结束外载荷去除后,被弯曲材料的形状和尺寸发生与加裁时变形方向相反的变化,从而消去一部分弯曲变形的效果,这种现象称为回弹,如图 6-21 所示。对于回弹现象,可在设计弯曲模具时,使模具角度比成品角度小一个回弹角。

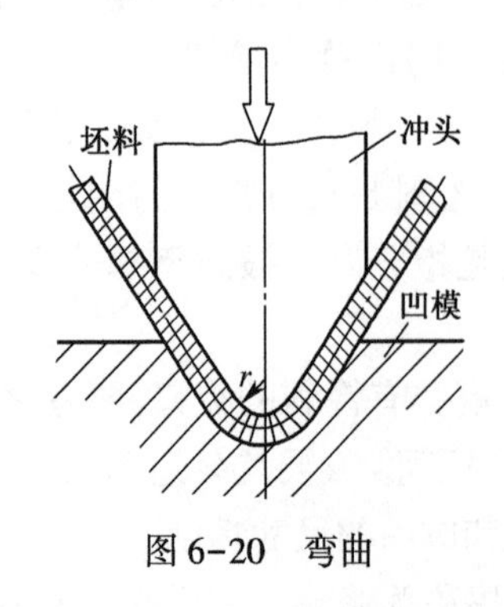

图 6-20　弯曲

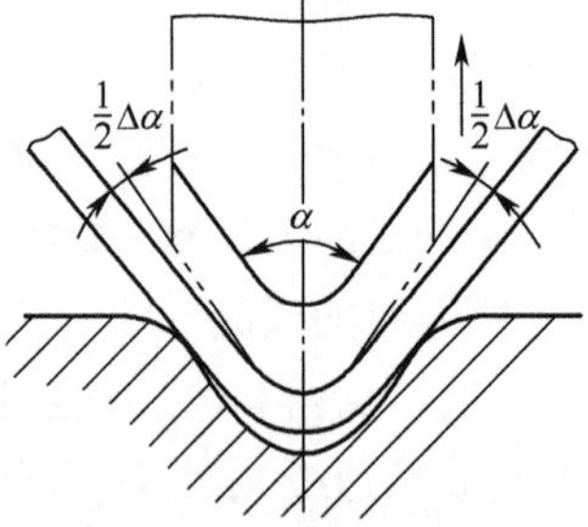

图 6-21　弯曲件的回弹

（2）拉深。使坯料变形成开口空心零件的工序称为拉深，如图 6-22 所示，拉深的重要特征为材料厚度不变。

（3）翻边。使带孔坯料孔口周围获得凸缘的工序称为翻边，如图 6-23 所示。图中 d_0 为坯料上孔的直径，δ 为坯料厚度，d 为凸缘平均直径，h 为凸缘的高度。

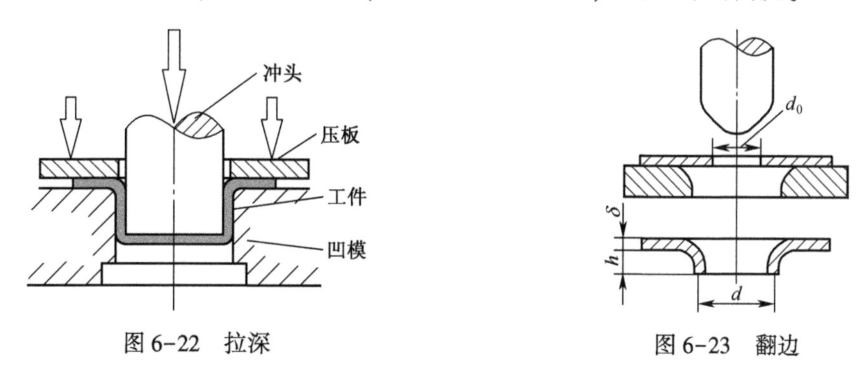

图 6-22　拉深　　　　图 6-23　翻边

2. 冲压模具

冲压模具简称冲模，按其结构特点不同，分为简单冲模、连续冲模和复合冲模三类。

1）简单冲模

一套模具，滑块一次行程中只完成一个冲压工序的冲模称为简单冲模，如图 6-24 所示。其组成及各部分作用如下：

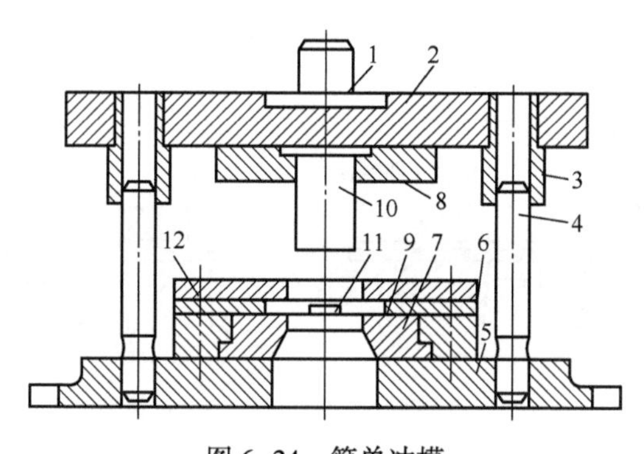

图 6-24　简单冲模

1—模柄；2—上模板；3—导套；4—导柱；5—下模板；6—压边圈；7—凹模；8—压板；9—导料板；10—凸模；11—定位销；12—卸料板。

（1）模架。模架包括上、下模板和导柱、导套。上模板 2 通过模柄 1 安装在冲床滑块的下端，下模板 5 用螺钉固定在冲床的工作台上。导柱 4 和导套 3 的作用是保证合模时凸模和凹模合理、均匀的间隙。

（2）凸模和凹模。凸模 10 和凹模 7 是冲模的核心部分。凸模又称冲头。冲裁模的凸模和凹模的边缘都加工出锋利的刃口，以便进行剪切，使板料分离。拉深模的边缘则要加工成圆角，以防止板料拉裂。

（3）导料板和定位销。它们的作用是控制条料的送进方向和送进量，如图 6-25 所示。

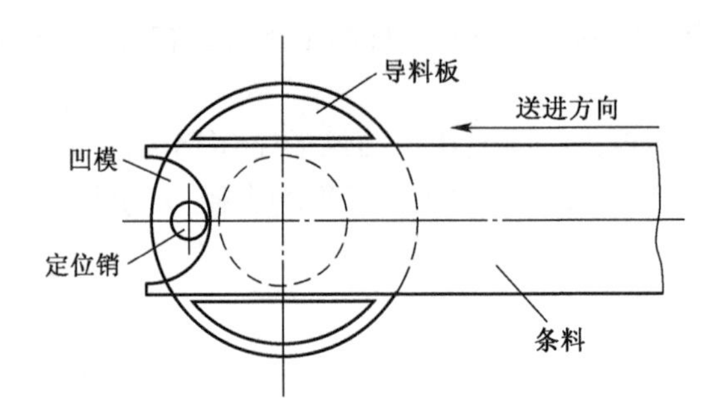

图 6-25　条料的送进和定位

(4) 卸料板。使凸模在冲裁以后从板料中脱出。

2) 连续冲模

一套模具,滑块的一次行程中,在模具的不同部位同时完成两个或多个冲压工序的冲模称为连续冲模。

图 6-26 所示为冲孔—落料连续冲模。冲孔凸模和落料凸模、冲孔凹模和落料凹模分别做在同一个模体上。导板起导向和卸料作用。定位销保证条料定长的进给步距。导正销与冲孔配合使落料时准确定位。

连续冲模生产效率高,易于实现自动化,但定位精度要求高,制造成本较高。

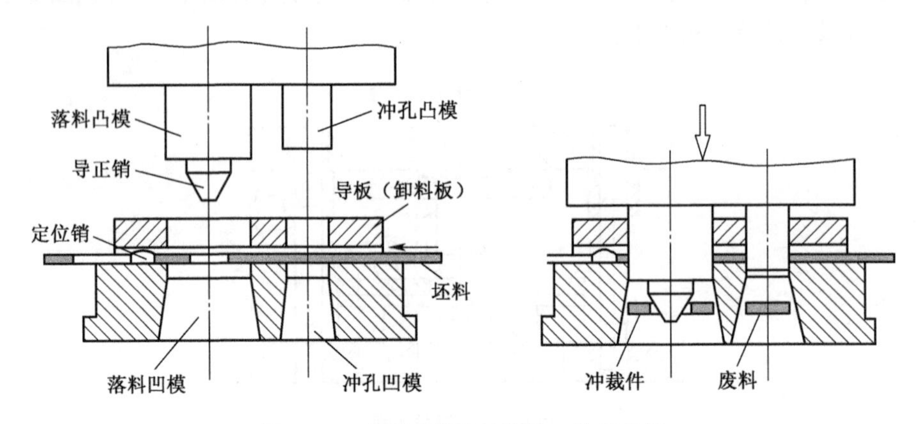

图 6-26　连续冲模的结构及工作示意图

3) 复合冲模

一套模具,在滑块的一次行程中,在模具的同一位置完成两个或多个工序的冲模称为复合冲模,如落料—冲孔复合模。复合冲模具有较高的加工精度及生产率,但制造复杂,适用于大批量生产。

6.4 锻压件质量控制及检测

锻压件一般情况下都属于重要零件,锻压件的缺陷可能会影响后续加工工艺或在后续处理过程中把缺陷放大,有的会严重影响锻压件的功能,甚至极大地降低所制成品件的使用寿命,危及安全,因此对锻压件质量的控制各生产单位都非常重视。

锻压件质量牵涉到从原材料、下料、加热、润滑、锻压成形、冷却到锻压后热处理等每个工序环节,务必在每个环节严格按照工艺文件规定执行、检测,确保每个过程质量保证。

对锻压件进行检测,可以对已制成锻压件的质量进行评价,找出判定合格或不合格的证据,还可以对检测数据进行统计分析,找出出现不合格件的原因,给改进提供方向,预防不合格件的产生。

锻压件质量检测项目包括:材质、尺寸、重量、外观、物理性能(硬度、屈服强度、抗拉强度、冲击功)、无损探伤(磁粉检测、超声波、渗透检测、涡流检测)、剖面流线、脱碳层深度、金相组织)。

1. 锻件质量控制

(1) 通过检测使原材料质量得到保障,根据需要可以选择不同的检测方法,如:材质可以用化学分析,也可以用光谱分析;尺寸检测有卡尺、三坐标、激光扫描仪、轮廓仪、投影仪、专用量规。原材料缺陷有:裂纹、折叠、结疤、夹杂、白点等。

(2) 下料时避免剪切裂纹、气割裂纹、断面不平整、马蹄形等。

(3) 避免出现加热缺陷,特别是过热、过烧。

(4) 锻造工艺适当,避免出现粗大晶粒、晶粒不均匀、冷硬现象、龟裂、折叠、充不满等。

(5) 锻造后冷却合理,热处理、清理等措施适当。

2. 锻件质量检测、分析及控制

(1) 锻件检测。包括锻件尺寸、形状、表面质量和内部质量等。

(2) 锻件质量分析。认真调查每个环节、过程、步骤,依靠各种检测检验方法和技术进行分析,弄清质量问题的原因,提出解决措施。

(3) 锻件质量控制。为保证锻件质量,对锻件原材料、技术标准、生产工艺和技术管理制度都必须有相应的措施配合。

3. 冲压件质量控制

冲压件常见缺陷有:冲裁件的变形、毛刺等;弯曲件的裂纹、翘曲、表面擦伤、回弹等;拉深件的凸缘起皱、壁部划伤、底部拉破等;翻边的裂纹、胀形材料变薄不均等。

防止和消除缺陷的方法:模具设计、使用过程中保证合理、均匀的凸凹模间隙、合理的圆周角半径、加工精度、表面质量等。

6.5 锻造实践技能训练

自由锻工艺灵活性强,对操作者要求较高,在确定锻造工序时,应对原材料状况、设备条件、加热条件、工具状况、材料性能、工艺复杂程度、生产批量和锻件技术要求等因素进行综合分析、考虑,力求提高产品质量和生产效率,采用最少的工序,最经济、最合理的变形工艺进行锻造。

1. 典型的螺栓锻造工艺

(1) 下料;

(2) 加热;
(3) 局部镦粗螺栓头部;
(4) 滚圆头部;
(5) 拔长杆部;
(6) 头部局部加热;
(7) 型锤上镦六角;
(8) 罩圆;
(9) 用平锤修光。
操作用料及刀量具:
(1) 备料尺寸:45#钢材质,ϕ60×75。
(2) 测量用:卡钳,钢板直尺。

2. 半轴的自由锻造工艺卡片(见表6-2)

表6-2 半轴自由锻工艺

锻件名称	半轴	锻件图	坯料图	
工艺类别	自由锻	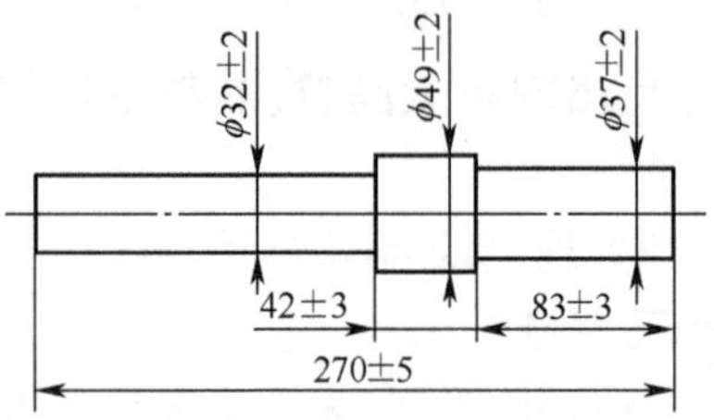 ϕ32±2, ϕ49±2, ϕ37±2, 42±3, 83±3, 270±5	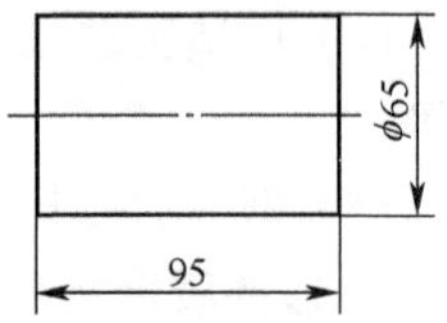 ϕ65, 95	
材料	20CrMn			
设备	150kg 空气锤			
锻造温度	1150~800℃			
加热火次	2(工序4、5之间第二次加热)			
序号	工序	工序简图	使用工具	操作要点
1	拔长	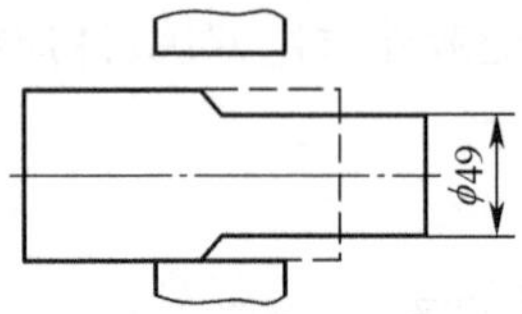 ϕ49	火钳	整体拔长至ϕ49±2
2	压肩	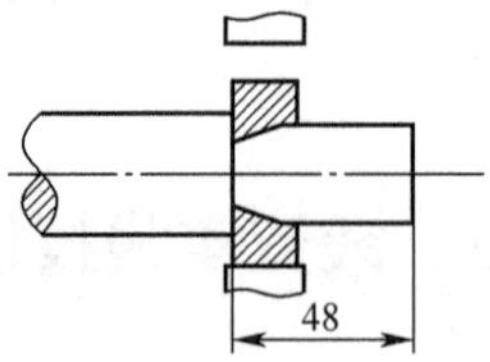 48	火钳 压肩摔子	边轻打边旋转工件
3	拔长	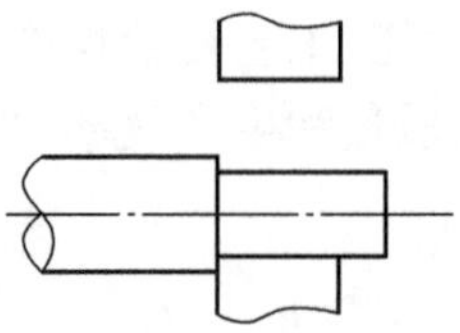	火钳	将压肩一端拔长至直径≥37

（续）

序号	工序	工序简图	使用工具	操作要点
4	摔圆	$\phi37$	火钳 摔圆摔子	将拔长部分摔圆至$\phi37\pm2$
5	压肩	42	火钳 压肩摔子	截出中段长度42后，将另一端压肩
6	拔长	略	火钳	将压肩一端拔长至直径≥33
7	摔圆	略	火钳 摔圆摔子	将拔长部分摔圆至$\phi32\pm2$
8	修整	略	火钳 钢板尺	检查并修整轴向弯曲

本章相关操作视频，请扫码观看

第7章 焊 接

7.1 焊接概述

焊接,又称连接工程(materials joining engineering),是一种重要的材料加工工艺。它是被焊工件的材质(同种或异种),通过加热或加压或二者并用,并且用或不用填充材料,使工件的材质达到原子间的结合而形成永久性连接的工艺过程。

随着人类社会对物质文明的追求、各种新型材料的不断开发及科学技术的不断发展,焊接技术已成为一门独立的学科。它广泛地应用于石油化工、电力、航空航天、海洋工程、核动力工程、微电子技术、桥梁、船舶、潜艇以及各种金属结构等工业部门。

7.1.1 焊接的分类

焊接的分类方法很多,若按焊接过程中金属所处的状态不同,可把焊接方法分为熔焊、压焊和钎焊三大类,然后根据不同的加热方式、焊接工艺特点,每一类又包括许多焊接方法,如图 7-1 所示。

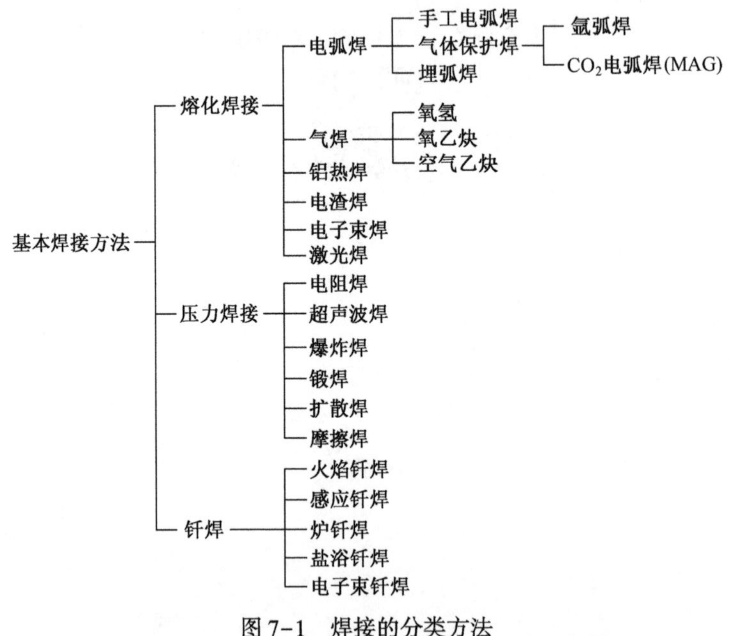

图 7-1 焊接的分类方法

(1) 熔化焊。熔化焊是在焊接过程中,将焊件接头加热至融化状态,然后冷却凝固形成牢固的接头的一种焊接方法。如埋弧焊、气焊、手工电弧焊等。

(2) 压力焊。压力焊是指在焊接过程中,两被焊工件接触处不论加热与否,都必须对焊件施加压力,使其产生一定塑性变形来完成焊接的方法。如电阻焊、摩擦焊等。

(3) 钎焊。钎焊是在焊接过程中,采用比母材熔点低的金属材料作钎料,将焊件和钎料加热到高于钎料但低于母材熔点的温度,利用液态钎料润湿母材,充填接头间隙并与母材相互扩散实现连接焊件的方法。如软钎焊(加热温度在 450℃以下如锡焊)和硬钎焊(加热温度在 450℃以上如铜焊)。

7.1.2 焊接的特点和应用

与其他方法(螺栓连接、铆钉铆接、胶结)相比,焊接成型方便,方法灵活多样,工艺简便,能在较短的时间内生产出复杂的焊接结构。焊接生产适应性强,既能生产微型、大型的复杂金属构件,也能生产气密性好的高温高压设备;既能应用于单件小批量生产,也能适用于大批量生产。生产成本低,与铆接相比,节省材料,并可减少划线、钻孔、装配等工序,生产率高、气密性好。同时,采用焊接技术还能方便地实现异种材料的连接。但是,焊接也有存在着一些不足之处,如结构不可拆卸,更换修理不方便;焊接接头组织性能不均匀,存在焊接应力,容易产生焊接变形与开裂等缺陷。

焊接主要用于制造金属结构件,如压力容器、建筑、桥梁、船舶、管道、车辆、起重机、海洋结构、冶金设备;生产机器零件或毛坯,如重型机械和冶金设备中的机架、底座、箱体、轴、齿轮等。随着工业和科学技术的不断发展,焊接工艺和技术也发生着日新月异的变化,而且形成了一些新的发展方向和趋势。特别是工业焊接机器人的引入,是焊接自动化革命性的进步,它突破了传统的焊接刚性自动化方式,开始了一种柔性自动化的新方式。

7.2 常用焊接材料及设备

7.2.1 焊接材料

焊接材料是焊接时所消耗材料的通称,它包括焊条、焊丝、焊剂、气体等。手工电弧焊的焊接材料是焊条,埋弧焊及电渣焊的焊接材料是焊丝(或板状电极)与焊剂,而气体保护焊的焊接材料则是焊丝与保护气体。

1. 焊条

1) 焊条的组成

焊条由焊芯和药皮两部分组成,如图 7-2 所示。焊芯是一根具有一定直径和长度的金属丝。焊接时焊芯起导电和填充焊缝金属的作用,它的化学成分和非金属夹杂物的多少将直接影响焊缝质量。焊芯的直径即为焊条直径,最小为 $\phi1.6$mm,最大为 $\phi8$mm,其中,以 $\phi3.2\sim5$mm 的焊条应用最广。焊接合金结构钢、不锈钢用的焊条,应采用相应的合金结构钢、不锈钢的焊接钢丝作焊芯。

药皮是压涂在焊芯表面上的涂料层,它是用矿石粉和铁合金粉等原料按一定比例配

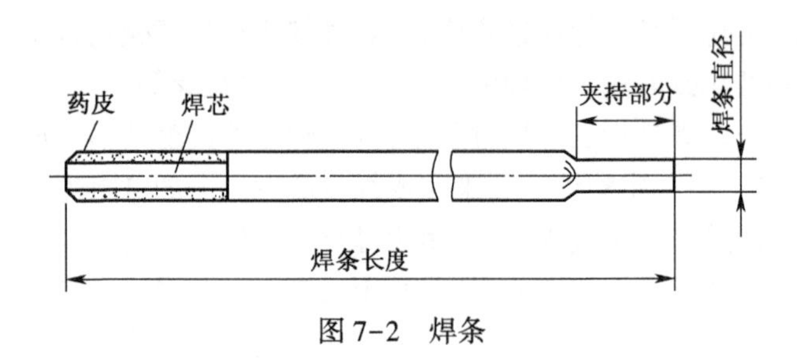

图 7-2　焊条

置而成的。它的主要作用如下：

保护作用：由于电弧的热作用使药皮熔化形成熔渣，在焊接冶金过程中又会产生某些气体。熔渣和电弧气氛起着保护熔滴、熔池和焊接区、隔离空气的作用，防止氮气等有害气体侵入焊缝。

冶金作用：在焊接过程中，由于药皮的组成物质进行冶金反应，其作用是去除有害杂质（例如 O、N、H、S、P 等），并保护或添加有益合金元素，使焊缝的抗气孔性及抗裂性能良好，使焊缝金属满足各种性能要求。

使焊条具有良好的工艺性能：焊条药皮的作用可以使电弧容易引燃，并能稳定地连续燃烧；焊接飞溅小；焊缝成形美观；易于脱渣以及可适用于各种空间位置的施焊。

2）焊条的分类

焊条有多种类型，按其熔渣化学性质不同可分为酸性焊条和碱性焊条两大类。酸性焊条是指药皮中含有酸性氧化物的焊条。如 E4303、E5003 等。焊接时有碳-氧反应，生成大量的 CO 气体，使熔池沸腾，有利于气体逸出，使焊缝中不易形成气孔；另外，酸性焊条药皮中的稳弧剂多，电弧燃烧稳定，交、直流电源均可使用，工艺性能好。但酸性药皮中含氢物质多，使焊缝金属的氢含量提高，焊接接头开裂倾向较大。

碱性焊条是指药皮中含有多量碱性氧化物的焊条，如 E4315、E5015 等。碱性焊条药皮中含有较多的 $CaCO_3$，焊接时分解为 CaO 和 CO_2，可形成良好的气体保护和渣保护；另外，药皮中含有的萤石等去氢物质，使焊缝中氢含量低，产生裂纹的倾向小。但碱性焊条药皮中稳弧剂少，故焊条工艺性能差。碱性焊条氧化性小，焊接时无明显的碳-氧反应，对水、油和铁锈的敏感性大，焊缝中容易产生气孔。因此，使用碱性焊条焊接时，一般要求采用直流反接，并且要严格清理焊件表面和注意通风。

焊条还可以按其用途分为九大类：结构钢焊条、不锈钢焊条、堆焊焊条、低温电焊条、铸铁焊条、镍和镍合金焊条、铜和铜合金焊条、铝和铝合金焊条、特殊用途焊条。

3）焊条的型号和牌号

焊条型号是在国家编撰及权威性组织机构中，根据焊条特性之便明确划分规定的，是焊条生产、使用、管理及研究等有关单位必须遵照执行的。

例如：E 43 15 焊条

E：表示焊条。

43：表示熔覆金属抗拉强度的最小值（以 kgf/mm^2 计）。

1：表示焊条适用于全位置焊接。

5：表示焊条药皮为低氢钠型，并可采用直流反接焊接。

焊条牌号是对于焊条产品的具体命名,是由焊条生产厂家定制的。但是,各厂自定的牌号对于焊条的选用有许多不便之处。因此,自1968年起我国焊条行业开始采用统一牌号,即属于同一药皮类型,符合相同焊条型号、性能的产品统一命名为同一牌号。

J 50 7 焊条。

J:结构钢焊条。

50:焊缝金属抗拉强度不低于490MPa(50kgf/mm²)。

7:低氢型药皮、直流。

2. 焊剂

焊剂是焊接时能够融化形成熔渣和气体,对熔化金属起保护和冶金处理作用的一种颗粒状物质。埋弧焊及电渣焊所使用的焊接材料是焊剂和焊丝。焊丝的作用相当于焊条中的焊芯,焊剂的作用相当于焊条中的药皮。

焊剂有多种类型,按其制造方法不同可分为熔炼焊剂和非熔炼焊剂两大类。熔炼焊剂是指将一定比例的各种配料放在炉内熔炼,然后经过水冷粒化、烘干、筛选而制成的焊剂。

非熔炼焊剂根据焊剂烘焙温度不同又分为黏结焊剂与烧结焊剂。黏结焊剂是指将一定比例的各种粉状配料加入适量黏结剂,经混合搅拌、粒化和低温(400℃以下)烘干而制成的焊剂。烧结焊剂是指将一定比例的各种粉状配料加入适量黏结剂,混合搅拌后经高温(400~1000℃)烧结成块,经过粉碎、筛选而制成的焊剂。

3. 焊丝

焊丝是焊接时作为填充金属或同时作为导电的金属丝,它是埋弧焊、气体保护焊、自保护焊和电渣焊等各种工艺方法的焊接材料。

焊丝的分类方法有许多种,按照焊丝的形状结构可分为实心焊丝、药芯焊丝等。

实心焊丝是目前最常用的焊丝。它是由热轧线材经拉拔加工而制成的,广泛应用于各种自动和半自动焊接工艺中。

例如:H08Mn2SiA

H:焊接用实心焊丝。

08:C≈0.08%。

Mn2:≈2%。

Si:Si<2%。

A:优质,S、P<0.030%。

药芯焊丝是由薄钢带卷成圆形钢管或异型钢管的同时,填满一定成分的药粉后经拉制而成的一种焊丝。

7.2.2 焊接设备

不同焊接方法对应不同的焊接设备,弧焊机是手工电弧焊最主要的设备,包括交流弧焊机和直流弧焊机。

1. 交流弧焊机

交流弧焊机实际上是一种特殊的降压变压器,称为弧焊变压器。它可将工业用的电压(220V或380V)降低至空载时的60~70V,电弧工作时的20~35V,同时能够提供很大的焊接电流,并能在一定范围内调节。

交流弧焊机具有结构简单、使用可靠和维护方便等优点,但在电弧稳定性方面有些不足。BX1-330 型弧焊机是目前较常用的一种交流弧焊机,如图 7-3 所示。

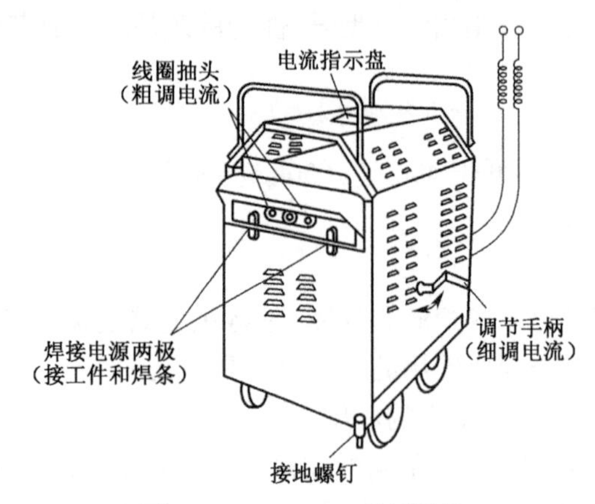

图 7-3　BX1-330 型弧焊机

2. 直流弧焊机

常用的直流弧焊机有整流式直流弧焊机和逆变式直流弧焊机。直流弧焊机由一台交流电动机和一台直流弧焊发电机组成,又称为弧焊发电机组,其引弧容易、电流稳定、焊接质量较好,但结构复杂、噪声较大、价格较贵。整流式直流弧焊机将交流电通过整流元件整流转换为直流电供焊接使用,其结构简单、价格便宜、效率高、噪声小、易维修,得到广泛应用。ZXG-300 型弧焊机是目前较常用的一种整流弧焊机,其外形如图 7-4 所示。

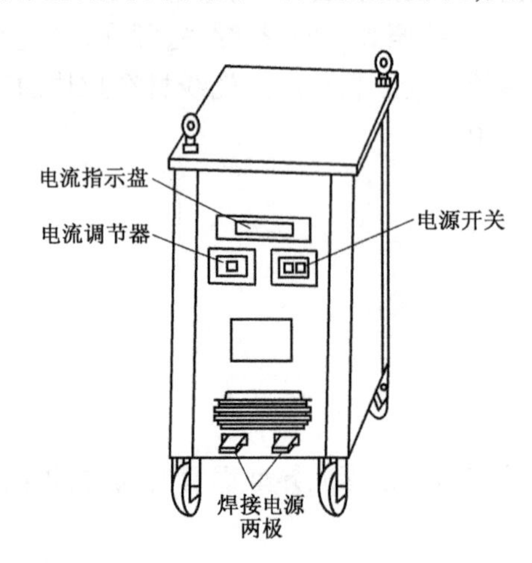

图 7-4　ZXG-300 型弧焊机

直流弧焊机输出端有正极和负极之分,因此工作线路有正接和反接两种接法,如图 7-5 所示。工件接正极、焊钳接负极的接法称为正接;工件接负极、焊钳接正极的接法称为反接。焊接厚板时,一般采用直流正接法,这时电弧中的热量大部分集中在焊件上,加快了焊件的熔化,保证了足够的熔深。焊接薄板时,为了防止烧穿,宜采用直流反接。但在使用碱性焊条时,均采用直流反接。

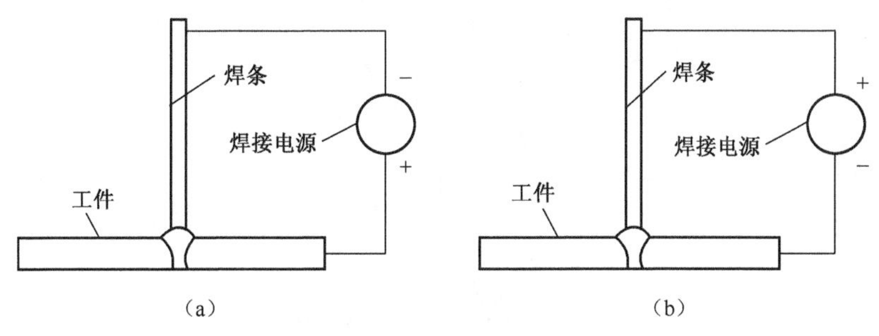

图 7-5 直流弧焊机的不同极性接法
(a)正接法;(b)负接法。

7.3 焊接工艺及方法

7.3.1 电弧焊

电弧焊是熔焊中应用最广泛的一种焊接方法,其利用电弧作为热源。电弧焊可分为焊条电弧焊、埋弧焊、气体保护焊等。

1. 焊接电弧

焊接电弧是在电极和工件之间的气体介质中长时间有力的放电现象,即在局部气体介质中大量电子流通过的导电现象。产生电弧的电极可以是金属丝、钨丝、碳棒或焊条。

焊接电弧根据其物理特征,可分为阳极区、弧柱区和阴极区三个区域,如图 7-6 所示。其中,阳极区主要是由电子撞击阳极时电子的动能和位能(逸出功)转化而来的,产生的热量约占电弧总热量的 43%,平均温度约为 2600K,弧柱区是位于阴、阳两极区中间的区域,弧柱区温度虽高(约 6100K),但由于电弧周围的冷空气和焊接熔滴的外溅,所产生的热量只占电弧热的 21%左右。阴极区主要由正离子碰撞阴极时的动能及其与电子复合时的位能(电高能)转化而来,产生的热量约占电弧总热量的 36%,平均温度约为 2400K。

电弧的热量与焊接电流和电弧电压的乘积成正比。焊条电弧焊只有 65%~85%的热量用于加热和熔化金属,其余的热量则散失在电弧周围和飞溅的金属液中。电弧中阴极区和阳极区的温度与电极材料有关。比如,当两极均为低碳钢时,阴极区温度约为 2400K,阳极区温度约为 2600K,弧柱区中心温度最高,可达 6000~8000K。

2. 焊接接头

焊接接头由焊缝金属、熔合区和热影响区三部分组成,如图 7-7 所示。焊接时,母材局部受热熔化形成熔池,熔池不断移动并冷却后形成焊缝;焊缝两侧部分母材受焊接加热的影响而引起焊接内部组织和力学性能变化的区域称为焊接热影响区;焊接接头中焊缝与热影响区过渡的区域称为熔合区。

1) 手工电弧焊

手工电弧焊(简称手弧焊)是利用电弧产生的热量来熔化母材和焊条的一种手工操作的焊接方法,如图 7-8 所示。手工电弧焊可以在室内、室外、高空和各种焊接位置进

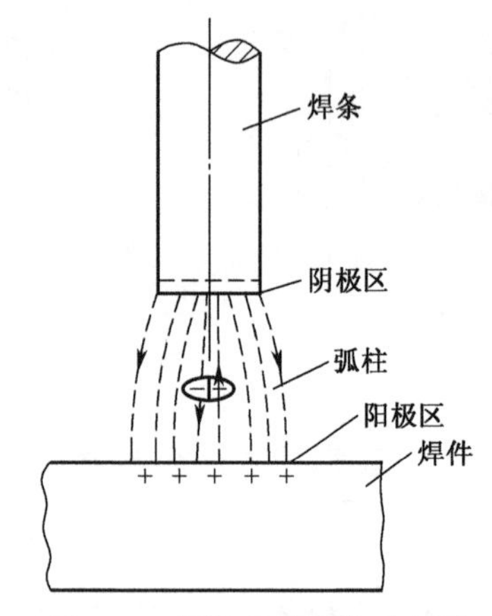

图 7-6　焊接电弧结构示意图

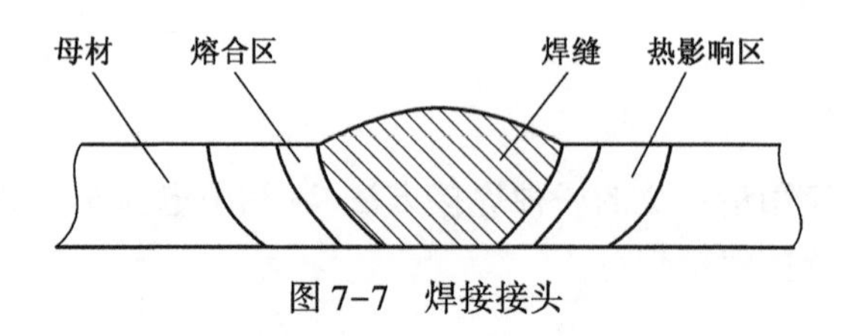

图 7-7　焊接接头

行，设备简单，容易维修，焊钳小，使用灵便，适用于焊接高强度钢、铸钢、铸铁和非铁金属，其焊接接头可与工件的强度相近，是焊接生产中应用最广泛的焊接方法。

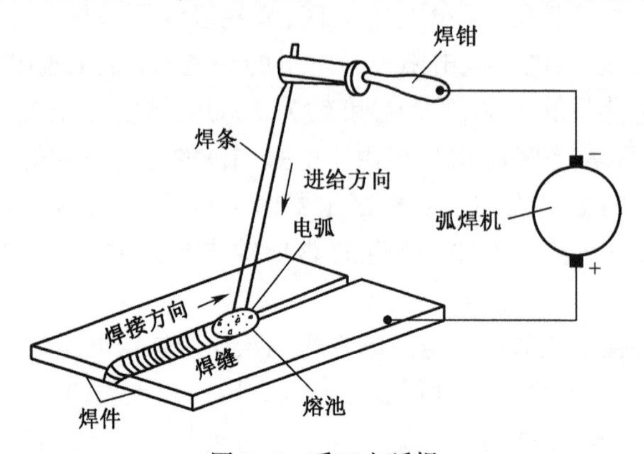

图 7-8　手工电弧焊

(1) 焊接过程。

手工电弧焊的焊接过程如图 7-9 所示。熔化的焊条金属形成熔滴，在各种作用力(如重力、电磁力、电弧吹力等)的作用下，熔滴过渡到焊缝熔池中，与熔化的母材金属混合形成金属熔池。电弧热同时使焊条药皮熔化和分解。药皮熔化后与熔池里的液态金属发生物理化学反应，形成的熔渣从熔池中上浮；药皮分解产生的大量气体充满在电弧和熔池周围。熔渣和气流防止液态金属与空气接触，对熔化金属和熔池起保护作用。当电弧向前移动时，工件和焊条不断熔化，形成新的熔池，而熔池后方的液态金属随电弧热源的离去其温度逐渐降低，凝固形成焊缝，覆盖在焊缝表面的熔渣也逐渐凝固成为固态渣壳。

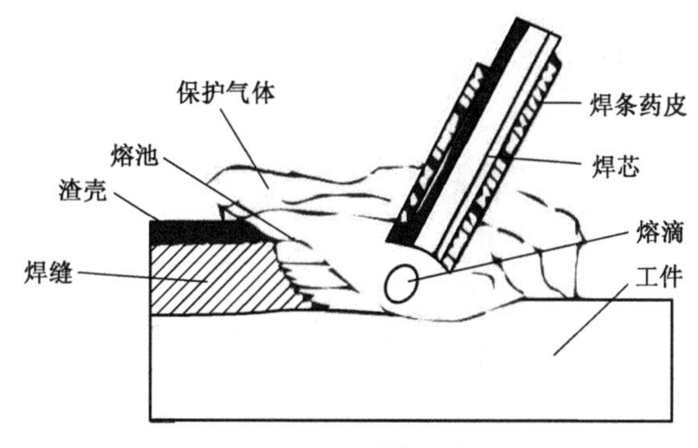

图 7-9 手工电弧焊的焊接过程

(2) 焊接接头及坡口形式。

常见的接头形式有对接、搭接、角接、T 形接等,如图 7-10 所示。

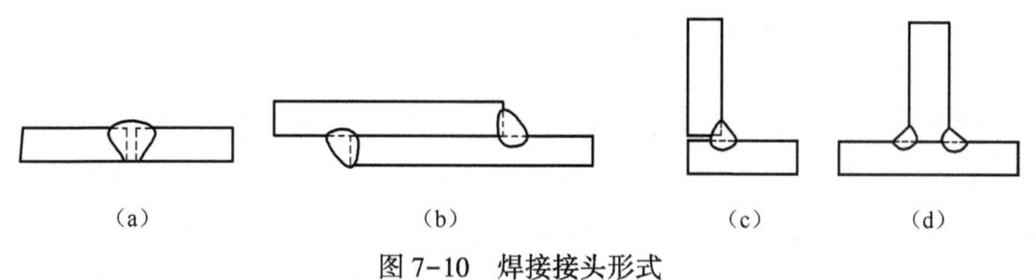

图 7-10 焊接接头形式

(a)对接;(b)搭接;(c)角接;(d)T 形接。

在焊接时要确保焊件能焊透。当焊件厚度小于 6mm 时,只需在接头处留一定的间隙,就能焊透。但在焊接较厚的工件时,就需要在焊接前把焊件接头处加工成适当的坡口,以确保焊透。对接接头是应用最多的一种接头形式,这种接头常见的坡口形式有 I 形坡口、Y 形坡、双 Y 形坡口、U 形坡口等,如图 7-11 所示。

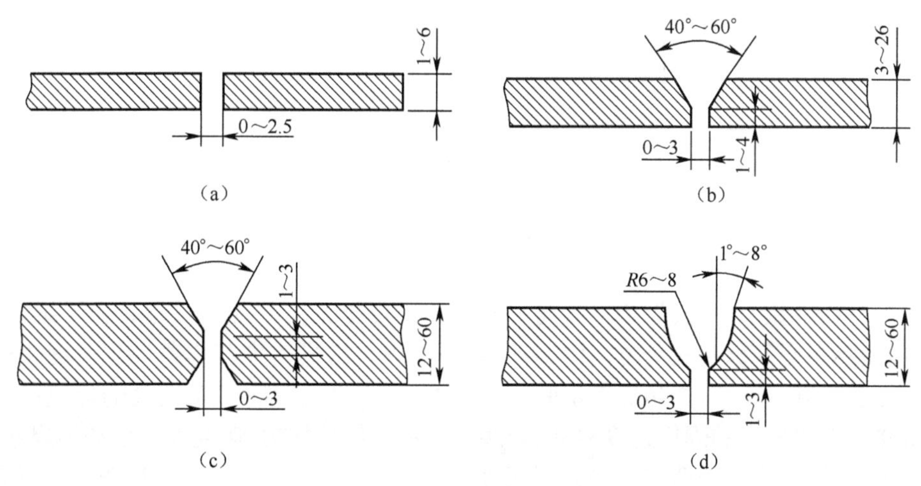

图 7-11 对接接头坡口形式

(a)I 形坡口;(b)Y 形坡口;(c)双 Y 形坡口;(d)U 形坡口。

(3) 焊接位置。

焊接时,焊接接缝所处的空间位置称为焊接位置。一般有平焊、立焊、横焊和仰焊四种,如图 7-12 所示。

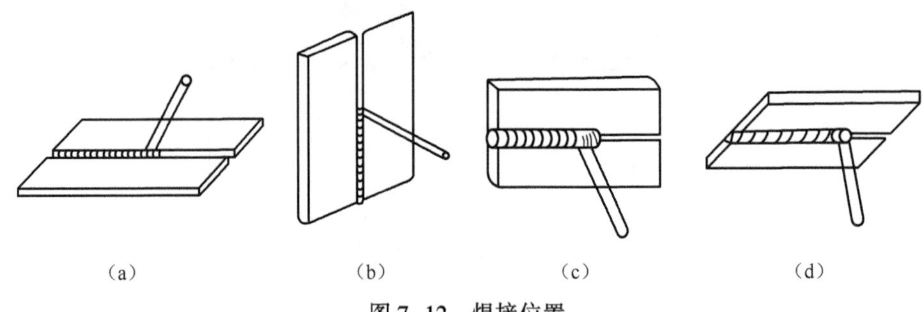

图 7-12　焊接位置
(a)平焊;(b)立焊;(c)横焊;(d)仰焊。

(4) 焊条电弧焊的基本操作方法。

焊条电弧焊的基本操作主要有引弧、运条及焊缝收尾。

引弧是指引燃焊剂电弧的短暂过程,常用的有敲击法和划擦法两种,如图 7-13 所示。引弧时,首先将焊条末段与工件表面接触形成短路,然后迅速将焊条向上提起 2~4mm,电弧即被引燃。如果焊条提起的高度超过 5mm,电弧就会立即熄灭。如果焊条与工件接触时间太长,焊条就会黏牢在工件上。这时,可将焊条左右摆动,使之与工件脱离,然后重新进行引弧。

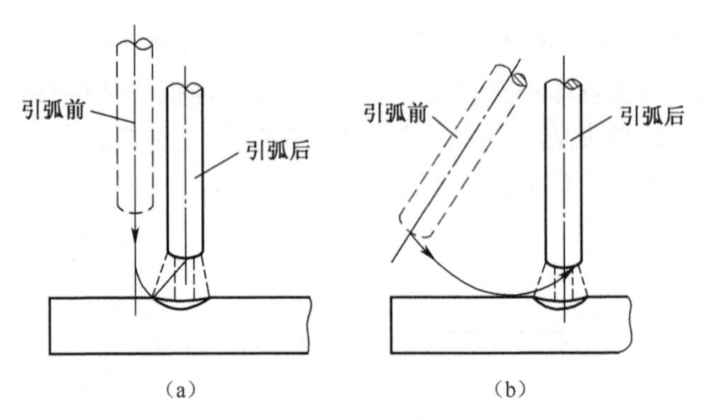

图 7-13　引弧方法
(a)敲击法;(b)摩擦法。

运条是指电弧引燃后,焊条不断向下送进并沿焊接方向移动的过程。为了维持电弧稳定燃烧,运条必须保持三个方向协调动作:一是焊条送进速度和焊条熔化速度相同,以保持电弧长度基本不变;二是焊条不断地横向摆动,以获得具有一定宽度的焊缝;三是焊条沿焊接方向以一定的焊接速度移动,焊接速度尽量保持均匀,速度太快会产生焊缝断面不合格和假焊,速度太慢会产生焊缝断面过大、工件变形和烧穿等缺陷,如图 7-14 所示。

收尾是指焊缝焊好后熄灭电弧的过程。焊缝收尾时,为了不出现尾坑,焊条应停止向前移动,而采用划圈收尾法或反复断弧法自下而上地慢慢拉断电弧,以保证焊缝尾部成形良好。

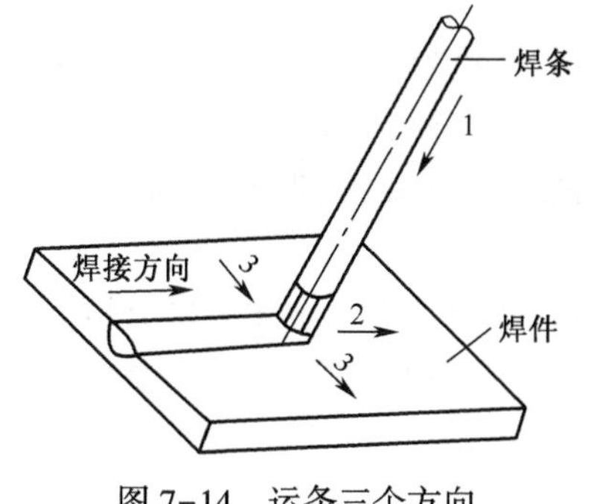

图 7-14 运条三个方向

2）气体保护焊

气体保护电弧焊是利用外加气体作为电弧介质并保护电弧和焊接区的电弧方法，简称气体保护焊。常用的气体保护焊有氩弧焊和 CO_2 气体保护焊等。

（1）氩弧焊。

用氩气作为保护气体的气体保护焊称为氩弧焊。焊接过程中，焊枪喷嘴中喷出的氩气气流保护电弧与空气隔绝，电弧和熔池在气流层的包围氛围中燃烧、熔化。通过填丝或者不填丝，使两块分离的金属永久连接。氩弧焊按所采用的电极不同，可分为非熔化极氩弧焊和熔化极氩弧焊两类，如图 7-15 所示。

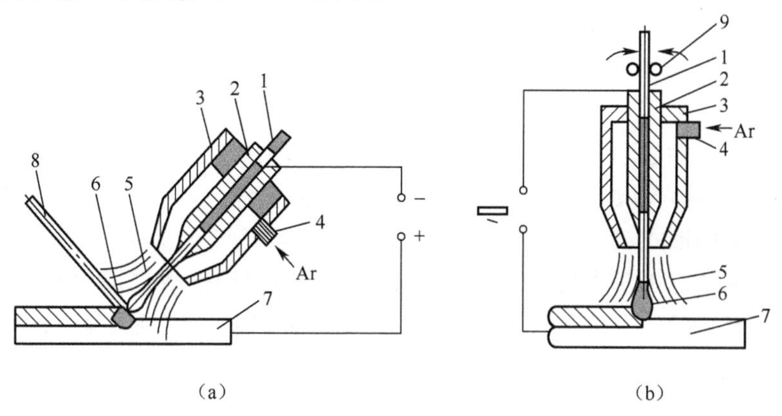

图 7-15 氩弧焊示意图

(a)非熔化极氩弧焊；(b)熔化极氩弧焊。

1—电极或焊丝；2—导电嘴；3—喷嘴；4—进气管；

5—氩气流；6—电弧；7—工件；8—填充焊丝；9—送丝辊轮。

非熔化极氩弧焊以高熔点的钨或钨合金（钍钨）棒作电极，焊接时，钨极不熔化（也称钨极氩弧焊），只起导电和产生电弧的作用。非熔化极氩弧焊需要加填充金属，它可以是焊丝，也可以在焊接接头中填充金属条或采用卷边接头。为减少钨极损耗，非熔化极氩弧焊焊接电流不能太大，所以一般适用于焊接厚度小于 4mm 的薄板件。焊接钢材时，多用直流电源正接，以减少钨极的烧损；焊接铝、镁及其合金时采用反接，此时，铝工件作阴极，有“阴极破碎”作用，能消除氧化膜，焊缝成形美观。

熔化极氩弧焊用焊丝作电极，焊接电流比较大，母材熔深大，生产率高，适于焊接中厚板,如 8mm 以上的铝容器。

氩弧焊用氩气保护可焊接化学性质活泼的非铁金属及其合金或特殊性能钢,如不锈钢等。焊接过程中电弧燃烧稳定,飞溅小,表面无熔渣,焊缝成形美观,质量好。电弧在气流压缩下燃烧,热量集中,焊缝周围气流冷却,热影响区小,焊后变形小,适宜薄板焊接。但氩气价格较贵,焊件成本高。

综上所述,氩弧焊几乎可以焊接所有的金属材料,既可以焊接碳钢、合金钢、不锈钢等金属材料,又可以焊接铝、镁、铜、钛及其合金等,已广泛应用于航空航天、化工、纺织、压力容器等多个工业领域。

(2) CO_2气体保护焊。

CO_2气体保护焊是指以 CO_2作为保护气体的熔化极电弧焊,其焊接过程和熔化极氩弧焊类似,如图 7-16 所示。

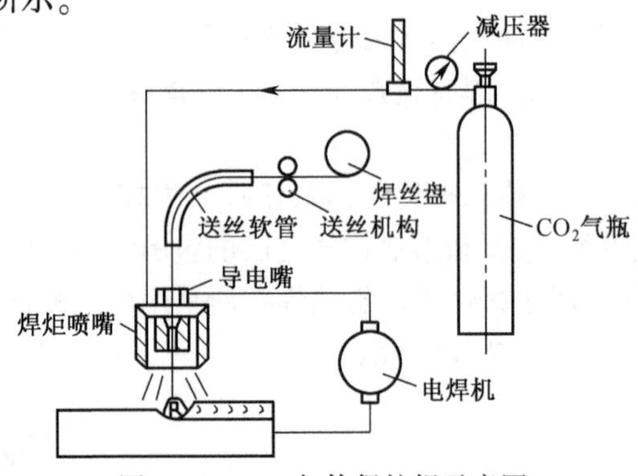

图 7-16 CO_2气体保护焊示意图

CO_2气体保护焊按操作方式可分为自动焊及半自动焊。对于较长的直线焊缝和规则的曲线焊缝,可采用自动焊;而对于不规则的或较短的焊缝,则采用半自动焊,这也是实际生产中应用最多的形式。

CO_2 气体保护焊由于采用 CO_2 作为保护气体,价格便宜,故焊接成本低;其次,焊缝含氢量少,抗裂性能好,不易产生气孔,因此,接头机械性能好,焊接质量高;焊接过程中电流密度大,电弧热量利用率高,焊后不需要清渣,生产率高;电弧在气流压缩下燃烧,热量集中,热影响区小,变形和产生裂纹倾向也小,特别适于薄板焊接。但 CO_2 气体保护焊焊接过程金属飞溅较多,焊缝成形较差。

CO_2气体保护焊主要适用于焊接低碳钢和强度级别要求不高的普通合金钢结构焊件。由于 CO_2在高温时会分解,使电弧气氛具有强烈的氧化性,导致合金元素烧损,故不能焊接有色金属和高合金钢。

3) 埋弧焊

埋弧焊是电弧在焊剂层下燃烧的一种电弧焊接方法。埋弧焊有自动埋弧焊和半自动埋弧焊两种方式。半自动埋弧焊的焊丝送进由机械完成,电弧移动则由人工进行,劳动强度大,目前已很少采用。自动埋弧焊的焊丝送进和电弧移动均由专门的机械自动完成,具有很高的生产率。

(1) 埋弧焊过程。

埋弧焊的焊接过程如图 7-17 所示。焊接时颗粒状焊剂均匀地堆敷在装配好的焊件上,焊丝端部插入覆盖在焊接区的焊剂中,在焊丝和焊件之间引燃电弧。在电弧热的作用下,焊丝端部、工件局部母材和焊剂熔化并部分蒸发,金属和焊剂的蒸发气体形成一个气泡,电弧就在这个气泡内燃烧。同时,部分焊剂熔化成熔渣,熔渣浮在金属熔池的表面,一方面可以保护焊缝金属,防止空气的污染,并与熔化金属产生物理化学反应,改善焊缝金属的成分及性能;另一方面还可以使焊缝金属缓慢冷却。

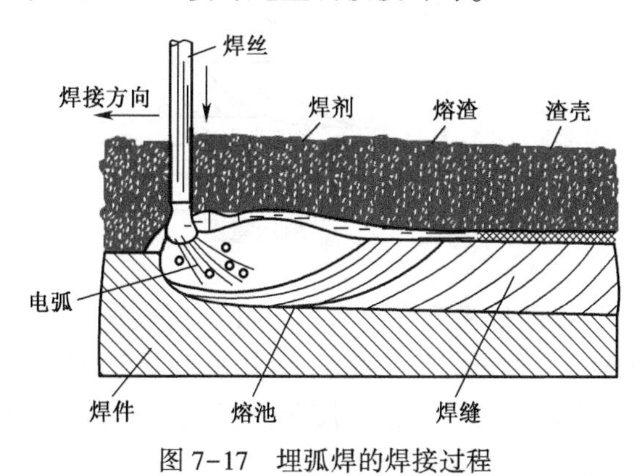

图 7-17　埋弧焊的焊接过程

(2) 埋弧自动焊的特点与应用。

与焊条电弧焊比较,埋弧焊有以下优点。

由于焊丝伸出导电嘴的长度短,焊丝导电部分的导电时间短,故可以采用较大的焊接电流,所以熔深大,对较厚的焊件可以不开坡口或坡口开得小些,既提高了生产率,又节省了焊接材料和加工工时。埋弧焊对熔池保护可靠,焊接质量好且稳定。由于焊接过程实现了机械控制,大大减轻了劳动强度,同时电弧在焊剂层下燃烧,没有弧光的有害影响,改善了劳动条件。但埋弧自动焊的缺点是适应性差,只宜在水平位置焊接;焊接设备较复杂,维修保养工作量较大。

埋弧焊所具有的焊缝高质量、高熔敷速度、大熔深以及自动操作方式,使其特别适用于大型工件的焊接,焊接水平位置的长直焊缝和较大直径的环形焊缝。埋弧焊广泛应用于船舶、锅炉、化工容器、桥梁、起重机械及冶金机械制造业等领域。

4) 气焊

气焊是利用气体燃烧所产生的高温火焰来进行焊接的,其工作过程如图 7-18 所示。通常气焊使用的气体是乙炔和氧气。火焰把工件接头的表层金属熔化,同时把金属焊丝熔入接头的空隙中,形成金属熔池。当焊炬向前移动,熔池金属随即凝固成为焊缝,使工件的两部分牢固地连接成为一体。

气焊的温度比较低,加热速度慢,生产率低,焊件变形较严重。但火焰易控制,操作简单,灵活,气焊设备不用电源,有利于某些工件的焊前预热,因此,气焊仍得到较为广泛的应用。一般用于厚度在 3mm 以下的低碳钢薄板、管件、铸铁件以及铜、铝等有色金属的焊接。

(1) 气焊火焰。

改变氧气、乙炔气体的不同混合比例,可得到中性焰、氧化焰和碳化焰三种性质不同的火焰,如图 7-19 所示。

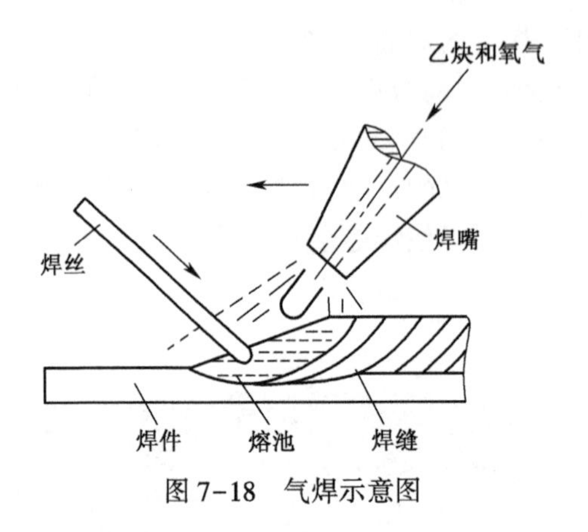

图 7-18　气焊示意图

中性焰是指氧气与乙炔的体积混合比为 1.1~1.2 时燃烧所形成的火焰。它由焰心、内焰和外焰组成，靠近喷嘴处的焰心呈白亮色，内焰呈蓝紫色，外焰呈橘红色，内焰具有一定还原性，最高温度为 3050~3150℃。主要用于焊接低碳钢、低合金钢、高铬钢、不锈钢、紫铜、锡青铜、铝及其合金等。

氧化焰是指氧气与乙炔的体积混合比大于 1.2 时燃烧所形成的的火焰。由于火焰中有过多的氧，焊钢件时焊缝易产生气孔和变脆，最高温度为 3100~3300℃。主要用于焊接黄铜、锰黄铜、镀锌铁皮等。

碳化焰是指氧气与乙炔的体积混合比小于 1.1 时燃烧所形成的火焰。由于乙炔过剩，火焰中有游离状态碳及过多的氢，焊接时会增加焊缝含氢量，焊低碳钢有渗碳现象，最高温度为 2700~3000℃。主要用于焊接高碳钢、硬质合金、铸铁等。

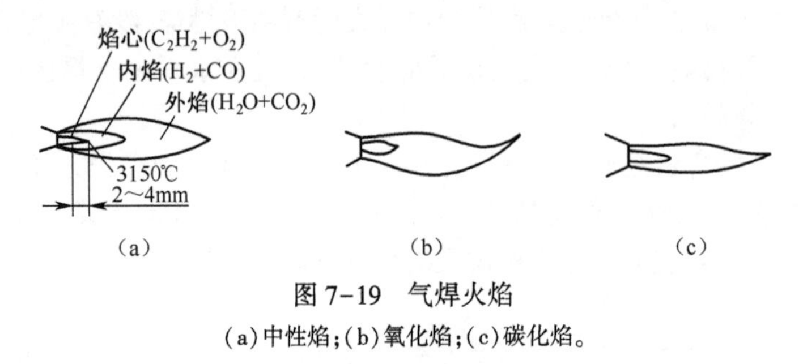

图 7-19　气焊火焰

(a)中性焰；(b)氧化焰；(c)碳化焰。

(2) 气焊设备。

气焊所用的主要设备有氧气瓶、乙炔瓶、减压器、回火保险器及焊炬等，如图 7-20 所示。

氧气瓶是运送和储存高压氧气的容器。容积为 40L，瓶内最大压力约 15MPa。氧气瓶外表漆成天蓝色，并用黑漆标明“氧气”字样。放置氧气瓶必须平稳可靠，不与其他气瓶混在一起；氧气瓶不能靠近气焊场所或其他热源，禁止撞击氧气瓶，严禁沾染油脂，夏天要防止曝晒，冬天瓶阀冻结时严禁用火烤，应用热水解冻。

乙炔瓶外表涂成白色，并用红漆标注“乙炔”和“火不可近”字样。乙炔瓶内装多孔性填充物如活性炭、木屑等，以提高安全储存压力，瓶内的工作压力约为 1.5MPa。

减压器是将高压气体降为低压气体的调节装置。对不同性质的气体，必须选用符合

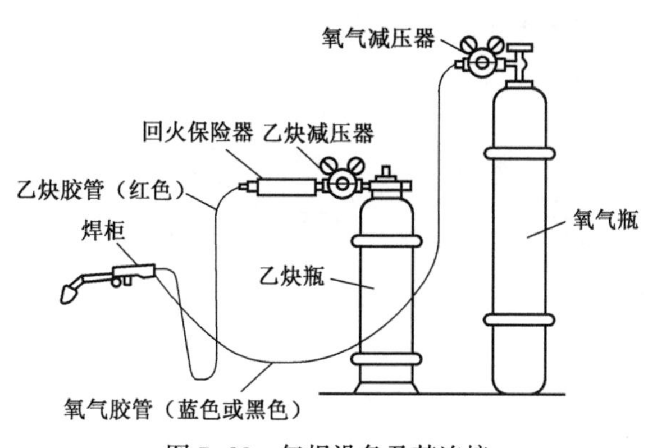

图 7-20　气焊设备及其连接

各自要求的专用减压器。通常，气焊时所需的工作压力一般都比较低，如氧气压力一般为 0.2~0.4MPa，乙炔压力最高不超过 0.15MPa。因此，必须将气瓶内输出的气体压力降压后才能使用。减压器的作用是降低气体压力，并使输送给焊炬的气体压力稳定不变，以保证火焰能够稳定燃烧。

正常气焊时，火焰在焊炬的焊嘴外面燃烧，但当气体供应不足、焊嘴阻塞、焊嘴太热或焊嘴离焊件太近时，火焰会沿乙炔管路向里燃烧，这种现象称为回火。回火保险器的作用就是截留回火气体，保证乙炔发生器的安全。图 7-21 为中压水封式回火保险器的结构和工作情况示意图。使用前，先加水到水位阀的位置，关闭水位阀。正常气焊时，乙炔推开球阀进入回火保险器，从出口输入焊炬。发生回火时，回火气体从出气口回到回火保险器中，由于回火气压大，使球阀关闭，乙炔不能进入回火保险器，防止燃烧。若回火保险器内回火气体压力太大，回火保险器上部的防爆膜会破裂，排放出回火气体。

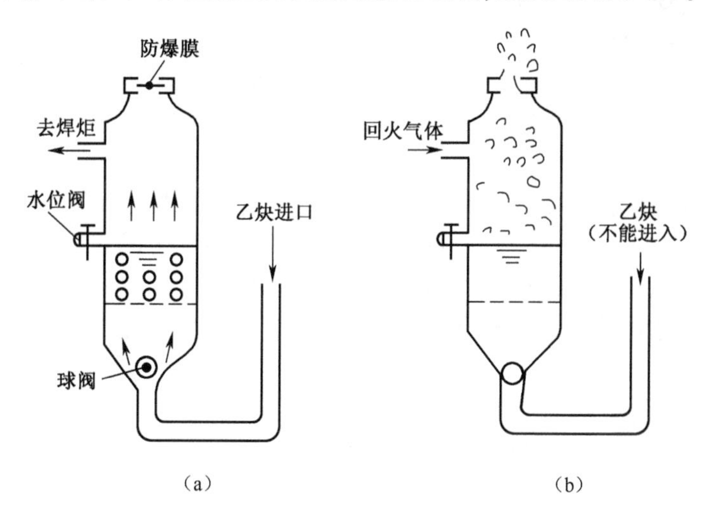

图 7-21　回火保险器工作示意图

(a)正常工作时;(b)回火时。

焊炬的作用是将乙炔和氧气按一定比例均匀混合，由焊嘴喷出后，点火燃烧，产生气体火焰。常用的氧乙炔射吸式焊炬如图 7-22 所示。常用型号有 H01-2 和 H01-6 等，型号中“H”表示焊炬,“0”表示手工,“1”表示射吸式,“2”和“6”分别表示可焊接低碳钢的最大厚度为2mm和6mm。

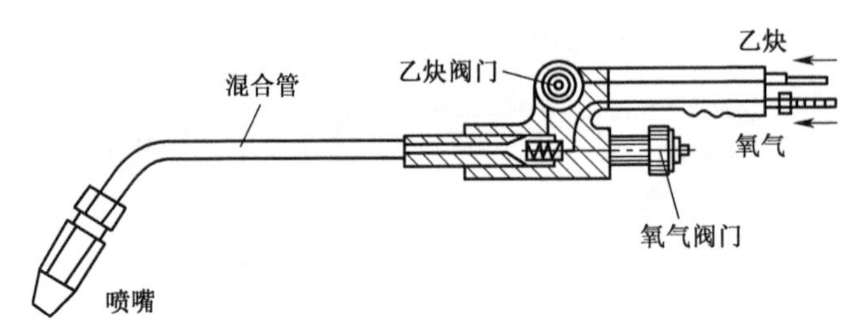

图7-22　射吸式焊炬示意图

(3) 气焊基本操作要领。

点火时,先微开氧气阀门,再打开乙炔阀门,随后点燃火焰。然后,逐渐开大氧气阀门,并根据实际需要调整火焰的大小。灭火时,应先关乙炔阀门,后关氧气阀门,以防止火焰倒流和产生烟灰。当发生回火时,应迅速关闭氧气阀,然后再关乙炔阀。

5) 气割

氧气切割(简称气割)是根据某些金属(如铁)在氧气流中能够剧烈氧化(即燃烧)的原理,利用割炬来进行切割。气割时用割炬代替焊炬,其余设备与气焊相同,割炬的外形如图7-23所示。

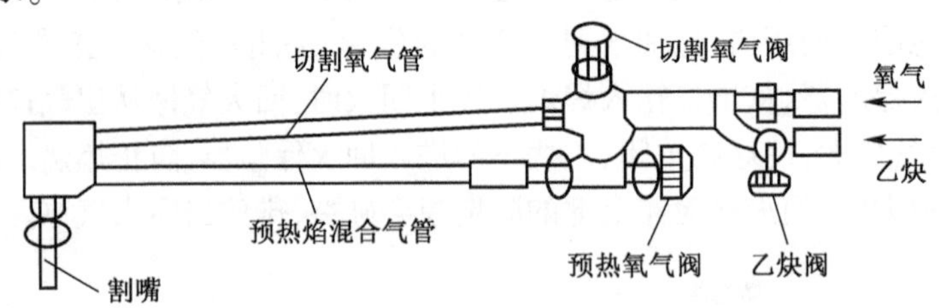

图7-23　割炬示意图

(1) 气割过程。

氧气切割的过程是用氧乙炔火焰将割口附近的金属预热到燃点(约1300℃,呈黄白色)。然后打开切割氧阀门,氧气射流使高温金属立即燃烧,生成的氧化物同时被氧流吹走。金属燃烧时产生的热量和氧乙炔火焰一起又将邻近的金属预热到燃点,沿切割线以一定的速度移动割炬,即可形成割口。气割的过程是金属在纯氧中燃烧的过程,而非熔化过程。

(2) 金属气割的条件。

金属材料只有满足下列条件才能采用气割。

金属的燃点必须低于其熔点。

燃烧生成的金属氧化物的熔点应低于金属本身的熔点,同时流动性要好。

金属燃烧时能放出大量的热,而且金属本身的导热性要低。

纯铁、低碳钢、中碳钢和普通低合金钢都能满足上述条件,具有良好的气割性能。高碳钢、铸铁、不锈钢,以及铜、铝等有色金属都难以进行氧气切割。

(3) 气割操作。

如图 7-23 所示,工作时,先点燃预热火焰,使工件的切割边缘加热到金属的燃烧点,然后开启切割氧气阀门进行切割。气割必须从工件的边缘开始。如果要在工件的中部挖割内腔,一则应在开始气割处先钻一个大于 5mm 的孔,以便气割时排出氧化物,并使氧气流能吹到工件上。在批量生产时,气割工作可在气割机上进行。割炬能沿着一定的导轨自动作直线、圆弧和各种曲线运动,准确地切割出所要求的工件形状。

7.3.2 压力焊

压焊也称压力焊,是在焊接过程中必须对焊件施加压力(加热或不加热)以完成焊接的连接方法。其中,施加压力的大小同材料的种类、焊接温度、焊接环境和介质等因素有关,而压力的性质可以是静压力、冲击压力或爆炸力。压焊的种类繁多,包括电阻焊、摩擦焊、锻焊、变形焊、超声波焊和爆炸焊等。

1. 电阻焊

电阻焊是将焊件组装后通过电极时施加压力,利用电流通过接头的接触面及邻近区域所产生的电阻热将被焊金属材料加热到局部熔化或高温塑性状态,在外加压力作用下形成牢固接头的焊接方法。

1) 电阻焊方法

电阻焊的基本形式有点焊、缝焊、对焊等。

(1) 点焊。

点焊是将焊件装配成搭接接头,并压紧在两电极之间,然后接通电源,利用焊件间接触面的电阻热熔化母材金属形成熔核,然后断电,并在压力下凝固结晶,形成组织致密的焊点的电阻焊方法,如图 7-24 所示。

(2) 缝焊。

与点焊相似,所不同的是用旋转的盘状电极代替柱状电极。叠合的工件在圆盘间受压通电,并随圆盘的转动而送进,形成连续焊缝的电阻焊方法,如图 7-25 所示。缝焊主要用于制造密封性要求较高的薄壁件。

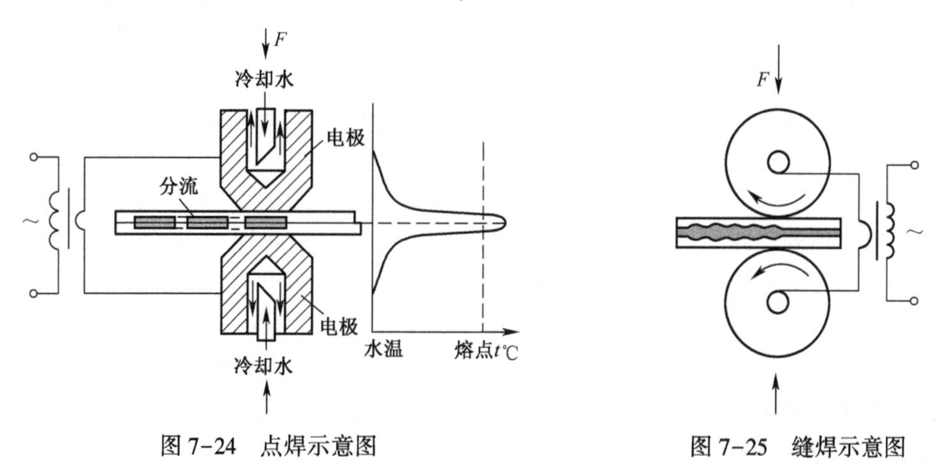

图 7-24　点焊示意图　　图 7-25　缝焊示意图

(3) 对焊。

对焊是使焊件沿整个接触面焊合的电阻焊方法。常用的有电阻对焊和闪光对焊,如

图 7-26 所示。

电阻对焊是将焊件装配成对接接头,使其端面紧密接触,利用电阻热加热至塑性状态,然后断电并迅速施加顶锻力完成焊接的方法。

闪光对焊是将焊件装配成对接接头,接通电源,使其端面逐渐移近达到局部接触,利用电阻热加热这些接触点,在大电流作用下,产生闪光,使端面金属熔化,直至端部在一定深度范围内达到预定温度时,断电并迅速施加顶锻力完成焊接的方法。闪光焊的接头质量比电阻焊好,焊缝力学性能与母材相当,而且焊前不需要清理接头的预焊表面。

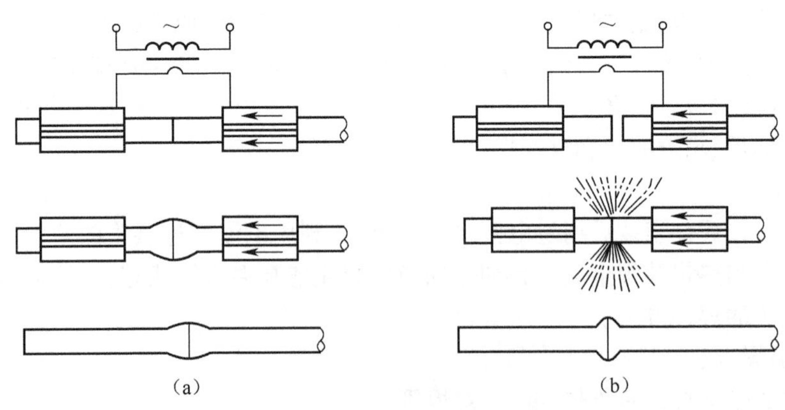

图 7-26　对焊示意图

(a)电阻对焊;(b)闪光对焊。

2）电阻焊的特点及应用

电阻焊加热迅速且温度较低,焊件热影响区及变形小,易于获得优质接头;焊接过程无须外加填充金属和焊剂;电阻焊件结构简单,重量轻,气密性好,易于获得形状复杂的零件,生产率高。但因影响电阻大小的因素都可使热量波动,故接头质量不稳定,在一定程度上限制了电阻在某些重要构件上的应用,并且电阻焊耗电量较大、焊机复杂、造价较高。

点焊适用于焊接 4mm 以下的薄板(搭接)和钢筋,广泛用于汽车、飞机、电子、仪表和日常生活用品的生产;缝焊主要用于制造密封性要求较高的薄壁件;电阻对焊主要用于截面简单、直径或边长小于 20mm 和强度要求不太高的焊件;闪光对焊常用于重要焊件的焊接。可焊同种金属,也可焊异种金属;可焊 0.01mm 的金属丝,也可焊断面大到 20000mm^2 的金属棒和型材。

2. 摩擦焊

摩擦焊是利用焊件表面相互摩擦而产生的热,使端面达到热塑性状态,然后迅速顶压,完成焊接的一种压焊方法。图 7-27 为摩擦焊原理图,焊件 1 夹持在可旋转的夹头上,焊件 2 夹持在可沿向往复移动并能加压的夹头上。焊接开始时,焊件 1 高速旋转,焊件 2 向焊件 1 移动并开始接触,摩擦表面消耗的机械能转换为热能,接头温度升高使焊件达到热塑性状态。此时焊件 1 停止转动,同时在焊件 2 的一端施加压紧力,则接头部位出现塑性变形。在压力下冷却后,获得致密的接头组织。

摩擦焊的接头质量好且稳定,尺寸精确,焊接生产率高。接头的焊前准备要求不高,设备易于机械化,劳动条件好,而且可焊材料广泛,尤其适合异种材料的焊接。但是受旋转加热方式的限制,对截面不规则的大型管状零件焊接困难。

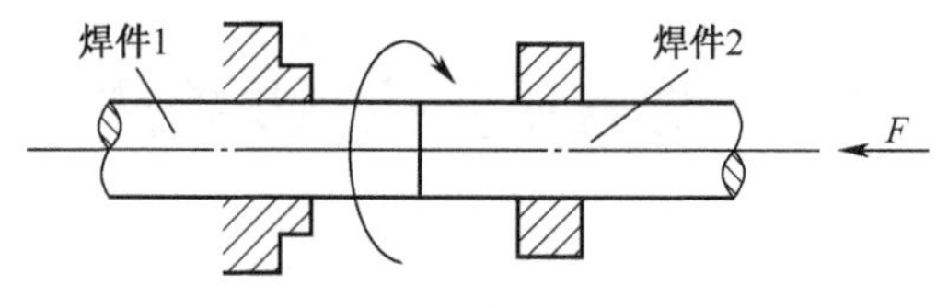

图 7-27 摩擦焊原理图

7.3.3 钎焊

钎焊是采用比母材熔点低的金属材料作钎料，将焊件和钎料加热到高于钎料熔点、低于母材熔点的温度，利用液态钎料润湿母材，充填接头间隙并与母材相互扩散实现连接焊件的方法。根据加热方式不同，可分为烙铁钎焊、电阻钎焊、感应钎焊、盐浴浸沾钎焊、炉中钎焊等。

钎焊与其他焊接方法的根本区别是焊接过程中工件不熔化，而依靠钎料熔化、填充来完成焊接。将表面清洗好的工件以搭接形式装配到一起，把钎料放在接头间隙附近或接头间隙之间，当工件与钎料被加热到稍高于钎料熔点后，钎料熔化并借助毛细管作用被吸入和充满固态工件间隙之间，液态钎料与工件金属相互扩散溶解，冷凝后形成钎焊接头。

1. 钎料

钎焊时用作形成焊缝的填充金属叫钎料。钎料按熔点不同可分为软钎料和硬钎料。软钎料是指熔点低于 450℃ 的钎料，这种钎料强度低，主要有锡基、铅基、锌基、铋基和镉基等。用软钎料的钎焊称软钎焊，常用于焊接受力不大的常温工作的仪表、导电元件以及钢铁、铜及铜合金制造的构件。硬钎料是指熔点高于 450℃ 的钎料，其强度较高，可用来连接承载零件，主要有铝基、银基、铜基、锰基和镍基等。用硬钎料的焊接称为硬钎焊，它主要用于受力较大的钢铁和铜合金构件以及工具、刀具的焊接。

2. 钎剂

钎剂是钎焊时使用的熔剂。它的作用主要是清除焊件与钎料表面的氧化物，并保护焊件和液态钎料在钎焊过程中不被氧化，改善液态钎料对焊件表面的润湿性。软钎焊时，常用的钎剂为松香或氯化锌溶液。硬钎焊时，常用钎剂由硼砂、硼酸、氟化物、氯化物等组成。

3. 钎焊的特点及应用

钎焊时，只有钎料熔化而焊件不熔化，因此，母材的组织和机械性能变化小，焊件的应力和变形小，接头光滑平整，工件尺寸精确；钎焊可焊接结构形状复杂的特殊接头，如蜂窝结构、密封结构等，并可一次焊几条甚至几十条焊缝，生产率高；钎焊不仅可以连接同种金属，也适宜连接异种金属，甚至连接金属与非金属。

但是，钎焊接头强度较低，耐热能力较差，故常采用搭接接头，依靠增加搭接面积来保证接头与焊件具有相等的承载能力。另外，钎焊前清理要求严格，钎料价格较贵。

钎焊主要用于精密、微型、复杂、多焊缝、异种材料的焊接，在航空、航天、核能、电子通信、仪器仪表、电器、电机、机械等部门有广泛的应用，尤其对微电子工业的各种电路板元器件、微电子器件等，钎焊是唯一可行的连接方法。

7.4 焊接质量控制及检测

7.4.1 焊接变形

焊接过程中被焊工件受到不均匀温度场的作用而产生的形状、尺寸变化的现象称为焊接变形，如图 7-28 所示。产生焊接变形的因素有很多，其中最根本的原因是焊件受热不均匀，其次是由于焊缝金属的收缩、金相组织的变化及焊件的刚性不同所致。另外，焊缝在焊接结构中的位置、装配焊接顺序、焊接方法、焊接电流及焊接方向等对焊接应力与变形也有一定的影响。根据焊件的结构形式及厚度不同，有收缩变形、弯曲变形、波浪变形、角变形等。

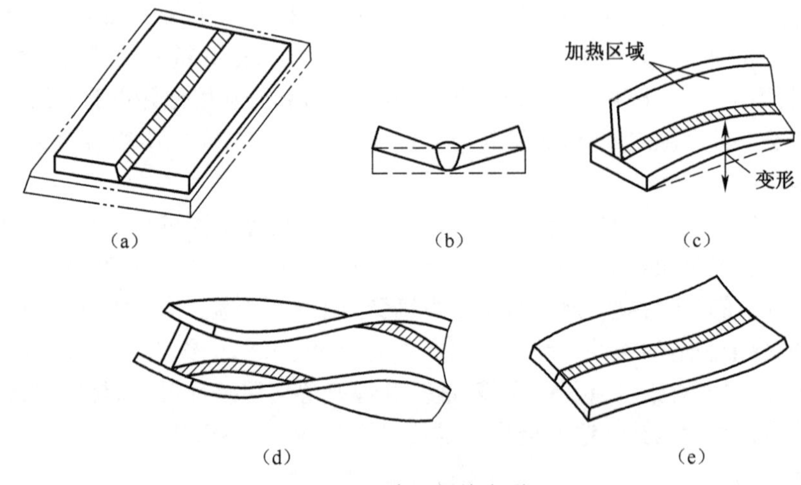

图 7-28 常见焊接变形

(a)收缩变形；(b)角变形；(c)弯曲变形；(d)扭曲变形；(e)波浪变形。

焊接变形降低了焊接质量，可以采取适当的工艺措施预防和矫正焊接变形，如选择合理的焊接顺序，减少焊缝数量，合理安排焊缝、留余量法、反变形法及刚性固定法等。

7.4.2 焊接缺陷及预防措施

焊接时，气孔、裂纹等缺陷和焊缝的成形有关，但主要受焊接过程中的焊接方法、冶金因素及焊接热循环的影响，产生变形与焊接缺陷的原因也比较复杂。常见的缺陷如未焊透、未熔合、咬边等，如图 7-29 所示。

1. 咬边

由于焊接参数选择不当或操作工艺不正确，沿焊趾的母材部位产生的沟槽或凹陷称为咬边。

对于手工电弧焊，导致咬边的原因一般为电流太强、电弧过长或者母材不洁等，可通过调低电流、保证适当弧长、清洁母材等方法改善。

对于 CO_2气体保护焊，导致咬边的原因一般为电弧过长、焊接速度过快及立焊摆动或

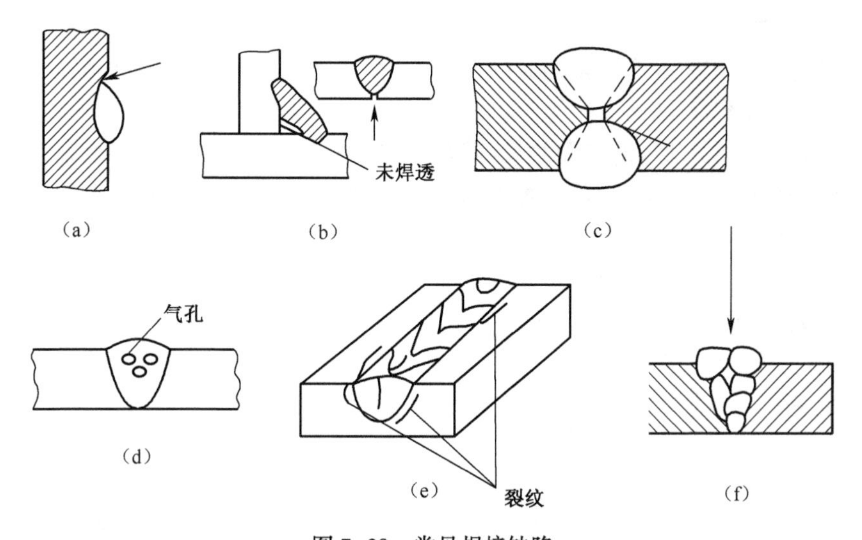

图 7-29 常见焊接缺陷

(a)咬边;(b)未焊透;(c)未熔合;(d)气孔;(e)裂纹;(f)夹渣。

操作不良使焊道两边填补不足,可通过降低弧长与速度、改正操作等方法改善。

2. 未焊透

焊接时接头根部未完全熔透的现象称为未焊透。

对于手工电弧焊,导致未焊透的原因一般为焊条选用不当、电流太低、焊接速度太快而温度上升不够等,可通过选用适当焊条、使用适当电流、改用适当焊接速度等方法改善。

对于 CO_2 气体保护焊,导致未焊透的原因一般为电弧过小、焊接速度过低、电弧过长、开槽设计不良,可通过降低弧长与速度、增加开槽度数、增加间隙、减少根深等方法改善。

3. 未熔合

熔焊时焊道与母材之间或焊道与焊道之间未完全融化结合的部分,点焊时母材与母材之间未完全融化结合的部分,统称为未熔合。为了避免出现这种缺陷,高速焊时应尽量增大熔宽或者采用双弧焊接等。

4. 气孔

焊接气孔是由于在熔池液体金属冷却结晶时产生气体,同时冷却结晶速度很快,气体来不及逸出熔池表面所造成的。按照形成气孔的气体来源不同,可以分为析出型气孔和反应型气孔。析出型气孔是由于高温时熔池金属中溶解了较多的气体,凝固时由于气体的溶解度突然下降,气体过于饱和来不及逸出而引起的。过饱和气体主要是从外部侵入的氢和氮。反应型气孔是指由冶金反应产生的不溶于金属的气体(如 CO 和 H_2O)等引起的气孔。

防止焊缝气孔的措施主要如下:消除气体来源。焊接前应尽可能清除钢板表面的氧化膜、铁锈、油污和水分,气体保护焊关键要保证足够的气体流量和气体纯度;正确选择焊接材料;优化焊接工艺。对于手工电弧焊,如果电压过高,会使空气中的氮气侵入熔池。若焊接速度太大,则会增大熔池的凝固速度,导致气泡上浮时间减少而残留在焊缝中形成气孔。

5. 焊接裂纹

在焊接应力及其他致脆因素的共同作用下，焊接接头中部地区的金属原子结合力遭到破坏，形成新的界面，从而产生缝隙，该缝隙称为焊接裂纹。

常见的焊接裂纹有两种：热裂纹和冷裂纹。热裂纹一般是指在固相线附近的高温区产生的裂纹，经常发生在焊缝区，在焊缝结晶过程中产生，也有少许发生在热影响区。热裂纹包括凝固裂纹（结晶裂纹）、近缝区液化裂纹、多边化裂纹、高温失塑裂纹等。冷裂纹对钢来说，通常是指在马氏体相变温度以下产生的裂纹，主要分布在热影响区，包括延迟裂纹、淬硬脆化裂纹和低塑性脆化裂纹。

防止裂纹产生的主要措施：焊前进行预热、尽量降低熔池中 H 的含量、减少焊件中 C、S、P 的含量，采用合理的焊接顺序及方向。

6. 夹渣

焊后焊缝中残留的熔渣为夹渣。夹渣一般尺寸较大（有的可以达到几毫米），夹渣在焊缝中磨平即可看见，也可用射线探伤检查出来。表面夹渣外观很不规则，大小相差也极为悬殊，对接头性能的影响较大，降低了焊接接头的力学性能。产生的原因有焊接电流太小、焊接速度过快、焊接过程中操作不当、焊接材料与母材化学成分不匹配及坡口设计加工不合理等。可采取选择脱渣性能好的焊条、合理选择焊接工艺参数及运条方法等措施，尽可能避免产生该缺陷。

7.4.3 焊接质量检验

焊接质量检验是焊接结构工艺过程的组成部分，通过对焊接质量的检验和分析缺陷产生的原因，可以采取有效措施，减少和防止焊接缺陷，保证焊接质量，包括焊前检验、工艺过程检验和成品检验三部分。

（1）焊前检验包括原材料（如母材、焊条、焊剂等）的检验，焊接结构设计的检验。

（2）焊接过程中检验包括焊接工艺规范的检验、焊缝尺寸的检验、夹具和结构装配质量的检验。

（3）焊后成品检验是在焊接工作全部完成后进行的检验。

焊后成品检验的方法很多，主要分为非破坏性检验和破坏性检验。

1. 非破坏性检验

外观检验：焊接接头的外观检验是一种手续简便而又应用广泛的检验方法，是成品检验的一个重要内容，主要是发现焊缝表面的缺陷和尺寸上的偏差。一般通过肉眼观察，借助标准样板、量规和放大镜等工具进行检验。若焊缝表面出现缺陷，焊缝内部便有存在缺陷的可能。

致密性检验：致密性试验用于要求密封的容器和管道，用来检查焊接接头有无漏水、漏气和渗油、漏油现象。常用的有煤油试验、气密性试验和水压试验。

射线探伤：射线探伤是利用射线可穿透物质和在物质中有衰减的特性来发现缺陷的一种探伤方法。按探伤所使用的射线不同，可分为 X 射线探伤、γ 射线探伤、高能射线探伤三种。射线探伤主要用于检验焊缝内部的裂纹、未焊透、气孔、夹渣等缺陷。

超声波探伤：超声波探伤是利用超声波在物体中的传播、反射和衰减等物理特性来发现缺陷的一种探伤方法。超声波在金属及其他均匀介质中传播时，由于在不同介质的界面上会产生反射,因此可用于内部缺陷的检验。超声波可以检验任何焊接材料、任何部位的缺陷,并且能较灵敏地发现缺陷位置,但对缺陷的性质、形状和大小较难确定。所以超声波探伤常与射线探伤配合使用。

磁粉探伤:磁粉探伤是利用磁场磁化铁磁金属零件所产生的漏磁来发现缺陷的。按测量漏磁方法的不同,可分为磁粉法、磁敏探头法和录磁法,其中以磁粉法应用最广。磁粉探伤只能发现磁性金属表面和近表面的缺陷,而且对缺陷仅能做定量分析,对于缺陷的性质和深度也只能根据经验来估计。

渗透探伤:渗透探伤是利用带有荧光染料(荧光法)或红色染料(着色法)渗透剂的渗透作用,显示缺陷痕迹的无损检测法。可用于各种金属材料和非金属材料构件表面开口缺陷的质量检验。

2. 破坏性检验

力学性能检验:焊接接头力学性能主要通过拉伸、弯曲、冲击和硬度等试验方法进行检验。一般是用在焊接工艺评定和产品焊接试板的检验上,以试验结果来验证产品焊接接头是否符合所要求的使用性能。

金相检验:金相检验是为了观察和分析由于焊接热过程和冶金反应所造成的金相组织变化和组织缺陷,金相检验又分宏观检验和微观检验。宏观金相检验是直接用肉眼或低倍放大镜来观察焊接接头的断面组织,包括焊接接头焊缝、半熔化区和热影响区的界限、尺寸以及焊接缺陷,宏观金相中可以明显看到焊缝金属与母材的分界线和焊缝根部凹坑的缺陷。断口分析也是宏观金相的一种,从拉力试件断口上可见明显的白点;微观金相检验是用显微镜观察焊接接头的显微组织和显微缺陷。

7.5 焊接实践技能训练

手工电弧焊可以在室内、室外、高空和各种焊接位置进行,设备简单,容易维修,焊钳小,使用灵便,适用于焊接高强度钢、铸钢、铸铁和非铁金属,是生产中应用最广泛的焊接方法,因此手工电弧是工程训练的一项必要内容。

1. 平敷焊

实训设备:交流弧焊机、直流弧焊机

工件材料:Q235 钢板

具体加工过程:

(1) 在钢板上划直线;

(2) 启动电弧焊机;

(3) 调节焊接电流;

(4) 引弧并起头;

(5) 运条;

(6) 收尾;

(7) 检查焊缝质量。

2. “工”字件焊接(见图 7-30)

实训设备:交流弧焊机、直流弧焊机

工件材料：Q235 钢板

具体加工过程：

（1）用砂纸打磨待焊处，直至露出金属光泽；

（2）装配及定位焊；

（3）T 形接头焊接。

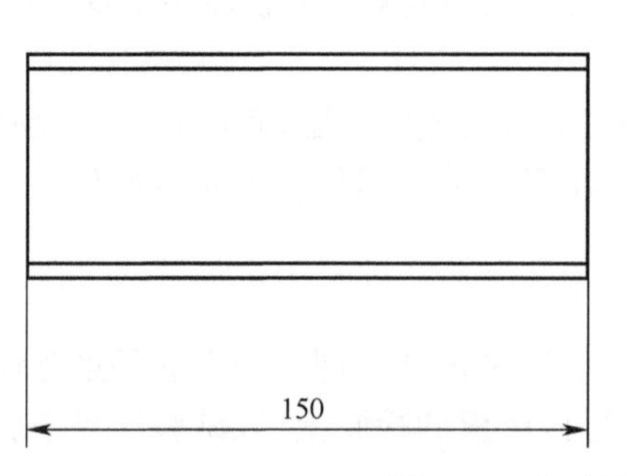

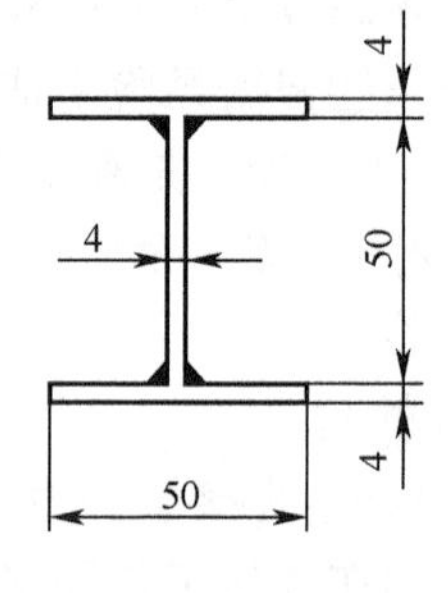

图 7-30 “工”字件

本章相关操作视频，请扫码观看

第8章 车削加工

8.1 车削加工概述

8.1.1 车削加工应用范围

车削加工是一种最常见、最典型的切削加工方法,所用设备是各类车床。车削是指在车床上工件做旋转运动,车刀相对工件做平面运动,改变工件的形状及尺寸的一种切削方法。其中由主轴带动工件旋转为主运动,刀具的平面运动为进给运动。车床的加工范围很广,主要用于加工各种回转表面,如内外圆表面、内外圆锥表面、成形回转面、回转体端面以及螺纹面的加工,如图8-1所示。

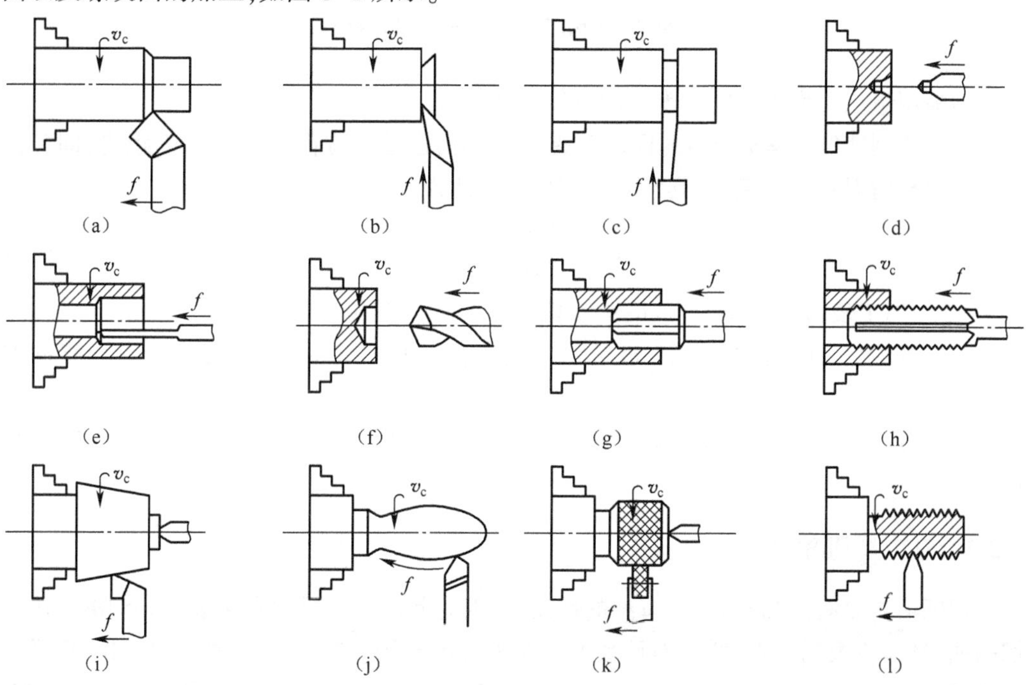

图8-1 车削加工方式

(a)车外圆;(b)车端面;(c)切槽;(d)钻中心孔;(e)车孔;(f)钻孔;(g)铰孔;(h)攻螺纹;(i)车锥面;(j)车成型面;(k)滚花;(l)车螺纹。

车床加工精度尺寸公差等级一般为 IT9~IT7,表面粗糙度 *Ra* 值可达 1.6μm。

8.1.2 切削用量三要素

进行切削加工时,刀具和工件之间的相对运动称为切削运动。各种切削运动按照其特性以及在切削过程中的作用不同,可以分为主运动和进给运动。在车削加工中,主运动是指工件的旋转运动,进给运动是刀具相对于工件的移动。以上两个运动合成的切削运动作用下,工件表面被逐层剥离成为切屑,从而加工出所需的工件新表面,在此过程中,工件上形成了 3 个表面,如图 8-2 所示。

(1) 已加工表面:工件上已经切除多余金属而形成的新表面。

(2) 待加工表面:工件上即将被切削的表面。

(3) 过渡表面:工件上正在加工的表面。

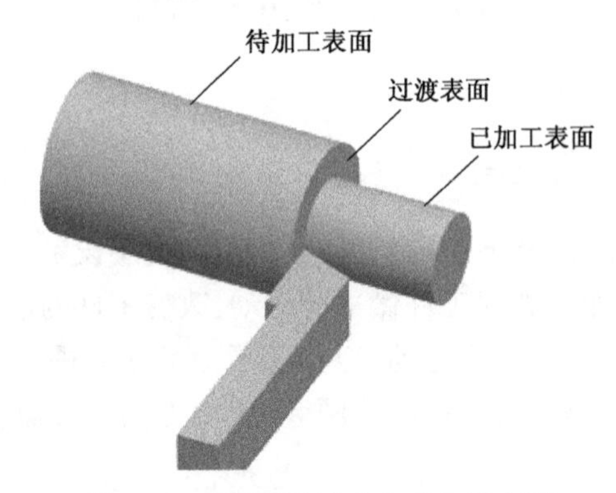

图 8-2 车削时的运动和产生的表面

切削用量三要素是切削速度、进给量和背吃刀量。

(1) 切削速度 v 是指单位时间内工件和刀具沿主运动方向相对移动的距离,即工件加工表面相对刀具的线速度,其计算公式可以表达为

$$v = \frac{\pi D n}{1000}(\mathrm{m/min}) \tag{8-1}$$

式中:D 为加工表面直径,单位 mm;n 为车床主轴转速,单位 r/min。

(2) 进给量:在车削加工中,进给量是指工件每转一转时,车刀沿进给方向移动的距离。

(3) 背吃刀量:又称切削深度,是指工件上已加工表面和待加工表面之间的垂直距离。

8.1.3 切削液

切削液主要有冷却、润滑和清洗的作用,一般有起冷却作用的乳化液和起润滑作用的切削油,具体应根据工件材料、刀具和工艺要求合理选用。在粗加工时,多选用稀释后的乳化液进行冷却,而在精加工时则可选用切削油。对于硬质合金刀具,可以不用切削液,但是在切削导热性差的材料时也可用稀释为 3%~5%的乳化液。

控制切削加工质量是一个系统工程,加工过程中每一个环节都可能对加工质量造成

影响,需要综合考虑。

8.2 车床介绍

8.2.1 车床组成及性能

车床的种类很多,主要有卧式车床、立式车床、转塔车床、落地车床、多刀车床、自动及半自动车床、仿形车床、各种专用车床(如曲轴车床、凸轮车床等)及数控车床等,卧式车床是应用最广泛的一种车床。下面主要介绍常用的 CA6140 卧式车床。

1. CA6140 卧式车床组成

CA6140 卧式车床的主要组成部分有:主轴箱、进给箱、溜板箱、床身、床腿、尾座和刀架等,如图 8-3 所示。

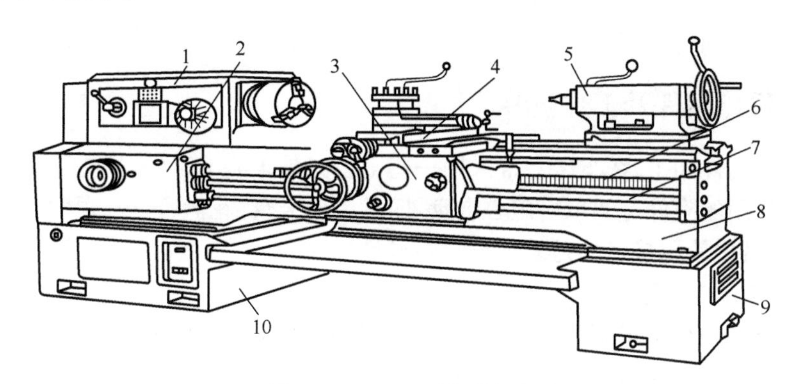

图 8-3 CA6140 卧式车床

1—主轴箱;2—进给箱;3—溜板箱;4—刀架部分;5—尾座;
6—丝杠;7—光杠;8—床身;9—右床脚;10—左床脚。

(1) 床身:用于安装车床的各个主要部件,支承各主要部件并使它们在工作时保持准确的相对位置。

(2) 主轴箱:又称主轴变速箱,带动车床主轴及卡盘转动,变换主轴箱对面的手柄位置可以使得主轴得到不同的转速,使主轴带动工件按照规定的转速旋转实现主运动。

(3) 进给箱:箱内装有进给运动的变速机构,调整其变速机构,可得到所需的进给量或螺距。

(4) 溜板箱:位于床身前面,与纵向溜板相连,可与刀架一起作纵向运动。它的作用是把进给箱通过光杠或丝杠传来的运动传递给刀架,使刀架实现纵向和横向进给或快速移动。

(5) 尾座:它安装在床身右端导轨面上,可沿导轨纵向调整其位置,其主要用途是安装后顶尖支承细长工件,或装钻头、铰刀等孔加工工具在车床上钻孔、扩孔和铰孔,还可安装丝锥和板牙来攻螺纹和套螺纹等。

(6) 刀架:用来夹持车刀并使其作纵向、横向进给。

2. CA6140 卧式车床型号的意义

C——车床类；

A——机床结构特性代号；

6——机床组别代号（卧式车床组）；

1——机床系别代号（卧式车床系）；

40——机床主参数代号（表示床身上工件最大回转直径 400mm 的十分之一）。

3. CA6140 卧式车床的传动系统

1）主运动传动系统

主运动传动链的两末端件是主电动机和主轴，实现主轴带动工件旋转实现主运动，并完成主运动的变速和变向。

2）进给运动传动系统

进给运动传动系统能够实现刀具的纵、横向进给运动及车削各种螺纹，它的传动路线是由主轴经换向机构、挂轮架交换齿轮传到进给箱，然后分别经光杠或丝杠传到溜板箱，带动刀架移动，从而实现车削时的纵、横向进给运动及螺纹车削运动。

8.2.2 机床附件及工件安装

为了便于工件加工，在车床上常采用一些工装夹具来装卡工件，这些工装夹具称为附件。车床上常用的附件有三爪自定心卡盘、四爪单动卡盘、花盘、弯板、顶尖、芯轴、中心架及跟刀架等，其中使用最多的是三爪自定心卡盘。

1. 三爪自定心卡盘

三爪自定心卡盘是车床上最常用的附件，其构造如图 8-4 所示，三爪自定心卡盘的三个卡爪是同时等速移动的，所以用它安装工件可以自动找正，方便迅速，主要用来安装截面为圆形、正三边形、正六边形的工件。使用时将方头扳手插入卡盘的任一个方孔中，旋转扳手，三个卡爪同时向中心靠拢或张开，以夹紧不同直径的工件。若工件的直径较大时，可换上反爪进行安装。

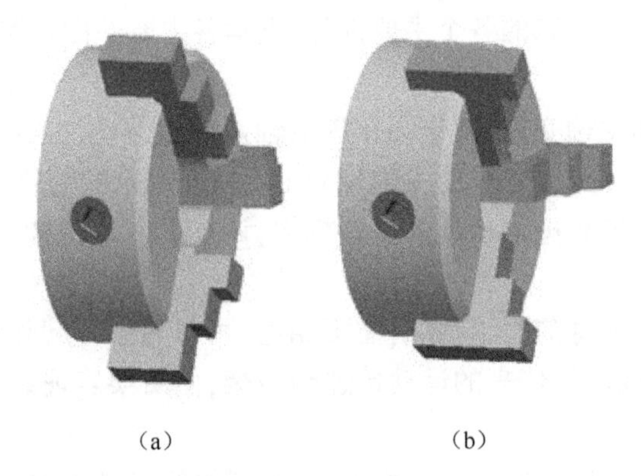

（a）　　　　　　　　（b）

图 8-4　三爪自定心卡盘

(a)正爪；(b)反爪。

利用三爪卡盘安装和找正工件的具体操作方法：

(1) 工件安装的要求（放稳、找正、卡牢）。

(2) 安装和找正的方法：

① 松开三爪，使之处于适当的位置；

② 将工件放置在三爪卡盘上，并轻轻夹紧；

③ 找正工件：扳转卡盘观察端面跳动的情况，用三爪扳手轻敲击突出部分，直到端面跳动符合要求为止。

(3) 找正后卡紧工件。

① 卡紧时的正确姿势和用力方式。

② 工件卡紧后必须立即取下卡盘扳手。

2. 四爪单动卡盘

与三爪自定心卡盘不同，四爪单动卡盘的四个卡爪是独立移动的，分别安装在卡盘体的四个卡槽内，每个卡爪后面都装有调节用的螺杆，用扳手转动螺杆便可使卡爪在卡槽内移动。四爪单动卡盘的夹紧力比三爪自定心卡盘大，主要用于装夹截面为圆形、椭圆形、四方形及其他形状不规则的工件，也用来安装较重的圆形截面工件，如果把四个卡爪各自调头安装在卡盘体上，即成为“反爪”，可安装尺寸较大的工件。

由于四爪单动卡盘的四个卡爪是独立移动的，可加工偏心工件。在安装工件时必须仔细找正。如零件的安装精度要求很高，三爪自定心卡盘不能满足要求，也往往在四爪单动卡盘上安装，此时需用百分表找正。

3. 顶尖

如果轴类零件的长径比较大，台阶面同心度要求高，端面与轴线垂直度要求较高，并且需多次调头安装和粗、精车才能保证质量，或车削之后还有铣、磨加工时，这时需采用一前一后两顶尖安装，如图 8-5 所示。前顶尖装在车床主轴前端的莫氏锥孔内，后顶尖装在尾架套筒的莫氏锥孔内。前、后顶尖支撑在工件的两端面顶尖孔内，靠近主轴一端用卡箍夹住工件，由装在主轴上的拨盘带动工件随主轴转动。

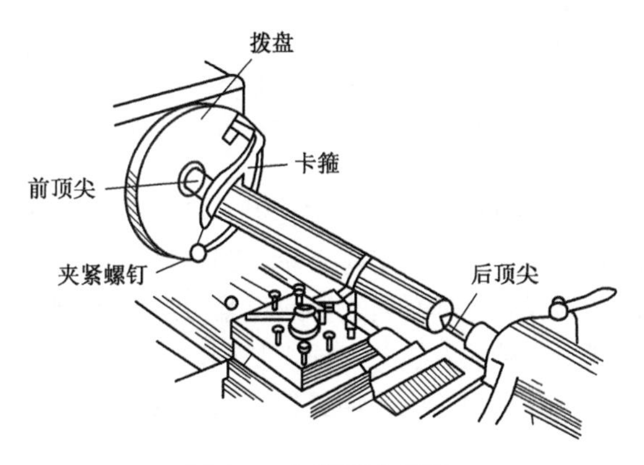

图 8-5 用双顶尖安装

常用的顶尖分死顶尖和活顶尖两种，如图 8-6 所示。

前顶尖用死顶尖，它安装比较稳固，刚性较好，但由于工件和顶尖之间有相对运动，顶尖容易摩损，在接触面上要加润滑油，适用于低速车削和工件精度要求较高的场合。高速车削时，为了防止后顶尖与中心孔因摩擦而损坏，常采用活顶尖，由于活顶尖内部有轴承，

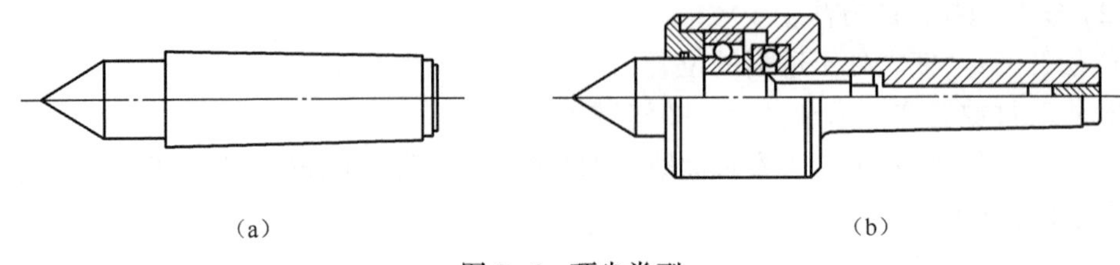

图 8-6　顶尖类型

(a)死顶尖;(b)活顶尖。

在车削时顶尖与工件一起旋转,可避免工件中心孔与顶尖之间的摩擦损害,但它的准确度不如死顶尖高,一般用于粗加工和半精加工。

用顶尖安装工件的具体操作方法:

(1) 安装前,先车平端面,然后钻中心孔,中心孔是轴类零件的定位基准,轴类零件的尺寸都是以中心孔定位车削的,而且中心孔能够在各个工序中重复使用,其定位精度不变。

(2) 将拨盘安装到主轴上。

(3) 安装前后顶尖。此时要检查工件端面的中心孔,孔内光洁且无杂物,然后用力将顶尖推入中心孔。

(4) 找正前后顶尖,如不在一条直线上,可调节尾座,如图 8-7 所示。

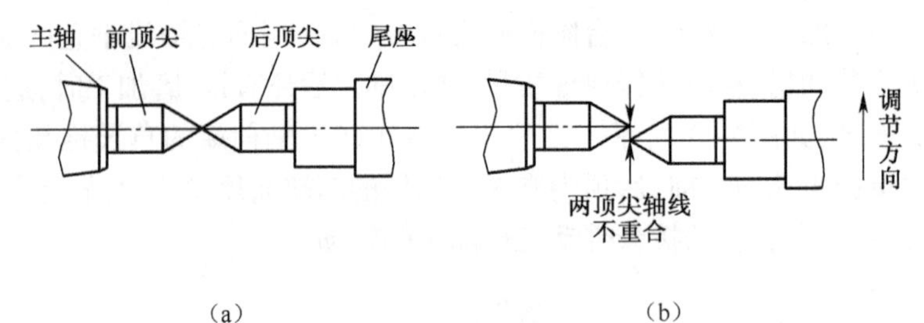

图 8-7　校正顶尖

(a)两顶尖轴线必须重合;(b)横向调节尾座体使顶尖轴线重合。

(5) 安装工件。先把卡箍套在工件的一端,用手轻轻拧紧卡箍螺钉,待安装调整完毕再拧紧。将工件装在两顶尖之间,转动尾座手轮,调节后顶尖与工件中心孔之间的松紧程度。加工过程中工件会因切削发热而伸长,导致顶紧力过大,因此车削过程中应使用切削液对工件进行冷却,以减少工件的发热。在加工长轴时,中途必须经常松开后顶尖,再重新顶上,以释放长轴因温度升高而产生的伸长量。在不碰到刀架的前提下,尾座套筒的伸出长度应尽量短些。

4. 心轴

在加工盘套类工件时,为了保证内孔与外圆、端面之间的位置精度,采用心轴安装工件。用心轴安装工件时,先要对工件的内孔进行精加工,用内孔定位,把工件装在心轴上,再把心轴安装到车床上,对工件进行加工。

心轴的种类很多,常用的有锥度心轴和圆柱体心轴,如图 8-8 所示。锥度心轴的锥度一般为 1/2000~1/5000,工件压入心轴后靠摩擦力紧固,这种心轴装卸方便,对中准确,但不能承受较大的切削力，多用于盘套类零件的精加工。

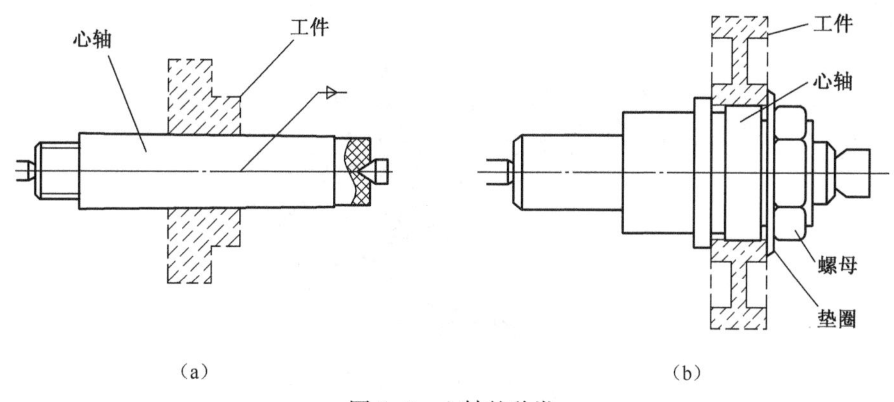

图 8-8 心轴的种类
(a)锥度心轴;(b)圆柱体心轴。

工件装入圆柱体心轴后加上垫圈，再用螺母锁紧。它要求工件的两个端面应与孔的轴线垂直，以免螺母拧紧时心轴产生弯曲变形。这类心轴夹紧力较大，但对中准确度较差，多用于盘套类零件的粗加工、半精加工。

5. 中心架和跟刀架

加工细长轴时，除了采用顶尖装夹工件外，还要使用中心架或跟刀架支承，以减少因工件刚性差而引起的加工误差。

(1) 中心架。中心架主要用于加工阶梯轴以及长轴的端面车削、打中心孔及加工内孔等。图 8-9 所示为用中心架车外圆和车端面，中心架固定在车床的导轨上，车削中不再移动。支承工件前，先在工件上车出一小段光滑圆柱面，然后调整中心架的三个支承爪与其均匀接触，起固定支承作用。

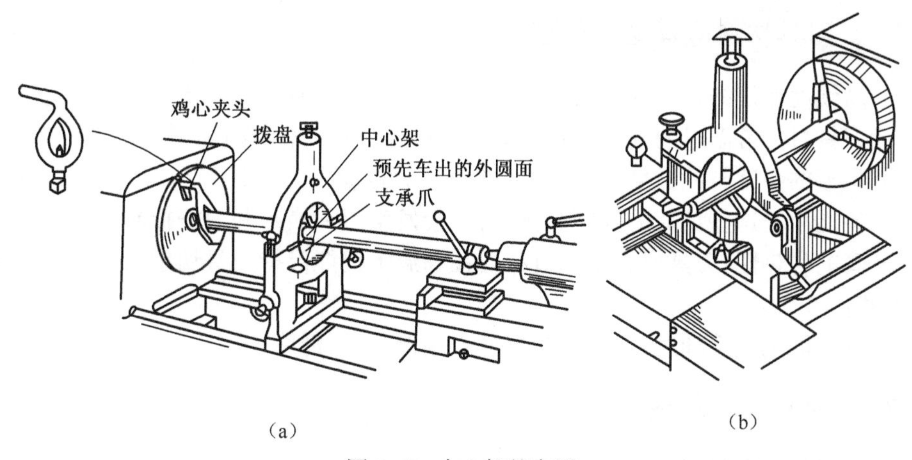

图 8-9 中心架的应用
(a)中心架车外圆;(b)中心架车端面。

(2) 跟刀架。跟刀架主要用于车削细长光轴和丝杠。如图 8-10 所示，跟刀架固定在大拖板上，并随大拖板一起移动。跟刀架有两个夹爪和三个夹爪两种。使用跟刀架要先在工件上靠近后顶尖的一端车出一小段外圆，以它来支承跟刀架的支承爪，然后再车出工件的全长。

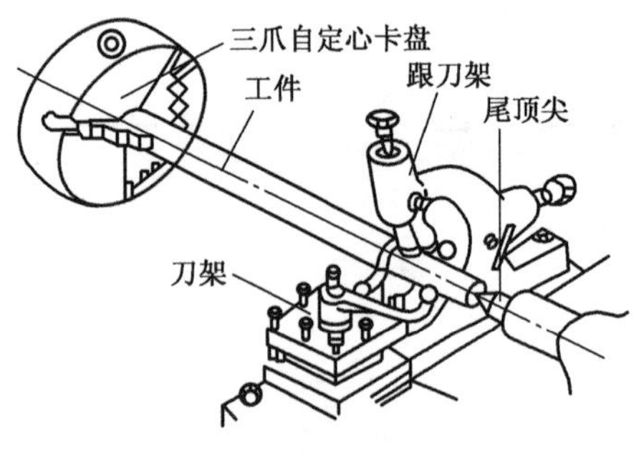

图 8-10　跟刀架的应用

应用跟刀架和中心架时，工件被支承的部分应是加工过的外圆表面，并要加机油润滑。工件的转速不能过高，以免工件与支承爪之间摩擦过热而使支承爪磨损。

6. 花盘和角铁

采用自定心、四爪卡盘无法装夹的大、扁、形状不规则的较大型零件，同时要保证所加工平面与安装平面平行、所加工的孔或外圆的轴线与安装平面垂直的工件常采用花盘和角铁。

8.3　车刀及其安装

在切削过程中，刀具切削部分由于受力、受热和摩擦而磨损，故对刀具材料有下列基本要求。

8.3.1　刀具材料应具备的性能

（1）高硬度和好的耐磨性：刀具材料的硬度必须高于被加工材料的硬度才能切下金属。一般刀具材料常温时的硬度应在 60HRC 以上。刀具材料越硬，其耐磨性就越好。

（2）足够的强度与冲击度：切削过程中产生的振动，使刀具承受较大压力、冲击。刀具必须具备能承受这些负荷的强度和韧性，不会发生刀刃崩碎和刀杆折断的情况。

（3）高的耐热性：刀具材料切削过程要在高温下仍能保持刀具切削所需的硬度、耐磨性、强度和韧性。

（4）良好的工艺性和经济性：刀具要便于制造，价格低廉。

8.3.2　常用刀具材料

车刀常用的主要材料有高速钢和硬质合金两种。

（1）高速钢。高速钢是一种高合金钢，俗称白钢等。其强度、冲击韧度、工艺性很好，是制造复杂形状刀具的主要材料，如成形车刀、麻花钻头、铣刀、齿轮刀具等。高速钢在切削温度不超过 600℃时，能保持其良好的切削性能。

（2）硬质合金。以耐高温、耐磨性好的碳化物为基体，结合黏结剂，采用粉末冶金的方法压制成刀片,用铜钎焊的方法焊在刀头上。其特点是硬度高(74~82HRC),耐磨性好,且在800~1000℃的高温下仍能保持其良好的热硬性。但硬质合金车刀韧性差,不耐冲击,所以大都制成刀片形式,焊接或机械夹固在中碳钢的刀体上使用。

8.3.3 车刀的种类

车刀是金属切削加工中应用最广泛的刀具,它可以用来加工外圆、内孔、端面、螺纹,也可以用于切槽和切断等如图 8-12 所示,因此车刀在形状、结构尺寸等方面各不相同,种类繁多。

车刀从结构上分为整体式、焊接式、机夹式、可转位式 4 种,如图 8-11 所示。

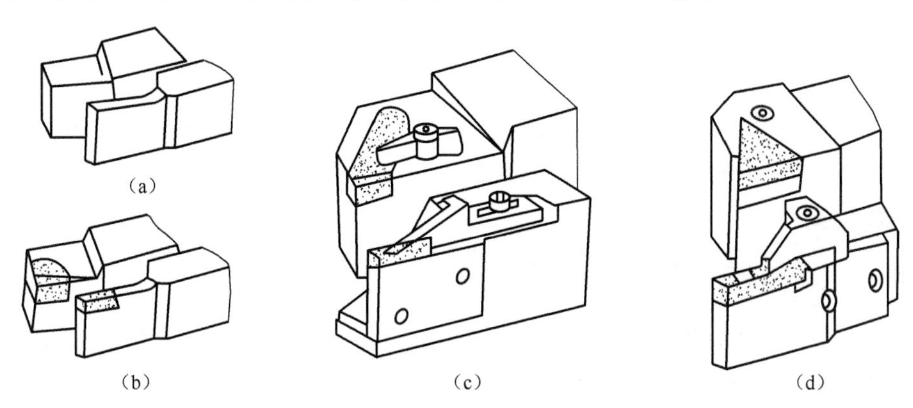

图 8-11 车刀的结构

(a)整体式;(b)焊接式;(c)机夹式;(d)可转位式。

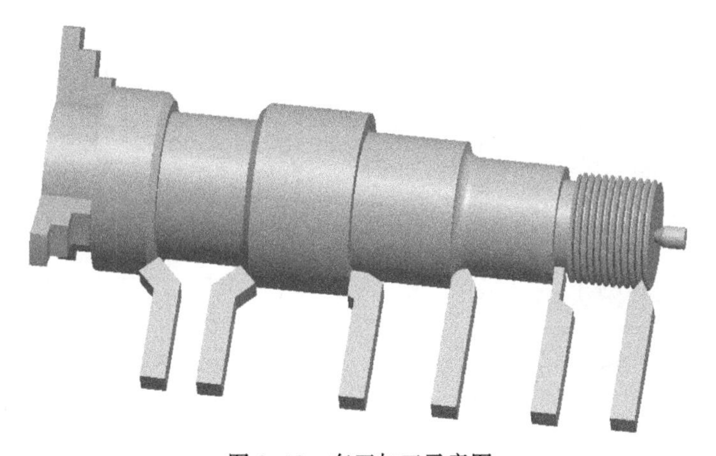

图 8-12 车刀加工示意图

各种车刀都由刀柄(也称刀杆)和刀体(也称刀头)两部分组成。刀柄是刀具的夹持部分,刀体是刀具的切削部分,它由“三面两刃一尖”组成,如图 8-13 所示。

前刀面:刀具上切屑流过的面。

主后刀面:与工件过渡表面相对的表面。

副后刀面:与工件已加工表面相对的表面。

主切削刃:前刀面与主后刀面的交线,担负主要的切屑工作。

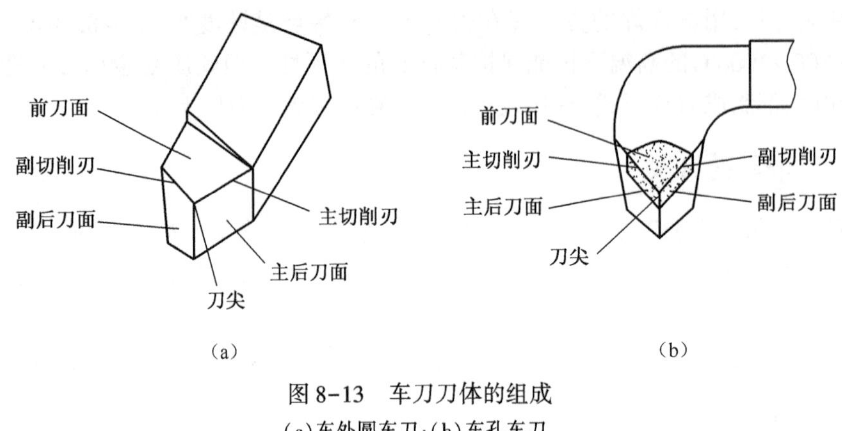

图 8-13　车刀刀体的组成

(a)车外圆车刀;(b)车孔车刀。

副切削刃:前刀面与副后刀面的交线,担负少量的切屑工作,起修光工件的作用。

刀尖:主切削刃与副切削刃的相交部分,一般要磨成一小段过渡圆弧来提高刀尖强度和改善散热条件。

8.3.4 确定车刀安放角度的平面

这里涉及确定车刀角度的三个辅助平面,即基面、切削平面和正交平面。基面是通过主切削刃上某一点并与该点切削速度方向垂直的平面;切削平面是通过主切削刃上某一点,与主切削刃相切,且垂直于该点基面的平面;正交平面(主剖面)是通过主切削刃上某一点并同时垂直于基面和切削平面的平面。这三个辅助平面在空间是相互垂直的,如图 8-14 所示。

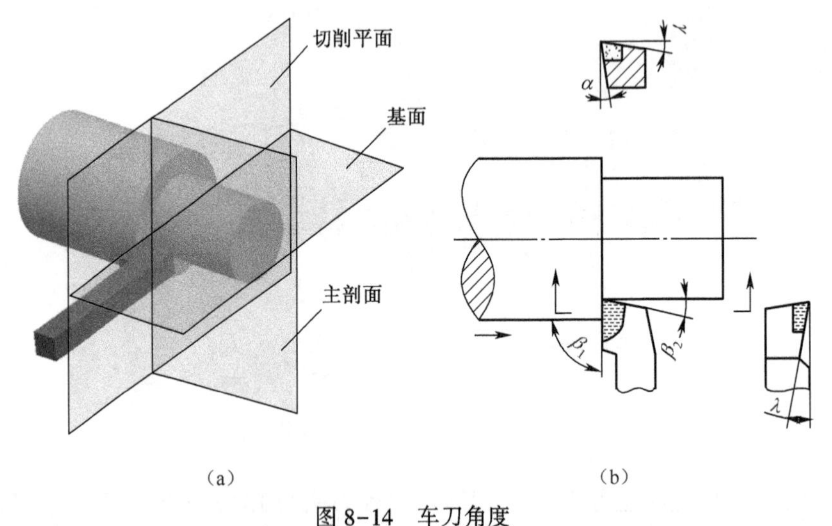

图 8-14　车刀角度

(a)确定车刀角度的辅助平面;(b)车刀的主要角度。

1. 前角 γ

在正交平面内测量的基面与前刀面之间的夹角。其作用是减小切削变形,前角增大可使刀刃锋利,切削力减小,便于切削,但前角过大会使刀刃的散热条件变差,刀刃强度降低。

在正交平面内,当前刀面与切削平面之间的夹角小于90°时,前角为正;当前刀面与切削平面之间的夹角大于90°时,前角为负。前角的大小与刀具材料、切削条件以及工件材料有关,一般取5°~20°,切削塑性材料时,一般取较大的前角;切削脆性材料时,一般取较小的前角;当切削有冲击时,前角应取较小值,甚至取负前角。

2. 后角 α

在正交平面内测量的切削平面与主后刀面之间的夹角。其作用是减小主后刀面与工件过渡表面之间的摩擦,又与前角共同影响刀刃的强度和锋利程度。

在正交平面内,当主后刀面与基面之间的夹角小于90°时,后角为正;当主后刀面与基面之间的夹角大于90°时,后角为负。一般取3°~12°,加工塑性材料时后角可取得大些,加工脆性材料时后角取小些;粗加工时选用较小值,精加工时选较大值。

3. 主偏角 β_1

在基面内测量的主切削刃在基面上的投影与进给方向之间的夹角。减小主偏角可改善切削刃的散热条件及增加刀尖强度。但主偏角减小,切削时工件的背向力(也称径向力)增加,易引起工件的振动和弯曲。故切削细长轴时,为减小背向力,常选用主偏角为75°或90°的车刀。主偏角常分为45°、60°、75°、90°,可合理选用。

4. 负偏角 β_2

在基面内测量的副切削刃在基面上的投影与进给运动的反方向之间的夹角。其主要作用是减小副切削刃与工件已加工表面之间的摩擦,以改善工件加工表面的粗糙度。在同样的背吃刀量和进给量的情况下,减小负偏角可减小车削后的残留面积,降低表面粗糙度。一般取5°~15°。

5. 刃倾角 λ

在切削平面内测量的主切削刃与基面之间的夹角。主要作用是控制切屑的流动方向和改变刀尖的强度。当刃倾角为正值时,切削刃强度较弱,切屑流向待加工表面;当刃倾角为负值时,切削刃强度较好,切屑流向已加工表面;当刃倾角为零时,切屑垂直于切削刃流出。一般取-4°~4°,粗加工时取负值,精加工时取正值。

8.3.5 车刀的刃磨

车刀经过一段时间的使用会产生磨损,使切削力和切削温度增高,为了恢复车刀原来的形状和角度,使车刀保持锋利,必须对其进行刃磨。

常用的磨刀砂轮有氧化铝砂轮(白色)和碳化硅砂轮(绿色)。高速钢车刀应选用氧化铝砂轮刃磨,对于硬质合金车刀,其刀体部分的碳钢材料可先采用氧化铝砂轮粗磨,再用碳化硅砂轮刃磨刀体的硬质合金。

整体式刀具、焊接式刀具、机夹式刀具使用一段时间后都需重磨刀刃,可转位式刀具不需重磨刀刃。

8.3.6 车刀安装具体操作方法

1. 安装车刀

(1) 车刀放在方刀架左侧。

(2) 车刀前面朝上。

(3) 刀头伸出长度约等于刀体高度的1.5倍。

(4) 右偏刀主切削刃应与横向进给方向成3°~5°。

(5) 刀尖应比车床旋转轴线略高,一般用尾顶尖校对高低。

(6) 调整刀尖高度用垫刀片。

2. 安装好车刀,用螺钉轻轻拧住

3. 校对刀尖高低

(1) 把刀架摇向尾座。

(2) 扳转方刀架和摇动尾座套筒,使刀尖接近顶尖。

(3) 观察刀尖高低。

(4) 加垫刀片——对顶尖——调整垫刀片——对顶尖,直到刀尖与顶尖等高为止。

(5) 注意事项:

① 扳转方刀架不能用力过猛,防止车刀甩出;

② 移动刀架和顶尖时,要防止刀尖撞及顶尖而损坏;

③ 垫刀片要平整对齐。

4. 压紧车刀

(1) 锁紧方刀架。

(2) 压紧车刀。

注意事项:

① 紧固车刀时应先锁紧方刀架(卸刀也要先锁紧方刀架);

② 紧固车刀时刀尖应远离顶尖,防止方刀架转动而碰坏刀尖;

③ 如刀尖略高,应先紧车刀前面的螺钉;刀尖略低,先紧车刀后面的螺钉。

8.4 车床操作要点

(1) 主轴旋转过程中不允许变速,否则会损坏主轴箱内的变速齿轮。

(2) 刻度盘的使用。在车削过程中为了准确掌握背吃刀量,保证工件的尺寸精度,必须熟练掌握中滑板的刻度盘。中滑板的刻度盘紧固在横向手轮丝杠轴头,中滑板与丝杠上的螺母紧固在一起,当中滑板的手柄带着刻度盘旋转一周时,丝杆也转一周,这时螺母带着中滑板移动一个螺距,所以中滑板移动的距离可以根据刻度盘上的格数来计算。刻度盘每转一格,中滑板移动的距离=丝杠螺距/刻度盘格数。进刻度时要双手握手轮,缓慢转动到需要的刻度值。如果不慎将刻度转过了,由于丝杠和丝母间有间隙,不能简单地将刻度盘退回到所要求的刻度值,应反转一圈后再转到需要的刻度值。

(3) 找零点(对刀)。零点就是车刀背吃刀量的起始点。找零点(对刀)就是将刀具和工件轻微接触。对刀时必须先开车,让工件先旋转起来,然后让车刀和工件轻微接触。工件不旋转时不允许车刀接触工件。

(4) 试切。工件在加工时要根据加工余量来决定走刀次数和每次走刀的背吃刀量。为了保证工件的加工精度,不能按照理论计算的进刀量来进刻度,要进行试切。

试切步骤如下:

① 开车对刀；
② 纵向退刀；
③ 横向进刀(进刀量小于理论切削量)；
④ 走刀切削 1~3mm；
⑤ 纵向退刀,停车测量已加工表面尺寸；
⑥ 根据测量结果再补进所需的切削量,开车走刀切削。

(5) 粗车和精车。粗车的目的是尽快从工件上切削掉大部分的加工余量,使工件接近最后的形状和尺寸要求。粗车要给精车留下合适的加工余量,粗车对精度和表面质量要求不高。精车的目的是要保证工件的尺寸精度和表面粗糙度要求。一般粗车给精车留 0.5~2mm 的加工余量。

8.5 车削加工工艺及方法

8.5.1 车外圆

车外圆是车削加工中最基本的,也是最常见的。尖刀主要用于粗车外圆和车没有台阶或台阶不大的外圆；弯头刀用于车外圆、端面、倒角和带 45°斜面的外圆；偏刀因主偏角为 90°,车外圆时的背向力很小,常用来车削长轴和带有垂直台阶的外圆。

8.5.2 车台阶

车高度在 5mm 以下的台阶时,可在车外圆时同时车出。为使车刀的主切削刃垂直于工件的轴线,可在先车好的端面上对刀,使主切削刃与端面贴平。车高度在 5mm 以上的台阶时,应分层进行车削。

为了使台阶长度符合要求,可用钢尺确定台阶长度。车削时先用刀尖刻出线痕,以此作为加工界限,这种方法不是很准确,一般划线所定的长度应比所需的长度略短,以留有余地。

8.5.3 车端面

端面常作为轴和盘套类工件工作的基准,在加工中常先对工件的端面进行车削。常用弯头车刀和 90°偏刀两种车刀车端面。

1. 用弯头车刀车端面

车削时,由外向中心进给。当背吃刀量较大或加工余量不均匀时,一般用手动进给；当背吃刀量较小且加工余量均匀时,可用自动进给。当车到离工件中心较近时,应改用手动慢慢进给,以防车刀崩刃。

2. 用 90°偏刀车端面

车削时,可从外向中心进给,但用这种方法时,车削到靠近中心时,车刀容易崩刃。常从中心向外进给,通常用于端面的精加工或有孔端面的车削,车削出的端面表面粗糙度较低。

8.5.4 切槽与切断

1. 切槽

在工件表面切出沟槽的方法称为切槽，切槽所用的刀具是切槽刀，它如同右偏刀和左偏刀并在一起同时车左、右两个端面。切槽刀有一条主切削刃和两条副切削刃，安装时，刀尖与工件轴线等高，主切削刃与工件轴线平行。切槽刀的刀头宽度较小，对于小于5mm的槽可以用切槽刀一次切出；大于5mm的槽称为宽槽，可分多次切削。

2. 切断

切断要用切断刀。切断刀的形状与切槽刀相似，但刀头窄而长。由于切断时刀具要伸入到工件中心，排屑和散热条件很差，常将切断刀的刀头高度加大，将主切削刃两边磨出斜刃，以利于排屑和散热。

8.5.5 孔加工

在车床上进行孔加工时，若工件上无孔，需要先用钻头钻出孔来。在车床上钻孔时，主运动仍为工件的旋转运动，进给运动是钻头的轴向移动。

常用的钻头有中心钻、麻花钻等。麻花钻又分为直柄和锥柄两种，直径小于13mm的钻头一般为直柄，直径大于13mm的钻头多为锥柄。钻孔时，钻头一般用钻夹头或锥套安装在尾座上。钻夹头可夹中心钻和直柄钻头，并具有自动定心作用，钻夹头尾部的锥柄可插入尾座的套筒中。锥柄钻头，可先在锥柄上套上锥套，再插入尾座的套筒中。

1. 钻中心孔

中心孔主要起用顶尖安装工件时的定位、钻孔时的定心引钻作用。

钻中心孔具体操作方法：

(1) 安装工件和中心钻。工件用卡箍安装，工件的伸出长度应适当短些。中心钻用装在尾座套筒上的钻夹头夹紧。

(2) 调整尾座位置。移动尾座，使中心钻靠近工件的端面，再扳紧床尾快速紧固手柄将尾架固定在车床导轨上。

(3) 松开床尾顶尖套紧固手柄，转动床尾顶尖套移动手柄使中心钻慢慢钻进。应采用较高转速，钻进→退出→钻进→退出，反复进退，利于排削。

(4)由于中心孔用锥面起定心、定位作用，所以钻中心孔时，深度应恰当，不宜钻得过深或过浅。

2. 钻孔与扩孔步骤

(1) 用卡盘安装好工件后，车出端面，端面不能有凸台。精度要求较高的孔，可先钻出中心孔来定心引钻。

(2) 装好钻头，推近尾座并扳紧床尾快速紧固手柄，转动床尾顶尖套移动手柄进行钻削。无中心孔要直接钻的孔，当钻头接触工件开始钻孔时，用力要小，并要反复进退，直到钻出较完整的锥坑，且钻头抖动较小时，方可继续钻进，以免钻头引偏。钻较深的孔时，钻头要经常退出，以清除切屑。孔即将钻通时，要放慢进给速度，以防窜刀。钢料钻孔时一般要加切削液。

(3) 直径较大(30mm 以上)的孔，不能用大钻头直接钻削，可先钻出小孔，再用大钻头扩孔。扩孔的精度比钻孔高,可作为孔的半精加工,扩孔操作与钻孔操作相似。

3. 镗孔

镗孔是锻出、铸出、钻出的孔用镗刀进行进一步加工的方法。镗后的孔粗糙度值较低,精度较高。

镗刀分通孔镗刀和盲孔镗刀,如图 8-15 所示。镗刀为了便于伸进工件的孔内,一般刀杆细长,刀头较小,因此镗刀刚性差。镗孔时,切削用量应选得小些,走刀次数要多些。

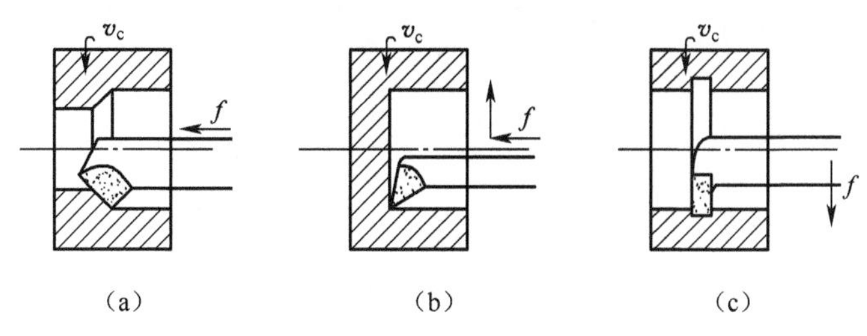

图 8-15　孔的镗削

(a)车通孔;(b)车盲孔;(c)车槽。

镗盲孔的具体操作方法:

(1) 选用如图 8-15(b)所示的盲孔镗刀。

(2) 镗刀的安装。粗镗刀的刀尖高度应略高于工件的轴线,精镗刀的刀尖高度与工件的轴线等高。镗刀伸出长度应比所要求加工的孔深略长,刀头处宽度应小于孔的半径。

(3) 粗镗。先通过多次进刀,将孔底的锥形基本车平,然后对刀、试车、调整背吃刀量并记住刻度,再自动进给镗削出孔的圆柱面。每次车到孔深时,车刀先横向往孔的中心退出,再纵向退出孔外。应特别注意:镗孔时中滑板刻度盘手柄的切深调整方向,与车外圆时相反。

(4) 精镗。精镗时,背吃刀量与进给量应取得更小些。当孔径接近所要求的尺寸时,应以很小的吃刀量、无吃刀量重复镗削几次,以消除因镗刀刚性差而让刀所引起的工件表面的锥度。当孔壁较薄时,精镗前应将工件放松,再轻轻夹紧,以免工件因夹得过紧而变形。

(5) 镗盲孔。若镗刀的伸进长度超过了孔的深度,会造成镗刀的损坏,可在刀杆上划线作记号对镗刀的伸进深度进行控制,自动走刀快到划线位置时,改用手动进刀。

镗通孔比盲孔较为方便,镗刀选择通孔镗刀,刀尖高度可略高于工件轴线,操作方法与镗盲孔相似。

8.5.6 车锥面

锥面分外锥面、内锥面。锥面的车削方法有以下几种。

1. 宽刀法

如图 8-16 所示,宽刀刀刃必须平直,与工件轴线夹角等于圆锥半角 $\alpha/2$,横向进刀,即可车出所需的锥面。这种方法加工简便,效率高,但只适宜加工较短的锥面,并要求工艺系统刚性较好,车床的转速应选择得较低,否则容易引起振动。也可先把外圆车成阶梯状,去除大部分余量,然后再用宽刀法加工,这样既省力又可减少振动。

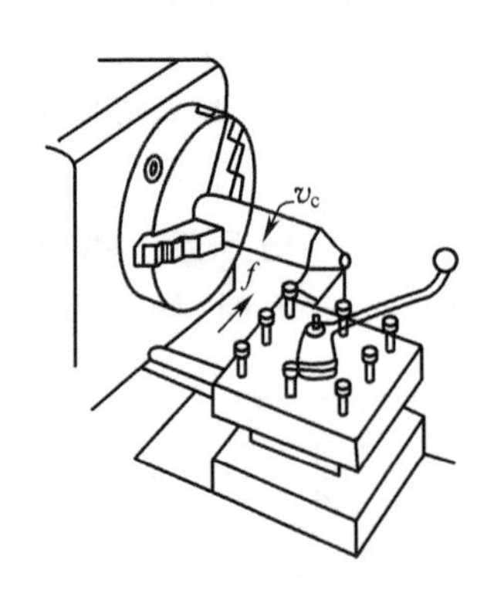

图 8-16　宽刀法

2. 小滑板转位法

如图 8-17 所示,根据零件的锥角 α,松开转盘紧固螺母,小滑板可以绕转盘转 $\alpha/2$ 角度,转动小滑板手柄,车刀即沿工件母线移动,切出锥面。车削锥度较大和较短的内、外锥面时,通常采用小滑板转位法。其优点是调整方便,操作简单,能加工任意角度的内外锥面。缺点是受小滑板行程的限制,只能加工较短的圆锥工件,并且不能自动进给,表面粗糙度 Ra 值为 6. 3~3. 2μm。

3. 偏移尾座法

如图 8-18 所示,尾座顶尖偏移一个距离,使得工件锥面母线平行于纵向进给方向。该方法只能用来加工轴类零件的锥面,优点是能车削较长的圆锥面,可自动进给。缺点是不能车锥度较大的工件,表面粗糙度 Ra 值可达 6. 3~1. 6μm。

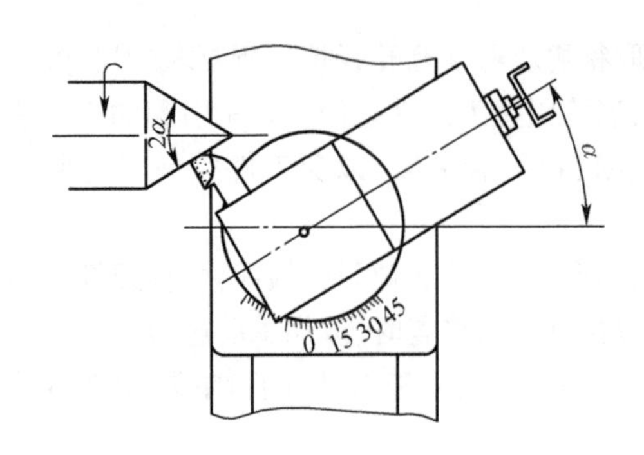

图 8-17　小滑板转位法

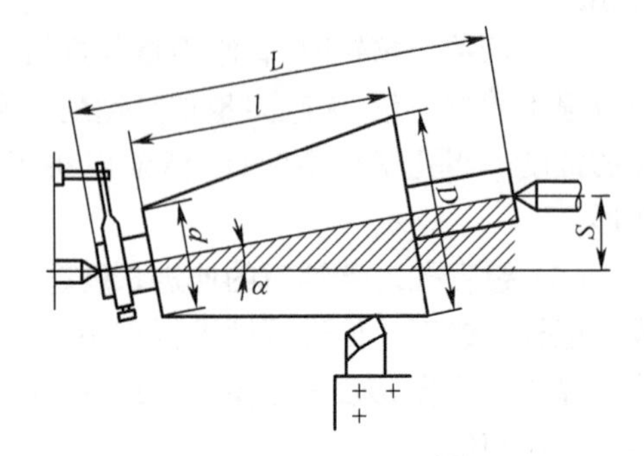

图 8-18　偏移尾座法

4. 靠模法

如图 8-19 所示,靠模装置固定在床身后面。靠模板可绕中心轴相对底座扳转一定角度 $\alpha/2$,滑块在靠模板导轨上可自由滑动,并通过连接板与中滑板相连。将刀架中滑板螺母与横向丝杠脱开,当大拖板纵向进给时,滑块在靠模板中沿斜面移动,带动车刀作平行于靠模板的斜面移动,即可车出圆锥半角为 $\alpha/2$ 的锥面,表面粗糙度 Ra 值为 6. 3~1. 6μm。靠模法适宜加工成批和大量生产中长度较长、圆锥半角 $\alpha/2<12°$的内外锥面。

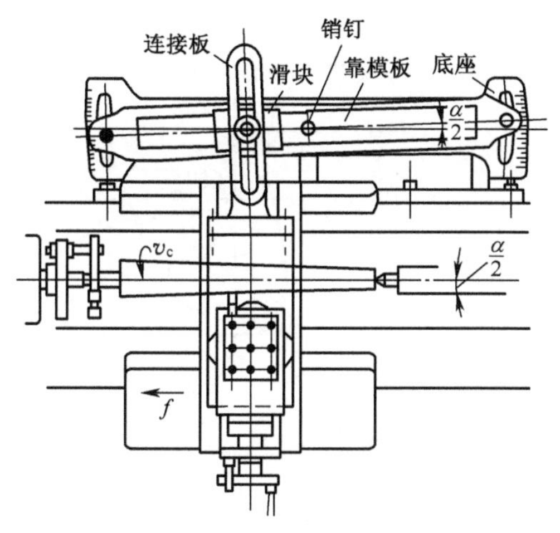

图 8-19 靠模法车锥面

8.5.7 车螺纹

1. 普通螺纹的三要素

普通米制三角螺纹简称普通螺纹，其基本牙型如图 8-20 所示。决定螺纹形状尺寸的牙型、中径 d_2 或 D_2 和螺距 P 三个基本要素称为螺纹三要素。

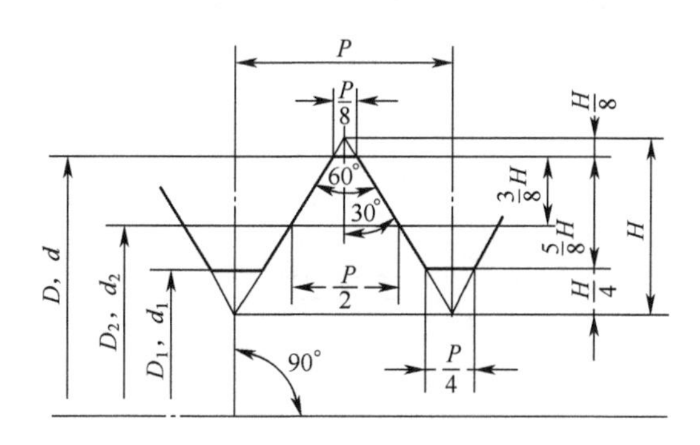

图 8-20 普通螺纹的基本牙型

D—内螺纹大径；d—外螺纹小径；D_2—内螺纹中径；d_2—外螺纹中径；

D_1—内螺纹小径；d_1—外螺纹小径；P—螺距；H—原始三角形高度。

2. 车削螺纹

车螺纹时，要通过车削来保证螺纹的牙型、螺距和螺纹中径。在车削时，牙型靠刃磨车刀和安装车刀来保证，螺距用车床的传动来保证，中径由背吃刀量来控制。下面以车削外螺纹为例来介绍螺纹的车削方法。

（1）车出外圆，外圆尺寸控制在螺纹大径的下偏差。

（2）刃磨螺纹车刀，使螺纹车刀刀尖角等于螺纹的牙型角，为了刃磨方便，一般前角取为 0°，对着螺纹旋向的那个后角可略磨大一些。

（3）车螺纹时，必须正确安装车刀，以保证螺纹精度。安装时刀尖高度要与工件的轴线等高，并使两切削刃的角平分线与工件的轴线相垂直。可采用对刀样板来调整螺纹车刀的安装位置,如图 8-21 所示。

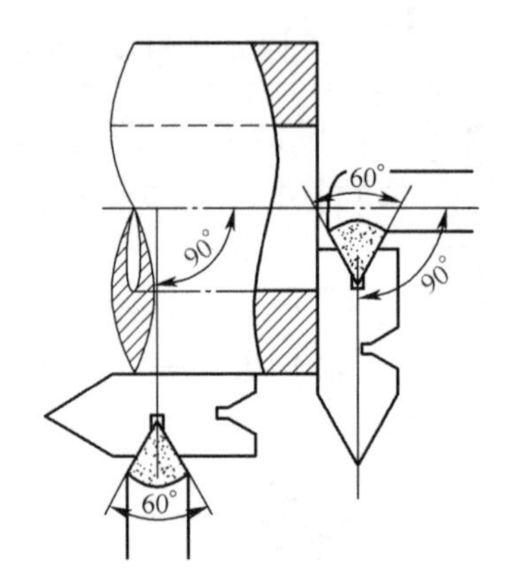

图 8-21　螺纹车刀的对刀

(4) 调整车床和配换齿轮。在进给箱上表面的铭牌表中,查到所需的螺距,根据表中的要求,配换齿轮,并调整好车床各手柄的位置。调整车床和配换齿轮的目的是保证工件与车刀的正确运动关系,在传动系统中,必须保证主轴带动工件转一转时,车刀纵向移动的距离正好是所需要的工件螺距。

应特别指出,车削螺纹时,车刀必须由丝杠带动,才能保证车刀与工件的正确运动关系。车螺纹前还应把中小滑板的导轨间隙调小,以利于车削。

(5) 车螺纹的具体操作方法如图 8-22 所示。

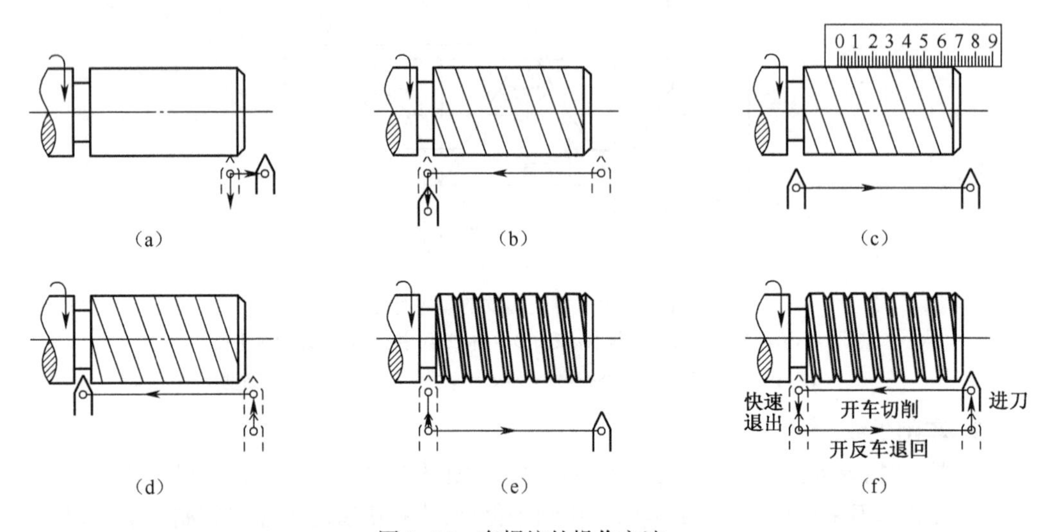

图 8-22　车螺纹的操作方法

(a) 开车,使车刀与工件轻微接触记下刻度盘读数,向右退出车刀;(b)合上对开螺母,在工件表面上车出一条螺旋线,横向退出车刀,停车;(c)开反车使车刀退到工件右端,停车,用钢尺检查螺距是否正确;(d)利用刻度盘调整切深,开车切削;(e)车刀将至行程终了时,应做好退刀停车准备,先快速退出车刀,然后停车,开反车退回刀架;(f)再次横向进切深,继续切削。

3. 操作中的注意事项

(1) 车削螺纹时,车刀移动速度很快,操作时注意力要集中,车削时应两手不离手柄,特别是车削到行程终止时的退刀停车动作一定要迅速,否则易撞刀。操作时,左手操作正反转手柄,右手操作中滑板刻度手柄。停车退刀时,右手先快速退刀,紧接着左手迅速停车,两个动作同时完成。

(2) 车削螺纹过程中,对开螺母合上后,不可随意打开,否则每次车削时,车刀难以切回已切出的螺纹槽内,会出现乱扣现象。换刀时,可转动小滑板的刻度盘手柄,把车刀对回已经切出的螺纹槽内,以防乱扣。

(3) 背吃刀量的控制。螺纹的总切深由螺纹高度决定,可根据中滑板上的刻度,初步车到接近螺纹的总切深,再用螺纹量规检验,或用螺纹千分尺测量螺纹的中径,再进一步车削到尺寸。

8.5.8 车成形面

以曲线为母线,绕直线旋转所形成的表面叫回转成形面。回转成形面(如手柄、圆球等)一般均在车床上加工。车成形面的方法有下列三种。

1. 双手控制法

如图 8-23 所示,车成形面一般使用圆头车刀,双手同时操作横向和纵向进给手柄,使车刀作合成运动的轨迹与工件母线相符,从而车削出所要求的成形面。因手动进给不均匀,表面粗糙度较大,最后需要用砂布等对加工面进行抛光。这种方法不需要特殊的刀具和装备,简单易行,但生产率低,并需要较高的操作技术,故适于单件小批生产要求不高的零件。

2. 成形刀法

如图 8-24 所示,成形刀法是用刀刃形状与工件表面形状相吻合的成形刀车成形面。加工时,车刀只作横向进给。这种方法操作简便,生产率高,但由于成形刀刃不能太宽,刀刃曲线不可能磨得很精确,以及刀具制造成本较高等原因,所以这种方法只适用于成批、大量生产形状简单、轴向尺寸较小的成形面。

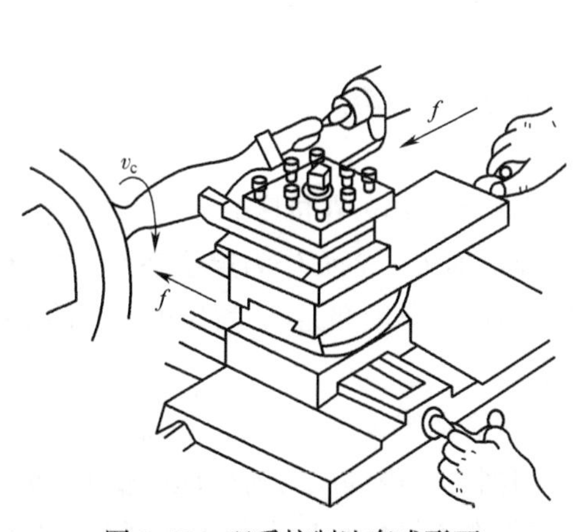

图 8-23 双手控制法车成形面

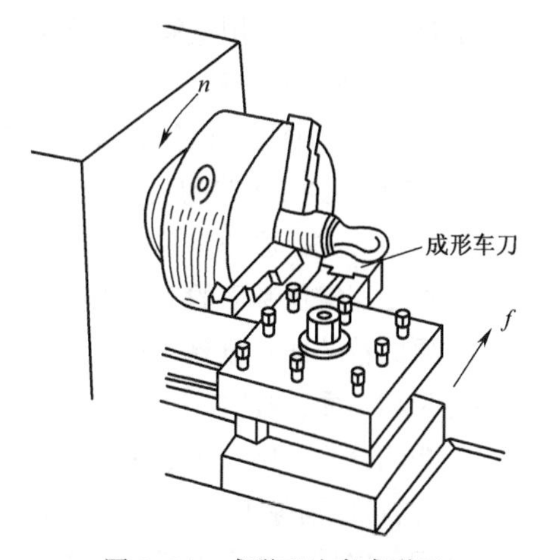

图 8-24 成形刀法车成形面

3. 靠模法

靠模法车成形面与靠模法车锥面类似,只是靠模形状由直线变为与成形面相应的曲线。刀架中滑板螺母与横向丝杠必须脱开。当大拖板纵向走刀时,滚柱在靠模的曲线槽内移动,从而使车刀刀尖也随之作曲线移动,即可车出所需的成形面。这种方法可以自动走刀,生产率较高,适用于成批或大量生产。

8.6 典型车削工艺训练

零件根据其技术要求的高低和结构的复杂程度,一般都要经过一个或几个工种的工序才能完成加工。回转体零件的加工常需经过车、铣、钳、热处理和磨等工种,但车削是必需的先行工序,以下重点介绍盘套类和轴类零件的车削加工工艺。

8.6.1 制定零件加工工艺的内容、步骤和原则

一个零件根据其技术要求如何制定合理的零件加工工艺,是保证零件的质量、提高生产率、降低成本、加工过程安全可靠等的主要依据。因此,制定加工工艺之前,必须认真分析图纸的技术要求。

1. 制定零件加工工艺的内容和步骤

(1) 确定毛坯的种类。毛坯种类应根据零件的技术要求、形状和尺寸等来确定。

(2) 确定零件的加工顺序。零件的加工顺序应根据其精度、粗糙度和热处理等技术要求以及毛坯的种类、结构和尺寸来确定。

(3) 确定每一道工序所用的机床、工件装夹方法、加工方法、度量方法以及加工尺寸,其中包括为下一道工序所留的加工余量。

工序余量:半精车为0.8~1.5mm;高速精车为0.4~0.5mm;低速精车为0.1~0.3mm。

(4) 确定所用切削用量和工时定额。单件小批生产的切削用量一般由生产工人自行选定,工时定额按经验估算。

(5) 填写工艺卡片。以简要说明和工艺简图表明上述内容。

2. 制定零件加工工艺的基本原则

(1) 精基面先行原则。零件加工必须选择合适的表面作为在机床或夹具上的定位基准。第一道工序定位基面的毛坯面,称为粗基面;经过加工的表面作为定位基面,称为精基面。主要的精基面一般要先行加工。例如,轴类零件的车削和磨削,均以中心孔的60°锥面为定位精基面,因此加工时,应先车端面、钻中心孔。

(2) 粗精分开原则。对于精度较高的表面,一般应在工件全部粗加工之后再进行精加工。这样,可以消除工件在粗加工时因夹紧力、切削热和内部应力所引起的变形,也有利于热处理的安排。在大批量生产中,粗精加工往往在不同的机床上加工,因此,也有利于高精度机床的合理使用。

(3) “一刀活”原则。在单件小批生产中,有位置精度要求的有关表面,应尽可能在一次装夹中进行精加工(俗称“一刀活”)。

轴类零件是用中心孔定位的。在多次装夹或调头所加工的表面，其旋转中心线始终是两中心孔的连线，因此，能保证有关表面之间的位置精度。

8.6.2 盘套类零件的加工工艺

如图 8-25 所示为某零件齿轮坯的图样。盘套类零件主要由外圆、孔和端面组成，除表面粗糙度和尺寸精度外，往往外圆相对孔的轴线有径向圆跳动公差，端面相对孔的轴线有端面圆跳动公差。盘套类零件有关表面的粗糙度值如不小于 3.2～1.6μm，尺寸公差等级不高于 IT7，一般均用车削完成，其中保证径向圆跳动则是车削的关键。因此，单件小批量生产的盘套类零件加工工艺必须体现粗精分开的原则和“一刀活”原则。如果在一次装夹中不能完成有位置精度要求的表面，一般是先精加工孔，以孔定位上心轴再精车外圆及端面。

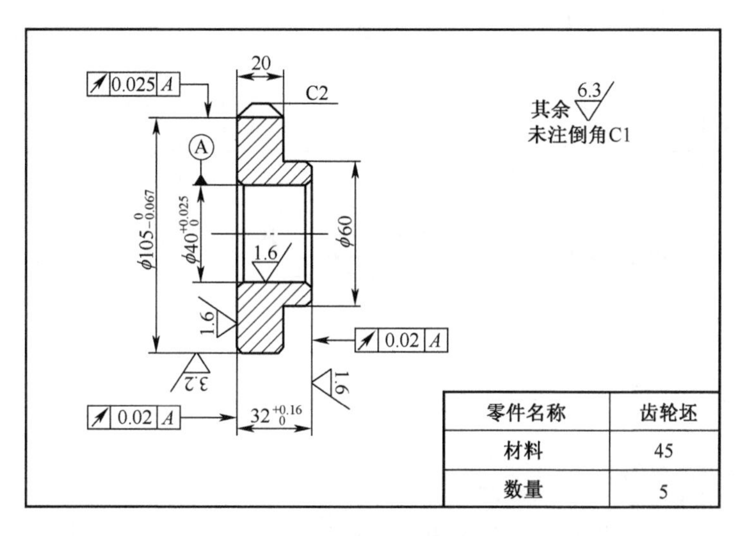

图 8-25　齿轮坯零件图

表 8-1 所示的是齿轮坯的车削工艺。

表 8-1　齿轮坯加工工艺

工序	工种	装夹方法	加 工 简 图	加 工 说 明
1	下料			圆钢下料 ϕ110×36
2	车削	三爪自定心卡盘		卡 ϕ110 外圆，长 20，车端面见平；车外圆 ϕ63×10

（续）

工序	工种	装夹方法	加 工 简 图	加 工 说 明
3	车削	三爪自定心卡盘		①卡 $\phi63$ 外圆 ②粗车端面见平，车外圆至 $\phi107$ ③钻孔 $\phi36$ ④粗精车孔 $\phi40^{+0.025}_{0}$ 至尺寸 ⑤精车端面，保证总长 33 ⑥精车外圆 $\phi60^{0}_{-0.07}$ 至尺寸 ⑦倒内角 C1；倒外角 C2
4	车削	三爪自定心卡盘		①卡 $\phi65$ 外圆，找正 ②精车台阶面保证长度 20 ③车小端面，保证总长 $32.3^{+0.2}_{0}$ ④精车外圆 $\phi60^{0}_{-0.07}$ 至尺寸 ⑤倒小内角、外角 C1 ⑥倒大外角 C2
5	车削	顶尖、卡箍、心轴		精车小端面，保证总长 $32^{+0.16}_{0}$
6	检验			

8.6.3 轴类零件的加工工艺

如图 8-26 所示为传动轴的零件图样。轴类零件主要由外圆、螺纹和台阶面组成。除标注表面粗糙度和尺寸外，某些外圆和螺纹相对两支承轴颈的公共轴线有径向圆跳动和同轴度公差，某些台阶面相对公共轴线有端面圆跳动公差。轴类零件上有位置精度要求的，表面粗糙度 $Ra \leqslant 1.6\mu m$ 的外圆和台阶面一般在半精车后进行磨削，这与盘套类零件是不同的。

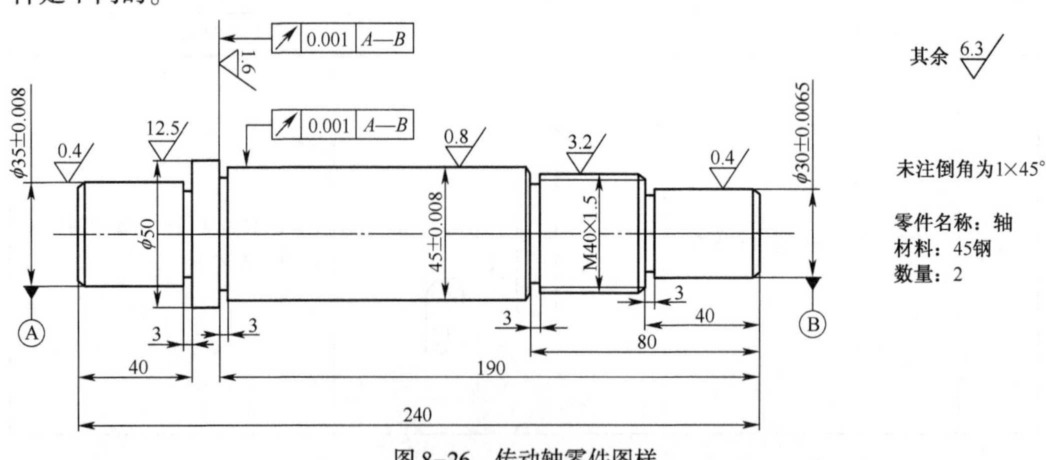

图 8-26 传动轴零件图样

轴类零件的车削在顶尖上进行。轴加工时应体现精基面先行原则和粗精分开原则。传动轴的加工工艺见表 8-2。

表 8-2　传动轴加工工艺

工序	工种	装夹方法	加 工 简 图	加 工 说 明
1	下料			下料 $\phi55\times245$
2	车削	三爪自定心卡盘	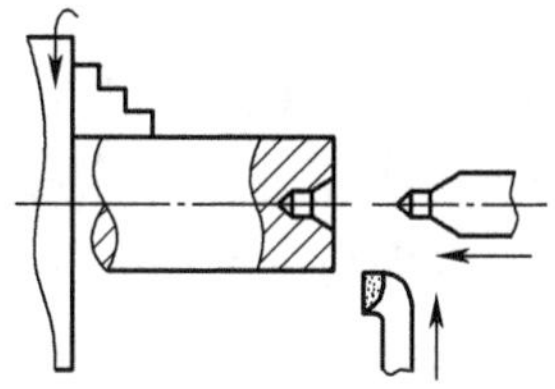	①夹持 $\phi55$ 圆钢外圆 ②车端面见平 ③钻 $\phi2.5$ 中心孔掉头 ④车端面，保证总长 240 ⑤钻中心孔
3	车削	双顶尖	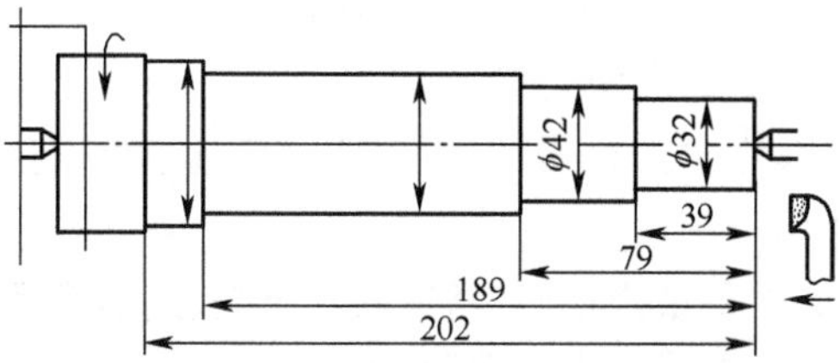	①用卡箍卡 A 端，粗车外圆 $\phi55\times202$ ②粗车 $\phi45$，$\phi40$，$\phi30$ 各外圆，直径余量 2mm，长度余量 1mm
4	车削	双顶尖	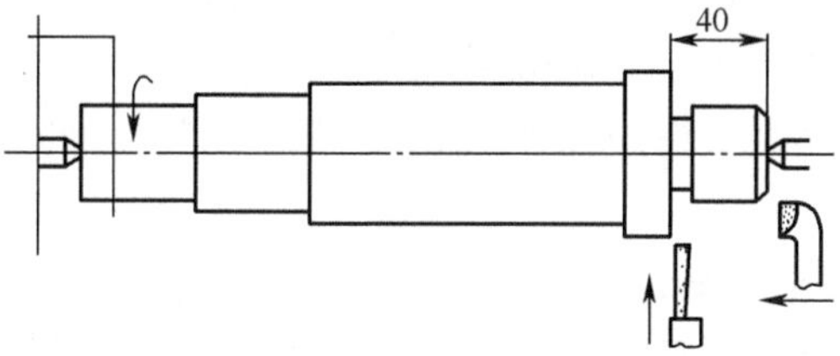	①用卡箍卡 B 端，粗车外圆 $\phi35$，直径余量 2mm，长度余量 1mm ②粗车 $\phi50$ 外圆至尺寸 ③半精车 $\phi35$ 外圆至 $\phi35.5$ ④切槽，保证长度 40 ⑤倒角
5	车削	双顶尖	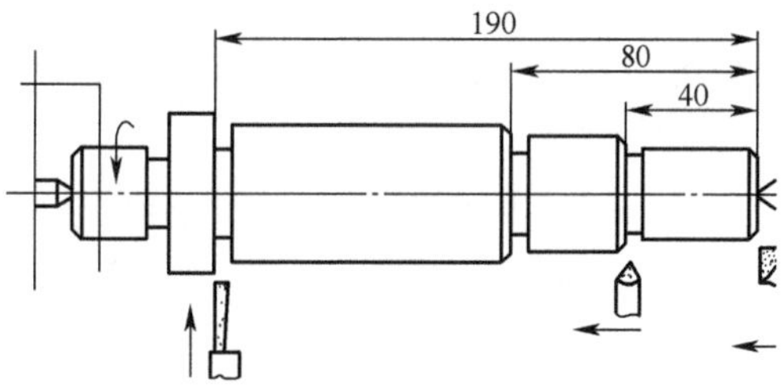	①用卡箍卡 A 端 ②半精车 $\phi45$ 外圆至 $\phi45.5$ ③精车 M40 大径为 $\phi40_{-0.2}^{-0.1}$ ④半精车 $\phi30$ 外圆至 $\phi30.5$ ⑤切槽 3 个，分别保证长度 190，80 和 40 ⑥倒角 3 个 ⑦车螺纹 M40×1.5
6	车削			

8.7　车削加工质量控制及检测

车削加工质量包括加工精度和表面质量，加工精度的评定指标有尺寸精度、形状精度

和位置精度。表面质量就加工而言主要考虑的是表面粗糙度值。在普通车削加工中,加工质量主要由以下方面来保证:

(1) 根据零件图纸分析加工工艺,明确加工内容和技术要求,确定加工方式和加工路线。

(2) 工件装卡方式的合理选择。合理选择定位基准和夹紧方式,减少装卡次数,尽量采取组合夹具等。

(3) 刀具及刀具角度的合理选择。一般来说,提高切削速度、减少进给量可以提高表面加工质量,但进给量过小会提高表面冷硬程度和残余应力。适当增加前角后角、减小主偏角副偏角及增大刀尖圆弧半径都可以提高工件的表面加工质量,但前角后角过大会降低刀具的耐用度,刀具磨损加快,降低表面质量。主偏角副偏角过小,刀尖弧度过大容易引起振动,影响表面加工质量。正值刃倾角可以使切削流向待加工表面,并采取卷削断削措施,避免划伤已加工表面,提高表面质量。

(4) 根据不同的加工精度要求和刀具,合理选用切削速度、进给量、背吃刀量。

在粗车或精车时选择切削用量的原则:

(1) 在粗车时,一般加工余量比较多,精度要求不高,所以希望加工效率高一些,因此首先考虑的是吃刀量大一些,以减少吃刀次数;其次是走刀量大一些,然后再选择适当较低的切削速度,这样有利于提高车刀的耐用度,不需要经常磨刀,减少辅助工时,提高生产效率。切削速度过高反而吃刀深度相应减小,降低了效率。

(2) 在精加工时,精度要求高,加工余量小,一般采用较小的吃刀量、走刀量和较高的切削速度。

不同切削条件下的切削用量选择:

粗车铸铁类工件时,由于其表面硬度高,为了保护刀尖,所以尽量避免刀尖接触表面硬皮;而在选择切削速度时,为了提高车刀的耐用度,车铸铁类零件应比车钢类零件小点;在精车时,铸铁类比钢类零件走刀量选择要大一些,切削速度选小一些,以提高车刀耐用度和加工精度。

断续车削时因为工件会对刀具产生较大的冲击力,所以切削用量应比连续车削小一些。

荒车(锻造毛坯后机加工第一刀,也叫拉荒),当工件、车刀、夹具、机床刚性允许的情况下,应该加大吃刀深度,使工件表面一刀车出,这样可以显著减小冲击力变化,避免崩刃现象和减小刀尖磨损。

精车管料零件切削速度要比车削轴类零件选小一些。

车内孔时选择切削用量比车外圆要小。

(1) 选用高速钢切削时,选择的切削用量要比硬质合金小。

(2) 当工件、车刀、夹具和机床在某些情况下刚性不一样,刚性差时切削用量不宜过大。

(3) 冷却润滑液的作用和选择。车削时使用充分的冷却润滑液,不但可以减少工件车刀间的摩擦,减少热量的产生,同时还能带走大量的热,从而使切削温度降低,有利于提高车刀的耐用度及工件的加工质量。在使用冷却润滑液时,应将其有效地冲在切屑和刀头上,并且主要冲在切屑上,因为在一般情况下,切削热的分布为切屑68%、车刀25%左右。如果单纯冲在刀刃上,会忽冷忽热使车刀产生裂纹。

本章相关操作视频,请扫码观看

第 9 章
铣削、刨削、磨削加工

9.1 概　　述

铣削加工是在铣床上利用铣刀的旋转和零件相对刀具移动对零件进行切削加工的过程,是一种生产效率较高的加工方法。铣削加工是一种技术性较强的万能工种,在金属切削加工中应用广泛,是平面和曲面的主要加工手段之一。铣床的加工范围很广,图 9-1 所示是其常用的加工内容。

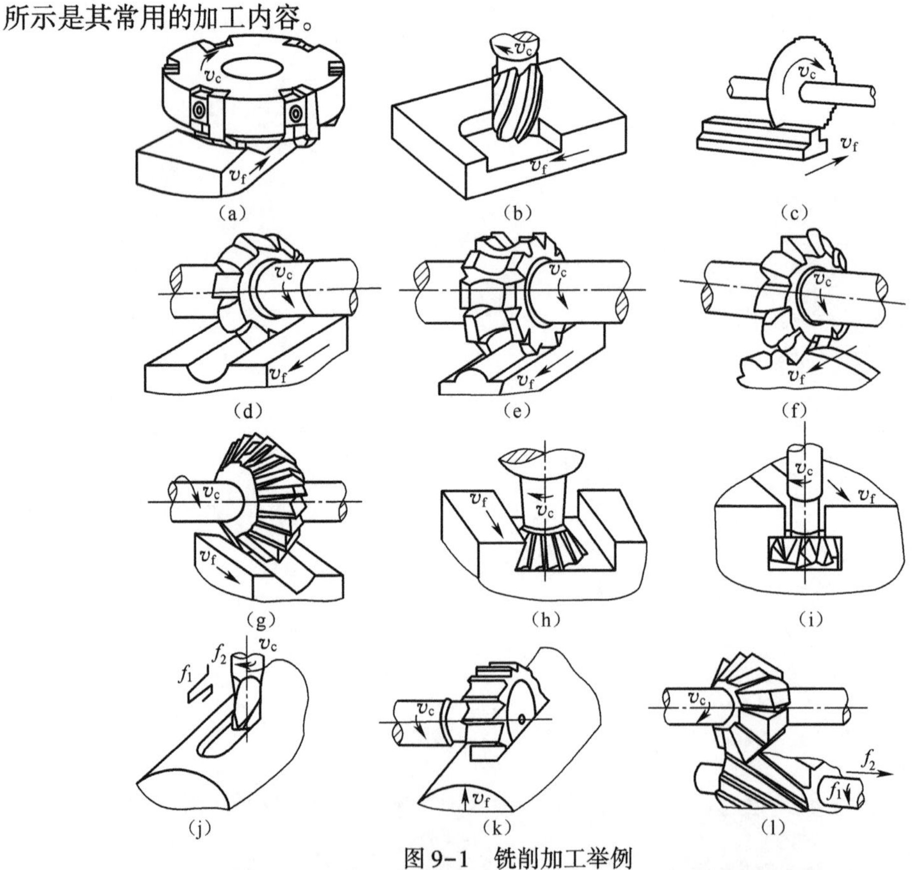

图 9-1　铣削加工举例

(a)端铣刀铣平面;(b)立铣刀铣凹平面;(c)锯片铣刀切断;(d)凸半圆铣刀铣凹圆弧面;(e)凹半圆铣刀铣凸圆弧面;(f)齿轮铣刀铣齿轮;(g)角度铣刀铣 V 形槽;(h)燕尾槽铣刀铣燕尾槽;(i)T 形槽铣刀铣 T 形槽;(j)键槽铣刀铣键槽;(k)半圆键槽铣刀铣半圆键槽;(l)角度铣刀铣螺旋槽。

铣刀是一种回转的多齿刀具,铣削过程是断续切削即间歇进行的,刀刃的散热条件好。铣削时经常是多齿同时进行切削,因此铣削的生产率高。此外,由于铣刀刀齿不断切入、切出,铣削力不断变化,故铣削容易产生振动,影响加工精度。

铣削加工的尺寸精度一般为 IT9~IT7,对应表面粗糙度 Ra 值为 6.3~1.6μm。

9.1.1　铣削运动

铣削运动分主运动和进给运动。主运动是指铣刀的旋转运动,进给运动是指工件的直线移动,如图 9-2 所示。

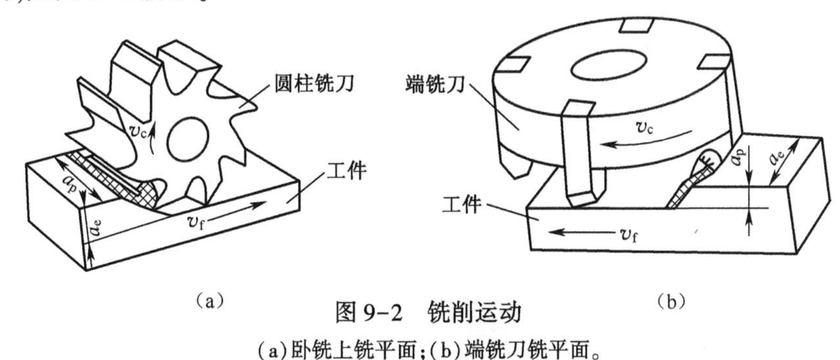

(a)　　(b)

图 9-2　铣削运动

(a)卧铣上铣平面;(b)端铣刀铣平面。

9.1.2　铣削要素

铣削要素有铣削速度、进给量、铣削深度和侧切削深度。

(1) 铣削速度 v_c:铣刀切削刃处最大直径点的线速度,即

$$v_c = \frac{\pi d_t n_t}{1000}(\mathrm{m/min}) \tag{9-1}$$

式中: v_c 为铣削速度,单位 m/min; d_t 为铣刀直径,单位 mm; n_t 为铣刀每分钟转速,单位 r/min。

(2) 进给量 f:刀具在进给方向上相对工件的位移量。

(3) 切削深度 a_p:沿铣刀轴线方向上所测量的切削层尺寸。

(4) 侧切削深度 a_e:垂直于铣刀轴线方向上测量的切削层金属。

9.2　铣　　床

铣床可分为卧式铣床、立式铣床和龙门铣床三大类。按布局形式细分为:升降台铣床、万能卧铣、立铣;龙门铣床分为龙门铣床、龙门刨铣床;工作台不升降铣床分为矩形和圆形工作台两种;仪表铣床;工具铣床;专用铣床,如键槽、凸轮、曲轴、仿形铣床等。

9.2.1　卧式铣床

卧式铣床简称卧铣,是铣床中应用最多的一种。其主要特征是主轴水平放置,并与工作台面平行。卧式铣床又分为普通铣床和万能铣床。工作台能偏转一定角度的铣床是万能铣床。图 9-3 是万能卧式铣床 X6125 外形图。

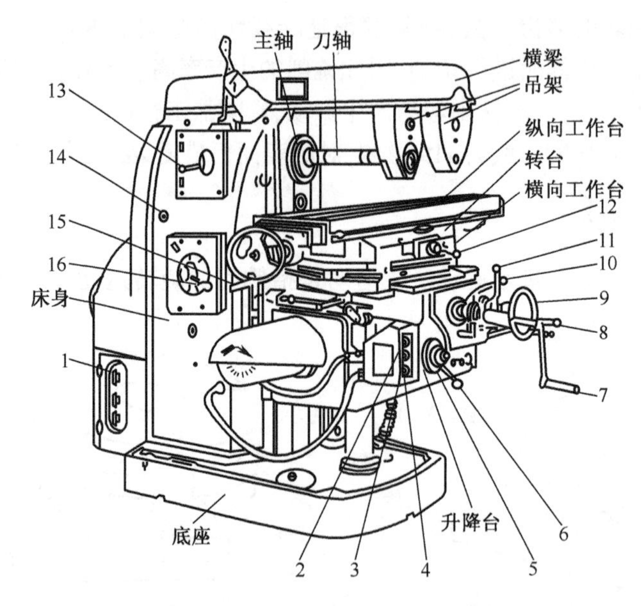

图 9-3　万能卧式铣床 X6125 外形图

1—总开关；2—主轴电机启动按钮；3—进给电机启动按钮；4—机床总停按钮；
5—进给高、低速调整盘；6—进给数码转盘手柄；7—升降手动手柄；
8—纵向横向、垂向快速手柄；9—横向手动手轮；10—升降自动手柄；
11—横向自动手柄；12—纵向自动手柄；13—主轴高、低速手柄；
14—主轴点动按钮；15—纵向手动手轮；16—主轴变速手柄。

1. X6125 卧式铣床型号的意义

X——铣床类；

6——卧式铣床；

1——万能升降台铣床；

25——工作台宽度的 1/10，即表示工作台宽度为 250mm。

2. X6125 卧式铣床的组成及功用

X6125 卧式万能升降台铣床主要由床身、主轴、横梁、纵向工作台、转台、横向工作台、升降台等部分组成。

（1）床身：用来固定和支撑铣床上所有的部件，内部装有主电动机、主轴变速机构和主轴等，上部有横梁，下部与底座相连，前部垂直导轨装有升降台等部件。

（2）横梁：横梁前端装有吊架，用以支撑刀杆。横梁可沿床身的水平导轨移动，其伸出长度由刀杆的长度决定。

（3）主轴：空心轴，前端有 7∶24 的精密锥孔，用以安装铣刀刀杆并带动铣刀旋转。

（4）纵向工作台：纵向丝杠带动导轨在转台上作纵向移动，以带动工件作纵向进给。

（5）横向工作台：位于升降台上的水平导轨上，可带动纵向工作台一起作横向进给。

（6）转台：可将纵向工作台在水平面内旋转一定角度，即左右方向最大均能转 0°~45°，以便铣削螺旋槽等。有无转台，是万能卧铣和普通卧铣的主要区别。

（7）升降台：可以带动整个工作台沿床身的垂直导轨上下移动，以调整工件与铣刀的距离和实现垂直进给。

(8) 底座:用以支撑床身和升降台,内存储切削液。

9.2.2 立式铣床

立式铣床简称立铣,图 9-4 所示是 X5030 立式铣床外形图。

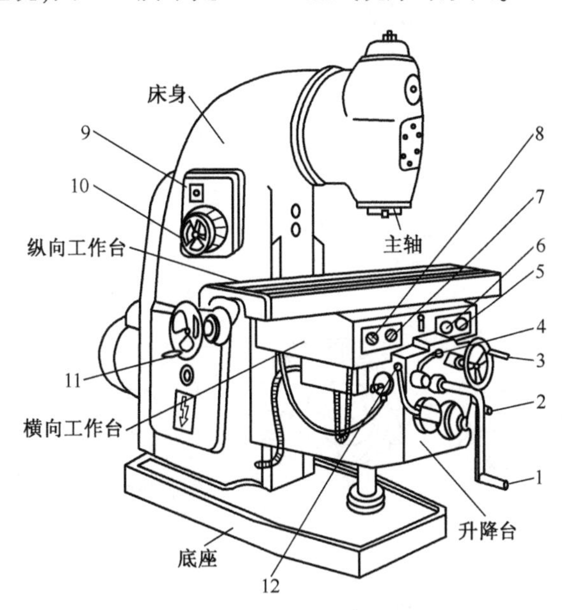

图 9-4 X5030 立式铣床外形图

1—升降手动手柄;2—进给量调整手柄;3—横向手动手轮;
4—纵向、横向、垂向自动进给选择手柄;5—机床自动按钮; 6—机床总停按钮;
7—自动进给换向旋钮;8—切削液旋钮开关; 9—主轴点动按钮;
10—主轴变速手轮;11—纵向手动手轮;12—快动手柄。

立式铣床 X5030 型号的意义:

X——铣床类;

5——立式床;

0——立式升降台铣床;

30——工作台宽度的 1/10,即表示工作台宽度为 300mm。

立式铣床和卧式铣床的主要区别在于主轴与工作台面是否垂直,并可根据实际加工的需要,将主轴偏转一定角度,以便加工斜面等。

X5030 立式铣床的主要组成部分与 X6125 万能卧式铣床基本相同,除了主轴与工作台面垂直外,无横梁、吊架和转台。

立式铣床是一种生产率较高的机床,可以利用立铣刀或端铣刀加工平面、台阶、斜面和键槽,还可加工内外圆弧、T 形槽及凸轮等。另外,立式铣床操作时,观察、检查和调整铣刀位置都比较方便,又便于安装硬质合金端铣刀进行高速铣削,故应用非常广泛。

9.2.3 龙门铣床

龙门铣床主要用来加工大型或较重的工件,龙门铣床可以同时用几个铣头对工件的几个表面进行加工,故生产率高,适合成批大量生产。

9.3 铣　　刀

铣刀种类很多,应用范围相当广泛,铣刀分类方法也很多,这里仅根据铣刀的安装方法不同分为两大类:带孔铣刀和带柄铣刀。

9.3.1 带孔铣刀

1. 带孔铣刀的分类

带孔铣刀多用于卧式铣床上,常用的带孔铣刀有圆柱铣刀、圆盘铣刀、角度铣刀和成型铣刀等,如图 9-5 所示。

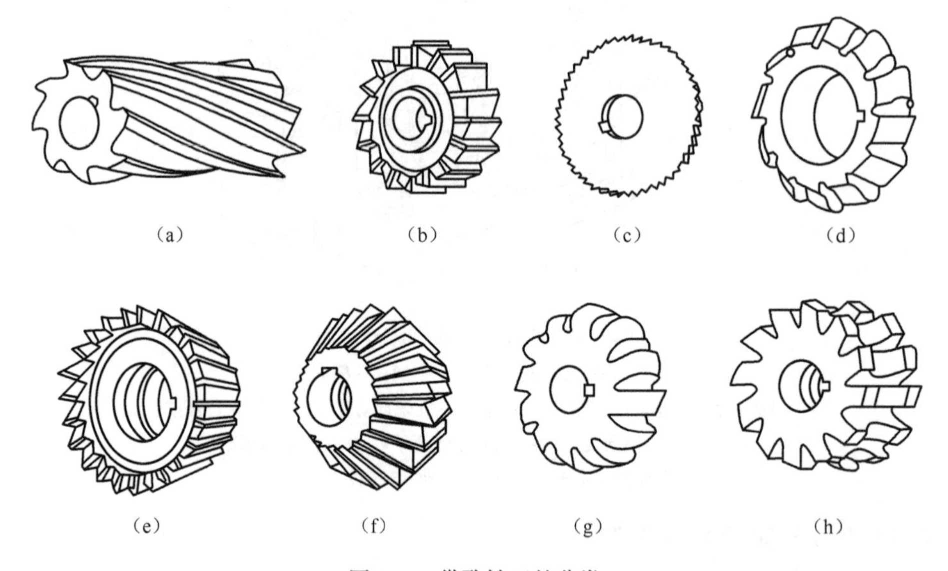

图 9-5　带孔铣刀的分类

(1) 圆柱铣刀。如图 9-5 (a)所示,主要是利用圆柱表面的刀刃铣削中小平面。

(2) 圆盘铣刀。如图 9-5(b)所示的三面刃盘铣刀,主要用于加工不同宽度的沟槽及小平面、台阶面等;如图 9-5(c)所示的锯片铣刀,用于切断或分割工件。

(3) 角度铣刀。如图 9-5(e)所示的单角度铣刀,图 9-5(f)所示的双角度铣刀,选择不同角度的双角度铣刀,加工各种角度的沟槽、斜面和螺旋槽等。

(4) 成形铣刀。如图 9-5(d)、图 9-5(g)、图 9-5(h)所示的成形铣刀,用来加工有特殊外形的表面。其刀刃呈凸圆弧、凹圆弧和齿槽形等形状。用于加工与刀刃形状相同的成型面。

2. 带孔铣刀的安装及注意事项

(1) 带孔铣刀中的圆柱、圆盘、角度及成型铣刀,多用长刀杆安装,将刀具装在刀杆上,刀杆的一端为锥体,装入铣床前端的主轴锥孔中,并用螺纹拉杆穿过主轴内孔拉紧刀杆,使与主轴锥孔紧密配合。

(2) 刀杆的另一端装入铣床的吊架孔中。主轴的动力通过锥面和前端的键传递,带动刀杆旋转。

(3) 如图 9-6 所示,长刀杆安装时,铣刀应尽可能靠近主轴或吊架,使铣刀有足够的刚度;套筒与铣刀的端面必须擦干净,以减少铣刀的端面跳动;在拧紧刀杆的压紧螺母前,必须先装上吊架,以防刀杆受力变弯。

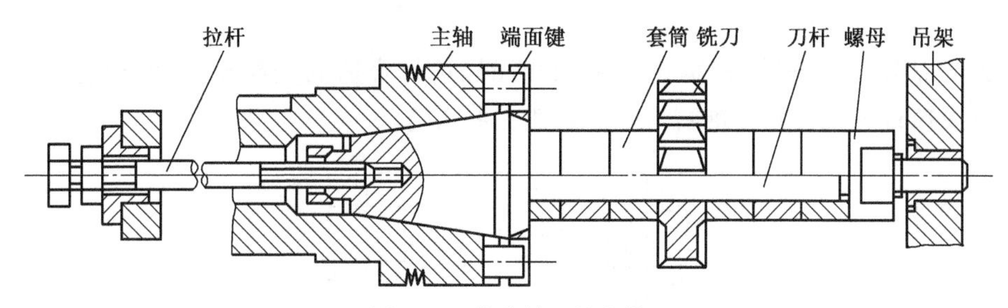

图 9-6 带孔铣刀的安装

(4) 带孔铣刀中的端铣刀,常用短刀杆安装,将端铣刀直接装在短刀杆前端的短圆柱轴上并用螺钉拧紧,再将短刀杆装入铣床的主轴孔中,并用螺纹拉杆将短刀杆拉紧。

9.3.2 带柄铣刀

1. 带柄铣刀的分类

带柄铣刀多用于立式铣床上,带柄铣刀又分为直柄铣刀和锥柄铣刀。常用的带柄铣刀有立铣刀、键槽铣刀、T 形槽铣刀和镶齿端铣刀等,如图 9-7 所示。

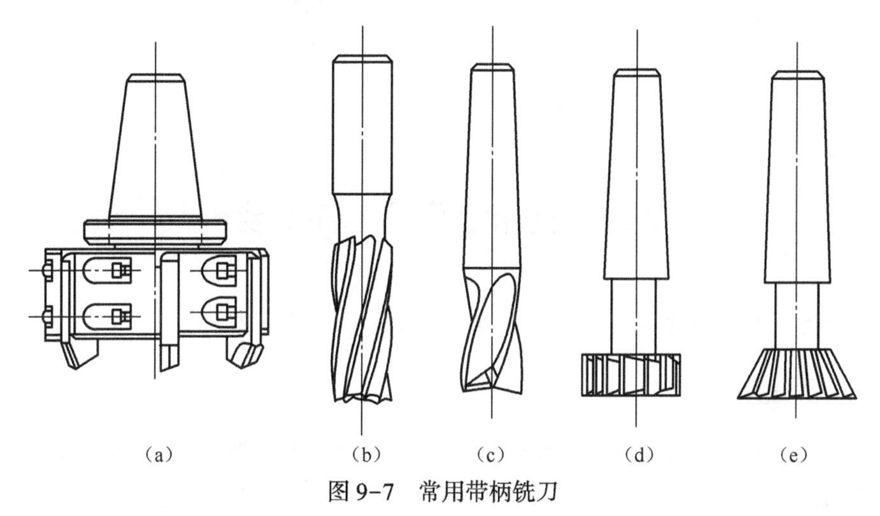

图 9-7 常用带柄铣刀

图 9-7(a) 所示的镶齿端铣刀,适用于卧式或立式铣床上加工平面。一般在刀盘上装有硬质合金刀片,加工平面时可以进行高速铣削,提高生产效率。

图 9-7(b) 所示的立铣刀,端部有三个以上的刀刃,多用于加工沟槽、小平面和台阶面等。

图 9-7(c) 所示的键槽铣刀,端部只有两个刀刃,专门用于加工轴上封闭式键槽。

图 9-7(d) 所示的 T 形槽铣刀和图 9-7(e) 所示的燕尾槽铣刀专门用于加工 T 形槽和燕尾槽。

2. 带柄铣刀的安装及注意事项

(1)直柄铣刀的安装:直柄铣刀的直柄一般不大于20mm,多用弹簧夹头安装。铣刀的直柄插入弹簧夹头的光滑圆孔中,用螺母压弹簧夹头的端面,弹簧套的外锥挤紧在夹头体的锥孔中将铣刀夹住,如图 9-8 所示。弹簧套有多种孔径,以适应不同尺寸的直柄铣刀。

(2)锥柄铣刀的安装:根据铣刀锥柄莫氏号选择合适的变锥套,将各配合表面擦干净,然后用拉杆将铣刀和变锥套一起拉紧在主轴孔内。

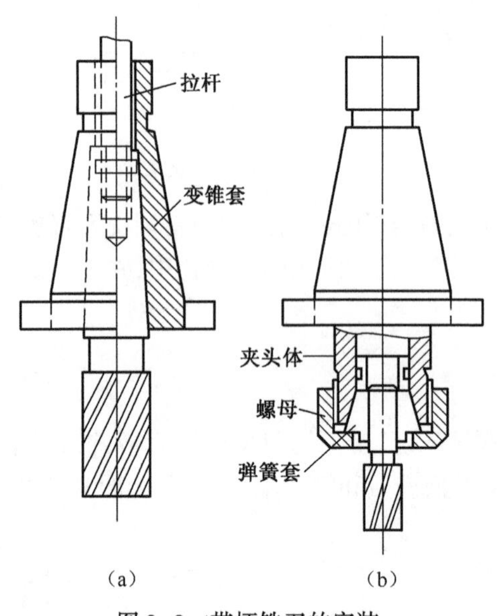

图 9-8　带柄铣刀的安装

9.4　铣床附件及工件安装

铣床附件主要有万能铣头、平口钳、回转工作台和分度头等。

9.4.1　万能铣头

万能铣头安装在卧式铣床上,其主轴可以扳转成任意角度,能完成各种立铣的工作。万能铣头的外形如图 9-9 所示。其底座用 4 个螺栓固定在铣床的垂直导轨上。铣床主轴的运动通过铣头内的两对锥齿轮传到铣头主轴上。铣头本体可绕铣床主轴轴线偏转任意角度,装有铣头主轴的小本体可在大本体上偏转任意角度,因此,万能铣头的主轴可在空间偏转成任意所需角度。

9.4.2　平口钳

平口钳如图 9-10 所示,主要用来安装小型较规则的零件。如板块类零件、盘套类零件、轴类零件和小型支架等。使用时先把平口钳钳口找正并固定在工作台上,然后再安装工件。

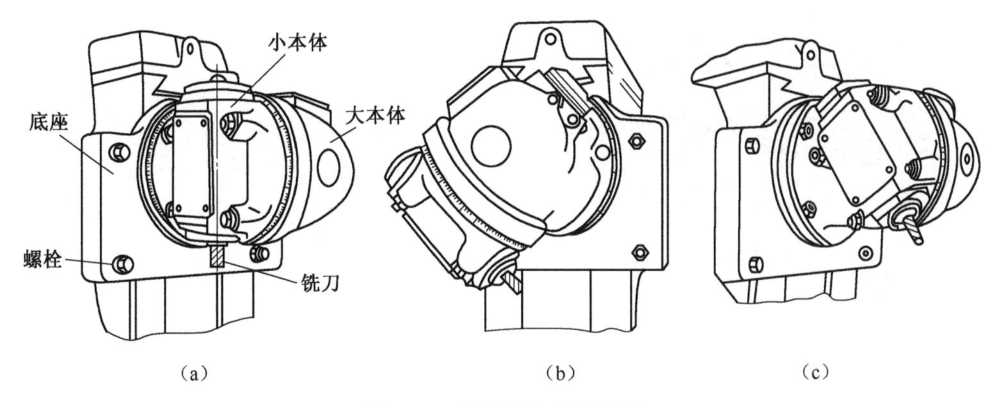

（a）　（b）　（c）

图 9-9　万能铣头的外形图

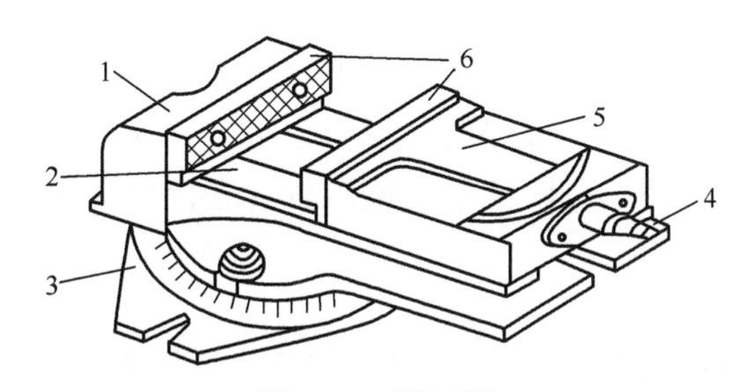

图 9-10　平口钳

1—固定钳口；2—钳身；3—底座；4—螺杆；5—活动钳口；6—钳口铁。

平口钳安装工件具体操作方法及注意事项如下：

（1）工件的被加工面应高出钳口，必要时可用垫铁垫高工件。

（2）为防止铣削时工件松动，需将比较平整的表面紧贴固定钳口和垫铁。工件与垫铁间不应有间隙，故需一面夹紧，一面用手锤轻击工件上部。对于已加工表面应用铜棒进行敲击。

（3）为保护钳口和工件已加工表面，往往在钳口与工件之间垫以软金属片。

9.4.3　回转工作台

回转工作台又称圆形工作台、转盘和平分盘等，其外形如图 9-11 所示。回转工作台主要用来分度及铣削带圆弧曲线的外表面和圆弧沟槽的工件。

回转工作台内部有一对蜗轮蜗杆，摇动手轮，通过蜗杆轴就能直接带动与转台相连接的蜗轮转动。转台周围有 0°～360°的刻度，用于观察和确定转台位置。转台中央有一基准孔，可以方便地确定工件的回转中心。将转台底座上的槽和铣床工作台上的 T 形槽对齐后，即可用螺栓把回转工作台固定在铣床工作台上。

利用回转工作台铣圆弧槽的具体操作方法如下：

（1）如图 9-12 所示，工件放在回转工作台面上，按线划正或用心轴定位对正中心，再用螺栓和压板装夹压紧。

（2）铣刀旋转，手动或机动均匀缓慢地转动回转工作台，带动工件进行圆周进给，即可在工件上铣出圆弧槽。

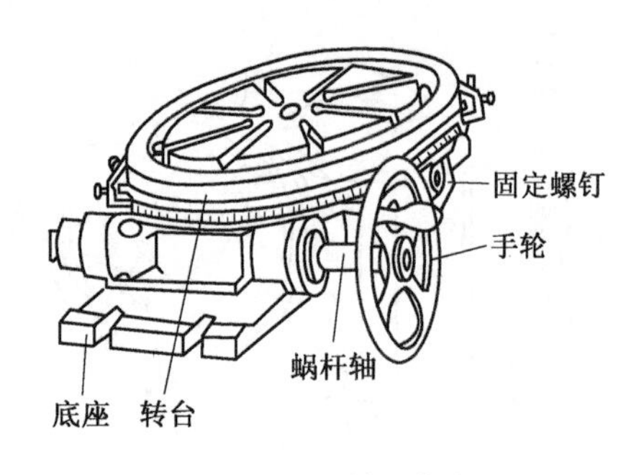

图 9-11　回转工作台

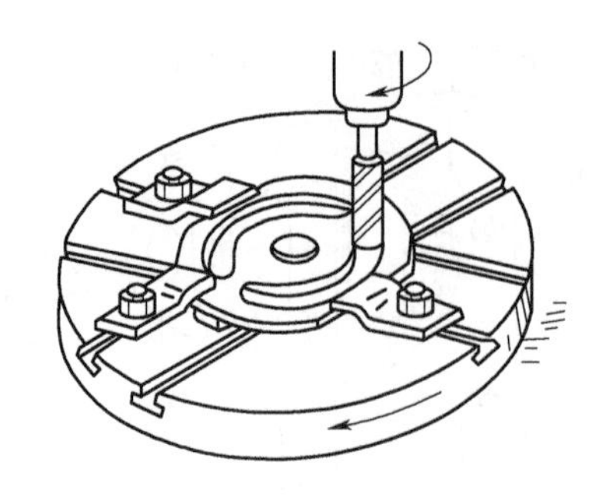

图 9-12　铣圆弧槽

9.4.4 分度头

在铣削加工中,经常会遇到铣四方、六方、齿轮、花键和刻线等工作。这时,工件每铣过一个面或一个槽后,需要转过一定角度再铣第二个面或槽,这种工作叫作分度。分度头是分度用的附件,可对工件在水平、垂直和倾斜位置进行分度。其中最常见的是万能分度头。

1. 万能分度头结构

万能分度头由底座、回转体、主轴和分度盘等组成,如图 9-13 所示。在万能分度头的底座上装有回转体,分度头的主轴可随回转体在垂直平面内扳转,主轴前端常装有三爪自定心卡盘或顶尖。分度时,摇动分度手柄,通过蜗轮蜗杆带动分度头主轴旋转进行分度。

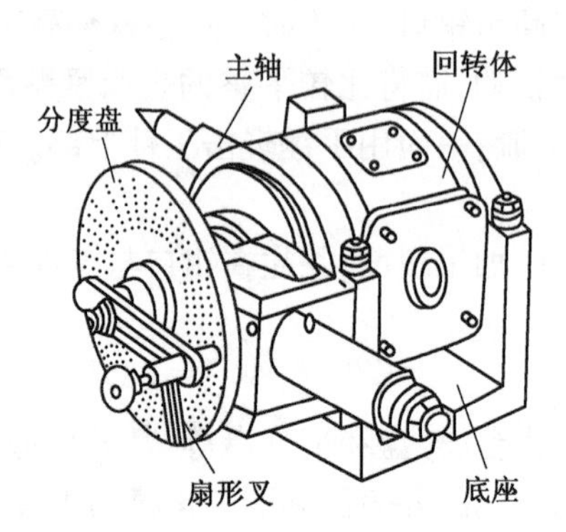

图 9-13　万能分度头

万能分度头的传动系统示意图如图 9-14 所示,主轴上固定有齿数为 40 的蜗轮,它与单头蜗杆啮合。工作时,拔出定位销,转动手柄,通过一对齿数相等的齿轮,蜗杆便带动蜗轮及主轴旋转。

手柄每转一周,主轴只转 1/40 周。如果工件圆周需分成 z 等份,则每一等份就要求主轴转 $1/z$ 周。因此,每次分度时,手柄应转过的周数 n 与工件等份数 z 之间有如下关系:

$$1 : 40 = 1/z : n \tag{9-2}$$

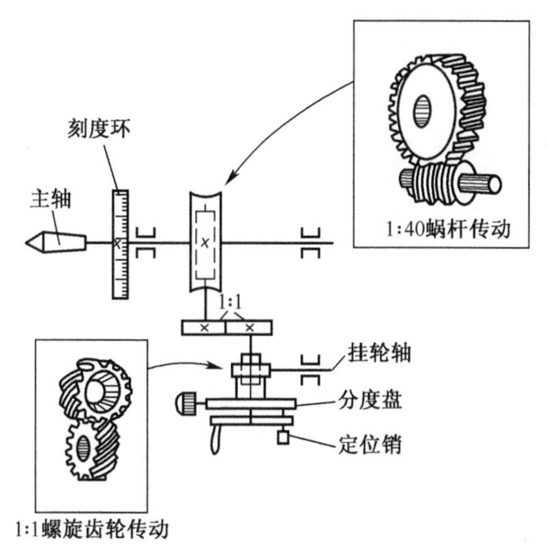

图 9-14 万能分度头的传动系统

即
$$n = \frac{40}{z} \tag{9-3}$$

式中:n 为手柄转数;z 为工件等份数;40 为分度头定数。

2. 简单分度法

使用分度头进行分度的方法很多,有直接分度法、简单分度法、角度分度法和差动分度等。这里仅介绍简单分度法。

公式 $n=40/z$ 所表示的方法即为简单分度法。下面举例说明。

例如铣齿数 $z=36$ 的齿轮,每次分齿时手柄转数为 $n=40/z=40/36=1\frac{1}{9}$。

即每分一齿,手柄需转过一整圈再多摇过 1/9 圈。这 1/9 圈(非整数圈)一般通过分度盘来控制,国产分度头一般备有两块分度盘,正反两面各圈孔数分布如下:第一块分度盘正面各圈孔数依次为 24、25、28、30、34、37;反面依次为 38、39、41、42、43。第二块分度盘正面各圈孔数依次为 46、47、49、51、53、54;反面依次为 57、58、59、62、66。

简单分度法需将分度盘固定。再将分度手柄上的定位销调整到孔数为 9 的整数倍的孔圈上,例如,可调整到孔数为 54 的孔圈上,这时,手柄转过一圈后再沿孔数为 54 的孔圈转过 6 个孔距,即达到了铣削 $z=36$ 齿轮的分度要求。

9.4.5 工件的安装

铣床常用的工件安装方法见图 9-15,有平口钳安装、压板螺栓安装、V 形铁安装和分度头安装等。分度头多用于安装有分度要求的工件,它既可用分度头卡盘(或顶尖)与尾座顶尖一起使用安装轴类零件,也可只使用分度头卡盘安装工件。由于分度头的主轴可以在垂直平面内扳转,因此,可利用分度头把工件安装成水平、垂直及倾斜位置。

当零件的生产批量较大时,可采用专用夹具或组合夹具安装工件。这样既能提高生产效率,又能保证产品质量。

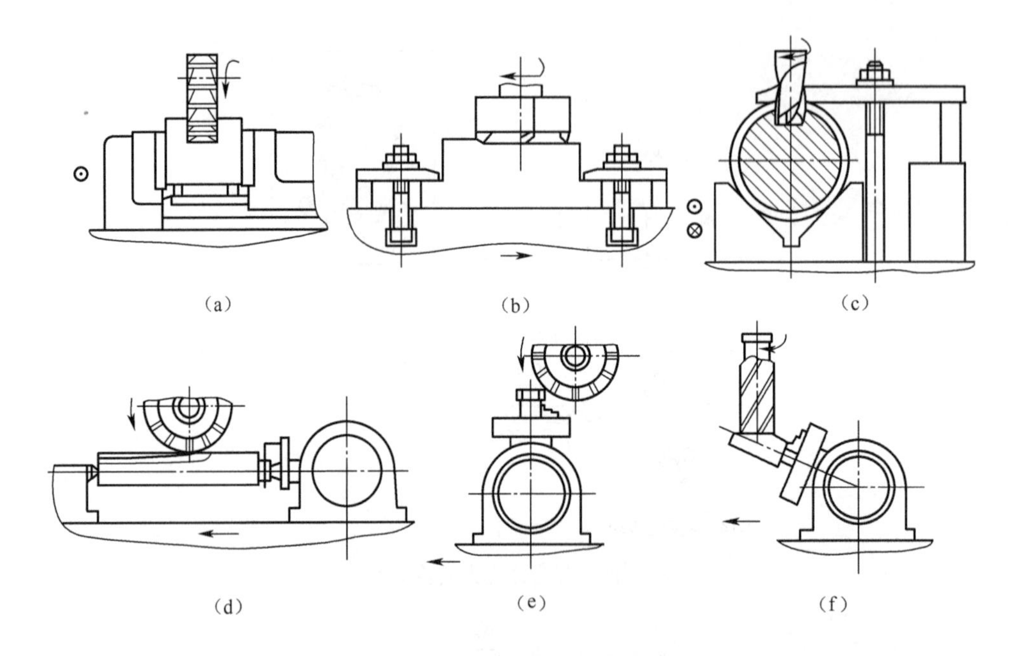

图 9-15　铣床常用的工件安装方法

(a)平口钳;(b)压板螺栓;(c)V 形铁;(d)分度头顶尖;(e)分度头卡盘(直立);(f)分度头卡盘(倾斜)。

9.5 铣 削 方 法

9.5.1 顺铣和逆铣操作

在卧式铣床上铣削平面时,根据铣刀旋转方向与工件进给方向相同与否,将铣削分为顺铣和逆铣两种,如图 9-16 所示。

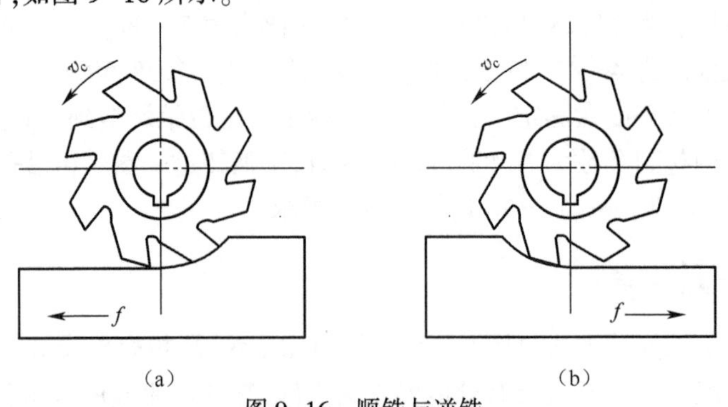

图 9-16　顺铣与逆铣

(a)逆铣;(b)顺铣。

顺铣:铣削时,铣刀对工件的作用力在进给方向上的分力与工件进给方向相同的铣削方式。

逆铣:铣削时,铣刀对工件的作用力在进给方向上的分布与工件进给方向相反的铣削方式。

9.5.2 铣平面

平面是组成零件的基本表面之一，铣平面可在卧铣或立铣上进行，所用刀具有镶齿端铣刀、圆柱铣刀、套式立铣刀、三面刃铣刀和立铣刀等。

用圆柱铣刀铣平面。通常在卧式铣床上进行。铣平面的圆柱铣刀有直齿和螺旋齿两种。使用螺旋齿圆柱铣削时，刀齿逐渐切入工件，同时参加切削的刀刃数较多，切削过程比较平稳。

用端面铣刀铣平面。通常在立式铣床上进行，也可以用端面铣刀在卧式铣床上铣削平面。用端面铣刀铣削时，切削层厚度变化较小，同时参与切的刀齿较多，切削过程平稳。为避免加工表面出现接刀痕，端面铣刀的直径取工件宽度的 1.2 倍左右为宜。用端面铣刀铣平面，加工效率较高，适用于尺寸较大工件的生产。

圆柱铣刀在卧式铣床铣削平面的具体操作方法如下：

(1) 安装铣刀。将铣床上的横梁伸出，卸下吊架，在刀杆上先套上几个套筒，然后安装铣刀。安装时应注意铣刀切削刃与主轴旋转方向要一致，接着继续在刀杆上再套上多个套筒，初步拧紧压紧螺母后把吊架装上，最后将螺母拧紧，使铣刀紧固在横梁上。

在不影响零件加工的前提下，铣刀应尽量靠近主轴或吊架附近安装，以增加铣削刚度。

铣削之前，先用百分表检查刀的径向和端面跳动，调整合适后用力拧紧刀杆上的压紧螺母即可。

(2) 安装工件。在铣床上装夹工件时，主要有平口钳装夹、工作台上装夹和专用夹具装卡三种方式。

平口钳是一种通用夹具，用于装夹小型工件。使用时，通常先对平口钳钳口进行找正，并且将其固定在工作台上，然后装夹工件。装夹时，工件的基准面要贴紧固定钳口，在夹紧之前要对照划线进行找正。对于平口钳难以装夹的大中型工件，可以把工件直接装夹在工作台上。

用专用夹具装夹工件是比较完善且现代化的装夹方法，它不需要花费时间找正，安装迅速，定位准确，而且能保证工件加工后的精确性。但专用夹具要预先制造，所以通常用于较大批量的生产。

(3) 确定铣削用量。可根据工件的材料、加工余量、铣刀的材料、工件宽度和表面粗糙度要求来综合选择合理的切削用量。为了提高生产效率和产品质量，铣削加工通常分为粗铣和精铣两步进行，其切削用量也不一样。粗铣的切削速度较低，切削量较大；精铣切削速度较大，切削量较小。

(4) 对刀。启动铣床，使铣刀按逆铣方式旋转，摇动升降手柄，慢慢升高工作台使工件和铣刀轻微接触；将升降手柄上的刻度盘对零。稍微降下工作台使工件与铣刀分离，停机，纵向退出工件。

(5) 调整铣削深度。先使工作台升至刻度盘对零位置，然后控制工作台升高至规定的铣削深度位置，固定升降台和横向工作台。

(6) 铣削进给。启动铣床，使铣刀旋转，先手动使工作台纵向进给，当工件被切入后立即改为自动进给。铣完一遍后，停机，降下工作台。

(7) 退回工作台,测量铣后工件尺寸。重复上述铣削过程,直至尺寸精度和表面粗糙度达到要求。

9.5.3 铣斜面

工件上具有斜面的结构很常见,常用的斜面铣削方法有以下三种。

(1) 转动工件:此方法是把工件上被加工的斜面转动到水平位置垫上相应的角度垫铁夹紧在铣床工作台上。如图 9-17(a)所示。在圆柱和特殊形状的零件上加工斜面时,可利用分度头将工件旋到所需位置进行铣削。

(2) 转动铣刀:将主轴倾斜一定角度,此方法通常在装有立铣头的卧式铣床或立式铣床上铣削斜面,如图 9-17(b)所示。

(3) 用角度铣刀铣斜面:对于一些小斜面,可采用合适的角度铣刀加工,此方法多用于卧式铣床上,如图 9-17(c)所示。

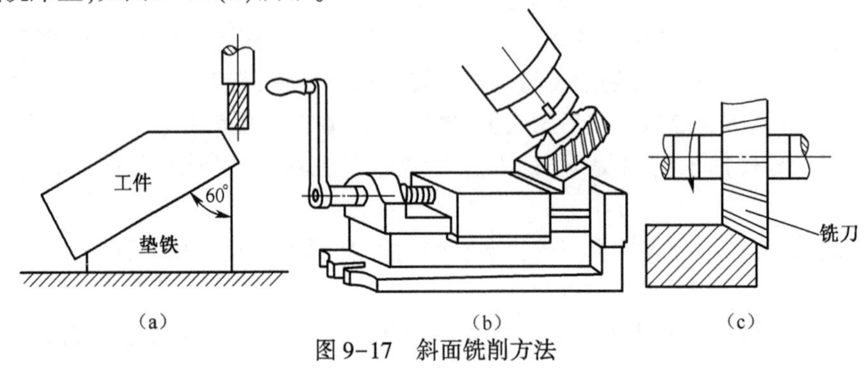

图 9-17　斜面铣削方法

9.5.4 铣沟槽

在铣床上可铣削各种沟槽。可分别用三面刃铣刀、角度铣刀、燕尾槽铣刀、T 形槽铣刀、键槽铣刀、立铣刀加工直槽、V 形槽、燕尾槽、T 形槽、键槽、圆弧槽。

1. 铣键槽

常见的键槽有封闭式和敞开式两种。对于封闭式键槽,单件生产一般在立式铣床上加工,用平口钳装夹工件,但需找正;若批量较大时,应在键槽铣床上加工,多采用轴用虎钳装夹工件,如图 9-18 所示。轴用虎钳装夹工件可以自动对中。

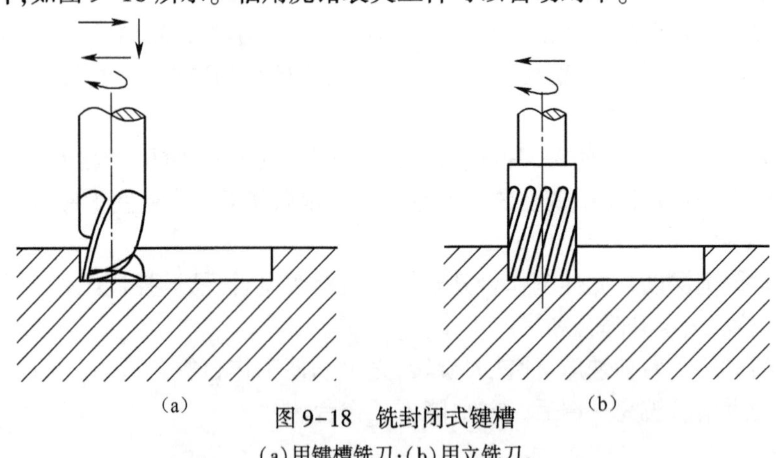

图 9-18　铣封闭式键槽

(a)用键槽铣刀;(b)用立铣刀。

对于敞开式键槽,用分度头装夹工件,在卧铣上用三面刃铣刀加工。

2. 铣 T 形槽

要铣 T 形槽,必须先用立铣刀或三面刃铣刀铣出直槽(图 9-19(a)),然后立式铣床上用 T 形槽铣刀铣削(图 9-19(b)),最后用角度铣刀铣出倒角(图 9-19(c))。T 形槽铣刀切削条件差,排屑困难,铣削时应取较小进给量,并加充足的切削液。

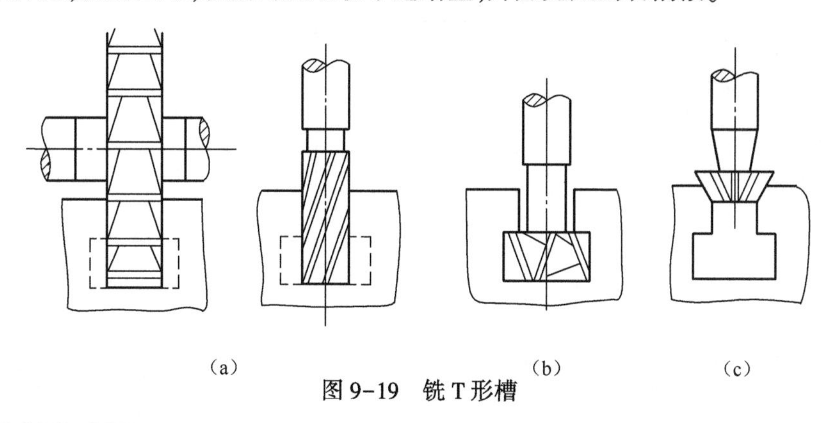

图 9-19　铣 T 形槽

3. 铣削成形面

成形面一般在卧式铣床上用成形铣刀来加工,成形铣刀的形状与加工表面相吻合。

4. 铣齿

铣齿是用与被切齿轮齿槽形状相符的成形铣刀铣出齿形的加工方法。铣削时,工件在卧式铣床上用分度头卡盘和尾座顶尖装夹,用一定模数和压力角的盘状齿轮铣刀进行铣削,如图 9-20 所示;在立式铣床上用指状齿轮铣刀进行铣削。当铣完一个齿槽后,将工件退出进行分度,再铣下一个齿槽,直到铣完所有齿槽为止。

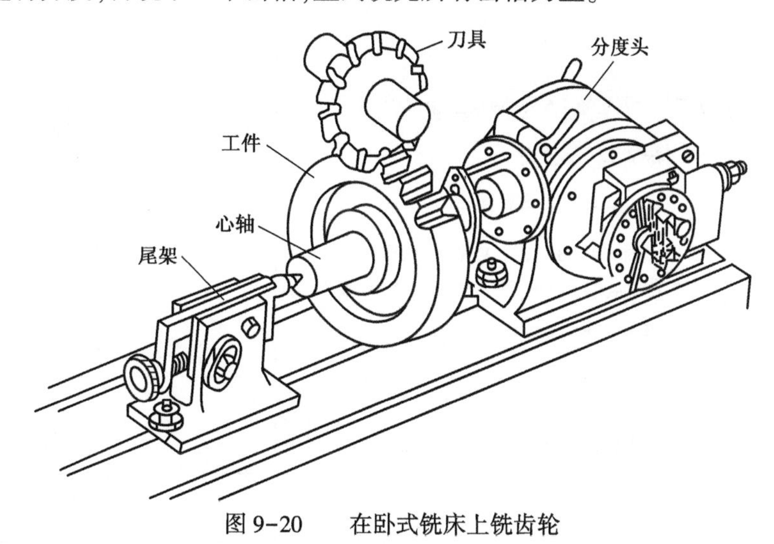

图 9-20　在卧式铣床上铣齿轮

9.6　典型铣削工艺训练

(1) 根据利用分度头铣削工件的学习,学生需加工制作六方体工件,具体尺寸要求和工艺见表 9-1：

表 9-1　利用分度头铣六方体工件

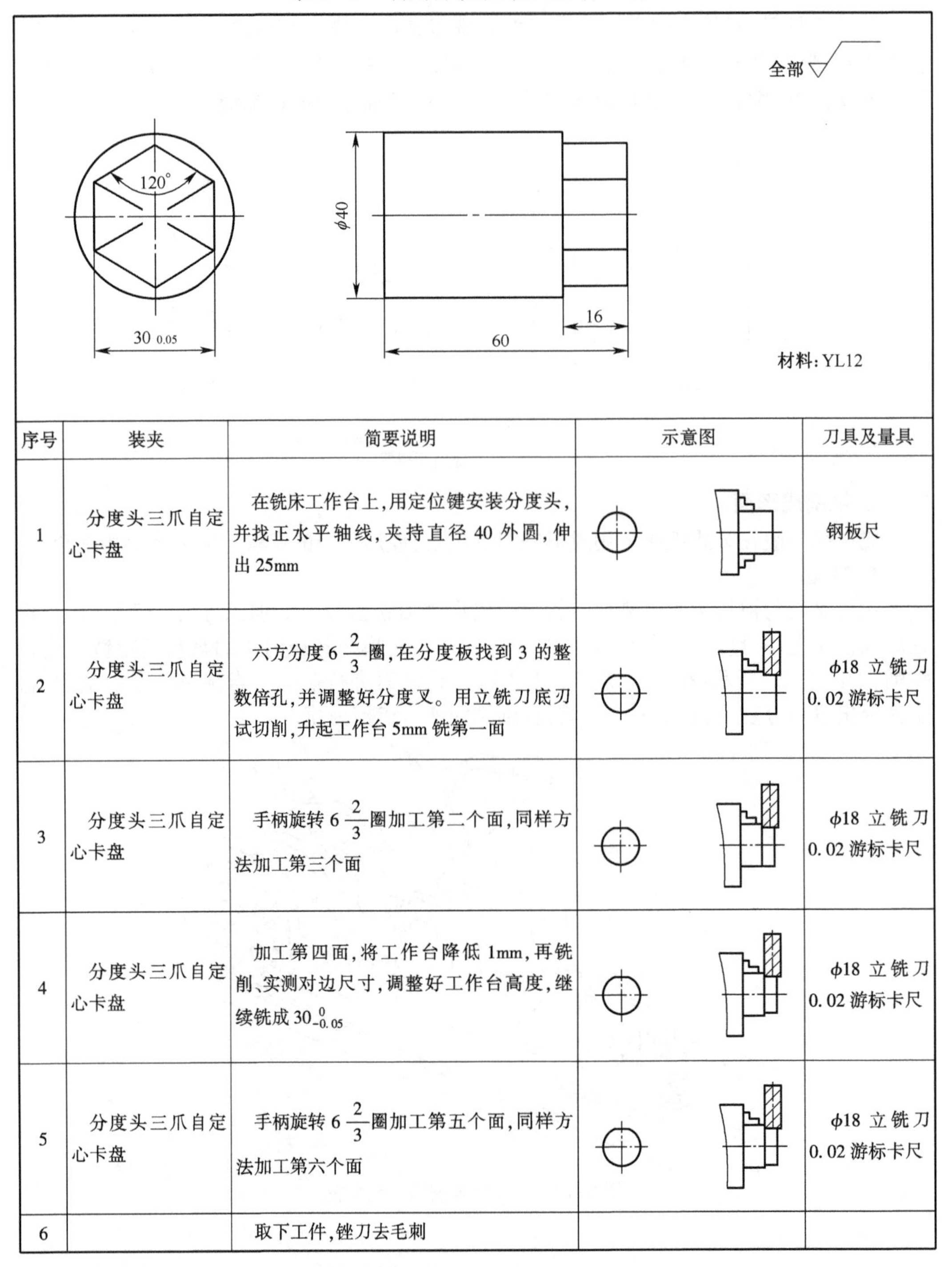

序号	装夹	简要说明	示意图	刀具及量具
1	分度头三爪自定心卡盘	在铣床工作台上，用定位键安装分度头，并找正水平轴线，夹持直径 40 外圆，伸出 25mm		钢板尺
2	分度头三爪自定心卡盘	六方分度 $6\frac{2}{3}$圈，在分度板找到 3 的整数倍孔，并调整好分度叉。用立铣刀底刃试切削，升起工作台 5mm 铣第一面		ϕ18 立铣刀 0.02 游标卡尺
3	分度头三爪自定心卡盘	手柄旋转 $6\frac{2}{3}$圈加工第二个面，同样方法加工第三个面		ϕ18 立铣刀 0.02 游标卡尺
4	分度头三爪自定心卡盘	加工第四面，将工作台降低 1mm，再铣削、实测对边尺寸，调整好工作台高度，继续铣成 $30_{-0.05}^{0}$		ϕ18 立铣刀 0.02 游标卡尺
5	分度头三爪自定心卡盘	手柄旋转 $6\frac{2}{3}$圈加工第五个面，同样方法加工第六个面		ϕ18 立铣刀 0.02 游标卡尺
6		取下工件，锉刀去毛刺		

(2) 鲁班锁。

根据铣平面铣槽等各工艺的学习，学生需加工制作鲁班锁工件，具体尺寸要求和工艺见表 9-2。

表 9-2 加工制作鲁班锁

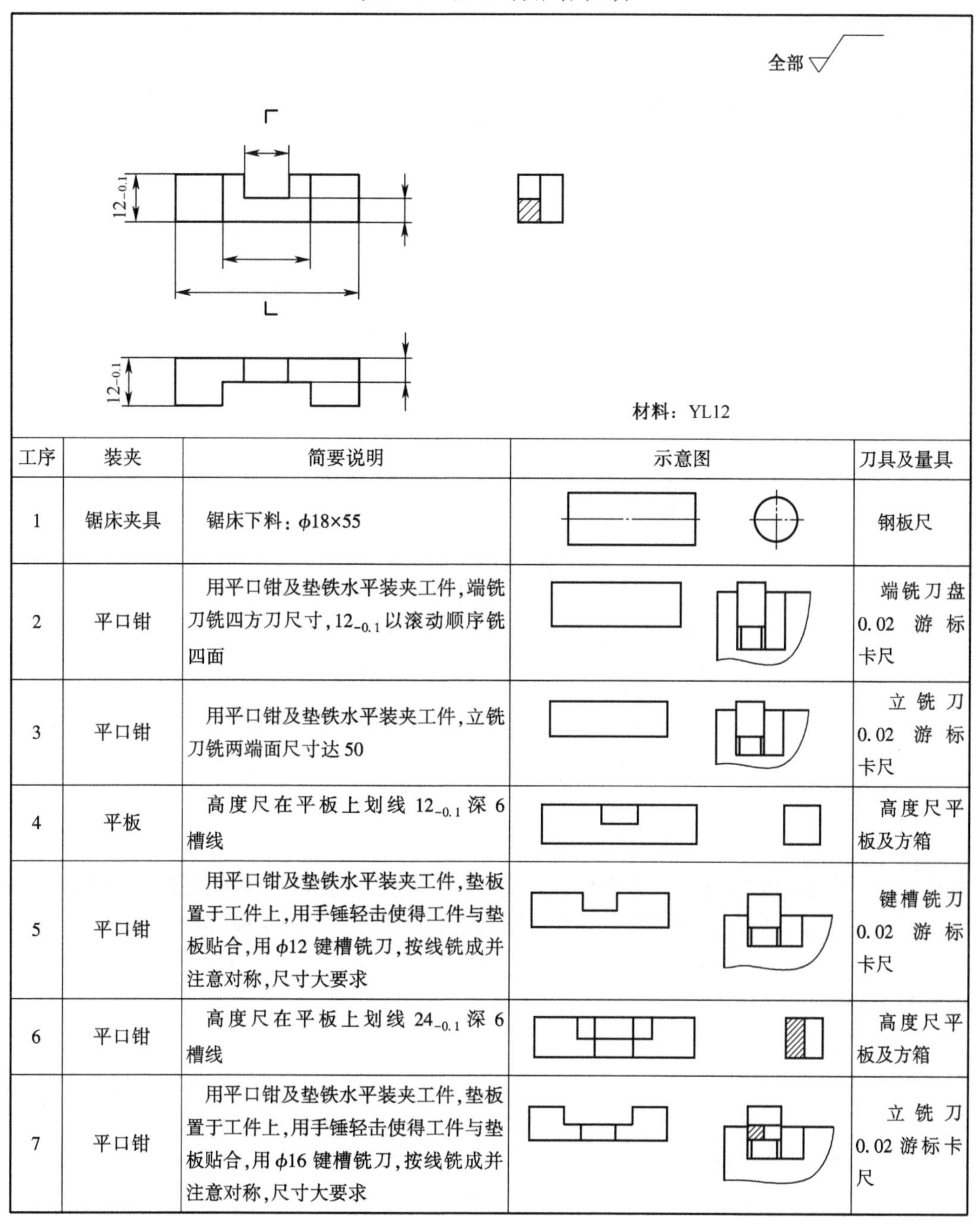

工序	装夹	简要说明	示意图	刀具及量具
1	锯床夹具	锯床下料：$\phi18\times55$		钢板尺
2	平口钳	用平口钳及垫铁水平装夹工件，端铣刀铣四方刀尺寸，$12_{-0.1}$以滚动顺序铣四面		端铣刀盘 0.02 游标卡尺
3	平口钳	用平口钳及垫铁水平装夹工件，立铣刀铣两端面尺寸达 50		立铣刀 0.02 游标卡尺
4	平板	高度尺在平板上划线 $12_{-0.1}$ 深 6 槽线		高度尺平板及方箱
5	平口钳	用平口钳及垫铁水平装夹工件，垫板置于工件上，用手锤轻击使得工件与垫板贴合，用 $\phi12$ 键槽铣刀，按线铣成并注意对称，尺寸大要求		键槽铣刀 0.02 游标卡尺
6	平口钳	高度尺在平板上划线 $24_{-0.1}$ 深 6 槽线		高度尺平板及方箱
7	平口钳	用平口钳及垫铁水平装夹工件，垫板置于工件上，用手锤轻击使得工件与垫板贴合，用 $\phi16$ 键槽铣刀，按线铣成并注意对称，尺寸大要求		立铣刀 0.02 游标卡尺

9.7 刨削加工

刨削加工是指在刨床上利用刨刀进行的切削加工，主要用于加工平面（水平面、垂直面和斜面）、各种沟槽（直槽、T 形槽、V 形槽和燕尾槽）以及成形面。

刨削加工为单向加工，向前运动为加工行程，返回行程是不切削的，而且切削过程中有冲击,反向时需要克服惯性,刨削的速度不高,生产率低,只有在加工细而长的表面时才可以获得比较高的生产率。刨削刀具简单,加工、调整灵活,适应性强,生产准备时间短,因此主要用于单件小批量生产及修配工作。

刨削加工的尺寸精度一般为 IT10~IT8,表面粗糙度 Ra 值为 6.3~1.6μm。

刨削运动及刨削要素如下:

1. 刨削运动

在牛头刨床上加工水平面时,刀具的直线往复运动为主运动,工件的间歇移动为进给运动。

2. 刨削要素

牛头刨床刨削时,其刨削要素包括刨削速度 v_c、进给量 f 和背吃刀量 a_p,如图 9-21 所示。

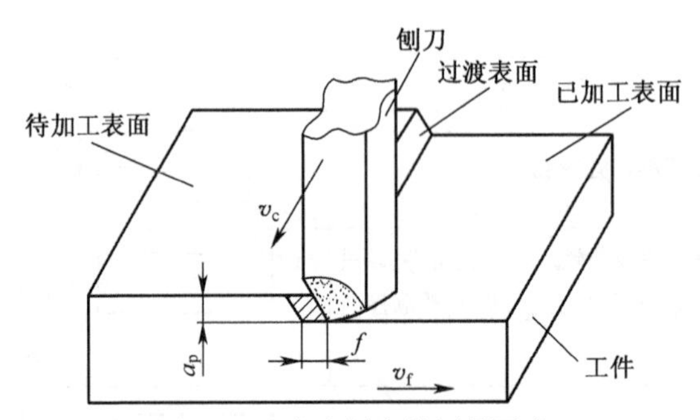

图 9-21　牛头刨床的刨削要素

(1) 刨削速度 v_c 是工件和刨刀在刨削时的相对速度,计算公式为

$$v_c = \frac{2Ln_r}{1000} \tag{9-4}$$

式中:v_c 为刨削速度(m/min);L 为行程长度(mm);n_r 为滑枕每分钟的往复行程次数。

(2) 进给量 f 是指刨刀每往复一次,工件沿进给方向移动的距离(mm/min)。

(3) 背吃刀量 a_p 是指工件已加工表面和待加工表面之间的垂直距离(mm)。

3. 刨床

1) 牛头刨床

牛头刨床是刨床中应用最广泛的一种,它适于刨削长度不超过 1000mm 的中、小型工件。图 9-22 所示为 B6065 牛头刨床。在编号 B6065 中,B 表示刨床类;60 表示牛头刨床;65 表示刨削工件的最大长度的 1/10,即最大刨削长度为 650mm。

牛头刨床主要由床身、滑枕、刀架、工作台和横梁等构成。

(1) 床身。床身用于支承和连接刨床的各部分,其顶面水平导轨支持滑枕作往复运动,侧面导轨连接可以升降的横梁。床身内装有变速机构和摆杆机构,可以把电机传来的动力进行变换,通过摆杆机构把动力变换为往复直线运动。

(2) 滑枕。滑枕前端装有刀架,带动刀架沿床身水平方向作纵向往复直线运动。

(3) 刀架。刀架用于夹持刨刀,可以通过转动刀架顶部的手柄,使刨刀做垂直方向或者倾斜方向的进给。松开转盘上的螺母后,转盘可以旋转一定角度,这样刨刀就可以沿该角度实现进给运动。

(4) 横梁。横梁上装有工作台及工作台进给丝杠,可以带动工作台沿床身导轨作升降运动。

(5) 工作台。工作台用于安装工件及夹具,可以随横梁上、下移动,并且可以沿横梁导轨作横向的移动或者间歇进给运动。

2) 龙门刨床

龙门刨床用来加工大型工件,或同时加工数个中、小型工件。图 9-23 所示为 B2010A 型龙门刨床。在编号 B2010A 中,B 表示刨床类;20 表示龙门刨床;10 表示最大刨削宽度的 1/100,即最大刨削宽度为 1000mm;A 表示机床结构经过一次重大改进。

加工时,工件装夹在工作台上,由工作台带动沿床身导轨做直线往复运动(主运动);安装在垂直刀架或侧刀架上的刨刀随刀架沿横梁或立柱作间歇的进给运动。侧刀架可沿立柱导轨上下运动以加工垂直面,垂直刀架可沿横梁导轨做水平运动以加工水平面,同时横梁又可带动两个垂直刀架沿立柱导轨上、下移动以调节刨刀高度。龙门刨床刚性较好,而且几个刀架可以同时进行工作,所以加工精度和生产率均比牛头刨床高。

3) 插床

插床又称立式刨床,图 9-24 所示为 B5020 型插床。在型号 B5020 中,B 表示刨床类;50 表示插床;20 表示最大插削长度的 1/10,即最大插削长度为 200mm。

加工时,滑枕带动插刀作上、下往复直线运动;工件装夹在工作台上可实现纵向、横向及圆周方向的进给运动。插床主要用于单件、小批量生产中加工多边形孔和孔内键槽。

图 9-22 B6065 牛头刨床　　图 9-23 B2010A 型龙门刨床

图 9-24 B5020 型插床

4. 刨刀

刨刀的形状结构与车刀相似,但由于刨削过程中有冲击力,刀具易损坏,所以刨刀的截面通常是车刀的 1.25~1.5 倍。

刨刀的种类较多,按加工表面和加工方式不同,常见的有平面刨刀、偏刀、角度偏刀、切刀及成形刀等。

9.8 磨削加工

在磨床上用砂轮对工件进行切削加工称为磨削加工。在机械制造业中,它是对机械零件进行精密加工的主要方法之一。磨床主要用于加工内外圆柱面、内外圆锥面、平面及成形面(如螺纹、花键、齿形等)。磨削属于精加工,尺寸公差等级一般可达 IT6~ IT5,表面粗糙度 *Ra* 值一般为 0.8~0.2μm。

9.8.1 磨削运动和磨削用量

1. 磨削运动

图 9-25 所示为磨削时的两种运动。

磨外圆时,如图 9-25(a)所示,砂轮的快速旋转运动为主运动,工件缓慢的转动为圆周进给运动,纵向往复移动为纵向进给运动。每次纵向行程完毕,砂轮做横向切深移动。

磨平面时,如图 9-25(b)所示,砂轮的高速旋转运动为主运动,工件作纵向进给运动,砂轮做横向进给运动,切削深度是由砂轮架上、下调整运动来实现的。

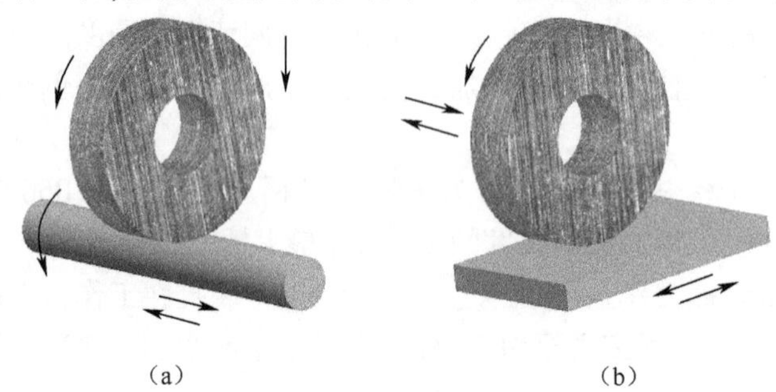

图 9-25 磨削时的运动

2. 磨削用量

在磨削外圆的过程中,相对于磨削运动的磨削用量如下:

1) 磨削速度

砂轮在旋转过程中,外圆的线速度就是磨削速度,可用下式进行计算,即

$$v_s = \pi d_s n_s / (1000 \times 60) \tag{9-5}$$

式中:v_s 为磨削速度(m/s);d_s 为砂轮直径(mm);n_s 为砂轮转速(r/min)。

2) 圆周进给速度

工件磨削处外圆的线速度称为圆周进给速度,可用下式计算,即

$$v_w = \pi d_w n_w / (1000 \times 60) \tag{9-6}$$

式中:v_w 为圆周进给速度(m/s);d_w 为工件磨削处外圆直径(mm);n_w 为工件的转速(r/min)。

3) 轴向进给量

工件每转 1 转,相对于砂轮轴向进给运动方向上的位移就是轴向进给量,单位为 mm/r。

4) 径向进给量

工作台每往复一次,行程砂轮相对于工件径向移动的距离就是径向进给量,单位为 mm/ str。

9.8.2 磨床

1. 外圆磨床

外圆磨床是用砂轮磨削各种轴类环套类零件外圆和锥体外圆的磨床。外圆磨床一般

包括普通外圆磨床、万能外圆磨床、卡盘外圆磨床、无心外圆磨床、专用外圆磨床等。最常用的是万能外圆磨床,如 M1432A 型万能外圆磨床,可磨削加工零件的外圆柱面、外圆锥面、内圆柱面、内圆锥面及端面等。型号 M1432A 机床,M 表示磨床类;14 表示万能外圆磨床;32 表示最大磨削直径的 1/10,即最大磨削直径为 320mm;A 表示机床进行过一次重大改进。

图 9-26 所示为 M1432A 万能外圆磨床外形图,它主要由床身、工作台、砂轮架、头架、尾座、内圆磨头等组成。

图 9-26 M1432A 万能外圆磨床

(1) 床身。上部装有工作台和砂轮架,内部装有液压传动系统。

(2) 砂轮架。砂轮架用于安装砂轮。砂轮架可在床身后部的导轨上做横向移动,绕垂直轴可旋转某一角度。

(3) 工作台。工作台上装有头架和尾座,用以装夹工件并带动旋转。磨削时,工作台可自动做纵向往复运动,其行程长度可借助挡块位置调节。工作台后面还能扳转一定角度,以便磨削长圆锥面。

(4) 头架。头架内的主轴由单独电动机带动旋转。主轴端部可安装顶尖、拨盘或卡盘,以安装工件。头架也可绕垂直轴转一角度,以磨削短圆锥面。

(5) 内圆磨头。内圆磨头是磨内孔表面用的,安装磨内圆的砂轮。内圆磨头装在可绕铰链回转的支架上,使用时翻下,不用时翻回砂轮架上方。

2. 内圆磨床

内圆磨床主要用于磨削内圆柱面、内圆锥面及端面等。例如,M2120 型内圆磨床,其型号中 M 表示磨床类;21 表示内圆磨床;20 表示最大磨削孔径的 1/10,即最大磨削孔径为 200mm。

图 9-27 所示为 M2110 内圆磨床,它由床身、床头、磨具架和砂轮修整器等部件组成。头架可绕垂直轴转动,以磨削锥孔。磨具架安放在工作台上,工作台由液压驱动作纵向往复运动,而且砂轮趋近工件及退出时能自动变为快速,以提高生产率。

3. 平面磨床

平面磨床用于磨削平面。平面磨床有卧轴圆台平面磨床、卧轴矩台平面磨床、立轴圆台平面磨床和立轴矩台平面磨床等。例如,M7120D 平面磨床,其型号中 M 表示磨床类;7 表示平面及端面磨床;1 表示卧轴矩台平面磨床;20 表示工作台宽度的 1/10,即工作台宽度为 200m;D 表示在性能和结构上做过 4 次重大改进。

图 9-28 所示为 M7120D 平面磨床,它由床身工作台立柱拖板磨头和砂轮修整器等主要部件组成。

图 9-27　M2110 内圆磨床

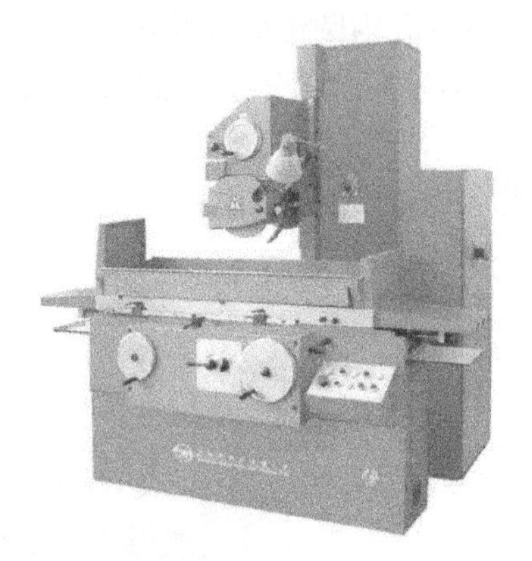

图 9-28　M7120D 平面磨床

工作台安装在床身的水平纵向导轨上,由液压传动系统和行程挡块自动操纵做往复直线运动。工作台上装有电磁吸盘,用以装夹工件。磨头沿拖板的水平导轨做横向进给运动。拖板可沿立柱的垂直导轨上、下移动,以调整磨床的高低位置及完成垂直进给运动,这一运动是通过垂直进给手轮来实现的。砂轮则由电动机直接驱动。

9.8.3 砂轮

砂轮是磨削加工的切削工具,它是由磨粒、结合剂和气孔构成的多孔物体。磨粒具有很高的硬度,起着切削作用;结合剂的作用是将磨粒黏结在一起,并使砂轮具有一定的形状和强度;气孔在磨削过程中起着裸露磨粒棱角(即切削刃)、容屑和散热的作用。

9.8.4 磨削加工

1. 磨平面

磨削平面时采用平面磨床,一般是以一个平面为定位基准,磨削另一个平面。如两平面要求平行,可互为基准磨削。

平面磨削常用的方法有周磨法和端磨法两种。

1) 周磨法

周磨法是利用砂轮的圆周面进行磨削,如图 9-29 所示。周磨法的砂轮与工件的接触面积小,排屑和冷却条件好,砂轮磨损均匀,能获得较高的加工精度和较低的表面粗糙度数值,但生产效率低,适合于单件、小批量生产的精磨。

2) 端磨法

端磨法是用砂轮端面磨削工件,如图 9-30 所示。端磨法的砂轮与工件的接触面积大,可采用较大的磨削用量,磨削生产效率高,但磨削发热量大,冷却和散热条件差,工件变形大,磨削精度比周磨低,适合于大批量生产中磨削要求不太高的平面,或作为精磨的前工序。

磨削过程中,要施加大量的磨削液,其目的是:降低磨削区的温度,起冷却作用;减小

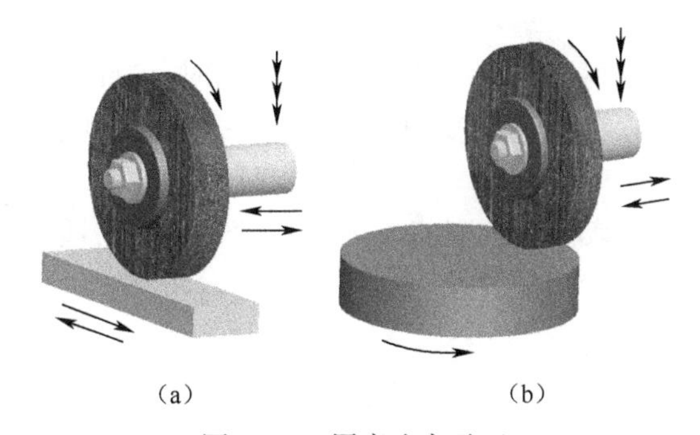

图 9-29 周磨法磨平面

砂轮与工件之间的摩擦,起润滑作用;冲走磨屑和脱落的砂粒,起防止砂轮堵塞的作用。

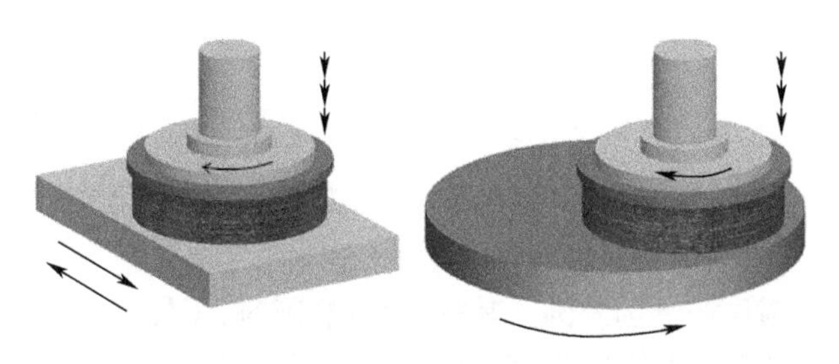

图 9-30 端磨法磨平面

2. 磨外圆

将工件支承起来,也可采用卡盘装夹和在外圆磨床上磨外圆磨削外圆的方法常用的有纵磨法和横磨法。磨床上使用的顶尖都是死顶尖,以减小安装误差,提高加工精度。顶尖安装适用于有中心孔的轴类零件。

磨削前,工件中心孔均要修研,提高其几何精度,减小表面粗糙度。用四棱硬质合金顶尖(图 9-31)在车床上挤研,研亮即可;中心孔较大、精度要求较高时,需用油石或铸铁顶尖为前顶尖,一般顶尖为后顶尖。修研时头架旋转,工件不转,用手握住。研好一端,再研另一端,如图 9-32 所示。

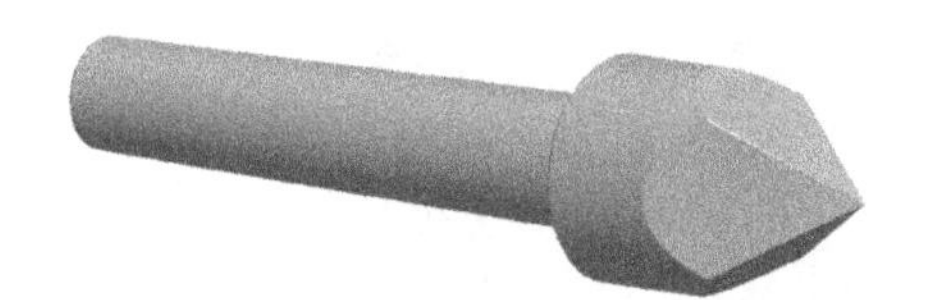

图 9-31 四棱硬质合金顶尖

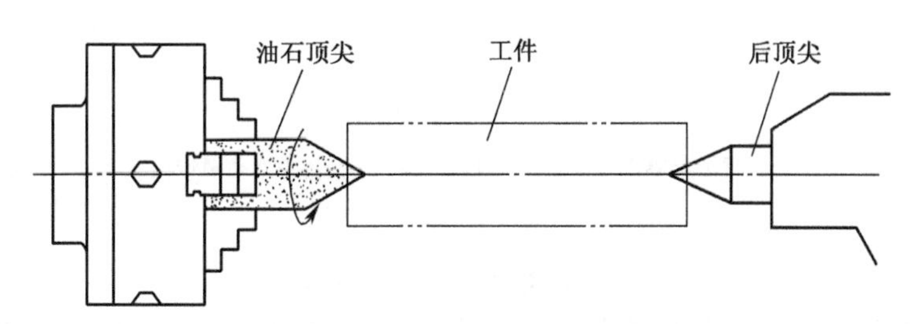

图 9-32 用油石顶尖修研中心孔

1）纵磨法

图 9-33 所示为纵磨法磨削外圆。其特点是：磨削时，工件旋转并随工作台做纵向直线往返移动，每次纵向行程结束时，使砂轮横向进给一次。如此反复，最终磨削至工件尺寸要求。

纵磨法加工精度较高，表面粗糙度值较小，但生产效率低，适应范围广，可用于单件、小批量和大批量生产。

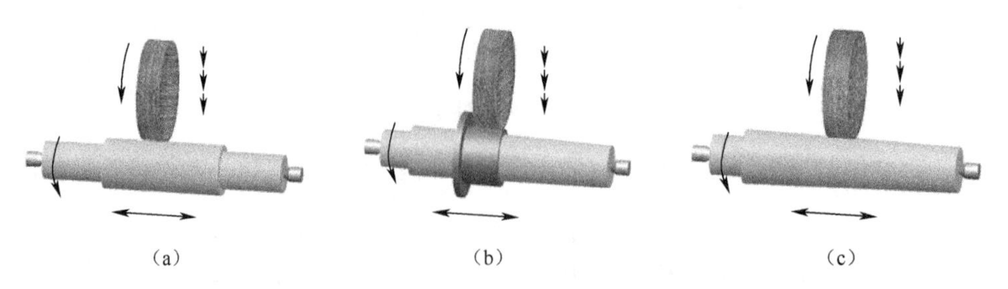

（a）　　（b）　　（c）

图 9-33　纵磨法磨削外圆

（a）磨轴类零件外圆；（b）磨盘套类零件外圆；（c）磨轴类零件锥面。

2）横磨法

图 9-34 所示为横磨法磨削外圆。其特点是：磨削时，工件不随工作台做纵向直线往复运动，砂轮沿工件做横向进给运动，直到磨至尺寸要求为止。

采用横磨法磨削外圆时，砂轮宽度比工件的磨削宽度大，工件不需做纵向（工件轴向）进给运动，砂轮以缓慢的速度连续地或断续地做横向进给运动，实现对工件的径向进给，直至磨削达到尺寸要求。其特点是：充分发挥了砂轮的切削能力，磨削效率高，同时也适用于成形磨削。然而，在磨削过程中，砂轮与工件接触面积大，使得磨削力增大，工件易发生变形和烧伤。另外，砂轮形状误差直接影响工件几何形状精度，磨削精度较低，表面粗糙度值较大。因而必须使用功率大刚性好的磨床，磨削的同时必须给予充分的切削液以达到降温的目的。使用横磨法，要求工艺系统刚性要好，工件宜短不宜长。短阶梯轴轴颈的精磨通常采用这种磨削方法。

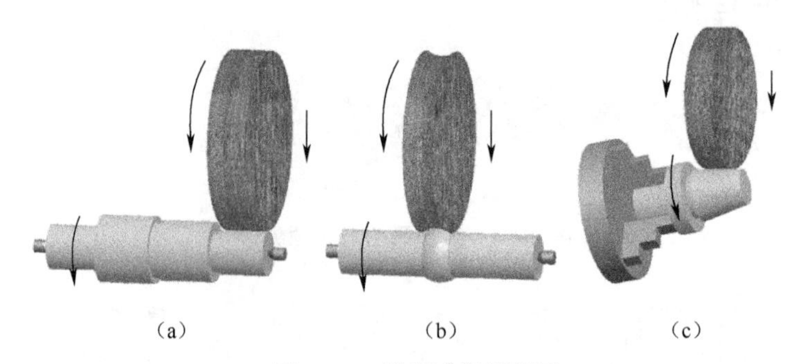

（a）　　（b）　　（c）

图 9-34　横磨法磨削外圆

（a）磨轴类零件外圆；（b）磨成型面；（c）扳转头架磨短锥面。

3. 磨内圆

磨内圆时，通常在内圆磨床或万能磨床上进行，如图 9-35 所示。

与磨削外圆相比，磨内圆的砂轮受孔径限制，切削速度难以达到磨外圆的速度；砂轮轴直径小,悬伸长,刚度差,易弯曲变形和震动;砂轮与工件成内切圆接触,接触面积大,磨削发热量大,散热条件差,表面易烧伤。因此,磨内圆的加工精度和表面质量难以控制,生产效率低。

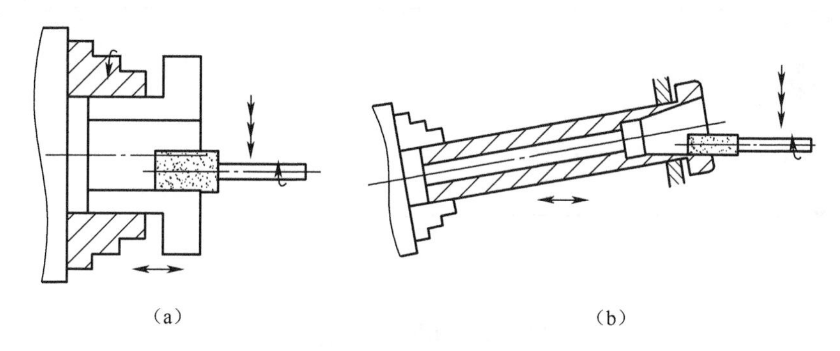

图 9-35 内圆磨削
(a)磨内圆;(b)扳转工作台磨锥孔。

本章相关操作视频,请扫码观看

第 10 章 钳　工

10.1 概　述

钳工是机械制造中最古老的金属加工技术,在现代机械加工技术中仍有着普遍的应用,对操作人员的操作技能要求较高。

10.1.1 钳工的应用范围

钳工的应用范围很广,主要包括以下几个方面:

(1) 加工前的准备工作:如清理毛坯、在工件上划线等。

(2) 在单件或小批生产中,制造一些一般的零件。

(3) 加工精密零件,如锉样板、刮削或研磨机器和量具的配合表面等。

(4) 装配、调整和维修机器等。

10.1.2 钳工常用设备

钳工的一些基本操作主要在由工作台和虎钳组成的工作地完成。

(1) 钳工工作台:可简称钳台或钳桌,它一般是由坚实木材制成的,如图 10-1 所示。

(2) 虎钳:虎钳是夹持工件的主要工具,如图 10-2 所示。虎钳有固定式和回转式两种。

图 10-1　钳工工作台

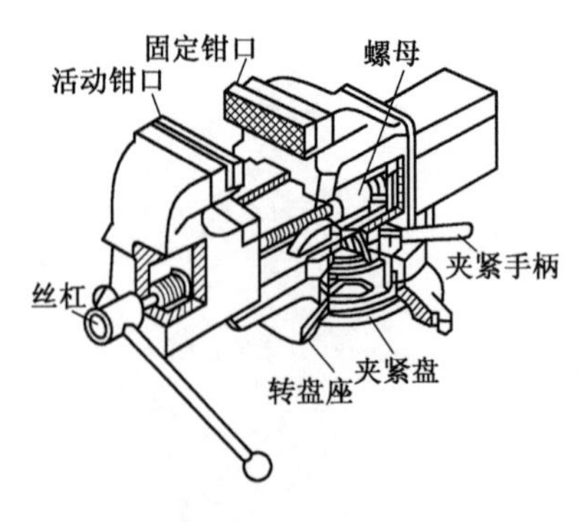

图 10-2　钳工虎钳

10.1.3 钳工常用工具

划线用：划针、划针盘、划规、样冲、平板和方箱。

錾削用：手锤和各种錾子。

锯割用：锯弓和锯条。

锉削用：各种锉刀。

孔加工用：各种麻花钻、锪钻和铰刀。

攻螺纹、套螺纹用：各种丝锥、铰杠、板牙架、板牙。

刮削用：各种刮刀等。

10.1.4 工件在虎钳上的夹持方法

(1) 夹持工件时应使工件处于虎钳钳口的中部，以使钳口受力均匀。

(2) 当转动手柄夹紧工件时，只能尽双手的力扳紧手柄，不能在手柄上加套管子或用锤敲击，以免损坏虎钳丝杠或螺母上的螺纹。

(3) 夹持工件的光洁表面时，应垫上铜皮或铝皮进行保护。

10.2 划　线

10.2.1 划线的作用及分类

划线是根据图样的尺寸要求，用划针工具在毛坯或半成品上划出待加工部位的轮廓线（或称加工界限）或作为基准的点、线的一种操作方法。

1. 划线的作用

(1) 所划的轮廓线即为毛坯或半成品的加工界限和依据，所划的基准点或线是工件安装时的标记或校正线。

(2) 在单件或小批量生产中，用划线来检查毛坯或半成品的形状和尺寸，合理地分配各加工表面的余量，及早发现不合格品，避免造成后续加工时的浪费。

(3) 在板料上划线下料，可做到正确排料，使材料合理作用。

划线是一项复杂、细致的重要工作，如果将划线划错，就会造成加工工件的报废。所以划线直接关系到产品的质量。

对划线的要求是：尺寸准确、位置正确、线条清晰、冲眼均匀。

2. 划线的分类

划线分为平面划线和立体划线，如图 10-3 所示。平面划线是在一个平面上划线。立体划线是在工件的几个表面上划线，即在长、宽、高三个方向上划线。

10.2.2 划线工具及其用途

1. 划线平板

它由划线平板及支承平板的支架组成。划线平板由铸铁制成，是划线的基准工具，如

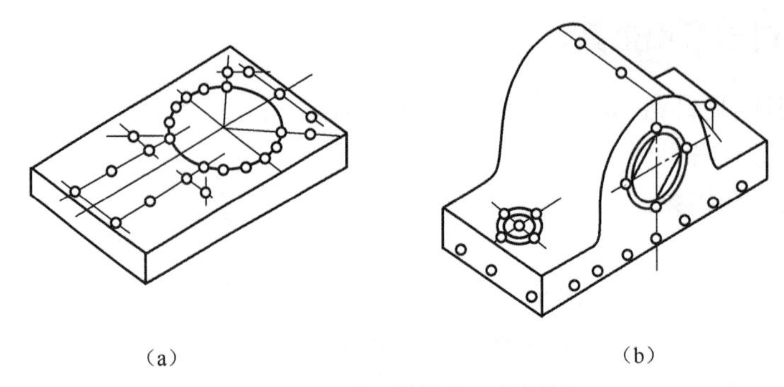

图 10-3　平面划线和立体划线

图 10-4 所示。划线平板的上平面是划线用的基准平面，即是安放工件和划针盘移动的基准面，因此要求上平面非常平直和光整，一般经过精刨、刮削等精加工。

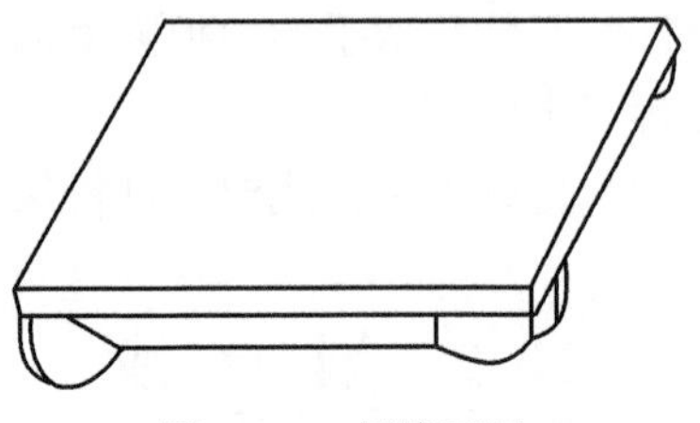

图 10-4　划线平板

为保证划线质量，划线平台安装要牢固，以便稳定地支承工件。划线平台在使用过程中要保持清洁，防止受外力碰撞或用锤敲击；要防止铁屑、灰砂等划伤台面。使用平台划线时，可在其表面涂布一些滑石粉，以减少绘划工具的移动阻力。使用完后应将台面擦干净，并涂上防锈油，长期不用时，除涂油防锈外，还用木板护盖。

2. 划针

划针是在工件上刻划直线用的。划针在划线时应当尽量做到一次划出，并使线条清晰、准确。划针有直划针和弯头划针两种。工件上某些用直划针划不到的部位，就得用弯头划针进行划线。

划线时，划针要沿着钢尺、角尺或划线样板等导向工具移动，同时向外倾斜 15°~20°，向移动方向倾斜 45°~75°，如图 10-5 所示。

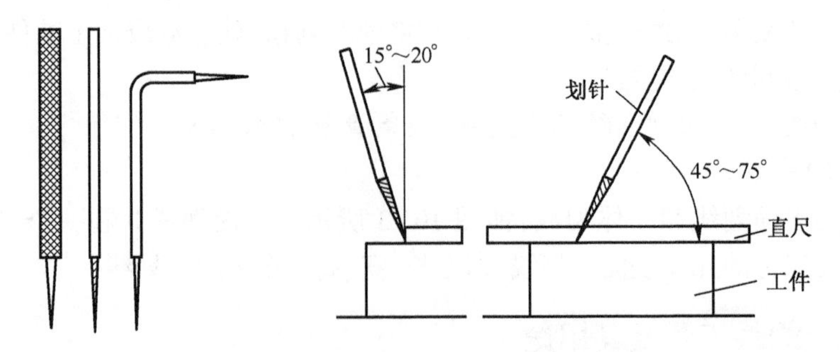

图 10-5　划针和划直线方法

3. 划线盘

它是立体划线用的主要工具。使用时，调节划针到一定的高度并移动划线盘底座，划针的尖端即可对工件划出水平线，如图 10-6 所示。此外，还可用划线盘对工件进行找平。

在使用划线盘时要注意以下几点：

（1）划针应处于水平位置且不宜伸出过长，以免发生振动，影响划线精度；

（2）划线时应使底座紧贴平板平面平稳移动，划针与划线方向夹角应为锐角，即线是拖划出来的，这样可减少划针的抖动；

（3）划线盘用完后，应将划针竖直折起，使尖端朝下，以减少所占空间和防止伤人。

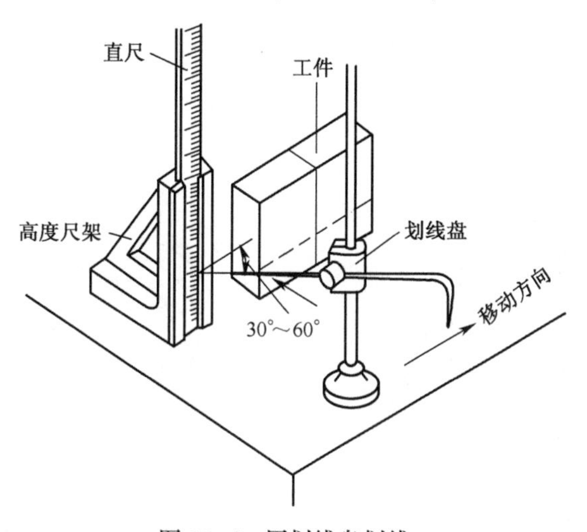

图 10-6 用划线盘划线

4. 划卡和划规

划卡又称为单脚规，主要用来确定轴和孔的中心位置，也可以用作划平行线，如图 10-7所示。

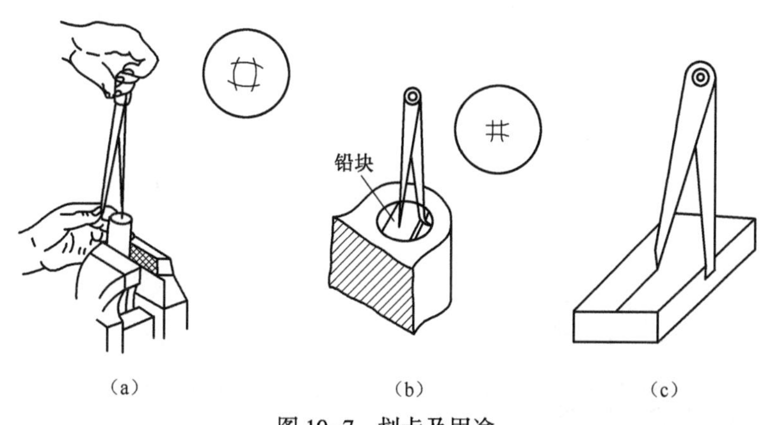

图 10-7 划卡及用途

(a)定轴心；(b)定孔心；(c)划直线。

划规俗称圆规，划线使用的圆规有普通圆规、带锁紧装置的圆规、弹簧圆规、大尺寸圆规等，如图 10-8 所示。主要用于划圆或划弧、等分线段或角度以及把直尺上的尺寸移到工件上。

图 10-8　划规

5. 样冲

样冲用来在工件所划的线条的交叉点上打出小而均匀的样冲眼，以便于在所划的线模糊后，仍能找到原线及交点位置，如图 10-9 所示。划圆与钻孔前，应在中心部位打上定中心样冲眼，如图 10-10 所示。

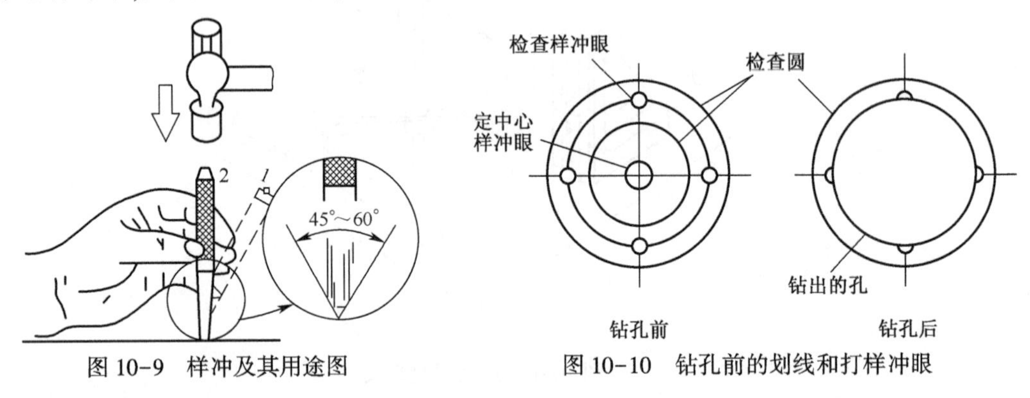

图 10-9　样冲及其用途图　　图 10-10　钻孔前的划线和打样冲眼

6. 量具

划线常用的量具有钢板尺、高度尺、高度游标卡尺及直角尺。高度游标卡尺是高度尺和划线盘的组合，如图 10-11(b)所示。高度游标卡尺是精密测量工具，精度可达 0.02mm，适用于半成品（光坯）的划线，不允许用它在毛坯上划线。使用时，要防止撞坏硬质合金划线脚。

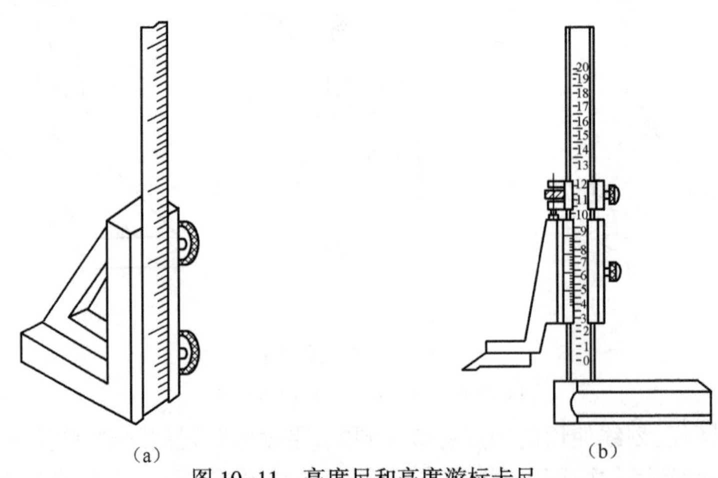

图 10-11　高度尺和高度游标卡尺

(a)高度尺；(b)高度游标卡尺。

7. 支持工具

(1) 方箱。它是由铸铁制成的六个面相互垂直的空的立方体,六面需经过精加工,其中一面有V形槽,并配有压紧装置,如图10-12所示。它用于支持尺寸较小、表面划线轻的工件,通过翻转工件,在工件表面划出相互垂直的线;V形槽则用来安装圆形工件,也是通过翻转方箱以划出工件的中心线或是找出中心。

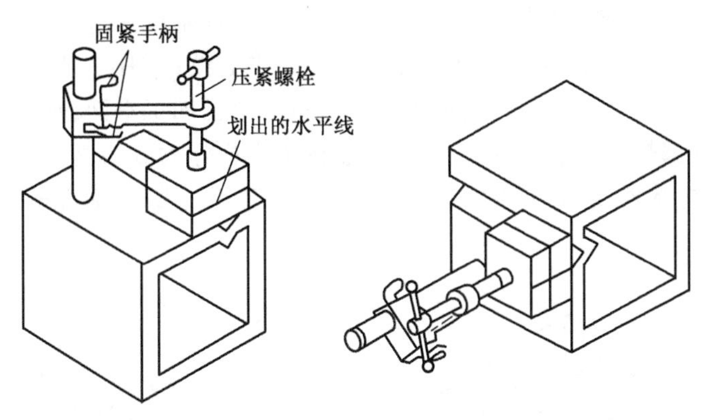

图10-12 方箱及其用途

(2) 千斤顶。如图10-13所示,在加工较大或不规则工件时,用千斤顶来支承工件,适当调整其高度,以便找正工件。一般三个千斤顶为一组同时使用。

(3) V形铁。用于支承圆柱形工件,使工件轴线与平板平面平行,如图10-14所示。

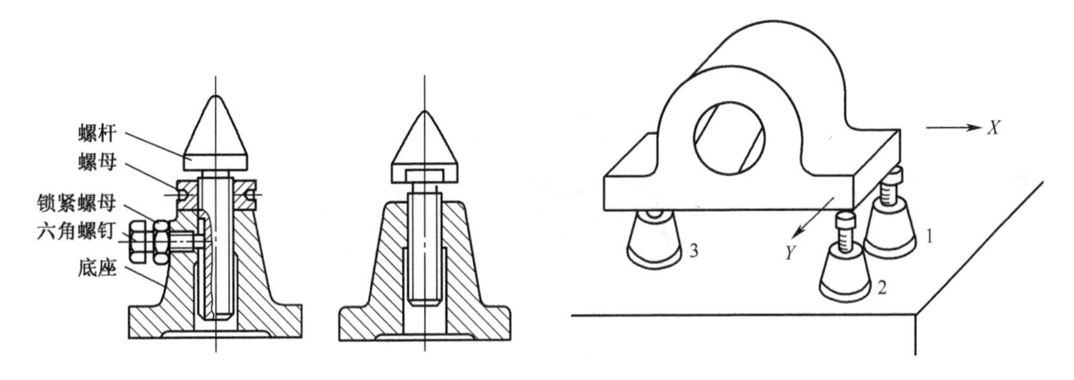

图10-13 千斤顶及其用途

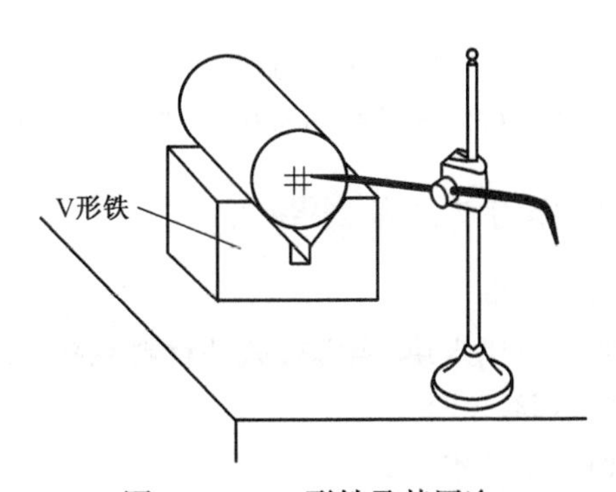

图10-14 V形铁及其用途

10.2.3 划线基准

划线时应在工件上选择一个(或几个)面(或线)作为划线的根据,用它来确定工件的几何形状和各部分的相对位置,这样的面(或线)就是划线基准。

划线基准的选择:当工件为毛坯时,可选零件图上较重要的几何要素,如主要孔的中心线或平面等为划线基准,并力求划线基准与零件的设计基准保持一致;以两条互相垂直的边(或面)作为划线基准;以一条边(或面)和一条中心线(或中央平面)作划线基准;以两条互相垂直的中心线作划线基准;如果工件上有一个已加工平面,则应以此平面作为划线基准;如果工件都是毛坯表面,则应以较平整的大平面作为划线基准;平面划线时,通常选择两个基准;立体划线时,通常需选择两个以上基准。划线基准的选择如图 10-15 所示。

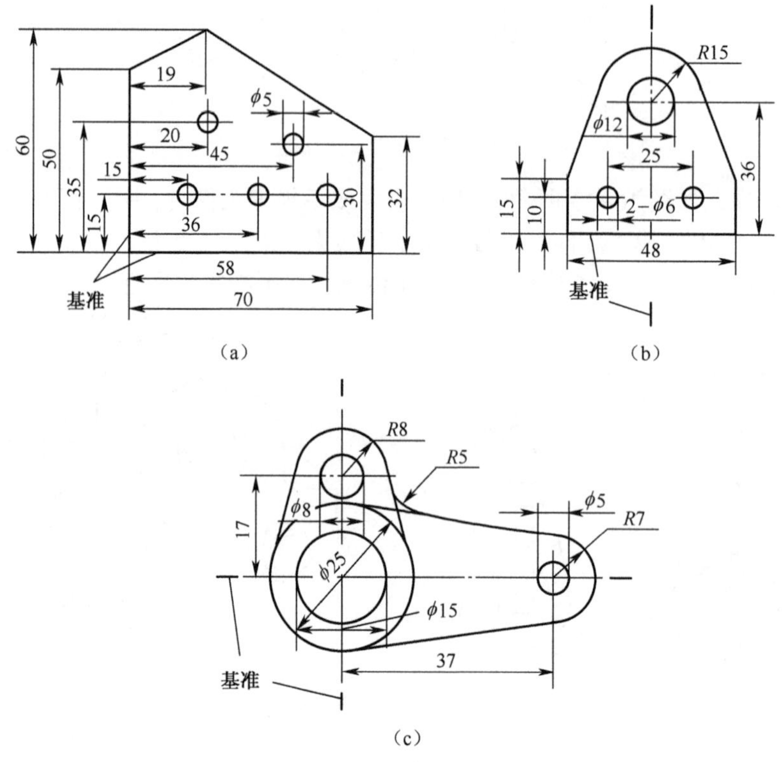

图 10-15 划线基准

(a)以两相互垂直的平面为基准;(b)以一平面与中心线为基准;(c)以两相互垂直的中心线为基准。

10.2.4 划线基本操作方法及注意事项

(1) 研究图样,确定划线基准。

(2) 清理工件,有孔的需要用木块、铝等较软的材料塞孔,在工件上涂上颜色。

(3) 根据工件正确选定划线工具。

(4) 划上基准线,再划出其他水平线。

(5) 翻转工件,找正,划出相互垂直的线。

(6) 检查划出的线是否正确,然后打样冲眼。

(7) 划线前工件支撑要稳,以防划线过程中移动或倾倒。

(8) 在一次支撑中要把需要的平行线全部划出,以免再次支撑时造成偏差。

(9) 划线过程中应正确使用划线工具,以免产生偏差。

10.3 锯 削

锯削是用手锯锯断金属材料或在工件上切槽的操作。

10.3.1 锯削工具及其选用

锯削的工具是手锯,手锯由锯弓和锯条两部分组成。

1. 锯弓

锯弓是用来夹持和拉紧锯条的工具,有固定式和可调式两种。由于可调式锯弓的前段可套在后段内自由伸缩,如图 10-16 所示,因此,可安装不同长度规格的锯条,应用广泛。锯条安放在固定夹头和活动夹头的圆销上,旋紧活动夹头上的翼形螺母,就可以调整锯条的松紧。

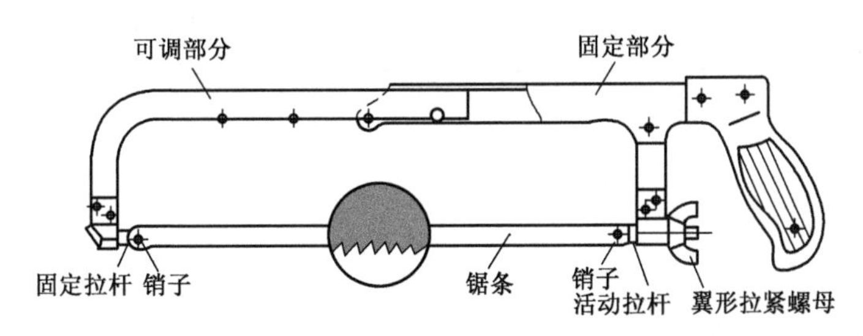

图 10-16 手锯

2. 锯条及其选择

锯条由碳素工具钢制成并经过淬火处理,其切削部分硬度达 HRC62 以上,锯条两端的装夹部分硬度可低些,使其韧性较好,装夹时不致卡裂;锯条也可用渗碳软钢冷轧而成。

锯条规格以其两端的安装孔间距表示,常用的规格为长 300mm、宽 12mm、厚 0.8mm。

锯齿的形状如图 10-17 所示,锯齿按齿距大小可分为粗齿、中齿及细齿三种。根据工件材料的硬度和厚度选用不同粗细的锯条,如图 10-18 所示。

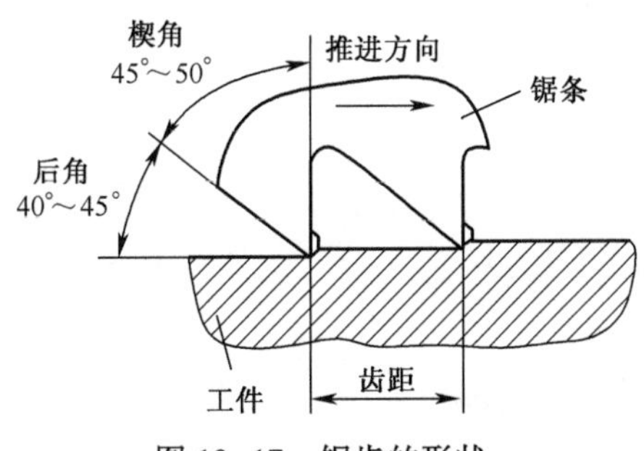

图 10-17 锯齿的形状

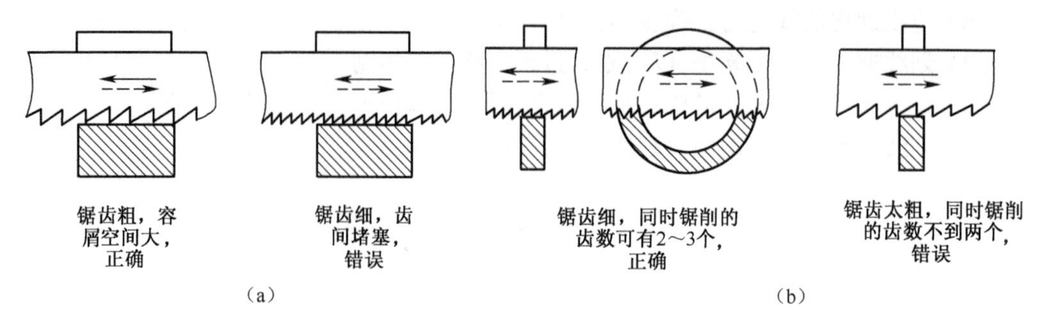

图 10-18　锯齿粗细的选择

(a)厚工件要用粗齿;(b)薄工件要用细齿。

锯软材料或厚件时,容屑空间要大,应选用粗齿锯条;锯硬材料和薄件时,同时切削的齿数要多,而切削量少且均匀,为尽可能减少崩齿和钝化,应选用中齿甚至细齿的锯条。一般选用原则为:粗齿锯条适于锯铜、铝等软金属及厚的工件;细齿锯条适于锯硬钢、板料及薄壁管子等;加工普通钢、铸铁及中等厚度的工件多用中齿锯条。

锯齿的排列为波浪形,以减少锯口两侧与锯条间的摩擦,如图 10-19 所示。

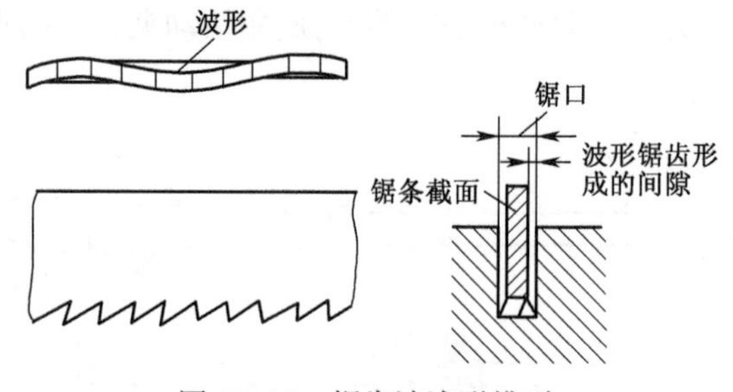

图 10-19　锯齿波浪形排列

10.3.2　锯削的基本操作方法

(1) 选择锯条。根据工件材料及厚度选择合适的锯条。

(2) 安装锯条。将锯条安装在锯弓上,锯齿向前,锯条松紧要合适,否则锯削时容易折断。

(3) 夹持工件。工件应尽可能夹在虎钳左边,以防操作时碰伤左手。工件伸出要短,否则锯削时会颤动。

(4) 起锯。起锯时左手拇指靠住锯条,右手稳推手柄,起锯角度应稍小于 15°,如图 10-20 所示。锯弓往复行程要短,压力要小,锯条要与工件表面垂直,锯成锯口后,逐渐将锯弓改至水平方向。

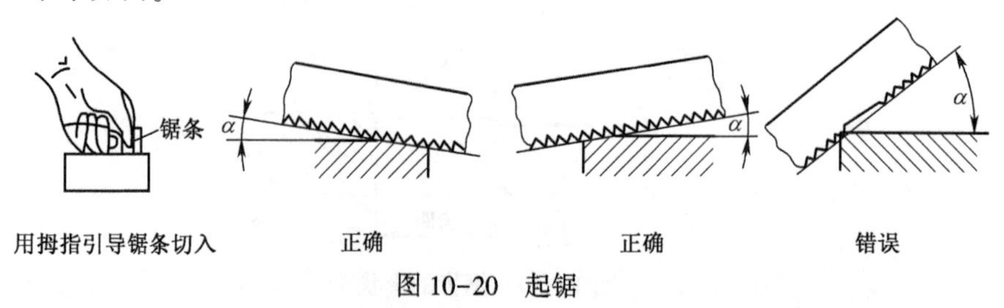

图 10-20　起锯

(5) 锯削时手锯的握法如图 10-21 所示。锯弓要直线往复,不可摆动;向前推时施加压力,用力要均匀,返回时从工件上轻轻滑过,不要加压。锯削速度不宜过快,每分钟往复 30~60 次,锯削时用锯条全长工作,以免锯条中间部分迅速磨钝。锯削钢料时应加机油润滑。

(6) 快锯断时,用力要轻,以免碰伤手臂。

(7) 锯钢料时应加机油润滑。铸铁中因有石墨起润滑作用可免。

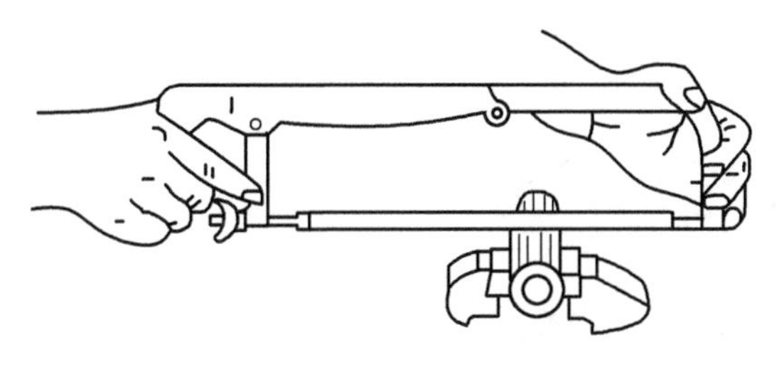

图 10-21 手锯的握法

10.3.3 典型材料的锯削方法

(1) 扁钢的锯削:锯扁钢时,应从宽面往下锯,如图 10-22 所示。此法不但效率高,而且能较好地防止锯齿的崩缺。反之,若从窄面往下锯,非但不经济,而且只有很少的锯齿与工件接触,工件愈薄,锯齿愈容易被工件的棱边钩住而折断。

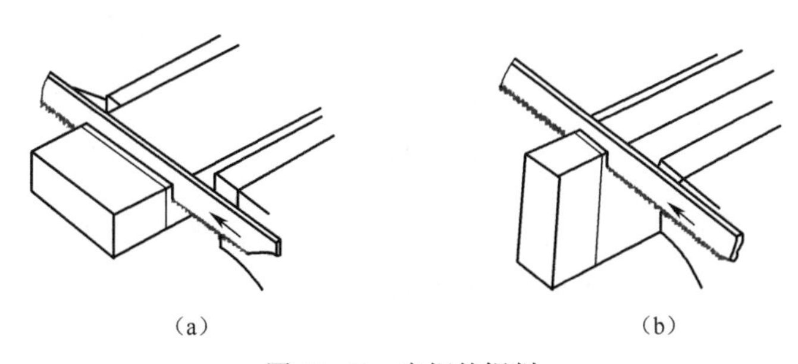

图 10-22 扁钢的锯削
(a)正确;(b)错误。

(2) 槽钢的锯削:槽钢的锯削与扁钢一样,但要分三次从宽面往下锯,不能在一个面上往下锯,应尽量做到在长的锯缝口上起锯,因此工件必须多次改变夹持的位置,如图 10-23所示。先从宽面上锯槽钢的一边(图 10-23(a)),把槽钢反转夹持,锯中间部分的宽面(图 10-23(b)),再把槽钢侧转夹持,锯槽钢的另一边的宽面(图 10-23(c))。图 10-23(d)所示的锯削方法是错误的,把槽钢只夹持一次锯开,这样的锯削效率低。在锯高而狭的中间部分时,锯齿容易折断,锯缝也不平整。

(3) 圆钢圆管的锯削:锯削圆钢时,应从起锯开始以一个方向锯到结束,如图 10-24(a)所示,这样可以得到整齐的锯缝;锯削圆管时,应在管壁将被锯穿时,将圆管沿推锯方向转一定角度,再继续锯削,如图 10-24(b)所示。

(4) 薄板的锯削:锯削薄板时,可多片重叠起来增加板料的刚度,一起进行锯削,或用木板夹住薄板的两侧进行锯削,如图 10-24(c)所示。

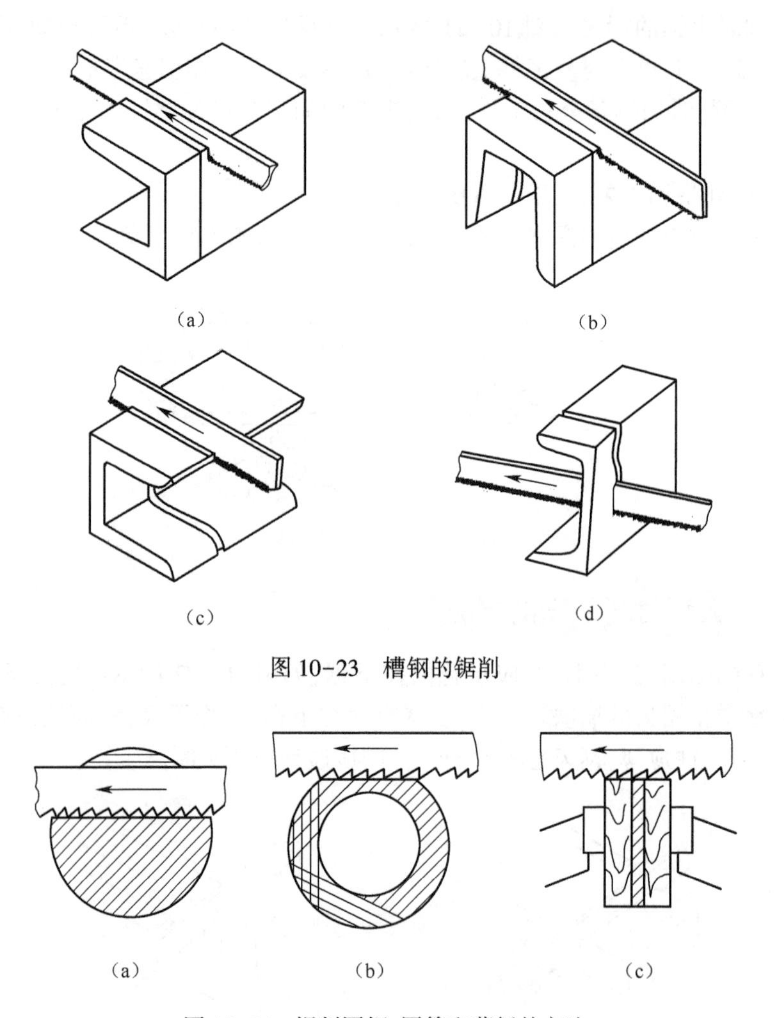

图 10-23 槽钢的锯削

图 10-24 锯削圆钢、圆管和薄板的方法

10.4 锉削

用锉刀从工件表面上锉掉一层金属，使其达到图纸技术要求的形状、尺寸、精度和表面粗糙度，这种加工方法叫锉削。锉削能达到的尺寸公差等级为 IT7~IT8，表面粗糙度 Ra 为 1.6~0.8μm。锉削工作范围广，可以加工各种内外表面、曲面及特形面。常用于样板、模具制造和机器的装配、调整和维修。因此，锉削是钳工的主要操作之一，也是较难掌握的一项技能。

10.4.1 锉削工具

锉削的工具是锉刀。

1. 锉刀材料

锉削多为手动操作，切削速度低，要求硬度高，且以刀齿锋利为主，因此，锉刀用高级碳素工具钢 T12A、T13A 等制造，并经热处理，硬度可达 HRC62~67，耐磨性好，但韧性差，热硬性低，性脆易折，锉削速度过快时易钝化。

2. 锉刀构造

如图 10-25 所示。锉刀由锉刀面、锉刀边、锉刀尾、锉齿和锉柄等部分组成，即锉刀由工作部分和锉柄组成。其规格以工作部分的长度来表示，常用的有 100mm、150mm、200mm、300mm 等，锉齿是在剁锉机上剁出，锉刀的锉纹多制成网纹，以便锉削时省力，且锉面不易堵塞。

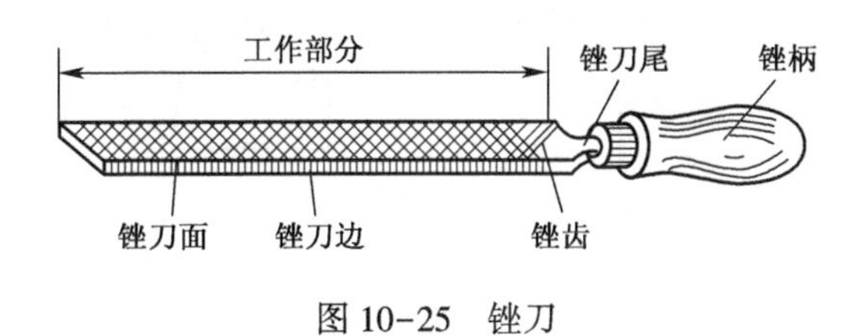

图 10-25　锉刀

3. 锉刀种类及选用

锉刀根据形状不同，可分为平锉、半圆锉、方锉、三角锉、圆锉等，如图 10-26 所示，其中平锉应用最多。

锉刀按每 10mm 长的锉面上锉齿的齿数来划分，有粗锉刀：齿间大，不易堵塞，适于粗加工或锉铜、铝等软金属；细锉刀：适于锉钢和铸铁等；光锉刀：又称油光锉，只用于最后修光表面。锉刀愈细，锉出工件的表面愈光洁，但生产率也愈低。锉刀刀齿粗细的选择见表 10-1。图 10-27 为各种锉刀的应用实例。

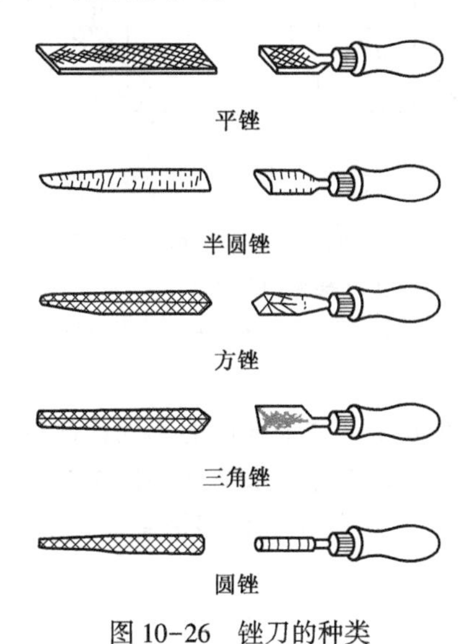

图 10-26　锉刀的种类

表 10-1　锉齿粗细的划分及应用

类别	齿数(10mm 长度内)/个	加工余量 /mm	获得的表面粗糙度 Ra/μm	用途
粗齿锉	4~12	0.5~1.0	25~12.5	粗加工或锉削软金属

（续）

类别	齿数(10mm长度内)/个	加工余量/mm	获得的表面粗糙度 Ra/μm	用途
中齿锉	13～24	0.2～0.5	12.5～6.3	粗锉后的继续加工
细齿锉	30～40	0.1～0.2	6.3～3.2	锉光表面及锉削硬金属
油光锉	40～60	0.02～0.1	3.2～0.8	精加工时修光表面

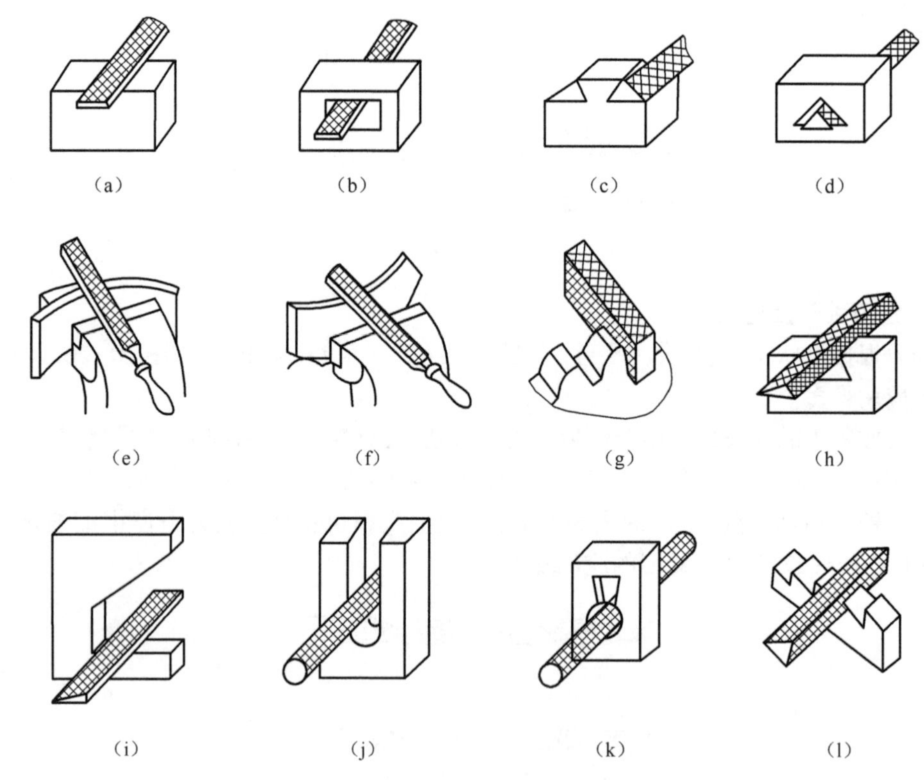

图 10-27　各种锉刀的应用实例

(a)、(b)锉平面;(c)、(d)锉燕尾和三角孔;(e)、(f)锉半圆;(g)锉楔角;
(h)锉内角;(i)锉菱形;(j)、(k)锉圆孔;(l)锉三角。

4. 锉刀的使用方法

锉刀的握法根据锉刀大小及工件加工部位的不同而改变。使用大的平锉时,应右手握锉柄,左手掌部压在锉端上,使锉刀保持水平,如图 10-28(a)所示。使用中型平锉以较小的力度锉削时,也可以用左手的大拇指和食指捏着锉刀前端,以便引导锉刀水平移动,如图 10-28(b)所示。

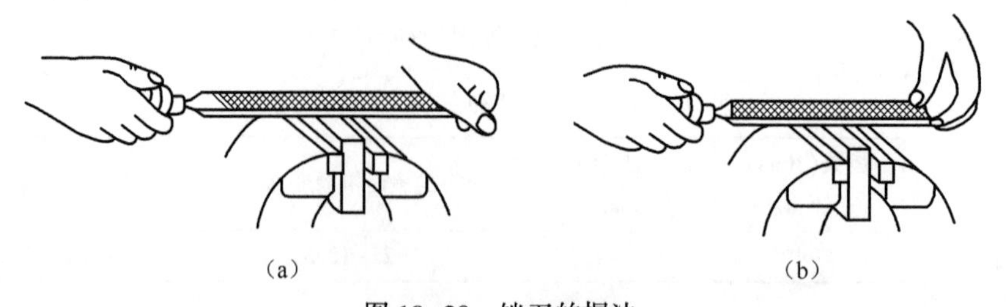

图 10-28　锉刀的握法

锉削时由于工件相对于两手的位置在连续改变,因此两手的用力也应相应地变化,如图 10-29 所示。锉刀前推时加压,水平返回时不宜压紧工件,以免磨钝锉齿和损伤已加工表面。

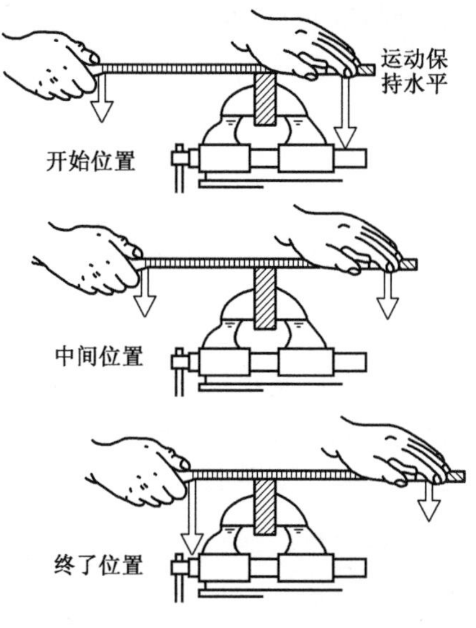

图 10-29　锉削时用力的变化

10.4.2 锉削方法

1. 锉削平面

锉削平面的方法有顺锉法、交叉锉法和推锉法等,如图 10-30 所示。

(1) 顺锉法:如图 10-30(a)所示。顺锉法是顺着同一方向对工件锉削的方法。它是锉削的基本方法,其特点是锉纹顺直,较整齐美观,可使表面粗糙度降低。

(2) 交叉锉法:如图 10-30(b)所示。交叉锉法是从两个方向交叉对工件进行锉削。其特点是锉面上能显示出高低不平的痕迹,以便把高处锉去。用此法较容易锉出准确的平面。

(3) 推锉法:如图 10-30(c)所示。推锉法仅用于修光,是两手横握锉刀身,平稳地沿工件表面来回推动进行锉削,其特点是切削量少,降低了表面粗糙度,一般用于锉削狭长表面。

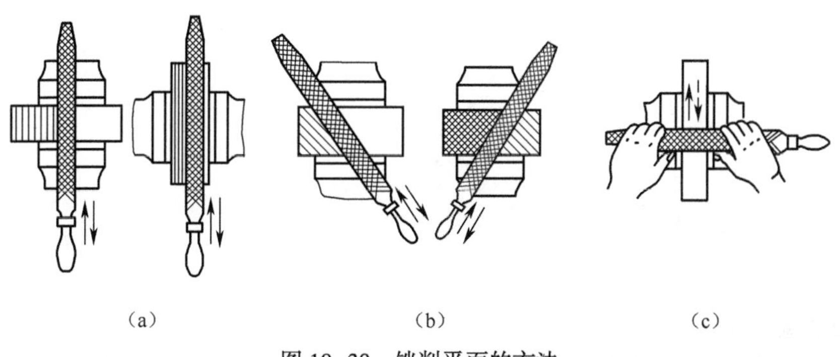

(a)　　(b)　　(c)

图 10-30　锉削平面的方法

(a)顺锉法;(b)交叉锉法;(c)推锉法。

(4) 平面锉削的检验方法。

平面度的检验:锉削好的平面,常用刀口尺或钢直尺以透光法来检验其平直度。若直尺与工件表面间透过的光线微弱均匀,说明该平面平直;若透过的光线强弱不一,说明该平面高低不平,光线最强的部位是最凹的地方。检查平面应按纵向、横向、对角线方向进行,如图 10-31 所示。

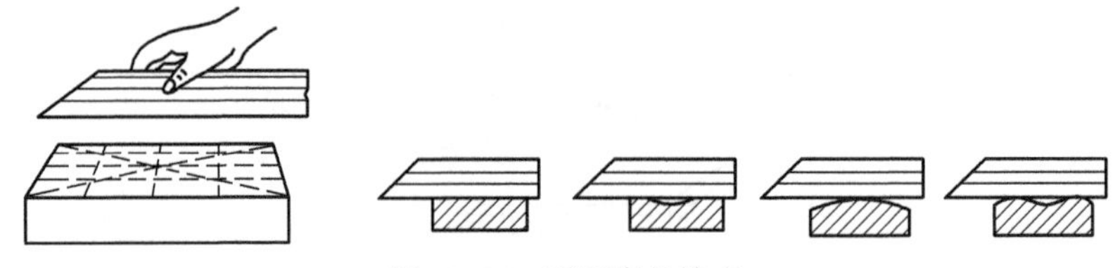

图 10-31 平面度的检查

垂直度的检验:用角尺进行检验时,将角尺的短边轻轻地贴紧在工件的基准面上,长边靠在被检验的表面上,用透光法检验,要求与检查平面度相同,如图 10-32(a)所示。角尺不能斜放,因为这样检查是不准确的,如图 10-32(b)所示。

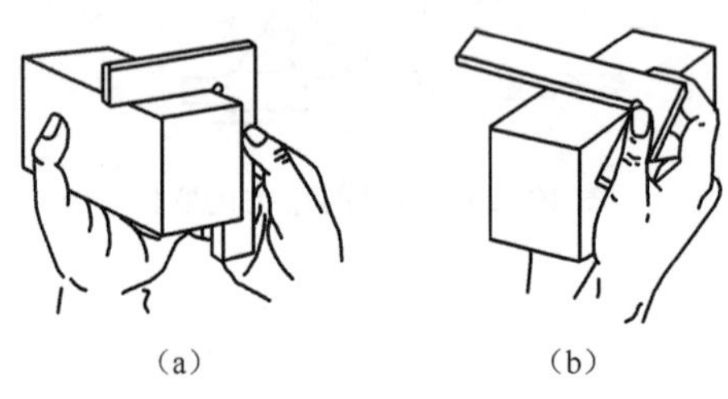

(a) (b)

图 10-32 垂直度的检验
(a)正确;(b)错误。

2. 锉削圆弧面方法

锉削外圆弧面的时候,锉刀既向前推进,又绕圆弧面中心摆动。常用的外圆弧锉法有滚锉法(图 10-33)和横锉法两种,滚锉法适用于精锉,横锉法适用于粗锉。

锉削内圆弧面的时候,锉刀在向前运动的同时还要绕自身的轴线旋转,并且要沿圆弧面左、右移动。如图 10-34(a)所示,锉刀只有前进运动,内圆面被多锉掉一部分;如图 10-34(b)所示,锉刀有前进运动和移动,内圆弧面的一部分没被锉掉;正确的锉法如图 10-34(c)所示。

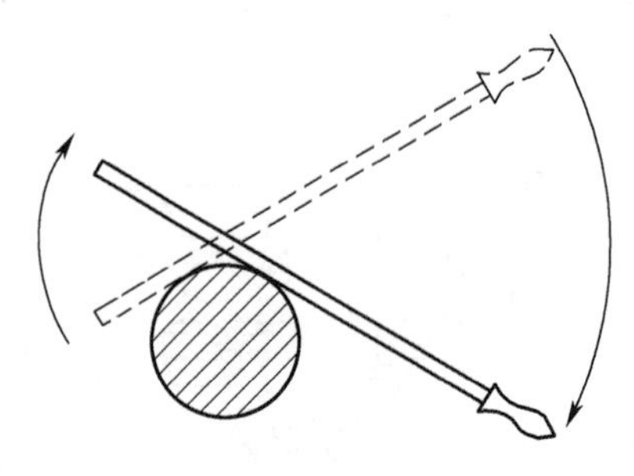

图 10-33 滚锉法锉削外圆弧面

3. 锉削通孔方法

首先钻出底孔,再根据需要加工的形状选择相应的锉刀。锉削通孔时需要注意经常

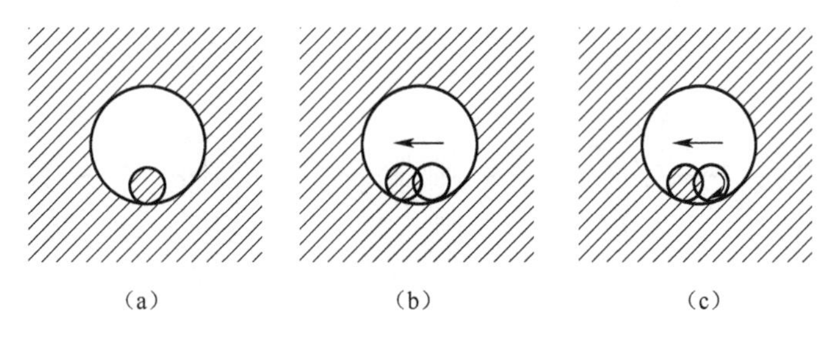

图 10-34 锉削内圆弧面

转换位置,分别从孔的两侧锉削,否则由于工件有一定的厚度,只从一面锉削可能会造成孔另一面的形状无意中产生较大的偏差。

4. 锉削时的注意事项

(1) 工件应夹紧,但要避免使工件受损,工件应适当高出虎钳钳口。

(2) 铸件、锻件毛坯上的硬皮及砂粒,应预先用砂轮磨去,然后再锉削。

(3) 用钢丝刷及时顺锉纹方向刷去锉刀上堵塞的锉屑。

(4) 锉削速度不宜太快,以免打滑。

(5) 注意安全,不可用手摸工件表面和锉刀刀面,以免再锉时打滑。

(6) 避免将锉刀摔落或当作杠杆夹撬它。

10.5 钻孔、扩孔和铰孔

机器零件上分布着许多大小不同的孔,其中那些数量多、直径小、精度不很高的孔,都是在钻床上加工出来的。钻削是孔加工的基本方法之一,它在机械加工中占有很大的比重,在钻床上可以完成的工作很多,如钻孔、扩孔、铰孔、锪孔、攻螺纹等,如图 10-35 所示。用钻头钻孔时,由于钻头结构和钻削条件的影响,致使加工精度不高,所以钻孔只是孔的一种粗加工方法。孔的半精加工和精加工尚须由扩孔和铰孔来完成。

10.5.1 钻孔

用钻头在实体材料上加工出孔的工作称钻孔。钻削时,工件是固定不动的,钻床主轴带动刀具作旋转主运动,同时主轴使刀具作轴向移动的进给运动,因此主运动和进给运动都是由刀具来完成的,如图 10-36 所示。钻孔的加工质量较低,其尺寸精度一般为 IT12 级左右、表面粗糙度 *Ra* 的数值为 50~12.5μm。

1. 钻床

钻床的种类很多,常用的有台式钻床、立式钻床和摇臂钻床三种。

1) 台式钻床

它是一种放在台桌上使用的小型钻床,故称台钻,如图 10-37 所示。一般用于加工小型零件上直径不超过 12mm 的小孔,最小加工直径可以小于 1mm。由于加工的孔径较小,为了达到一定的切削速度,台钻的主轴速度一般较高,最高时可达 10000r/min。主轴的转速可用改变 V 形带在带轮上的位置来调节,台钻主轴的进给是手动的。台钻结构简

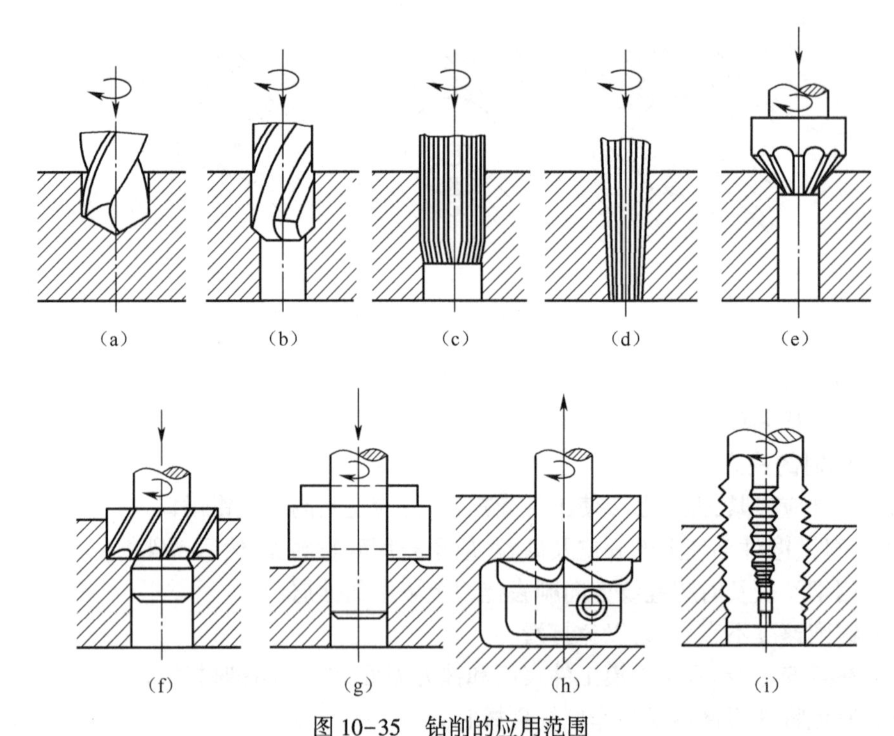

图 10-35　钻削的应用范围

(a)钻孔;(b)扩孔;(c)铰柱孔;(d)铰锥孔;(e)锪锥孔;(f)锪柱孔;(g)锪凸台;(h)反锪沉坑;(i)攻螺纹。

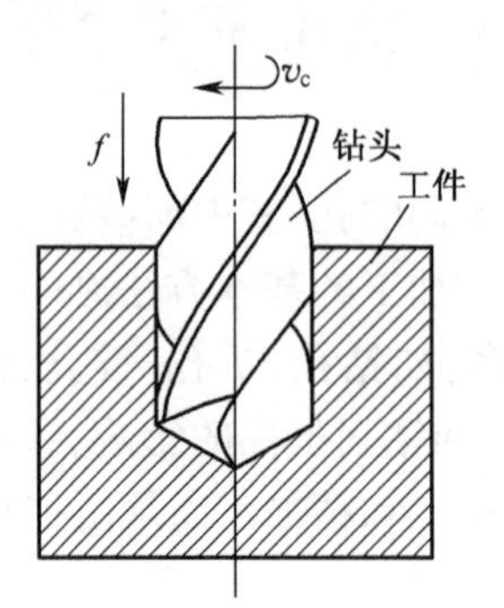

图 10-36　钻孔及其运动

单,使用方便,在钳工装配和仪表制造中应用广泛。

2) 立式钻床

立式钻床简称立钻,它是一种中型钻床,如图 10-38 所示。这类钻床的最大钻孔直径有 25mm、35mm、40mm 和 50mm 等几种,其钻床规格是用最大钻孔直径来表示的。立钻主要由主轴、主轴变速箱、进给箱、立柱、工作台和机座等组成。主轴变速箱和进给箱是由电动机经带轮传动,通过主轴变速箱使主轴获得需要的各种转速。钻小孔时,转速需要高些,钻大孔时,转速应低些。主轴在主轴套筒内做旋转运动,同时通过进给箱中的传动机构,使主轴随着主轴套筒按需要的进给量自动作直线进给运动,也可利用手柄实现手动轴向进给。进给箱和工作台可沿立柱导轨调整上下位置,以适应加工不同高度的工件。立钻的主轴不能在垂直其轴线的平面内移动,要使钻头与工件孔的中心重合,必须移动工作,这是比较麻烦的。立钻适合于加工中小型工件上的中小孔。立钻与台钻不同的是,主轴转速和进给量的变化范围大,立钻可自动进给,且适于扩孔、锪孔、铰孔和攻丝等加工。

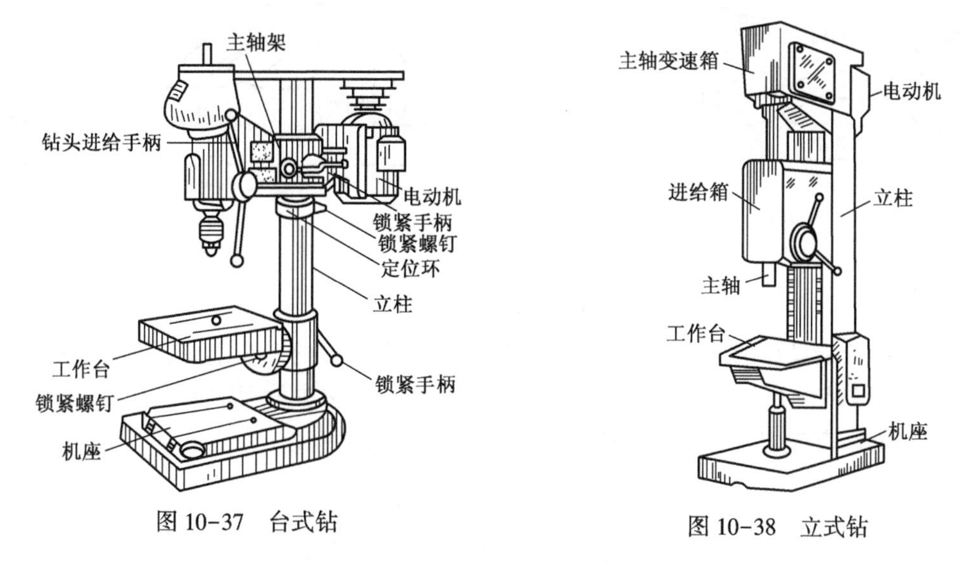

图 10-37　台式钻　　图 10-38　立式钻

3）摇臂钻床

摇臂钻床有一个能绕立柱回转的摇臂,摇臂带着主轴箱可沿立柱垂直移动,同时主轴箱还能在摇臂上作横向移动,如图 10-39 所示。由于摇臂钻床结构上的这些特点,操作时能很方便地调整刀具的位置,以对准被加工孔的中心,而不需移动工件来进行加工。因此,适用于在一些笨重的大工件以及多孔的工件上的大、中、小孔加工,它广泛地应用于单件和成批生产中。

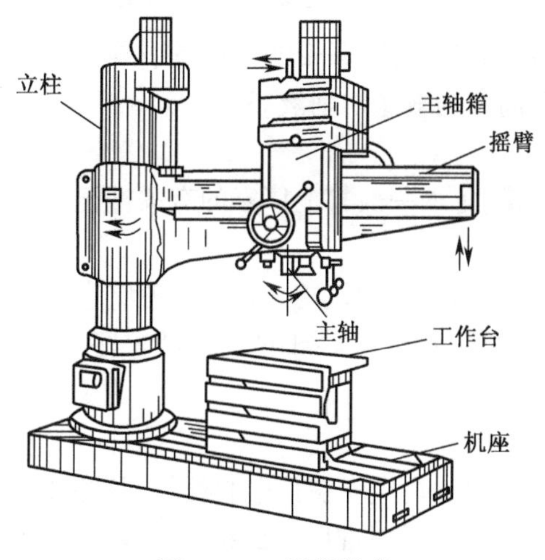

图 10-39　摇臂钻床

2. 钻头

钻头的种类有麻花钻、扁钻、深孔钻、中心钻等,其中麻花钻是最常用的钻孔刀具,一般用高速钢制造。麻花钻头的组成部分如图 10-40 所示,由工作部分、颈部和柄部三部分构成。

1）工作部分

工作部分包括切削部分和导向部分。

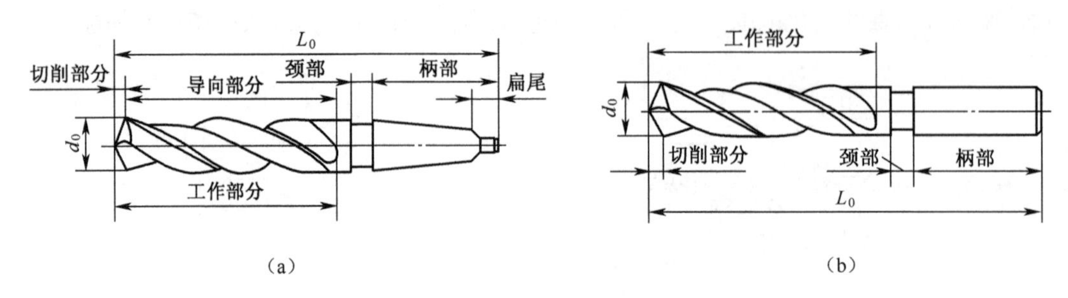

图 10-40 麻花钻

(a)锥柄麻花钻;(b)直柄麻花钻。

麻花钻的前端是切削部分,如图 10-41 所示,有两个对称的主切削刃,两刃之间的夹角通常为 $2\varphi=116°\sim118°$,称为锋角。钻头顶部有横刃,即两主后刀面的交线,它的存在使钻削时的轴向力增加,所以常采用修磨横刃的方法缩短横刃。

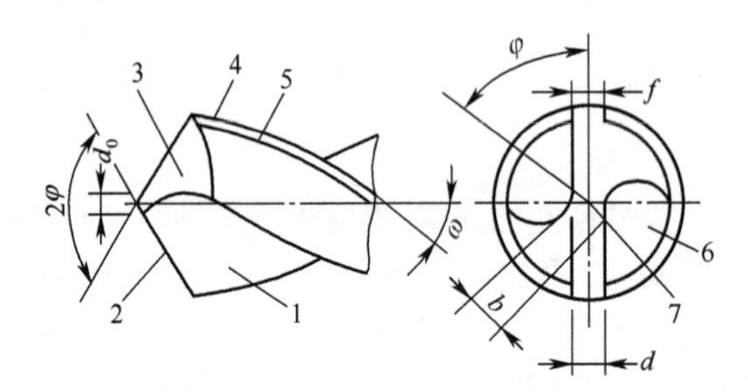

图 10-41 麻花钻切削部分

1—前刀面;2—主切削刃;3—后刀面;4—棱刃;5—刃带;6—螺旋槽;7—横刃。

导向部分上有两条刃带和螺旋槽,刃带的作用是引导钻头和减少与孔壁的摩擦,螺旋槽的作用是向孔外排屑和向孔内输送切削液。

2) 颈部

颈部是加工时的工艺槽,上面一般打上厂家的有关标记。

3) 柄部

柄部用于夹持,并传递来自机床的扭矩。柄部一般有直柄和锥柄两种,直柄传递扭矩较小,一般用于直径在 12mm 以下的钻头;锥柄对中性较好,可传递较大的扭矩,用于直径大于 12mm 的钻头。

3. 钻孔

(1) 钻削定位:按划线钻孔时,应先在孔中心处打好样冲眼,划出检查圆(参见图 10-42),以便找正中心,便于引钻,然后对准中心试钻一个浅坑(占孔径 1/4 左右),检查后如果孔位置正确,可以继续钻孔。如果孔轴线偏了,可以用样冲纠正,若偏出较多,可以用尖錾纠正,然后再钻削,如图 10-42 所示。

(2) 钻削速度:钻孔时,进给速度要均匀,将要钻通时要减小进给量,以防卡住或折断钻头。

(3) 钻削深孔:钻较深的孔时,要经常退出钻头以排出切屑和进行冷却,否则会使切屑堵塞在孔内卡断钻头或由于过热而加剧钻头磨损。为降低切削温度,提高钻头的耐用度,需要施加切削液。钻削直径大于 30mm 的孔,由于轴向力和扭矩过大,一般应分两次

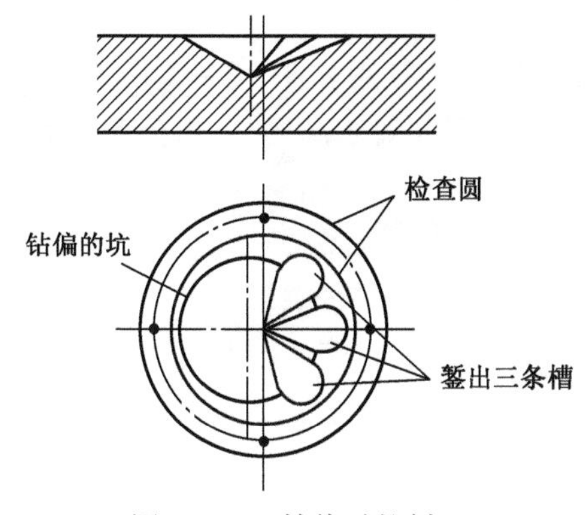

图 10-42 钻偏时的纠正

钻出,先钻一个直径小一些的孔(为加工孔径的 1/2 倍左右),再用所需孔径的钻头进行扩孔。

10.5.2 扩孔

在工件上扩大原有的孔(如铸出、锻出或钻出的孔)的工作叫作扩孔。因为直径较大的孔很难一次钻出,可以先钻一个直径较小的孔,直径为加工孔径的 50%~70%,然后再扩孔。扩孔一定程度上可以校正原孔轴线的偏斜,属于半精加工,尺寸公差等级可达 IT10~IT9,表面粗糙度 Ra 值为 6.3 ~3.2μm。扩孔既可以作为孔加工的最后工序,也可作为铰孔前的预备工序。

扩孔钻的形状与麻花钻相似,所不同的是:扩孔钻有 3~4 个主切削刃,故导向性好,切削平稳;无横刃,消除了横刃的不利影响,改善了切削条件;切削余量较小,一般为 0.5~4μm,容屑槽小,钻芯较粗,刚性较好,切削时可采用较大的切削用量。故扩孔的加工质量和生产效率都高于钻孔。扩孔钻及其应用如图 10-43 所示。

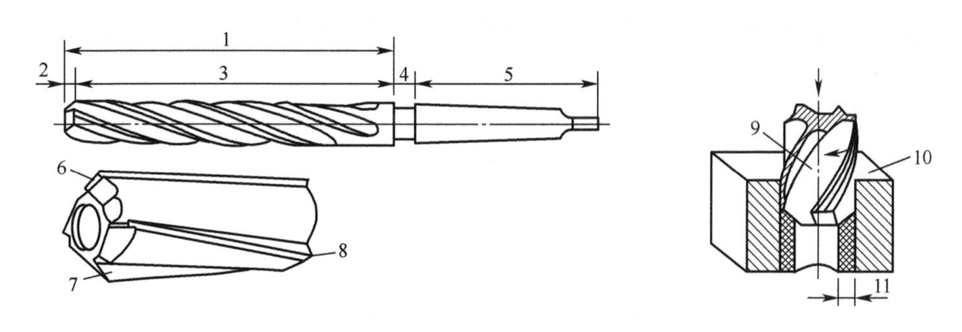

图 10-43 扩孔钻及其应用

1—工作部分;2—切削部分;3—校准部分;4—颈部;5—柄部;
6—主切削刃;7—前刀面;8—刃带;9—扩孔钻;10—工件;11—扩孔余量。

10.5.3 铰孔

在钻孔或扩孔之后,为了提高孔的尺寸精度和降低表面粗糙度,需用铰刀进行铰孔。铰孔加工精度较高,机铰达 IT8~IT7,表面粗糙度 Ra 为 1.6~0.8μm;手铰达 IT7~IT6,表面粗糙度 Ra 为 0.4~0.2μm,可见手铰比机铰质量高。

1. 铰刀

铰刀是铰孔的刀具,铰刀结构及应用如图 10-44 所示,它是一种尺寸精确的多刃刀具,所铰出的孔既光整又精确,对精度要求高的孔,可分粗铰和精铰两个阶段进行。

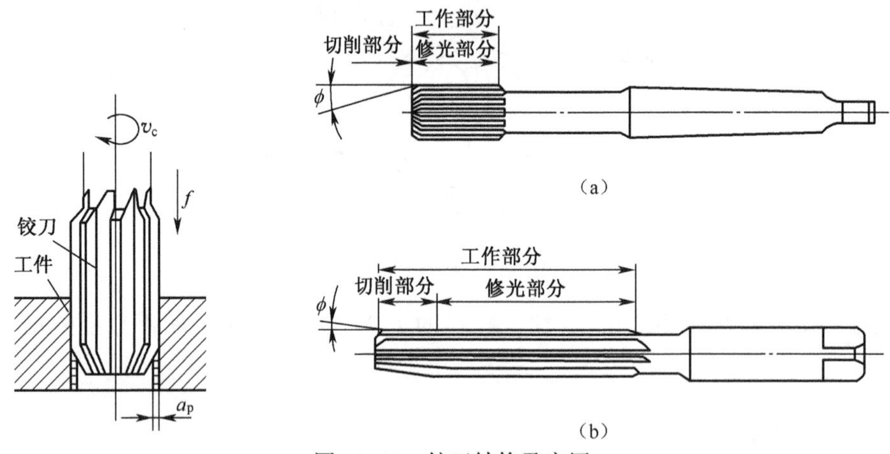

图 10-44 铰刀结构及应用
(a)机铰刀;(b)手铰刀。

铰孔的加工质量高是由铰刀本身的结构及良好的切削条件所决定的。在铰刀的结构方面:铰刀的实心直径大,故刚性强,在铰削力的作用下不易变形,对孔的加工能保持较高的尺寸精度和形状精度;铰刀的刀齿多,切削平稳,同时导向性好,能获得较高的位置精度。在切削条件方面:加工余量小,粗铰为 0.15~0.25mm,精铰为 0.05~0.25mm,因此铰削力小,每个刀齿的受力负荷小、磨损小;采用低的切削速度(手铰),避免了积屑瘤,加上使用适当的冷却润滑液,使铰刀得到冷却,减少了切削热的不利影响,并使铰刀与孔壁的摩擦减少,降低了表面粗糙度,故表面质量高。

铰刀的种类很多,按使用方法分为手用和机用两种;按用途分为固定和可调式两种,还有三只为一组的成套的手用锥铰刀;根据切削用量不同可分为粗、中、细铰刀。

2. 铰孔

铰孔时必须根据工件材料来选择适当的冷却润滑液,这样既可以降低切削区温度,也有利于提高加工质量、降低刀具磨损。

铰刀在孔中不能倒转,即使是退出铰刀,也不能倒转,机铰时必须在铰刀退出后才能停车。

10.6 攻螺纹和套螺纹

用丝锥在圆孔的内表面上加工内螺纹称为攻螺纹,如图 10-45(a)所示;用板牙在圆杆的外表面加工外螺纹称为套螺纹,如图 10-45(b)所示。

10.6.1 攻螺纹

1. 丝锥

丝锥是用来攻螺纹的刀具。丝锥由切削部分、修光部分(定位部分)、容屑槽和柄部

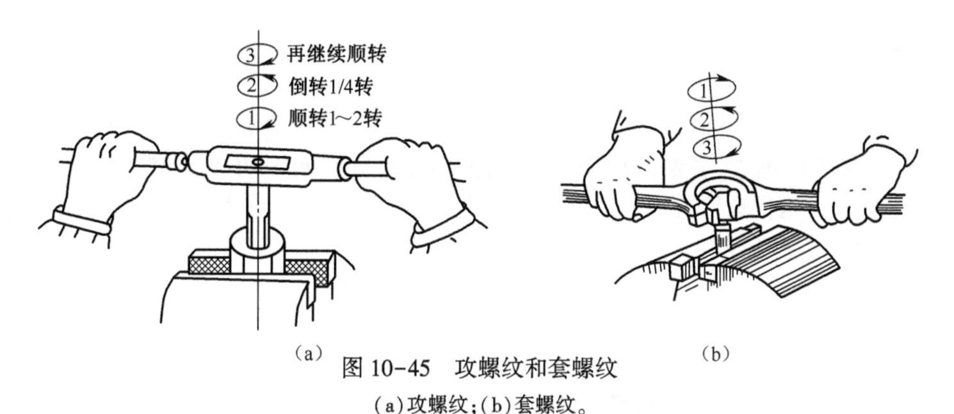

(a) (b)
图 10-45 攻螺纹和套螺纹
(a)攻螺纹;(b)套螺纹。

构成。切削部分在丝锥的前端呈圆锥状,切削负荷分配在几个刀刃上。定位部分具有完整的齿形,用来校准和修光已切出的螺纹,并引导丝锥沿轴向运动。容屑槽是沿丝锥纵向开出的 3~4 条沟槽,用来容纳攻丝所产生的切屑。柄部有方榫,用来安放攻丝扳手,传递扭矩,如图 10-46 所示。

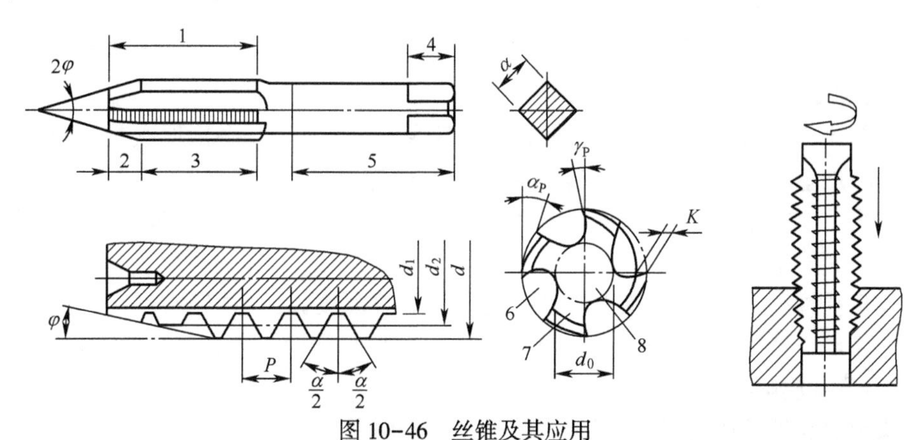

图 10-46 丝锥及其应用
1—工作部分;2—切削部分;3—校准部分;4—方头;5—柄部;6—容屑槽;7—齿;8—芯部。

丝锥是加工小直径内螺纹的成形刀具,分为手用丝锥和机用丝锥两种。手用丝锥用于手工攻螺纹,机用丝锥用于在机床上攻螺纹。手用丝锥一般由两只组成一套,分为头锥和二锥,二者切削部分的长短和锥角均不相同,校准部分的外径也不相同。头锥的切削部分较长,锥角较小,约有 6 个不完整的齿,以便切入,担负 75%的切削工作量;二锥的切削部分较短,锥角大些,不完整的齿约有 2 个,担负 25%的切削工作量。

2. 铰杠

铰杠是用来夹持并扳转丝锥的专用工具,如图 10-47 所示。铰杠是可调式的,转动右手柄,可调节方孔的大小,以便夹持不同规格的丝锥。

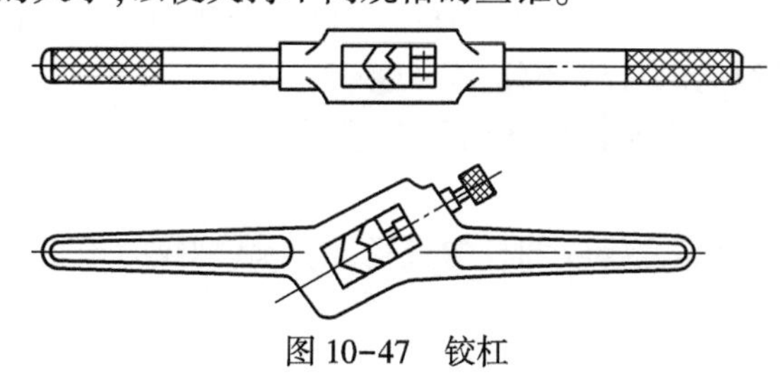
图 10-47 铰杠

3. 攻螺纹操作

1) 起攻螺纹

起攻螺纹应使用头锥。起攻时,双手握住铰杠中部,把装在铰杠上的头锥插入孔口,使丝锥与工件表面垂直,适当施加垂直压力,并沿顺时针方向转动,使丝锥攻入孔内圈,如图 10-48 所示。用直角尺检查丝锥与工件表面是否垂直,若不垂直,丝锥要重新切入,直至垂直,如图 10-49 所示。

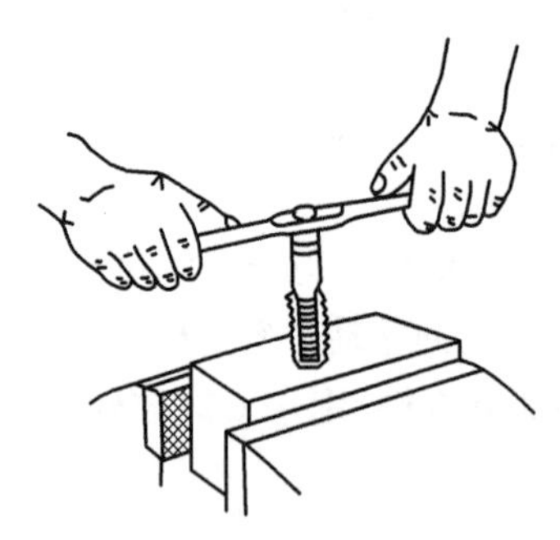

图 10-48 攻螺纹操作

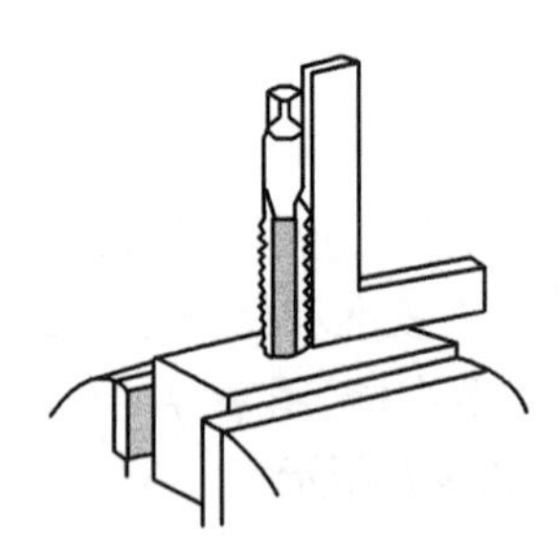

图 10-49 垂直度检查

2) 深入攻螺纹的方法

正确起攻后,便进入深入攻螺纹阶段。双手紧握铰杠两端,平稳地顺时针旋转铰杠,不需要再施加垂直压力。顺时针旋转 1~2 圈后,应逆时针倒转 1/4~1/2 圈,以便切屑断碎容易排出。在攻螺纹过程中,要经常用毛刷对丝锥加注机油润滑,以减少切削阻力和提高螺纹的表面质量。

在攻盲孔螺纹时,攻螺纹前要在丝锥上做好螺纹深度标记,并经常退出丝锥,清除留在孔内的切屑。否则,会因切屑堵塞而引起丝锥折断或攻出的螺纹达不到深度要求。

3) 用二锥攻螺纹的方法

用头锥攻完螺纹后,应使用二锥再攻一次。先用手将二锥顺时针旋入到不能旋进时,再装上铰杠继续攻螺纹,这样可避免损坏已攻出的螺纹和防止乱牙。

4) 丝锥的退出

攻通孔螺纹时,可以攻到底使丝锥落下;攻盲孔螺纹时,攻到位后应逆时针反转退出丝锥。

10.6.2 套螺纹

1. 套螺纹工具

(1) 板牙:板牙一般由合金工具钢制成。常用的圆板牙如图 10-50(a)所示。可调式圆板牙在圆柱面上开有 0.5~1.5mm 的窄缝,使板牙螺纹孔直径可以在 0.5~0.25mm 范围内调节。圆板牙螺孔的两端有 40°的锥度,是板牙的切削部分。圆板牙轴向的中间段是校准部分,也是套螺纹时的导向部分。

(2) 板牙架:它是用来夹持圆板牙的工具,如图 10-50(b)所示。

2. 套螺纹方法

(1) 套螺纹前需先确定套螺纹圆杆的直径,由于套螺纹时被挤压,因此圆杆直径应略小于螺纹大径, 即

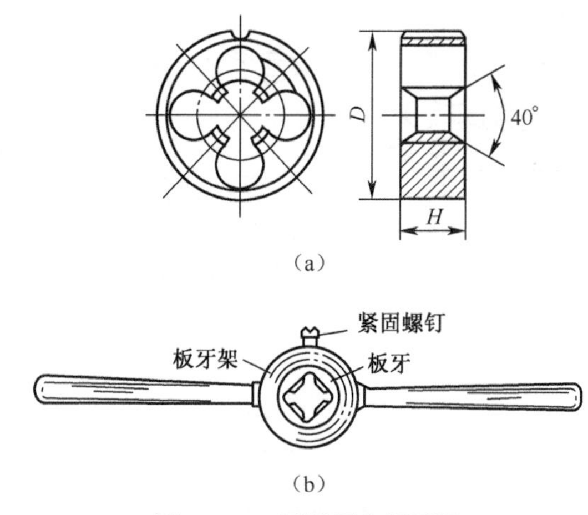

图 10-50 圆板牙和板牙架

$$d_0 \approx d - 0.3P$$

式中：d_0 为圆杆直径；d 为螺纹大径；P 为螺距(mm)。

(2) 圆杆的端部必须先做出合适的倒角。圆板牙端面与圆杆应保持垂直，避免套出的螺纹有深有浅。

(3) 板牙开始切入工件时转动要慢，压力要大，套入 3~4 周后，即可只转动，不加压。要时常反转来断屑。

10.7 刮 削

刮削就是用刮刀在工件表面刮去一层极薄金属以修整加工面，使之平整、光滑的一种精密加工方法。

刮削能提高工件间的配合精度，提高工件表面精度，降低粗糙度 *Ra* 值。但是刮削劳动强度较大，因此可用磨削等机械加工方法代替。

10.7.1 刮削工具

1. 刮刀

刮削所用的工具是刮刀，它用碳素工具钢或轴承钢锻制而成，硬度可达 HRC60 左右。在刮削硬工件时使用硬质合金刮刀。刮刀分平面刮刀和曲面刮刀两大类(图 10-51)。常用的是平面刮刀。

2. 校准工具

校准工具也称研具，用来检验刮削的质量。常用的有检验平板、校准直尺、角度直尺及工字形直尺，如图 10-52 所示。刮削内圆弧面时，一般用与其相配的轴作为校准工具。

3. 显示剂

把校准工具与刮削表面相配合在一起，加一定的压力相互摩擦，刮削面上的凸起处就被磨成亮点，如在两摩擦面加入颜料，就可使最凸起、次凸起和凹处的颜色不同，为刮削指明了地点，这种方法叫作“研点子”，所加颜料就是显示剂。常用的显示剂有红丹油和蓝

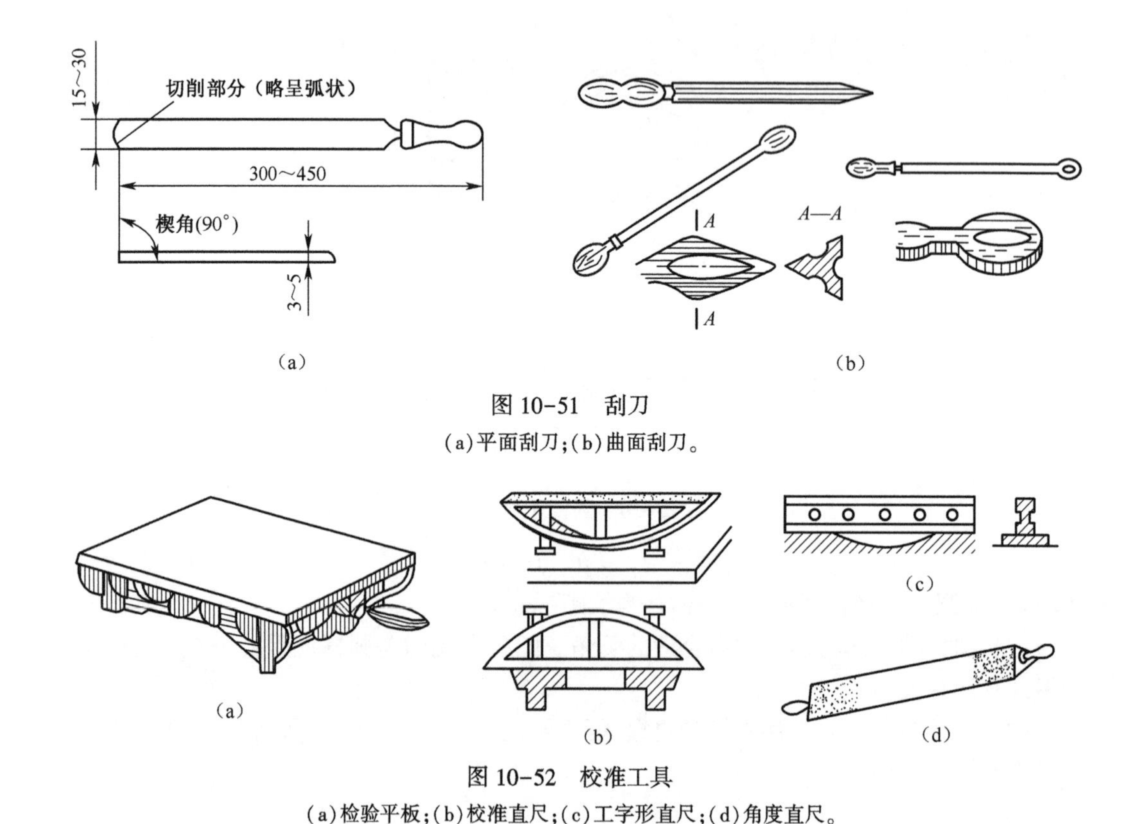

图 10-51　刮刀

(a)平面刮刀;(b)曲面刮刀。

图 10-52　校准工具

(a)检验平板;(b)校准直尺;(c)工字形直尺;(d)角度直尺。

油两种。

(1) 红丹油:由红丹粉用机油加以调和而成。它具有点子显示清晰、无反光、价格低廉的特点,多用于钢铁件。

(2) 蓝油:由普鲁士颜料与蓖麻油混合而成。它所显示的点子更明显,多用于精密件和有色金属的精刮。

10.7.2 刮削方法

1. 平面刮削

1) 平面刮削的方式

可采用挺刮式或手刮式两种。

(1) 挺刮式:如图 10-53 所示,将刀柄顶在小腹右下侧,左手在前、右手在后,握住离地 80～100cm 的刀身,靠腿部和臂部的力量把刮刀推到前方,双手加压,当推到所需长度时提起刮刀。

(2) 手刮式:刮刀的握法如图 10-54 所示,右手握刀柄,推动刮刀;左手放在靠近端部的刀体上,引导刮削方向及加压。刮刀与工件保持 25°～30°的角度。刮削时,用力要均匀,刮刀要拿稳,到所需长度提起刮刀。

2) 平面刮削的精度检验

平面刮削的精度检验是用 25mm×25mm 的面积内均匀分布的贴合点的数目来表示的,如图 10-55 所示。各种平面所要求的点子数见表 10-2。

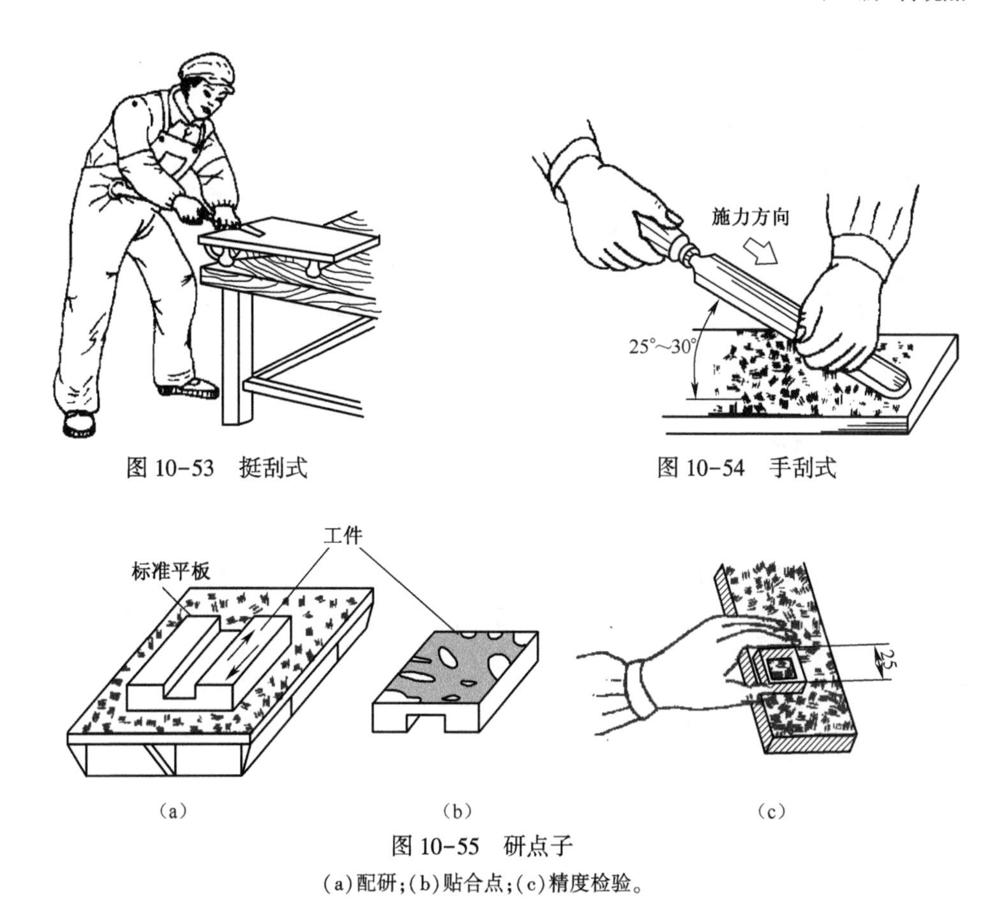

图 10-53 挺刮式

图 10-54 手刮式

图 10-55 研点子

(a)配研;(b)贴合点;(c)精度检验。

表 10-2 各种平面的贴合点数

平面种类	贴合点数	应 用 范 围
普通平面	8~12	普通基准面、密封结合面
	12~16	机床导轨面、工具基准面
精密平面	16~20	精密机床导轨、直尺
	20~25	精密量具、一级平板
超精密平面	> 25	零级平板、高精度机床导轨面

尽管各平面要求的贴合点子数不同,但通常总是要经过粗刮、细刮或精刮逐步达到要求,所以刮削前要了解所刮平面的性质,以便确定刮削步骤。

(1) 粗刮。主要是为了较快地清除机械加工留下的刀纹、表面锈迹以及刮去较大的刮削余量(0.05mm 以上)。刮削方向应与机械加工刀痕成 45°,各次刮削方向应交叉进行,如图 10-56 所示。粗刮宜采用较长的刮刀,这种刮刀用力较大,刮痕长,刮除金属多。当机械加工的刀纹消除后,涂上显示剂,用检验平板对研,以显示加工面上的高低不平处,刮掉高点,如此反复进行,当工件表面的贴合点增至每 25mm×25mm 的面积内 4 个点子时,可以开始细刮。

(2) 细刮。细刮时选用较短的刮刀,这种刮刀用力小,刀痕较短且不连续,并要朝一个方向刮,刮第二遍时要与第一遍成45°或60°方向交叉刮削。

(3) 精刮。在细刮的基础上精刮。刮刀短而窄,经反复刮削,使之达到要求。

(4) 刮花。上述刮削工作完成后,对被刮削表面进行刮花修饰,以增加美观。图 10-57为刮削的花纹。

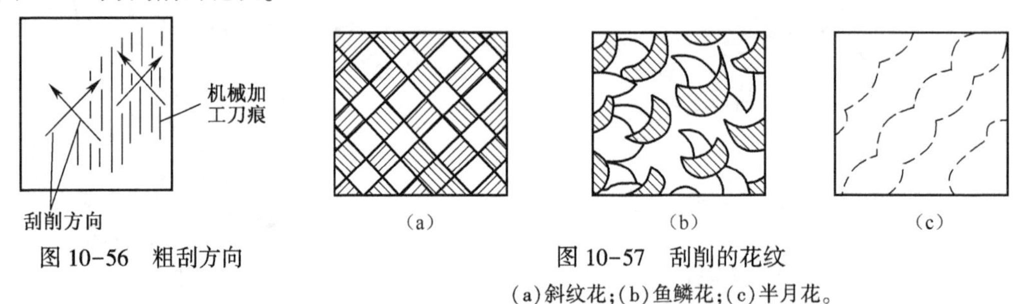

图 10-56 粗刮方向

图 10-57 刮削的花纹

(a)斜纹花;(b)鱼鳞花;(c)半月花。

2. 曲面刮削

对于某些要求较高的滑动轴承的轴瓦,也要进行刮削,以得到良好的配合。刮削轴瓦时用三角刮刀,用法如图 10-58 所示,研点子的方法是在轴上涂色,然后用轴与轴瓦配研。

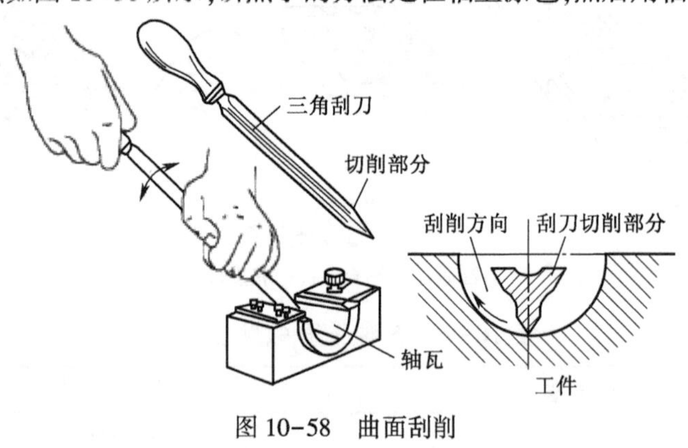

图 10-58 曲面刮削

10.8 装　　配

任何机器都是由多个零件组成的,将零件按装配工艺过程组装起来,并经过调整、试验使之成为合格产品的过程,称为装配。装配工作是产品制造的最后阶段,在机械制造业中占有很重要的地位。

10.8.1 装配的步骤

(1) 了解装配图及技术要求,了解产品结构工作原理、各零件的作用以及相互连接的关系。

(2) 确定装配的方法、顺序,并准备装配的工具。

(3) 对装配的零件进行整理,包括清洗、去毛刺、去油污。

(4) 进行组件装配、部件装配,直至总装配。

(5) 进行调整、检验、喷漆、装箱等步骤。

10.8.2 典型零件的装配

1. 螺纹连接

螺纹连接是最常用的一种可拆的固定连接方式,具有结构简单、连接可靠、装配方便等优点。装配时需要注意以下方面:

(1) 预紧力要适当,为控制预紧力可以使用扭矩扳手。

(2) 螺纹连接的有关零件配合面应接触良好,为提高贴合质量,常使用垫圈。

(3) 螺钉、螺母的端面应与螺纹轴线垂直,以达到受力均匀。

(4) 拧紧螺母的程度和顺序都会影响螺纹连接的装配质量。对称工件应按对称顺序拧紧,有定位销的工件应从定位销处拧紧,一般应按顺序分两次或三次拧紧,如图 10-59 所示。

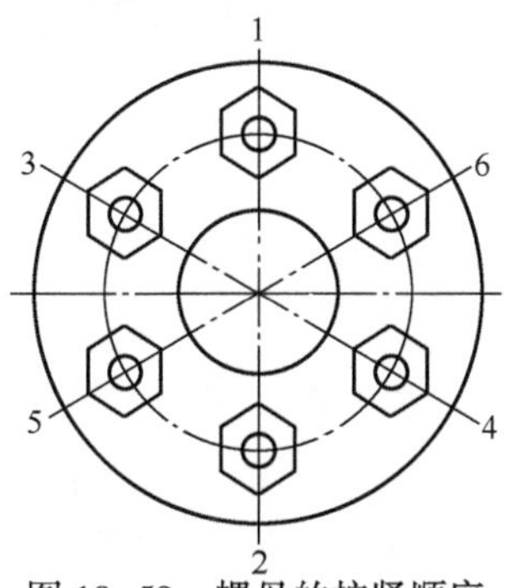

图 10-59 螺母的拧紧顺序

2. 键连接组件的装配

平键、半圆键连接装配时,先将键压入轴的键槽内,然后套入带键槽的轮毂,如图 10-60(a)所示。键的底面要与轴上键槽底面接触,而键的顶面与轮毂要有一定的间隙,键的两个侧面与键槽要有一定的过盈。

楔键连接装配时,先将轴与轮毂的位置摆好,然后将键用锤子打入,如图 10-60(b)所示。键的顶面和底面与键槽接触,而两个侧面有一定的间隙。

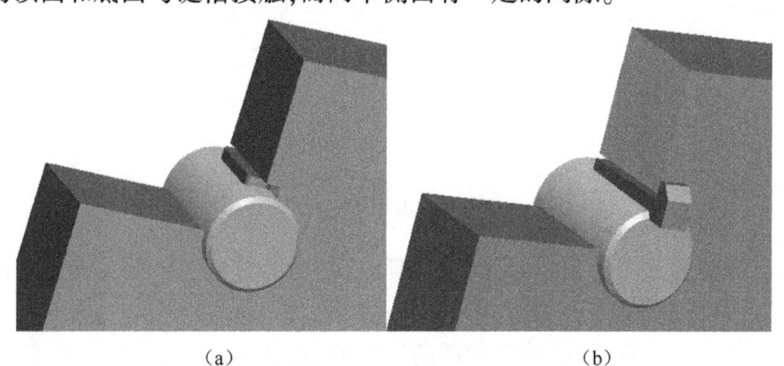

(a) (b)

图 10-60 键的装配

(a)平键的装配;(b)钩头楔键的装配。

3. 销连接的装配

圆柱销装配时,先将被连接件紧固在一起进行钻孔和铰孔,然后将销子涂上润滑油,用铜棒把销子打入或压入销孔,如图 10-61(a)所示。圆柱销的连接靠销与孔的过盈配合,圆柱销一经拆卸,便失去过盈,需要更换。

圆锥销大部分是定位销,拆卸方便,可在一个孔内拆卸几次而不损坏连接质量。装配时,也是将被连接件紧固在一起钻孔和铰孔,然后用手将销子塞入孔内,用铜棒将销子打紧,如图 10-61(b)所示。

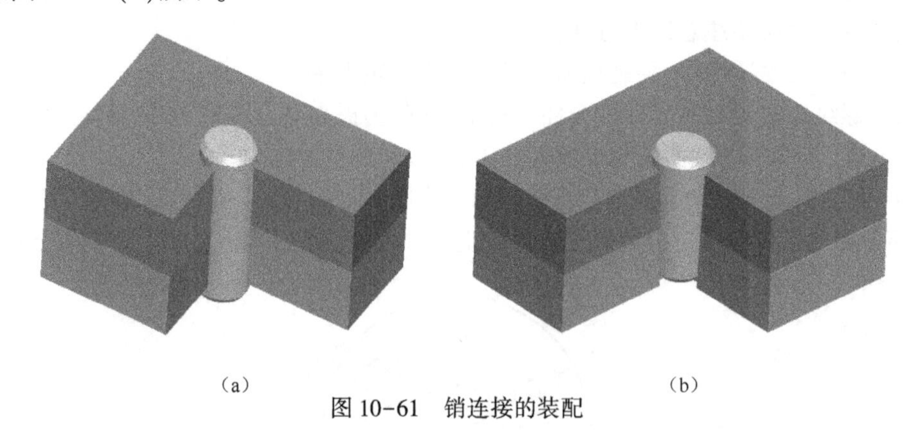
(a) (b)

图 10-61 销连接的装配

4. 滚珠轴承装配

滚珠轴承的配合多数具有较小的过盈量,须用手锤或压力机压装,为了使轴承圈受到均匀的压力,要用垫套加压。若是轴承压到轴上,应通过垫套施力于内圈端面,如图 10-62(a)所示;若轴承压到机体孔中时,则应施力于外圈端面,如图 10-62(b)所示;若轴承同时压到轴上和机体孔中时,则内外圈端面应同时加压,如图 10-62(c)所示。滚珠轴承更换时,须用拉出器进行拆卸,如图 10-62(d)所示。

若轴承与轴有较大的过盈量时,最好将轴承吊在 80~90℃的热油中加热,然后趁热装入。

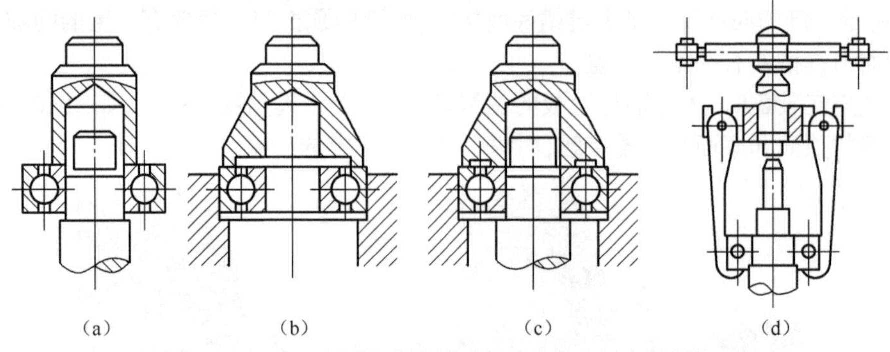
(a) (b) (c) (d)

图 10-62 用垫套压装滚动轴承及滚动轴承拉出器的使用

轴承属于较复杂的零件,对装配要求较高,应针对具体的技术要求确定合理的装配方法。装配时需要注意以下方面:

(1) 装配前应清洗轴承,去除轴承的防锈油脂,保持清洁,将标有代号的端面安装在可见的方向。

(2) 对于整体式滑动轴承来说,如果过盈量大于 0.1mm,可用加热机油或冷却轴套的方法辅助装配。轴套压入后往往会发生变形,因此需要进行检查,并通过铰孔、刮削等方法来修整,以达到轴套和轴颈间的配合要求。

(3) 装配后轴承应运转灵活,无异常声音,并满足其他有关技术要求。

10.9 典型钳工工艺训练

1. 六角螺母

根据画线、锯削、锉削、攻螺纹等各工艺的学习，学生需加工制作六角螺母，具体尺寸要求和工艺如下所示：

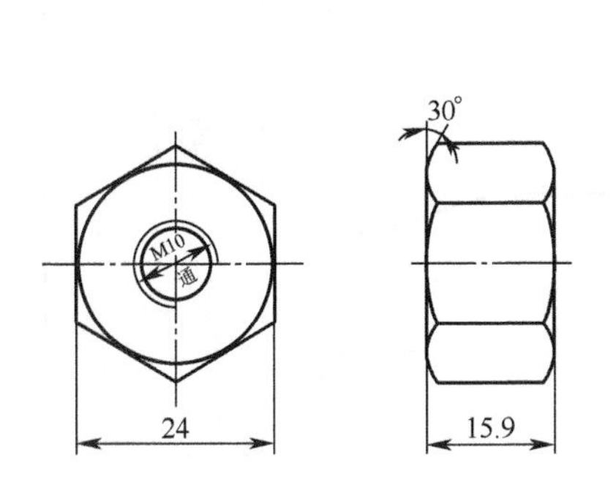

工艺过程卡片

序号	工序	简图	工序及工步简要说明	工具及量具
1	铣工	24-0.1 15.9	用铣削加工制作毛坯件	卡尺，六角样板
2	钳工	ϕ8.7	画线ϕ8.7（注意六角对称）并打样冲眼	卡尺，圆规，样冲
3	钳工	ϕ8.7 通	按线找正钻通孔ϕ8.7，用ϕ12钻头两端倒角1×120°	卡尺，钻头ϕ8.7，ϕ12
4	钳工	M10 通	先用手工丝锥头锥导向攻丝，再用二锥成形	M10手工丝锥一副，铰杠
5	钳工		两面倒角30°，用砂布抛光外形面	量角器或样板，油光锉，砂布

2. 榔头

根据画线、锯削、锉削、攻螺纹等各工艺的学习，学生需加工制作榔头工件，具体尺寸要求和工艺如下所示：

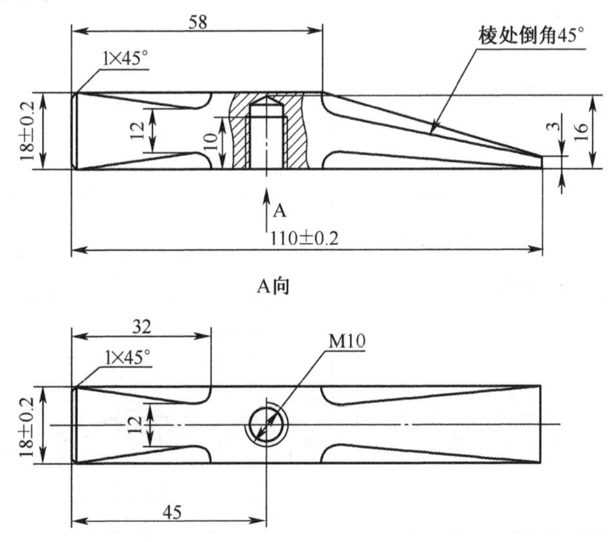

钳工加工榔头工步

序号	工具	工序	图示	量具
1	画针 手锯弓	1.检查毛坯外形尺寸，大于或等于18.5×18.5mm和115mm； 2.画62和5的斜线尺寸； 3.按斜线锯切	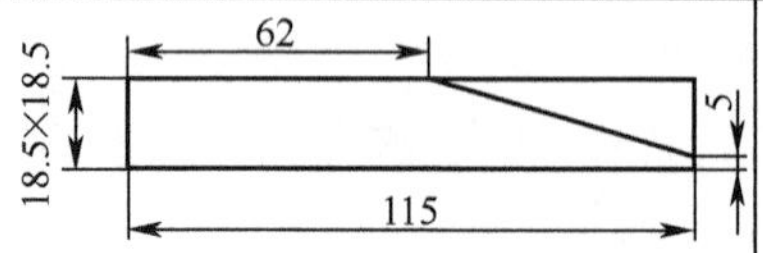 62 18.5×18.5 5 115	高度尺 钢板尺
2	粗平锉	锉平面A： 1.以A面为基准锉B面，垂直于A面；以A、B面为基准锉C面，分别垂直于A、B面； 2.以B面为基准锉对面，保证尺寸并留精加工余量0.2mm； 3.再以C面为基准锉对面，保证尺寸并留精加工余量0.2mm； 4.再以A面为基准锉对面，保证尺寸并留精加工余量0.2mm	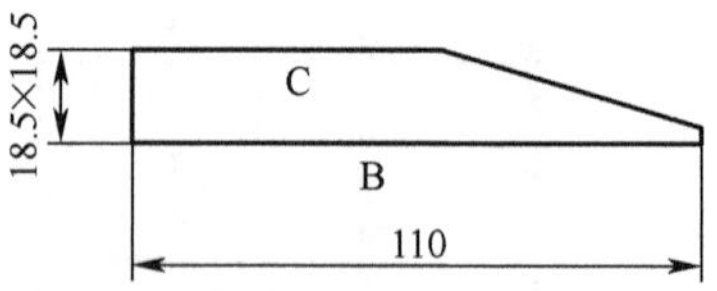 18.5×18.5 C B 110	直角尺 游标卡尺
3	画针 粗平锉	1.以A面为基准画58mm尺寸线；以B面为基准画3mm尺寸线；连接斜面； 2.按线锉平面并垂直于C面	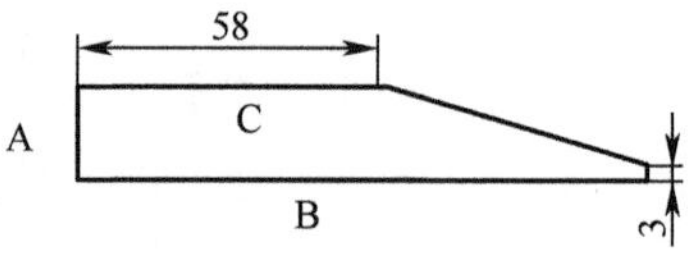 58 A C B 3	高度尺 钢板尺
4	画针	画12mm和棱处倒角45°，共8处；画圆弧，共8处	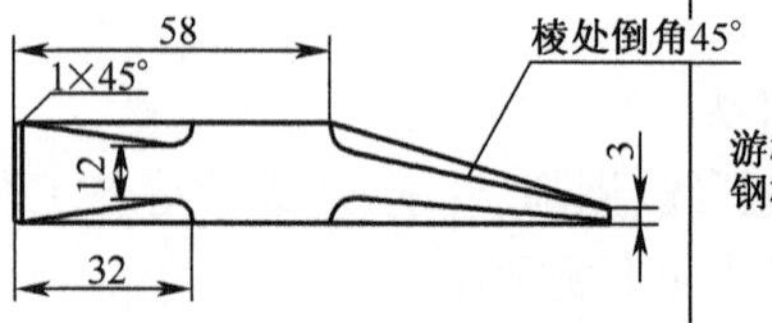 58 1×45° 棱处倒角45° 12 3 32	游标高度尺，钢板尺，画针
5	中平锉 圆锉	按图纸要求制作，并倒45°角	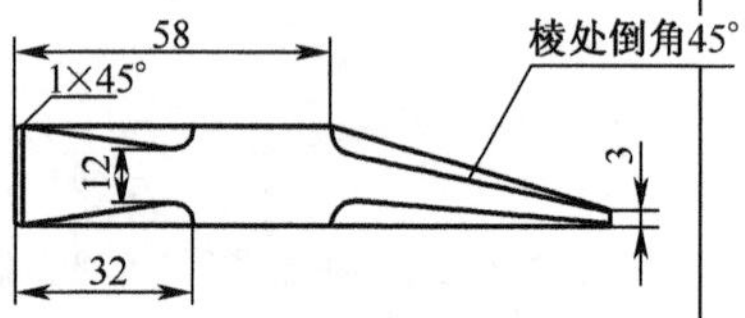 58 1×45° 棱处倒角45° 12 3 32	游标高度尺，钢板尺
6	画规，样冲，ϕ8.5钻头，M10丝锥，绞杠	1.按尺寸画M10螺纹孔线，画ϕ8.5钻孔线，打样冲； 2.钻ϕ8.5底孔，深16mm； 3.攻丝	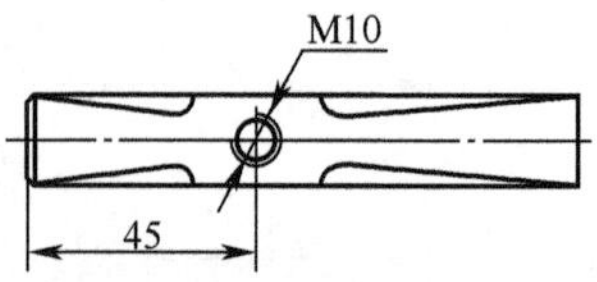 M10 45	游标高度尺，游标卡尺
7	细平锉 油光锉 纱布	精加工榔头所有表面，达到各项尺寸、粗糙度及精度要求	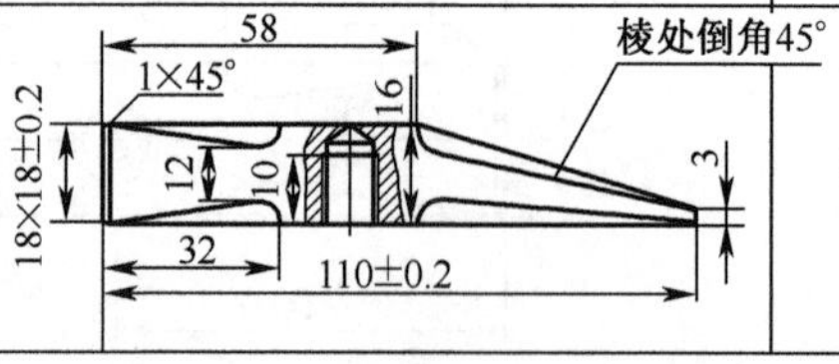 58 1×45° 棱处倒角45° 18×18±0.2 12 10 16 3 32 110±0.2	直角尺 游标卡尺

本章相关操作视频，请扫码观看

第三篇

现代加工

第 11 章 数控技术与数控机床的基本概念

11.1 数字控制

数字控制(numerical control)是用数字化信号对机床的运动及其加工过程进行控制的一种技术方法。

数控装备是以数控技术为代表的机电一体化产品,即所谓的数字化装备。其技术范围所覆盖的领域有:机械制造技术,微电子技术,信息处理、加工、传输技术,自动控制技术,伺服驱动技术,检测监控技术、传感器技术,软件技术等。数控技术及装备是发展新兴高新技术产业和尖端工业(如信息技术及其产业,航空、航天等国防工业产业)的使能技术和最基本的装备。它在提高生产率、降低成本、保证加工质量及改善工人劳动强度等方面,有突出的优点;特别是在适应机械产品迅速更新换代,小批量、多品种生产方面,成为先进制造技术的关键。

数控技术包括数控系统、数控机床及外围技术,其组成如图 11-1 所示。

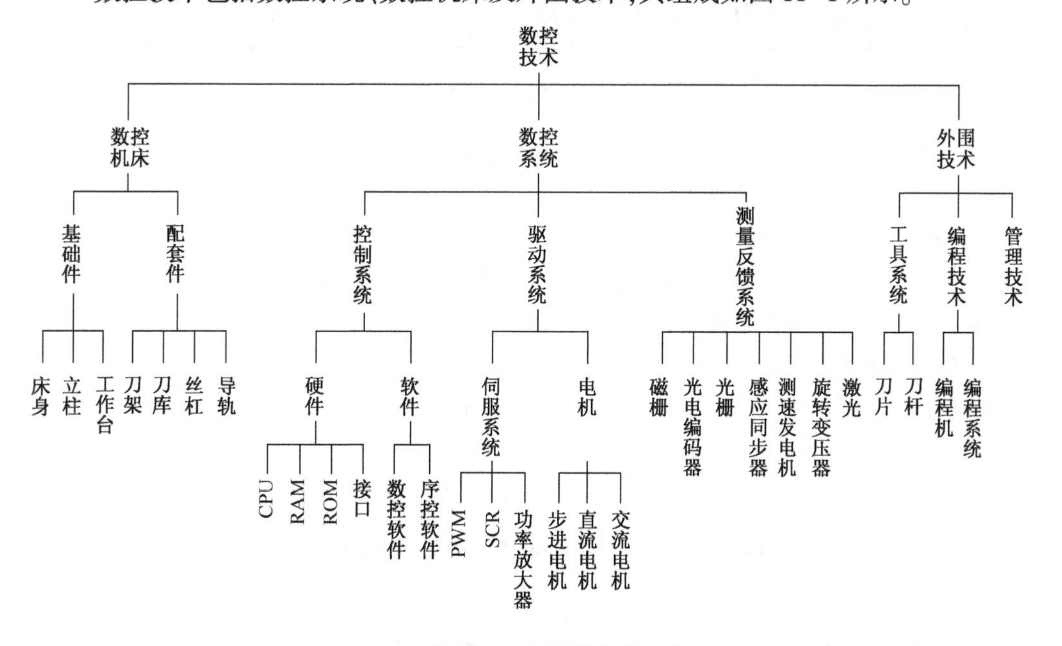

图 11-1　数控技术的组成

11.2 数 控 机 床

数控机床定义:数控机床是安装了数控系统(numerical control system)的机床,该系统能逻辑地处理具有使用号码或其他符号编码指令规定的程序及数字量,并将其译码,进行信息处理和运算后,控制机床动作和加工零件。

最初的数控系统是由数字逻辑电路构成的专用硬件系统。随着计算机的发展,取而代之的是计算机数控系统(computer numerical control,CNC)是由计算机承担数控中的命令发生器和控制器的数控系统。复杂数字信息的处理可完全由软件来实现,具有“柔性”。

11.3 机床数字控制的原理

金属切削机床加工零件,是操作者依据工程图样的要求,不断改变刀具与工件之间相对运动的参数(位置、速度等),使刀具对工件进行切削加工,最终得到所需要的合格零件。

数控机床的所有运动包括主运动、进给运动及各种辅助运动,都是用输入数控装置的数字信号来控制的。数控机床的工作过程,如图 11-2 所示。其主要步骤如下:

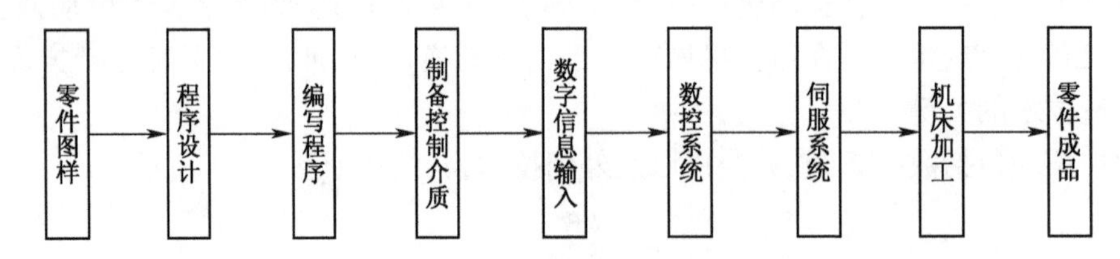

图 11-2 数控机床工作过程

(1) 根据被加工零件图中所规定的零件形状、尺寸、材料及技术要求,制定工件加工的工艺过程,进行零件加工的程序设计;

(2) 用规定的代码和程序格式编写零件加工程序;

(3) 通过输入装置把变为数字信息的加工程序输入给数控系统;

(4) 启动机床后,数控系统根据输入的信息进行运算和控制处理,将结果以脉冲形式送往机床的伺服机构(如步进电机、直流伺服电机等);

(5) 伺服机构驱动机床的运动部件,使机床按程序预定的轨迹运动,加工出合格的零件。

11.4 数控机床的组成及特点

数控机床是典型的数控化设备,它一般由信息载体、计算机数控系统、伺服系统、测量反馈装置和机床本体五部分组成,如图 11-3 所示。

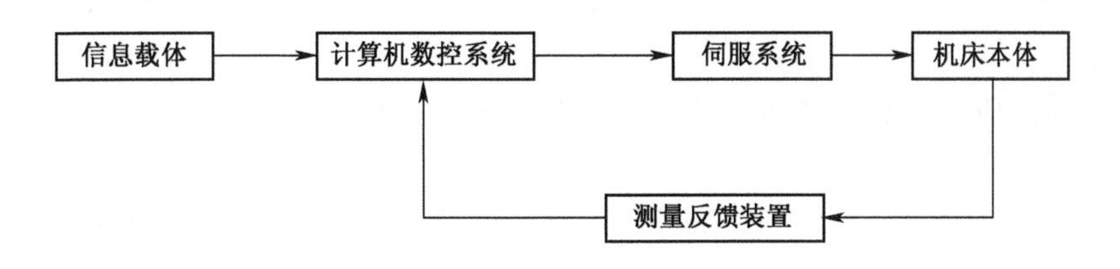

图 11-3　数控机床的组成

1. 信息载体

信息载体又称控制介质,用于记录数控机床上加工零件所必需的各种信息,如零件加工的位置数据、工艺参数等,以控制机床的运动,实现零件的机械加工。可采用操作面板上的按钮和键盘直接输入,也可通过磁盘、网络接口或窜行口将计算机上编写的加工程序输入到数控系统。

2. 计算机数控系统

数控系统是数控机床的核心,它的功能是接收载体送来的加工信息,经计算和处理后去控制机床的动作。其由硬件和软件组成,硬件除计算机外,其外围设备主要包括 CRT、键盘、面板、机床接口等。软件由管理软件和控制软件组成。管理软件主要包括输入输出、显示、诊断等程序。控制软件包括译码、刀具补偿、速度控制、插补运算、位置控制等部分。

3. 伺服系统

数控系统的执行部分,包括驱动机构和机床移动部件,接受数控装置发来的各种动作命令,驱动受控设备运动。伺服电动机可以是步进电机、电液马达、直流或交流伺服电机。

4. 测量反馈装置

该装置由测量部件和测量电路组成,其作用是检测速度和位移,并将信息反馈给数控装置,构成闭环控制系统。没有测量反馈装置的系统称为开环控制系统。

常用的测量部件有脉冲编码器、旋转变压器、感应同步器、光栅和磁尺等。

5. 机床本体

机床本体是数控机床的主体,包括床身、立柱、主轴、进给机构等机械部件及配套部件(如冷却、排屑、防护、润滑、照明、储运等一系列装置)。

11.5　数控机床分类

机床数控系统的种类很多,可从不同的角度对其进行分类。

1. 按运动控制的特点分类

按照机床的运动轨迹可把机床数控系统分为两大类:

1) 点位控制系统(point to point control system)

点位控制系统只控制机床移动部件的终点位置,在移动过程中不进行切削,为保证定位精度。数控钻床、数控镗床、数控冲床等都属于点位控制系统。

2）连续切削控制系统（contouring control system）

又称轮廓控制系统，能对刀具与工件相对移动的轨迹进行连续控制，能加工曲面、凸轮、锥度等复杂形状的零件。数控铣床、数控车床、数控磨床均采用连续控制系统。核心装置是插补器，功能是按给定的尺寸和加工速度用脉冲信号使刀具或工件走任意斜线或圆弧。

系统按同时控制且相互独立的轴数，可以有两轴控制，2.5 轴控制，3、4、5 轴控制等，如图 11-4～图 11-7 所示。

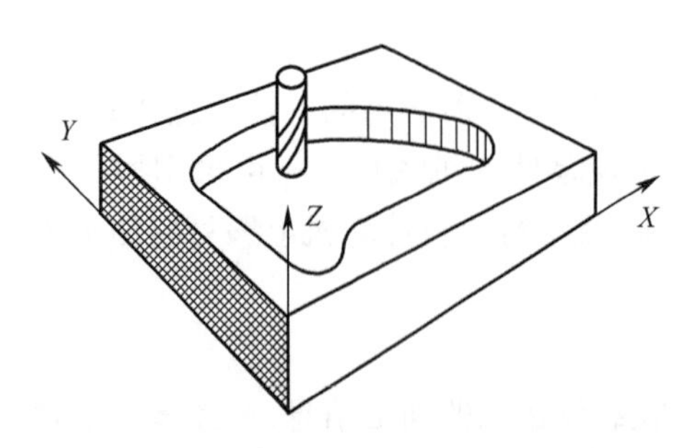

图 11-4　同时控制两个坐标的轮廓控制

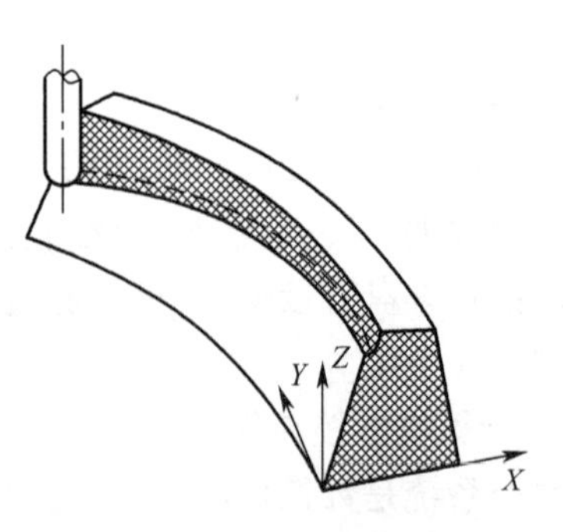

图 11-5　3 轴联动的数控加工

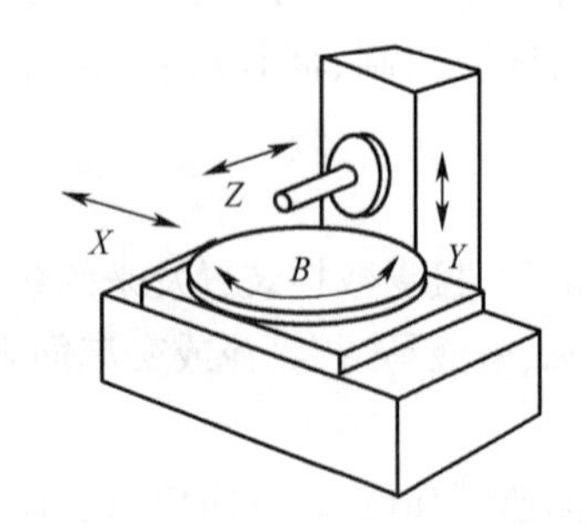

图 11-6　同时控制四个坐标的数控机床

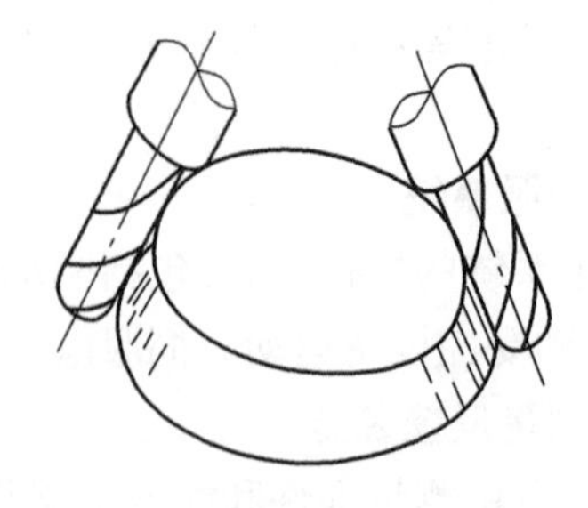

图 11-7　5 轴联动的数控加工

2. 按伺服系统的控制方式分类

伺服系统包括驱动机构和机床移动部件，是数控系统的执行部分。按其控制原理可分为以下三类：

1）开环控制系统（open loop control system）

开环系统如图 11-8 所示，是采用步进电机的伺服系统，对数控装置发来的每一个进给脉冲经驱动线路放大并驱动步进电机转动一个步距（即一个固定的角度，如 1.5°），再经减速齿轮带动丝杠旋转，并通过丝杠螺母副传动工作台移动。系统的精度依赖于步进电机的步距精度及齿轮、丝杠的传动精度，没有测量反馈矫正，对高精度的数控机床不能满足要求，但开环系统结构简单、调试容易、造价低，现在仍普遍采用。

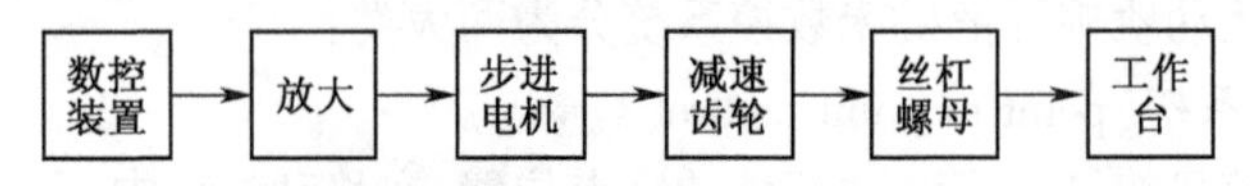

图 11-8　开环伺服系统方框图

2）半闭环控制系统（semi-closed loop control system）

如图 11-9 所示，采用安装在伺服电机上的角位移测量元件测量电机轴的转动量间接地测量工作台的移动量。优点是不论工作台位移的长短，角位移测量元件 360°可循环使用。

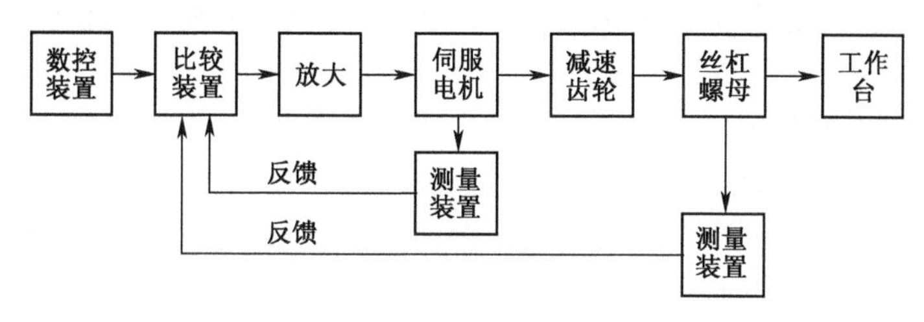

图 11-9 半闭环伺服系统方框图

半闭环调试方便、稳定性好，角位移的测量元件简单、廉价，配备传动精度较高的齿轮、丝杠的半闭环系统得到广泛应用。

3）闭环控制系统（closed loop control system）

如图 11-10 所示，采用直线位移测量元件，测量机床移动部件工作台的位置并将测量结果送回，与数控装置命令的移动量相比较，将差值放大控制伺服电机带工作台继续移动，直至测量值与命令值相等，差值为零或接近于零时停止移动。闭环伺服系统的精度取决于测量元件的精度。

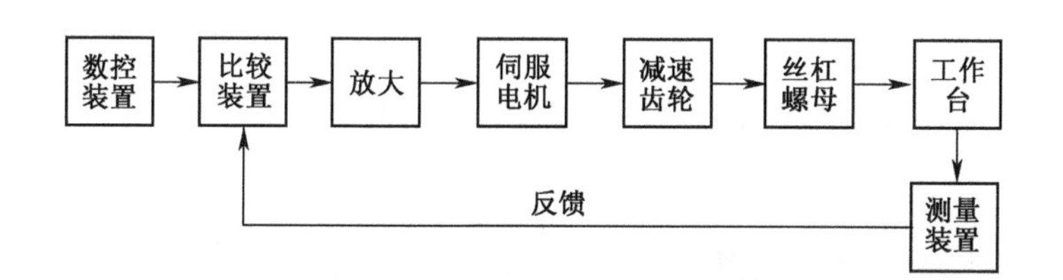

图 11-10 闭环伺服系统方框图

3. 按数控系统功能水平分类

按照数控系统的功能水平，可分为经济型、普及型和高档型数控系统三种。

1）经济型（又称简易数控系统）

仅能满足一般精度要求的加工，能加工形状较简单的直线、斜线、圆弧及带螺纹类的零件，机床进给由步进电动机实现开环驱动，控制轴数和联动轴数在 3 轴或 3 轴以下，进给分辨率为 10μm，快速进给速度可达 10m/min。这类机床结构简单，精度中等，价格也比较低，如经济型数控线切割机床、数控钻床、数控车床、数控铣床及数控磨床等。

2）普及型（通常称为全功能数控系统）

除了具有一般数控系统的功能以外，还具有图形显示功能及面向用户的宏程序功能等，机床的进给多用交流或直流伺服驱动，能实现 4 轴或 4 轴以下联动控制，进给分辨率为 1μm，快速进给速度为 10~20m/min，其输入输出的控制由可编程序控制器来完成。这类数控机床的品种极多，几乎覆盖了各种机床类别，且价格适中。

3）高档型数控系统

指加工复杂形状工件的多轴控制数控机床，其工序集中、自动化程度高、功能强，具有高度柔性,机床的进给采用交流伺服驱动,能实现 5 轴或 5 轴以上的联动控制,最小进给分辨率为 0.1μm,最大快速移动速度能达到 100m/min 或更高,具有图形用户界面,具有丰富的刀具管理功能、宽调速主轴、多功能智能化监控系统和面向用户的宏程序功能,具有智能诊断和智能工艺数据库,加工条件自动设定,计算机连网通信。系统功能齐全,价格昂贵,如大、重型数控机床,五面加工中心,车削中心和柔性加工单元等。

4. 按工艺用途分类

1）金属切削数控机床

包括数控车床、数控钻床、数控铣床、数控磨床、数控镗床以及加工中心,如图 11-11、图 11-12 所示。特别是加工中心,也称为可自动换刀的数控机床。这类数控机床都带有一个刀库,可容纳 10~100 把刀具。其特点是:工件一次装夹可完成多道工序。

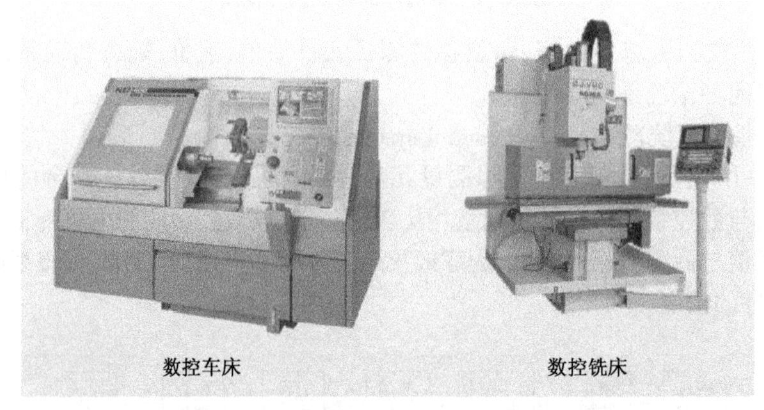

图 11-11　数控车床和数控铣床

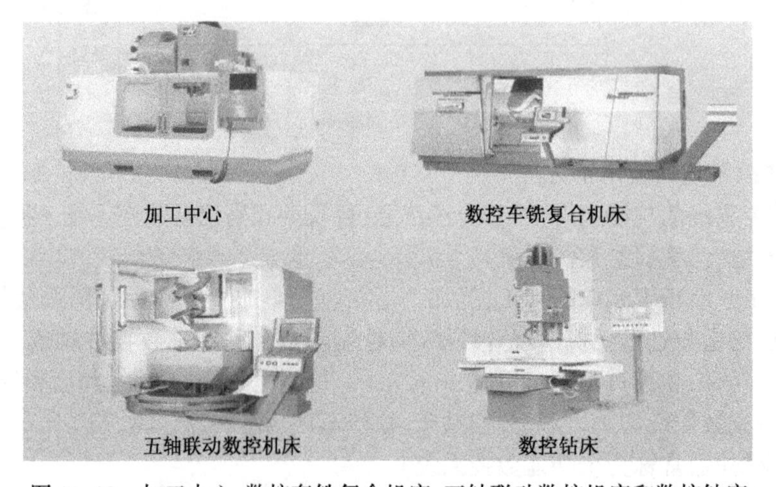

图 11-12　加工中心、数控车铣复合机床、五轴联动数控机床和数控钻床

2）金属成型类数控机床

数控冲床、数控激光加工机床等,如图 11-13 所示。

3）数控特种加工机床

如数控电火花成型机床、数控电火花切割机床、数控激光切割机床、数控火焰切割机床等。如图 11-14 所示。

4）其他类型的数控机床

数控磨床和三坐标测量机等，如图 11-15 所示。

图 11-13　数控冲床和数控激光加工机床

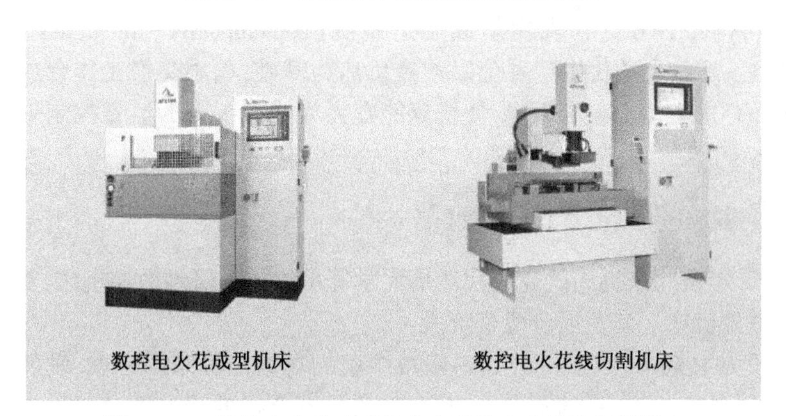

图 11-14　数控电火花成型机床和数控电火花线切割机床

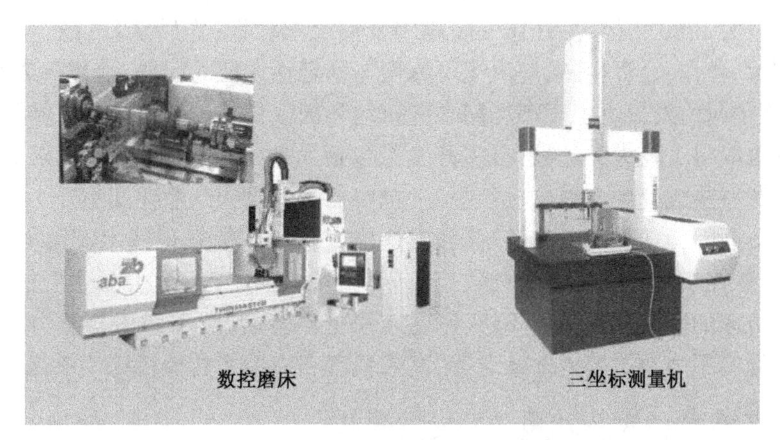

图 11-15　数控磨床和三坐标测量机

11.6　数控机床技术的发展历程、现状与发展趋势

11.6.1　发展历程

美国帕森斯公司与麻省理工学院于 1952 年试制成功世界上第一台三坐标连续控制

数控机床,系统全部采用电子管元件。随着电子技术、计算机技术、自动控制和精密测量等相关技术的发展,数控机床也在迅速地发展和不断地更新换代,先后经历了六个发展阶段。

第一代数控:采用电子管元件构成的专用数控装置(NC)。

第二代数控:采用晶体管电路的 NC 系统。

第三代数控:采用小、中规模集成电路的 NC 系统。

第四代数控:采用大规模集成电路的 CNC 系统。

第五代数控:采用微型电子计算机控制(microcomputer numerical control,MNC)。

第六代数控:利用 PC 丰富的软硬件资源开发开放式体系结构的新一代数控系统。先后出现了计算机直接数控(direct numerical control,DNC),柔性制造系统(flexible manufacturing system,FMS)和现代集成制造系统(contemporary-integrated manufacturing system,CIMS)。这些自动化生产系统以数控机床为基础,利用交换工作台或工业机器人等装置实现零件的自动上料和下料,使机床能在无人或极少人的监督控制下进行自动化生产。

11.6.2 我国数控机床发展概况

我国 1958 年由北京机床研究所和清华大学等单位首先研制数控机床,并试制成功第一台电子管数控机床。其发展分两个阶段:

第一阶段为 1958—1979 年,在这一阶段中我们对数控机床的特点、发展条件没有足够的了解,在人员素质差、基础不牢靠、配套件质量不合格的情况下,盲目发展,曾三起三落,最终因为表现太过糟糕,无法用于生产而终止。

第二阶段为 1980 年至今,在这一阶段中我们吸取教训,先后从日、德、美等国家引进数控系统技术,合作、合资生产,解决了可靠性与稳定性方面的问题,数控机床开始生产使用,并开始逐步向前发展。由于市场需求的拉动和国家科技计划引导与支持,中高档数控机床的开发也取得了较大的进展,自主开发了包括大型、五轴联动数控机床,精密及超精密数控机床和一些成套生产线,并形成了一批中档数控机床产业化基地。

由于历史原因,我国数控机床产业和发达国家相比在信息化技术应用上仍然存在很大差距,国产数控机床特别是中高档数控机床仍然缺乏市场竞争力,最主要的原因还是在于国产数控机床的研究开发深度不够、制造水平依然落后、服务意识与能力欠缺、数控系统生产应用推广不力及数控人才缺乏等,高效精密和高性能数控机床仍依靠进口。

11.6.3 数控技术及其装备的发展趋势

以数字化为特征的数控机床是柔性化制造系统和敏捷化制造系统的基础装备,数控技术的应用不但给传统制造业带来了革命性的变化,而且使制造业成为工业化的象征。其发展趋势如下:

1. 高速、高精密化

效率、质量是先进制造技术的主体。高速、高精度加工技术可极大地提高效率,提高产品的质量和档次,缩短生产周期和提高市场竞争能力。

2. 高可靠性

高可靠性是指数控系统的可靠性要高于被控设备的可靠性在一个数量级以上,但也不是可靠性越高越好,仍然是适度可靠,因为是商品,受性能价格比的约束。高可靠性是生产过程的必要保证。

3. 数控机床设计 CAD 化

随着计算机应用的普及和软件技术的发展,计算机辅助技术(Computer Aided Design,CAD)技术得到了广泛发展。CAD 不仅可以替代人工完成绘图工作,更重要的是可以进行设计方案选拔和大件整机的静、动态特性分析,计算、预测和优化设计,可以对整机各工作部件进行动态模拟仿真。在模块化的基础上,在设计阶段就可以看到产品的三维几何模型和逼真的色彩,还可以大大提高工作效率。提高设计的一次成功率,从而缩短试制周期,降低成本,增加产品的市场竞争能力。数控机床的设计是一项要求较高、综合性强、工作量大的工作,故应用 CAD 技术就更有必要、更迫切。

4. 智能化、网络化、柔性化、集成化

数控机床的智能化内容包括在数控系统中的各个方面:

(1)追求加工效率和加工质量方面的智能化,如自适应控制,工艺参数自动生成;

(2)提高驱动性能及使用连接方便方面的智能化,如前馈控制、电机参数的自适应运算、自动识别负载自动选定模型等;

(3)简化编程、简化操作方面的智能化,如智能化的自动编程,智能化的人机界面等;

(4)智能诊断、智能监控方面的内容,方便系统的诊断及维修等。

数控装备的网络化将极大地满足生产线、制造系统、制造企业对信息集成的需求,也是实现新的制造模式如敏捷制造、虚拟企业、全球制造的基础单元。

数控机床向柔性自动化系统发展的趋势:一方面从点(数控单机、加工中心和数控复合加工机床)、线(FMC、FMS、FTL、FML)向面(工段车间独立制造岛、FA)、体(CIMS、分布式网络集成制造系统)的方向发展;另一方面向注重应用性和经济性方向发展。柔性自动化技术是制造业适应动态市场需求及产品迅速更新的主要手段,是各国制造业发展的主流趋势,是先进制造领域的基础技术。其重点是以提高系统的可靠性、实用化为前提,以易于联风和集成为目标;注重加强单元技术的开拓、完善;CNC 单机向高精度、高速度和高柔性方向发展;数控机床及其构成柔性制造系统能方便地与 CAD、CAM、CAPP、MTS 联结,向信息集成方向发展;网络系统向开放、集成和智能化方向发展。

第 12 章 数控机床的程序编制

12.1 数控编程的基本概念

在数控机床上加工零件,要编制零件的加工程序,然后才能加工。

所谓程序编制,就是将零件的工艺过程、工艺参数、刀具位移量与方向以及其他辅助动作(换刀、冷却、夹紧等),按运动顺序和所用数控机床规定的指令代码及程序格式编成加工程序单,然后输入数控装置,指挥数控机床加工。

数控系统控制机床的动作可概括如下:

(1) 机床主运动,包括主轴的启动、停止、转向和速度选择,多坐标控制(多轴联动);

(2) 机床进给运动,如点、直线、圆弧、坐标方向和进给速度的选择等;

(3) 刀具的选择和刀具的补偿(长度、半径);

(4) 其他辅助运动,如工作台的锁紧和松开,工作台的旋转与分度和冷却泵的开、停等;

(5) 故障自诊断:对系统运动情况进行监视,及时发现故障,并在故障出现后迅速查明故障类型和部位,发出报警,把故障源隔离到最小范围;

(6) 通信和联网功能。

12.2 数控编程方法简介

程序编制的方法主要有手工编程和自动编程两种。

1. 手工编程

手工编程是指在程序编制的全过程中,从分析图样、确定工艺过程、数值计算、编写零件加工程序单、制备控制介质到程序校验都是由人工完成。对于加工形状简单的零件,计算比较简单,程序内容不多,可采用手工编程。在点位加工及由直线与圆弧组成的轮廓加工中,手工编程仍广泛应用。对于形状复杂的零件,特别是具有非圆曲线、列表曲线及曲面的零件,用手工编程就有一定的困难,出错的机率增大,有的甚至无法编出程序,因此必须用自动编程的方法编制程序。

2. 自动编程

自动编程是利用计算机编制数控加工程序:用数控语言编制程序,将其输入计算机,由系统处理程序进行编译计算和后置处理，编写出零件加工程序单，并自动制作加工用的控制介质。

自动编程的特点是应用计算机代替人的劳动，编程人员不再直接参与坐标计算、数据处理、编写零件加工程序单和制备控制介质的工作，上述所有工作均由计算机完成。详细内容在第 15 章介绍。

在实际生产中，究竟是采用手工编程方法还是采用自动编程方法，应综合考虑数据量和计算难易程度、可利用的设备和条件以及时间和费用等因素。

数控程序编制过程如图 12-1 所示。

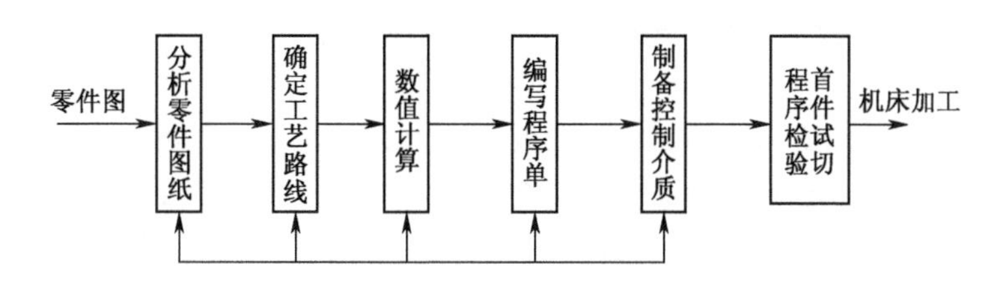

图 12-1　数控程序编制过程

12.3　数控编程的几何基础

1. 数控机床坐标系和运动方向

统一规定数控机床坐标轴名称及运动的正负方向，并使所编程序对同一类型机床具有互换性。国际上数控机床的坐标轴和运动方向均已标准化，我国于 1982 年颁布了 JB 3051—82《数控机床的坐标和运动方向的命名》标准，与国际标准化组织的 ISO 841 等效。主要内容如下：

在数控机床上进行加工，通常使用右手直角笛卡儿坐标系来描述刀具与工件的相对运动，如图 12-2 所示。

（1）刀具相对于工件运动的原则。由于机床的结构不同，有的是刀具运动、工件固定，有的是刀具固定、工件运动等。为编程方便，一律规定为工件固定、刀具运动。

（2）标准的坐标系是一个右手直角笛卡儿坐标系，大拇指为 X 轴，食指为 Y 轴，中指为 Z 轴，指尖指向各坐标轴的正方向，即增大刀具和工件距离的方向。同时规定了分别平行于 X、Y、Z 轴的第一组附加轴为 U、V、W；第二组附加轴为 P、Q、R。

（3）若有旋转轴时，规定绕 X、Y、Z 轴的旋转轴为 A、B、C 轴，其方向为右旋螺纹方向，如图 12-2 所示。旋转轴的原点一般定在水平面上。若还有附加的旋转轴时用 D、E 定义，其与直线轴没有固定关系。

2. 数控编程的特征点

1）机床原点与参考点

机床原点是指机床坐标系的原点，即 $X=0$、$Y=0$、$Z=0$ 的点。机床原点是机床的最基本点，它是其他所有坐标系，如工件坐标系、编程坐标系，以及机床参考点的基准点。对某一具体机床来说，机床原点是固定的。数控车床的原点一般设在主轴前端的中心。数控

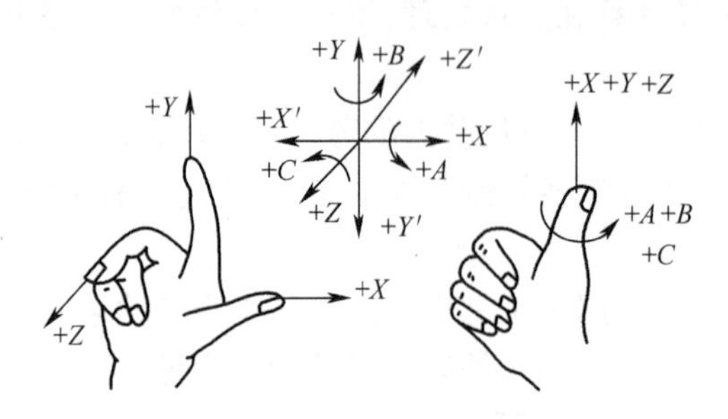

图 12-2　右手直角笛卡儿坐标系

铣床的原点位置，各生产厂家不一致，有的设在机床工作台中心，有的设在进给行程范围的终点。

机床参考点是用于对机床工作台、滑板以及刀具相对运动的测量系统进行定标和控制的点，有时也称机床零点。它是在加工之前和加工之后，用控制面板上的回零按钮使移动部件退离到机床坐标系中的一个固定不变的极限点。参考点相对机床原点来讲是一个固定值。例如数控车床，参考点是指车刀退离主轴端面和中心线最远并且固定的一个点。国产 CK0630 数控车床的坐标系如图 12-3 所示。车床原点 O'取在卡盘后端面与中心线的交点处，参考点 O'设在 $X=200$mm、$Z=400$mm 处。

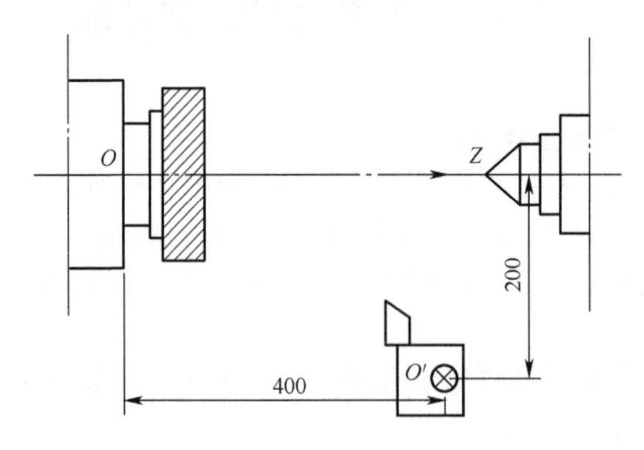

图 12-3　CK0630 数控车床坐标系

数控机床在工作时，移动部件必须首先返回参考点，测量系统置零之后，测量系统即可以参考点作为基准，随时测量运动部件的位置。

2）编程原点

编制程序时，为了编程方便，需要在图纸上选择一个适当的位置作为编程原点，即程序原点或程序零点。

一般对于简单零件，工件零点就是编程零点，这时的编程坐标系就是工件坐标系。而对于形状复杂的零件，需要编制几个程序或子程序。为了编程方便和减少许多坐标值的计算，编程零点就不一定设在工件零点上，而设在便于程序编制的位置。

数控机床上的机床坐标系、机床参考点、工件坐标系、编程坐标系及相关点的位置关系如图 12-4 所示。

3）对刀点

对刀点就是在数控加工时，刀具相对于工件运动的起点，程序就是从这一点开始的，

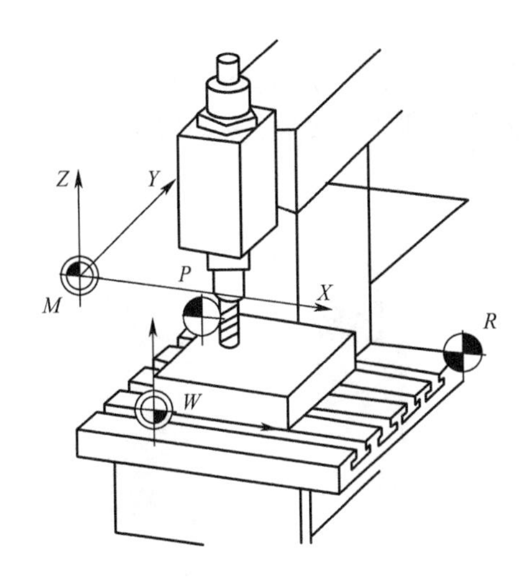

图 12-4　机床上各坐标系及相关点的关系

M—机床原点；*R*—机床参考点；*W*—工件原点；*P*—编程原点。

如图 12-5 所示。对刀点也可以叫做“程序起点”或“起刀点”。在编制程序时，应首先考虑对刀点的位置选择。选定的原则：

(1) 选定的对刀点位置应使程序编制简单。

(2) 对刀点在机床上找正容易。

(3) 加工过程中检查方便。

(4) 引起的加工误差小。

为了提高零件的加工精度，对刀点应尽量选在零件的设计基准或工艺基准上。例如以孔定位的零件，以孔的中心作为对刀点较为合适。对于增量(相对)坐标系统的数控机床，对刀点可以选在零件的中心孔上或两垂直平面的交线上；对于绝对坐标系统的数控机床，对刀点可以选在机床坐标系的原点上，或距机床原点为某一确定值的点上，而零件安装时，零件坐标系有确定的关系。

如图 12-5 所示，对刀点相对机床原点的坐标为(X_0, Y_0)，而工件原点相对于机床原点的坐标为(X_0+X_1, Y_0+Y_1)。这样，就把机床坐标系、工件坐标系和对刀点之间的关系明确地表示出来了。

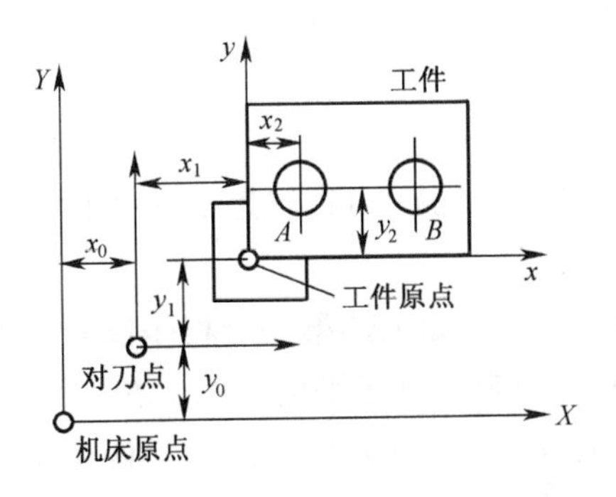

图 12-5　对刀点的设定

4）刀位点

刀具上的一特定点,即程序编制中,用于表示刀具特征的点。刀位点用以确定刀具在机床坐标系中的位置,也是对刀和加工的基准点。对于加工常用刀具,其刀位点如图 12-6 所示。

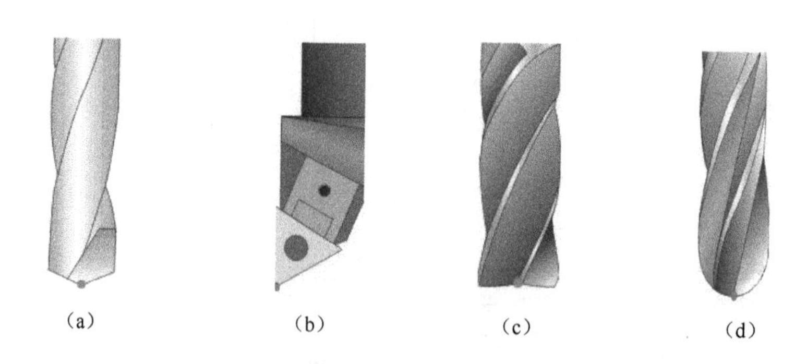

图 12-6　刀位点的确定

(a)钻头的刀位点;(b)车刀的刀位点;(c)圆柱铣刀的刀位点;(d)球头铣刀的刀位点。

12.4　数控编程的标准

1. 程序结构与程序段格式

1）程序的结构

零件加工程序是由若干程序段组成的,程序段由字母和数字组成。每种数控系统都有其特定的编程格式,对于不同的机床,程序格式是不同的。编程人员在编程之前,要认真阅读所用机床的说明书,严格按照规定格式进行编程。例如在 FANUC 6M 系统中编写的一个加工程序如下:

```
%100                                          程序号
    N10    G00    X0     Y0     Z100    LF ┐
    N11    G17    T1     LF                │
    N12    G00    Z2     LF                ├  程序内容
    N13    G01    Z-10    F100     LF      ┘
    ……
    N20    M30    LF                          程序结束
```

整个程序以%100 作为开始,以 M30 LF 作为全程序的结束,中间是程序内容。每个程序段均用 N*xx* 开头,用 LF 结束。

每一个程序段表示一种操作。如上述第一个程序段表示刀具快速定位(G00)到 X0 Y0 Z100 处。第二个程序段表示确定加工平面(G17)并更换刀具(T1)。第三个程序段表示刀具快速定位(G00)到工件表面 2mm 处(Z2)。第四个程序段表示刀具以进给速度(F100)直线进给(G01)至工件表面下 10mm 深处(Z -10)。最后一句(N20)表示程序结束(M30)。

2）程序段格式

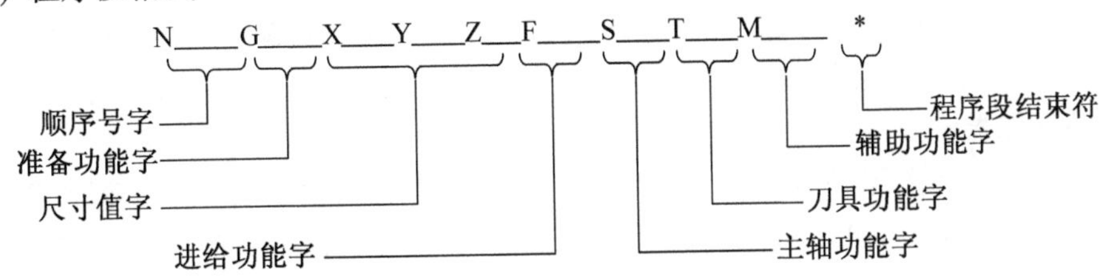

下面分别对程序段各字加以说明。

（1）顺序号字。用以识别程序段的编号。用地址码 N 和后面的若干位数字来表示。例如：N20 表示该语句的语句号为 20。

（2）准备功能字（G 功能字）。G 功能是使数控机床做好某种操作准备的指令，用地址码 G 和两位数字来表示，从 G00~G99 共 100 种。

（3）尺寸值字。坐标值字由地址码、“+、-”符号及绝对值（或增量值）的数值构成。坐标值的地址码有 X、Y、Z、U、V、W、P、Q、R、A、B、C、I、J、K、D、H 等。

例如：X20　Y-40，尺寸值字的“+”可省略。

（4）进给功能字。它表示刀具中心运动时的进给速度。它由地址码 F 和后面若干位数字构成。例如：F100 表示进给速度为 100mm/min。

（5）主轴转速字。由地址码 S 和在其后面的若干位数字组成，单位为转速单位（r/min）例如：S800 表示主轴转速为 800r/min。

（6）刀具字。由地址码 T 和若干位数字组成。刀具功能字的数字是指定的刀号。例如：T08 表示第 8 号刀。

（7）辅助功能字（M 功能）。辅助功能表示一些机床辅助动作的指令。用地址码 M 和后面两位数字表示。从 M00~M99 共 100 种。

（8）程序段结束符。在每一程序段之后，表示程序结束。用 ISO 标准代码时为“NL”或“LF”。有的用符号“；”或“ * ”表示。

ISO 标准规定的地址字符意义如表 12-1 所示。

表 12-1　地址字符表

字符	意　义	字符	意　义
A	关于 X 轴的角度尺寸，有时可指牙型角	N	顺序号
B	关于 Y 轴的角度尺寸	O	不用，有的为程序编号
C	关于 Z 轴的角度尺寸	P	平行于 X 轴的第三尺寸，也有定为固定循环的参数
D	第二刀具功能，也有定为偏置号	Q	平行于 Y 轴的第三尺寸，也有定为固定循环的参数
E	第二进给功能	R	平行于 Z 轴的第三尺寸，也有定为固定循环的参数、指定圆弧插补的圆弧半径等
F	第一进给功能		
G	准备功能	S	主轴速度功能
H	暂不制定，有的定为偏置号	T	第一刀具功能
I	平行于 X 轴的插补参数或螺纹导程	U	平行于 X 轴的第二尺寸
K	平行于 X 轴的插补参数或螺纹导程	V	平行于 Y 轴的第二尺寸
L	平行于 X 轴的插补参数或螺纹导程	W	平行于 Z 轴的第二尺寸
M	辅助功能	X，Y，Z	基本尺寸

2. 主程序和子程序

在一个加工程序中,如果有几个程序段完全相同(即一个零件中有几处的几何形状相同,或顺次加工几个相同的工件),可将这些重复的程序段串编成子程序,并事先存储在子程序存储器中。

数控机床是按主程序的指令进行工作,当在程序中有调用子程序的指令时,数控机床就按子程序进行工作,遇到子程序中有返回主程序的指令时,返回主程序继续按主程序的指令进行工作。

子程序的结构同主程序一样,也有开始部分、内容部分和结束部分。子程序的开始部分由子程序开始符号加 2 位或 3 位数字构成。

下面是在 FANUC 数控系统上主程序调用的实例。

子程序部分:

```
O1000                                   子程序开始
N1   G00  X00  Y5   LF    ┐
N2   G01  X40  Y50  LF    │
……                        ├             子程序内容
……                        ┘
N15  M99  LF                            子程序结束
```

将上面的主程序放入存储器中,即可用如下的主程序调用它。

主程序部分:

```
%100                                    主程序开始
N1   G00  X3   Y6   LF
……
N10  M98  P1000  LF                     程序号为 O1000 的子程序
N11  G01  X50  Y60  LF                  执行子程序
……
N20  M98  P1000  LF                     调用子程序
……
N40  M30  LF                            主程序结束
```

3. 数控系统的指令代码

工艺指令大体上可分为两类。

一类是准备性工艺指令——G 指令,这类指令是在数控系统插补运算之前需要预先规定,为插补运算做好准备的工艺指令;另一类是辅助性工艺指令——M 指令,这类指令与数控系统插补运算无关,是根据操作机床的需要予以规定的工艺指令,如主轴的启停、计划中停、主轴定向等。G 代码和 M 代码是数控加工程序中描述零件加工工艺过程的各种操作和运行特征的基本单元,是程序的基础。

国际上广泛应用的 ISO-1056-1975E 标准规定了 G 代码和 M 代码。我国机械部根据 ISO 标准制定了 JB 3208—83《数控机床穿孔带程序段格式中的准备功能 G 和辅助功能 M 代码》标准,见表 12-2~表 12-4。

4. 准备功能指令——G 指令

G 指令分为模态指令和非模态指令。01 组所对应的 G 指令为模态指令。它表示在程序中一经被应用(如 01 组中的 G01),直到出现同组(01 组)其他任一 G 指令(如 G02)时才失效。否则该指令继续有效,直到被同组指令取代为止。模态指令可以在其后的语句中省略不写。00 组为非模态指令,只在本程序段中有效(如 N20 G04 X2)。

表 12-2 数控车床准备功能表(节选)

G 代码	组	功能	参数(后续地址字)	备注
G00 G01 G02 G03	01	快速定位 直线插补 顺圆插补 逆圆插补	X,Z X,Z X,Z,I,K,R X,Z,I,K,R	
G04	00	暂停	P	
G20 G21	08	英寸输入 毫米输入		
G28 G29	00	返回到参考点 由参考点返回	X,Z X,Z	
G32	01	螺纹切削	X,Z	
G40 G41 G42	09	刀尖半径补偿取消 左刀补 右刀补	 D D	
G52	00	局部坐标系设定	X,Z	
G54~G59	11	零点偏置		
G65	00	宏指令简单调用	P,A—Z	
G71 G72 G73 G76	06	外径/内径车削复合循环 端面车削复合循环 闭环车削复合循环 螺纹车削复合循环	X,Z,U,W,P,Q,R	
G80 G81 G82	01	内/外径车削固定循环 端面车削固定循环 螺纹车削固定循环	X,Z,I,K	
G90	13	绝对值编程		
G91		增量值编程		
G92	00	工作坐标系设定	X,Z	
G94 G95	14	每分钟进给 每转进给		

表 12-3 数控铣床准备功能表(节选)

G 代码	组	功能	参数(后续地址字)	备注
G00 G01 G02 G03	01	快速定位 直线插补 顺圆插补 逆圆插补	X,Y,Z,A,B,C,U,V,W 同上 X,Y,Z,U,V,W,I,J,K,R 同上	

（续）

G代码	组	功能	参数(后续地址字)	备注
G04 G07 G09	00	暂停 虚轴指定 准停校验	X X,Y,Z,A,B,C,U,V,W	
G11 G12	07	单段允许 单段禁止		
G17 G18 G19	02	*X*(*U*)*Y*(*V*) 平面选择 *Z*(*W*)*X*(*U*) 平面选择 *Y*(*V*)*Z*(*W*) 平面选择	X,Y,U,V X,Z,U,W Y,Z,V,W	
G20 G21	08	英寸输入 毫米输入		
G24 G25	03	镜像开 镜像关	X,Y,Z,A,B,C,U,V,W	
G28 G29	00	返回到参考点 由参考点返回	X,Y,Z,A,B,C,U,V,W	
G33	01	螺纹切削	X,Y,Z,A,B,C,U,V,W,F,Q	
G40 G41 G42	09	刀具半径补偿取消 左刀补 右刀补	 D D	
G43 G44 G49	10	刀具长度正向补偿 刀具长度负向补偿 刀具长度补偿取消	H H	
G50 G51	04	缩放关 缩放开	X,Y,Z,P	
G52 G53	00	局部坐标系设定 直接机床坐标系编程	X,Y,Z,A,B,C,U,V,W	
G54 G55 G56 G57 G58 G59	11	工作坐标系 1 选择 工作坐标系 2 选择 工作坐标系 3 选择 工作坐标系 4 选择 工作坐标系 5 选择 工作坐标系 6 选择		
G60	00	单方向定位	X,Y,Z,A,B,C,U,V,W	
G61 G64	12	精确停止校验方式 连续方式		
G68 G69	05	旋转变换 旋转取消	X,Y,Z,R	
G73 G76 G80 G81 G82 G83 G84 G85 G86	06	深孔钻削循环 精镗循环 固定循环取消 定心钻循环 钻孔循环 深孔钻循环 攻丝循环 镗孔循环 镗孔循环	X,Y,Z,P,Q,R 同上 同上 同上 同上 同上 同上 同上 同上	

（续）

G 代码	组	功能	参数(后续地址字)	备注
G90 G91	13	绝对值编程 增量值编程		
G92	11	工作坐标系设定	X,Y,Z,A,B,C,U,V,W	
G94 G95	14	每分钟进给 每转进给		
G98 G99	15	固定循环返回到起始点 固定循环返回到 *R* 点		

下面分别讲述常用的 G 指令。

1）与坐标系有关的 G 指令

（1）绝对尺寸指令 G90 与增量尺寸指令 G91。G90 表示程序段中的尺寸为绝对坐标值，即从编程零点开始的坐标值。G91 表示程序段中的尺寸为增量坐标值，即刀具运动的终点（目标点）相对于起始点的坐标增量值。如图 12-7 所示，要求刀具由 *A* 点直线插补到 *B* 点。

用 G90 编程，其程序段为：

N20　G90　G01　X10　Y20

用 G91 编程，其程序段为：

N20　G91　G01　X-20　Y10

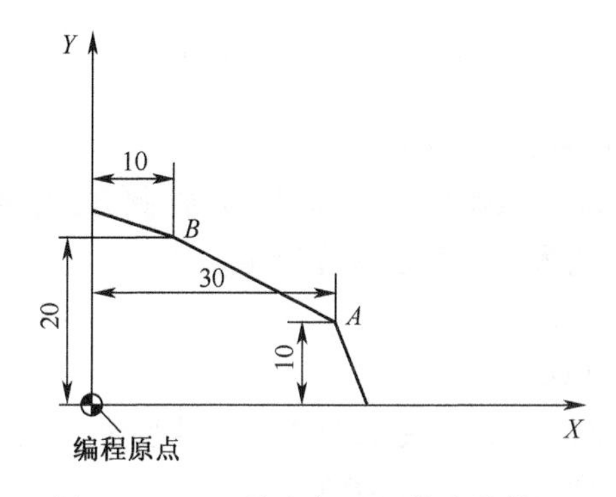

图 12-7　G90 指令与 G91 指令的使用

（2）G54～G59 称为原点设置选择指令。原点设置值可先存入 G54～G59 对应的存储单元中，在执行程序时，遇到 G54～G59 指令后，便将对应的原点设置值取出来参加计算。如图 12-8 所示，要将工件原点设在 *W* 处，只需要预置寄存指令 G92 将工件原点 *W* 相对机床原点 *M* 的原点设置（*X*0，*Z*80）存入相应的存储单元即可，其工件坐标系设定程序为：

N10　G92　X0　Z80　LF

由于是 *X* 轴发生偏移，所以在以后的程序中，只要在第一个程序段中加入 G54 指令，刀具将以 *W* 点为基准运动。如要求刀具直线进给至 *B* 点，程序段可编制为

N20　G54　G01　X60　Z40　LF

（3）坐标平面设定指令 G17、G18、G19，如图 12-9。笛卡儿坐标系的三个互相垂直的

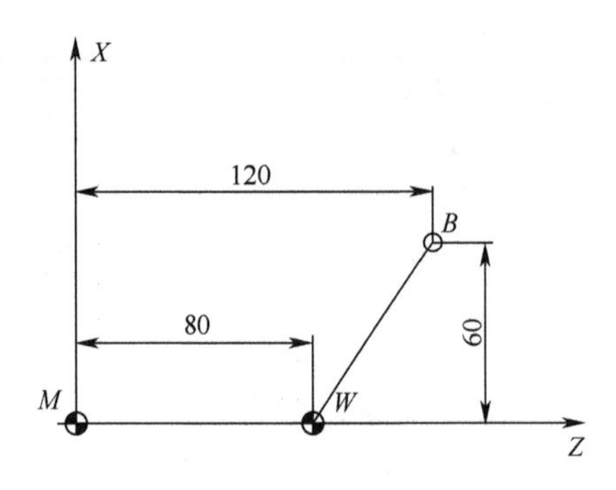

图 12-8　工件坐标系设定

轴(*X*,*Y*,*Z*)构成三个平面:*XY* 平面、*XZ* 平面和 *YZ* 平面。G17 表示在 *XY* 平面内加工,G18 表示在 *XZ* 平面内加工,G19 表示在 *YZ* 平面内加工。

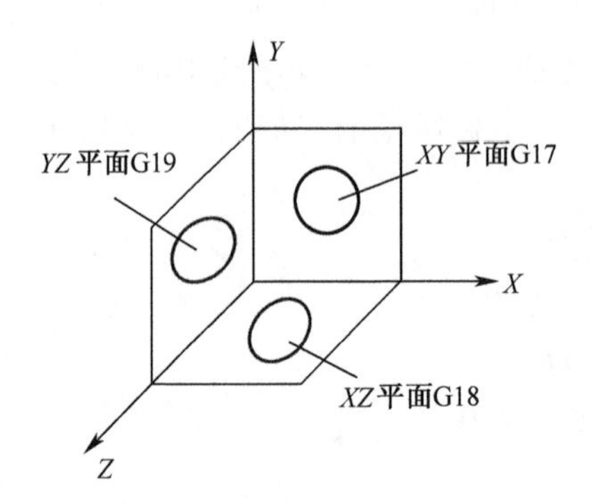

图 12-9　坐标平面设定

2）与刀具运动方式有关的 G 代码

（1）快速定位指令 G00。G00 命令刀具以点位控制方式,由刀具所在位置最快速度移动到目标点。最快速度的大小由系统预先给定。

程序段格式:G90　　G00　X _ Y _ Z _

　　　　　　G91　　G00　X _ Y _ Z _

（2）直线插补指令 G01。G01 命令刀具以进给速度进行直线插补运动。G01 指令后必须有 F 进给速度。G01 和 F 都是模态指令。

程序段格式:G01　　X _ Y _ Z _ F _

（3）圆弧插补指令 G02、G03。G02 为顺时针圆弧插补,G03 为逆时针圆弧插补。圆弧的顺、逆时针方向,可以按圆弧所在平面(如 *XY* 平面)的另一坐标轴的负方向(即 $-Z$)看去,顺时针方向为 G02,逆时针方向为 G03。圆弧插补程序段格式主要有两种形式。

程序段格式一:

$$\left.\begin{matrix}\text{G02}\\\text{G03}\end{matrix}\right\}\text{X \_ Y \_ Z \_ I \_ J \_ K \_ F \_}$$

格式中:X、Y、Z 为圆弧终点坐标的值;I、J、K 为圆心增量坐标,即圆心坐标减去圆弧起点坐标的值;F 为进给速度。

程序段格式二:

$$\left.\begin{matrix}G02\\G03\end{matrix}\right\}X\_Y\_Z\_R\_F\_$$

格式中:X、Y、Z 为圆弧终点坐标;R 为圆弧半径值,并规定,当圆心角 $\alpha\leqslant180°$时,R 以正值表示,当圆心角 $\alpha>180°$时,R 以负值表示。但对整圆而言,圆弧起点就是终点,所以不能用这种格式编程,如图 12-10 所示。

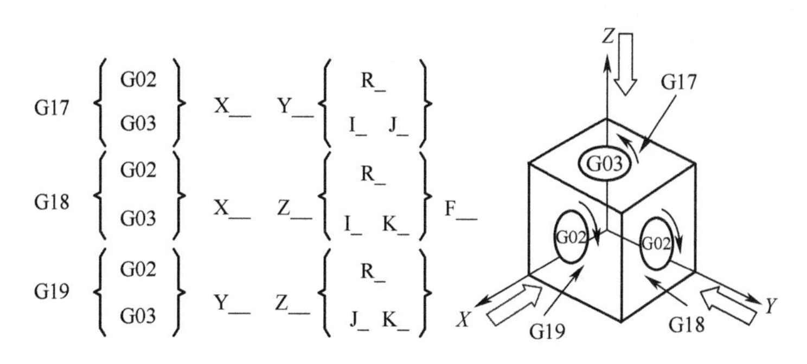

图 12-10　不同平面 G02、G03 的选择

3) 刀具补偿的 G 指令

在数控铣削加工中,刀具的移动路径是中心轨迹,而铣刀具有实际的直径尺寸,因此常使用刀具半径补偿指令 G41、G42、G40 实现零件按实际尺寸编程加工。有了刀具半径补偿功能,编程只需按工件轮廓进行,数控系统会自动计算刀心轨迹,使刀具偏离工件轮廓一个半径值,如图 12-11 所示。

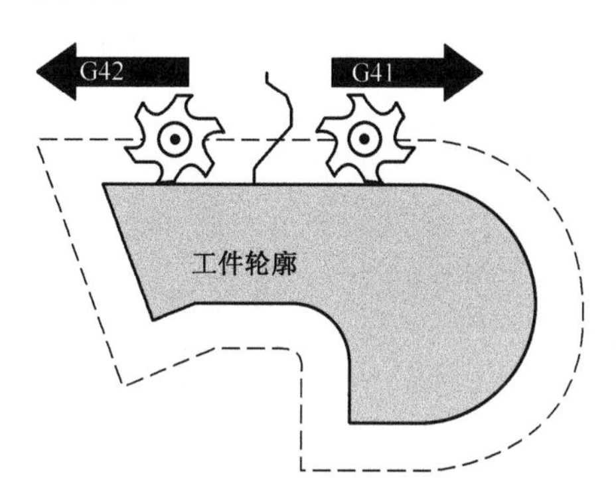

图 12-11　刀具半径补偿

G41 左刀补,即沿刀具前进方向看,刀具中心向零件轮廓的左侧偏移。

G42 右刀补,即沿刀具前进方向看,刀具中心向零件轮廓的右侧偏移。刀具半径补偿执行过程一般分为三步:

(1) 刀具补偿建立;

(2) 刀具补偿进行;

(3) 刀具补偿撤消。

建立刀补前要先确定走刀路线,从而确定使用刀补的方式。

建立刀补时的移动量($\Delta X/\Delta Y$)要大于刀补的补偿数值(既 D 所调用的值),一般先下刀再建立刀补,这样工件表面不会有下刀痕迹。

取消刀补与建立刀补方法相同。

刀具补偿功能还可以利用同一加工程序去适应不同的情况,例如:

(1) 利用刀具补偿功能做粗、精加工余量补偿;

(2) 因刀具磨损、重磨、换新刀而引起刀具直径改变后,不必修改程序,只需在刀具参数设置中输入变化后刀具直径;

(3) 利用刀补功能进行凹凸模具的加工。

例:考虑刀具半径补偿,编制如图 12-12 所示零件的加工程序。

要求建立如图所示的工件坐标系,按箭头所指示的路径进行加工,设加工开始时刀具距离工件上表面 15mm,切削深度为 3mm。

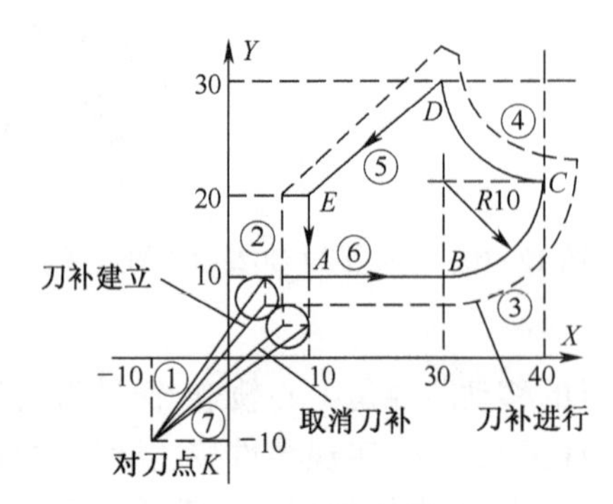

图 12-12 零件的加工程序

刀具半径补偿编程零件程序如下:

%1008	
G54	
G00 X-10 Y-10 Z15	
G00 Z2 M03 S900	
G01 Z-3 F100	落刀 3mm
G42 G00 X4 Y10 D01	建立右刀补
G01 X30	
G03 X40 Y20 I0 J10	
G02 X30 Y30 I0 J10	
G01 X10 Y20	
Y5	
G40 X-10 Y-10	取消刀补
G00 Z50	抬刀
M05	主轴停
M30	程序结束

4) 刀具长度补偿的 G43、G44 指令

刀具长度补偿指令,用于刀具轴向(Z 方向)的补偿。当所选用的刀具长度不同或者需进行刀具轴向进刀补偿时,使用该指令可以使刀具在 Z 方向上的实际位移量大于或小于程序给定值。即实际位移量=程序给定值+补偿值(如图 12-13 所示)。

G43——正偏置。即刀具在+Z 方向进行补偿。

G44——负偏置。即刀具在-Z 方向进行补偿。

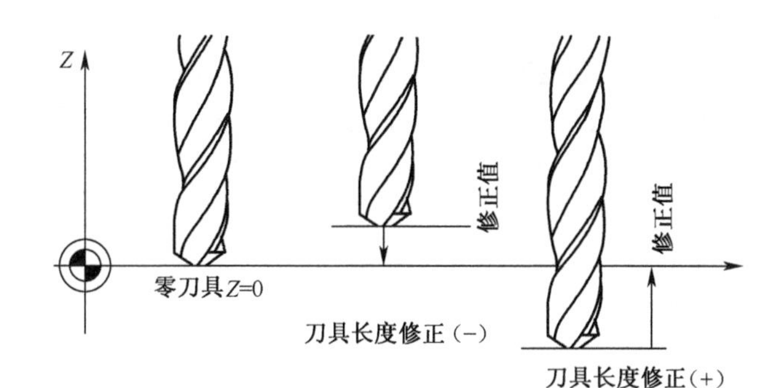

图 12-13　刀具长度补偿

5）固定循环 G 指令

在某些典型的工艺加工中,由几个固定的连续动作完成。如钻孔,由快速趋近工件、慢速钻孔、快速退回三个固定动作完成。如果将这些典型的、固定的几个连续动作,用一条固定循环指令去执行,则将大大减化程序。CNC 机床设置了不少典型加工的固定循环指令,如:G81——钻孔指令,G84——攻螺纹指令,G85——铰孔指令。

固定循环程序句格式一般先给出固定循环 G 指令,再输入工艺参数、尺寸参数。

例如:G81——钻孔指令, F——进给速度, S——主轴转数,Z——钻孔深度 , F——停留时间 , Z——退刀距离。

常用 G80~G89 作为固定循环指令,在有些 CNC 车床中,常用 G33~G35 与 G70~G79 作为固定循环指令。

6）暂停指令 G04

暂停功能在车削槽或锪底平面时,使刀具在进给到达目标点后停留一段时间,可以使槽底光整或底面平整。有时用在程序执行到某一段结束后,需要暂停一段时间,进行某些人为的调整或检查。不同的数控系统,暂停指令时间的地址符不同,最大暂停时间也不同,一般用在 1~10s 之间,最大可达 999. 99s,其常用格式如下:

N20　G04　X2(表示暂停时间为 2s)G04 功能只在本程序段内有效。

5. 辅助功能指令——M 指令

M 指令也分为模态指令和非模态指令。M 指令常因生产厂家及机床结构和规格不同而不同,如表 12-4 所示,现将常用辅助功能指令介绍如下:

M00——程序暂停。用以停止主轴旋转、进给和冷却液。以便执行某一手动操作,如手动变速、换刀、测量工件。此后,须重新启动才能继续执行后面的程序。

M01——计划停止。如果操作者在执行某个程序段之后准备停机,便可预先接通计划停止开关。当机床执行到 M01 时,就进入程序停止状态。此后,须重新启动才能执行以下程序。但如果不接通计划停止开关,则 M01 指令不起作用。

M02——程序结束。该指令编在最后一条程序句中,用以表示程序结束,数控系统处于复位状态。

M03、M04、M05——分别命令主轴正转、反转和停止。

M06——换刀指令。常用于加工中心机床刀库换刀前的准备动作。

M07——冷却液开。

M09——冷却液停。

M19——主轴定向停止。使主轴停止在预定的位置上。

M30——程序结束并返回到程序的第一条语句,准备下一个零件的加工。

表 12-4 辅助功能 M 指令(节选)

代码	状态	功能	代码	状态	功能
M00	非模态	程序停止	M08	模态	冷却液开
M01	非模态	计划停止	M09	非模态	冷却液关
M02	非模态	程序结束	M19	模态	主轴定向停止
M03	模态	主轴顺时针方向	M30	非模态	程序结束
M04	模态	主轴逆时针方向	M98	非模态	子程序调用
M05	模态	主轴停止	M99	非模态	子程序返回
M06	非模态	换　刀			

其中:M00、M02、M30、M98、M99 用于控制零件程序的走向,是 CNC 内定的辅助功能,不由机床制造商设计决定,与 PLC 程序无关;其余 M 代码用于机床各种辅助功能的开关动作,其功能不由 CNC 内定,而是由 PLC 程序指定。

第 13 章 数控车削加工

13.1 概　　述

数控车床是用计算机数字控制的车床。和普通车床相比,数控车床是将编制好的加工程序输入到数控系统中,由数控系统通过车床 X、Z 坐标轴的伺服电动机去控制车床进给运动部件的动作顺序、移动量和进给速度,再配以主轴的转速和转向,能够自动地加工出各种形状不同的轴类、盘类零件,可进行内外圆柱面、圆锥面、圆弧面、螺纹等切削加工,并进行切槽、钻孔、扩孔和铰孔等工作。相对于普通车床还能加工一些复杂的回转面,如球面、双曲面、椭球面等。数控车床具有加工精度稳定性好、加工灵活、通用性强等特点,能适应多品种、小批生产自动化的要求。因此,数控车床是使用较为广泛的一种数控机床。

数控车床削加工零件实例如图 13-1 所示。

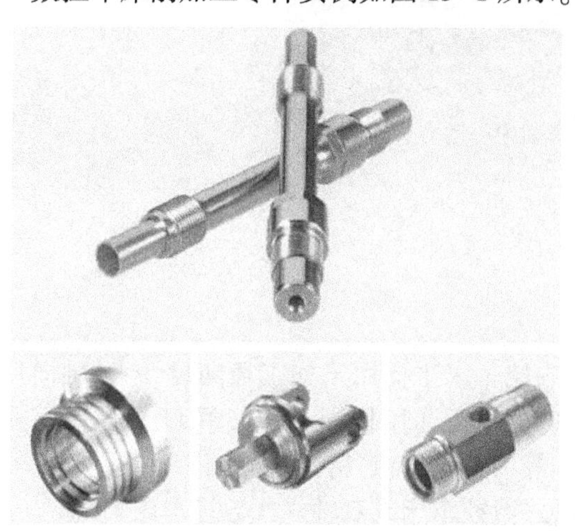

图 13-1　数控车床削加工零件实例

13.1.1 数控车床分类

1. 按功能分类

1) 经济型数控车床

经济型数控车床结构布局多数与普通车床相似,一般采用步进电动机驱动的开环伺服系统，具有 CRT 显示、程序储存、程序编辑等功能，加工精度不高，主要用于精度要求不高，有一定复杂性的零件。

2）全功能型数控车床

这是较高档次的数控车床，分辨率高，进给速度快（一般在 15m/min 以上），进给多半采用半闭环直流或交流伺服系统，机床精度也相对较高，多采用 CRT 显示，不但有字符，且有图形、人机对话、自诊断等功能。这类车床具有刀尖圆弧半径自动补偿、恒线速、倒角、固定循环、螺纹切削、图形显示、用户宏程序等功能，加工能力强，适宜加工精度高、形状复杂、工序多、循环周期长、品种多变的单件或中小批量零件。

3）车削中心

车削中心的主体是数控车床，配有动力刀座或机械手，可实现车、铣复合加工，如高效率车削、铣削凸轮槽和螺旋槽等，使需要二次、三次加工的工序在车削中心上一次完成，能大幅度减少加工时间，提高产品的加工效率和精度，图 13-2 所示为数控车削中心动力头铣削。

图 13-2　数控车削中心动力头铣削

2. 按主轴布置形式分类

1）卧式数控车床

主轴处于水平位置的数控车床。

2）立式数控车床

主轴处于垂直位置的数控车床。立式数控车床主要用于加工径向尺寸大，轴向尺寸相对较小，且形状较复杂的大型或重型零件，适用于通用机械、冶金、军工、铁路等行业的直径较大的车轮、法兰盘、大型电机座、箱体等回转体的粗、精车削加工。

还有具有两根主轴的车床，称为双轴卧式数控车床或双轴立式数控车床。

3. 按数控系统控制的轴数分类

1）两轴控制的数控车床

当前大多数数控车床采用的是两轴联动，即 X 轴、Z 轴控制。

2）多轴控制的数控车床

档次较高的数控车削中心都配备了动力铣头，还有些配备了 Y 轴，使机床不但可以进行车削，还可以进行铣削加工。对于车削中心或柔性制造单元，还需增加其他的附加坐标轴来满足机床的功能。目前，我国使用较多的是中小规格的、两坐标连续控制的数控车床。

13.1.2 数控车床的组成

如图 13-3 所示，数控机床由计算机数控系统和机床本体两部分组成。计算机数控系统主要包括输入/输出设备、CNC 装置、伺服驱动装置、滚珠丝杠副和可编程控制器(PLC)等。机床本体主要包括床身、主轴箱、自动刀架、卡盘、尾座、壳体、冷却润滑系统等。

伺服系统是数控机床的重要组成部分，用于实现数控机床的进给伺服控制和主轴伺服控制。伺服系统把接受来自数控装置的指令信息，经功率放大、整形处理后，转换成机床执行部件的直线位移或角位移运动。由于伺服系统是数控机床的最后环节，其性能将直接影响数控机床的精度和速度等技术指标，因此，对数控机床的伺服驱动装置，要求具有良好的快速反应性能，准确而灵敏地跟踪数控装置发出的数字指令信号，并能忠实地执行来自数控装置的指令。伺服系统包括驱动装置和机床移动部件两部分。驱动装置由主轴驱动单元、进给驱动单元和主轴伺服电机、进给伺服电机组成。

数控车床采用的滚珠丝杠副是精密机械上最常使用的传动元件，由螺杆、螺母、钢球、预压片、反向器、防尘器组成，其主要功能是将旋转运动转换成线性运动，具有高精度、可逆性和高效率的特点。由于具有很小的摩擦阻力，滚珠丝杠被广泛应用于各种数控机床。

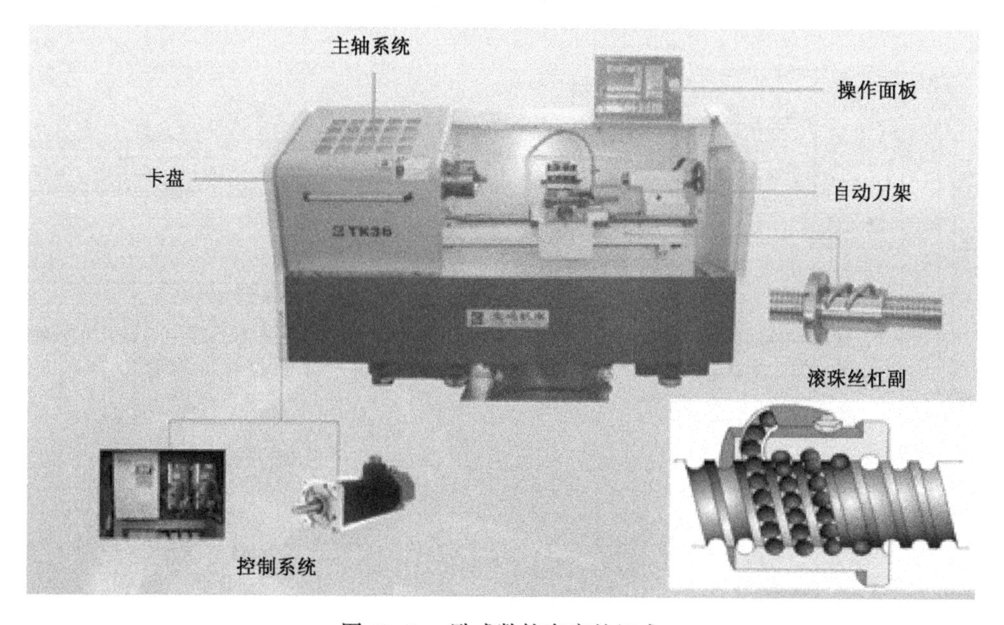

图 13-3　卧式数控车床的组成

13.1.3 数控车床的结构与传动特点

从总体上看，数控车床没有脱离卧式车床的结构形式，其结构上仍然是由主轴箱、刀架、进给系统、床身以及液压、冷却、润滑系统等部分组成，只是数控车床的进给系统与卧式车床的进给系统在结构上存在着本质的区别。卧式车床的进给运动是经过交换齿轮架、进给箱、溜板箱传到刀架实现纵向和横向进给运动的，而数控车床是采用伺服电动机经滚珠丝杠传到滑板和刀架,实现 Z 向(纵向)和 X 向(横向)进给运动,其结构较卧式车床大为简化。数控车床的传动关系简图和普通车床的传动关系简图如图 13-4 和图 13-5 所示,数控车床传动有如下特点:

(1) 传动链短;

(2) 可实现多坐标轴联动;

(3) 传动精度高、传动效率高。

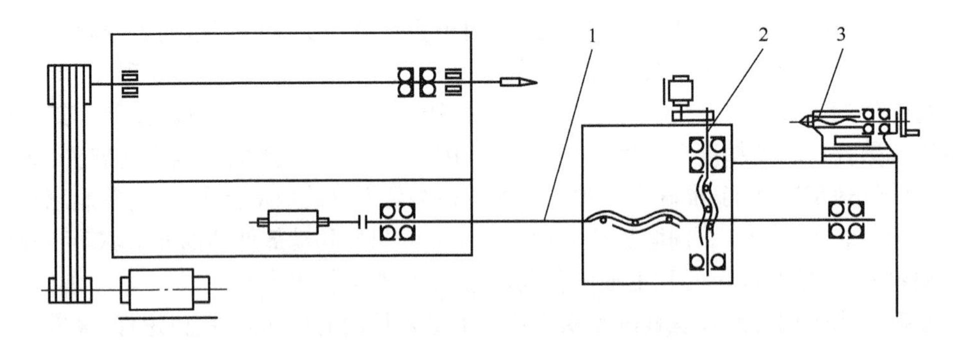

图 13-4 数控车床的传动关系简图

1—Z 轴丝杠传动副;2—X 轴丝杠传动副;3—尾座丝杠传动副。

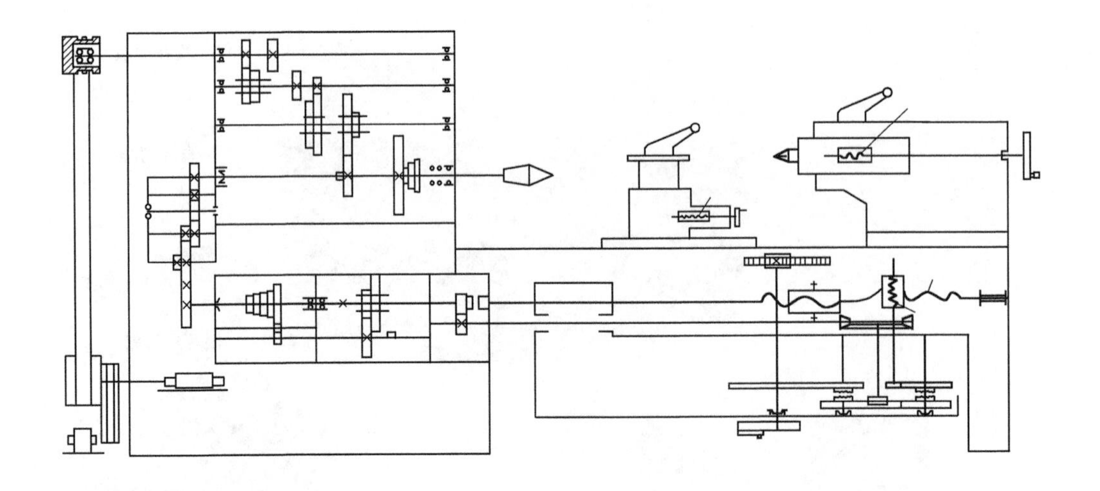

图 13-5 普通车床的传动关系简图

13.2 数控车削刀具

为了适应数控机床具有的加工精度高、加工效率高、加工工序集中和零件装夹次数少的特点,数控刀具应高于普通机床所使用的刀具。数控车刀多采用机夹式可转位不重磨车刀,其结构一般由刀片、刀垫、夹紧元件、定位元件和刀体组成,如图 13-6 所示。不同形状的刀片用机械方法夹固在刀体上,每个刀片具有多个刀尖和刀刃,一条切削刃用钝后,可使用专用工具迅速转位换成相邻的新切削刃,即可继续工作,直到刀片上所有切削刃均已用钝,刀片才报废回收。更换新刀片后,车刀又可继续工作,不需拆卸刀杆,避免多次对刀造成的加工尺寸误差及加工效率降低。数控车刀产品已标准化、系列化,为满足不同加工功能的需要,无论刀具结构还是刀杆、刀片材料都更先进,图 13-7 为常用数控车刀用途。

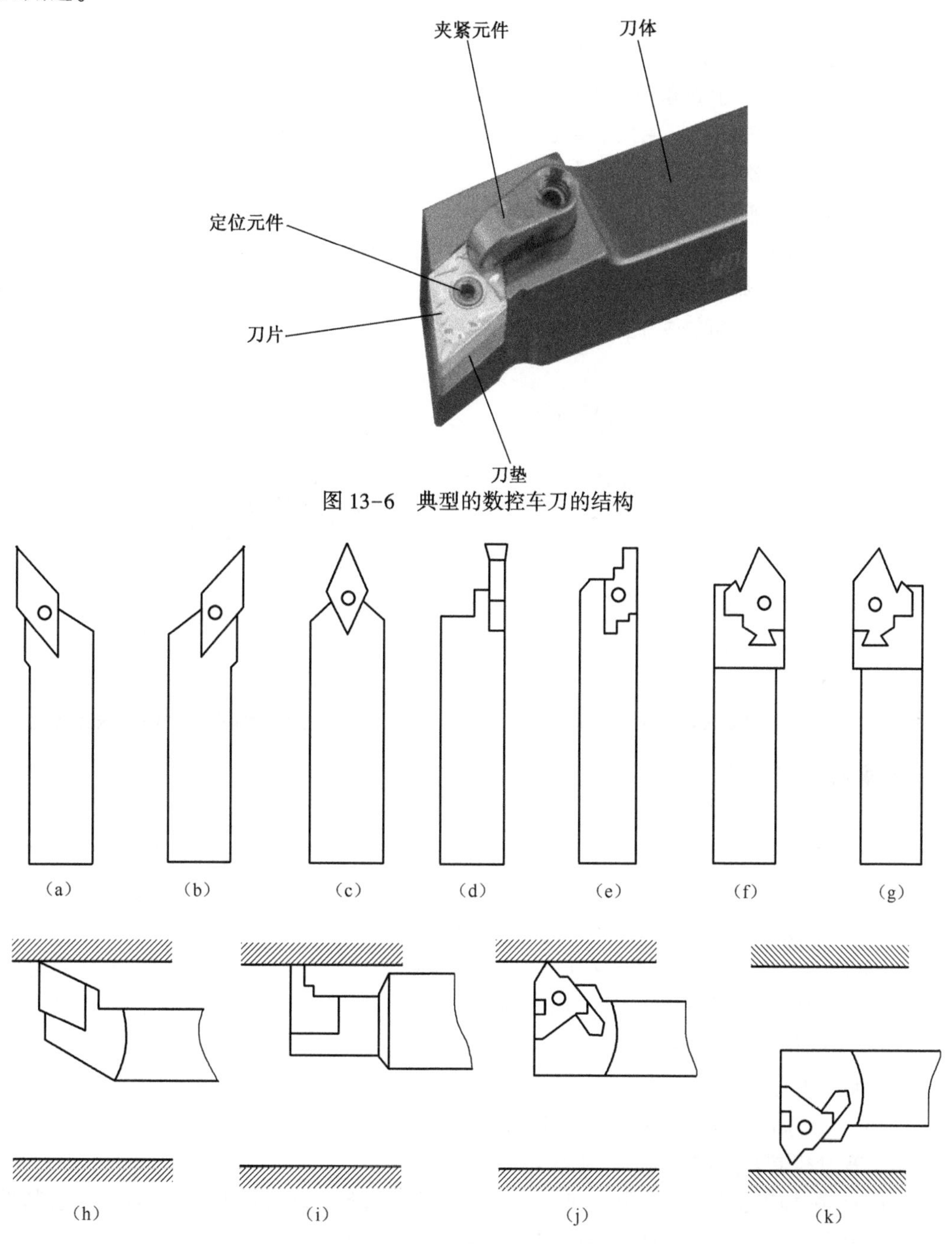

图 13-6　典型的数控车刀的结构

图 13-7　常用数控车刀用途

(a)右端面外圆车刀;(b)左端面外圆车刀;(c)尖头外圆车刀;(d)切断刀;(e)切槽刀;(f)左螺纹车刀;(g)右螺纹车刀;(h)内孔车刀;(i)内孔切槽刀;(j)左内螺纹车刀;(k)右内螺纹车刀。

除了数控车刀外,数控车床也会用到各种规格的中心组、麻花钻、铰刀、锪钻、丝锥等孔加工刀具以及钻夹头、过度套等工具。

13.3 数控车床编程

1. 数控车床的坐标系相关规定

(1) 同样采用右手直角笛卡儿坐标系。

(2) Z 轴。Z 轴的判定由“传递切削动力”的主轴所规定,对车床而言,工件由主轴带动作为主运动,则 Z 轴与主轴旋转中心重合,平行于机床导轨。

(3) X 轴。X 轴在工件的径向上,且平行于车床的横导轨。

(4) 坐标轴的方向。刀具远离工件的方向为正方向。

坐标系相关内容请参阅第 12 章第 3 节。

数控车床坐标方向如图 13-8 和图 13-9 所示

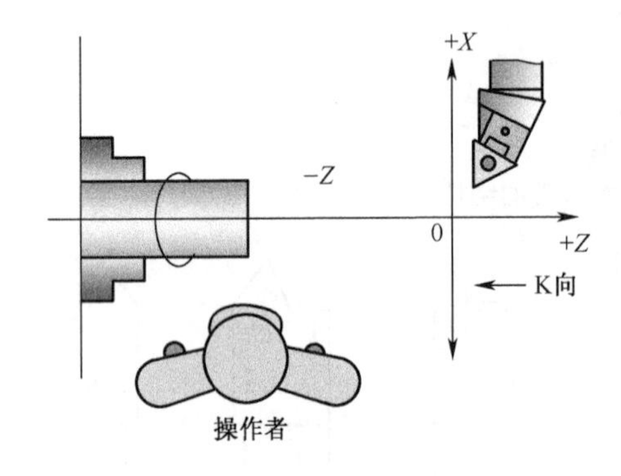

图 13-8　后置刀架数控车床坐标方向

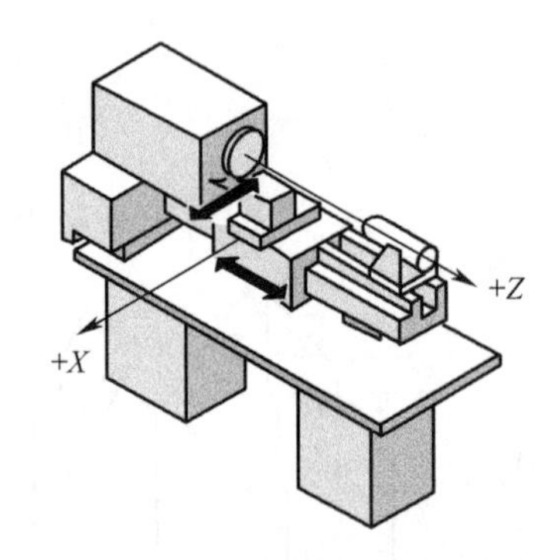

图 13-9　前置刀架数控车床坐标方向

2. 数控车床编程要点

1) 直径编程法和半径编程法

编制轴类工件的加工程序时,因其截面为圆形,所以尺寸有直径指定和半径指定两种方法,采用哪种方法要由系统的参数决定。采用直径编程时称为直径编程法;采用半径编程时称为半径编程法。车床出厂时均设定为直径编程,所以在编程时与 X 轴有关的各项尺寸一定要用直径编程。采用直径尺寸编程与零件图样中的尺寸标注一致,这样可避免尺寸换算过程中可能造成的错误,给编程带来很大方便。如果需要用半径编程,则要改变系统中相关的几项参数,使系统处于半径编程状态。

2) 加工坐标系

加工坐标系应与机床坐标系的坐标方向一致,X 轴对应径向,Z 轴对应轴向。

3) 进刀和退刀方式

对于车削加工,进刀时采用快速走刀接近工件切削起点附近的某个点,再改用切削进给,以减少空走刀的时间,提高加工效率。切削起点的确定与工件毛坯余量大小有关,应以刀具快速走到该点时刀尖不与工件发生碰撞为原则。

4) 认真查阅所用机床和系统的编程手册,对代码格式、含义以及量纲弄清楚,以免出现不必要的错误。

3. 数控车床常用编程指令

1）绝对尺寸和增量尺寸 G90 与 G91

机床开机默认处在公制 G21 状态。

2）公制尺寸和英制尺寸 G21 与 G20

机床开机默认处在公制 G21 状态。

3）主轴控制、进给控制及刀具

(1) G94 设定每分钟进给速度(mm/min)。

格式:G94　F××

F 后面数值表示刀具每分钟的进给量。G94 为模态指令,在程序中直到 G99 被指定前一直有效。例如:G94 F300,表示进给量 300mm/min。

(2) G95 设定每转进给量(mm/r)。

格式:G95　F××

F 后面数值表示主轴每转一转的刀具切削进给量或切螺纹时的螺距。G95 为模态指令,在程序中指定后,直到 G95 被指定前一直有效。例如:G95 F0.6,表示进给量 0.6mm/r。

4）快速点定位(G00)

注意:

(1) G00 移动速度是机床设定的空行程速度,程序段中 F 对 G00 指令无效。

(2) 车削时,快速定位目标点不能直接选在工件上,一般要离开工件 1~2mm。

5）直线插补(G01)

命令刀具在两坐标或三坐标间以 F 指令的进给速度进行直线插补运动。

格式:G01　*X*(*U*)_ *Z*(*W*)_ *F* _

纵切:车削外圆、内孔等与 *Z* 轴平行的加工,此时只需单独指定 *Z* 或 *W*;

横切:车削端面、沟槽等与 *X* 轴平行的加工,此时只需单独指定 *X* 或 *U*;

锥切:同时命令 *X* 、*Z* 两轴移动车削锥面的直线插补运动。

例 1:直线加工编程。加工图 13-10 所示轴类零件,刀具号为 T02,刀具补偿号为 No.02,用绝对坐标方式编程。

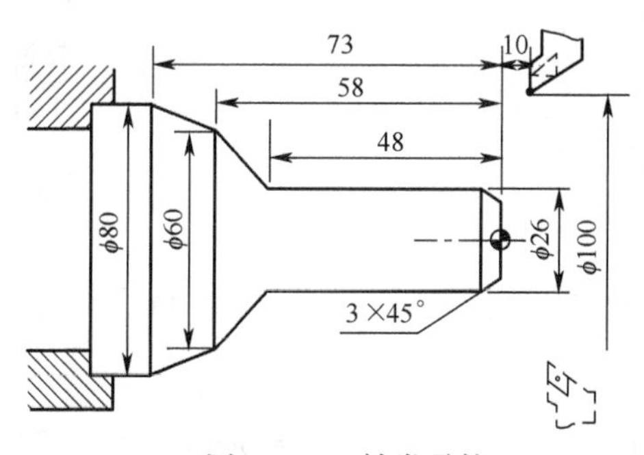

图 13-10　轴类零件

%2000

N01 G50 X100 Z10 T0202　　　　建立工件坐标系,起刀点 *X*100 *Z*10,调 T02

N01 G50 X100 Z10 T0202	主轴正转,转速 400 r/min
N02 G95 S400 M03	移至倒角延长线 Z 轴 2mm 处
N03 G00 X16 Z2	倒角 3×45°进给量为 0.3mm/r
N04 G01 X26 Z-3 F0.3	倒角 3×45°进给量为 0.3mm/r
N05 Z-48	加工 ϕ26 外圆
N06 X60 Z-58	加工第一段锥
N07 X80 Z-73	加工第二段锥
N08 X90	退刀
N09 G00 X100 Z10 T0200	回对刀点
N10 M05	主轴停
N11 M30	程序结束

6) 圆弧插补指令 G02、G03

格式:

$$\left.\begin{matrix}G02\\G03\end{matrix}\right\}X(U)\_\ Z(W)\_\left\{\begin{matrix}I\_\ K\_\\R\_\end{matrix}\right\}F\_$$

X(U)、Z(W):绝对指令时为圆弧终点坐标值,增量指令时为圆弧终点相对始点的坐标增量;R:圆弧半径,正负来区别圆心位置。I、K:圆心在 X、Z 轴方向上相对始点的坐标增量,无论是直径编程还是半径编程,I 均为半径量,当 I、K 为零时可以省略。

注:(1)I、K 和 R 在程序段中等效,在一程序段中同时 指令 I、K、R 时,R 有效。

(2)用半径 R 指定圆心位置时,不能描述整圆。

G02 为顺时针圆弧插补指令;G03 为逆时针圆弧插补指令,如图 13-11 和图 13-12 所示。

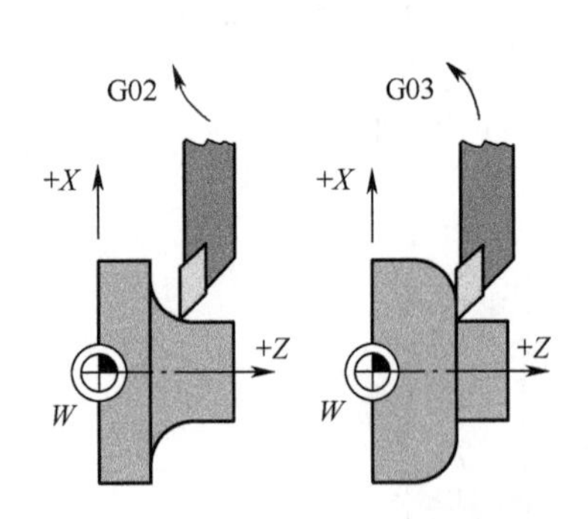

图 13-11 后置刀架圆弧插补指令

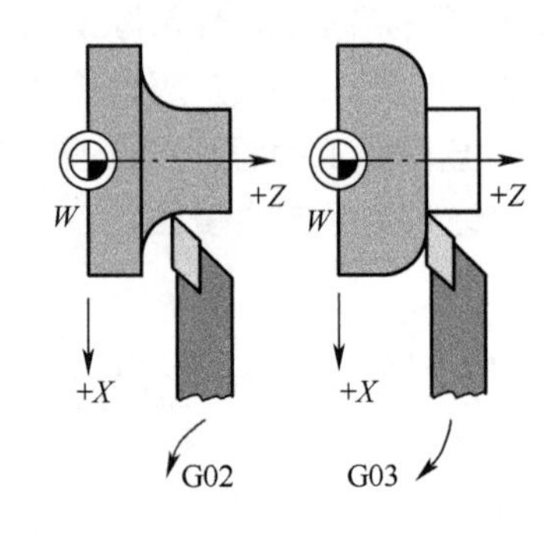

图 13-12 前置刀架圆弧插补指令

例 2:圆弧指令 G02/G03 编程。按图 13-13 所示的走刀路线编制加工零件程序,已知进给量为 60mm/min,切削转速为 200m/min,刀具号为 T01,刀具补偿号为 No.01。

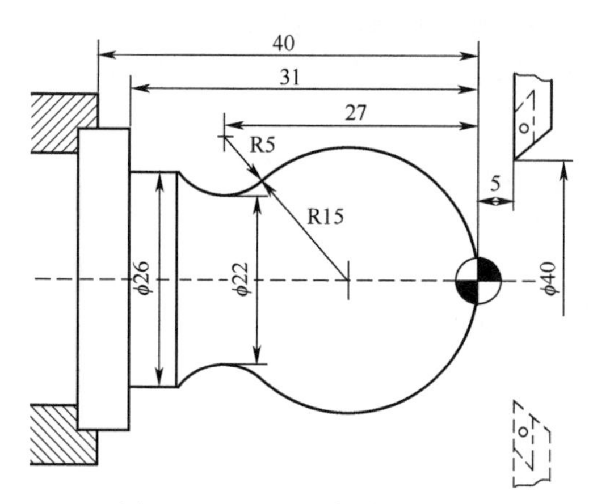

图 13-13　圆弧指令编程实例

O3308	
N01 G92 X40 Z5 T0101	
N02S200 M03	
N03G00 X0	起刀点(建立工件坐标系)
N04 G01 Z0 F60	快进到中心位置 Z5 处
N05 G03 U24 W-24 R15	工进到 Z0(圆弧起点)
N06 G02 X26 Z-31 R5	加工 R15
N07 G01 Z-40	加工 R5
N08 X40	加工 ϕ26
N09 G00 Z5	
N010 M30	

7）螺纹车削指令

螺纹车削是车床的主要功能，而用数控车床车削螺纹具有比普通机床更明显的优势，其加工精度更高、更容易控制。可进行内外直螺纹、锥螺纹、公制螺纹、英制螺纹的加工，分别采用不同的 G 指令，如：指令单一导程螺纹车削指令 G32

格式：G32 X(U)_ Z(W)_ F_

X、Z：设定螺纹终点绝对坐标位置；

U、W：设定螺纹终点相对起点在 X 和 Z 方向的增量值；

F：螺纹的螺距（即导程），单位：mm / r。

注意：

（1）螺纹切削应注意在两端设置足够的升速进刀段和降速退刀段，以剔除两端因变速而出现的非标准螺距的螺纹段。

（2）从粗加工到精加工，主轴转速必须保持不变；否则，螺距将发生变化。

（3）螺纹切削中进给速度倍率无效，进给速度被限制在 100%。

（4）螺纹切削中，不能停止进给，一旦停止进给，切深便急剧增加。因此，进给暂停在螺纹切削中无效。

(5) 牙型较深,螺距较大时,可分数次进给,每次进给的背吃刀量按递减规律分配。

例 2:螺距加工编程,加工如图 13-14 所示圆柱螺纹,螺纹导程为 1.0 mm。

O0012

N01G92 X70.0 Z25.0　起刀点（建立工件坐标系）

N02S160 M03 M08

N03 G00 X40.0 Z2.0　螺纹起点

N04 X29.3　a_{p1} = 0.7 mm

N05 G32 Z-46.0 F1.0　螺纹切削终点

N06 G00 X40.0　X 向快退

N07 Z2.0　螺纹起点

N08 X28.9　a_{p2} =0.4 mm

N09 G32 Z-46.0　螺纹切削终点

N10 G00 X40.0　X 向快退

N11 Z2.0　螺纹起点

N12 X28.7　a_{p3} = 0.2 mm

N13 G32 Z-46.0　螺纹切削终点

N14 G00 X40.0　X 向快退

N15 Z2.0　Z 向快退

N16 X70.0 Z25.0 M09

N17 M05

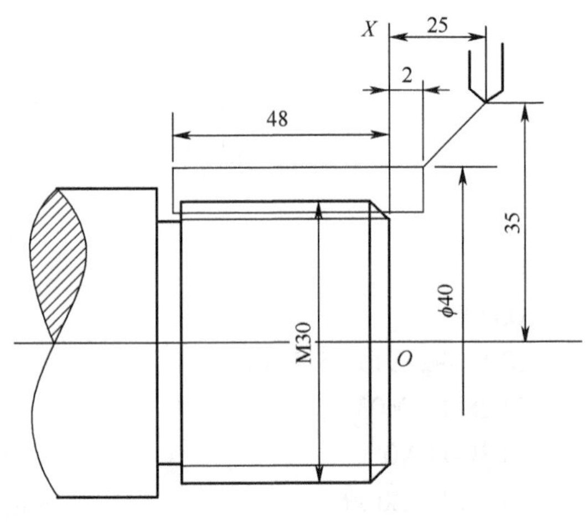

图 13-14　圆柱螺纹加工实例

8) 循环指令的使用

在某些粗车等工序的特殊加工中,由于切削余量大,通常要在同一轨迹上重复切削多次,使程序较为烦琐,这时可以采用固定循环编程指令和方法。

固定循环是预先给定一系列操作,用来控制机床位移或主轴运转,可以将一系列连续加工动作,如“切入—切削—退刀—返回”,用一个循环指令完成。对非一刀加工完成的轮廓表面,即加工余量较大的表面,采用循环编程,可以简化编程过程,减少编程计算工作量。

常用的切削循环指令如表 13-1 所列。

表 13-1　多重复合循环代码表

<table>
<tr><th>代码号</th><th>名称</th><th>备注</th><th></th></tr>
<tr><td>G70</td><td>精加工循环</td><td></td><td rowspan="4">能进行刀尖半径补偿</td></tr>
<tr><td>G71</td><td>外径粗加工循环</td><td rowspan="3">应用 G70 进行精加工</td></tr>
<tr><td>G72</td><td>端面粗加工循环</td></tr>
<tr><td>G73</td><td>固定形状粗加工循环</td></tr>
<tr><td>G74</td><td>间断纵面切削循环</td><td colspan="2" rowspan="3">不能进行刀尖半径补偿</td></tr>
<tr><td>G75</td><td>间断端面切削循环</td></tr>
<tr><td>G76</td><td>螺纹的循环加工</td></tr>
</table>

在零件的数控车削加工中,常使用复合循环指令 G71、G72、G73 完成加工,只需指定精加工路线和粗加工的吃刀量,系统会自动计算粗加工路线和走刀次数。

特点:G71 切削进给方向平行于 *Z* 轴,G72 切削进给方向平行于 *X* 轴,G73 切削进给方向平行于零件轮廓(仿形)。下面简述内(外)径粗车复合循环 G71 的用法。

内(外)径粗车复合循环 G71:

格式:G71 U(Δd) R(r) P(ns) Q(nf) X(Δx) Z(Δz) F(f) S(s) T(t);

说明:该指令执行如图 13-15 所示的粗加工和精加工,其中精加工路径为 A→A′→B 的轨迹。

△d:切削深度(每次切削量),指定时不加符号,方向由矢量 AA′决定;

r:每次退刀量;

ns:精加工路径第一程序段的顺序号;

nf:精加工路径最后程序段的顺序号;

△x:*X* 方向精加工余量;

△z:*Z* 方向精加工余量;

f,s,t:粗加工时 G71 中编程的 F、S、T 有效,而精加工时处于 ns 到 nf 程序段之间的 F、S、T 有效。

G71 切削循环下,切削进给方向平行于 *Z* 轴。

注意:

(1) G71 指令必须带有参数 P、Q 的地址 ns、nf,且与精加工路径起始顺序号对应,否则不能进行该循环加工;

(2) ns 程序段必须为 G00/G0l 指令,即从 A 到 A′的动作必须是直线运动或点定位运动;

(3) ns 到 nf 的程序段,不应包含子程序;

(4) 循环起点在零件毛坯轮廓之外。

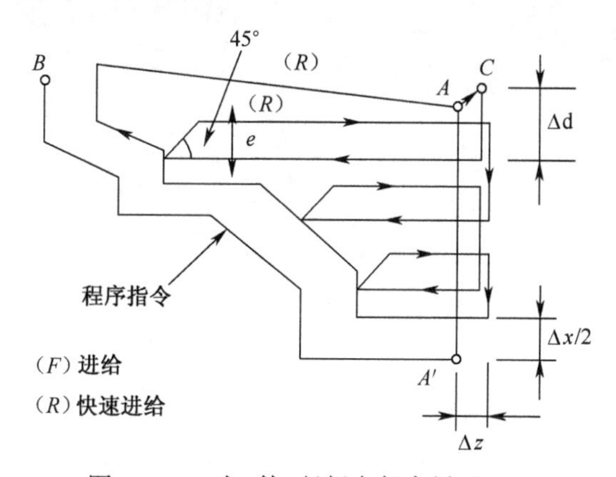

图 13-15　内(外)径粗车复合循环 G71

13.4　数控车削加工实操

以 FANUC-0i-T 经济型数控车床为例说明(数控车床的系统操作面板和机床操作面

板如图 13-16 和图 13-17 所示),数控车床的操作步骤如下。

1. 开机

(1) 开总电源——将机床左后侧总电源开关向上拨至 ON 位置;

(2) 打开 NC 开关——将控制面板右侧 NC 开关绿色按钮按下,系统软件自动运行,待 CRT 屏幕正常显示操作界面后再操作下一步;

(3) 释放急停:顺时针旋转急停按钮,弹起即可;

(4) 关机顺序与开机顺序相反。

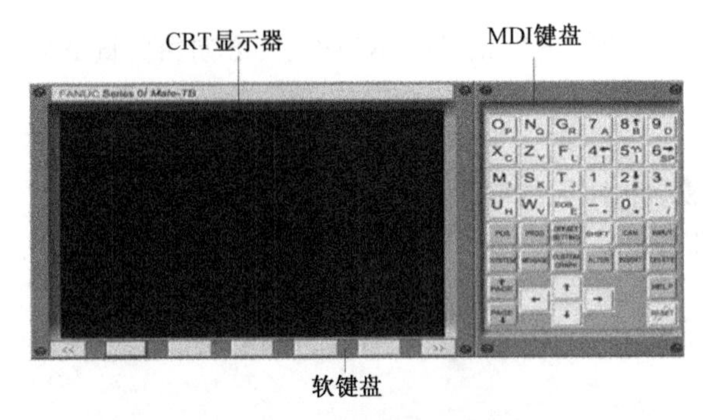

图 13-16 FANUC-0i-T 数控车床的系统操作面板

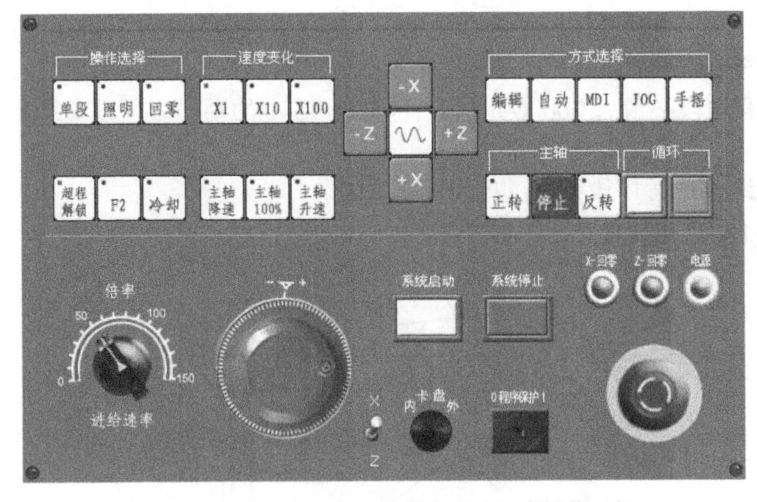

图 13-17 FANUC-0i-T 数控车床的机床操作面板

2. 回参考点

选择操作方式为回零方式,顺序按+X 与+Z 键,使各轴沿正方向移动,观察机床坐标系显示值:X 与 Z 都显示为零时且回零指示灯亮时回零结束。

注意:回零时必须先回 X 轴,再回 Z 轴,否则刀架可能与尾座发生碰撞。

3. 对刀

数控车床对刀的目的是确定车刀刀尖、工件、机床之间的相对位置,以建立准确的工件坐标系,也称刀具偏置设置。常用对刀方法有试切法对刀(手动对刀)和机内自动对刀两种。

试切法对刀,由于不需要任何辅助设备,在实际应用中最为普遍。用刀具对工件进行试切削，分别测量出工件被切削部位的径向和轴向尺寸，并计算出各刀具刀尖在 X 轴和 Z 轴的相对或绝对尺寸，从而确定各刀具的刀偏、刀补参数。

机内自动对刀则是通过机床自带的刀尖检测系统实现，刀尖以设定的速度向接触式传感器接近，当刀尖与传感器接触并发出信号，数控系统立即记下该瞬间的坐标值，并自动修正刀具补偿值。下面以试切法进行对刀说明。

（1）绝对刀具偏置设置法：每一把刀具独立建立自己的补偿偏置值，即该刀具工件坐标系位置。

操作顺序如下：

① 用卡盘扳手松开三爪卡盘卡爪，装入零件棒料外伸一定长度，将棒料夹紧。

② “手动”方式选择刀具，如 1 号刀 T0101。

③ 设定主轴转速。将工作方式置于“MDI”模式；按下“程序键”→按下屏幕下方的“MDI”键→输入转速和转向（如“S500M03；”→“INSERT”）→按下启动键—主轴转速每分钟 500 正转。

④ 主轴旋转时，分别选择 *X* 轴、*Z* 轴“-”使车刀移动至靠近毛坯右端面处。

⑤ *Z* 坐标刀偏设置：手摇（增量方式）车端面，选择手轮适当移动倍率，使选择的刀具刀尖接近工件右端面，调整 *Z* 向切削深度 0.5~1mm，*X* 负方向进给，匀速切端面至回转中心，沿 *X* 方向退出。在手动数据输入方式下，按 OFFSET 按钮—形状—光标移到与程序对应的刀补号里，输入“Z0”，点击“测量”。

⑥ *X* 坐标刀偏设置：手摇方式车外圆，调整 *X* 向切削深度 0.5~1mm，*Z* 方向进给，匀速试切外圆 5mm 左右，沿 *Z* 方向退出足够的距离，按主轴停止键，测量试切完的外圆直径；在手动数据输入方式下，按 OFFSET 按钮—形状—光标移到与程序对应的刀补号里，输入测量值（如 X46.61），点击“测量”。

至此，1 号刀 T0101 的零点位置记录保存在刀具偏置表中，完成此刀具对刀。加工中用到的其他刀具均重复上述操作，完成全部刀具刀偏设置，如图 13-18 所示。

```
工具补正 / 形状                          O0006   N0000
  番号         X              Z                R    T
 W 01   -220.820      -350.404           0.300   1
 W 02   -210.040      -361.060           0.000   0
 W_03      2.000         0.000           0.000   0
 W 04      0.000         0.000           0.000   0
 W 05      0.000         0.000           0.000   0
 W 06      0.000         0.000           0.000   0
 W 07      0.000         0.000           0.000   0
 W 08      0.000         0.000           0.000   0
现在位置  （相对坐标）
    U  -175.405                W  -201.005

>_                                  OS   50% T0000
  EDIT  **** *** ***        14:27:05
[NO检索][        ][C.输入][+输入 ][ 输入 ]
```

图 13-18　刀具补正的设定

⑦ 调用程序。按“程序键”，接着按“选择程序”键，在程序表中将光标移至选定需要的程序，按“ENTER”键确定加工程序。

⑧ 自动加工。手动移动刀架离开工件一定距离（保证刀具换刀转位安全），关闭防护

门,选择操作方式为“自动方式”,将主轴、进给倍率设定好,按绿色的“循环启动”键后机床开始执行加工程序。

(2) 相对刀偏法设置刀具偏置:用 G50 指令(等效于华中数控系统 G92 指令)设定坐标系,此指令并不会产生机械移动,只是让系统内部用新的坐标值取代旧的坐标值,从而建立新的坐标系。

将加工零件所需的刀具全部安装好,用试切法切削一圆柱毛坯的外圆和端面,取得每一把刀具的偏置值,取其中一把刀为基准刀(也称标刀),则其余每把刀具相对于标刀的位置差即取得。零件加工时只需对基准刀对刀,其他刀的刀偏相对于基准刀数控系统自动计算。对刀后必须将刀移动到 G50 设定的位置坐标作为起刀点,执行以 G50 为首段程序(而且起刀点与结束点要一致)。

由于采用 G50 指令建立的工件坐标系是浮动的,即相对于机床参考点是可变的,在机床断电后原来建立的工件坐标系将丢失,所以加工前需重新确定起刀点位置。

安装多把刀具后,它们转至切削方位时,后安装的几把刀具与先安装的第 1 把刀具(标准刀具)的刀尖所处的位置并不相同。

基准刀对刀方法如下:

如图 13-19 所示,设 1 号刀为基准刀,P 点为起刀点,编程时采用程序段 G50 X100 Z100 来设定工件坐标系。其中 ϕd 为试切外圆直径,h 为试切端面到欲设的工件零点在 Z 方向的有向距离,此例中设 $h=0$mm,方法如下:

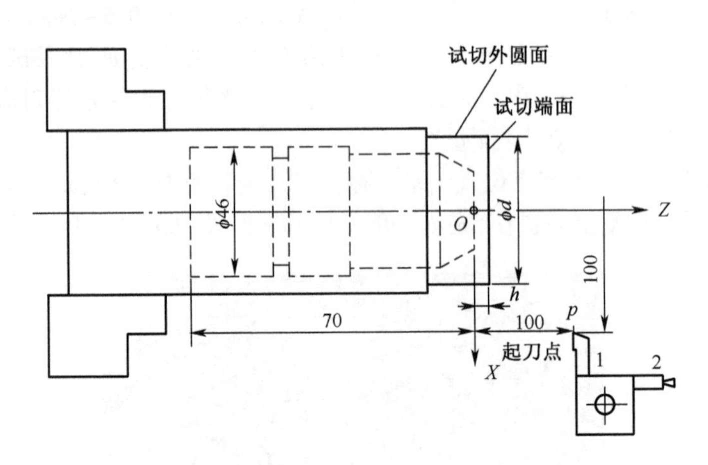

图 13-19　G50 设定工件坐标系对刀示例

① 车削毛坯外圆,保持 X 坐标不动,沿 Z 轴正方向退刀,将 CRT 屏幕上的 U 坐标值清零。

② 车削毛坯端面,保持 Z 坐标不动,沿 X 轴正方向退刀,将 CRT 屏幕上的 W 坐标值清零。

③ 主轴停止,测量试切后的外圆直径 d,假设 $d=48$mm。

④ 计算基准刀移动到起刀点的增量尺寸:X 轴移动的增量尺寸 $U=100-d=52$mm;Z 轴移动的增量尺寸 $W=100-h=100$mm。

⑤ 确定基准刀的起刀点位置。移动刀架使基准刀沿 X 轴移动,直到 CRT 屏幕上显

示的数据 U=52mm 为止;再使基准刀沿 Z 轴移动,直到 CRT 屏幕上显示的数据 W=100mm 为止,基准刀对刀完成,当前位置即为起刀点 P(X100,Z100)。

注:机床运行过程中,在危险或紧急情况下,按下“急停”按钮,CNC 即进入急停状态,伺服进给及主轴运转立即停止工作(控制柜内的进给驱动电源被切断);松开“急停”按钮(左旋此按钮,按钮将自动跳起),CNC 进入复位状态。

13.5 车床编程加工实例

用数控车床加工如图 13-20 所示零件,毛坯材料:45#钢,规格:ϕ28mm 圆钢,小批量生产。

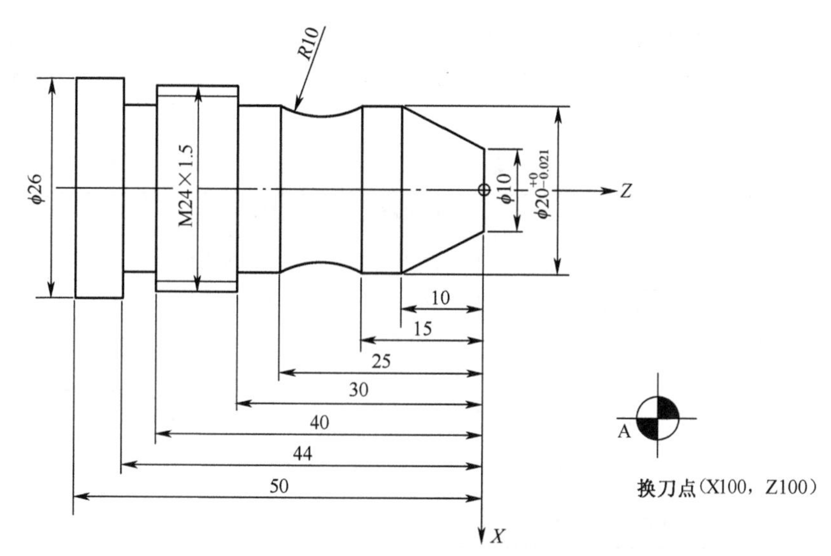

图 13-20 车床编程加工实例

工艺方案:

(1) 装夹定位的确定:

用三爪卡盘将圆柱毛坯夹紧并找正,工件前端面距卡爪端面距离 65mm。

(2) 加工起点、换刀点:

由于工件尺寸较小,为了加工路径清晰,加工起点与换刀点设为同一点。其位置的确定原则:该处方便拆卸工件,不发生碰撞,空行程距离短,特别注意尾座对 Z 轴位置的限制。故放在 Z 向距工件前端面 100mm,X 向 100mm(距轴心线 50mm 的位置)。

(3) 工艺路线的确定:

遵循先粗后精、先近后远(由右到左)的原则加工。

通过复合循环指令 G71,用外圆车刀加工工件端面和外形轮廓,并保留 0.5mm 精加工余量,再将外形轮廓加工到所需尺寸,用切槽刀加工退刀槽,用公制螺纹车刀加工螺纹的牙型,螺纹分多层切削,吃刀量递减,最后用切槽刀将工件切下。

(4) 加工刀具的确定:

① 外圆车刀,刀具主偏角 93°;②公制螺纹车刀,刀尖角 60°;③切断刀,刀宽 4mm;

④弯头车刀。

（5）切削用量：

根据被加工表面质量要求、刀具材料和工件材料，参考切削用量手册或有关资料选取切削速度与每转进给量，然后利用公式 $v_c = \pi dn/1000$，计算主轴转速与进给速度（计算过程略），最后根据实践经验进行修正，计算结果填入工序卡中。

外圆加工时：主轴转速 500r/min，粗加工进给速度 100mm/min，精加工进给速度 50mm/min，主轴转速 600r/min；螺纹加工时：主轴转速 300r/min。

（6）车刀在刀架排序如图 13-21 所示。1#刀加工外圆、圆锥；2#刀加工螺纹；3#刀切退刀槽；4#刀加工圆弧。

（7）填写表 13-2 数控加工刀具卡片和表 13-3 数控加工工艺卡片。

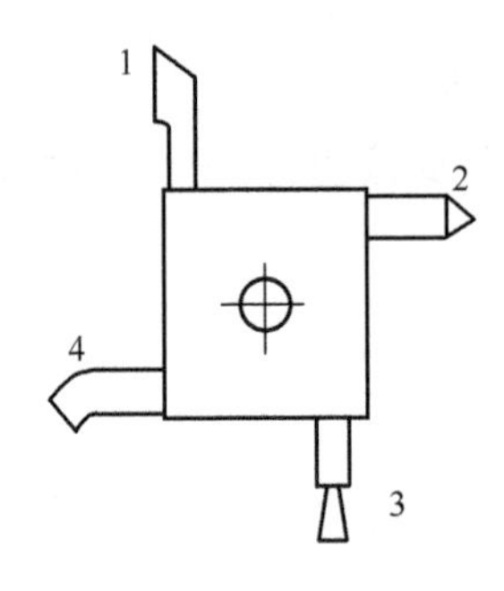

图 13-21　刀架排序
1—90°偏刀；2—螺纹刀；3—切断刀；4—45°车刀。

表 13-2　数控加工刀具卡片

产品名称或代号		×××		零件名称	典型轴		零件图号	×××
序号	刀具号	刀具规格名称		数量	加工表面			备注
1	T01	右手外圆偏刀		1	粗、精车外轮廓			20×20
2	T02	60°外螺纹车刀		1	加工螺纹			20×20
3	T03	切断(槽)刀		1	切退刀槽及切断			20×20
4	T04	45°车刀		1	加工圆弧 R10			20×20
编制		×××	审核	×××	批准	×××	共　页	第　页

表 13-3　数控加工工艺卡片

单位名称	×××	产品名称或代号		零件名称		零件图号	
		×××		轴 2		×××	
工序号	程序编号	夹具名称		使用设备		车间	
001	×××	三爪卡盘		TK36/750 数控车床		数控中心	
工步号	工步内容/mm	刀具号	刀具规格 /mm	主轴转速 $/\mathrm{r \cdot min^{-1}}$	进给速度 $/\mathrm{mm \cdot min^{-1}}$	背吃刀量 /mm	备注
1	粗车锥台、圆柱面、螺纹顶部，留余量	T01	20×20	500	150	2	
2	精车锥台、圆柱面、螺纹顶部	T01	20×20	600	80	0.5	
3	加工圆弧 R10	T04	20×20	350	60		
4	切 4×20 退刀槽	T03	20×20	350	60		

（续）

工步号	工步内容/mm			刀具号	刀具规格/mm	主轴转速/r·min^{-1}	进给速度/mm·min^{-1}	背吃刀量/mm	备注
5	车 M24×2 螺纹			T02	20×20	350			
6	切断			T03	20×20	350	60		
编制	×××	审核	×××	批准	×××	年　月　日		共　页	第　页

（8）参考程序如表 13-4 所列。

表 13-4　加工程序

程　　序	注　　释
%5000	程序代号
N01 T0101	调 1#刀建立工件坐标系
N02 S500 M03 F150 M08	主轴正转，转速 500 r/min，进给速度 150mm/ min，冷却液开
N03 G00 X28 Z0	快速移动
N04 G01 X0	车端面
N05 G00 Z2	轴向退出
N06 X28	快速定位到循环起点
N07 G71 U1 R0. 5	外径粗车背吃刀量 1mm，退刀 0. 5mm
N08 G71 P09 Q14 U0. 5 W0 . 2	外径粗车循环（精加工余量 X0. 5mm，Z0. 2 mm）
N09 G00 X10 Z2	粗加工程序起始行
N10 G01 Z0	直线插补刀 Z0
N11 X20 Z-10	两轴运动
N12 Z-30	*Z* 向运动
N13 X24	*X* 向运动
N14 Z-44	粗加工程序结束行，*Z* 向运动
N15 G70 P07 Q12 F80 S600	精加工程序，转速 600 r/min，进给速度 100mm/ min
N16 X100 Z100	快速到换刀点
N17 T0404	换 4#刀
N18 G00 X21 Z-15	快速接近 R10
N19 G01 X20 F60	切入圆弧 R10 起点，进给速度 60mm/min
N20 G02 X20 Z-25 R10	顺时针圆弧插补车 R10
N21 G00 X100 Z100	快速到换刀点
N22 T0303	调 3#刀
N23 G00 X28 Z-44 S350	快速接近
N24 G01 X22 F60 G04 X1	切退刀槽，进给速度 60mm/min，刀具在槽底停 1s
N25 G00 X28	径向退出
N26 X100 Z100	快速到换刀点
N27 T0202	换 2#刀

（续）

程　　序	注　　释
N28 G00 X30 Z-25	快速到螺纹车削循环起点
N29 G92 X23. Z-42 F1.5	螺纹车削循环,吃刀量 1mm,螺距 1.5 mm
N30 X22.6Z-42 F1.5	螺纹车削循环,吃刀量 0.4mm,螺距 1.5 mm
N31 X22.5 Z-42 F1.5	螺纹车削循环,吃刀量 0.1mm,螺距 1.5 mm
N32 X22.5 Z-42 F1.5	螺纹车削循环,光刀
N33 G00 X100 Z100	快速到换刀点
N34 T0303	换 3#刀
N35 G00 X35 Z-54	快速接近
N36 G01 X0 F60	切断
N37G00 X35	径向退出
N38 X100 Z100	快速到换刀点
N39 M05 M09	主轴停,冷却液关
N40 M30	程序结束并返回到程序的首句

第 14 章
数控铣削加工

14.1 数控铣床与数控加工中心概述

数控铣床是很重要的数控机床，在航空航天、汽车制造、机械加工和模具制造业中应用非常广泛。加工中心是从数控铣床发展而来的，其主要工作也是铣削加工；与数控铣床的最大区别在于加工中心具有自动交换加工刀具的能力，通过在刀库上安装不同用途的刀具，可在一次装夹中通过自动换刀装置改变主轴上的加工刀具，实现多种加工功能。

数控加工中心是目前世界上产量最高、应用最广泛的数控机床之一。特别是它能完成许多普通设备不能完成的加工，对形状较复杂，精度要求高的单件加工或中小批量多品种生产更为适用。被加工零件经过一次装夹后，机床在程序控制下按不同的工序自动选择和更换刀具；连续地对工件各加工面自动地进行钻孔、锪孔、铰孔、镗孔、攻螺纹、铣削等多工序加工；由于加工中心能集中、自动完成多种工序，避免了人为的操作误差，减少了工件装夹、测量和机床的调整时间及工件周转、搬运和存放时间，大大提高了加工效率和加工精度，具有良好的经济效益。图 14-1 为数控加工完成的精密复杂零件。

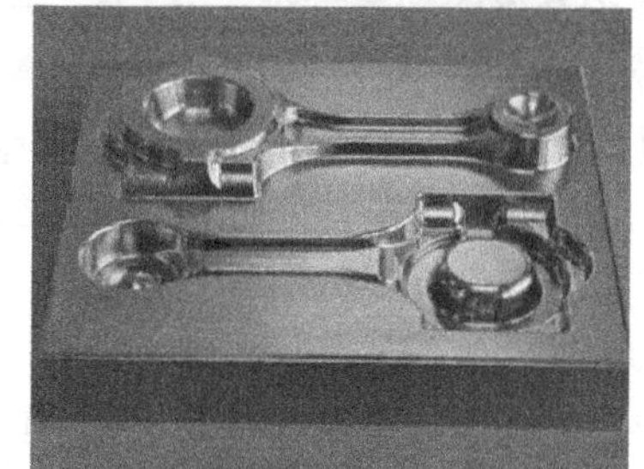

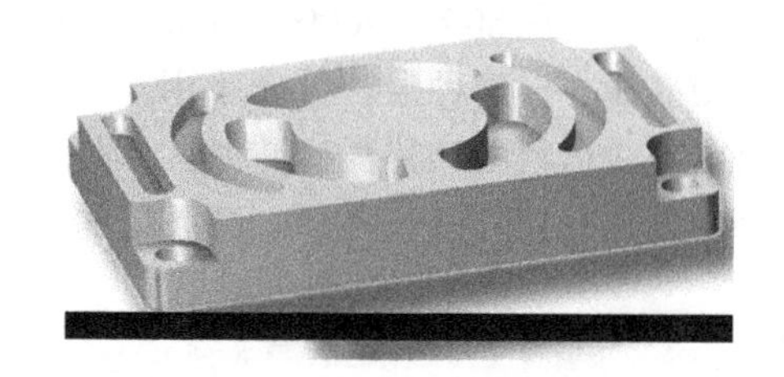

图 14-1　数控加工零件实例

14.2 数控铣床分类与数控加工中心结构

14.2.1 数控铣床分类

1. 按主轴布置形式分类

1）立式数控铣床

立式数控铣床的主轴轴线与工作台面垂直，是数控铣床中最常见的一种布局形式。可实现三坐标（X、Y、Z）联动加工，其结构简单、工件安装方便，加工时便于观察，但不便于排屑。

2）卧式数控铣床

卧式数控铣床的主轴轴线与工作台面平行，主要用来加工箱体类零件。一般配有数控回转工作台以实现四轴或五轴加工，从而扩大功能和加工范围。卧式数控铣床相比立式数控铣床，结构复杂，在加工时不便观察，但排屑顺畅。

3）龙门式数控铣床

大型数控立式铣床多采用龙门式布局，在结构上采用对称的双立柱结构，以保证机床整体刚性、强度。主轴可在龙门架的横梁与溜板上运动，而纵向运动则由龙门架沿床身移动或由工作台移动实现，其中工作台床身特大时多采用前者。龙门式数控铣床适合加工大型零件，主要在汽车、航空航天、机床等行业使用。

4）立卧两用数控铣床

立卧两用数控铣床的主轴轴线可以变换，使一台铣床具备立式数控铣床和卧式数控铣床的功能。这类机床适应性更强，应用范围更广，尤其适合于多品种、小批量又需立卧两种方式加工的情况，但其主轴部分结构较为复杂。

2. 按数控系统的功能分类

1）经济型数控铣床

经济型数控铣床一般是在普通立式铣床或卧式铣床的基础上改造而来的，采用经济型数控系统，成本低，机床功能较少，主轴转速和进给速度不高，主要用于精度要求不高的简单平面或曲面零件加工。

2）全功能数控铣床

全功能数控铣床一般采用半闭环或闭环控制，控制系统功能较强，数控系统功能丰富，一般可实现四坐标或以上的联动，加工适应性强，应用最为广泛 。

3）高速铣削数控铣床

一般把主轴转速在 8000～40000 r/min 的数控铣床称为高速铣削数控铣床，其进给速度可达 10～30 m/min。这种数控铣床采用全新的机床结构（主体结构及材料变化）、功能部件（电主轴、直线电机驱动进给）和功能强大的数控系统，并配以加工性能优越的刀具系统，可对大面积的曲面进行高效率、高质量的加工。

14.2.2 数控加工中心结构

数控加工中心一般由数控系统、主传动系统、进给伺服系统、冷却润滑系统、换刀装置及刀库等几大部分组成，如图 14-2 所示。

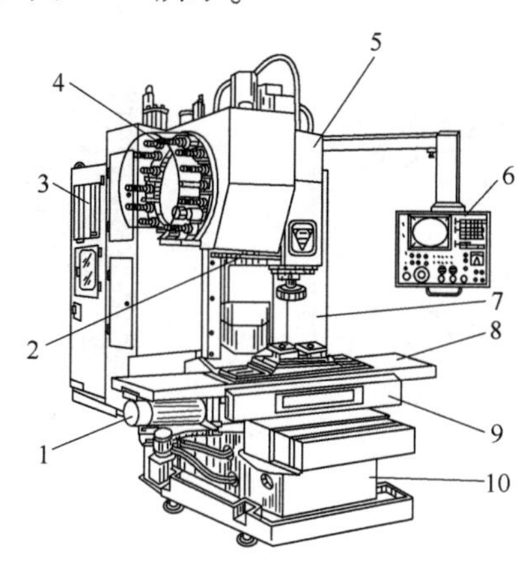

图 14-2 JCS-018A 型立式加工中心外观图

1—X 轴伺服电机；2—换刀机械手；3—数控柜；4—盘式刀库；5—主轴箱；
6—操作面板；7—驱动电源柜；8—工作台；9—滑座；10—床身。

(1) 主轴箱。包括主轴箱体和主轴传动系统，用于装夹刀具并带动刀具旋转，主轴转速范围和输出扭矩对加工有直接的影响。

(2) 进给伺服系统。由进给电机和进给执行机构组成，按照程序设定的进给速度实现刀具和工件之间的相对运动，包括直线进给运动和旋转运动。

(3) 控制系统。数控铣床运动控制的中心，执行数控加工程序控制机床进行加工。

(4) 辅助装置。如液压、气动、润滑、冷却系统和排屑、防护等装置。

(5) 机床基础件。通常是指底座、立柱、横梁等，它是整个机床的基础和框架。

(6) 换刀装置及刀库(ATC)。

数控加工中心之所以具有较高的自动化加工能力，除了机床配置的控制装置和工件的加工程序以外，硬件方面主要配置有刀库和自动换刀装置两部分。有了刀库可使工件各工序加工刀具得到较好的存储和管理，自动换刀机构可使机床每完成一道工序加工时，及时更换下刀工序相应的加工刀具。根据机床配置刀库的不同，其换刀机构也不尽相同。常见的刀库形式主要有以下几种：

(1) 斗笠式刀库。因其形状像个大斗笠而得名，一般存储刀具数量不能太多，10~24 把刀具为宜，具有结构简单、体积小、维修方便等特点，在立式加工中心中应用较多。由于其无机械手装置，换刀效率相对机械手库低。图 14-3 为斗笠式刀库。

(2) 圆盘机械手刀库。换刀动作：机械手臂同时拔出刀库中及主轴上的刀具旋转 180°同时更换。优点是换刀速度快，装刀量大(可达 40 把，普通常见 24、16 把)；缺点是结构复杂容易出现故障。图 14-4 为圆盘机械手刀库。

(3)链式刀库。链式刀库的结构紧凑，刀库容量大。一般刀具数量在 30~120 把时，多选链式刀库，常用于卧式数控加工中心。图 14-5 为链式刀库。

圆盘机械手刀库和链式刀库都安装有换刀机械手，如图 14-6 所示。

图 14-3　斗笠式刀库

图 14-4　圆盘机械手刀库

图 14-5　链式刀库

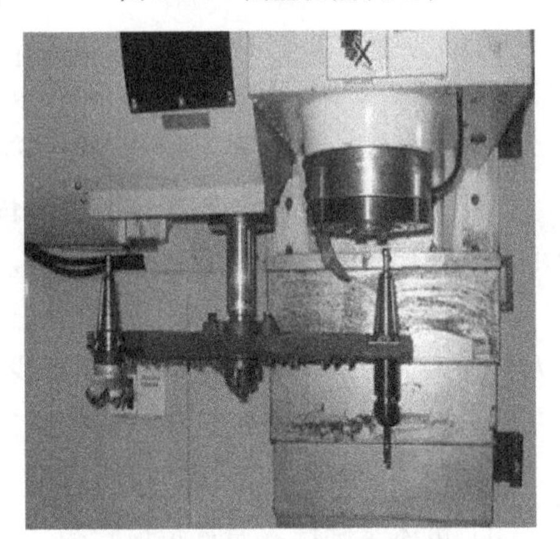

图 14-6　加工中心换刀机械手

14.3　数控铣床与加工中心的刀具系统

14.3.1　数控刀柄

1. 刀柄的作用

数控铣床使用的刀具通过刀柄与主轴相连,刀柄通过拉钉和主轴内的拉刀装置固定在主轴上,由刀柄夹持传递速度、扭矩,刀柄的强度、刚性、耐磨性、制造精度以及夹紧力等对加工有直接的影响,如图 14-7 所示。

刀柄与主轴孔的配合锥面一般采用 7 : 24 的锥度,这种锥柄不自锁,换刀方便,与直柄相比有较高的定心精度和刚度。为了保证刀柄与主轴的配合与连接,刀柄与拉钉的结构和尺寸均已标准化和系列化。我国应用最为广泛的是 BT40 和 BT50 系列刀柄和对应的拉钉。

2. 刀柄的分类

1) 按刀具夹紧方式分

(1) 弹簧夹头刀柄。使用较多。采用 ER 型卡簧,适用于夹持 16mm 以下直径的铣刀进行铣削加工,也可夹持直柄麻花钻、百分表杆等;若采用 KM 型卡簧,则称为强力夹头刀柄,可以提供较大夹紧力,适用于夹持 16mm 以上直径的铣刀进行强力铣削,如图 14-8 所示。

(2) 侧固式刀柄。采用侧向夹紧,适用于切削力大的加工,但一种尺寸的刀具需对应配备一种刀柄,规格较多。

(3) 液压夹紧式刀柄。采用液压夹紧,可提供较大夹紧力。

(4) 冷缩夹紧式刀柄。装刀时加热孔,靠冷却夹紧,使刀具和刀柄合二为一,在不经常换刀的场合使用。

2) 按允许转速分

(1) 低速刀柄。指用于主轴转速在 8000 r/min 以下的刀柄。

(2) 高速刀柄。指用于主轴转速在 8000 r/min 以上的高速加工的刀柄,其上有平衡调整环,必须经动平衡。

3) 按所夹持的刀具分

(1) 圆柱铣刀刀柄。用于夹持圆柱铣刀。

(2) 面铣刀刀柄。用于与面铣刀盘配套使用。

(3) 锥柄钻头刀柄。用于夹持莫氏锥度刀杆的钻头、铰刀等,带有扁尾槽及装卸槽。

(4) 直柄钻头刀柄。用于装夹直径在 13mm 以下的中心钻、直柄麻花钻等。

(5) 镗刀刀柄。用于各种尺寸孔的镗削加工,有单刃、双刃以及重切削等类型。

(6) 丝锥刀柄。用于自动攻丝时装夹丝锥,一般具有切削力限制功能。

3. 常用刀柄使用方法

数控铣床最为常见的弹簧夹头刀柄使用方法如下:

(1) 将刀柄放入卸刀座并锁紧;

(2) 根据刀具直径选取合适的卡簧,清洁工作表面;

(3) 将卡簧装入锁紧螺母内;

(4) 将铣刀装入卡簧孔内,并根据加工深度控制刀具悬伸长度;

(5) 用扳手将锁紧螺母锁紧;

(6) 检查,将刀柄装上主轴。

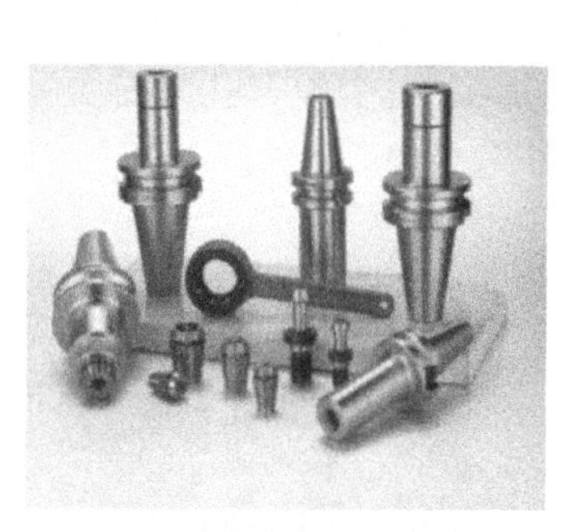

图 14-7　数控刀柄及附件

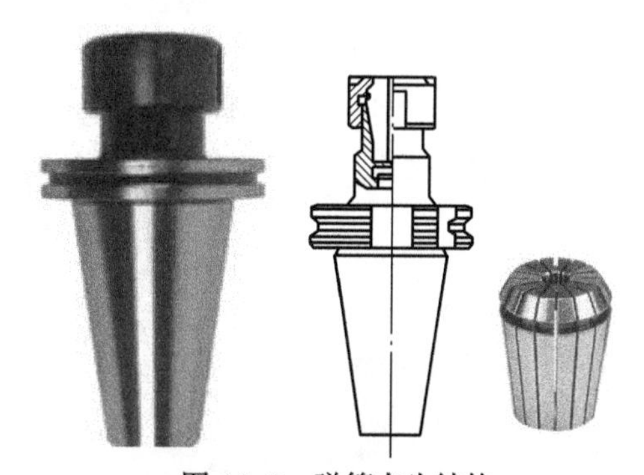

图 14-8　弹簧夹头结构

14.3.2 数控刀具

在数控铣床上使用的刀具主要为铣刀,包括面铣刀、立铣刀、球头铣刀、三面刃盘铣

刀、环形铣刀等,常用的铣刀有如下几种:

1) 立铣刀

立铣刀是最主要的数控刀具,从结构上可分为整体式(小尺寸刀具)和机械夹固式(尺寸较大刀具),其规格非常丰富,用于平面、轮廓零件的粗精加工,如图 14-9(a)所示。

2) 球头铣刀

球头铣刀也称模具铣刀,跟立铣刀一样,也可分为整体式和机夹式。在加工曲面时,一般采用多坐标联动,其运动方式具有多样性,主要用于曲面精加工,如图 14-9(b)所示。

3) 环形铣刀

形状类似于端铣刀,不同的是,刀具的每个刀齿均有一个较大圆角半径,从而使其具备类似球头铣刀的切削能力,同时又可加大刀具直径以提高生产率,并改善切削性能(中间部分不需刀刃),刀片可采用机夹类, 如图 14-9(c)所示。

4) 端铣刀

数控端铣刀为刀片机夹可转位结构,刚性好,承受切削力大,相对于立铣刀直径大很多,铣削效率很高,常用于平面粗加工,如图 14-9(d)所示。

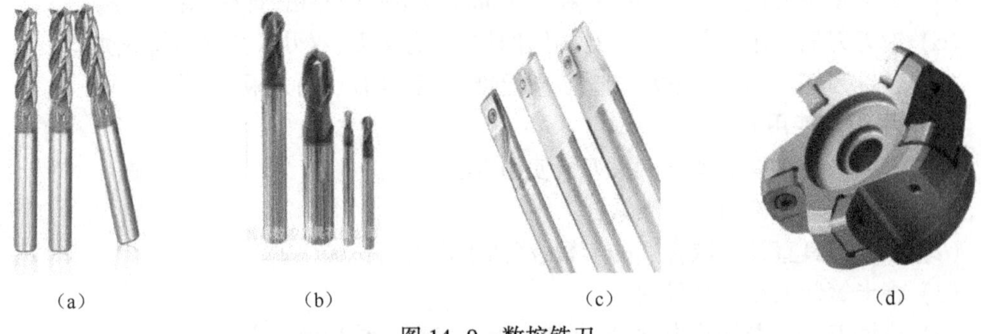

(a) (b) (c) (d)

图 14-9 数控铣刀

(a)立铣刀;(b)球头铣刀;(c)机夹式圆角铣刀;(d)机夹式端铣刀。

机械零件孔的加工也是数控铣床及加工中心的主要工作,制孔刀具大量使用,如中心钻、花钻头、锪钻、铰刀、镗刀、丝锥等,根据被加工孔的孔的结构和技术要求及精度和表面质量要求,选择不同的方法,非配合孔一般是采用钻削加工,对于配合孔则需要在钻孔的基础上进行铰、镗孔。图 14-10 和图 14-11 是两种常用数控镗刀。

图 14-10 可调双刃粗镗刀

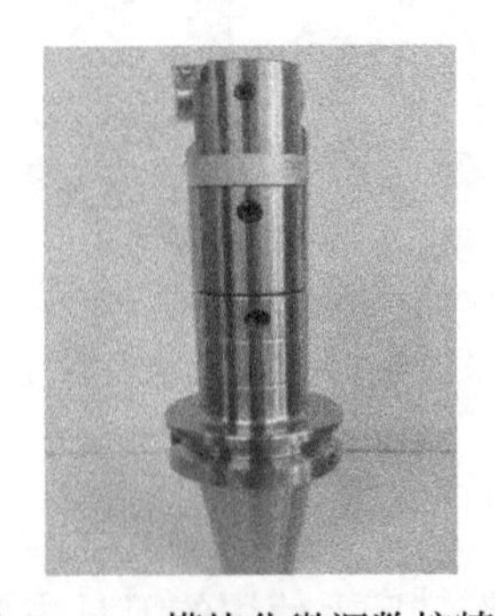

图 14-11 模块化微调数控精镗

14.4　数控铣削加工程序编制

14.4.1　数控铣削加工程序编制要点和注意事项

1. 编程要点

(1) 了解数控系统功能及机床规格。

(2) 熟悉加工顺序。

(3) 合理选择刀具、夹具及切削用量、切削液。

(4) 编程尽量使用子程序及宏指令。

(5) 程序零点要选择在易计算的确定位置。

(6) 换刀点选择在无换刀干涉的位置。

2. 编程的注意事项

1) 切削条件的选择

影响切削条件的因素:工艺系统的刚性,工件的尺寸精度、形位精度及表面质量、刀具耐用度及工件生产纲领、切削液、切削用量。

2) 工艺分析与刀具切削路径

良好的工艺分析会简化工艺路线,节省切削时间。工艺分析首先要了解所有的切削加工方法,如钻削、车削、镗削等,然后结合实际加工经验,能正确使用刀具、夹具、量具等。工艺分析的顺序如下:

(1) 分析零件图。

(2) 将同一刀具的加工部位分类。

(3) 按零件结构特点选择程序零点。

(4) 列出使用的刀具表、程序分析表。

(5) 模拟或试车并修正。

14.4.2　数控铣床的坐标系

1. 数控铣床的坐标系和运动方向的相关规定(图 14-12)

(1) 采用右手直角笛卡儿坐标系。

(2) Z 轴——Z 轴的判定由“传递切削动力”的主轴所规定,对铣床而言,刀具由主轴带动作为主运动,则 Z 轴与主轴旋转中心重合。

(3) 刀具移动的原则(假设刀具相对于静止的工件移动)。

(4) 坐标轴的方向——刀具远离工件的方向为正方向。

相关内容请参阅第 12 章。

2. 机床坐标系统之间相互关系(图 14-13)

(1) 机床坐标系、机床原点和机床参考点。机床坐标系是机床固有的坐标系,是机床制造和调整的基准,也是工件坐标系设定的基准。机床坐标系的原点称为机床原点。

(2) 工件坐标系、工件零点。工件坐标系也称编程坐标系,也称工件零点,是编程人

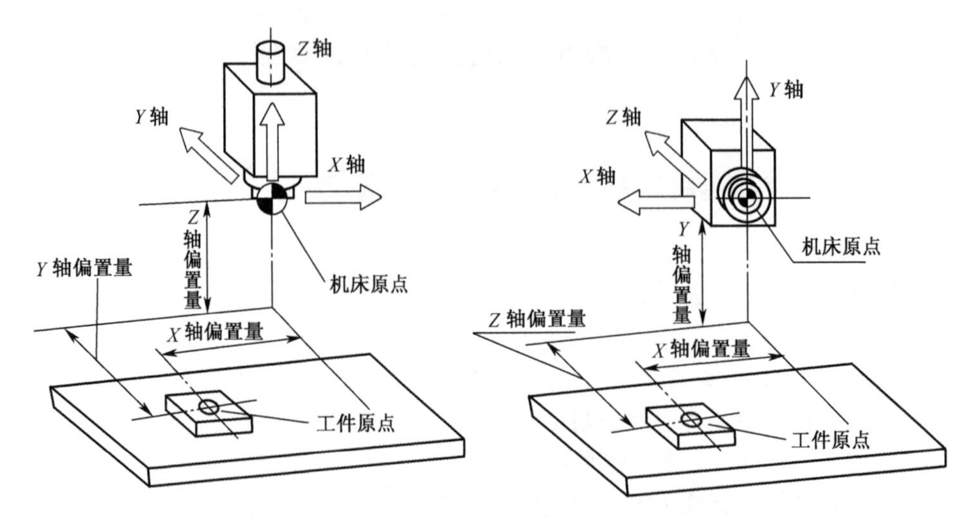

图 14-12　立式和卧式数控铣床的坐标轴方向

员选择工件上的某一已知点为原点,建立一个新的坐标系。

注意:一旦机床断电后,数控系统就失去了对参考点的记忆。通常在下列情况下要进行回参考点操作:

① 在机床关机后重新接通电源时;

② 当机床产生超程报警待解除后。

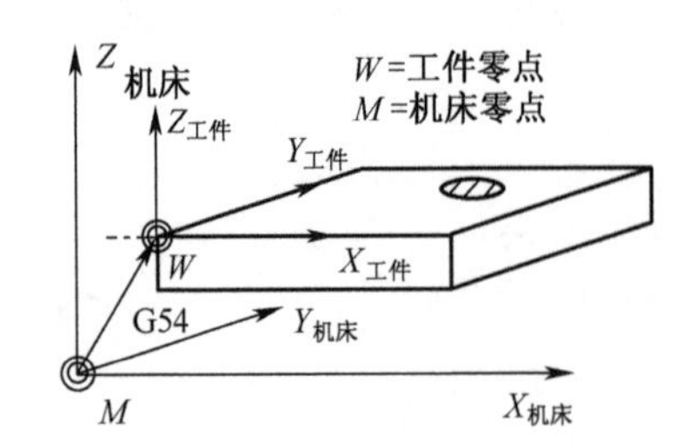

图 14-13　机床坐标系统之间相互关系

14.4.3 数控系统的功能代码

1. 准备功能(G 代码功能)

G 指令是使数控机床准备好某种运动方式的指令。如快速定位、直线插补、圆弧插补、刀具补偿、固定循环等。

1) 与坐标系有关的指令

(1) 绝对尺寸编程指令—— G90;

增量尺寸编程指令—— G91。

(2) 工件坐标系设定:

通过刀具起始点来设定工件坐标系 G92/G50;

在机床坐标系中直接设定工件原点 G54~G59。

(3) 坐标平面选择指令——G17、G18、G19。

2）与运动方式有关的指令

（1）快速点定位指令——G00；

（2）直线插补指令——G01；

（3）圆弧插补指令——G02、G03；

（4）暂停指令——G04。

3）与刀具补偿有关的指令

（1）刀具半径补偿指令——G40、G41、G42；

（2）刀具长度补偿指令——G43、G44、G49。

2. 辅助功能指令——M 指令

M 代码主要用于 CNC 输入输出口开、关量的状态控制。如主轴的正、反转，切削液开、关，工件的夹紧、松开，程序结束等。

3. 进给功能代码 F、主轴功能代码 S、刀具功能代码 T

功能代码详解见 12 章相关内容。

4. 加工中心的换刀 M06

加工中心用 M06 指令进行自动换刀，带机械手的换刀装置通常选刀和换刀分开进行，换刀动作必须在主轴停转条件下进行。换刀指令 M06 必须安排在用新刀具进行加工的程序段之前，而下一个选刀指令 T××常紧接安排在这次换刀指令之后。多数加工中心都规定了“换刀点”，即定距换刀，主轴只有走到这个位置，机械手才执行换刀动作。

立式加工中心规定换刀点的位置在 Z0 处（即机床 Z 轴零点），当控制机接到选刀 T 指令后，自动选刀，被选中的刀具处于刀库最下方；接到换刀 M06 指令后，机械手执行换刀动作。

方法一：

```
N010 G00 Z0 T02;
N011 M06;
```

返回 *Z* 轴换刀点的同时，刀库选出 T02 刀，进行刀具交换，换到主轴上的刀具为 T02。若 *Z* 轴回零时间小于 T 功能执行时间（即选刀时间），则 M06 指令等刀库将 T02 号刀转到最下方位置后才能执行。故方法一占机时间长。

方法二：

```
N010 G01 Z…T02;
    ⋮
N017 G00 Z0 M06;
N018 G01 Z…T03;
    ⋮
```

N017 程序段换上 N010 程序段选出的 T02 号刀；在换刀后，紧接着选出下次要用的 T03 号刀具，在 N010 程序段和 N018 程序段执行选刀时，不占用机动时间，故这种方式较好。

5. 固定循环

加工中心（数控铣床）配备的固定循环功能，主要用于孔加工，如钻孔、镗孔的动作：孔位平面定位、快速引进、工作进给、快速退回等，可以预先编好程序，存储在内存中，用一个 G 代码程序段调用，就可以完成一个孔加工的全部动作。常用的固定循环指令有 G81（钻孔、锪孔）、G82（钻中心孔）、G73（高速深孔钻）、G76（精镗孔）、G84（功丝）、G76（精镗孔），编程时根据功能选择使用，如表 14-1 所示。

以 G81 钻孔固定循环指令为例：

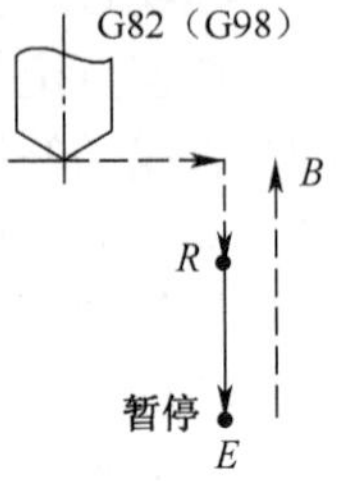

指令格式:G81 X __ Y __ Z __ R __ F __

X,Y 为孔的位置,Z 为孔的深度,F 为进给速度(mm/min),R 为参考平面高度。

该指令一般用于加工孔深小于 5 倍直径的孔,动作过程如图 14-14 所示:

(1) 头快速定位到孔加工循环起始点 $B(X,Y)$;

(2) 头沿 Z 方向快速运动到参考平面 R;

(3) 工进孔加工;

(4) 头快速退回到参考平面 R 或快速退回到初始平面 B。

图 14-14　G81 运动过程

例 1:如图 14-15 所示,加工 4 个直径为 5mm 通孔。

N10 G90 G00 X0 Y0 Z100;	孔加工循环起始点,初始平面 Z100
N15 S300 M03;	
N20 G98 G81 X120 Y-75 Z-13 R2 F60;	参考平面 R:Z2,钻通孔 X120 Y-75 孔
N30 Y75;	钻 X120 Y75 孔
N40 X-120;	钻 X-120 Y75 孔
N50 Y-75;	钻 X-120 Y-75 孔
N60 G80 G00 Z100;	退回到参考平面 R 继续退至初始平面 Z100

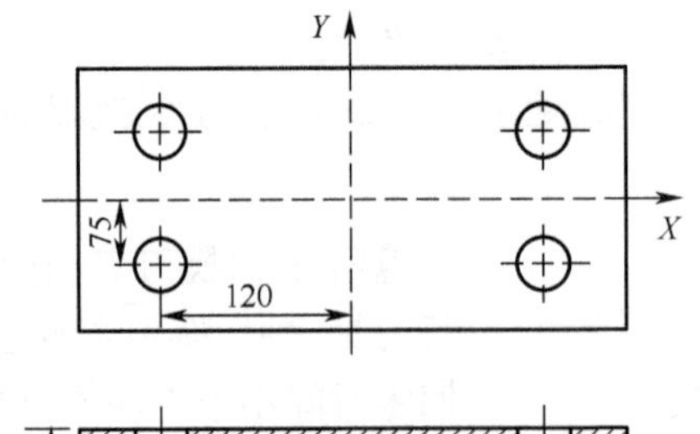

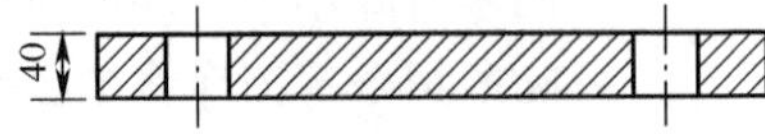

图 14-15　孔加工图

表 14-1　固定循环指令

G 代码	加工行程(-Z 方向)	孔底动作	返回行程(+Z 方向)	用途
G73	间歇进给		快速进给	高速深孔钻
G74	切削进给	主轴正转	切削进给	攻左螺纹
G76	切削进给	主轴准确停止	快速进给	精镗
G80	—	—	—	取消操作
G81	切削进给	—	快速进给	钻孔、锪孔
G82	切削进给	暂停	快速进给	钻中心孔
G83	间歇进给	—	快速进给	深孔排屑钻
G84	切削进给	主轴反转	切削进给	攻右螺纹
G85	切削进给	—	切削进给	镗削
G86	切削进给	主轴停止	快速进给	镗削
G87	切削进给	主轴正传	快速进给	背镗
G88	切削进给	暂停、主轴停止	手动	镗削
G89	切削进给	暂停	切削进给	镗削

14.5 数控铣削加工实操

14.5.1 对刀与坐标系数据设置

1. 对刀

对刀是数控加工中的主要操作和重要技能,零件加工前必须进行的操作。对刀的目的是确定程序原点在机床坐标系中的位置,即工件坐标系与机床坐标系的关系。通过刀具或对刀工具确定工件坐标系与机床坐标系之间的空间位置关系,并将对刀数据输入到相应的存储位置,其准确性决定了零件的加工精度及设备和工件的安全,其效率直接影响数控加工效率。常用对刀方法步骤如下:

1) 工件的定位与装夹

在数控铣床及加工中心上常用的夹具有平口钳、分度头、三爪自定心卡盘和平台夹具等。如装夹零件时常选用机用平口钳装夹,把平口钳安装在铣床工作台面中心上,用百分表找正,固定平口钳,使得平口钳基准面与移动轴方向一致,根据工件的高度情况,在平口钳钳口内放入形状合适的垫铁后,再放入工件,与垫铁面紧靠,然后夹紧,如图 14-16 所示。

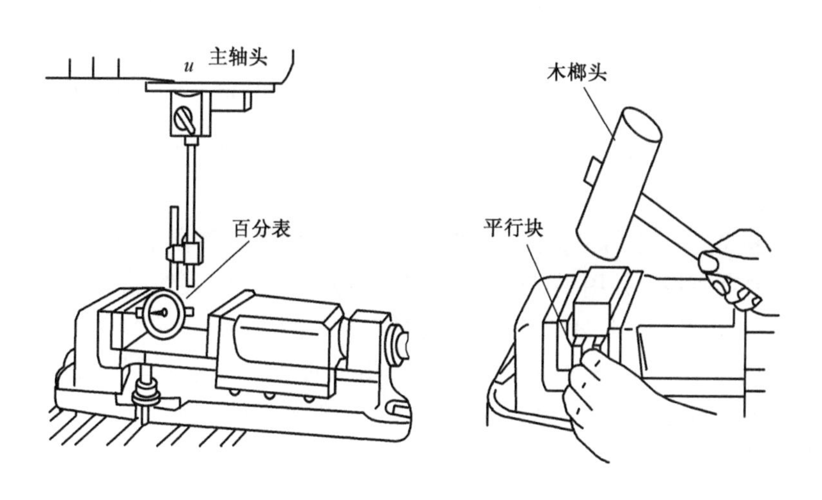

图 14-16 工件的定位与装夹

2) X、Y 向对刀

数控编程时,XY 平面是按主轴旋转中心点控制的,作为工件坐标系原定可设在两垂直面交点、零件几何中心及基准孔中心,这点必须通过对刀确定。常用以下方式:

(1) 边距方式找两垂直面交点。用已知直径的圆柱铣刀进行试切,或采用标准棒(或机械、光电寻边器)安装在主轴上,移动相关坐标轴使标准棒与工件基准边贴合(接触),记录此位置的机床坐标值,计算确定刀位点与工件零点在机床坐标系下的位置 $X0$、$Y0$。

① 采用碰刀(或试切)方式对刀。如果对刀精度要求不高,为方便操作,可以采用加工时所使用的刀具直接进行碰刀(或试切)对刀。这种方法比较简单,但会在工件表面留

下痕迹，如图 14-17 所示。

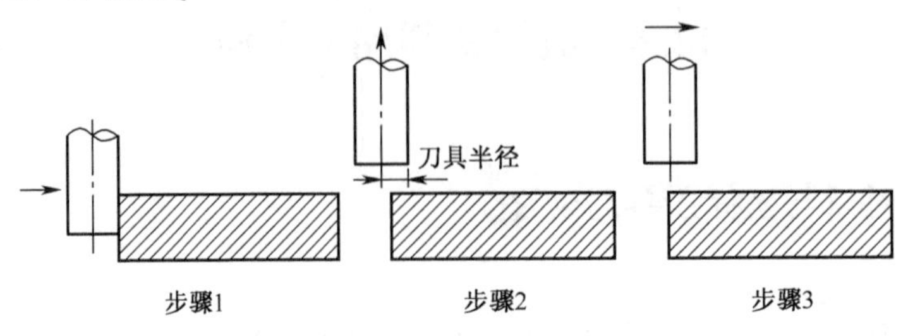

图 14-17　试切法对刀步骤

② 标准心轴和寻边器对刀。为避免损伤工件表面，可以在标准心轴和工件之间加入塞尺(或块规)进行对刀，这时应将塞尺(或块规)的厚度减去，如图 14-18 所示。还可以采用寻边器对刀，如图 14-19 所示。

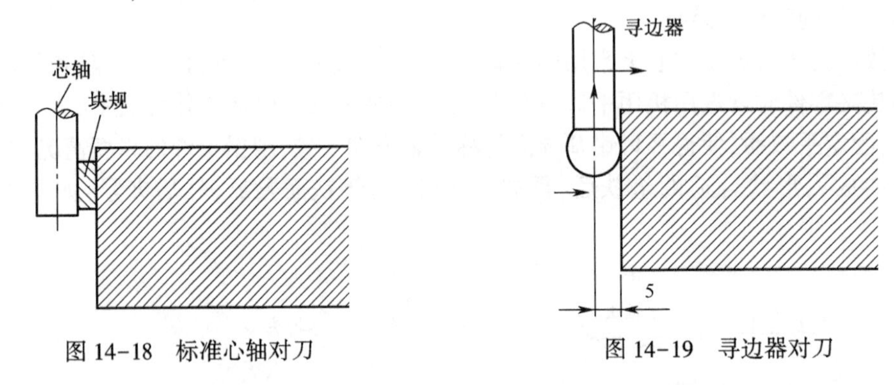

图 14-18　标准心轴对刀　　图 14-19　寻边器对刀

(2) 零件几何中心方式。此方法也称分中法，类似于边距方式，分别计算 X、Y 方向的坐标中心值并记录(图略)。

(3) 圆心方式。如图 14-20 所示，将百分表通过表架安装在主轴上，调整表的触头与所测基准圆的直径相近并用手旋转主轴，移动相关坐标轴使表的触头与所测基准圆的圆心基本重合，防止量程过限使表头受损，此时将表的触头与所测基准圆的表面接触并压表一定示值，用手盘动主轴，根据 X、Y 向表指针指示的差值调整移动相关坐标轴，调至旋转主轴一周时表的指针不偏摆则表示主轴中心与工件圆的中心重合，此位置的 X、Y 机床坐标值即是工件零点 $X0$、$Y0$ 在机床坐标系下的位置。

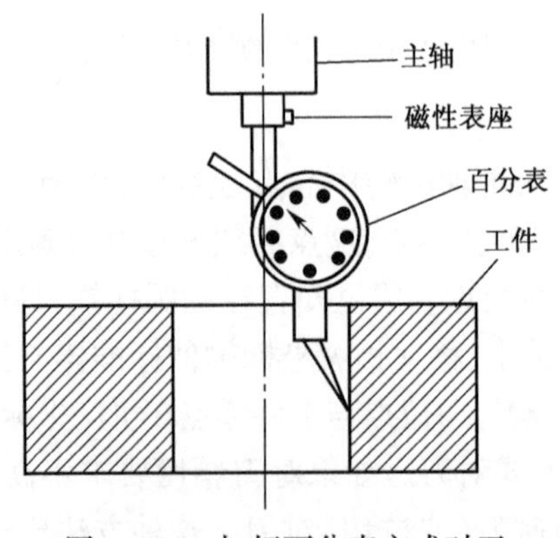

图 14-20　杠杆百分表方式对刀

3）Z 向对刀

（1）试切对刀。手摇方式将所用刀具在工件不重要的部位或最终要切除的部位进行试切，逐步降低刀具 Z 向移动倍率，观察切削过程，产生微弱声音、工件表面有微小划痕，记录 Z 坐标值并保存，此方法较方便，在实际工作中经常使用，但有一定的操作误差。

（2）间距对刀。如图 14-21 所示，Z 轴对刀时，将实际加工所要使用的刀具安装到主轴上，通过塞尺、标准块或 Z 向设定器接触工件的端面间接对刀，计算确定刀位点与工件零点在机床坐标系下的 Z 值零点坐标，或在不损伤零件的情况下直接试切取得 Z 值零点坐标。

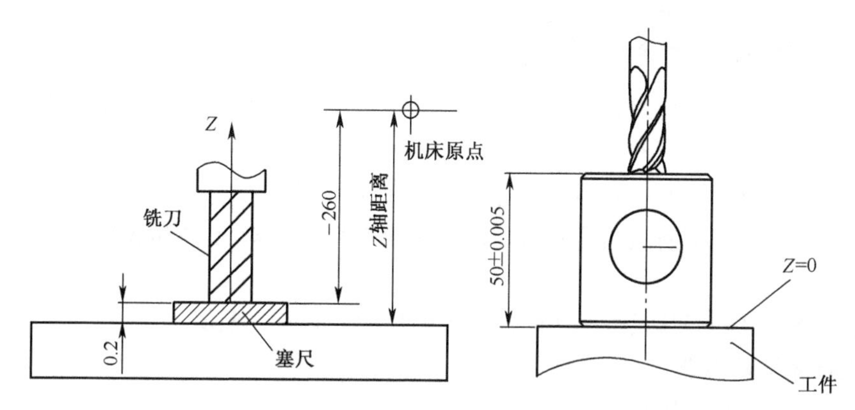

图 14-21　$Z0=Z1+\Delta$（Δ 为塞尺、标准块或 Z 向设定器的尺寸）

数控机床工件加工前的准备工作常用到的手动对刀工具：杠杆百分表、机械式寻边器、光电式寻边器、Z 轴设定器、机械百分表，可进行夹具、工件找正、尺寸测量、坐标设定等工作，如图 14-22（a）~（e）所示。

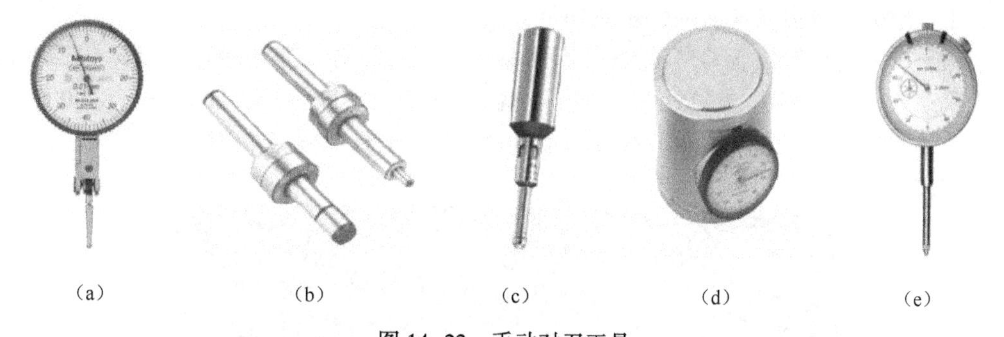

图 14-22　手动对刀工具

（a）杠杆百分表；（b）机械式寻边器；（c）光电式寻边器；（d）Z 轴设定器；（e）机械百分表。

加工中心机床通常需配备机外对刀仪，又称刀具预调测量仪。使用时将安装有刀具的刀柄放入对刀仪锥孔内，镗、铣刀具切削刃刀尖径向和轴向尺寸通过局部光学放大原理显示出来，用于刀具精确测量和（或）调整，并能检查刀具的刃口质量，测量刀尖角度，圆弧半径及盘类刀具的径向跳动等。测量得到的数据可用于刀具半径、长度补偿。使用对刀仪可提高对刀操作的效率和精度，如图 14-23 和图 14-24 所示。

使用对刀仪应注意的问题：

图 14-23　对刀仪的使用

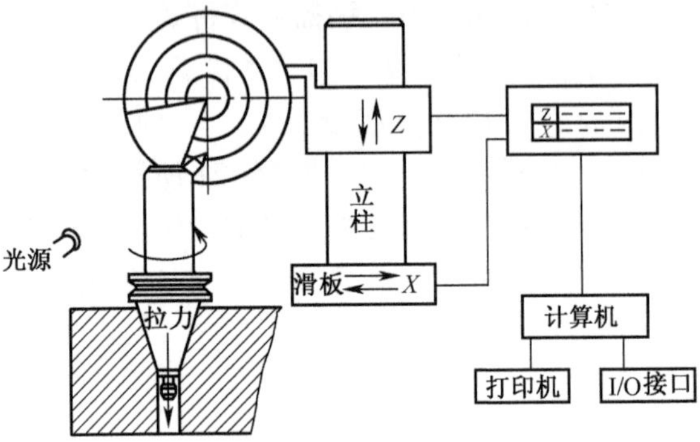

图 14-24　对刀仪示意图

(1) 使用前要用标准对刀心轴进行校准。每台对刀仪都随机带有一件标准的对刀心轴。要妥善保护使其不锈蚀和受外力变形。每次使用前要对 Z 轴和 X 轴尺寸进行校准和标定。

(2) 静态测量的刀具尺寸和实际加工出的尺寸之间有一差值。

2. 坐标系数据设置

1) G54~G59 零点偏置方式

在加工前,要将工件零点在机床坐标系中的坐标值预先设置在"G54~G59 坐标系"功能表中,根据程序指令 G54~G59,选择使用其中某工件坐标系。由于这种对刀方法建立的工件坐标系相对于机床参考点是不变的,断电重新开机后,只要返回参考点,建立的工件坐标系依然有效。因此,这种方法特别适用于批量生产且工件有固定装夹位置的零件加工。坐标系数据设置的操作步骤如下:

(1) 进入坐标系设置 G54 页面,如图 14-25 所示;将对刀操作所得到坐标数据在命令行手动输入,如在图 14-25 所示情况下输入"X420.420 Y-352.253 Z-330.300"按"Enter"键进行确认,当前工件坐标系的偏置值(工件坐标系零点相对于机床零点的值)设置完成。

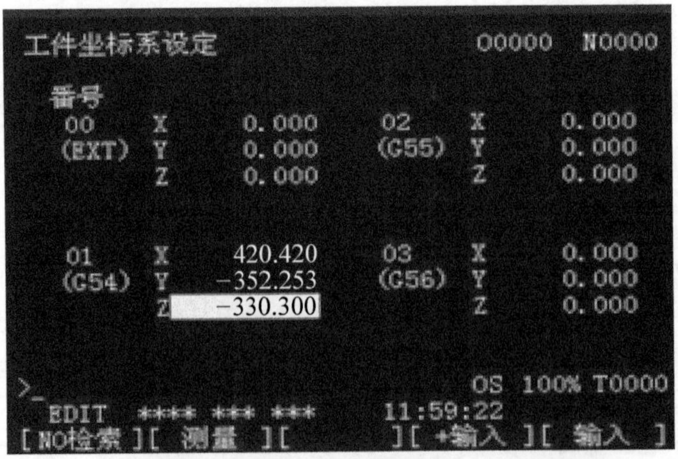

图 14-25　工件坐标系零点偏置

（2）如果加工零件需要，可按下相应的选择键选择 G55、G56、G57、G58、G59 坐标系中某个命令进行设置（相当于不同的子工件坐标系）。

（3）若输入正确，图形显示窗口相应位置将显示修改过的值，否则原值不变。编辑的过程中，没按“Enter”键进行确认之前，可按“返回”键退出编辑。

注意：这种对刀方法对起刀位置无严格的要求，但要保证刀具从起始位置进刀过程中不与工件或夹具发生碰撞。

2）G92 设定工件坐标系

将刀具移动到 G92 设定的坐标位置（即起刀点），通过 G92 指令，可确定刀具相对于工件坐标系零点的位置，启动 G92 指令，完成工件坐标系设定。这种对刀方法对起刀位置有严格的要求，断电重新开机后要重新对刀。例如：程序是 G92 X30 Y20 Z10，即告知数控系统，刀尖目前处在 X30 Y20 Z10 位置，数控系统执行这行程序后，会把工件原点设置在这个点的 *X* 负方向 30mm，*Y* 负方向 20mm，*Z* 负方向 10mm 的地方。

14.5.2 自动加工——循环启动

在程序表中选定需要的程序按“Enter”键确定加工程序。

手动移动 *Z* 轴正方向使刀具离开工件一定距离（安全高度），关闭防护门，选择操作方式为“自动方式”，将主轴、进给倍率设定好，加工前可先进行程序校验，观察显示屏上的模拟轨迹是否正确，此时机床不动作，按绿色的“循环启动”键后机床开始执行加工程序（必须保证坐标系及刀具半径补偿设置正常）。

注意：机床运行过程中，在危险或紧急情况下，按下“急停”按钮，CNC 即进入急停状态，伺服进给及主轴运转立即停止工作（控制柜内的进给驱动电源被切断）；松开“急停”按钮（左旋此按钮，按钮将自动跳起），CNC 进入复位状态。

14.6 铣削编程实例

如图 14-26 所示零件。2-ϕ30 孔为装夹孔，以点 *O* 和零件工件上表面为工件坐标系原点，轮廓加工余量为 4mm，选用 ϕ24mm 立铣刀，程序如表 14-2 所列。

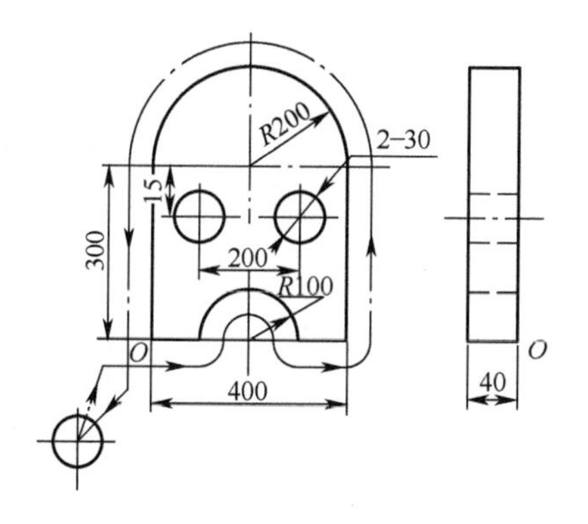

图 14-26　铣削编程实例

表 14-2 加工程序

程　序	注　　释
01000	程序代号
N010 T12M6	换 12 号刀
N020 G90 G54 G00 X-50 Y-50	建立坐标系,刀具快速移动到 X-50 Y-50
N030 S600 M03	主轴正转,转速 600r/min
N040 G43 H12	12 号刀刀具长度补偿
N050 G00 Z2	刀具快速移动到 Z2 处
N050 G01 Z-20 F300 M08	*Z* 轴工进至 *Z*=-20,切削液开,第一层粗加工,进给速度 300 mm/min
N060 M98 P1010 D1	调用子程序 01010,*D*1=10.2 (留余量 0.2 mm)
N070 Z-45 F300	*Z* 轴工进至 *Z*=-41,第二层粗加工
N080 M98 P1010 D1	调用子程序 01010,*D*2=10.2(留余量 0.2 mm)
N090 S800 F150	转速 800r/min,进给速度 150 mm/min
N090 M98 P1010 D2	调用子程序 01010 ,*D*2=10,轮廓精加工
N090 G49 G00 Z300	*Z* 轴快移至 *Z*=300mm
N0100 G28 Z300	*Z* 轴返回参考点
N0110 G28 X0 Y0	*X*、*Y* 轴返回参考点
N0120 M5	主轴停
N0130 M30	主程序结束
01010	子程序代号
N010 G42 G01 X-30 Y0	直线插补至 X-30 Y0,刀具半径右补偿
N020 X100	直线插补至 *X*=100 *Y*=0
N030 G02 X300 R100	圆弧插补至 *X*=300 *Y*=0
N040 G01 X400	直线插补至 *X*=400 *Y*=0
N050 Y300	直线插补至 *X*=400 *Y*=300
N060 G03 X0 R200	逆圆插补至 *X*=0 *Y*=300
N070 G01 Y-30	直线插补至 *X*=0 *Y*=-30
N080 G40 G01 X-50 Y-50	直线插补至 *X*=-50 *Y*=-50 取消刀具半径补偿
N090 M09	切削液关
N0100 M99	子程序结束并返回主程序

第 15 章 CAD/CAM自动编程与数控加工

15.1 自动编程基本概念

手工编程对于编制外形不太复杂或计算工作量不大的零件程序时简便、易行。但是，对于许多复杂的冲模、凸轮、非圆齿轮或多维空间曲面等，则编程周期长、精度差、易出错。因此，快速、准确地编制程序就成为数控机床发展和应用中的一个重要环节。所谓自动编程，就是利用计算机软件代替人工完成编程工作。随着计算机技术和算法语言的发展，现在已出现了多种成熟的图形交互自动编程软件系统，这些软件系统广泛应用于制造业，功能不断更新换代，发挥出越来越大的作用。自动编程的过程同样离不开这些 CAD/CAM 软件。

CAD：计算机辅助设计(computer aided design, CAD)是以计算机作为主要技术手段来完成设计工作，作为杰出的工程技术成就，已广泛地应用于工程设计的各个领域。发展和应用使传统的产品设计方法与生产模式发生了深刻的变化，产生了巨大的社会经济效益。

CAM：计算机辅助制造(computer aided manufacturing, CAM)是指以计算机来操控各种数控设备以生产产品的技术，CAD/CAM 系统实质上是一个有关产品设计和制造的综合信息处理系统。目前市场流行的 CAD/CAM 软件有 Pro/E、UG、Mastercam、Cimatron 等。这些软件可提供可靠与精确的刀具路径；可以进行曲面及实体的加工；可提供多种加工方式；可提供完整的刀具库、材料库及加工参数资料库；拥有车削、铣削、钻削、线切割等多种加工模块，允许用户通过观察刀具运动来图形化地编辑和修改刀具路径。软件提供多种图形文件接口，包括 DXF、IGES、STL、STA、ASCII 等。

15.2 数控加工程序的生成过程

1. 零件图纸分析

当拿到待加工零件的零件图样或工艺图样(特别是复杂曲面零件和模具图样)时，首先应该对零件图样进行仔细分析，内容包括：

1）分析待加工表面

在一次加工中，需确定待加工表面及其约束面，并对其几何定义进行分析，必要时需对原始数据进行一定的预处理，要求几何元素的定义具有唯一性。

2）确定加工方法

根据零件毛坯形状以及待加工表面和约束表面的几何形态，并根据现有机床设备条件，确定零件的加工方法及所需的机床设备和工夹具。

3）确定编程原点及编程坐标系

在零件毛坯上选择一个合适的编程原点及编程坐标系（也称工件坐标系）。

2. 几何造型

几何造型就是利用 CAD 软件的图形编辑功能交互自动地进行图形构建、编辑修改、曲线曲面的造型等工作，将零件被加工部位的几何图形准确地绘制在计算机屏幕上，同时在计算机内自动形成零件图形数据库。这些图形数据是刀具轨迹计算的依据。自动编程过程中，软件将根据加工要求提取这些数据，进行分析判断和必要的数学处理，以形成加工的刀具位置数据。

3. 确定工艺步骤并选择合适的刀具

根据加工方法和加工表面的几何形态选择合适的刀具类型及刀具尺寸，要求编程人员必须熟练掌握各种刀具的性能参数，对于一些复杂曲面零件的加工，希望所选择的刀具加工效率高，同时又希望所选择的刀具符合加工的要求，且不发生干涉和碰撞，在刀具轨迹生成之后，需要多次进行刀具轨迹的验证。

4. 生成刀具走刀路径

图形交互自动编程中的刀具轨迹的生成是面向屏幕上的图形交互进行的。首先调用刀具路径生成功能，然后根据屏幕提示，用光标选择相应的图形目标，点取相应的坐标点，输入所需的各种参数。软件将自动从图形中提取编程所需的信息，进行分析判断，计算节点数据，并将其转换为刀具位置数据，存入指定的刀位文件中或直接进行后置处理并生成加工程序，同时在屏幕上模拟显示出零件图形和刀具运动轨迹。

15.3 加工工艺参数设置

刀具走刀路径生成之前，编程员要进行加工工艺参数设置，这些参数是计算机软件用于计算刀具轨迹的依据，各种加工方法、路径及参数的选择要根据实际条件比如毛坯规格及材料、刀具、机床性能、零件要求等灵活掌握。主要参数有：

（1）刀具参数。刀具类别及规格参数。

（2）切削用量。设置加工时主轴转速，快速移动、工作进给速度。

（3）加工对象。选择零件图中要加工的点、线、曲面和实体几何特征。

（4）加工余量参数。毛坯在成型之前一般都需进行粗加工，须留合理加工余量为精加工做准备。

（5）加工精度参数。为保证加工精度而设置的步距、行距值。

（6）加工范围参数。以轮廓形式设置加工范围或以面的形式设置不加工范围（干涉面）。

(7) 数控加工方式参数。在生成刀位轨迹时给定加工方式,包括外形铣削、挖槽、钻孔、面铣削的二维轨迹曲面加工中的平行铣削、环绕等距、交线清角、残料清角、陡斜面加工、投影加工、曲面流线、浅平面加工、放射状加工等三维轨迹,需要根据零件的具体情况灵活选用。

15.4　CAM 软件的后置处理

编程结束后,经过刀具轨迹仿真产生的代码机床不能识别,还需要将刀具轨迹代码转换为机床能够识别的有针对性的 G 代码针。对特定的机床及数控系统把 CAM 系统生成的刀位轨迹转换成机床代码指令(G 代码)即为机床后置处理,而不同的数控机床 G 代码的含义不同,同一 G 代码输入到不同厂家的机床,识别后的机床动作可能不一样,甚至会出现机床事故。

CAM 系统的后置设置是指对后置输出的数控程序的格式进行设置,它包括程序段行号、程序块的大小、数据格式、编程方式、圆弧控制方式等,当然要包括指定的数控系统的一系列指令格式。

当完成了后置设置之后,即完成了刀位轨迹向机床 CNC 数控程序转换的准备工作,经过后置生成,即可得 G 代码数据文件(数控程序)。生成的数控加工程序可用记事本之类的文字处理软件打开查看其内容,可进行修改、确定。

15.5　数 据 传 输

数控机床虽然提供了手动输入程序模式,但输入效率太过低下,还特别容易产生错误。特别是遇到长达几百上千句的数控程序,或者需要在计算机上自动生成的程序,就更需要实现由 PC 端直接传输程序到数控机床上。数控机床与 PC 间数据传输常见的方法有三种,即 RS232 传输、CF 卡传输和 USB 传输。

1. RS232 传输

通过 RS232 数据线连接机床与计算机,实现数据的传输。随着机械加工水平的不断提高,复杂工件的加工越来越依赖自动编程,所以 RS232 数据传输得到了广泛的应用。

1) 参数设置

使用数据线连接机床与计算机,还需要对串口两端的流控制、停止位、波特率、数据位、奇偶校验等参数进行设置,设置的原则是两端的参数对应一致。由于波特率和距离成反比,因此 RS232 数据线的长度不超过 15m,数据的传输速率也有一定的范围,不能超过 20000b/s。

2) 传输步骤

常用数控传输的软件有 NC sentry、PCIN、WIN PCIN、KND 串口通信软件,实现程序的传输,其基本参数设定大同小异。

2. CF 卡传输

1) CF 卡准备

(1) 机床插卡处并不能直接插入 CF 卡,需要 PCMCIA CF 适配器进行转接。

(2) CF 卡需要先进行格式化,格式为 FAT 格式,NTFS 格式的 CF 卡是无法识别的。

2) 传输步骤

(1) 选择 MDI 状态,按 OFS/SET 键,再按软件“设定”,移动光标到图中 I/O 通道,修改数据为 4。

(2) 从 CF 卡输入程序到机床,按下软件“F 输入”,会显示 CF 卡的内容,用翻页的方法找到需要复制的程序,进行复制。之后进入机床存储界面,如果程序名与机床已有程序名不重复,则直接点“粘贴”即可。

3. USB 传输

1) USB 接口及 U 盘

(1) U 盘不能超过 4G,并格式化成 FAT 格式。

(2) FANUC 系统程序后缀一般为文本文档格式,即 txt 格式。

(3) SIEMENS802、810 系列不支持 U 盘,而 828、840 系列支持。

(4) SIEMENS 系统程序后缀一般为 MPF(主程序)或 SPF(子程序)。

2) 传输步骤

(1) FANUC 系统 C 系列不支持 U 盘,D 系列及以后版本支持 U 盘,通过观察面板上系统参数以及是否有 USB 插口即可看出。

(2) 一般 USB 插口在 CF 卡接口的下方,其打开方式同 CF 卡接口。

(3) 点击进入就会看到 U 盘的内容,之后的操作同 CF 卡传输基本一致。

15.6 CAM 编程及试切加工实例

在立式加工中心上加工如图 15-1 所示的零件,毛坯规格:ϕ100mm×60mm;材料:铝合金;使用 Mastercam 9.1 编程软件进行编程操作,如图 15-2~图 15-11 所示。

(1) 调用零件的三维模型并建立编程坐标系。

(2) 选用 ϕ10mm 立铣刀完成轮廓加工,选用 ϕ8mm 球刀完成曲面精加工,设置刀具刀号、主轴转速、进给切削速度、下刀速度、抬刀速度参数。

(3) 设置加工策略参数:该零件的加工用到曲面粗加工挖槽、外形铣削、曲面精加工平行铣削等方法。

(4) 执行刀具路径轨迹计算生成刀具路径轨迹。

(5) 进行刀具路径模拟。

(6) 进行刀具路径实体验证。

(7) 执行后置处理生成 G 代码文件 nc 代码。

(8) 将 G 代码文件传输给机床,进行加工前的准备工作。

(9) 在立式加工中心上安装三爪卡盘并夹紧零件毛坯。

(10) 刀具装入刀柄并放入刀库。

（11）完成进行对刀操作，包括工件原点、刀号、刀补的设置。

（12）自动模式下运行程序，观察走刀是否正确，完成加工。

（13）检测零件实际尺寸。

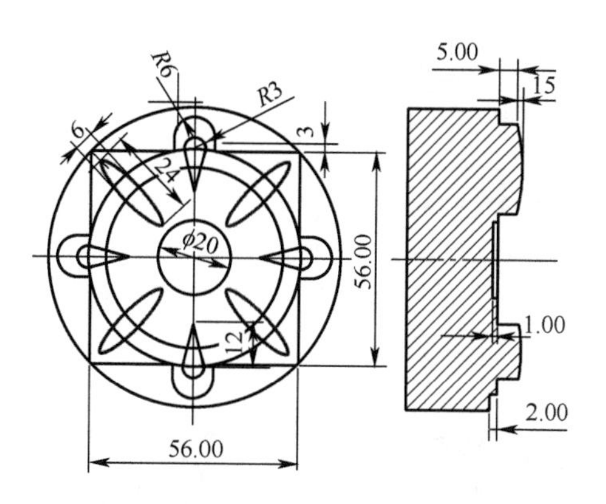

图 15-1 零件图形

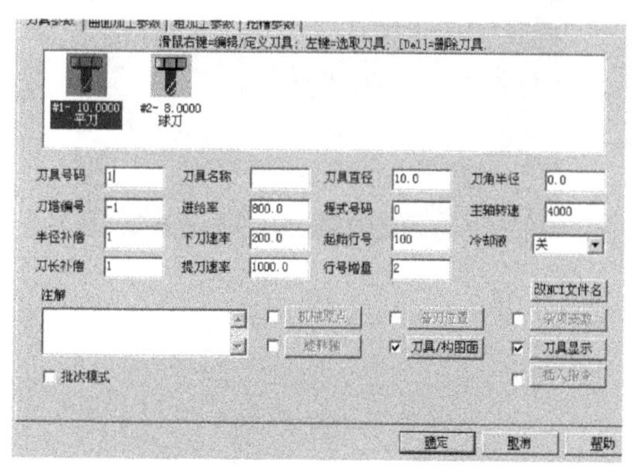

图 15-2 设置刀具及切削参数

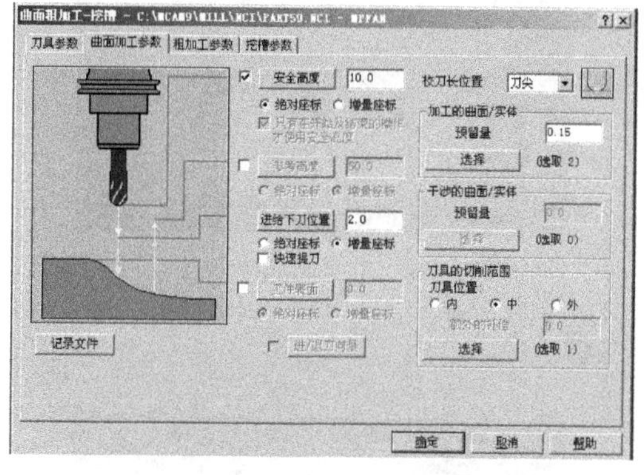

图 15-3 设置加工面参数

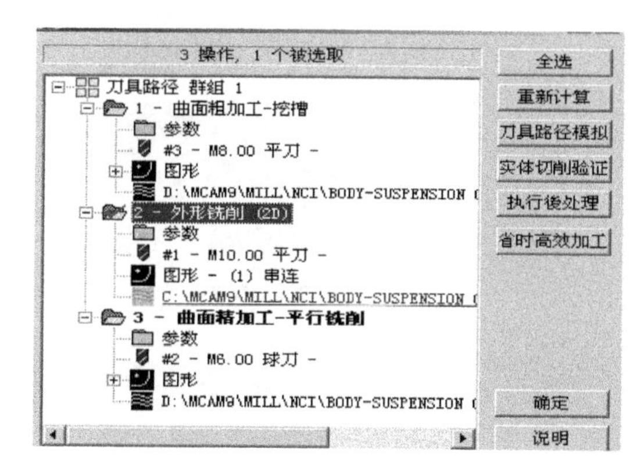

图 15-4 加工操作管理对话框

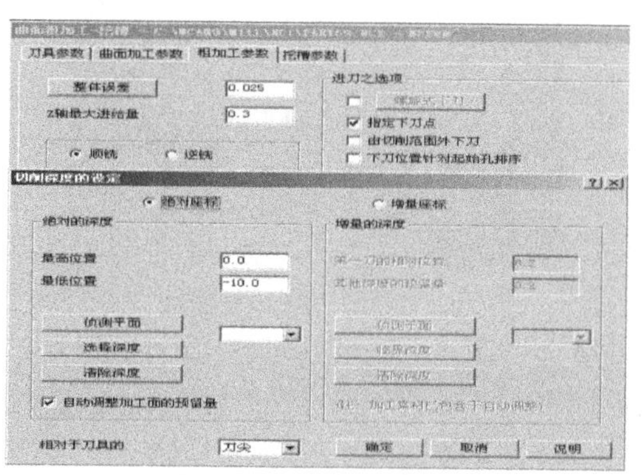

图 15-5 设置粗加工切削参数

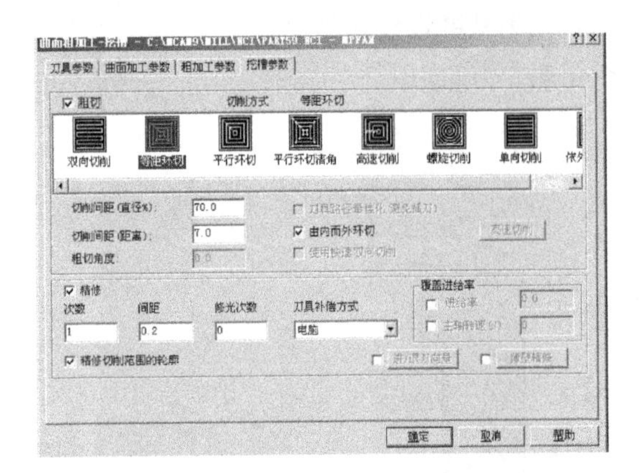

图 15-6　设置粗加工切削方式参数

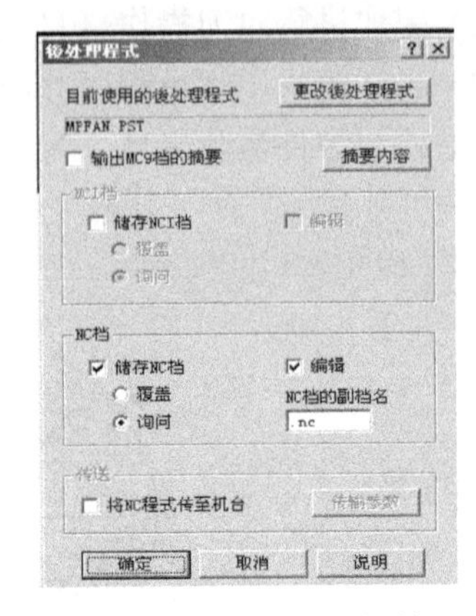

图 15-7　后置处理对话框

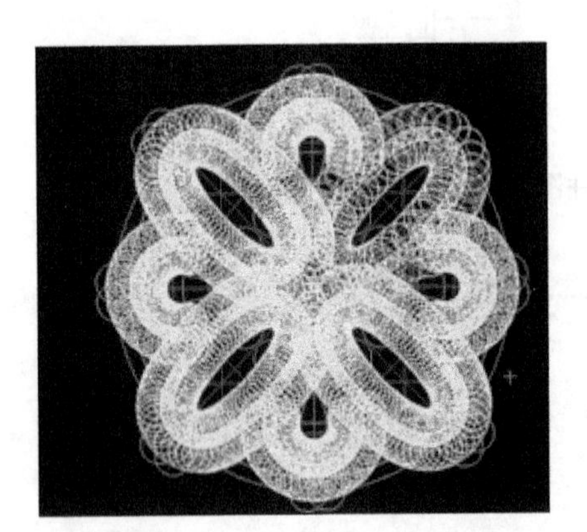

图 15-8　刀具路径刀路生成

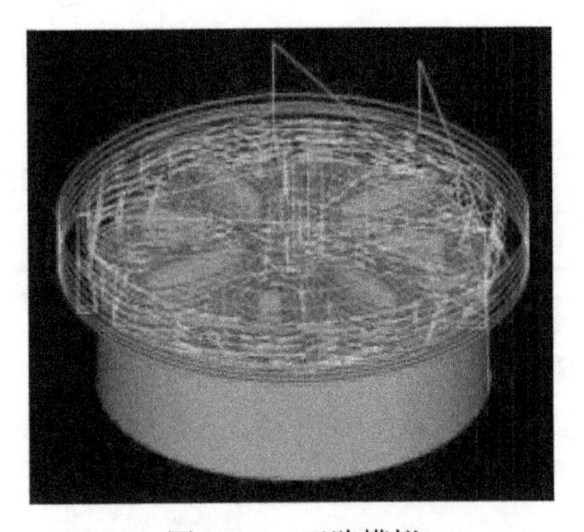

图 15-9　刀路模拟

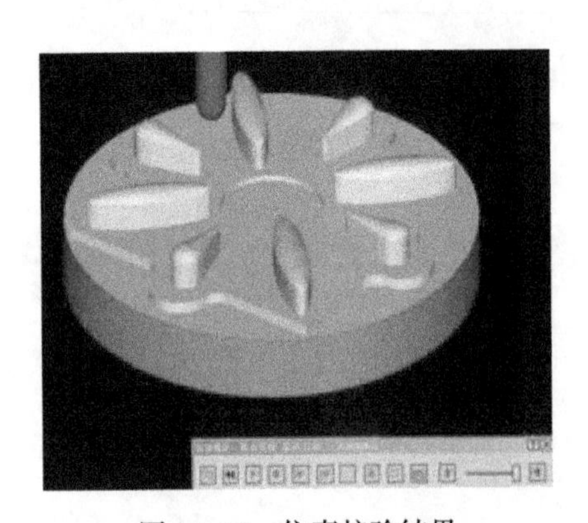

图 15-10　仿真校验结果

图 15-11　零件成品

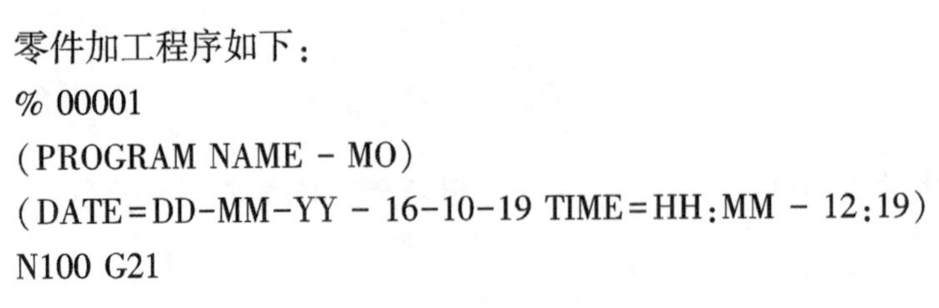

零件加工程序如下：

```
% 00001
(PROGRAM NAME - MO)
(DATE=DD-MM-YY - 16-10-19 TIME=HH:MM - 12:19)
N100 G21
```

```
N102 G0 G17 G40 G49 G80 G90
(TOOL - 1 DIA. OFF. - 1 LEN. - 1 DIA. - 10.)
N104 T1 M6
N106 G0 G90 G54 X49.356 Y7.875 A0. S1000 M3
N108 G43 H1 Z10.
N110 Z1.5
N112 G1 Z-.5 F200.
N114 X39.479 Y6.31 F800.
…………….
……………
N102 G1 Z-12.8 F1000.
N104 G0 Z10.
N106 M5
N108 G91 G28 Z0.
N110 G28 X0. Y0. A0.
N112 M30
%
```

第 16 章 特种加工

随着现代科学技术的高速发展及市场需求的拉动，高、精、尖新产品及各种特殊力学性能的新材料不断涌现，结构形状复杂的精密零件和高性能难加工材料的零件随之被设计出来，这些设计向传统机械加工工艺提出了新的挑战。要解决机械制造部门面临的一系列工艺问题，人们相继探索研究新的加工方法，特种加工因此而产生。特种加工的出现和快速发展，在解决工艺新课题中发挥了极大的作用。

特种加工是除传统切削加工方法以外，直接利用电能、电化学能、声能、光能或热能等能量及其复合形式对材料进行加工的一类方法的总称。其加工的实质与传统的切削加工完全不同。它的产生和发展解决了一些特殊性能材料及某些复杂结构零件、超小型零件、超精密零件的加工问题。特种加工是切削加工方法的发展和补充，是近几十年发展起来的机械加工领域的新技术、新工艺。

相对于传统切削加工，特种加工有以下特点：

(1) 加工材料范围广。因不使用机械能，加工范围不受材料硬度、强度及韧性等机械性能限制，故可加工各种硬、软、脆、韧、高熔点、高强度等金属或非金属材料。如耐热钢、不锈钢、钛合金、淬火钢、硬质合金、陶瓷、宝石、金刚石、锗、硅等。

(2) 加工过程中宏观作用力小。因加工过程中不直接与工件接触，故没有明显的机械力，其热应力、残余应力、冷作硬化程度等均较小，尺寸稳定性好，加工精度高。

(3) 可加工复杂表面、微细表面等结构零件及有特殊要求的零件。如各类模具型腔、型孔、叶片、炮管膛线、微小异形孔、薄壁筒及弹性元件等。

常用特种加工方法有电火花加工、激光加工、快速成型、电化学加工、超声波加工、高压水射流加工和电化学加工等。实际加工中，常以多种能量同时作为主要特征的复合加工工艺等用在各种复杂型面、微细表面以及柔性零件加工制造中，如表 16-1 所列。

表 16-1　常用特种加工方法分类表

特种加工方法		能量来源和作用形式	加工原理
电火花加工	电火花成形加工	电能、热能	熔化、气化
	电火花线切割加工	电能、热能	熔化、气化
	短电弧加工	电能、热能	熔化、气化

（续）

特种加工方法		能量来源和作用形式	加工原理
激光加工	激光切割、打孔	光能、热能	熔化、气化
	激光打标记	光能、热能	熔化、气化
	激光处理、表面改性	光能、热能	熔化、相变
电化学加工	电解加工	电化学能	金属离子阳极溶解
	电解磨削	电化学能、机械能	阳极溶解、磨削
	电解研磨	电化学能、机械能	阳极溶解、研磨
	电铸	电化学能	金属离子阴极沉积
	涂镀	电化学能	金属离子阴极沉积
电子束加工	切割、打孔、焊接	电能、热能	熔化、气化
离子束加工	蚀刻、镀覆、注入	电能、动能	原子撞击
等离子弧加工	切割(喷镀)	电能、热能	熔化、气化(涂覆)
超声加工	切割、打孔、雕刻	声能、机械能	磨料高频高速撞击
化学加工	化学铣削	化学能	电化学腐蚀
	化学抛光	化学能	电化学腐蚀
	光刻	光能、化学能	光化学腐蚀
快速成形	液相固化法	光能、化学能	增材法加工
	粉末烧结法	光能、热能	
	纸片叠层法	光能、机械能	
	熔丝堆积法	电能、热能、机械能	

16.1 电火花成形加工技术

电火花加工又称放电加工、电蚀除加工，是一种利用高能脉冲放电产生的“爆炸–热”进行加工的方法。其加工过程：使工具和工件之间不断产生脉冲性的火花放电，靠放电时局部、瞬时产生的高温把金属熔化、气化而蚀除材料。放电过程可见到火花，故称之为电火花加工。

由于电火花加工具有许多传统切削加工无法比拟的优点，因此已广泛应用于模具制造、航空航天、汽车、电子、自动化以及仪器仪表等行业。电火花加工适用于难切削材料的加工、复杂形状零件的加工，特别是模具窄缝型腔以及有特殊要求的薄壁、低刚度、微孔及异形孔等的加工。图 16–1 为电火花加工放电成形图。

根据不同的运动方式，电火花加工一般可分为成形加工、线切割电极加工、电火花磨削加工及电火花展成加工四类，如表 16–2 所列。当前，应用最广泛的加工类型有电火花

图 16-1　电火花成形加工放电

线切割加工、电火花型腔加工和电火花穿孔加工几种。

表 16-2　常见电火花加工的分类

工艺方法	常见类型
成形加工	电火花穿孔加工、电火花型腔加工
线切割电极加工	电火花线切割加工
磨削加工	电火花平面磨削、电火花内外圆磨削、电火花成型磨削
展成加工	共轭回转电火花加工、其他电火花展成加工

电火花成形加工是利用火花放电蚀除金属的原理,用工具电极对工件进行精确复制的加工方法,其应用范围可归纳为电火花穿孔加工和电火花型腔成形加工。电火花加工后表面质量及加工效果如图 16-2 所示。

图 16-2　电火花成形加工电极及成品

电火花穿孔加工包括孔零件、小孔、异形小孔、深孔电火花加工等;电火花型腔加工包括表面刻字、直接成形型腔模及各种模具等。

16.1.1　电火花成形加工原理

电火花成形加工的原理是正、负电极之间由于极间放电产生的脉冲爆炸,在微小冲击波的作用下蚀除微量金属材料,最终在大量脉冲的作用下达到对零件的尺寸、形状及表面质量的要求。图 16-3 所示是电火花成形加工原理图。自动进给调节装置使工具和工件间始终保持一个稳定的放电间隙。当脉冲电压加到两极之间,随着脉冲的产生,正负极表面尖端处击穿电介质,产生脉冲放电,瞬时高温及冲击波使工具和工件表面均蚀除一小部分金属,形成一个微坑。脉冲放电结束后,经过一段间隔时间(即脉冲间隔),工作液冷却消除电离并恢复绝缘,下一个脉冲电压又加到两极上,且在当时极间距离相对最近或绝缘强度最弱处击穿放电,又电蚀除得到下一个微坑。这样在高频率脉冲连续不断地作用下,一次放电—等离子隧道产生—腐蚀除金属—冷却消电离—再脉冲放电,如此循环,工具电极不断地向工件进给,就可将工具的形状复制在工件上,加工出所需要的零件。

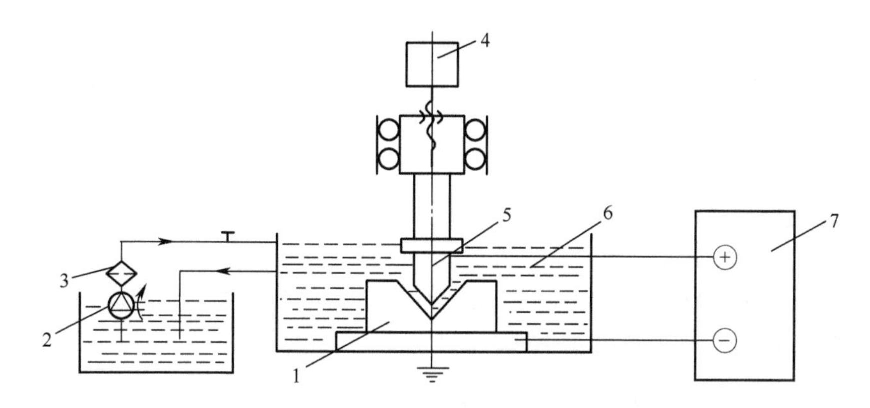

图 16-3 电火花成形加工原理图

1—工件;2—工作液泵;3—过滤器;4—自动进给调节装置;
5—工具;6—工作液;7—脉冲电源。

16.1.2 电火花成形机床组成

电火花成形机床如图 16-4 所示,由机床本体、脉冲电源、自动进给调节系统、工作液过滤和循环系统等部分组成。机床的结构形式有龙门式、框形立柱式、台式、滑枕式、悬臂式、便携式等。

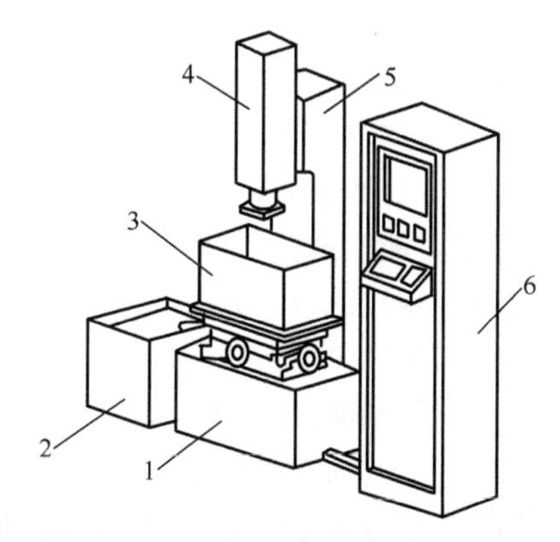

图 16-4 电火花成形机床的结构及组成

1—床身; 2—工作液箱;3—工作台及工作液槽;4—主轴头;5—立柱;6—控制柜。

1. 床身、立柱及数控轴

床身、立柱是基础结构件,其作用是保证电极与工作台、工件之间的相互位置,立柱上承载的横向(X)、纵向(Y)及垂直方向(Z)轴的运动对加工精度起到至关重要的作用。这种C型结构使得机床的稳定性、精度保持性、刚性及承载能力较强。

2. 工作台

工作台用来支承及装夹工件,通过坐标调整找正工件对电极的相对位置。做纵横向移动的工作台一般都带有坐标装置。常用的是靠刻度手轮来调整位置,随着加工精度要求的提高,通常采用光学坐标读数装置、磁尺数显等装置。置于工作台上的工作液箱,加工时容纳工作液,放电蚀除过程在其中进行。

3. 主轴头

主轴头是电火花成形加工机床的一个最为关键的部件,可实现上、下方向的Z轴运动。其结构由伺服进给机构、导向和防扭机构、辅助机构三部分组成。主轴头控制工件与工具电极之间的放电间隙,并且保持间隙不变。主轴头的性能直接影响加工的工艺指标,如加工效率、几何精度以及表面粗糙度。

4. 工作液循环及过滤系统

工作液循环系统一般包括工作液箱、电动机、泵、过滤器、管道、阀、仪表等。工作液箱可以放入机床内部成为整体,也可以与机床分开,单独放置。对工作液进行强迫循环,是加速电蚀产物的排除、改善极间加工状态的有效手段。

16.1.3 电火花成形加工工艺及特点

1. 电火花成形加工工艺

从微观讲,每次电火花放电的过程都是电场力、磁力、热力、流体动力、电化学和胶体化学等综合作用的过程。这一过程大致可分四个连续阶段:极间介质的电离、击穿,形成放电通道;介质热分解、电极材料熔化、气化热膨胀;电极材料的抛出;极间介质的消电离。图16-5(a)~(d)为整个放电通道示意图。

电火花成形加工的基本工艺包括电极的制作、工件准备及装夹定位、冲抽油方式的选择、加工规准的选择、电极缩放量的确定及平动(摇动)量的分配等。图16-6所示为电火花放电加工冲油方式。

电极的制作应根据加工工件的材料和要求合理选择电极材料进行加工设计,并将电极正确牢固地装夹在机床主轴的电极夹具上。电极材料应满足导电、高熔点易于加工、成本低等要求。常用电极材料有纯铜、石墨和铜钨合金等。

电火花加工前,工件型孔部分要加工预孔,并留适当的电火花加工余量。余量的大小应能补偿电火花加工的定位、找正误差及机械加工误差。采用"四面分中"即利用电极基准中心与工件基准中心之间的距离来确定加工位置。

工作液强迫循环可分为冲油式和抽油式两种形式。冲油式,排屑能力强,但电蚀产物通过已加工区,可能产生二次放电,影响加工精度;抽油式,电蚀产物从待加工区排出,不影响加工精度,但加工过程中分解出的可燃气体容易积聚在抽油回路的死角处而引起"放炮"现象。应根据工件加工要求具体进行选择。冲油方式不同,效果不同;不同的抽油方式加工效果不同,如图16-7与图16-8所示。

电规准是指电火花加工过程中的一组电参数,如电压、电流、脉宽、脉冲间隙等。规准参数合适与否会直接影响加工效果,一般有粗、中、精三种规准。粗规准主要是采用较大

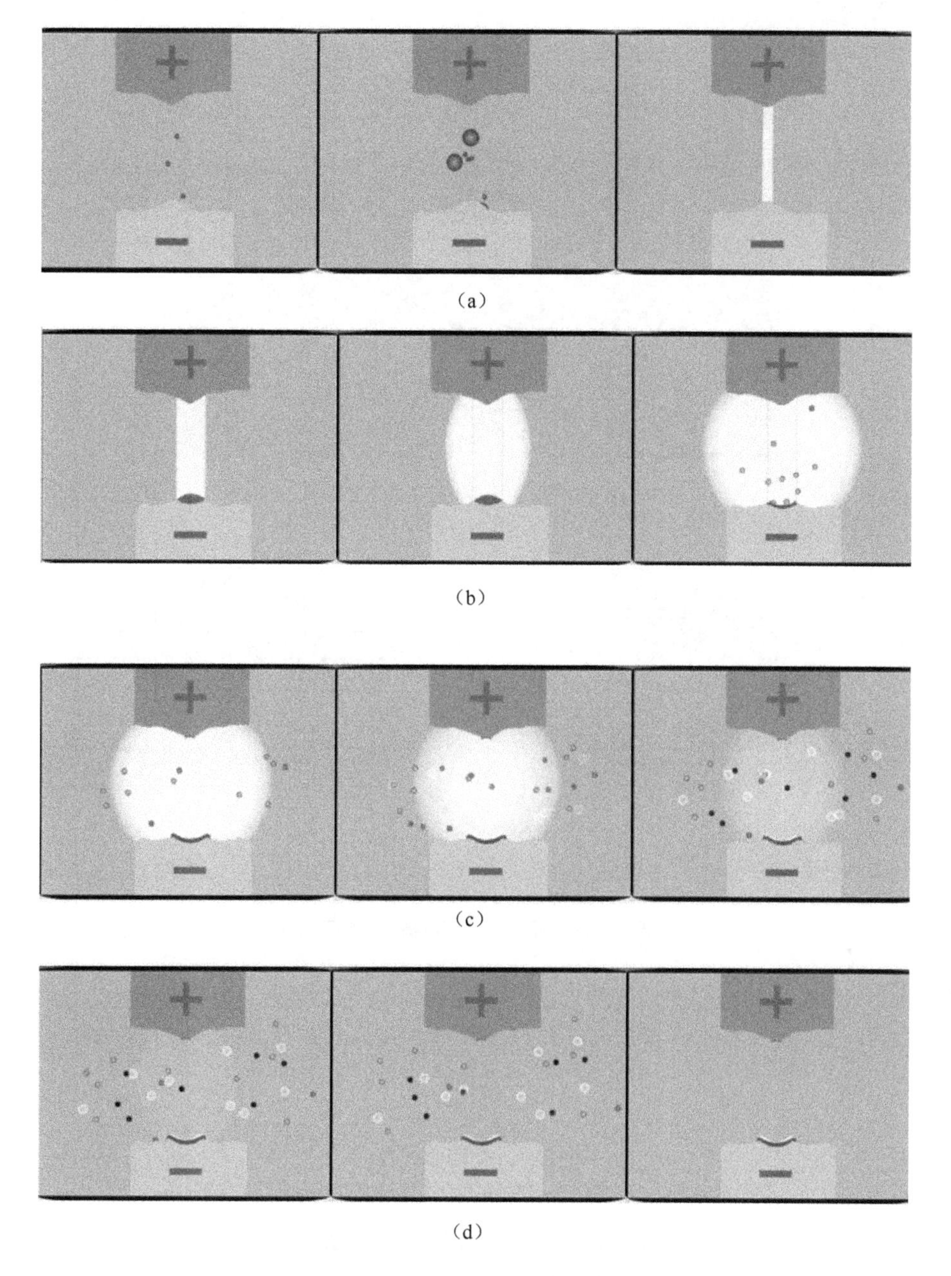

图 16-5　电火花加工放电过程

(a)放电通道形成过程;(b) 介质热分解电极材料熔化气化过程;

(c) 电极与工件材料电蚀除过程;(d)极间消电离恢复绝缘过程。

的电流和较长的脉冲宽度,优点是生产率高、工具电极损耗小。中规准采用的脉冲宽度一般为 10~100μm,主要用于过渡性加工,以减少精加工时的加工余量。精规准常采用小电流、高频率、短脉冲宽度(一般为 2~6μm),主要用于保证零件的几何精度、表面质量等指标。

2. 电火花成形加工特点

(1) 适合于难切削材料的加工。可以突破传统切削加工对刀具的限制,实现用软的

图 16-6　电火花放电加工冲油方式

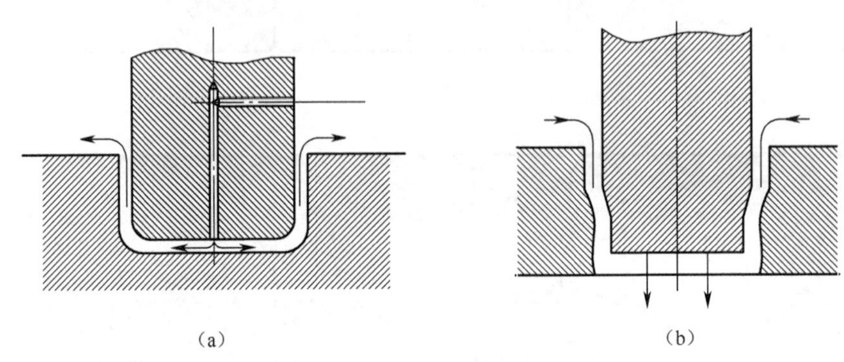

（a）　　　　（b）

图 16-7　不同冲油方式

（a）电极由内向外冲油；（b）电极由上向下吸油。

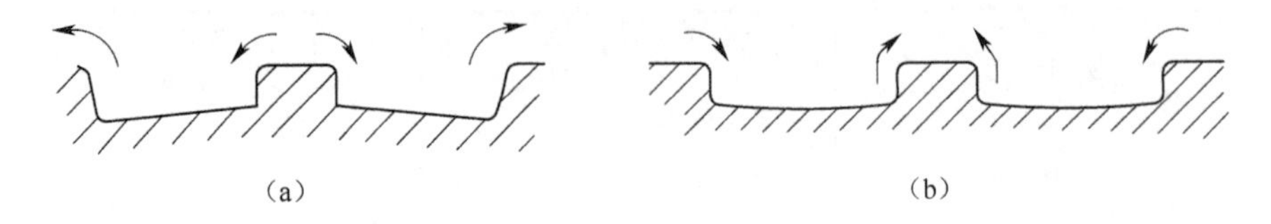

（a）　　　　（b）

图 16-8　不同抽油方式

（a）电极冲油对电极损耗的影响；（b）电极抽油对电极损耗的影响。

工具加工硬韧的工件，甚至可以加工立方氮化硼一类超硬材料。目前电极材料多采用紫铜或石墨，因此工具电极较容易加工。

（2）可以加工特殊及复杂形状的零件。由于加工中工具电极和工件不直接接触，没有机械加工的切削力，因此适宜加工低刚度工件及微细加工。由于可以简单地将工具电极的形状复制到工件上，因此特别适用于复杂表面形状工件的加工，如复杂型腔模具加工等。数控技术电火花加工可以用简单形状的电极加工复杂形状零件。图 16-9 为电火花成形加工示意图。

（3）主要用于加工金属等导电材料，一定条件下也可以加工半导体和非导体材料。

（4）加工表面微观形貌圆滑，工件的棱边、尖角处无毛刺、塌边。

（5）工艺灵活性大，本身有“正极性加工”（工件接电源正极）和“负极性加工”（工件

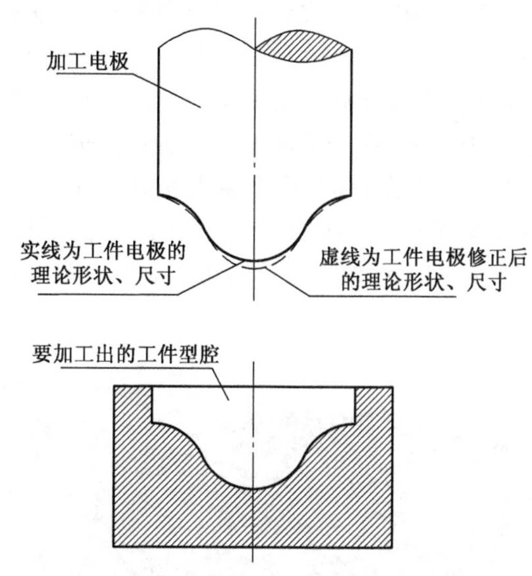

图 16-9　电火花成形加工示意图

接电源负极)之分;还可与其他工艺结合,形成复合加工,如与电解加工复合。

但是,电火花加工也有一定的局限性,如加工工件最小半径有限制、加工速度较慢,并且存在电极损耗和二次放电等。

16.2　电火花线切割加工技术

16.2.1　电火花线切割加工原理

电火花线切割加工是 20 世纪 50 年代末在苏联发展起来的,它属于电火花加工技术的一部分。它是利用不断移动的线状电极(钼丝、钨丝、铜丝等)与工件之间形成脉冲性放电现象来去除金属多余材料,满足加工要求。其工作原理示意图如图 16-10 所示。

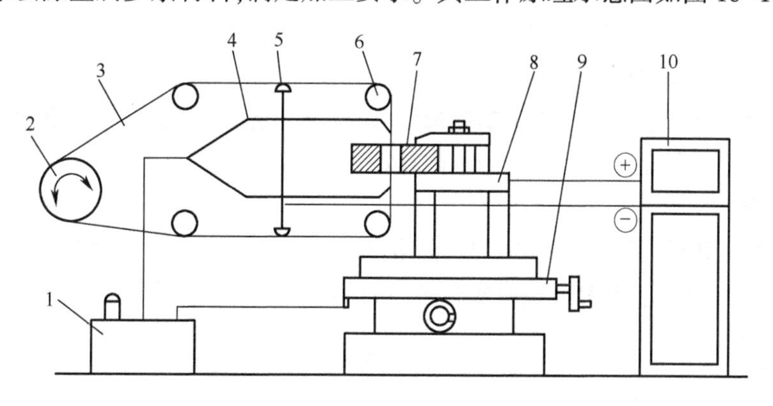

图 16-10　电火花线切割加工原理图

1—工作液箱;2—储丝筒;3—电极丝;4—供液管;5—导电块;
6—导向轮;7—工件;8—夹具;9—坐标工作台;10—脉冲电源与控制器。

电火花线切割原理的实质与电火花成形加工原理相同,无非就是将块状电极换成线状。首先,根据加工要求选择脉冲电源 10 的极性与电极丝 3(钼丝或铜丝)相连接,工件 7 接相反极性;其次,电极丝 3 在储丝筒 2 的带动下,做正反交替移动;最后,坐标工作台 9 带动工件 7 按预定设计的程序在两个坐标方向上各自根据火花间隙状态做伺服进给,当电极丝 3 与工件 7 满足了放电条件时,便产生火花放电开始去除金属,这时从工作液箱 1 泵出乳化液经供液管 4 喷向放电区域,达到冷却和冲散电蚀杂物的目的。这个反复的过程便合成各种曲线轨迹,把工件按加工要求切割成形。图 16-11 所示为电火花线切割零件加工。

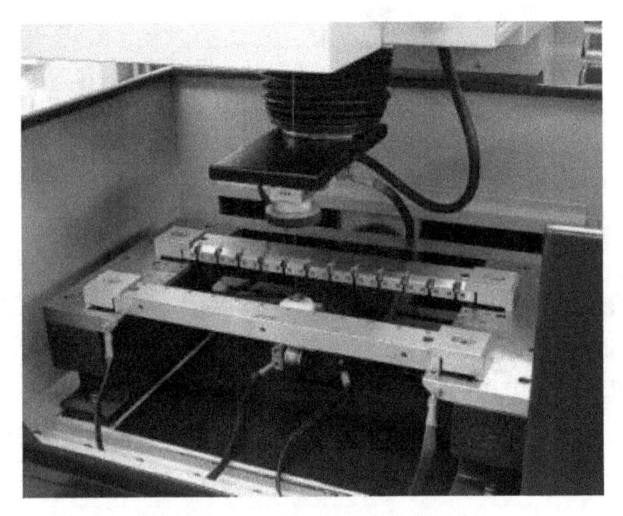

图 16-11　电火花线切割零件加工

16.2.2 线切割机床组成与分类

常见的电火花线切割机床主要由机床本体、脉冲电源、控制系统和工作液循环系统等几部分组成。

1. 机床本体

机床本体主要包括床身、工作台、走丝机构、丝架以及夹具等,是线切割机床的机械系统。其中,工作台由电动机、滚珠丝杠和直线导轨组成,用于带动工件实现基 *Y* 方向的直线运动。走丝机构由走丝电动机带动储丝筒做正、反向旋转,使电极丝往复运动并保持一定的张力。储丝尚在旋转的同时还做轴向移动。

2. 脉冲电源

脉冲电源由直流电源、脉冲发生器、前置放大器、功率放大器和参数调节器等组成。主要用于将普通交流电(50Hz)转换成高频率的单向脉冲电压信号,加到工件与电极丝之间,进行电蚀加工。

3. 控制系统

控制系统是进行电火花线切割的重要组成部分,其主要作用是在加工过程中,精确控制电极丝相对于工件的运动轨迹,同时控制伺服进给速度、电源装置、走丝机构以及工作液系统等。

4. 工作液循环系统

工作液循环系统包括工作液箱、泵、阀、管道、过滤网和喷嘴等部分，主要用于提供切割加工时的工作液，起到冷却、排屑和迅速恢复绝缘的作用。电火花线切割机床主要由床身、工作台、走丝机构、立柱、供液系统、控制系统及脉冲电源等部分组成。电极丝是线切割加工过程中必不可少的重要工具，电极丝材料应具有良好的导电性、较大的抗拉强度和良好的耐电腐蚀性能，且电极丝的质量应该均匀，直线性好，无弯折和打结现象。快走丝线切割机床上用的电极丝主要是钼丝和钨钼合金丝，尤以钼丝的抗拉强度较高、韧性好、不易断丝，因而应用广泛。慢走丝线切割机床常使用黄铜丝，其加工表面粗糙度和平直度较好、蚀屑附着少，但抗拉强度差、损耗大。图 16-12 所示为电火花线切割机床成套设备。

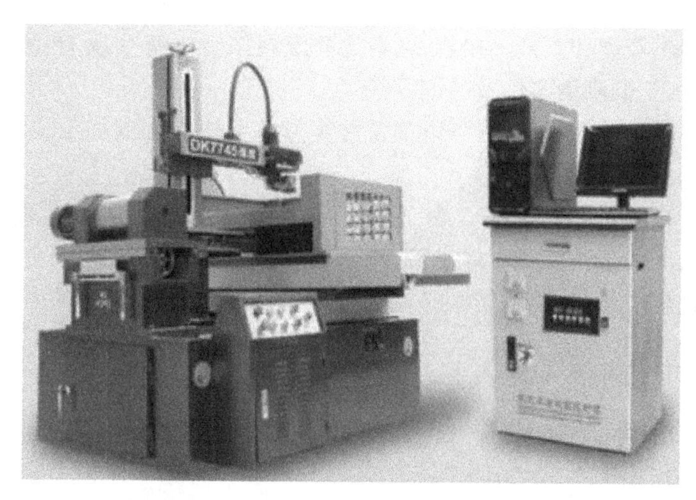

图 16-12　电火花线切割机床成套设备

通常根据电极丝的运行速度，可以将电火花线切割机床分为两大类：一类是高速走丝线切割机床，其特点为电极丝做往复高速运动，速度一般在 7～11m/s，在保证加工要求的前提下，电极丝可以反复使用，故此成本比较低廉，该模式属于我国独创，经过几十年的发展已较为广泛地使用；另一类是低速走丝线切割机床，该机床的运行速度低于 0.25m/s，并且电极丝只能做单向低速运动，电极丝只能加工一次，不能反复使用，因此成本相对高速走丝线切割机床较高，目前国外使用较多。

近年来，数控中走丝线切割机床因在效率、精度及成本等方面的综合优势逐步成为主流，正在快速取代快走丝线切割机床。中走丝机床的走丝速度介于快走丝和慢走丝之间。

16.2.3　线切割加工对象与工艺特点

电火花线切割加工是直接利用电能与热能对工件进行加工的。它可加工一般切削加工方法难以加工的各种导电材料，如高硬、高脆、高韧、高热敏性的金属或半导体，常用于加工冲压模具的凸、凹模，电火花成形机床的工具电极、工件样板、工具量规和细微复杂形状的小工件或窄缝等，并可以对薄片重叠起来加工，图 16-13 所示为电火花线切割零件成品。

与机械加工相比，电火花线切割加工具有以下工艺特点：

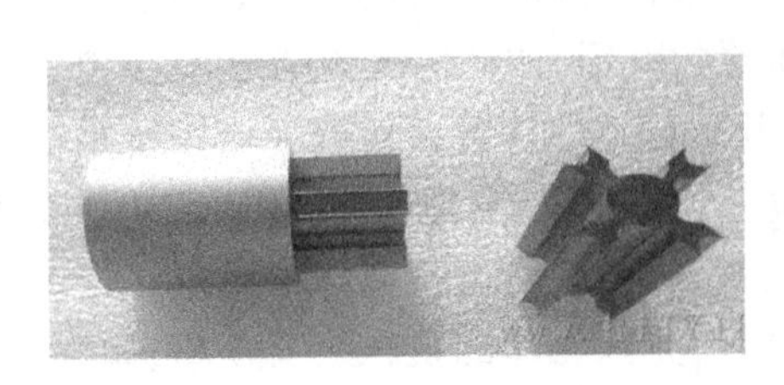
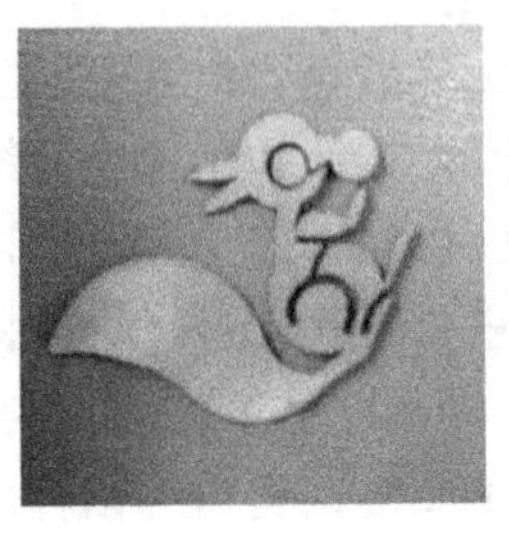

图 16-13　电火花线切割零件成品

(1) 不必制造专门的成形工具电极,很大程度地降低了工具电极的设计和制造费用,以及缩短了生产准备时间。加工周期的缩短,对新产品的试制有重要意义。

(2) 加工时电极丝和工件不接触,两者之间宏观作用力极小,无产生毛刺和明显刀痕等缺陷,有利于加工低刚度零件及微细零件。

(3) 由于电极丝相对比较细,可以加工常规方法无法加工或加工比较困难的微细异形孔、窄缝以及复杂形状的工件。

(4) 加工中电极丝的损耗较小,加工精度高,无须刃磨刀具,缩短辅助时间。

(5) 工作液一般选用乳化液或水基,不会引燃起火,很容易实现安全无人运转。

(6) 加工速度较慢,大面积切割时花费工时长,不适合批量零件的生产。

16.2.4　电火花线切割加工工艺

1. 电极丝的准备

线切割加工使用的电极丝由专门生产厂家生产。可根据具体加工要求选取电极丝的材料和直径。高速走丝线切割机床一般采用钼丝或钨钼合金丝;低速走丝线切割机床一般采用硬黄铜丝。常用电极丝直径一般为 0.04~0.2mm,可按以下原则选取:

(1) 工件厚度较大、形状简单时,宜采用较大直径电极丝;反之,宜采用较小直径电极丝。

(2) 工件切缝宽度尺寸有要求时,根据切缝宽度确定电极丝直径:$d=b-2\delta$,式中,d 为电极丝直径,单位 mm ;b 为工件切缝宽度,单位 mm;δ 为单面火花放电间隙。

(3) 在高速走丝线切割机床上加工时,电极丝直径必须小于储丝筒的排丝距。

2. 工艺基准

为了便于程序编制、工件装夹和线切割加工,依据加工要求和工件形状应预先确定相应的加工基准和装夹校正基准,并尽量和图纸上的设计基准一致。同时,依据加工基准建立工件坐标系,作为加工程序编制的依据。

如果工件外形具有相互垂直的两个精确侧面,则可以作为校正基准和加工基准。以内孔中心线为加工基准,以外形的一个平直侧面为校正基准。

3. 穿丝孔的准备

线切割加工工件上的内孔时,为保证工件的完整性,必须准备穿丝孔,加工工件外形时,为使余料完整,从而减少因工件变形所造成的误差,也应准备穿丝孔。穿丝孔的直径一般为 3~8mm。穿丝孔选在工件待加工孔的中心,选在起始切割点附近。加工型孔时,穿丝孔在图形内侧,加工外形时,穿丝孔在图形外侧。

4. 切割路线的确定

切割路线是指组成待切割图形各线段的切割顺序,包括确定起始切割点和制定切割路线。如果加工图形为封闭轮廓时,起始切割点与终点相同。为了减少加工痕迹,起始切割点应选在表面粗糙度要求较低处、图形拐角处或便于钳工修整的位置处。

在加工中,由于工件内部应力的释放要引起工件的变形,所以在选择切割路线时必须注意以下几点:

(1) 避免从工件端面开始加工,应从穿丝孔开始加工。

(2) 切割的路线距离端面(侧面)应大于5mm。

(3) 切割路线开始应从离开工件夹具的方向进行加工(即不要一开始加工就趋近夹具,最后再转向工件夹具的方向)。

(4) 在一块毛坯上要切出两个以上零件时,不应连续一次切割出来,而应从不同穿丝孔开始加工。

5. 工件的预加工

工件的上下表面、装夹定位面、校正基准面应预先加工好。

16.2.5 电火花线切割加工编程

与其他数控机床一样,电火花线切割机床也是按预先编制好的数控程序来控制加工轨迹的。它所使用的指令代码格式有ISO、3B或4B等。目前的数控电火花线切割机床大都应用计算机控制数控系统,采用ISO格式,早期生产的机床常采用3B或4B格式。所使用的ISO代码编程格式与数控铣削类机床类似,具体可按机床说明书定义使用。表16-3是DK7732A型机床的G、M功能定义,下面重点介绍一下线径补偿编程指令。

表16-3　G、M代码功能定义

代码	功　　能	代码	功　　能
G00	快速定位(移动)	G80	接触感知
G01	直线插补	G82	半程移动
G02	顺时针圆弧插补(CW)	G84	微弱放电找正
G03	逆时针圆弧插补(CCW)	G90	绝对坐标
G05	*X*轴镜像	G91	相对坐标
G06	*Y*轴镜像	G54	工件坐标系1选择
G50	撤消锥度	G92	建立工件坐标系
G08	*X*轴镜像、*Y*轴镜像	M00	程序暂停
G09	*X*轴镜像,*X*、*Y*轴交换	M02	程序结束
G10	*Y*轴镜像,*X*、*Y*轴交换	M05	接触感知解除
G11	*X*、*Y*轴镜像,*X*、*Y*轴交换	G51	锥度左偏,A角度值
G40	取消线径补偿	G52	锥度右偏,A角度值
G41	线径左补偿,D补偿量	M98	子程序调用
G42	线径右补偿,D补偿量	M99	子程序调用结束

线径补偿指令(G41、G42、G40)

指令格式:

G41 D___ /左补偿,D 后为补偿量 F 的值。

G42 D___ /右补偿,D 后为补偿量 F 的值。

G40 D___ /撤消补偿。

由于线切割加工是一种非接触性加工,受电极丝与火花放电间隙的影响,如图 16-14(a)所示,实际切割后工件的尺寸与工件所要求的尺寸不一致。为此编程时就要对原工件尺寸进行偏置,利用数控系统的线径补偿功能,使电极丝实际运行的轨迹与原工件轮廓偏移一定距离,如图 16-14(b)所示,这个距离即称为单边补偿量 F(或偏置量)。偏移的方向视电极丝的运动方向而定,分左偏与右偏两种,编程时分别用 G 代码 G41 和 G42 表示。补偿量的计算公式为:$F=1/2d+\delta$,式中,d 为电极丝直径,δ 为单边放电间隙(通常 δ 取 0.01~0.02mm)。

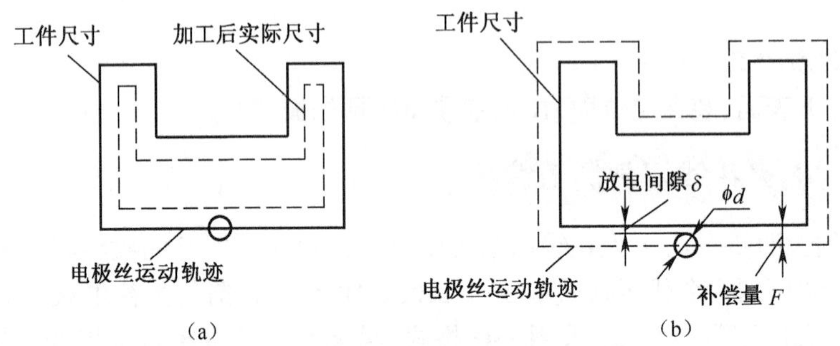

图 16-14 电极丝运动轨迹与工件尺寸的关系

(a)无补偿切割;(b)带补偿切割。

自动编程是指绘制好图形之后,经过简单操作,即可由计算机自动输出加工程序。自动编程分为三个步骤:绘制图形、生成加工轨迹和生成加工程序。对简单或规则的图形,可利用 CAD/CAM 软件的绘图功能直接绘制;对于不规则图形(或图像),可以用扫描仪输入,经位图矢量化处理后使用。前者能保证尺寸精度,适于有精度要求的零件加工,后者误差较大,适用于工艺美术图案等零件的加工。

16.2.6 电火花线切割加工基本操作

1. 操作面板与软件功能

图 16-15 为 DK7732A 型数控电火花线切割机床的数控脉冲电源柜,其各组件的功能说明如图。

DK7732A 型数控线切割机床开机后即自动进入软件操作界面,如图 16-16 所示,可划分为五个显示区域:

(1) 运行状态区。X、Y、U、V:显示各轴的当前坐标位置(工件坐标系);起始时间:显示加工开始的时间;终止时间:显示系统当前时间;坐标系:显示当前所用工件坐标系。

(2) 系统菜单区。软件的主要功能通过各菜单实现,选择相应菜单可进行如程序编辑、校验、自动运行、手动调整、设置参数及检测等操作。

(3) 功能键区。选择功能键可进行各种功能设置与操作。

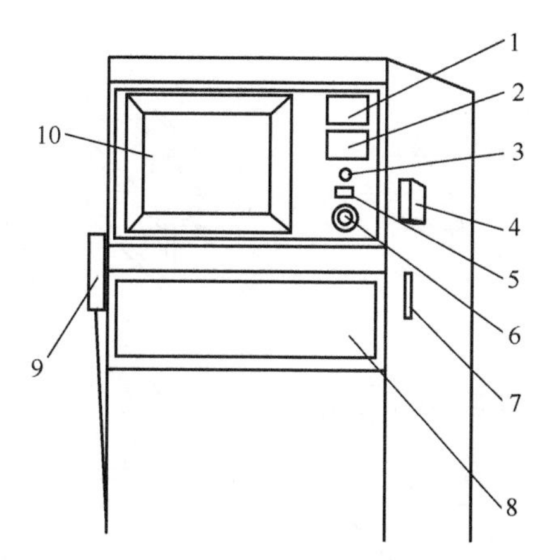

图 16-15 DK7732A 型数控电火花线切割机床的数控脉冲电源柜

1—电压表;2—电流表;3—变频调整旋钮;4—鼠标;5—启动按钮;
6—急停按钮; 7—软盘插口;8—键盘; 9—手控盒; 10—显示器。

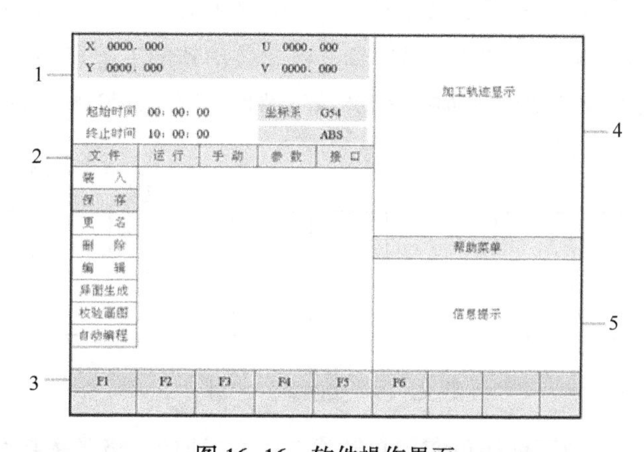

图 16-16 软件操作界面

1—运行状态区;2—系统菜单区;3—功能键区;4—图形显示区;5—操作帮助区。

(4) 图形显示区。在程序校验或加工时,三维显示工件加工轨迹。

(5) 操作帮助区。可实时显示有关各种操作的提示信息。

2. 工件装夹与对刀方法

线切割加工是一种贯穿加工方法,因此,装夹工件时必须保证工件的切割部位悬空于机床工作台行程的允许范围之内。还应考虑切割时电极丝的运动空间,避免加工中发生干涉。与切削类机床相比,对工件的夹紧力不需太大,但要求均匀。选用夹具时应尽可能选择通用或标准件,且应便于装夹,便于协调工件和机床的尺寸关系。图 16-17 所示是几种常见的装夹方式。

线切割加工对刀即将电极丝调整到切割的起始坐标位置上,常采用接触感知法对刀。这种方法是利用电极丝与工件基准面由绝缘到短路的瞬间,两者间电阻值突然变化的特点来确定电极丝接触到了工件,并在接触点自动停下来,显示该点的坐标,即为电极丝中心的坐标值。目前装有计算机数控系统的线切割机床都具有接触感知功能,用于电极丝定位最为方便。如图 16-18 所示,首先启动 X(或 Y)方向接触感知,使电极丝朝工件基准面运动并感知到基准面,记下该点坐标,据此算出加工起点的 X(或 Y)坐标;再用同样的

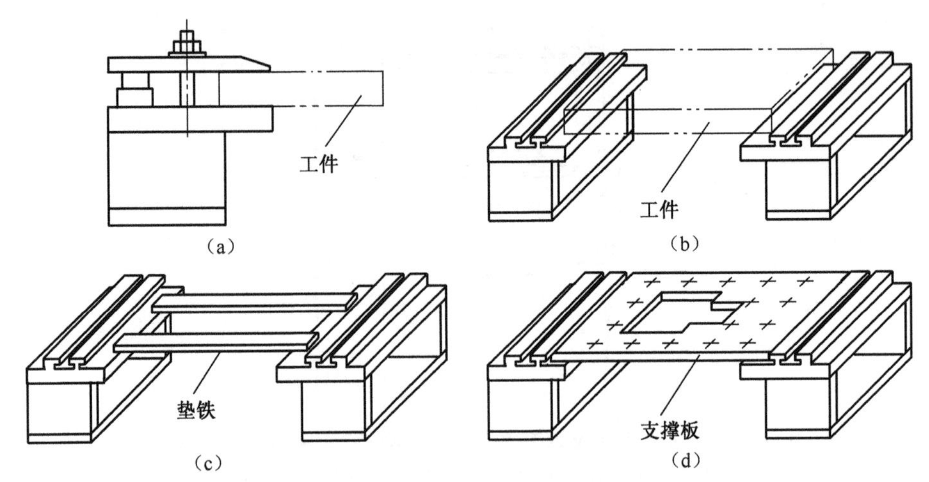

图 16-17　工件装夹方式

(a)悬臂支撑方式装夹;(b)两端支撑方式装夹;(c)桥式支撑方式装夹;(d)板式支撑方式装夹。

方法得到加工起点的 Y(或 X)坐标,最后将电极丝移动到加工起点(X_0,Y_0)。

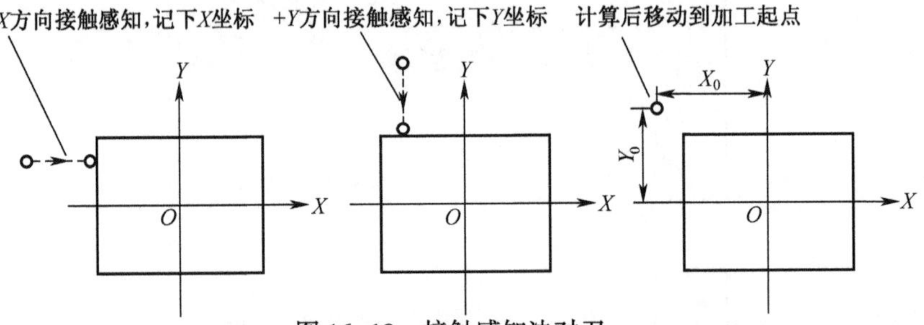

+X方向接触感知,记下X坐标　+Y方向接触感知,记下Y坐标　计算后移动到加工起点

图 16-18　接触感知法对刀

此外,利用接触感知原理还可实现自动找孔中心,即让电极丝去接触感知孔的四个方向,自动计算出孔的中心坐标,并移动到工件孔的中心。工件内孔可为圆孔或对称孔。如图 16-19 所示,启用此功能后,机床自动横向(X 轴)移动工作台使电极丝与孔壁一侧接触,则此时当前点 X 坐标为 X_1,接着反方向移动工作台使电极丝与孔壁另一侧接触,此时当前点 X 坐标为 X_2,然后系统自动计算 X 方向中点坐标,并使电极丝到达 X 方向中点位置 X_0;接着在 Y 轴方向进行上述过程,最终使电极丝定位在孔中心坐标(X_0[$X_0=(X_1+X_2)/2$],Y_0[$Y_0=(Y_1+Y_2)/2$])处。

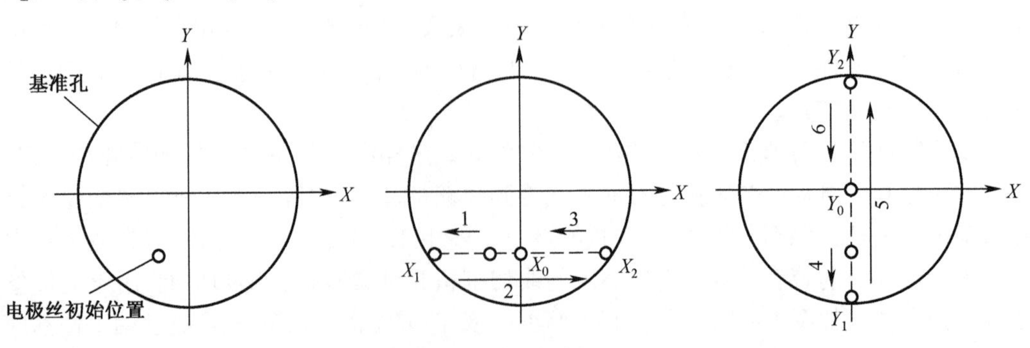

图 16-19　自动找孔中心

在使用接触感知法或自动找孔中心对刀时,为减小误差,特别要注意以下几点:

(1) 使用前要校直电极丝,保证电极丝与工件基准面或内孔母线平行;

(2) 保证工件基准面或内孔壁无毛刺、脏物,接触面最好经过精加工处理;

(3) 保证电极丝上无脏物,导轮、导电块要清洗干净;

(4) 保证电极丝要有足够张力,并检查导轮有无松动、窜动等;

(5) 为提高定位精度,可重复进行几次后取平均值。

3. 基本操作流程

加工前先准备好工件毛坯、压板、夹具等装夹工具。若需切割内腔形状工件,毛坯应预先打好穿丝孔,然后以下述步骤操作:

(1) 启动机床电源进入系统,编制加工程序。

(2) 检查系统各部分是否正常,包括高额、水泵、丝筒等的运行情况。

(3) 装卡工件,根据工件厚度调整 Z 轴至适当位置并锁紧。

(4) 进行储丝筒上丝、穿丝操作。

(5) 对电极丝进行找正,其操作方法:首先保证工作台面和找正块各面干净无损坏,在手动方式下,调整手控盒移动速度,移动电极丝接近找正块,当它们之间的间隙足够小时即会产生放电火花。最后通过手控盒点动调整 U 轴或 V 轴坐标,直到放电火花上下均匀一致,电极丝即找正。

(6) 对刀,确立切割起始位置。

(7) 根据工件材料、厚度及加工表面质量要求等调整加工参数。

(8) 开启工作液泵,调节喷嘴流量。

(9) 运行加工程序,机床开始自动加工。

4. 零件加工实例

如图 16-20 所示,加工某一零件的连接件,工件材料 45#钢,经淬火处理,厚度 20mm。工件毛坯长宽尺寸为 120mm×50mm。

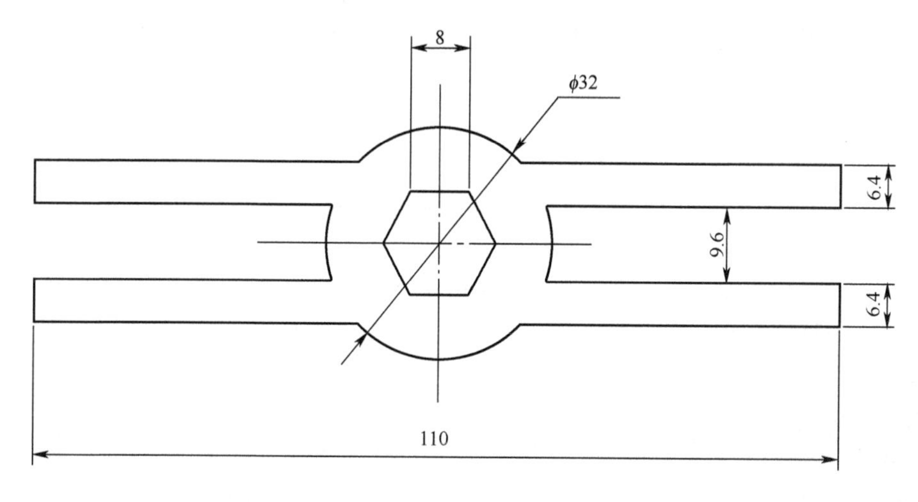

图 16-20 零件加工实例

1) 确定加工方案

这是一内外轮廓都需加工的零件,由于工件尺寸小且尖角较多,采用数控铣床难以实现,在快走丝线切割机床上加工较为合理。加工前需在毛坯中心先预打一工艺孔作为穿丝孔。选择底平面为定位基准,采用桥式装夹方式将工件横搭于夹具悬梁上并让出加工部位,找正后用压板压紧。加工顺序为先切内孔再进行外轮廓切割。图 16-21 所示为某零件加工方案。

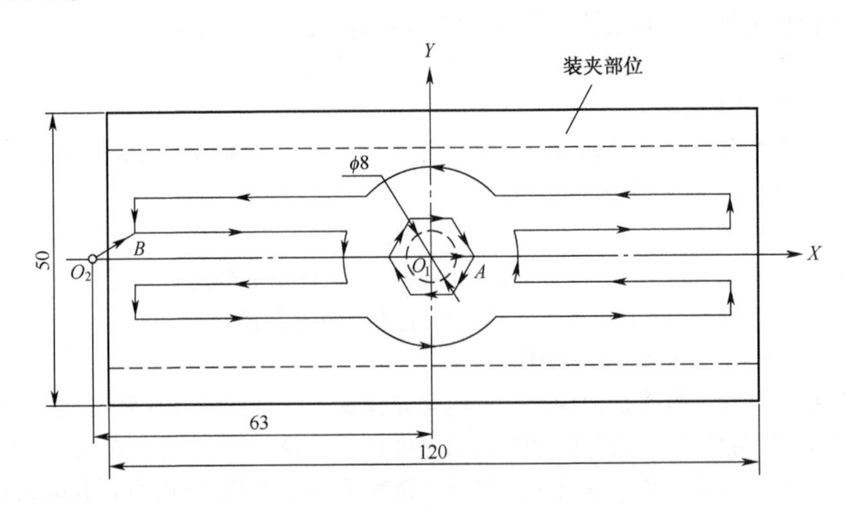

图 16-21　零件加工方案

2）确定穿丝孔位置与加工路线

穿丝孔位置亦即加工起点,如图 16-21 所示,内孔加工以 ϕ8mm 工艺孔中心 O_1 为穿丝孔位置,外轮廓加工的加工起点设在毛坯左侧 X 轴上 O_2 处,$O_1O_2=63$mm,加工路线如图中所示。

3）确定补偿量 F

选用钼丝直径为 0. 18mm,单边放电间隙为 0. 01mm,则补偿量为

$$F = 0.18/2 + 0.01 = 0.10\text{mm}$$

按图中所标加工路线方向,内孔与外轮廓加工均采用右补偿指令 G42。

4）程序编制

内孔加工:以工艺孔中心 O_1 点为工件坐标系零点,O_1A 为进刀线(退刀线与其重合),顺时针方向切割。

外形加工:以加工起点 O_2 为工件坐标系零点,O_2B 为进刀线(退刀线与其重合),逆时针方向切割。

该零件可分别编制内孔与外形加工程序,先装入内孔加工程序,待加工完后,抽丝,X 坐标负方向移动 63mm,穿丝后再装入外形加工程序继续加工。

参考程序:

程序 1:(NEI. ISO)	内孔加工程序
G90	绝对坐标
G92 X0 Y0	建立工件坐标系
G42 D100	右补偿
G01 X8000 Y0	进刀

```
G01 X4000 Y-6928
G01 X-4000 Y-6928
G01 X-8000 Y0
G01 X-4000 Y6928
G01 X4000 Y6928
G01 X8000 Y0
G40                                        取消补偿
G01 X0 Y0                                  退刀
M02
程序 2:(WAI.ISO)                            外形加工程序
G92 X0 Y0                                  建立工件坐标系
G42 D100                                   右补偿
G01 X8000 Y4800                            进刀
G01 X47737 Y4800
G03 X47737 Y-4800 I15263 J-4800
G01 X8000 Y-4800
G01 X8000 Y-11200
G01 X51574 Y-11200
G03 X74426 Y-11200 I11426 J11200
G01 X118000 Y-11200
G01 X118000 Y-4800
G01 X78263 Y-4800
G03 X78263 Y4800 I-15263 J4800
G01 X118000 Y4800
G01 X118000 Y11200
G01 X74426 Y11200
G03 X51574 Y11200 I-11426 J-11200
G01 X8000 Y11200
G01 X8000 Y4800
G40                                        取消补偿
G01 X0 Y0                                  退刀
M02
```

16.3　激光加工技术

激光技术是 20 世纪 60 年代初发展起来的一门新兴科学。激光加工是将高亮度、方向性好、单色性好和相干性好的激光,通过一系列光学系统聚焦成平行度很高的具有极高能量密度($10^8 \sim 10^{10}$ W/cm^2)和 10000℃ 以上高温的微细光束(直径几微米至几十微米),使材料在极短的时间内(千分之几秒甚至更短)熔化甚至气化,从而达到去除材料的一种新的加工技术。图 16-22 所示为某激光加工设备。

激光技术与原子能、半导体及计算机一起,成为 20 世纪最著名的四项重大发明。作

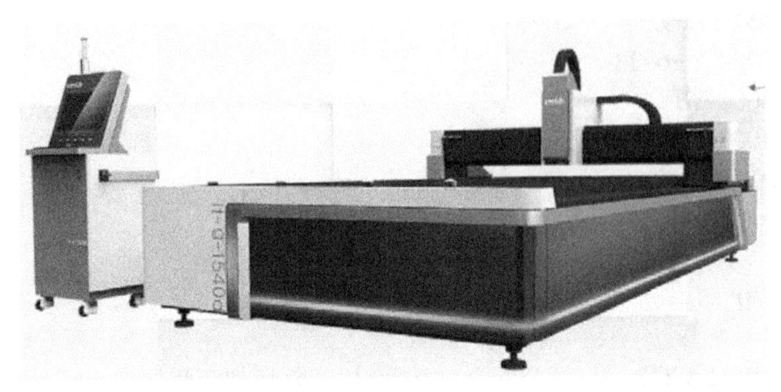

图 16-22　激光加工设备

为 20 世纪发明的新光源,它具有方向性好、亮度高、单色性好及高能量密度等特点,已广泛应用于工业生产、通信、信息处理、医疗卫生、军事、文化教育以及科研等方面。

激光加工作为激光系统最常用的应用,主要技术包括激光焊接、激光切割、表面改性、打标、钻孔、微加工及光化学沉积、立体光刻、刻蚀等。图 16-23(a)~(e)所示为激光加工零件实物图。

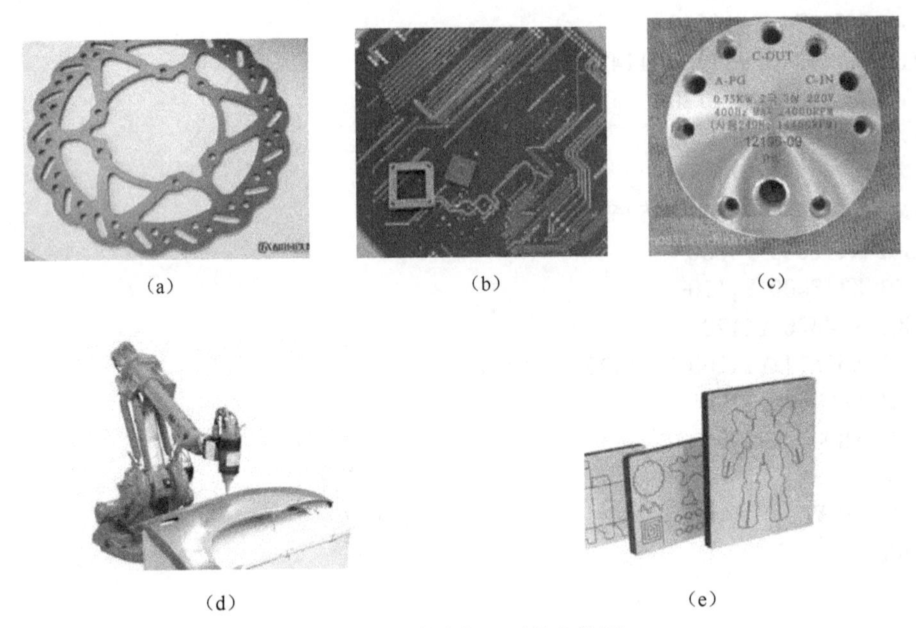

图 16-23　激光加工零件实物图

(a)激光切割;(b) 激光刻蚀;(c) 激光打标;(d)激光焊接;(e)激光雕刻。

16.3.1 激光加工技术原理

激光也是一种光,它具有一般光的共性(如光的反射、折射、绕射以及光的干涉等),也有它的特性。激光的光发射以受激辐射为主,发出的光波具有相同的频率、方向、偏振态和严格的位相关系,因而激光具有亮度高、强度高、单色性好、相干性好和方向性好等特性。

激光加工工作原理就是利用聚焦的激光能量密度极高,使被照射工件加工区域温度达数千度甚至上万度的高温,将材料瞬时熔化、蒸发,并在热冲击波作用下,将熔融材料爆破式喷射去除,达到相应加工目的。图 16-24 和图 16-25 是激光切割加工现场及其加工原理图。

图 16-24　激光切割现场

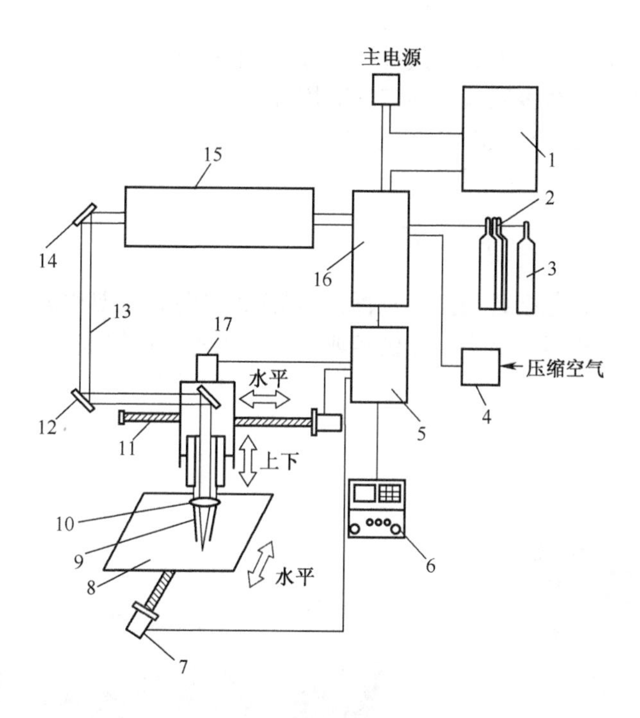

图 16-25　激光切割加工原理示意图

1—冷却水装置;2—激光气瓶;3—辅助气体瓶;4—空气干燥器;5—数控装置;6—操作盘;7—伺服电动机;8—切割工作台;9—割炬;10—聚焦透镜;11—丝杆;12—反射镜;13—激光束;14—反射镜;15—激光振荡器;16—激光电源;17—伺服电动机和割炬驱动装置。

16.3.2 激光加工的特点

与传统加工技术相比,激光加工不需要工具、加工速度快、表面变形小,可加工各种材料。用激光束对材料进行各种加工,如打孔、切割、划片、焊接、热处理等。激光加工技术具有材料浪费少、在规模化生产中成本效应明显、对加工对象具有很强的适应性等优势特点。在欧洲,对高档汽车车壳与底座、飞机机翼以及航天器机身等特种材料的焊接,基本采用的是激光技术。

(1) 激光功率密度大,工件吸收激光后温度迅速升高而熔化或气化,即使熔点高、硬度大和质脆的材料(如陶瓷、金刚石等)也可用激光加工。

(2) 激光头与工件不接触,不存在加工工具磨损问题。

(3) 工件不受应力,不易污染。

(4) 可以对运动的工件或密封在玻璃壳内的材料加工。

(5) 激光束的发散角可小于 1mrad,光斑直径可小到微米量级,作用时间可以短到纳秒和皮秒,同时,大功率激光器的连续输出功率又可达千瓦至十千瓦量级,因而激光既适于精密微细加工,又适于大型材料加工。

(6) 激光束容易控制,易于与精密机械、精密测量技术和电子计算机相结合,实现加工的高度自动化和达到很高的加工精度。

(7) 在恶劣环境或其他人难以接近的地方,可用机器人进行激光加工。

激光加工技术已在众多领域得到广泛应用,随着激光加工技术、设备、工艺研究的不断深进,将具有更广阔的应用前景。由于加工过程中输入工件的热量小,所以热影响区和热变形小;加工效率高,易于实现自动化。

16.3.3 激光加工应用与前景

常见激光加工设备包括各类激光打标机、焊接机、切割机、划片机、雕刻机、热处理机、三维成形机以及毛化机等。这类产品已经或正在进入各工业领域。图 16-26 与图 16-27 为激光加工设备。

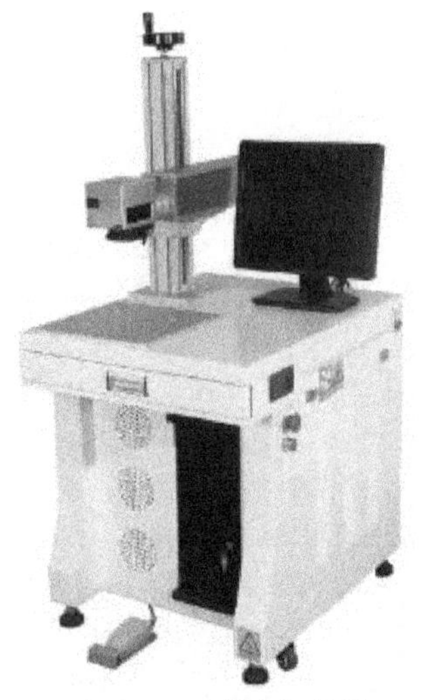

图 16-26　激光打标机

图 16-27　激光切割机

1. 激光切割

激光切割技术广泛应用于金属和非金属材料的加工中，可大大减少加工时间，降低加工成本，提高工件质量。激光切割是应用激光聚焦后产生的高功率密度能量来实现的。与传统的板材加工方法相比，激光切割具有高的切割质量、高的切割速度、高的柔性（可随意切割任意形状）、广泛的材料适应性等优点，可分为以下几类：

（1）激光熔化切割。在激光熔化切割中，工件被局部熔化后借助气流把熔化的材料喷射出去。因为材料的转移只发生在其液态情况下，所以该过程被称作激光熔化切割。

（2）激光火焰切割。它与激光熔化切割的不同之处在于使用氧气作为切割气体。借助于氧气和加热后的金属之间的相互作用，产生化学反应使材料进一步加热。对于相同厚度的结构钢，采用该方法得到的切割速率比熔化切割要高。

（3）激光气化切割。在激光气化切割过程中，材料在割缝处发生气化，此情况下需要非常高的激光功率。

该加工不能用于木材和某些陶瓷等没有熔化状态因而不太可能让材料蒸气再凝结的材料。另外，这些材料通常要达到更厚的切口。

2. 激光焊接

激光焊接是激光材料加工技术应用的重要方面之一，焊接过程属热传导型，即激光辐射加热工件表面，表面热量通过热传导向内部扩散，通过控制激光脉冲的宽度、能量、峰功率和重复频率等参数，使工件熔化，形成特定的熔池。由于其独特的优点，已成功地应用于微、小型零件焊接中。与其他焊接技术比较，激光焊接的主要优点是焊接速度快、深度大、变形小。能在室温或特殊的条件下进行焊接，焊接设备装置简单。

3. 激光钻孔

随着电子产品朝着便携式、小型化的方向发展，对电路板小型化提出了越来越高的需求，提高电路板小型化水平的关键就是越来越窄的线宽和不同层面线路之间越来越小的微型过孔和盲孔。传统的机械钻孔最小的尺寸仅为 100μm，这显然已不能满足要求，取而代之的是一种新型的激光微型过孔加工方式。用 CO_2激光器加工在工业上可获得过孔直径达到 30~40μm 的小孔或用 UV 激光加工 10μm 左右的小孔。利用激光制作微孔及电路板直接成型，与其他加工方法相比其优越性更为突出，具有极大的商业价值。

采用脉冲激光器可进行打孔，脉冲宽度为 0.1~1mm，特别适于打微孔和异形孔，孔径约为 0.005~1mm。激光打孔已广泛用于钟表和仪表的宝石轴承、金刚石拉丝模、化纤喷丝头等行件的加工。在造船、汽车制造等行业中，常使用百瓦至万瓦级的连续 CO_2激光器对大工件进行切割，既能保证精确的空间曲线形状，又有较高的加工效率。对小工件的切割常用中、小功率固体激光器或 CO_2激光器。在微电子学中，常用激光切划硅片或切窄缝，速度快、热影响区小。用激光可对流水线上的工件刻字或打标记，并不影响流水线的速度，刻划出的字符可永久保持。

4. 激光微调

采用中、小功率激光器除去电子元器件上的部分材料，以达到改变电参数（如电阻值、电容量和谐振频率等）的目的。激光微调精度高、速度快，适于大规模生产。利用类似原理可以修复有缺陷的集成电路的掩模，修补集成电路存储器以提高成品率，还可以对陀螺进行精确的动平衡调节。

5. 激光热处理

用激光照射材料,选择适当的波长和控制照射时间、功率密度,可使材料表面熔化和再结晶,达到淬火或退火的目的。激光热处理的优点是可以控制热处理的深度,可以选择和控制热处理部位,工件变形小,可处理形状复杂的零件和部件,可对盲孔和深孔的内壁进行处理。例如,汽缸活塞经激光热处理后可延长寿命;用激光热处理可恢复离子轰击所引起损伤的硅材料。图 16-28 为激光表面热处理设备。

图 16-28　激光表面热处理

目前,激光加工的应用范围还在不断扩大,如用激光制造大规模集成电路,不用抗蚀剂,工序简单,并能进行 0.5μm 以下图案的高精度蚀刻加工,从而大大增加集成度。此外,激光蒸发、激光区域熔化和激光沉积等新工艺也在发展中。激光应用于材料加工,被誉为制造技术的革命。中国激光加工产业发展迅猛,自 20 世纪 90 年代末,中国激光加工设备的工艺技术和制造水平有了重大突破,关键光学器件实现国产化,数控技术也有了大幅提高,加上通过引进吸收海外先进技术,中国造尖端激光加工设备在质量、功能、稳定性等方面与国际知名品牌的差距已逐渐缩小。但从整体实力上看,中国对高功率激光切割技术和成套设备的应用还处于初级阶段,因此中国激光切割设备大部分为进口。图16-29所示为激光表面刻字。

图 16-29　激光表面刻字

激光已广泛应用于工业生产、通信、信息处理、医疗卫生、军事、文化教育以及科研等领域。据统计,从高端的光纤到常见的条形码扫描仪,与激光相关产品和服务的市场价值高达上万亿美元。激光加工设备行业的发展对促进科学技术的发展和进步、推动传统工业改造升级和加速国防技术的现代化发挥了积极的作用。

16.3.4 激光加工实践技能训练

1. 激光切割训练

学生使用图形设计软件设计自己喜欢的图案,并在图片上写上自己的姓名和学号,根据教师指导,操作切割软件,导入设计好的图案,调整图案尺寸,增添文字,设计激光参数,操作激光切割机进行加工。

2. 激光打标

学生使用图形设计软件设计自己喜欢的图案或者 Logo,或者利用 Photoshop 软件处理自己的照片,并在图片上写上自己的姓名和学号,根据教师指导,操作标刻软件,导入设计好的图案,调整图案尺寸,增添文字,设计激光参数,操作激光标刻机,标刻图案到名片表面。

16.4 增材制造技术

增材制造技术即 3D 打印技术,诞生于 20 世纪 80 年代,是一种基于增材制造的先进制造技术,也称快速原型制造技术,作为第四次工业革命的重要标志,使制造业发生巨大的变化。目前已广泛地运用在航空航天、医疗、工业、教育以及文化创意等领域,并不断发展。

16.4.1 3D 打印原理

3D 打印技术也叫快速成形技术、增材制造技术,是一种采用材料逐渐累加的方法制造实体零件的技术,相对于传统的材料去除切削加工技术,是一种"自下而上"的制造方法。

3D 打印是以计算机三维设计模型为蓝本,通过软件分层离散和数控成形系统,利用激光束、热熔喷嘴等方式将金属粉末、陶瓷粉末、塑料、细胞组织等特殊材料进行逐层堆积黏结,最终叠加成形,制造出实体产品。与传统制造业通过模具、车铣等机械加工方式对原材料进行定型、切削以最终生产成品不同,3D 打印将三维实体变为若干个二维平面,通过对材料处理并逐层叠加进行生产,大大降低了制造的复杂度。这种数字化制造模式不需要复杂的工艺、庞大的机床及众多的人力,直接从计算机图形数据便可生成任何形状的零件,使生产制造得以向更广的生产人群范围延伸。增材制造技术将材料科学、机械加工和激光技术集合为一体,被视为制造业的一个重要变革。

其技术原理与基本过程如图 16-30 所示。

3D 打印制造基本过程如下:

(1) 产品三维模型的构建。由于 RP 系统是由三维 CAD 模型直接驱动,因此首先要构建所加工工件的三维 CAD 模型。该三维 CAD 模型可以利用计算机辅助设计软件(Pro/ENGINEER,Solid Works,UG 等)直接构造,也可以将已有产品的二维图样转换成三

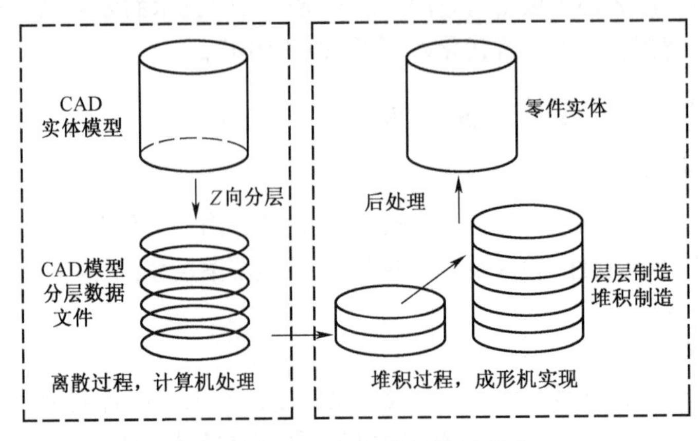

图 16-30　3D 打印技术的原理图

维模型，或对产品实体进行激光扫描、CT 断层扫描，得到点云数据，然后利用反求工程的方法来构建三维模型。

(2) 三维模型的近似处理。由于产品往往有一些不规则的自由曲面，加工前要对模型进行近似处理，以方便后续的数据处理工作。由于 STL 格式文件简单、实用，目前已经成为快速成形领域的准标准接口文件。它是通过对 CAD 实体模型或曲面模型进行表面三角化离散得到的，相当于用一种全由小三角形面片构成的多面体近似原 CAD 模型，每个小三角形用 3 个顶点坐标和一个指向模型外部的法向量来描述，三角形的大小可以根据精度要求进行选择。STL 文件有二进制码和 ASCⅡ两种输出格式，二进制码输出格式所占的空间比 ASCⅡ码输出格式的文件所占用的空间小得多，但 ASCⅡ码输出格式可以阅读和检查。典型的 CAD 软件都带有转换和输出 STL 格式文件的功能。

(3) 三维模型的切片处理。根据被加工模型的特征选择合适的加工方向，在成形高度方向上用一系列一定间隔的平面切割近似后的模型，以便提取截面的轮廓信息。间隔一般取 0.05~0.5mm，常用 0.1mm。间隔越小，成形精度越高，但成形时间也越长，效率就越低，反之则精度低，但效率高。

(4) 成形加工。根据切片处理的截面轮廓，在计算机控制下，相应的成形头如激光头或者喷头按各截面轮廓信息做扫描运动，在工作台上一层一层地堆积材料，然后将各层相黏结，最终得到原型产品。

(5) 成形零件的后处理。从成形系统里取出成形件，进行打磨、抛光、涂挂，或放在高温炉中进行后烧结，进一步提高其强度。

16.4.2　3D 打印特点

(1) 可制造复杂形状零件。由于 3D 打印是基于材料“分层制造，逐层堆积”原理，故可加工性与零件的复杂度基本无关，非常适于加工各类形状复杂的零件，如模具型腔、叶轮、手机机壳、牙齿以及工艺品等。图 16-31 所示为 3D 打印成品。

(2) 数字化制造。3D 打印方法属于 CAD 模型直接驱动，通过网络容易实现远程设计网络制造。

(3) 制造效率高、成本低。用 3D 打印方法制造零件，无须各种辅助工装夹具、模具投入,加工周期短,且成本仅与3D打印设备的运维成本、材料成本及人工成本有关,与产品批量关系不大,适于单件、小批量及新研发产品的制造。

(4) 低碳环保。3D打印方法产生的废弃物少,且振动、噪声小,利于环保。

(5) 应用领域广泛。目前,3D打印技术已广泛应用于航空航天、国防、医疗、建筑、机械、工业、教育、媒体及艺术等多个领域。

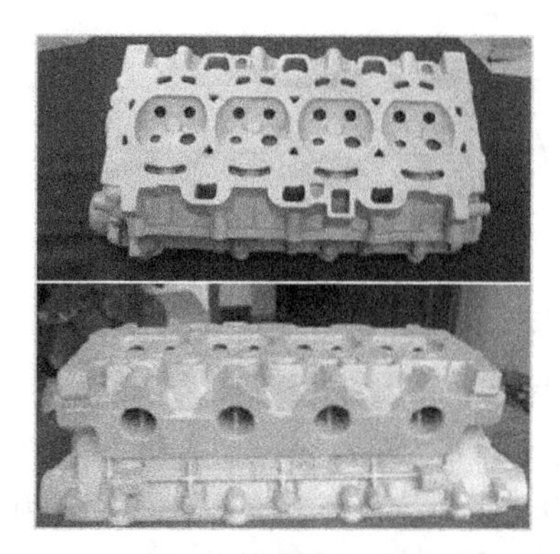

图16-31 3D打印成品

16.4.3 3D打印工艺

3D打印的工艺有很多种,国际标准组织发布的ISO/ASTM52900:2015中将增材制造工艺分为黏结剂喷射、定向能量沉积、材料挤出、材料喷射、粉末床熔融、薄材层叠、立体光固化七类。目前,3D打印的工艺以熔融沉积成形、光固化成形、选择性激光烧结、叠层实体制造、三维印刷为主。

1. 熔融沉积法(FDM)

熔融沉积法是1988年由美国学者Dr. Scott Crump率先提出的。1992年,美国Stratasys公司推出商品化的机器。FDM工艺利用热塑性材料的热熔性、黏结性,在计算机控制下层层堆积成形。图16-32所示为FDM工艺原理图,材料先抽成丝状,通过送丝机构送进喷头,在喷头内被加热熔化,喷头沿零件截面轮廓和填充轨迹运动,同时将熔化的材料挤出,材料迅速固化,并与周围的材料黏结,层层堆积成形。

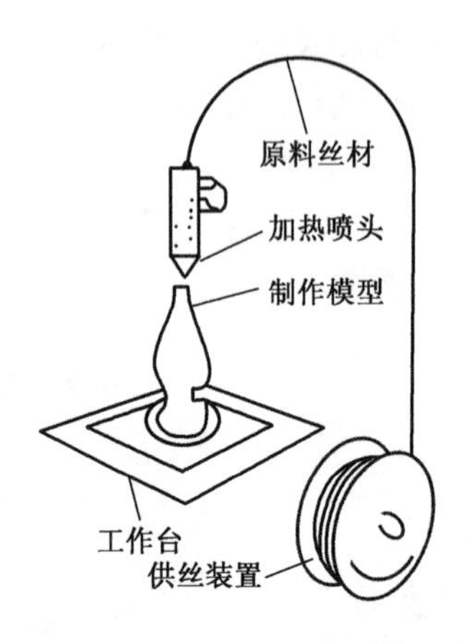

图 16-32　FDM 工艺原理图

熔融沉积法成形材料通常为热塑性材料(如铸造石蜡、尼龙和 ABS 塑料等),具有成形强度高、加工效率高、材料利用率高、成形材料来源广、种类多和成本低等优点;缺点是成形精度低、悬臂件需要支撑等。因此类 3D 打印机设备及材料价格低廉,使用简单,故广泛应用于汽车、机械、医疗和玩具等多个领域。图 16-33 所示为高分子丝材 3D 打印机。

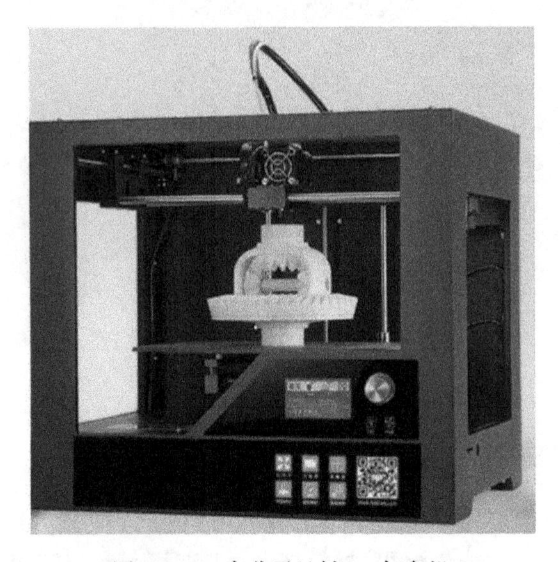

图 16-33　高分子丝材 3D 打印机

2. 光固化成形法(SLA)

1988 年,美国 3D 系统公司推出了世界上第一台基于光固化成形工艺的 3D 打印机。光固化成形法也称立体光刻法或立体造型法,其工作原理如图 16-34 所示。光固化成形法以光敏树脂为成形原料,在成形过程中,液槽中盛满液态光敏树脂,激光束在液体表面上扫描,扫描的轨迹及激光的有无均由计算机控制,光点扫描到的地方,液体就固化。成形开始时,工作平台在液面下一个确定的深度,液面始终处于激光的焦点平面内,聚焦后的光斑在液面上按计算机的指令逐点扫描即逐点固化。当一层扫描完成后,未被照射的地方仍是液态树脂。然后升降台带动平台下降一层高度(约 0.1mm),已成形的层面上又布满一层液态树脂,刮平器将黏度较大的树脂液面刮平,然后再进行下一层的扫描,新固化的一层牢固地黏在前一层上,如此重复,直到整个零件制造完毕,得到一个三维实体原型。

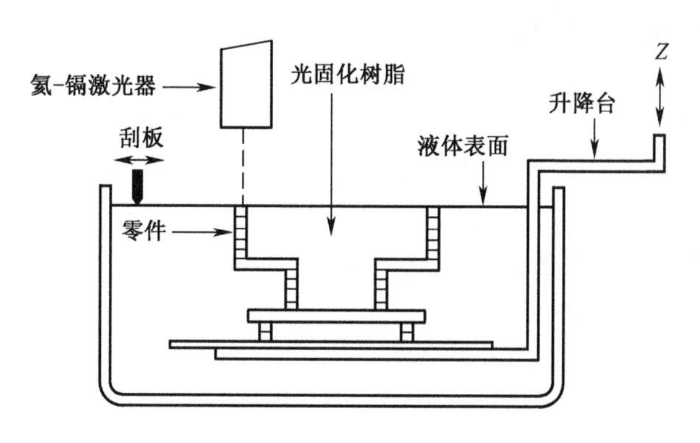

图 16-34　光固化成形法工作原理示意图

这种方法的特点是精度高、表面质量好、原材料利用率接近 100%,能制造形状特别复杂(如空心零件)、特别精细(如首饰、工艺品等)的零件。制作出来的原型件可快速翻制各种模具。

3. 选择性激光烧结(SLS)

选择性激光烧结又称为选区激光烧结,由美国得克萨斯大学奥斯汀分校的 C. R. Dechard 于 1989 年研制成功。该方法已被美国 DTM 公司商品化。它利用粉末材料(金属粉末或非金属粉末)在激光照射下烧结的原理,在计算机控制下层层堆积成形。如图 16-35 所示,此法采用 CO_2 激光器作为能源,在工作平台上均匀铺一层很薄(0.1～0.2mm)的粉末,将粉末预热到一定的温度,激光束在计算机的控制下根据分层截面信息进行有选择地烧结黏结剂,使得黏结剂和金属粉末黏结在一起,逐层烧结直至全部烧结完成去掉多余的粉末,经过后处理最终就能够得到烧结好的零件。

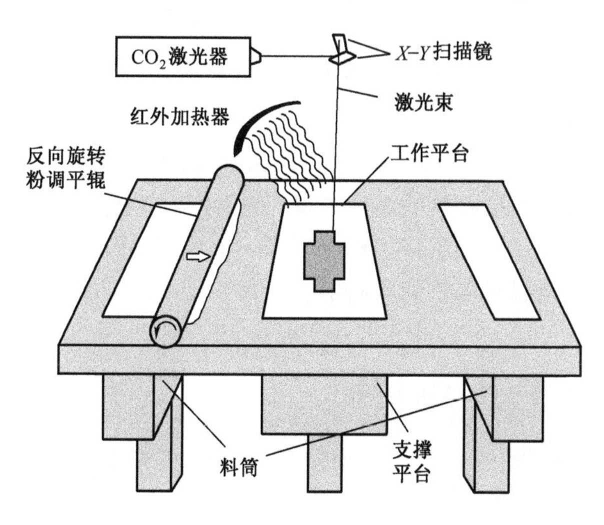

图 16-35　选择性激光烧结法工作原理示意图

选择性激光烧结的特点是材料适用面广,不仅能制造塑料零件,还能制造陶瓷、石蜡等材料的零件,特别是可以直接制造金属零件。另一特点是改工艺无需加支撑,因为没有被烧结的粉末起到了支撑的作用,因此可以烧结制造空心、多层镂空的复杂零件。

4. 叠层实体制造法(LOM)

叠层实体制造最早是由美国 Helisys 公司的工程师 Michael Feygen 于 1986 年研制成功。该方法采用的成形材料主要是薄片材料(如纸、塑料薄膜、箔材等),其工作原理如图 16-36所示。成形过程中,首先在基板上铺一层片材(片材在成形前应保证长度足够,且在表面上涂覆一层热熔胶,并卷成料带卷),用热压辊压片材,使之在一定的温度和压力下与下面已成形的工件截面牢固黏结。然后,用一定功率的激光器在计算机控制下按截面信息切出零件截面轮廓和工件外框,并在截面轮廓与外框之间多余区域切割出上下对齐的网格,以便成形之后剔除废料。切割完成后,工作台带动已形成的工件下降一个层厚的距离,与片材分离,供料机构转动收料轴和供料轴,带动片料移动,使新的一层片料移动至加工区域。不断重复此过程,直到加工完毕。最后去除掉切碎的多余部分即可得到完整的成形零件。叠层实体制造法无须制作支撑,成形效率高(只做轮廓扫描),运行成本低,但材料利用率低。

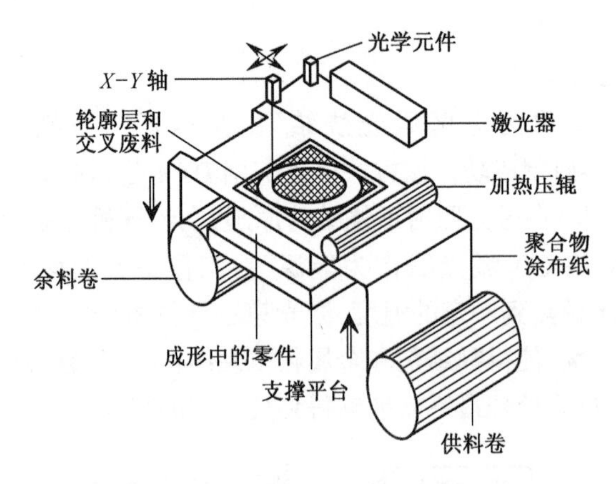

图 16-36　叠层实体制造法工作原理示意图

5. 三维印刷(3DP)

三维印刷工作原理类似于喷墨打印机,采用的材料为粉末状材料。首先按照设定的层厚进行铺粉,随后根据每层叠层的截面信息,利用喷嘴按照指定的路径将液态黏结剂喷在预先铺好的粉层特定区域,之后将工作台下降一个层厚的距离,继续进行下一叠层的铺粉,逐层黏结后去除多余底料以得到所需形状制件。图 13-37 所示为三维印刷工作原理示意图。

16.4.4　3D 打印实践技能训练

学生使用三维绘图软件独立设计三维模型,根据教师指导打印模型。

3D 打印的操作流程:

(1) 用三维绘图软件独立设计三维模型,并将其导成 . stl 格式。

(2) 熟悉 3D 打印机的安全操作规程。

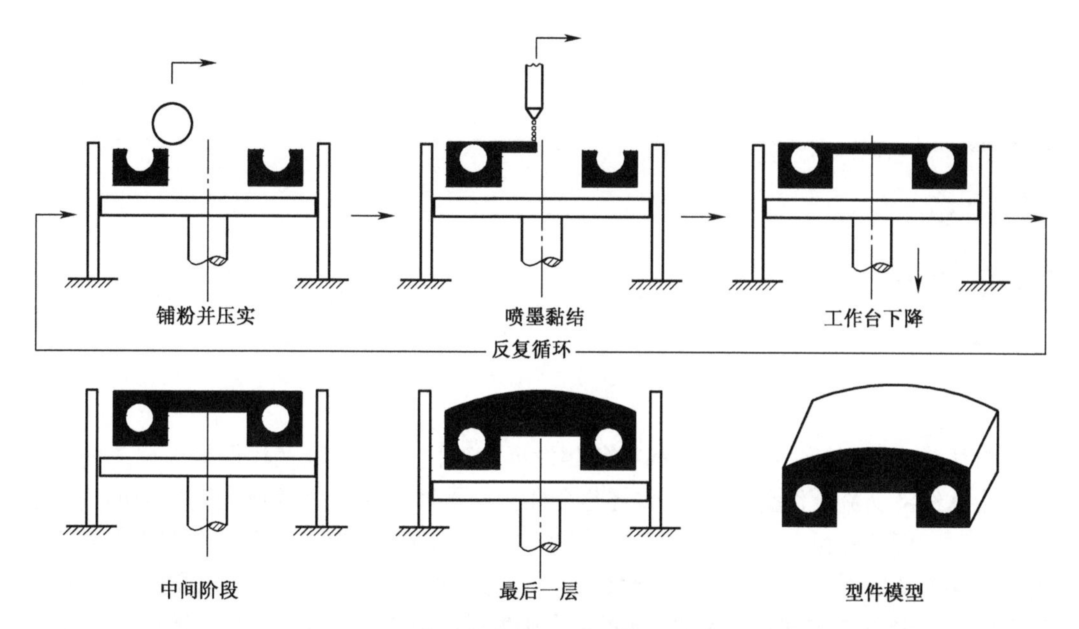

图 16-37　三维印刷工作原理示意图

(3) 打开 3D 打印机操作软件界面,并单击“初始化”菜单,系统开始复位自检。

(4) 载入绘制好的模型,将其放置在合适位置。

(5) 设置分层厚度、填充形式、支撑形式等打印参数,并进行打印预览。

(6) 开始打印。

(7) 打印完成后,取出工件,借助手工工具分离和清理底板,并将底板放回 3D 打印机工作台,同时去除工件支撑,修整工件。

(8) 关闭 3D 打印机电源,关闭计算机。

第17章 智能制造

自从21世纪以来,世界各国都在争相发展物联网、云计算、大数据等为代表的新技术。全球经济交流合作空前庞大,多样化个性化发展以及用户体验成为竞争力的关键要素。同时考虑到能源、资源、生态、气候,各国在信息技术、先进制造、先进材料以及生物医药领域谋求新的更大的突破。在此背景下,首先德国提出“工业4.0”,中国提出“中国制造2025”,美国积极推进高端制造,日本致力于发展机器人协同工厂,英国着力于生物、纳米材料等高附加值领域的制造,法国为赶上新技术的发展潮流,积极推动“新工业法国”总动员。这些国家都将智能制造作为本国振兴实体经济和新兴产业的支柱与核心,以及提升综合竞争力和可持续发展的基础与关键。

17.1 智能制造概述

随着新一轮科技革命和产业变革在全球兴起,工业技术体系、发展模式和竞争格局正迎来重大变革。发达国家纷纷出台以先进制造业为核心的“再工业化”国家战略。如德国提出“工业4.0计划”旨在通过智能制造提升制造业竞争力,美国大力推动以“工业互联网”和“新一代机器人”为特征的智能制造战略布局,欧盟提出“2020增长战略”重点发展以智能制造技术为核心的先进制造业,日本、韩国等制造强国也各自提出发展智能制造的战略措施。可见,智能制造已经成为发达国家制造业发展的重要方向,成为各国发展先进制造业的制高点。发展智能制造不仅是我国企业转型升级的突破口,也是重塑制造企业竞争优势的新引擎,是制造业的未来方向。

智能制造系统将加工制造、物料传输、信息网络三个部分深度融合与高度集成,可承担数据采集、生产任务下发、生产信息化实时显示、设备状态实时监控、生产任务详细进度、制造层与计划层的信息交互等任务。同时在工业软件和智能机器设备下,实现了软硬件结合,如图17-1所示。

智能制造是将信息技术、网络技术、制造技术、自动化技术、现代管理技术和系统工程技术相结合,并通过物理车间和车间信息系统的实时数据高度融合,实现人、机、物、环境等要素全流程在网络环境下的集成融合,消除企业信息孤岛,具有智能生产排程、智能设备监控、智能故障诊断、智能能耗管理等多种功能,最终实现提高企业生产效率、提升产品质量、降低生产成本的目的。智能制造是以物理模块与信息模块的数

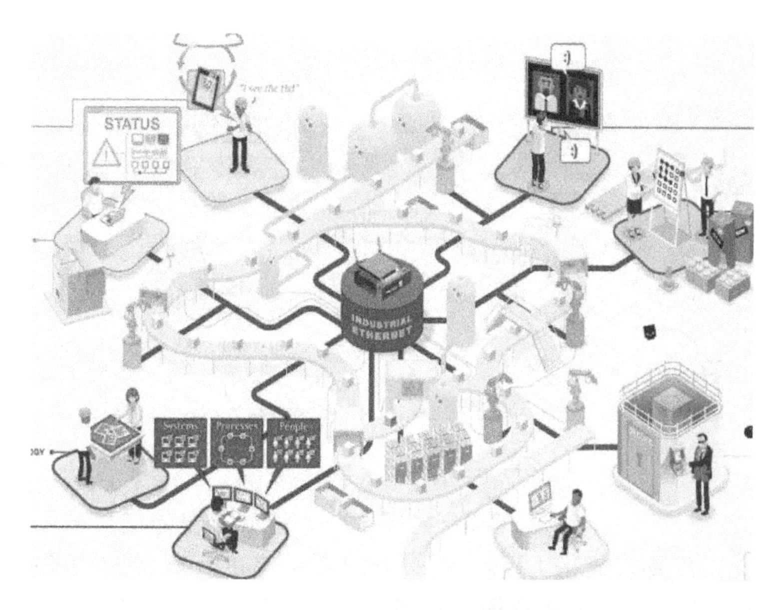

图 17-1　智能制造系统示意图

据互联互通为根本，通过信息物理系统和工业互联网关键技术，能够将车间各种信息集成优化分析，通过工况在线监控、数据集成与管理、智能仿真分析、智能管理决策等技术不断提升车间设备性能与车间管理效率，使车间制造过程最终实现智能化。其具有设备智能互联、数据高实时性、生产管理集成化、制造网络协同化、数据实时分析反馈等特点。

智能制造的智能化、实施化以及网络化等特点，需要配合应用先进的生产管理系统，才能更好地体现它的价值。因此，智能制造执行系统的产生与发展将是智能制造一大推动力，智能制造执行系统是在传统的 MES 基础上，扩展开发智能生产管理、智能设备管理、智能质量管理等功能，是实现产品的智能化生产与控制的重要支撑。传统的 MES 与物联网、大数据等技术相结合，实施远程跟踪与控制实际的制造过程，将信息化与自动化相结合，充分体现了智能制造所需的生产管理理念。

通过与底层生产相连接，将实时的底层数据进行收集并进行分析，最后上报到上层管理层，管理层就能第一时间得到生产现场可靠的实时生产数据，利用这些数据可以随时安排任务、及时指导车间生产。制造执行系统的产生，提高了企业的竞争优势。

17.2　智能制造总体组成

智能制造系统包括：数控机床加工制造单元、自动化检测单元、激光打标单元、自动化装配单元、自动化立体仓储单元、多轴移动工业机器人上下料单元、AGV 运载单元、监控单元、系统中央控制单元、机器人装配工作站等多个功能模块单元。智能制造系统能够进行多品种柔性加工，具有无人值守加工生产能力，其管理模式主要采用数字化集成系统，设备通过网络对外连接生产过程中的各种数字连接任务，能够进行现代化柔性制造加工。图 17-2 所示为某智能制造系统效果图。

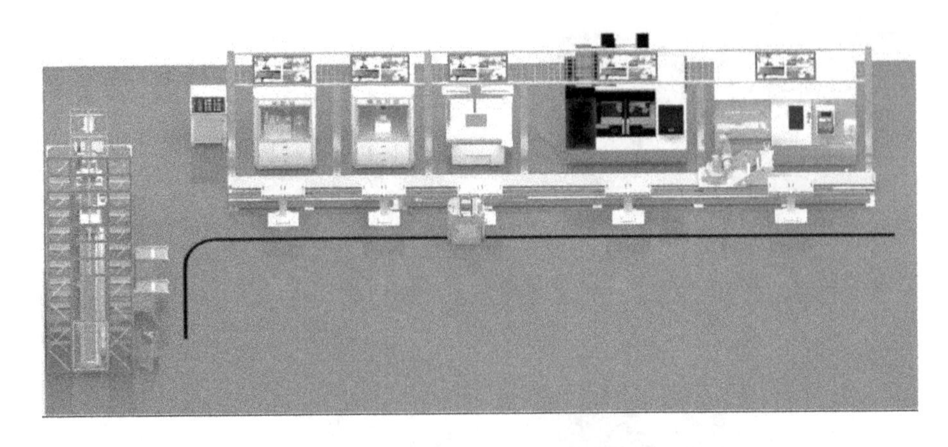

图 17-2　智能制造系统效果图

智能制造系统处于生产链的顶端，如图 17-2 所示为智能工厂的制造单元从传统工厂、自动化工厂到智能化工厂转变，设备实现了高度互联特性，各种功能的生产线最终将信息全部汇总到企业智能化信息平台，由该平台进行统筹规划，确定最优使用方法，将制作成本降到最低。根据不同设备性能和加工工艺要求，使得不同性能的设备实现高度团结合作，降低成本的同时提高了生产效率。通过信息平台，也能够在一定程度上将老旧设备盘活，实现了老旧机床的信息化改造，实现了机床的保值。智能化工厂已经完全将设备层、车间层、企业层通过工业以太网和交换机有机地融合到了一起。

智能制造系统能够进行相关物料齐套分析并预警给操作员，灵活进行各生产线的工作单节拍调整。同时与生产线设备联机，实时监控生产进度，自动调整计划。实时获取生产数据，支持 ERP 接口，自动分析计划达成状况。通过智能化改造的生产系统能够调整生产节拍，分解订单任务；准确掌握生产计划达成信息，实现工厂透明化管理，如图 17-3 所示。

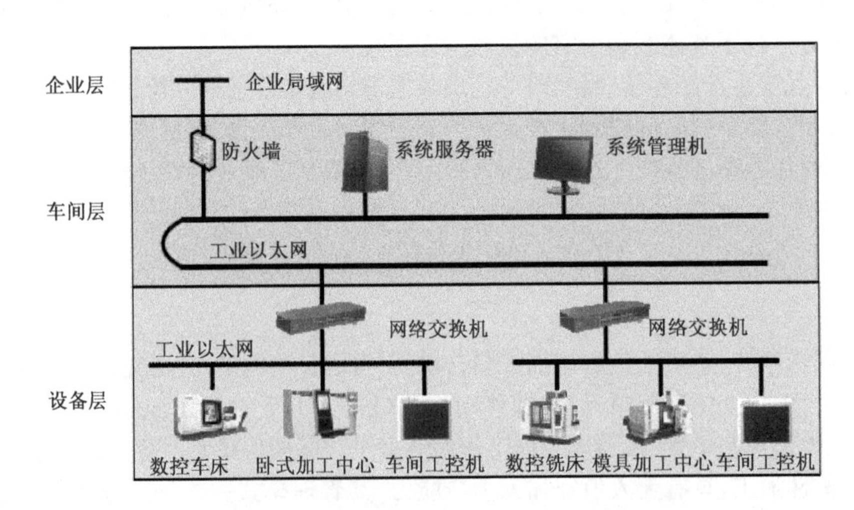

图 17-3　各个系统与信息平台关系图

17.3 智能制造各个系统介绍

17.3.1 智能数控加工机床

智能数控机床数据采集与监控系统总体架构可分为硬件层、数据层、技术层、功能层和用户界面层,如图 17-4 所示。

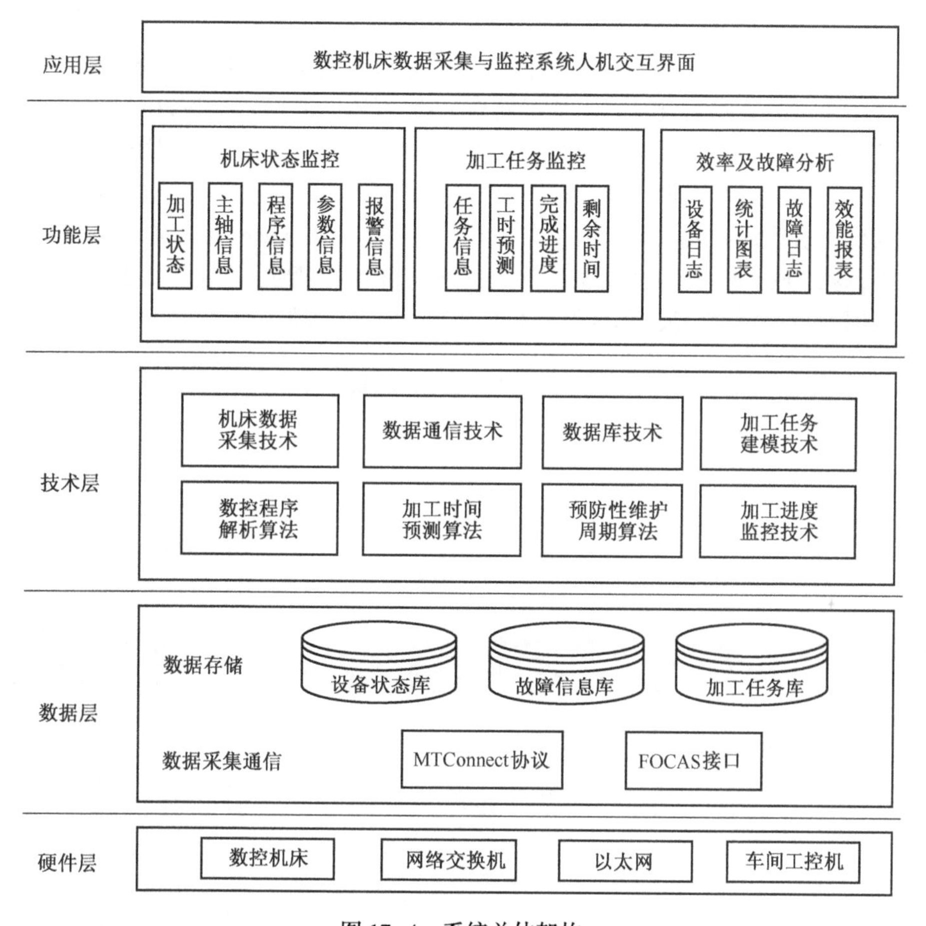

图 17-4　系统总体架构

(1) 硬件层:硬件层是系统运行的最基础物理硬件支撑,主要包括了车间中数控机床设备以及以太网等网络设备,将数控机床通过以太网口接入车间以太网中,实现数控机床与系统的数据传输。

(2) 数据层:数据层是整个系统实现的数据基础,涵盖了数据采集通信和数据存储两个方面。系统对机床数据采集通信采用 MTConnect 协议,通过数控系统的数据采集开放接口实现对机床的数据采集;数据存储包括了对整个系统的机床实时运行数据、故障数据及加工任务数据进行存储和管理。

(3) 技术层:技术层是整个系统实现的技术基础,系统主要涉及的关键技术包括机床数据采集技术、数据通信技术、数据库技术、加工任务建模技术、数控程序解析算法、任务加工时间预测算法、预防性维护周期算法、加工进度监控技术。

(4) 功能层:功能层主要负责系统主要功能的实现,包括机床状态监控功能、加工进度计算功能及效率故障分析功能。机床状态监控功能负责实现对机床加工状态、主轴数据、程序信息、参数设置、报警信息进行实时在线监控;加工任务监控功能负责对车间数控加工任务的当前状态、完成情况及剩余时间进行监控;效率及故障分析功能负责对机床加工时间及故障信息历史记录进行统计分析,计算得出机床加工效率并生成相关统计图表。

(5) 应用层:应用层主要负责提供人机交互界面,为系统各个功能提供直观的图形化显示,并对用户的操作进行响应。

系统的功能模块如图 17-5 所示,包括用户登录管理模块、数据采集监控模块、故障信息统计模块、加工任务监控模块、加工效率分析模块。用户登录管理模块主要负责对用户登录及用户信息进行管理,通过对用户的用户名、密码进行验证实现用户登录,对不同用户分配不同权限进行管理,同时支持用户信息的新增、删除等功能。数据采集监控模块主要是实现对机床的数据采集通信及监控显示,根据 MTConnect 机床通信标准建立设备信息模型,通过 FOCAS 接口实现机床的数据采集,根据数据通信协议完成系统客户端与机床的数据通信,将数据存储到数据库系统中进行统一管理。

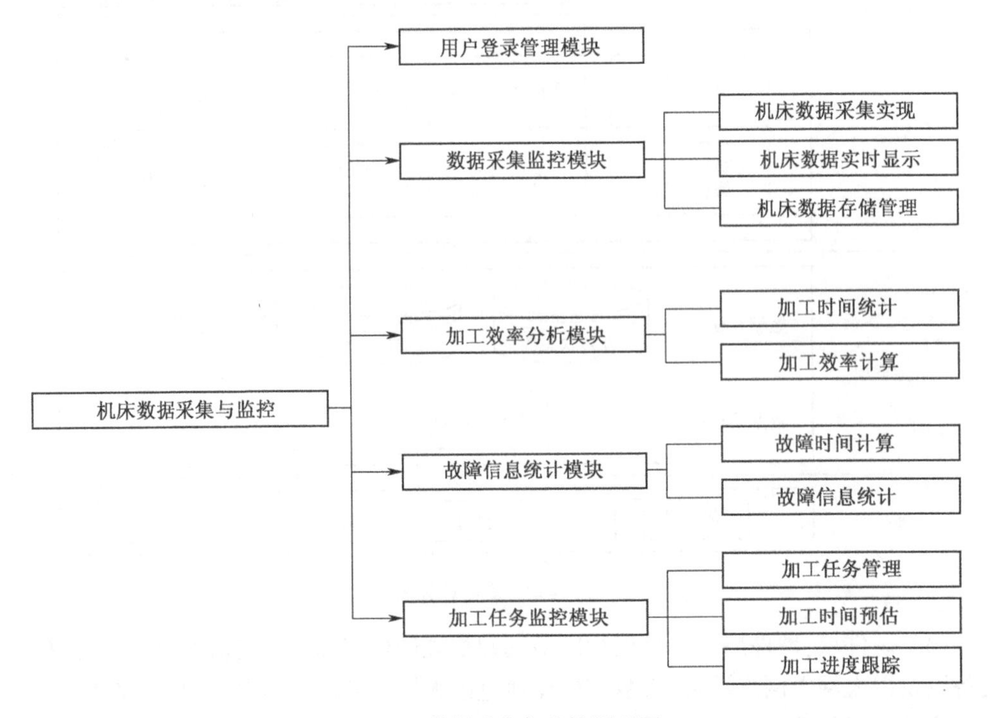

图 17-5　数据采集与监控原理图

加工效率分析模块主要实现根据机床历史加工记录统计机床加工时间,通过对加工时间的统计计算出各机床的开机率、利用率、OEE 等效率信息,用图表的方式对车间中各机床效率情况进行评估及可视化显示。故障信息统计模块主要根据机床故障信息历史记录对机床故障时间进行统计,同时统计各机床故障类型分布、持续时间等信息,生成统计图表对机床故障情况进行可视化显示。加工任务监控模块主要完成对车间中数控加工任务的实时监控，通过对加工任务的建模及对任务各环节的时间分析，得到任务模型及任务中各元素的加工时间，预估加工任务所需时间，并对正在执行的加工任务进行跟踪，计算当前任务完成率和剩余加工时间。

数控机床作为离散型企业制造车间中最基础也是最重要的制造单元，与现代制造企业的运营有着极其密切的联系，其性能对于整个企业的生产效率有着重要的影响。现代数控机床是集成了机械制造、计算机、自动控制、传感器、信息处理等多种技术的一种灵活的、通用的自动化制造设备，如何提升数控机床利用率、减少设备停机时间、降低能耗成本、保障加工效率成为了企业面临的一个重要问题。在这个时代背景下，对于车间中数控机床的集成化、网络化、智能化管理成为了一个新的研究热点。现代数控机床开放化、智能化、网络化程度越来越高，各个数控系统厂商纷纷提供了相应的数据接口，使数控机床加工中产生的信息能够有机地同整个企业的信息系统集成，企业能够实现对各个机床加工过程的精细化管理，提升了车间产品制造过程的效率与透明化程度，从而实现提升企业管理水平和市场竞争力的目的。因此，对车间中数控机床进行数据采集与监控管理，对于整个制造车间乃至整个企业的管理具有重要意义。

1）数控车削中心

数控车削系统完成车削加工过程，斜床身结构，刚性好、排屑空间大，采用高精度主轴单元以及进口直线导轨和丝杆，加工精度高、更稳定，高精度热对称结构，主轴采用高分辨率磁感应编码器，预留自动化接口，方便自动化生产组线。为适应智能制造加工与自动化集成要求，将数控车削中心进行自动化联网集成改造，将普通的单机操作数控机床改造成可联网通信的自动化生产机床。图 17-6 所示为智能化车削中心。

2）数控加工中心

数控加工中心广泛应用于军工、汽车、模具、机械制造等行业的箱体零件、壳体零件、盘形零件的加工。零件经过一次装夹后可完成铣、镗、钻、扩、铰、攻丝等多工序加工，具有高精度、高自动化、高可靠性、机电一体化程度高、操作简单、整体造型美观大方等特点。图 17-7 所示为智能数控加工中心。

图 17-6　数控车削中心

图 17-7　数控铣削加工中心

3）数控机床 DNC 软件

网络 DNC 系统与 MES 接口方案是一个面向企业数控车间的解决方案，通过专业软件和硬件的配合实施，实现数控机床联网，如图 17-8 所示，可以有效优化生产、提高人员工作效率、增强各部门间的协同能力。

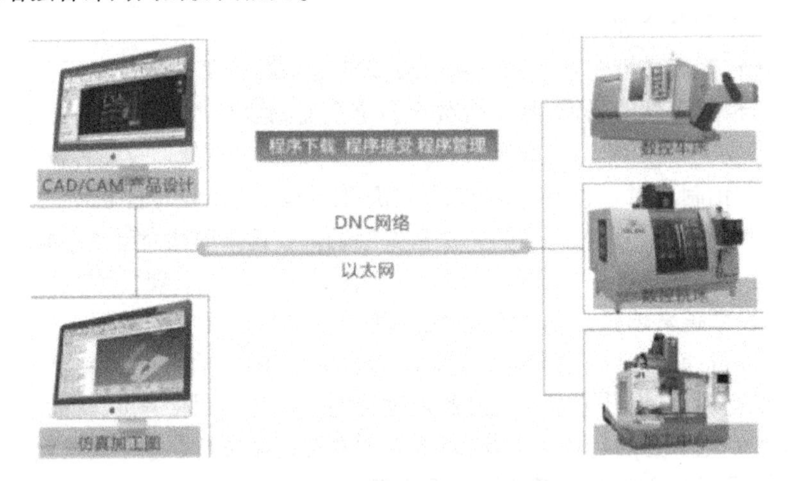

图 17-8　数控设备联网协同关系

17.3.2　自动化检测单元

该三个站点组合成一个大型智能工作站，工作站工作内容与各单元状态可通过以太网络进行连接显示，通过平板电脑、智能手机可以进行实时查看。站点采用铝合金结构框架，采用平磨镀铬钢板作为工作台面，下方设置电气控制柜及电气操作面板。

检测工作站采用三坐标测量机进行零件加工质检工作，打标工作站采用激光打标机进行工件打标工作，装配工作站采用协作机器人进行零部件装配作业，上下料机器人负责对工作站进行上下料作业，接货平台负责与 AGV 小车对接传输工装板。

1. 三坐标检测工作站

三坐标测量机是一种灵活的高精度测量设备，能够快速有效地完成任何测量和检测任务。通过配置各种扫描和触发测头，能够满足多种计量需要，成为一种简洁、快速、高效、高精度的测量系统。如图 17-9 所示。

2. RFID 识别系统

以高频数据采集功能为核心的智能制造，其执行系统的关键是要获取生产过程的数据，因此，合理的数据采集技术就变得非常重要。采集的数据不仅要准确，还要有更高的实时性。而传统的制造车间主要靠纸质的生产管理文件记录生产过程数据，当所有零件加工完成之后，才手工将管理文件上记录的数据录入计算机。这种方法主要靠手工完成，实时性较差，工作效率也比较低。随着信息技术的发展，部分企业开始在车间引入条码技术，在一定程度上提高了工作效率。但条码存在携带的信息量较小、容易损坏且数据不能更改等局限，影响了其大规模的发展。磁卡技术虽然便宜，但属于接触式识别且易磨损等，致使其也不能在恶劣环境中应用。IC 卡数据安全性比较好，但其触点长期暴露在外面易损坏，也不适合应用在恶劣的制造环境中。在新一代信息技术的发展进程中，更可靠、更高效的射频识别技术(radio frequency identification，RFID)逐渐产生并发展起来，它能自动对物体进行识别，并自动获取相关的信息，是智能制造与智能制造执行系统的基

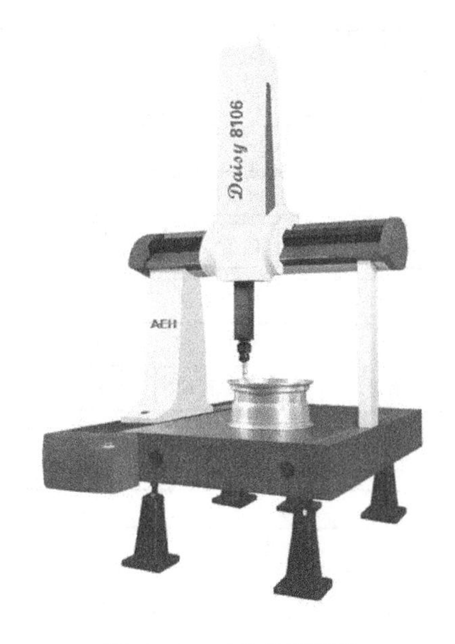

图 17-9 三坐标测量机

石。因此,本书将 RFID 技术应用到智能制造车间,并结合传统的 MES,实现车间生产和管理的智能化。目前,RFID 技术已经被列入 21 世纪的十大重要项目,国内外对 RFID 的研究和应用越来越广泛。

RFID 识别系统应用于识别物料的类型、加工工艺等关键信息。它安装在立体仓库及每个工作站点当中。当原材料被存入系统中时,ERP 软件系统在该物料的 RFID 电子标签上进行了物料信息写入。物料由立体仓库输出后,在每一个工位都首先进行识别,然后再根据 ERP/MES 系统中数据进行加工、搬运、检测等相关操作。

每个传输工装板上都安装有 RFID 标签,在每个加工工位物料都需要进行识读操作,与 PLC 进行总线通信并将信息通过串口网络传输给服务器,实时跟踪物料位置信息和仓储位置信息,做到物料、成品、半成品的可追溯性管理。当 MES 系统生产任务下发时,物料自动去除放置到传输线随行工装板上,并由传输线输送到 MES 指定工位,产品加工或装配完成并传输到物料存储工作站进行自动存储,整个系统由同一台服务器提供数据处理。

RFID 识别系统用于对工件材料的信息记录,加工路径记录、产品追溯化管理。它由电子标签、RFID 读写器、RFID 通信模块、连接电缆等组成,标签安装在工件放置的工装板上,记录该工装板上放置的零件信息,RFID 读写器安装在工装板经过的每一个工位上,当工件到达该工位时,系统可通过读写器识别到该工件的运输及加工途径。

RFID 识别系统利用射频识别技术作为数据采集手段,通过无线 Wi-Fi 和互联网进行网络连接。在 RFID 应用架构方案中包含整个生产过程的物理框架和软件架构,整个系统的体系架构如图 17-10 所示。

生产现场中每个工位为信息采集单元,在智能制造车间引入 RFID 技术能够实现生产过程数据的实时采集与生产跟踪。一般智能工厂常见的车间生产单元 RFID 的应用模式进行了设计,详细的 RFID 应用架构如图 17-11 所示。

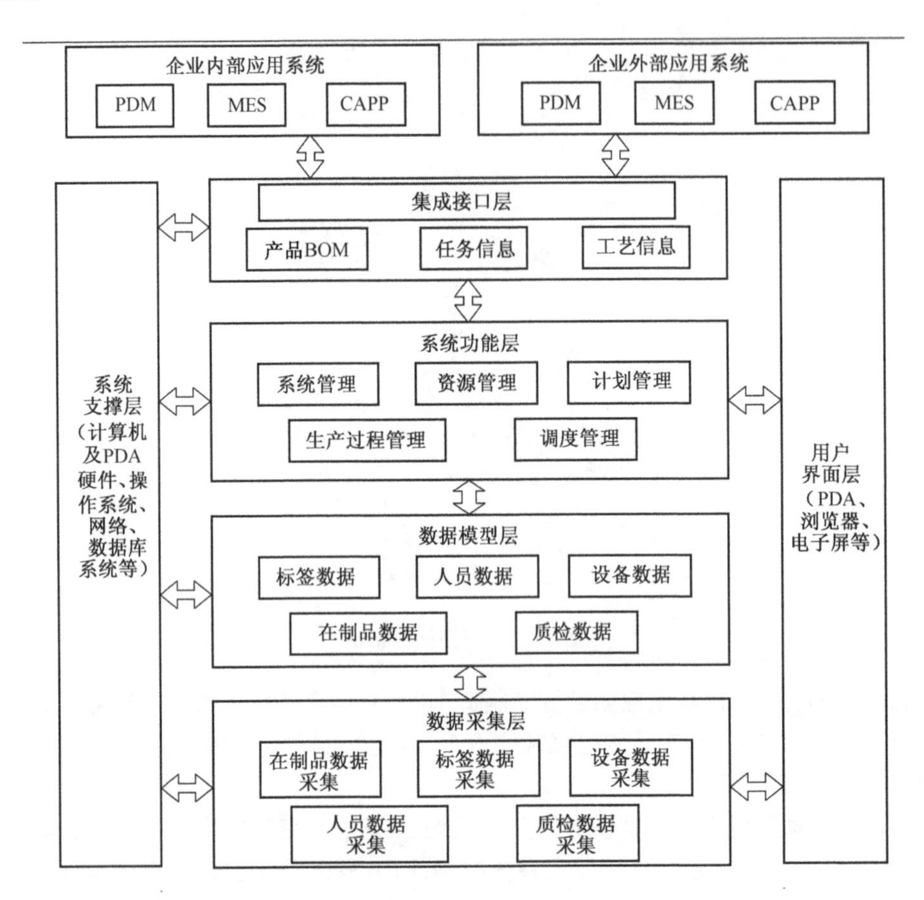

图 17-10　系统构架图

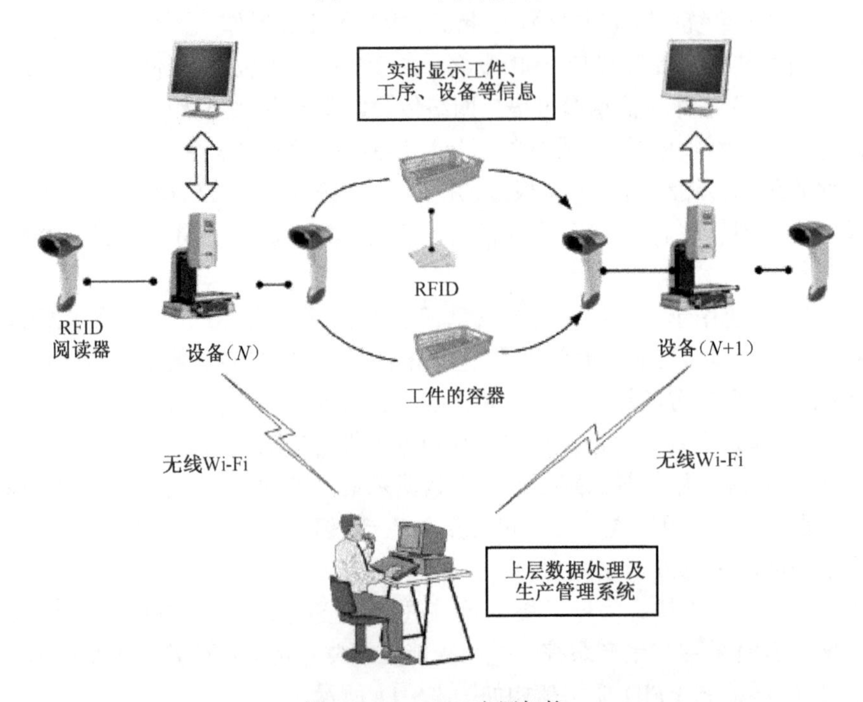

图 17-11　RFID 应用架构

17.3.3　激光打标单元

工作站对物品进行标识刻印,采用非接触式进行激光刻印,如图 17-12 所示。激光打印内容根据学生自行设计文件通过 DXF 格式文件可以进行导入更换。运用先进的激光技术,采用光纤激光器输出,再经扫描振镜系统实现打标功能。

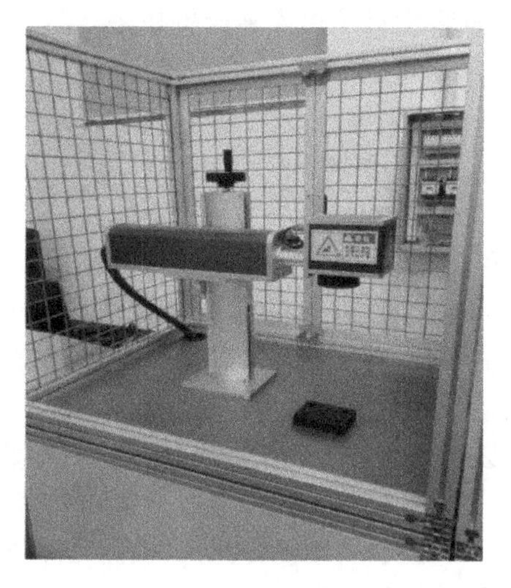

图 17-12　激光打标工作站

17.3.4　自动化立体仓储单元

1. 智能立体仓储系统

自动化立体仓库由立体货架、巷道堆垛机、堆垛机控制器等组成,如图 17-13 所示,出入库辅助设备及巷道堆垛机能够在计算机管理下,完成货物的出入库作业,实现存取自动化。能够自动完成货物的存取作业,并能对库存的货物进行自动化管理;大大提高了仓库的单位面积利用率,提高了劳动生产率,降低了劳动强度,减少了货物信息处理的差错,合理有效地进行库存控制。

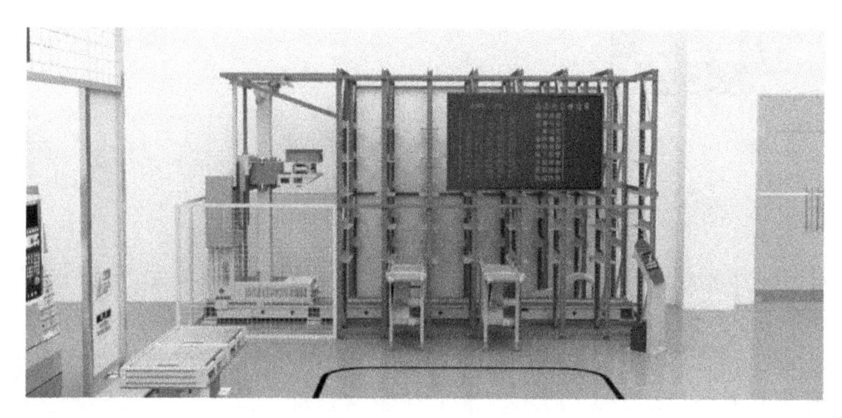

图 17-13　立体仓库

立体仓库主要构成:立体仓库货架,全自动巷道式堆垛机,立体仓库出入库平台,立体仓库 LED 显示屏,立体仓库工装板,立库实时管控系统——PC 端,立库实时管控系统——智能移动终端。

2. 立体仓库在智能系统中的作用

立体仓库负责整个系统原材料、加工成品物料的存放管理,通过出入库平台其他外部设备或人员进行物料对接。系统使用的原材料由人工通过入库平台存入,当系统加工时立体仓库根据 MES 任务信息将物料从出库平台输出到 AGV 运输小车,由小车运送至各加工站点,直至物料加工完成后再由 AGV 运输车送回到立体仓库入库平台,最后成品由立体仓库输出到出库平台供人员取料。

17.3.5 自动化装配单元

装配单元设计完成工件的自动装配作业,上下料机器人从 AGV 接货平台上将工件搬运到装配模块上,装配机器人对工件进行装配工作,完成后机器人将工件搬运至接货平台上。通过对机器人基础点的示教,直线、曲线及复杂运动轨迹的控制与优化,了解装配工艺与编程,熟练使用软件,达到对装配机器人的熟练应用。

装配工作站设计为可以对系统加工完成的工件进行自动装配,是一个工业机器人应用的典型工作站,也是一个可进行二次应用开发扩展使用的综合性集成应用工作站,如图 17-14 所示。它集成有工业机器人、气动执行元件、检测元件、网络连接元件,是一个具有一定复杂程序的工业机器人集成应用平台。

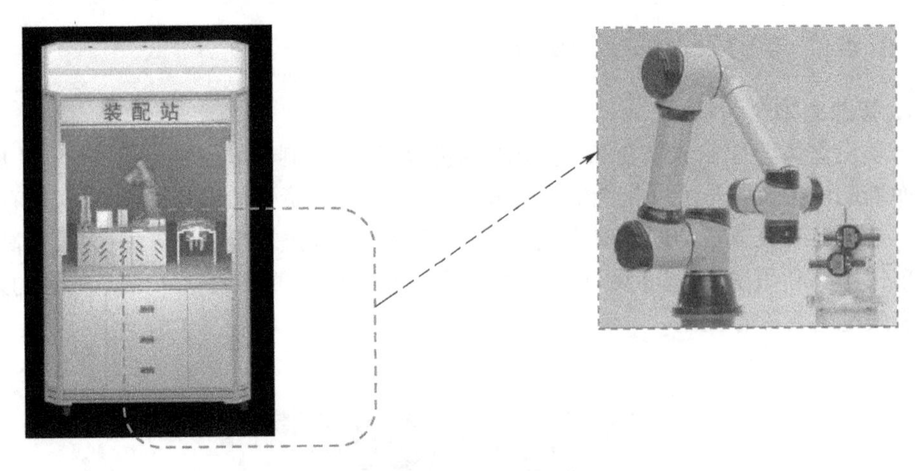

图 17-14 机器人装配工作站

17.3.6 多轴移动工业机器人上下料单元

多轴移动式工业机器人采用七轴移动式工业机器人上下料单元,负责数控机床及工作站的上下料作业,配套对应的管控系统能实时采集机器人和滑轨的各种信号,包括自动、手动、准备、安全、待命中、已到位、已取料、已放料等信号,并接收机器人指令,下达给机器人和滑轨 PLC,如图 17-15 所示。上下料搬运系统主要负责加工单元,机器人在数控车床、加工中心、检测站、装配站之间来回穿梭,进行上下料的搬运作业。加工系统中机床与搬运系统由 PLC 控制器连成一个 I/O 通信网络,机床根据加工状况呼叫机器人,机器人自动识别机床呼叫,按预先设定的路径对机床工件进行操作。

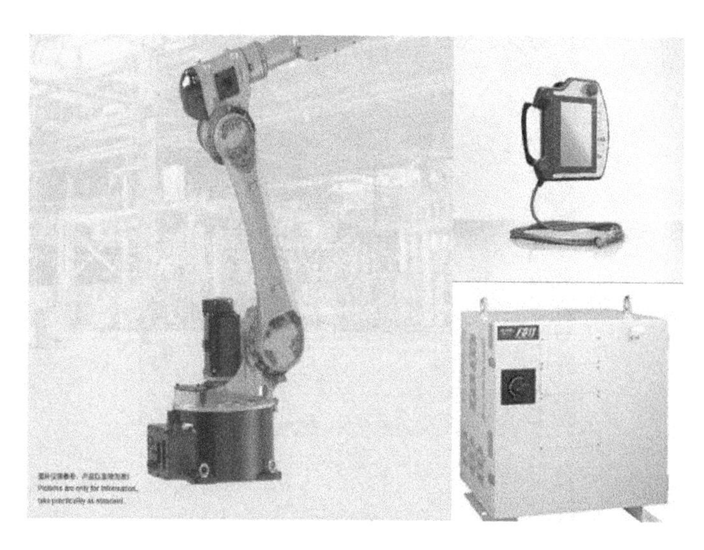

图 17-15　埃夫特 ER10-C10 工业机器人

六自由度工业机器人通过安装到滑轨上来实现第七轴移动，通过横向移动来回于机床之间，机器人移动滑轨用于带动六自由度机器人来回于系统各个机床之间，由伺服驱动电机、高精密减速机、直线滑轨、齿轮齿条、编码器等组成，采用全钢结构设计制作。

17.3.7　AGV 运载单元

自动导引小车（AGV）是一种智能物流搬运设备，是工厂实现柔性制造中的重要组成部分，以其高效性、灵活性、安全可靠、成本低等优点而广泛应用于高端制造业装备中，诸如机场、码头、汽车制造、大型仓储等大型物资搬运转移中心。近年来，不断提高物流运输效率、降低社会成本是各行业面临的重大挑战，自动导引小车已经作为其中的重要组成部分。AGV 运载单元分为运载小车和接货站。

1. AGV 小车运载系统

图 17-16 为 AGV 小车运载系统采用 AGV 运输小车负责系统物流传输工作，磁条导航，差速式驱动，直流 DC48V 移动电源供电，背负式接货运输单元。配套 AGV 路径规划软件，可通过 AGV 路径规划软件进行运行路线设定，实现与 AGV 管理软件的无线实时传输，运行中系统管理软件可实时监控到 AGV 小车状态信息。

2. AGV 运输小车在系统中的作用

AGV 运输小车用于从立体仓库出入库平台接收货物，输送到各站点前的工位台，被加工完成的物品运送至下一站点，始终根据 MES 信息来回穿梭于各工作站之间搬运物料，负责整个物料运输工作。

3. AGV 对接输送平台在系统中的作用

AGV 对接输送平台用于暂时存放 AGV 小车放置的物料工装板，各设备在自动加工时可以从接货平台中直接取料到对应设备中进行作业，完成后物料由机器人放回接货平台。AGV 机器人会根据任务调试系统将加工完成的物料搬运到下一个站点，如图 17-17 所示。

图 17-16 AGV 小车运载系统

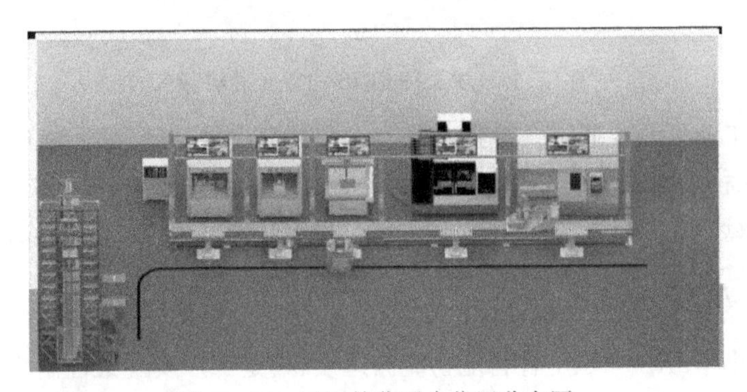

图 17-17 AGV 接货平台位置分布图

17.3.8 监控单元

监控单元为数字化信息监控系统，通过对机床加工设备内部加装摄像装置，可以远程实施监控到机床加工运行等实时状态，视频录像机实时对机床加工视频进行录制存储，形成加工内容，对加工中的刀具选型、加工路径等可实时观察并且可远程监测到实时加工状态。

17.3.9 系统中央控制单元

智能制造系统能实现工序生产计划自动分解，自动进行工单物料齐套分析并预警，可灵活进行各生产线的工单排程调整（如新增、调整、删减等）。同时与生产线设备联机，实时监控生产进度，自动调整计划排程。实时获取生产数据，支持 ERP 接口，计划排程信息同步更新，自动分析计划达成状况，实时提醒报警，智能调整生产排程，智能分解订单任务，即实现自组织生成，如图 17-18 所示，其中央控制单元可划分为智能分析层和适配层。

1. 智能控制主机

智能分析层是构建智能个体的核心部分，设备自身信息和外部信息在此处进行分析，分析结果会生成相应的报告文件进入网络，报告文件同样以 XML 格式进行封装；同时智能分析层负责确定是否接受任务，并与网络中其他个体达成最终协议后，驱动适配层完成动作执行。如图 17-19 所示，针对不同类型的设备智能体，智能分析层拥有不同的运作

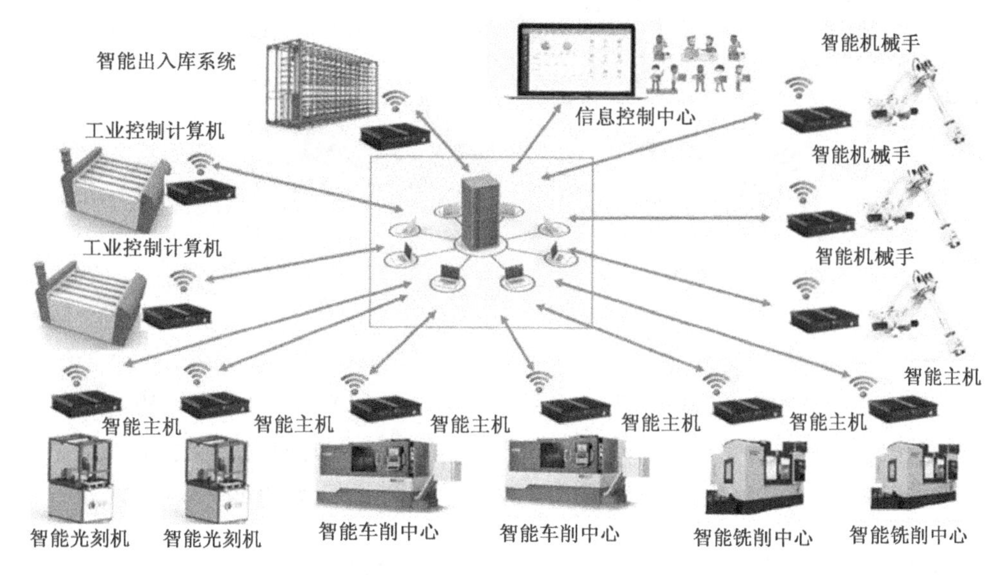

图 17-18　自组织生产技术

机制。通信开发层参考邮件机制,设计了相关通信协议,解决了事件频发时信息堵塞、进程易瘫痪重启的问题。

2. 适配层

适配层中三个部分构建的基本方法都是基于不同数控系统对应的协议下进行的数据读和写的过程,项目构建了相关开发框架。在 NC 代码传输的方法上,提供了系统自带的方法与 sftp/ftp 传输两种形式(部分需要通过 usb 进行改造)。适配层确定了通用的开发框架,符合相关标准,验证通过后可以直接植入相关系统。

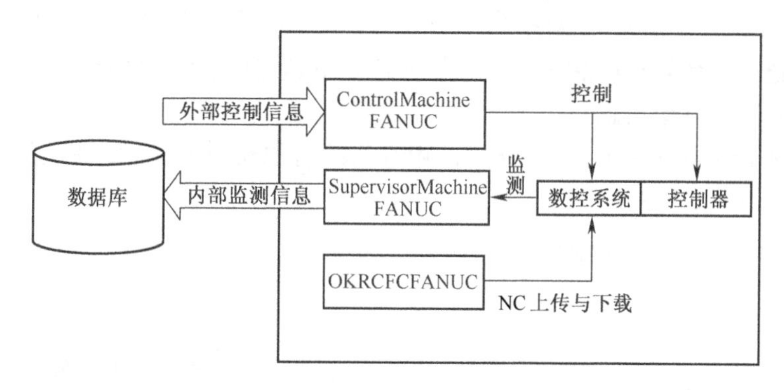

图 17-19　智能控制主机原理图

17.3.10　智能制造案例分析

系统以实现整个系统从个性化设计到定制化加工整个数字化设计制造流程。以具有典型特征的零件来展示从设计到制造的全过程,其在系统中的流程如下:

(1) 依据现有条件进行个性化特征设计,通过 3D 设计软件对零件进行设计,如图 17-20 所示;

(2) 通过 CAM 软件进行加工代码编程,如图 17-21 所示,并通过人员修改及审核;

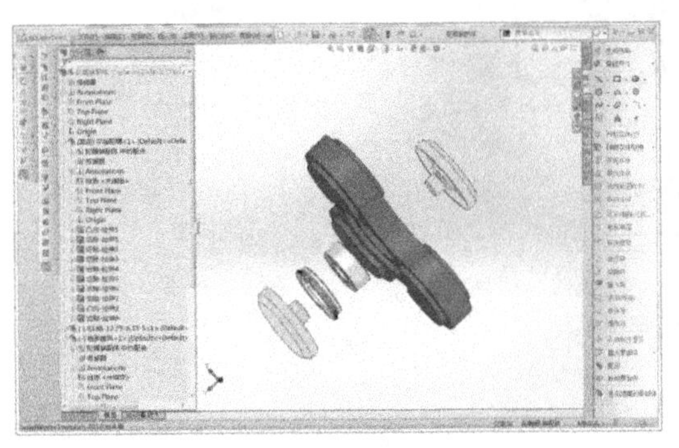

图 17-20　指尖陀螺特征设计图

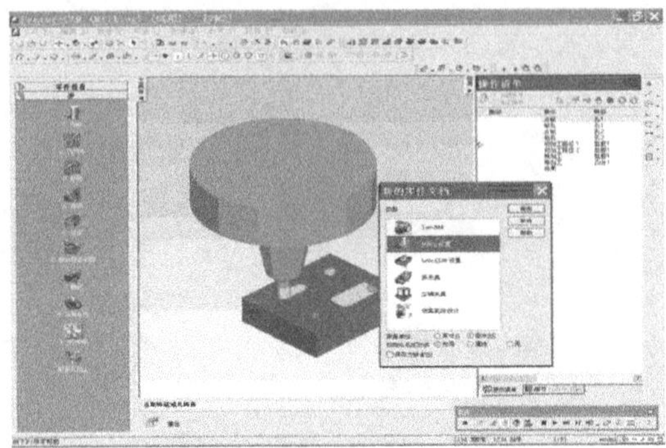

图 17-21　加工代码编程

(3) 通过 DNC 软件将个性化定制 NC 代码上传至服务器,如图 17-22 所示;

(4) 通过 ERP/MES 系统进行产品加工工艺设计与分布,如图 17-23 所示;

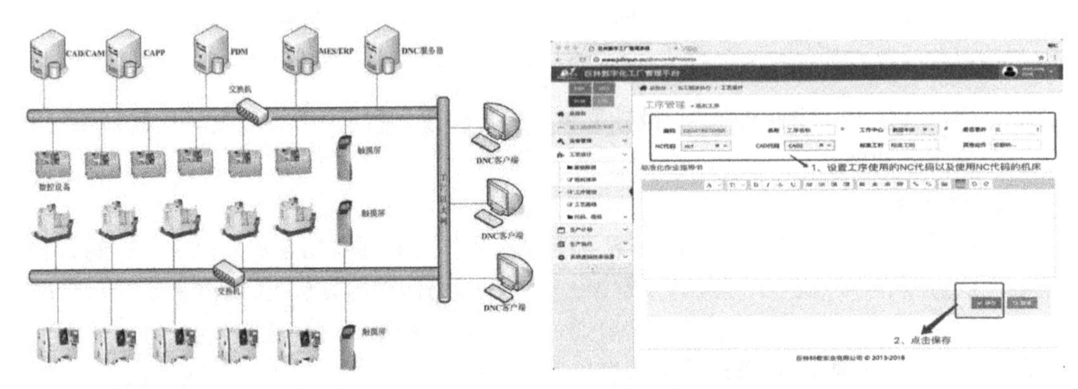

图 17-22　代码上传服务器原理图　　　　图 17-23　产品加工工艺设计与分布

(5) 通过生产计划对产品进行生产任务订单下达,如图 17-24 所示(移动智能终端也可以实时查看各订单信息);

(6) 立体仓库自动输出对应原材料,MES 系统对原材料 RFID 属性及加工属性进行格式化定义,如图 17-25 所示;

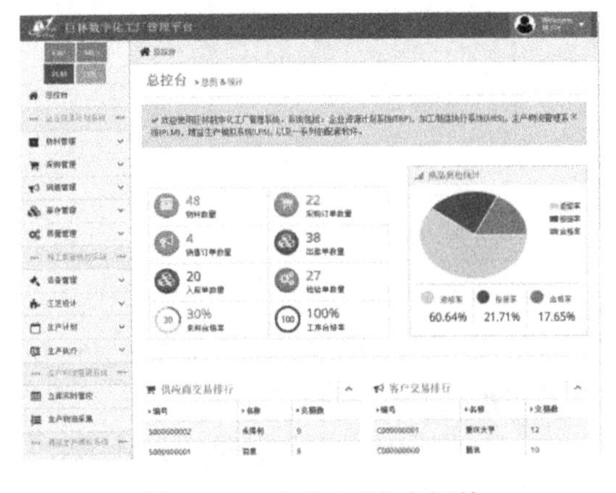

图 17-24　产品生产任务订单

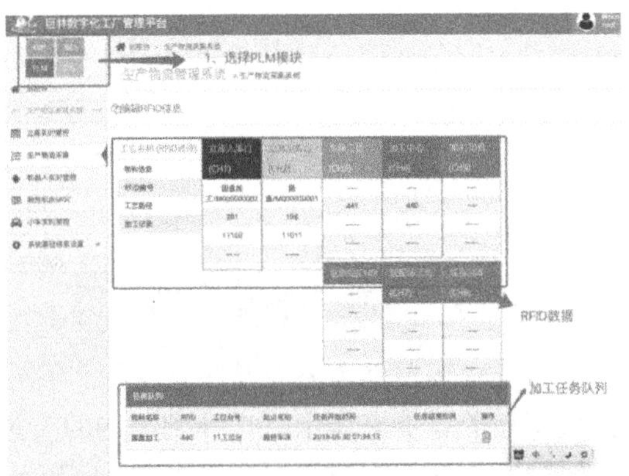

图 17-25　MES 系统

(7) 制造执行系统按工件 RFID 信息进行个性化定制生产加工、组装及入库，MES 系统总控台界面如图 17-26 所示。

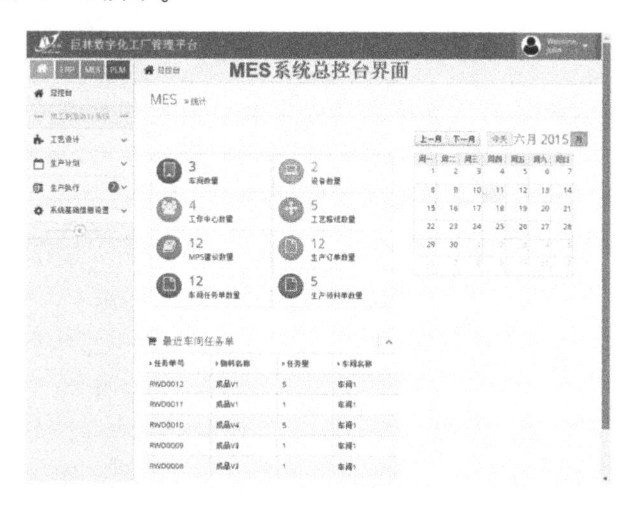

图 17-26　MES 系统总控台

系统开始运行时进行材料入库—出库—运输—加工—检测—装配—成品入库等制造生产过程工序。

系统运行流程如图 17-27 所示，原材料首先入库，加工时根据要求通过 AGV 自动化小车运载，将所需原料输送到加工平台上，由平台接收物料；经过自动化监测装置监测，将原料毛坯等材料的信息数据传入计算机，由计算机给指令，机器人进行上下料动作，下料结束后，经过智能化数控机床一次装夹数次精密加工后，将加工结束的产品进行检测，其中合格品进行机器人平台的自动化装配，装配结束后机器人将合格配品取出，通过 AGV 小车进行转运，转运至成品库进行库存操作，再由自动化立体零件库进行最后的入库操作。如果有需要再由自动化立体库出库。

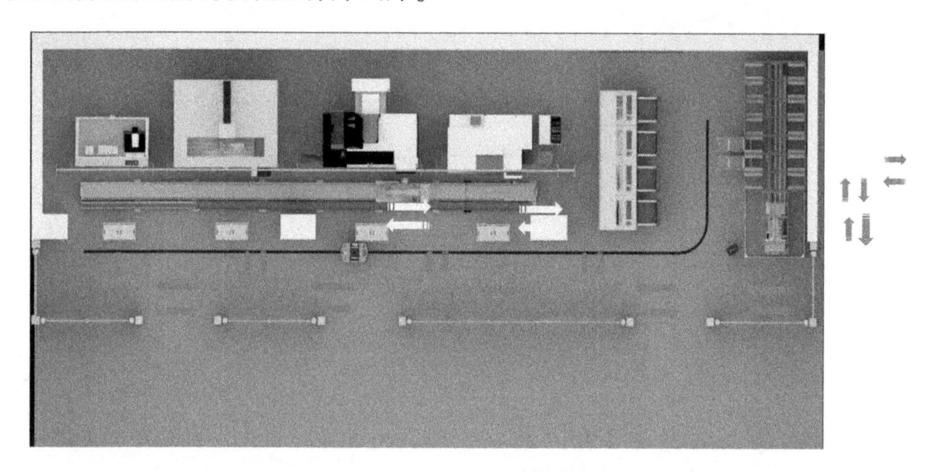

图 17-27　系统运行流程图

学习实践一般流程可概括如下：

(1) 智能制造系统操作流程简述；

(2) 利用搭载的软件，让学员完成加工体设计及加工数据调整生成，加工订单生成，系统下单；

(3) 在立体仓库进行原材料和成品的取放；

(4) 原材料经立体仓库自动出库后被 AGV 小车运输到对应接货平台,机器人进行上下料作业；

(5) 机器人抓取物料后放入机床内进行加工,加工完成后将工件取出放回接货平台上；

(6) 工件依次进行自动检测、自动装配后,经 AGV 小车运载到立体仓库入库平台进行成品入库,等待人工取货。

第四篇

综合训练实践

第18章
现代控制

18.1　工业自动化概述

工业自动化主要有过程控制和运动控制两大领域,相应的自动化技术称为过程控制技术和运动控制技术。当控制规模比较庞大的时候,则采用集散控制系统。

18.1.1　过程控制

过程控制中的过程是指工业生产过程,控制的对象是生产过程中对生产质量有重要影响的工艺参数,如温度、压力、流量、液位等。过程控制通过对生产过程进行数学建模,使用控制理论对控制对象进行自动控制和自动调节,以达到生产过程所要求的性能指标。

恒温控制在生产生活中具有很广泛的应用。如冰箱的零度保鲜功能,为了延长蔬菜、水果的保鲜时间,很多冰箱具有零度保鲜功能,恒温控制的功能就是能够克服环境温度的变化,自动控制温度保持在设定值。另外一个典型应用是新生儿的保温箱,保温箱能够维持新生儿恒定的体温,其恒温控制的精度和可靠性直接影响人的生命安全。

液位控制在生产生活中的典型例子是供热系统中的锅炉。锅炉在工作时必须将水位保持在一定的高度。水位过低,锅炉有可能干烧而酿成事故;水位过高,产生的蒸汽含水量太高,不能成为过热蒸汽,造成供热管道积水。因此,必须根据锅炉蒸汽负荷的大小调整锅炉的给水量,使水位始终维持在允许的范围。

压力控制在生产生活中的典型例子是供水。在生产、生活的实际中,用户用水的多少是经常变动的,因此供水不足或供水过剩的情况时有发生。而用水和供水之间的不平衡集中反映在供水的压力上,即用水多而供水少,则压力小;用水少而供水多,则压力大。保持供水压力的恒定,可使供水和用水之间保持平衡,即用水多时供水也多,用水少时供水也少,从而提高了供水的质量。

18.1.2　运动控制

运动控制所控制的物理量有位置、速度和加速度,其致动机构通常为电动机、气动装置、液压装置,最常用的致动机构是电动机。

运动控制在生产生活、国防军事等各个领域具有非常广泛的应用。

位置控制的应用,如激光雕刻中对激光束打在加工材料上的位置控制、工业机械臂对操作位置的控制、自动车床对给刀位置的控制、导弹制导中的位置控制等。

速度控制的应用如电梯升降的速度控制、导弹飞行的速度控制、汽车自动巡航的速度控制等。

18.1.3 集散控制

集散控制也称为分布式控制,是以通信网络为基础,综合应用计算机、通信、显示和控制等技术,实现生产过程集中管理、分散控制的多级计算机监控技术。其基本思想是分散控制、集中操作、分级管理、配置灵活、组态方便。

集散控制系统(distributed control system,DCS)是指对生产过程集中操作、管理、监视和分散控制的一种全新的分布式控制系统。该系统将若干台微机分散应用于过程控制,全部信息通过通信网络由上位管理计算机监控,实现最优化控制,通过 CRT 装置、通信总线等,进行集中操作、显示、报警。整个装置继承了常规仪表分散控制和计算机集中管理的优点,克服了常规仪表功能单一、人—机联系差,以及单台微型计算机控制系统危险性高度集中的缺点,既在管理、操作和显示三方面集中,又在功能、负荷和危险性三方面分散。

18.2 实验系统介绍

18.2.1 分布式控制系统

分布式控制实验系统如图 18-1 所示,本套 DCS 系统由两台 CPU 412-5H 作为主站控制器,采用 CPU 314C-2 DP、CPU 315-2 PN/DP 和两台 ET 200M 作为 DCS 的本地从站。

每台本地从站分别配备数字量输入模块、数字量输出模块、模拟量输入模块、模拟量输出模块供教学实验使用。

DCS 设备本体同时配备 60 套模拟量模拟器和 40 套数字量模拟器及 2 套过程仪表作为仿真器;接入本地从站之中,作为系统的输入输出量供教学实验使用。

使用 20 套基础单元及 20 套过程控制系统作为 DCS 的自动化站,共同组成一套大型的分布式系统教学平台。

分布式系统实际接入 IO 点数为 2200 点,其中 20 套基础单元点数为 20×52=1040 点(PLC+嵌入式设备);20 套过程控制系统点数为 880 点;4 套本地从站点数为 280 点。

系统配备专业用于搭建光纤网管型使用的 4 套网管型交换机(2 套 SCALANCE X202-2 IRT 及 2 套 SCALANCE X204-2),用于组建系统的环形网络架构。

使用西门子专用 DCS 软件 PCS7 进行软件程序的编写。可对设备使用状况进行实时监测,接入私有云平台可进行对设备的远程学习及远程监控,可对设备的所有运行数据进行归档及管理。所有接入 DCS 的 IO 具有对应的实时画面监测及手自动控制

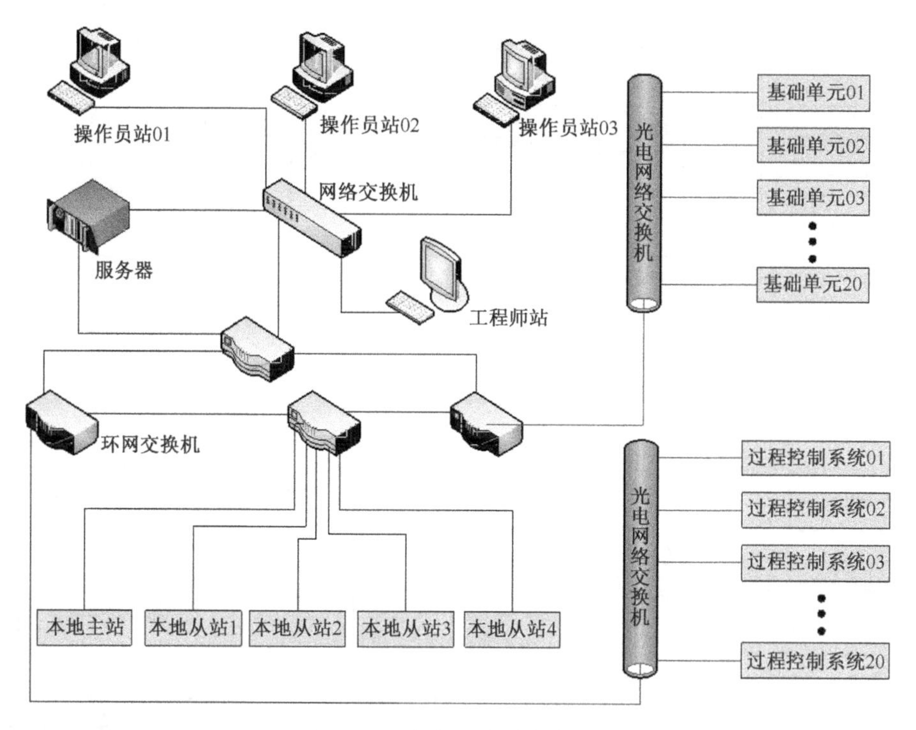

图 18-1　分布式控制实验系统

选项。

其中主要软件程序包含:系统控制程序、人机交互程序、数据管理程序、系统硬件配置程序、OPC 通信程序及系统网络配置程序。

分布式控制系统中涉及的软件有:PCS7 V8.0 SP1 中文版、博途 V13、STEP 7 Micro/Win V4.0 中文版、VC6.0、PC Access 及 Broad Tech V1.0。

私有云平台引入互联网等现代通信技术,以增加设备的使用率,做到线上与线下学习相结合。私有云的使用不但有利于方便学生的学习,对教学管理也有很大的促进作用。

集散控制也称为分布式控制,是以通信网络为基础,综合应用计算机、通信、显示和控制等技术,实现生产过程集中管理、分散控制的多级计算机监控技术,其基本思想是分散控制。

18.2.2　基础单元

基础单元实验系统如图 18-2 所示。

基础单元中集成的被控工艺装置,分别有简单顺序控制工艺装置、温度电加热装置、直线运动位置伺服工艺装置、变频调速装置。

简单顺序控制工艺装置组成:由 LED 指示灯阵列构成,12 个 LED 指示灯,其中,绿色 LED 指示灯 6 个,红色 LED 指示灯 6 个。通过数字量 I/O 信号控制基础单元上提供的 LED 指示灯阵列,实现不同要求的流水灯逻辑顺序控制。

温度电加热装置组成:固态继电器接收到控制器发出的脉冲信号,控制加热器通断频

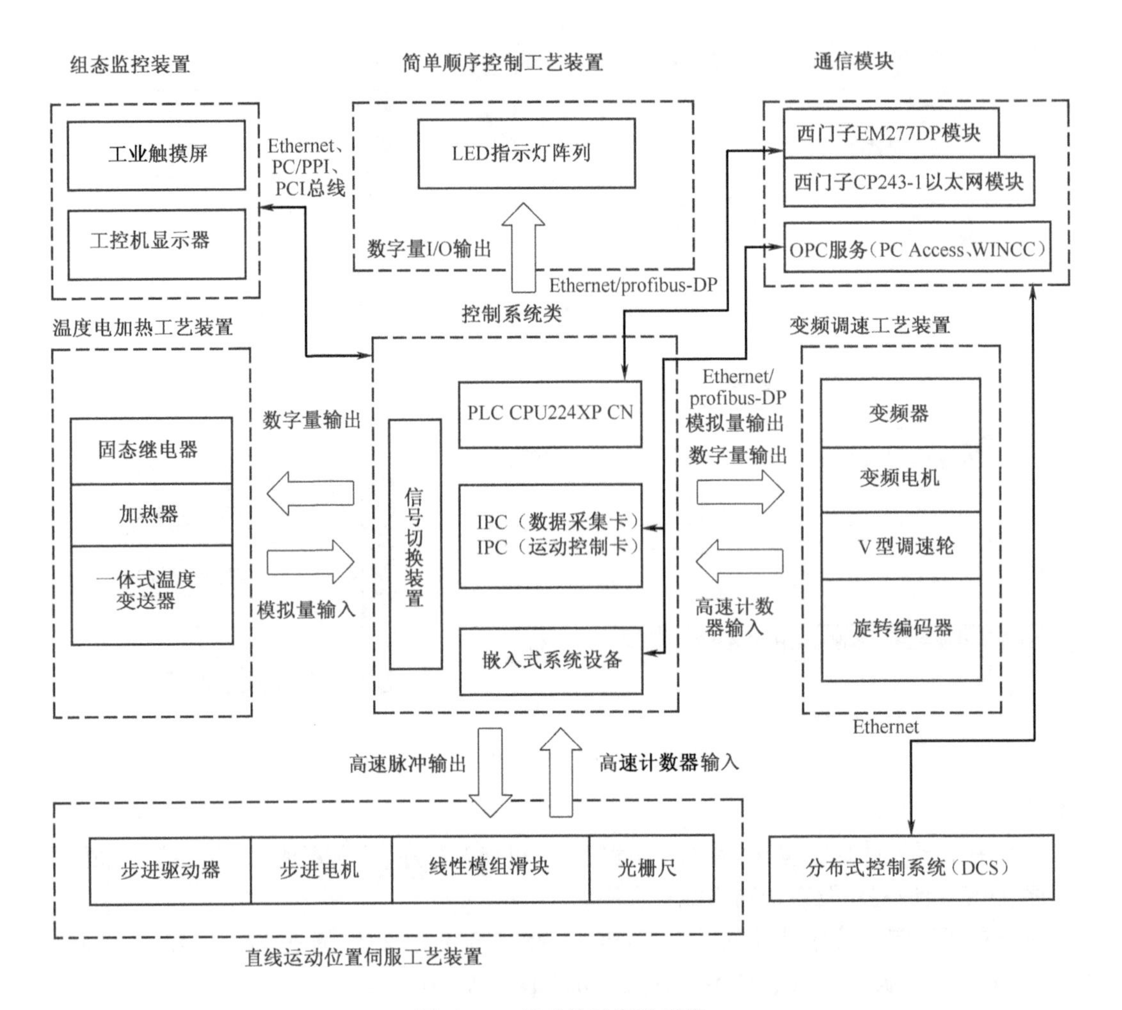

图 18-2　基础单元实验系统

率,实现电加热控制。一体式温度变送器将模拟量转换成数字量再送到控制器作为信号反馈,实现不同要求的闭环温度控制系统。

直线运动位置伺服工艺装置组成:步进驱动器接收到控制器输出的高速脉冲信号,驱动步进电机实现对滚珠丝杆构成的精密线性模组滑块进行直线位移控制,结合位移传感器光栅尺的信号反馈可实现闭环的位置伺服控制。光电开关作为直线位移的限位开关(防撞保护)和原点开关(位置初始化)。

变频调速装置组成:变频器接收控制器的模拟量或数字量信号驱动交流异步电机,电机轴上安装有 V 型皮带调速轮,皮带带动弹力变速轮旋转,手动调节 V 型调速轮的变速比大小实现可变负载的调节,安装在转轮同轴上的旋转编码器可以反馈回脉冲信号实现闭环的调速控制。

18.2.3 过程控制系统

过程控制实验系统如图 18-3 所示。

过程控制系统设备的工艺装置由三套水箱及附属器件组成。

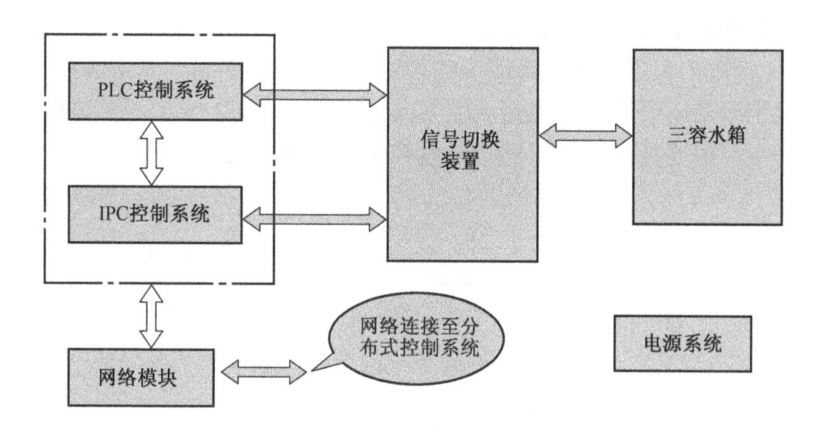

图 18-3　过程控制实验系统

压力容器：水箱为全密封耐压水箱装置，水箱本体上安装有压力变送器，可对容器内液体的压力进行实时检测。配备辅助容器内液体流动的相关管道器件。

耐温容器：水箱为半开放式，本体上安装有加热器、温度变送器，可进行温度控制，配备辅助容器内液体流动的相关管道器件。

蓄水水箱：水箱为开放式，水箱本体上安装有超声波液位计，对容器内的液体液位进行实时监测。预留排水口、进水口用于设备的给排水，配备辅助容器内液体流动的相关管道器件。

管道装置 1：所有管道进出口配备电动阀门和手动阀门。

管道装置 2：在压力容器与蓄水水箱之间的管道上安装有电磁流量计，用于实时流量监测。

能够实现的功能：

(1) 简单过程控制系统；

(2) 温度控制系统；

(3) 压力控制系统；

(4) 流量控制系统；

(5) 组态监控系统。

18.3　工业自动化控制系统设计

18.3.1　流量—液位 PID 过程控制系统设计

图 18-4 所示为一个现代自动化过程控制在发酵工程中的应用，各种生产原料在发酵罐中完成发酵后流入半成品罐，经过再次加工后流入成品罐。在此过程中要求半成品罐中的液位和注入流量恒定在设定值，且整个系统处于连续的工作状态，发酵罐中的半成品源源不断地流入半成品罐的同时，加工好的成品也通过比例阀控制流入成品罐，以保持半成品罐的恒定液位。

流量 PID 控制中，水泵作为被控对象满足恒定的流量输出。液位 PID 控制中，比例阀作为被控对象满足半成品罐液位的恒定。当流量设定值改变后会对液位 PID 控制产生影响,此时比例阀会根据半成品罐液位的设定控制开度,使得半成品罐液位保持恒定。而液位值的设定改变不会影响到流量 PID 控制。这种 PID 控制方式又被称为“双 PID”控制。以下详细讲述流量—液位双 PID 过程控制系统的应用。

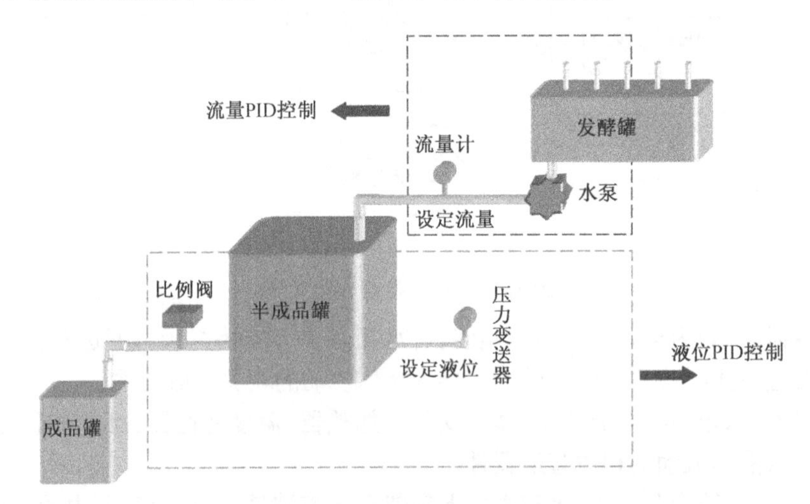

图 18-4　现代自动化过程控制在发酵工程中的应用

1. 控制目的

(1) 了解液位变送器、流量计的使用方法。

(2) 学习流量液位的 PID 过程控制。

2. 控制内容

水位高度的设定值为 20cm(水位高度的精度为±1cm),控制水泵的频率给上水箱送水,流量设定为 1.7m^3/h(流量的精度为±0.2m^3/h),实现流量—液位 PID 控制。

3. 系统原理图

控制系统总体框图如图 18-5 所示,PLC 作为核心控制器,通过工业计算机 IPC-820 的输入、各类传感器的输入,以及相关模拟量的输入,完成相关设备的运行、停止与调速控制。

工作流程:系统根据检测到外部传感器的状态对设备进行启停、调速控制,其工作过程如下:

(1) 检测水箱液位。

(2) 采集液位传感器的反馈信号,将传感器输出的模拟信号转换成 PLC 可以处理的数字信号。

(3) PLC 根据液位反馈值以及变频器输出频率,对模拟量进行数据处理。

(4) PLC 中数据经过计算后产生控制信号,实现对驱动器的控制。

4. 系统功能要求

过程控制系统在现代发酵工业中应用广泛,本系统模拟了发酵工业中对于双 PID 控制的运用。

此系统主要功能是下水箱的水被水泵抽取,然后通过流量计注入上水箱,上水箱的水由比例阀控制注入下水箱,这里的下水箱充当发酵罐和成品罐,上水箱充当半成品

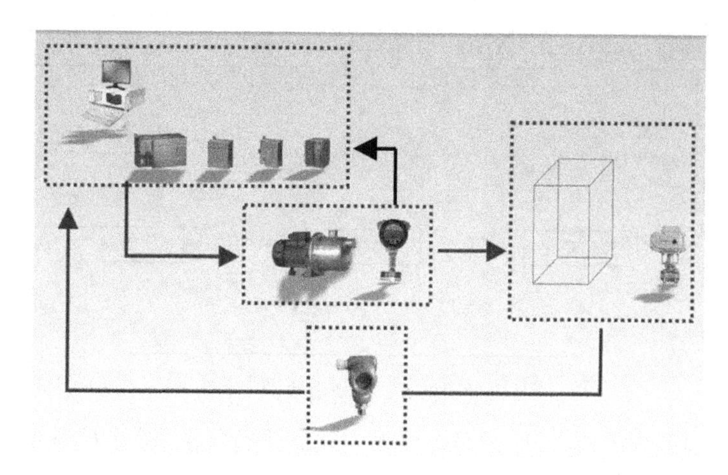

图 18-5　控制系统总体框图

罐。流量计控制水泵作为流量 PID 控制,压力变送器控制比例阀作为液位 PID 控制。当流量设定值改变后会对液位 PID 控制产生影响,此时比例阀会根据半成品罐液位的要求控制开度,使得半成品罐液位保持恒定。而液位值的设定改变不会影响到流量 PID 控制。

系统中以 PLC 作为主控制器,使系统设计周期短、数据处理和通信方便,同时易于操作、维护;利用 PLC 网络通信能力,使数据传输、通信简便,同时也可以实现远程监控。

过程控制系统主要涉及两个方面:信号输入、控制信号输出。

(1) 信号输入:信号输入检测主要是三类信号的检测。

(2) 按钮输入检测:人工方式控制的输入检测。

(3) 液位高低输入检测:检测水池(水箱)液位的高低,用来控制整个供水系统的启动、停止。

(4) 流量大小检测:通过流量传感器实时监控流量大小。

(5) 控制输出信号:数字量输出,即各类设备的接触器。

(6) 数字量输出:控制各类设备的启动、停止,包括:水泵的工频运行和变频运行等接触器,以及进水比例阀的开启、开度、关闭。

(7) 模拟量输出:通过 PLC 中 PID 运算后的数据转换成标准值,将控制信号输入到变频器的模拟量端口上,以改变变频器的输出频率,从而控制水泵的转速,最后达到控制水箱液位的要求。

5. 系统总体设计

系统设计包括机械结构设计、电气控制设计,机械结构是控制系统的基础,是实现控制功能的前提;电气控制系统是实现控制功能的核心部分。

可控制的过程量:水泵频率(4~20mA)、比例阀的开度(4~20mA)。

可监视的过程量:流量(4~20mA)、液位(4~20mA)、比例阀的开度(4~20mA)。

6. 系统主要组成部分

(1) 控制模块图如图 18-6 所示。

液位变化:系统控制的输入量,是否准确采集该信号决定控制系统的精度以及可靠性。

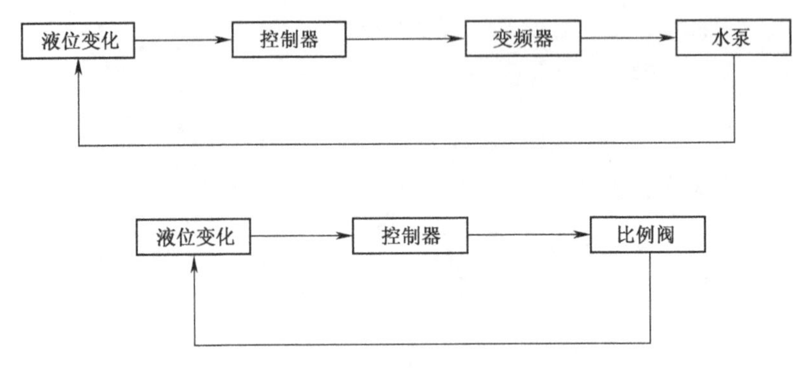

图 18-6 控制模块图

控制器:控制系统的核心,通过对外界输入状态进行检测,输出控制量。对外界输入的数据进行运算处理后,输出相应的控制量。

变频器:作为核心控制器的后续控制单元,对终端设备水泵进行控制,最终达到控制要求。

水泵:过程控制系统的执行机构,通过变频器控制电动机的转速,从而达到控制水泵流量的目的。

(2) 电气部分简要示意图如图 18-7 所示。

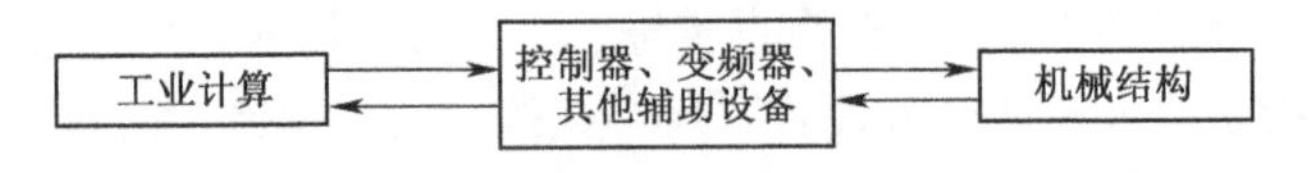

图 18-7 电气部分简要示意图

电气控制主要包括操作面板和电气控制柜。系统中需要检测较多的数字输入量,同时还要检测模拟量的输出,然后根据设定的程序进行数据处理,输出控制信号,因此系统的控制逻辑、时序需要严格按照检测信号的输入进行控制。

7. 硬件系统配置

1) 电气控制系统框图

控制系统组成及其关系如图 18-8 所示。

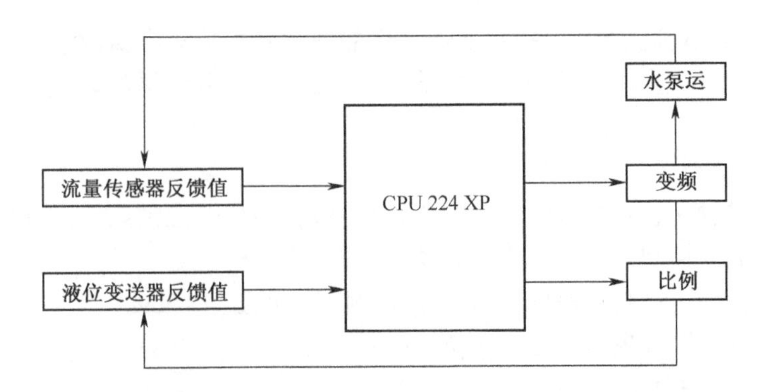

图 18-8 电气控制系统框图

2) PLC I/O 资源配置

数字量输入部分(见表 18-1):

表 18-1 数字量输入信息

输入地址	输入设备	输入地址	输入设备
I0.0	启动按钮	I0.3	停止按钮

数字量输出部分(见表 18-2)：

表 18-2 数字量输出信息

输出地址	输出设备	输出地址	输出设备
Q0.0	蜂鸣器报警	Q0.1	

模拟量输入部分(见表 18-3)：

表 18-3 模拟量输入信息

输入地址	输入设备	输入地址	输入设备	输入地址	输入设备
AIW4	压力变送器	AIW6	流量计	AIW10	比例阀

模拟量输出部分(见表 18-4)：

表 18-4 模拟量输出信息

输出地址	输出设备
AQW0	比例阀

根据控制系统的功能要求，如表 18-1～表 18-4 所示的 I/O 分配情况，设计出过程控制系统的硬件接线图(图 18-9)：

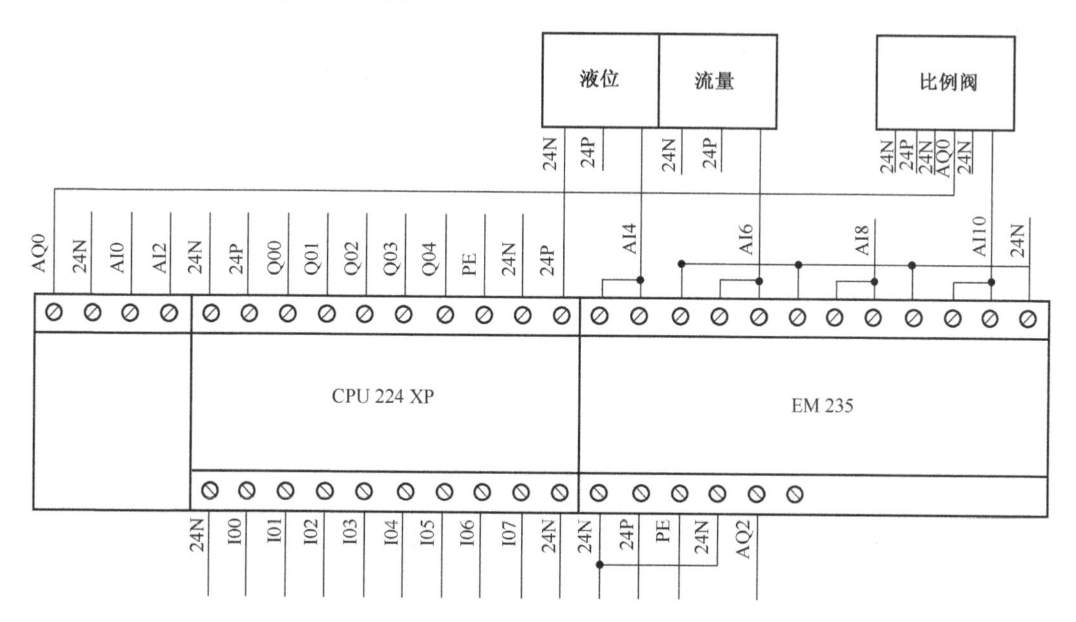

图 18-9 过程控制系统的硬件接线图

8. 其他资源配置

要完成系统的控制功能，除了需要PLC主机及其扩展模块之外，还需要各种开关、接触器和变频器等仪器设备。

（1）接触器：采用24V DC线圈的电磁接触器。

（2）变频器：通过调节频率，控制水泵的转速大小，达到节能的目的。

（3）各类按钮：在该控制系统中采用三种机械按钮，分别为旋转开关、急停按钮和触点触发式按钮。当旋转开关旋到一边时系统通电，旋到另一边时系统断电；绿色和红色触点触发式按钮分别为系统启动和停止按钮；急停按钮使用旋转复位按钮，按下后系统停止，旋转后自动弹起复位。

（4）比例阀：当流量设定值改变后会对液位PID控制产生影响，此时比例阀会根据半成品罐液位的设定控制开度，使得半成品罐液位保持恒定。

9. 总体流程设计

总体流程设计如图18-10~图18-12所示。

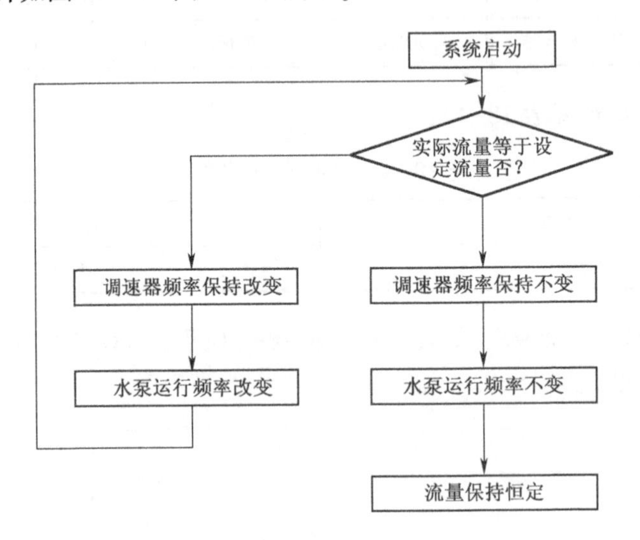

图18-10 流量PID控制流程示意图

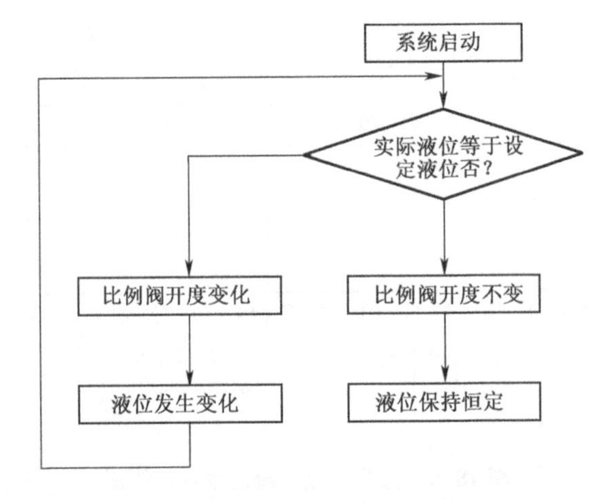

图18-11 液位PID控制流程示意图

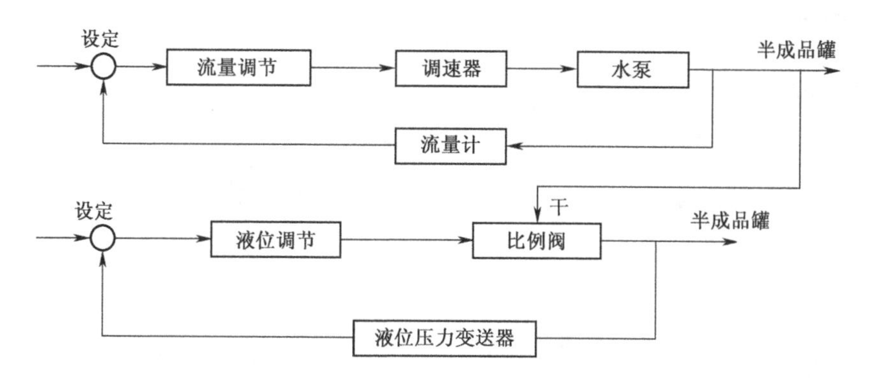

图 18-12 双 PID 关联控制流程示意图

18.3.2 控制程序

控制程序与梯形图如下：

```
ORGANIZATION_BLOCK 主程序:OB1
TITLE=程序注释
BEGIN
Network 1 //网络标题
//液位设定值
LD      SM0.1
MOVR    VD630, VD0
AENO
R       M2.0, 1
```

程序注释
网络 1 网络标题
液位设定值
SM0.1 MOV_R EN END M2.0 R 1
VD630 IN OUT VD0

```
Network 2
//启停按钮控制
LD      I0.3
LD      I0.2
NOT
A       M2.0
OLD
=       M2.0
```

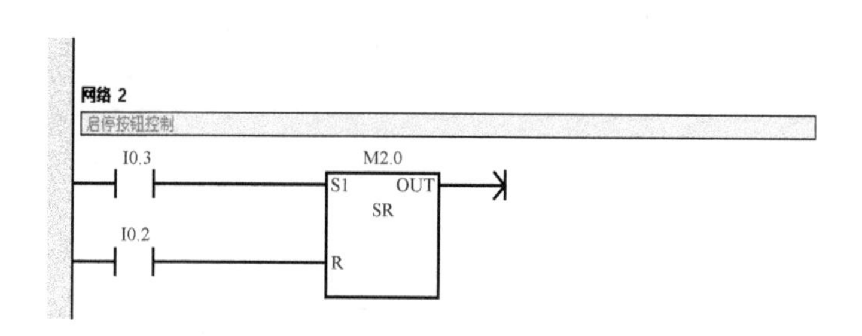


```
Network 3
//上下水位报警
LDN     I0.1
AN      I0.0
A       M2.0
=       M0.0
=       M10.0
```

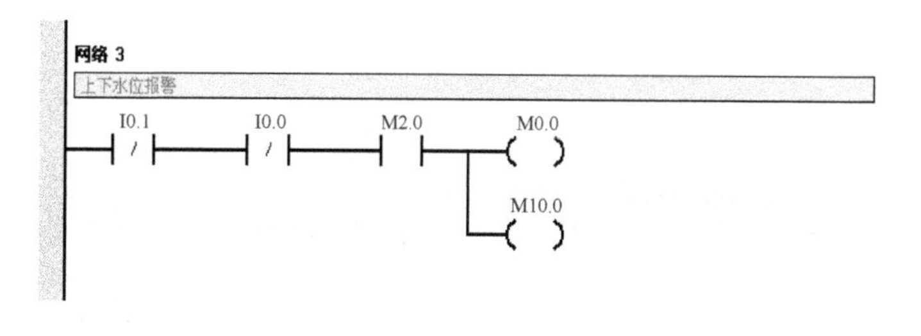

```
Network 4
//流量计 PID 控制
LD     SM0.0
CALL   SBR1, AIW6, VD0, M0.0,
VD4, VW610, M0.1, M0.2
```

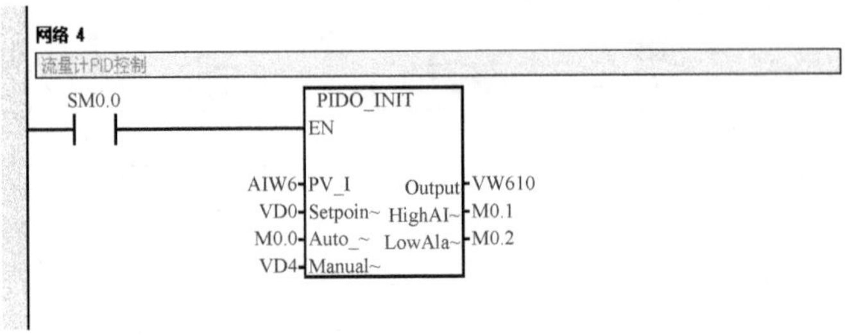

```
Network 5
//水泵输出
LD     SM0.0
MOVW   VW610, AQW4
```

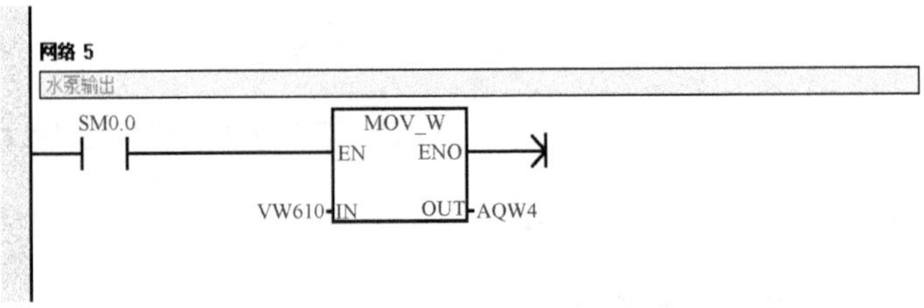

```
Network 6
//报警
LD     M0.0
A      M0.1
LD     M10.0
A      M1.0
OLD
LD     M10.0
A      M1.1
OLD
LD     M2.0
A      I0.0
OLD
LD     M2.0
A      I0.1
OLD
=      Q0.0
```

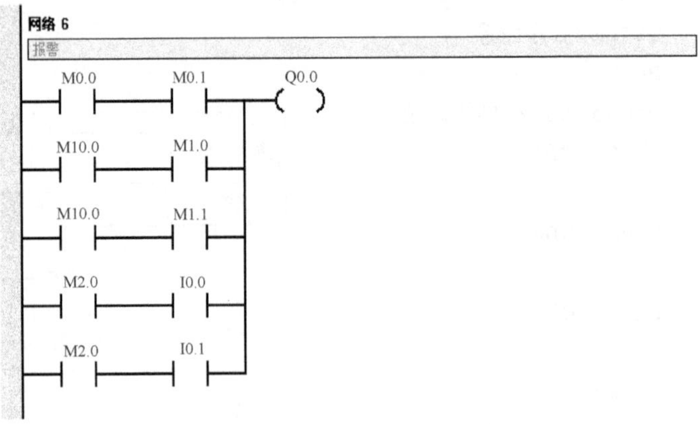

```
Network 7
//系统运行
LD     M2.0
=      Q0.1
```

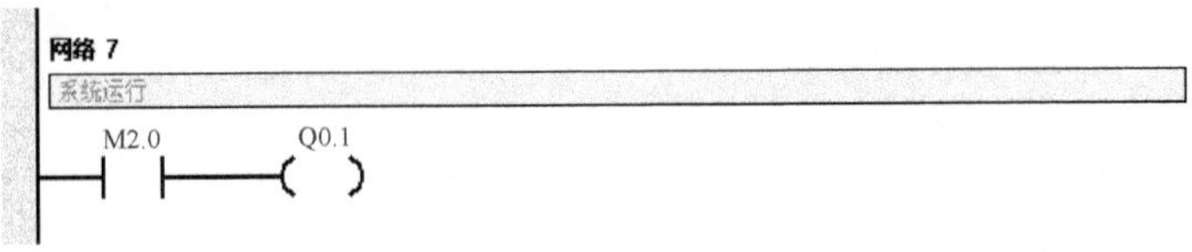

```
Network 8
//液位压力变送器 PID 控制
LD     SM0.0
CALL   SBR2, AIW4, VD10, M10.0,
VD14, VW18, M1.0, M1.1
```

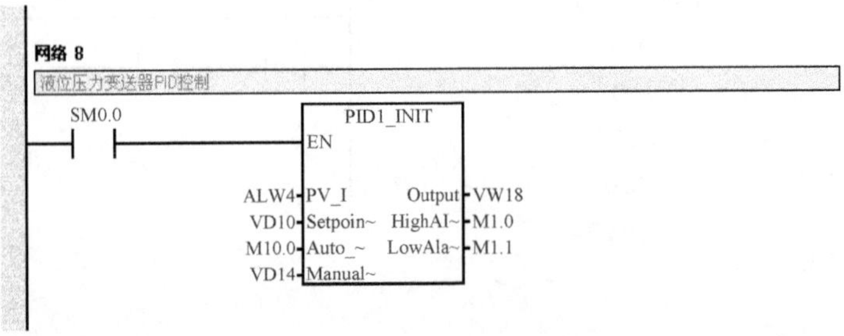

```
Network 9
//比例阀开度输出
LD      SM0.0
MOVW    VW18, AQW0
A       M2.0
INVW    VW18
AENO
INCW    VW18
AENO
+I      +32000, VW18
AENO
MOVW    VW18, AQW0
```

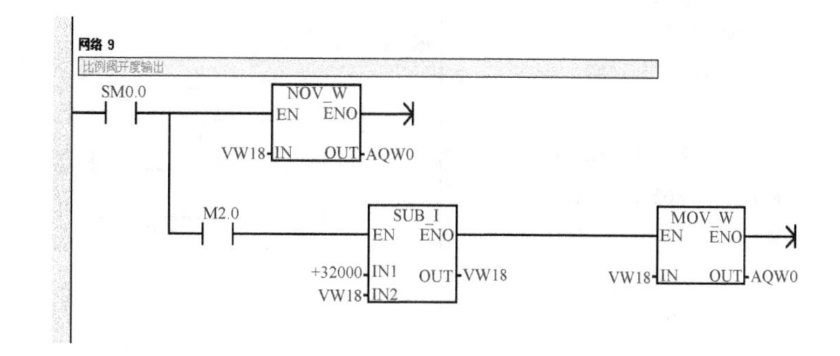


```
Network 10
//关闭水泵和比例阀
LDN     M2.0
EU
MOVW    +0, AQW0
AENO
MOVW    +0, AQW4
```

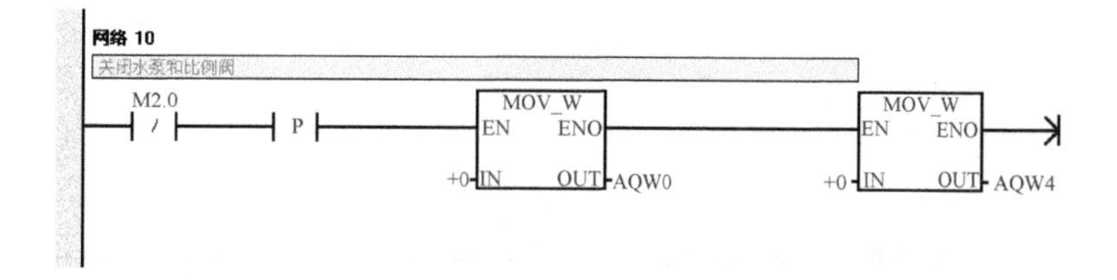


```
Network 11
//以太网远程监控
LD      Q0.0
=       V608.0
```

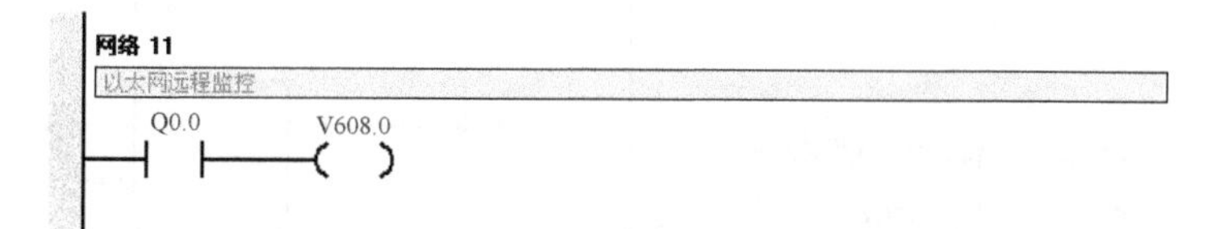


```
Network 12
//以太网远程监控
LD      M2.0
S       V608.1, 1
R       V608.2, 1
```

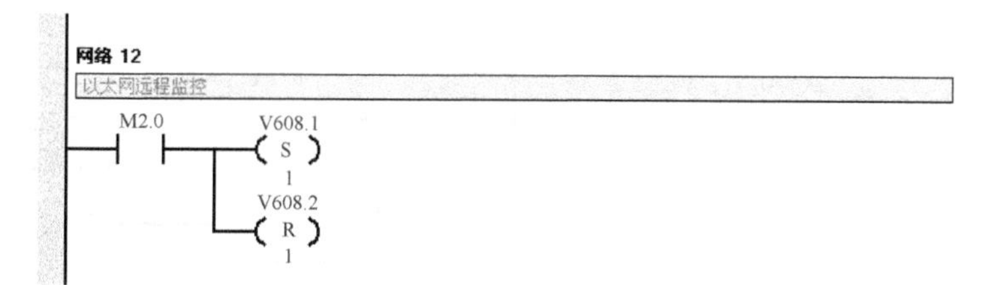


```
Network 13
//以太网远程监控
LDN     M2.0
S       V608.2, 1
R       V608.1, 1
```

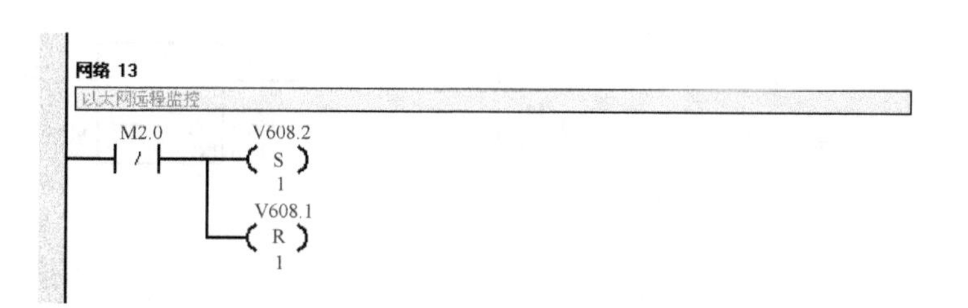

```
Network 14
//以太网远程数据传输
LD      SM0.0
MOVW    AIW4, VW700
MOVW    +6553, VW702
MOVW    VW700, VW706
-I      VW702, VW706
MOVW    VW706, VW600
/I      +254, VW600
```

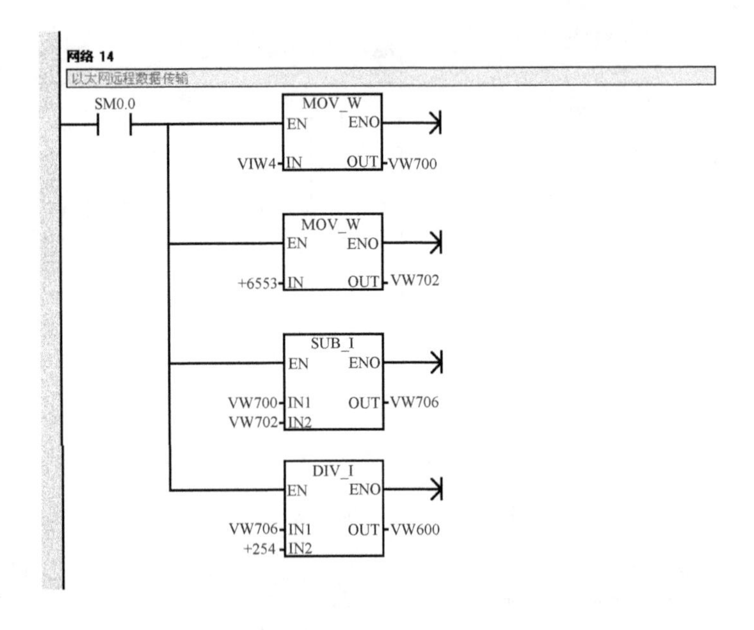


```
Network 15
//以太网远程数据传输
LD      SM0.0
MOVW    AIW6, VW710
MOVW    +6554, VW712
MOVW    VW710, VW716
-I      VW712, VW716

MOVW    VW716, VW640
/I      +4, VW640
ITD     VW640, VD644
DTR     VD644, VD648
MOVR    VD648, VD652
/R      1000.0, VD652
```

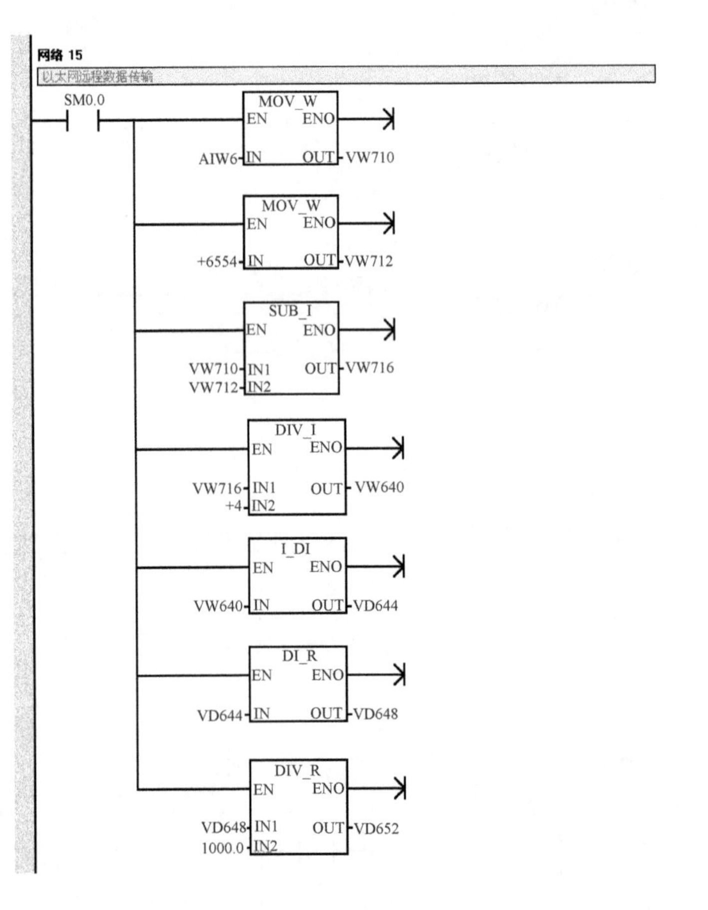

```
Network 16
//以太网远程数据传输
LD      SM0.0
MOVW    AIW10, VW722
-I      +6553, VW722
MOVW    VW722, VW604
/I      +255, VW604
```

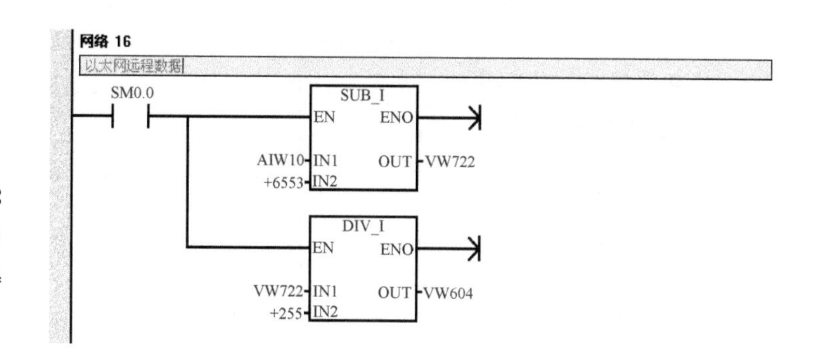


```
Network 17
//以太网远程数据传输
LD      SM0.0
MOVW    VW610, VW726
MOVW    VW610, VW606
/I      +533, VW606
+I      +2, VW606
```

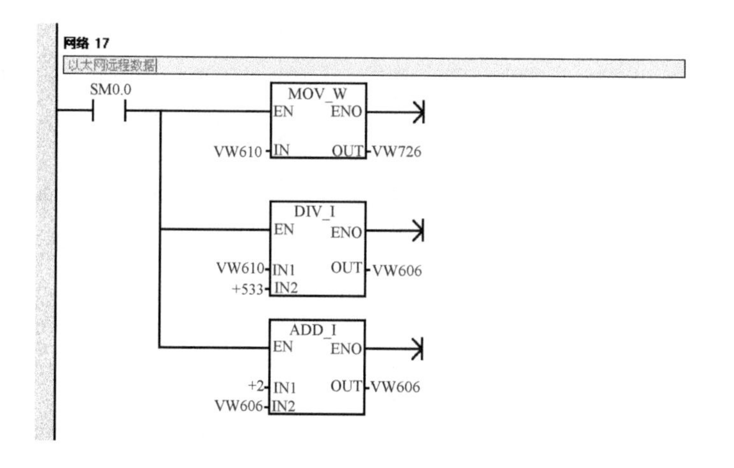


```
Network 18
//以太网模块控制子程序
LD      SM0.0
CALL     SBR3, M20.0,
MW21, MW23
```

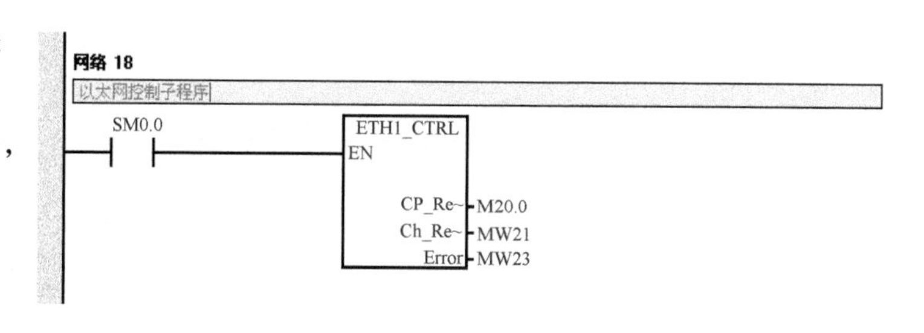

```
Network 19
//以太网远程数据传输
LD      SM0.0
MOVD    VD600, VD4000
MOVD    VD604, VD4004
MOVB    VB608, VB4008
ROUND   VD0, VD790
MOVW    VW792, VW4009
ROUND   VD10, VD790
MOVW    VW792, VW4011
```

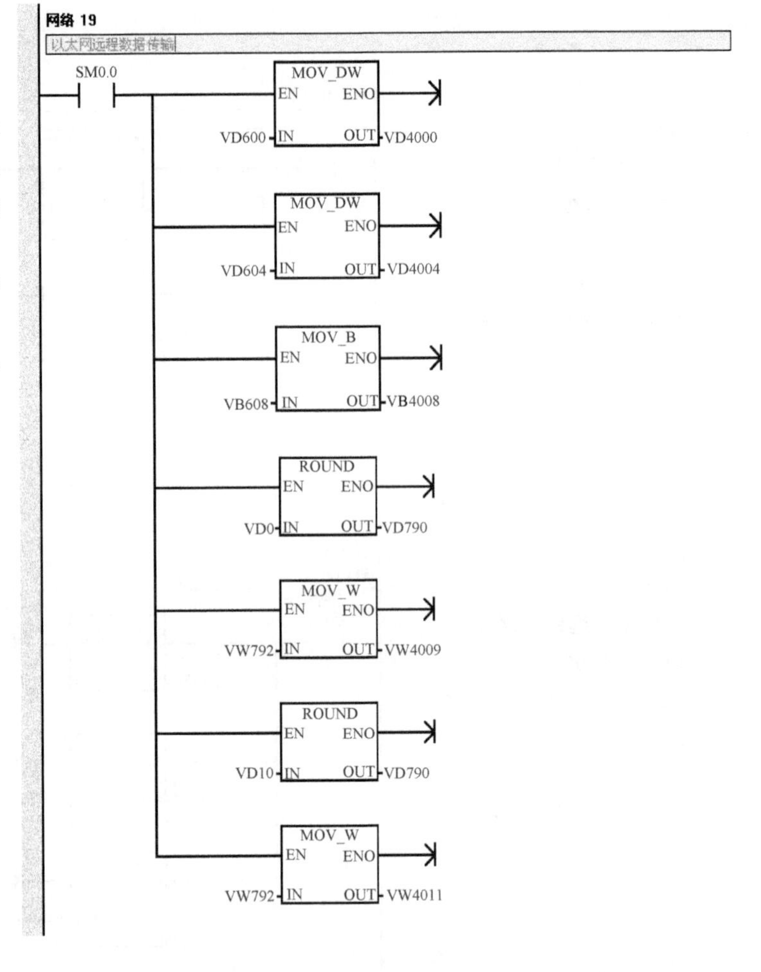


```
Network 20
//以太网数据传送子程序
LD      SM0.0
=       L60.0
LD      SM0.5
EU
=       L63.7
LD      L60.0
CALL    SBR4, L63.7,
VB497,VB498, M20.1,
M20.2, MB24
```

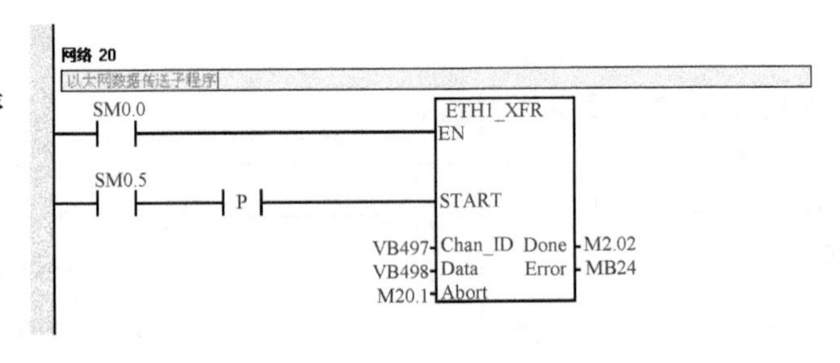

```
Network 21
//比例阀开度、水泵频率计算
LD      SM0.0
MOVW    VW18, VW636
AENO
/I      +320, VW636
AENO
MOVW    VW610, VW656
/I      +320, VW656
```

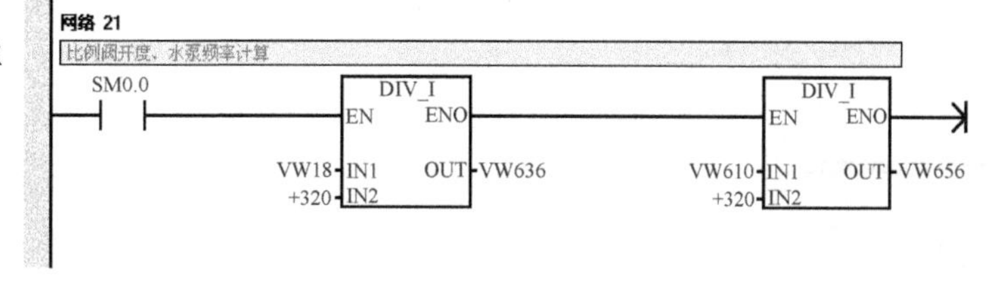


```
Network 22
//流量设定值换算
LD      SM0.0
MOVR    VD638, VD10
*R      15.0, VD10
```

```
Network 23
//压力、流量初始设定值
LD      SM0.0
MOVR    20.0, VD630
AENO
MOVR    1.7, VD638
END _ ORGANIZATION_BLOCK
```

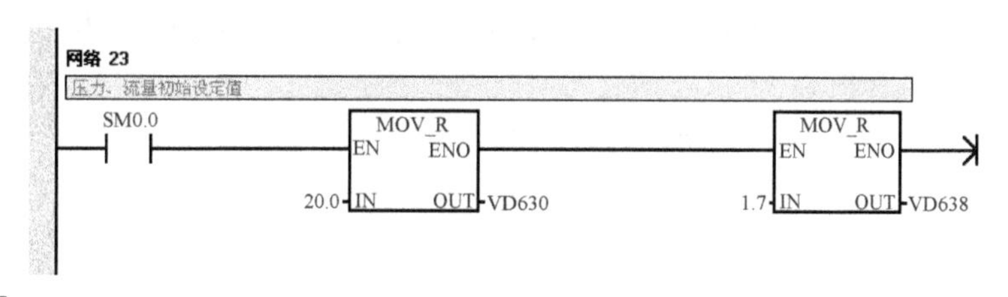

第19章 单片机应用开发介绍

19.1 MCS-51单片机的特点

学习计算机的基础知识即数字电子技术，包括触发器、计数器、移位寄存器、译码器、编码器等。单片机(microcontroller)，又称微控制器，是在一块硅片上集成了各种部件的微型计算机，这些部件包括中央处理器(CPU)、数据存储器(RAM)、程序存储器(ROM)、定时器/计数器和多种I/O接口电路。MCS-51系列单片机是以Intel公司生产的8051单片机为核心，各厂家结合自身优势而生产出来的一系列单片机。MCS-51单片机的基本结构如图19-1所示。

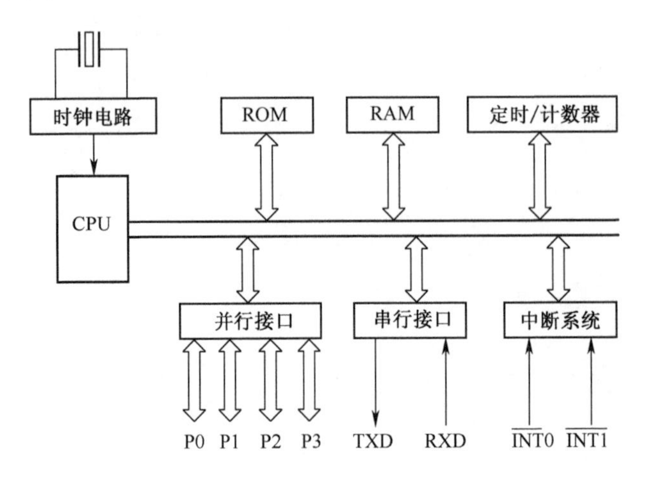

图19-1 MCS-51单片机的基本结构

51系列单片机的结构特点如下：

(1) 8位CPU；

(2) 片内振荡器及时钟电路；

(3) 32根I/O线；

(4) 外部存储器寻址范围ROM、RAM各64K；

(5) 3个16位定时/计数器；

(6) 5个中断源，2个中断优先级；

(7) 全双工串行口;

(8) 布尔处理器。

19.2　C 语言程序各语句的用法与意义

在硬件电路基础上,单片机通过执行程序代码来完成所需功能。现在多用 C 语言对单片机进行编程。下面仅介绍部分常用语句的用法及意义。

19.2.1　if 语句

条件成立为真=1,条件不成立为假=0。

1. 单分支 if

```
if(表达式)          //非 0 执行后面语句,否则跳过。非 0 即为真,0 为假。
{语句;}
```

2. 双分支 if

```
if(表达式)          //为真执行后面语句 1,否则跳到 else 后面的语句 2。
{语句 1;}
else
{语句 2;}
```

3. 多分支 if

```
if(表达式 1)        //为真执行后面语句 1,否则跳到 else if 后面的表达式 2 。
{语句 1;}
else if(表达式 2)   //为真执行后面语句 2,否则跳到下一个 else if 表达式 n 或 else 后
                      面的语句 n。
{语句 2;}
…
else
{语句 n;}         //可以是空语句但分号要保留。
```

4. if 嵌套

```
if(表达式 1)        //为真进入后面的 if 表达式 2,否则跳到 else 后面的表达式 3。
{
if(表达式 2)      //为真执行后面语句 1,否则跳到 else 后面的语句 2。
{语句 1;}
else
{语句 2;}
}
else
{
if(表达式 3)       //为真执行后面语句 3,否则跳到 else 后面的语句 4。
{语句 3;}
else
{语句 4;}
}
```

19.2.2 switch 语句

先计算表达式的值，然后跳到相匹配的常量表达式语句。执行完后顺序执行其后所有常量表达式语句，直到 switch 末尾返回。若没有匹配值，就跳到 default 默认语句，若没有默认语句就直接返回。

```
switch (表达式)
{
case 常量表达式 1:
  {语句 1;
break;          //加入该语句，立即跳出 switch 语句。
}
case 常量表达式 2:
  {语句 2;}
case 常量表达式 3:
  {语句 3;}
…
default:
{语句 n;}          //可以留空默认值语句，分号应保留。
}
```

19.2.3 for 循环

循环条件表达式为真，执行循环体语句块后增减变量，否则退出循环。

```
for (变量赋初值表达式;循环继续条件表达式;循环变量自增减表达式)
{
循环体语句块;   //循环体可以是空语句，但分号必须保留。
}
```

19.2.4 while 循环

```
while (表达式) //表达式为真不断执行循环体语句，为假退出循环。
{
循环体语句块;   //循环体可以是空语句，只有一条语句时花括号也可以省略。
}
```

19.2.5 do-while 循环

表达式为真不断执行循环体语句，为假退出循环。

```
do
{
循环体语句块;   //循环体可以是空语句，只有一条语句时花括号也可以省略。
}
while (表达式);//特别注意：本行分号不能省略！
```

19.2.6 循环跳转语句

```
break;          //立即跳出当层循环。
continue;       //立即跳到当层循环起始处,后面的循环体语句不执行。
```

19.3 使用仿真软件辅助电路分析和设计

Proteus 是单片机设计中常用的 EDA 工具(仿真软件),下面通过实例来简单介绍一下这款软件的基本使用。

实例:十字路口交通信号灯。

在初次使用 Proteus 软件时,首先,设置它的绘图区域大小,在系统菜单栏,选择【设置图纸大小】(图 19-2),会弹出设置绘图区域大小的窗口,通常情况下默认大小即可。

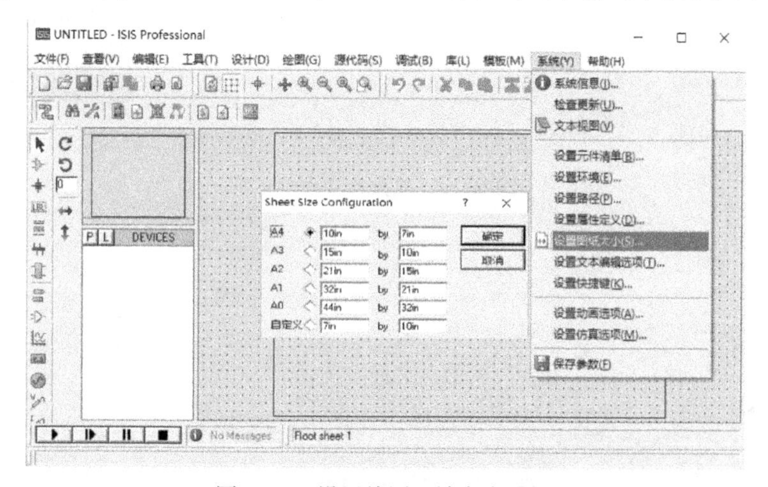

图 19-2　设置绘图区域大小界面

根据绘图需要可选择性地设置绘图模板的一些默认值,如背景色、边框色、字体等,如图 19-3 所示。

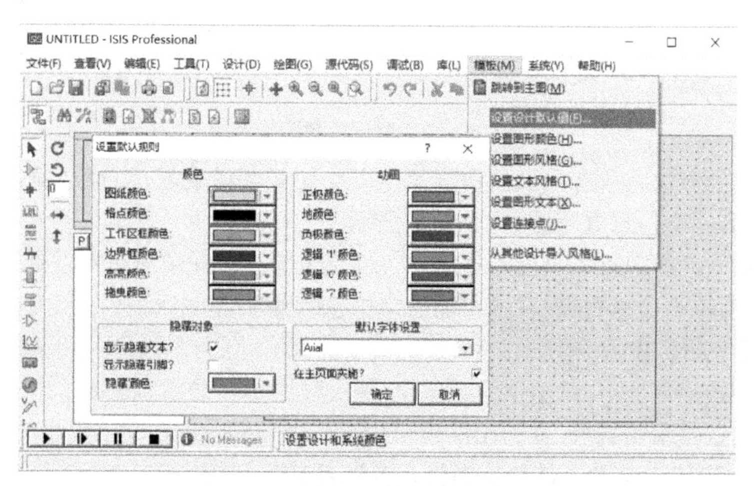

图 19-3　设置绘图模板的默认值界面

诸如此类环境设置的操作不再一一赘述。

完成以上选择性的设置后，开始绘制电路图。对组件进行搜索和选择，并单击主界面中的元素搜索键【P】进入元素搜索和选择接口，在搜索栏中的这个窗口关键字栏输入MCS，预览窗口将显示搜索到的相关组件，如图 19-4 所示，选择要找的原件，最后单击【确定】按钮将其添加，如图 19-5 所示。

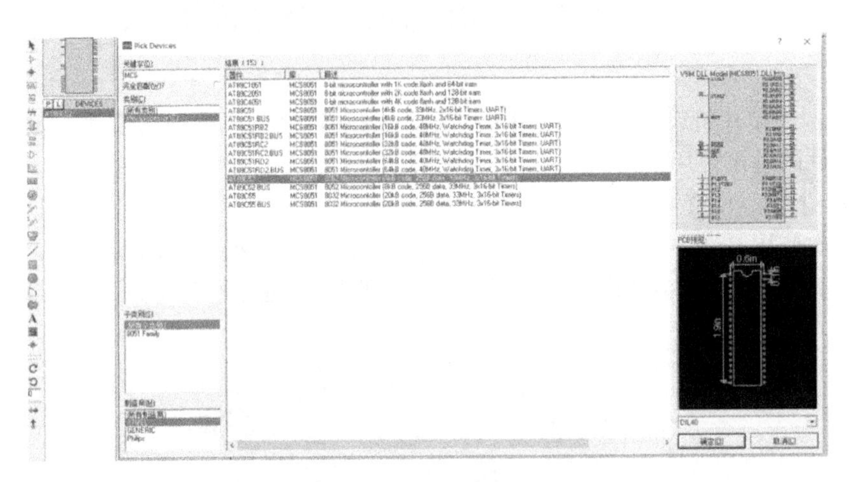

图 19-4 元器件搜索界面

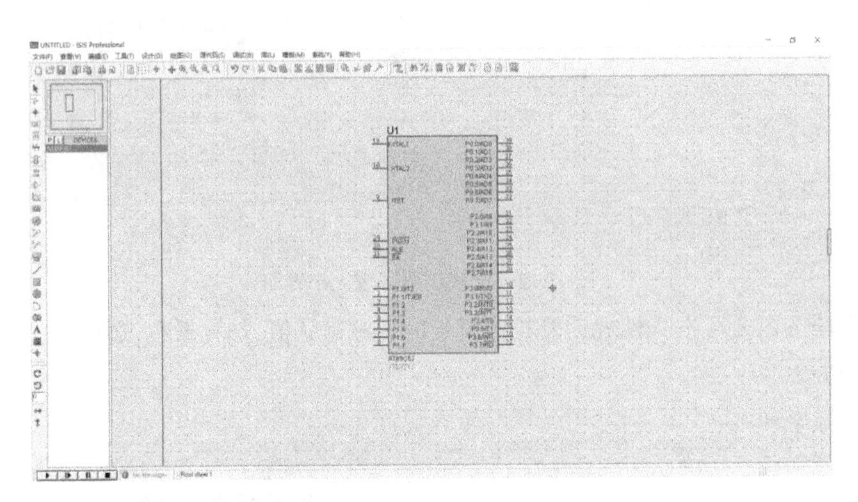

图 19-5 加元器件后的预览界面

通过上面的方法将所有用到的仿真元件依次加载到仿真界面，最后通过连接线将电路设计完成，其完整仿真电路图如图 19-6 所示。

电路图布线的颜色可以自己根据需要个性化设置。首先单击鼠标左键选中想要改变颜色的线，然后单击鼠标右键，在弹出的窗口中选择编辑连线风格，在颜色栏即可选择需要的线条颜色，如图 19-7 所示。

电路原理图绘制完成，检查无误后即可导入程序进行仿真，将鼠标光标放在单片机上，单击右键，选择编辑属性，在弹出的窗口中单击 Program File 一栏后面的文件夹，找到 Keil 生成的后缀为 . hex 的文件并选择打开，单击【确定】，如图 19-8 所示。

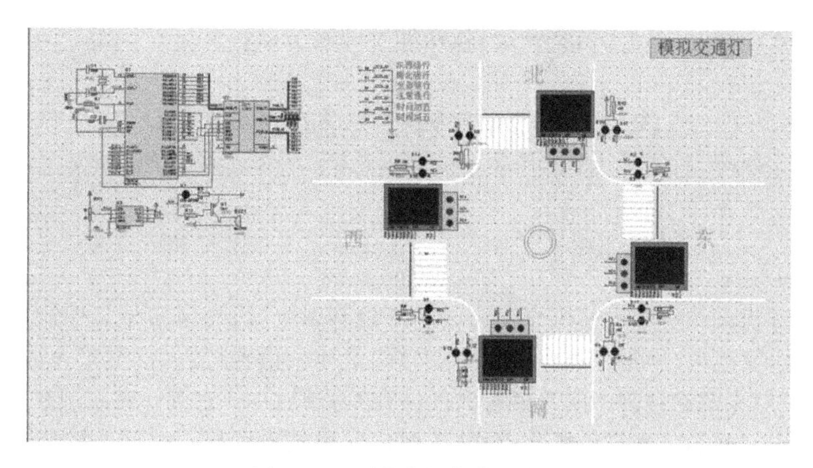

图 19-6　系统完整仿真电路图

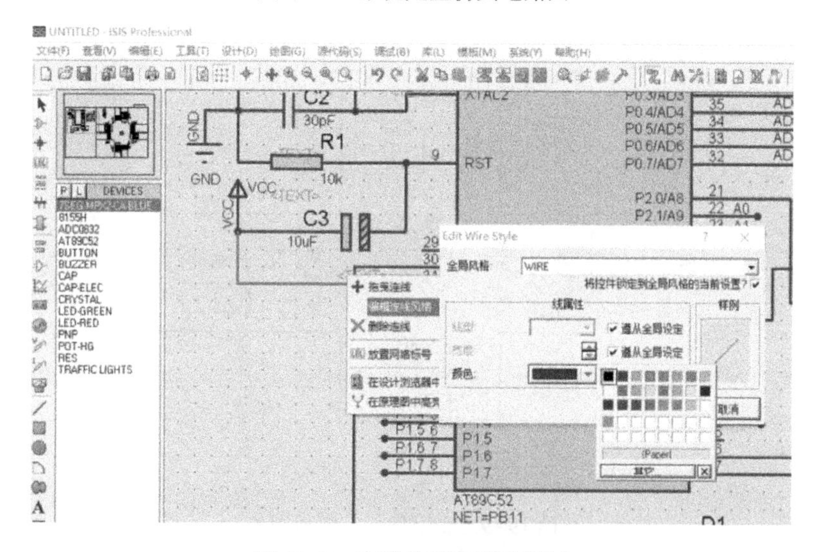

图 19-7　布线的颜色设置界面

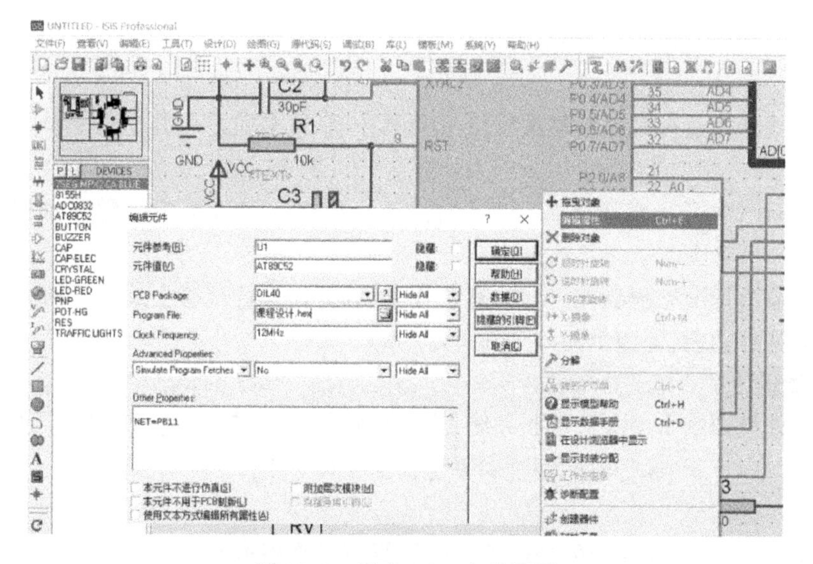

图 19-8　导入 HEX 文件界面

成功导入程序后,单击【仿真开始】按钮即可开始仿真。

19.4 交通信号灯控制设计实例

19.4.1 设计思路分析

利用单片机设计一个十字路口交通信号灯控制系统,该交通信号灯控制器由两条主干道汇合成十字路口,在每个入口处设置红、绿、黄三色信号灯,红灯亮禁止通行,绿灯亮允许通行,黄灯亮则给行驶中的车辆有时间停在禁行线外,并有倒计时系统显示信号灯转换时间。用红、绿、黄发光二极管作信号灯,两位八段数码管显示时间来控制交通信号灯的变化(为简化设计难度,本设计仅实现对直行的控制,忽略转弯控制)。模拟图如图 19-9所示。

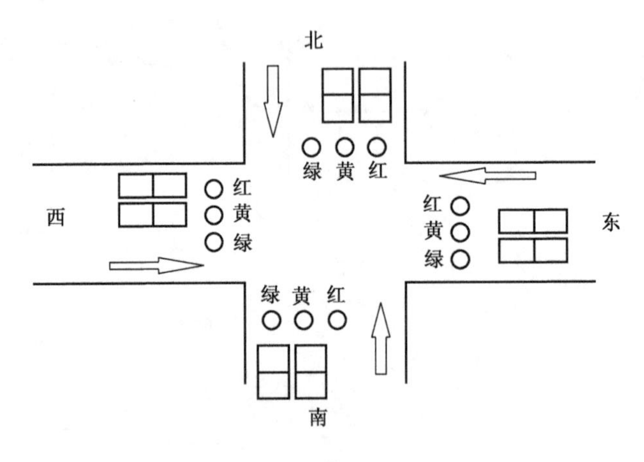

图 19-9 交通信号灯模拟图

1. 性能指标

(1) 东西和南北方向的车辆交替通行,任意时刻只有一个方向通行,以黄灯闪烁来转换。

(2) 系统开始运行时设置每次放行 10s,其中有 3s 是黄灯闪烁提醒行人和车辆禁止通行。

(3) 通行时间可在 5~95s 内任意设置,并且可以通过外部中断随时加或减通行时间,以 5s 为一个单位。

(4) 有紧急情况处理功能,比如:有急救车辆通行时,暂时禁止其他车辆通行。还具有夜间通行功能,即四个路口全部黄灯闪烁。

2. 功能设计

本设计能模拟基本的交通控制系统,用红绿黄灯表示禁行、通行和等待的信号发生,还能具有倒计时显示、通行时间调整和紧急情况处理等功能。

1) 基本功能

采用 Proteus 仿真软件中的交通信号灯红绿黄灯来模拟信号灯,从而达到控制车辆的通行;以红绿两种颜色的 LED 灯来模拟人行横道指示灯,指示行人通行。

2）倒计时显示功能

采用两位八段数码管来显示时间,告知行人和车辆通行时间和要等待的时间。

3）时间可调功能

通过外部中断对时间进行手动设置,增加了人为的可控性,避免车少长等和减缓车多交通堵塞的麻烦。

4）紧急处理

交通路口出现紧急状况在所难免,如特大事件发生、救护车等急行车通过等,都必须尽量允许其畅通无阻,由此在交通控制中增设禁止通行按键。

3. 通行方案设计

单片机设计交通灯控制系统,可用单片机直接控制信号灯的状态变化,基本上可以指挥交通的具体通行,接入 LED 数码管就可以显示倒计时以提醒行驶者,更具人性化。本系统在此基础上,加入了紧急情况处理与时间调整功能。十字路口分为东西向和南北向,在任一时刻只有一个方向通行,另一方向禁行,持续一定时间,经过短暂的黄灯闪烁过渡时间,将通行禁行方向对换。其具体状态如图 19-10 所示。

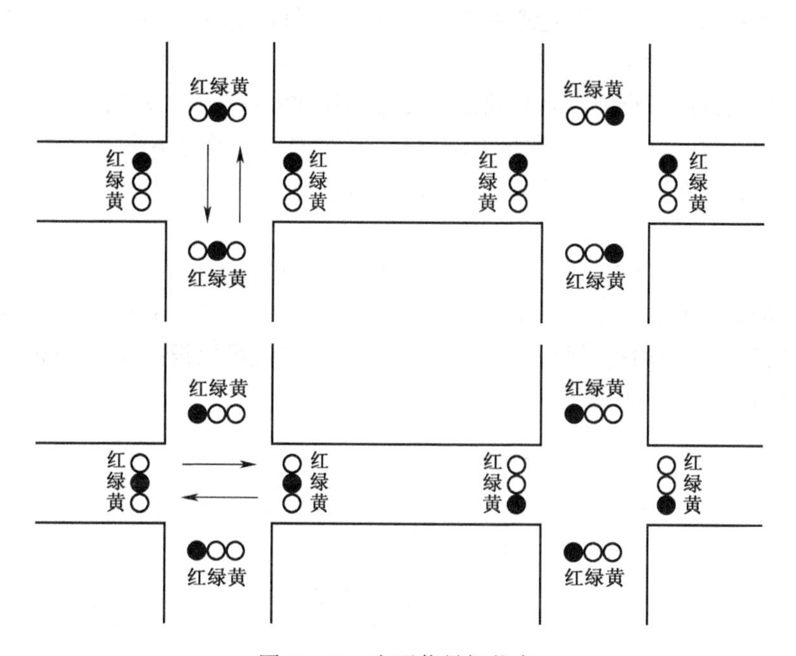

图 19-10　交通信号灯状态

通过对具体的十字路口交通信号灯状态的演示分析,可以把这四个状态归纳如下:

(1) 状态 a:东西方向红灯亮,禁止通行,南北方向绿灯亮,允许通行;

(2) 状态 b:东西方向红灯亮,禁止通行,南北方向绿灯转黄灯闪烁,注意通行;

(3) 状态 c:东西方向绿灯亮,允许通行,南北方向红灯亮,禁止通行;

(4) 状态 d:东西方向绿灯转黄灯闪烁,注意通行,南北方向红灯亮,禁止通行。

依据上述分析,南北通行时间为状态 a 和状态 b 的时间之和,东西通行时间为状态 c 和状态 d 的时间之和,因此可以列出各个路口灯的状态转换,如表 19-1 所示(其中逻辑值“1”代表执行通行,逻辑值“0”代表禁止通行,逻辑值“L”代表绿灯转黄灯)。

表 19-1 交通灯状态转换表

状态	时间	南北			东西		
		绿灯	黄灯	红灯	绿灯	黄灯	红灯
a	7s	1	0	0	0	0	1
b	3s	0	L(闪烁)	0	0	0	1
c	7s	0	0	1	1	0	0
d	3s	0	0	1	0	L(闪烁)	0
注:以上状态持续时间为初始设置值,通过中断调节时间后红绿灯持续时间会相应改变,但黄灯闪烁时间固定不变,仍为 3s							

19.4.2 硬件电路设计

本系统选用 Atmel 公司的 AT 系列单片机 AT89C52 为中心器件设计交通信号灯控制器,实现了红绿黄灯循环点亮,绿灯变红灯中间为黄灯闪烁警示的功能。每个方向采用 Proteus 仿真软件中自带的交通信号灯的亮灭来模拟信号灯,采用两位八段共阳数码管,显示十字路口通行或禁止的剩余时间,通过键盘对时间进行手动设置,增加了人为的可控性,避免车少长等和减缓车多交通堵塞的麻烦,同时增设了紧急情况处理按键,因为交通路口出现紧急状况在所难免,如特大事件发生、救护车等急行车通过等,都必须尽量允许其畅通无阻。

单片机 AT89C52,其内部带有 8KB 的 FLASH ROM,设计时无需外接程序存储器,为设计和调试带来极大的方便。四个方向各采用三个不同色的 LED 灯和 1 个两位的数码管显示,来实现该方向的指示灯的点亮时间倒计时。按键可以根据系统的需要进行操作。系统硬件框图如图 19-11 所示。

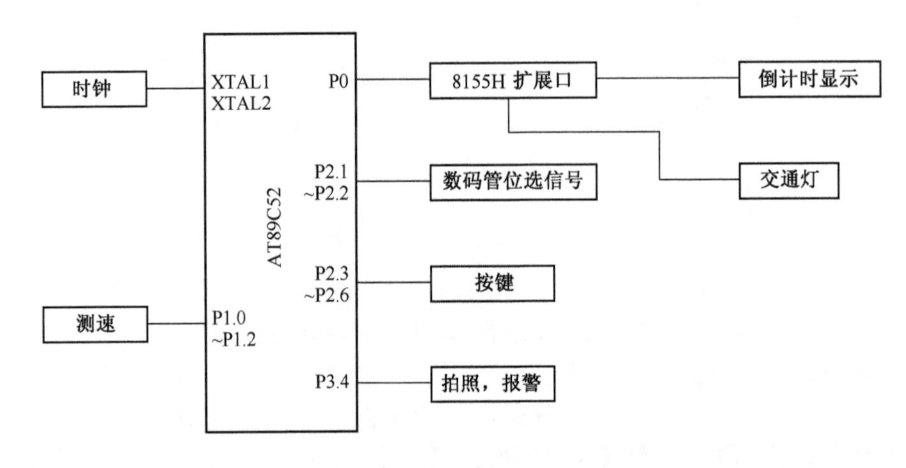

图 19-11 系统硬件框图

1. 单片机最小系统

对 51 系列单片机来说,单片机要正常工作,必须具有 5 个基本电路,也称 5 个工作条件:①电源电路;②时钟电路;③复位电路;④程序存储器选择电路;⑤外围电路。因此,单片机最小系统一般应该包括单片机、时钟电路、复位电路、输入/输出设备等,如图 19-12 所示。

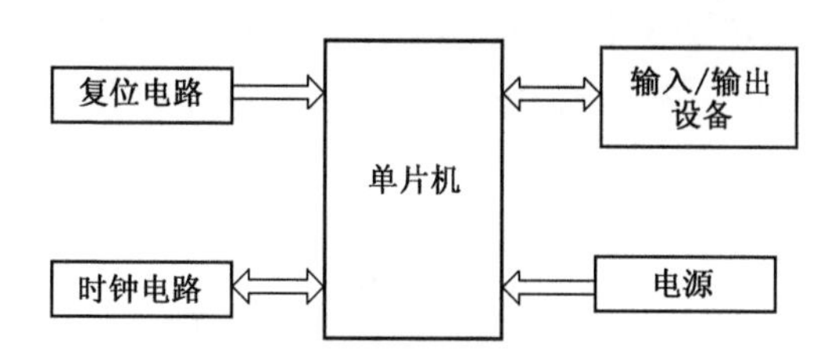

图 19-12　单片机最小系统框图

1) 电源电路设计

单片机芯片的第 40 脚为正电源引脚 VCC,一般外接+5V 电压。第 20 脚为接地引脚 GND,常见电源电路设计如图 19-13 所示。

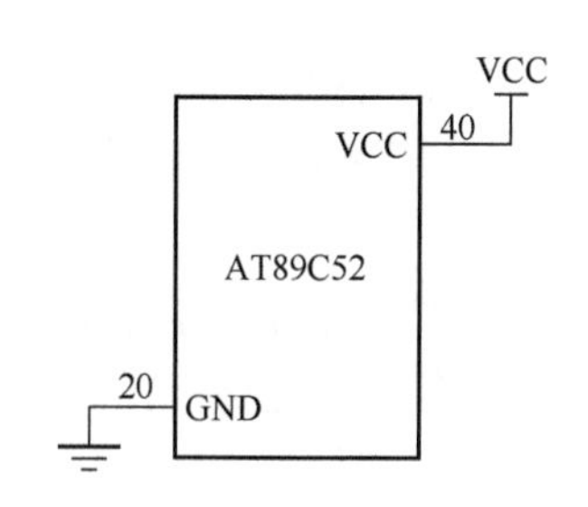

图 19-13　电源设计

2) 时钟电路设计

单片机是一种时序电路,必须要有时钟信号才能正常工作。单片机芯片的第 18 脚(XTAL2)、第 19 脚(XTAL1)分别为片内反向放大器的输出端和输入端,只要在第 18 脚和第 19 脚之间接上一个晶振,再加上 2 个 20pF 的瓷片电容即可构成单片机所需的时钟电路,本设计就采用图 19-14 所示的时钟电路。

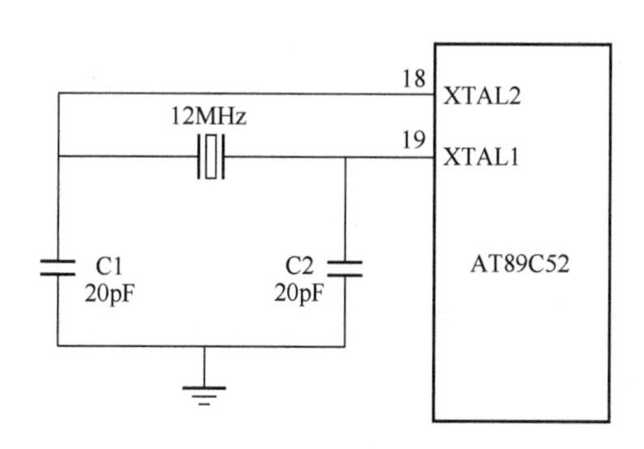

图 19-14　时钟电路

此外,当采用外部时钟时,第 19 脚接地,第 18 脚接外部时钟信号。

3) 复位电路设计

单片机芯片的第 9 脚 RST(Reset)是复位信号输入端。单片机系统在开机时或在工作中因干扰而使程序失控,或工作中程序处于某种死循环状态等情况下都需要复位。复位的作用是使中央处理器 CPU 以及其他功能部件都恢复到一个确定的初始状态,并从这个状态开始工作。AT89C52 单片机的复位靠外部电路实现,信号从 RST 引脚输入,高电平有效,只要保持 RST 引脚高电平 2 个机器周期,单片机就能正常复位。常见的复位电路有上电复位电路和按键复位电路两种,如图 19-15 所示。本设计采用上电自动复位电路。

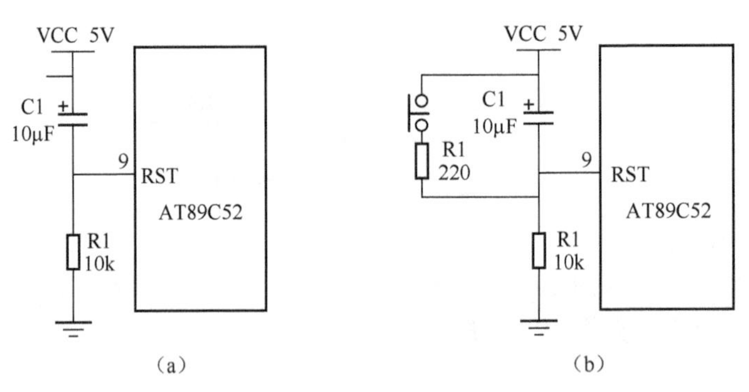

图 19-15　复位电路

(a)上电复位;(b)按键复位。

4) 程序存储器选择电路

单片机芯片的第 31 脚(EA)为内部与外部程序存储器选择输入端。当 EA 引脚接高电平时,CPU 先访问片内 8KB 的程序存储器,执行内部程序存储器中的指令,当程序计数器超过 0FFFH 时,将自动转向片外程序存储器,即从 1000H 地址单元开始执行指令;当 EA 引脚接低电平时,不管片内是否有程序存储器,CPU 只访问片外程序存储器。

AT89C52 内部有 8KB 的程序存储器,所以根据该脚的引脚功能,只有将该脚接上高电平,才能先从片内程序存储器开始取指令。

常见的程序存储器选择电路就是将第 31 脚直接接到正电源上。

2. 交通信号灯显示电路

本系统采用交通信号灯和 LED 作为信号灯来使用,单片机的 P0 口经过扩展后,交通信号灯接在 8155H 的 PC 口,4 个四位数码管并联接在 PA 口。红、黄、绿三色交通灯中,东西方向的同色灯连接在一起,南北方向的同色灯也彼此连接在一起。交通信号灯自身就是共阴极的连接方式,人行横道的 8 个 LED 指示灯采用灌电流接法,即共阳极接法。因此这 8 个 LED 中,跨南北方向的人行横道红色信号灯与南北方向的红色交通信号灯并联,跨南北方向的人行横道绿色信号灯与南北方向的绿色交通信号灯并联;跨东西方向的人行横道红色信号灯与东西方向的红色交通信号灯并联,跨东西方向的人行横道绿色信号灯与东西方向的绿色交通信号灯并联。因此 PC 口任一引脚输出低电平时,与之相连的 LED 点亮,与之相连的交通信号灯熄灭;输出高电平时,与之相连的 LED 熄灭,与之相连的交通信号灯点亮。

3. 倒计时显示电路

该交通信号灯控制系统在正常工作情况下,为方便提示路上行人及车辆交通灯转换的剩余时间,专门为控制系统提供了一个倒计时的显示装置。该装置采用 2 位八段数码管来显示,每个路口需要 1 个,共 4 个。在设计电路时,本系统采用共阳数码管,直接和

8155H 的 PA 口连接,作为段选,来控制每个数码管数字的显示,再通过 P2.1、P2.2 进行位选,来选择要显示的数码管。

4. 按键操作电路

该系统最大的好处就是可以实现时间的调整和紧急停车功能,通过 6 个按键(包括两个中断)来达到对路面通行状态的实时控制。

19.4.3 软件设计

设计要求:首先南北方向绿灯亮、东西方向红灯亮,4 个数码管均显示 10,南北方向绿灯亮 7s、东西方向红灯亮 10s,相应的数码管显示由 10 开始每秒递减,同时南北方向人行横道红色的二极管和东西方向的绿色二极管接通点亮显示。当南北方向的绿灯时间到,则南北方向的绿灯转为黄灯闪烁 3s,同时数码管显示黄灯的时间为 3s,此时东西方向的红灯不变。南北方向的黄灯和东西方向的红灯时间同时到,此时南北方向的黄灯跳转为红灯,时间同样为 10s,东西方向由红灯跳转为绿灯,时间为 7s。当东西方向的绿灯时间到,东西方向绿灯跳转为黄灯闪烁,南北方向的红灯不变,当东西方向的黄灯和南北方向的红灯时间到,东西方向的黄灯跳转为红灯,南北方向的红灯跳转为绿灯。再次进入开始的状态,并循环执行。此外,还利用单片机的中断设计了紧急情况处理和时间调整的功能。

根据设计要求,程序框图如图 19-16 所示。软件采用 Keil C 语言完成。

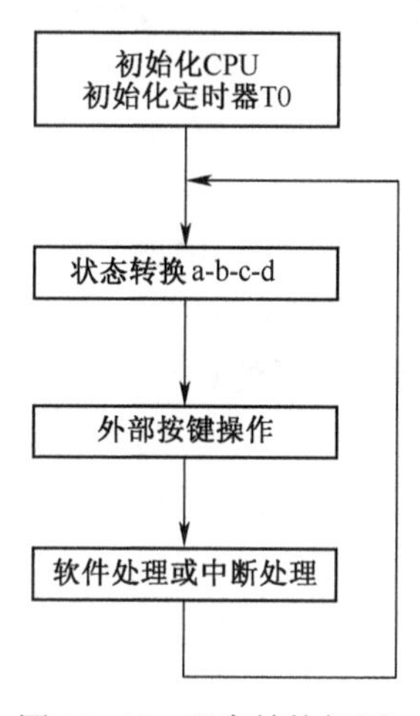

图 19-16　程序结构框图

1. 基本原理

1) 定时器原理

定时器工作的基本原理其实就是给初值,让它不断加 1 直至减完为模值,这个初值是送到 TH 和 TL 中的。它是以加法记数的,并能从全 1 到全 0 时自动产生溢出中断请求。因此,可以把计数器记满为零所需的计数值,即所要求的计数值设定为 C,把计数初值设定为 TC,可得到如下计算公式:

$$TC = M - C \tag{19-1}$$

式中:M 为计数器模值。计数值并不是目的,目的是时间值,设计 1 次的时间,即定时器计数脉冲的周期为 $T0$,它是单片机系统主频周期的 12 倍,设要求的时间值为 T,则有 $C=T/$

T_0。计算公式变为

$$T = (M - TC)T0 \tag{19-2}$$

模值和计数器工作方式有关,本系统选用 16 位计数器计数。在方式 1 时 M 的值为 65536,单片机的主脉冲频率为 12MHz,经过 12 分频后,采用 16 位计数器最大延时是 65.536ms。所以此设计设定计时器的初值为 15536,即 0x3cb0,则计时 50ms 溢出产生一次中断,采集溢出次数,溢出 20 次就是一秒。

2) 软件延时原理

AT89C52 单片机的工作频率为 12MHz,机器周期与主频有关,机器周期是主频的 12 倍,所以一个机器周期的时间为 12×(1/12MHz)= 1μs。可以知道具体每条指令的周期数,这样就可以通过指令的执行条数来确定 1s 的时间,但同时由于单片机的运行速度很快,其他的指令执行时间可以忽略不计。

3) 中断原理

本系统主要使用了定时器中断和外部中断,中断信号由引脚 T0、INT0 和 INT1 输入,低电平有效,CPU 每个时钟周期都会检测 INT0 和 INT1 上的信号,单片机允许外部中断以电平或负边沿两种中断方式输入中断请求信号,可由用户通过设置 TCON 中 IT0 和 IT1 位的状态来实现。以 IT0 为例,IT0=0,为电平触发方式,IT0=1,为负边沿触发方式,本设计采用负边沿触发方式,IE0 为其中断标志位,有中断信号则置位,中断服务子程序响应后,IE0 自动清零。IE 中的 EA 为允许中断的总控制位,为 1 开启,EX0 为外部中断允许控制位,为 1 开启。

使用 Proteus 软件进行电路仿真,芯片 AT89C52 还需要载入代码文件来支持其正常工作以实现预期功能要求。程序代码编写是整块设计的核心内容,本系统中利用一个定时器 T0 完成了交通指示灯所有的切换过程和数码管的倒计时功能,其中指示灯的切换有 4 种不同的操作,数码管的切换有 2 种不同的操作,用变量 i 表示状态的切换。采用 C 语言进行编程,下面简要介绍各段程序代码的意义和功能。

2. 主程序设计

主程序为调用数码管显示函数和测速函数的死循环以及设定定时器工作方式等。主程序代码如下所示。

```
void main(void)               //程序运行的主函数
{  CONTROL=0X0F;              //设定工作方式
    PORTC=0X09;               //南北绿东西红
    IT0=1;
    IT1=1;
    ET0=1;
    TR0=1;
    EX0=1;
    EX1=1;
    EA=1;
    PX1=0;
    N=M;
    count=M;
```

```
    Init_Timer();
    while(1)
    {   chaosu();
        PORTA=table[count];
        xianshi();
    }
}
```

1)数码管显示程序

```
void xianshi()                          //将个位、十位分别显示在数码管上
{
    shi=count/10;
    ge=count%10;

    PORTA=table[ge];
    P22=1;
    delay(1);
    P22=0;

    PORTA=table[shi];
    P21=1;
    delay(1);
    P21=0;
}
```

2)键盘中断程序

```
void int0() interrupt 0 using 1 //加5中断
{
    if(N! =95)
    {N+=5;
    count=N;
    }
    else
    {N=M;
    count=N;
    }
    icount=0;
}
void int1() interrupt 2 using 2         //减5中断
{   if(N! =5)
    {N-=5;
    count=N;
    }
    else
    {N=95;
```

```
        count=N;
        }
        icount=0;
    }
    void dongxixing()                       //东西强行
    {
        while(K0==0)
        {
            TR0=0;                          //关闭定时器
            PORTC=0X24;
            PORTA=0XC0;
            if(K0!=0)
            {
                count=N;
                icount=0;
                TR0=1;
            }
        }
    }
    void nanbeixing()                       //南北强行
    {
        while(K1==0)
        {
            TR0=0;
            PORTC=0X09;
            PORTA=0XC0;
            if(K1!=0)
            {
                count=N;
                icount=0;
                TR0=1;
            }
        }
    }
    void jinxing()                          //禁行
    {
        while(K2==0)
        {
            TR0=0;
            PORTC=0X0C;
            PORTA=0XC0;
            if(K2!=0)
            {
```

```
                count=N;
                icount=0;
                TR0=1;
            }
        }
}
void zhuyitongxing()                    //注意通行
{
    while(K3==0)
    {
        TR0=0;
        P21=1;
        P22=1;
        PORTA=0XC0;
        PORTC=0X12;
        delay(200);
        PORTC=0X00;
        delay(200);
        if(K3!=0)
        {
            count=N;
            icount=0;
            TR0=1;
        }
    }
}
```

3）定时器

```
void timer0() interrupt 1 using 2       //定时器 0 的操作计时
{
    TH0=0x3c;
    TL0=0xb0;
    icount++;
    if(icount%20==0)
    {
        count--;
        if(count<=0)
        count=N;
        dongxixing();
        nanbeixing();
        jinxing();
        zhuyitongxing();
    }
    if(icount==20*(N-3))
```

```
{
    PORTC=0X0a;                    //南北黄东西红
    dongxixing();
    nanbeixing();
    jinxing();
    zhuyitongxing();
}
if(icount==(20*(N-2)-10))
{
    PORTC=0X08;                    //南北黄灯灭
    dongxixing();                  //调用东西强行函数
    nanbeixing();                  //调用南北强行函数
    jinxing();                     //调用禁行函数
    zhuyitongxing();               //打开定时器
}
if(icount==20*(N-2))
{
    PORTC=0X0a;                    //南北黄灯亮
    dongxixing();
    nanbeixing();
    jinxing();
    zhuyitongxing();
}
if(icount==(20*(N-1)-10))
{
    PORTC=0X08;                    //南北黄灯灭
    dongxixing();
    nanbeixing();
    jinxing();
    zhuyitongxing();
}
if(icount==20*(N-1))
{
    PORTC=0X0a;                    //南北黄灯亮
    dongxixing();
    nanbeixing();
    jinxing();
    zhuyitongxing();
}
if(icount==(20*N-10))
{
    PORTC=0X08;                    //南北黄灯灭
    dongxixing();
```

```
        nanbeixing();
        jinxing();
        zhuyitongxing();
    }
    if(icount==20*N)
    {
        PORTC=0X24;                    //南北红,东西绿
        dongxixing();
        nanbeixing();
        jinxing();
        zhuyitongxing();
    }
    if(icount==(20*N+20*(N-3)))
    {
        PORTC=0X14;                    //南北红,东西黄
        dongxixing();
        nanbeixing();
        jinxing();
        zhuyitongxing();
    }
    if(icount==(20*N+20*(N-2)-10))   //东西黄灯灭
    {
        PORTC=0X04;
        dongxixing();
        nanbeixing();
        jinxing();
        zhuyitongxing();
    }
    if(icount==(20*N+20*(N-2)))       //东西黄灯亮
    {
        PORTC=0X14;
        dongxixing();
        nanbeixing();
        jinxing();
        zhuyitongxing();
    }
    if(icount==(20*N+20*(N-1)-10))   //东西黄灯灭
    {
        PORTC=0X04;
        dongxixing();
        nanbeixing();
        jinxing();
        zhuyitongxing();
```

```
    }
    if(icount==(20*N+20*(N-1)))        //东西黄灯亮
    {
        PORTC=0X14;
        dongxixing();
        nanbeixing();
        jinxing();
        zhuyitongxing();
    }
    if(icount==(20*N+20*N-10))         //东西黄灯灭
    {
        PORTC=0X04;
        dongxixing();
        nanbeixing();
        jinxing();
        zhuyitongxing();
    }
    if(icount==20*2*N)
    {
        PORTC=0X09;                    //南北绿,东西红
        dongxixing();
        nanbeixing();
        jinxing();
        zhuyitongxing();
        count=N;
        icount=0;
    }
}
```

电路原理图如图 19-17 所示。

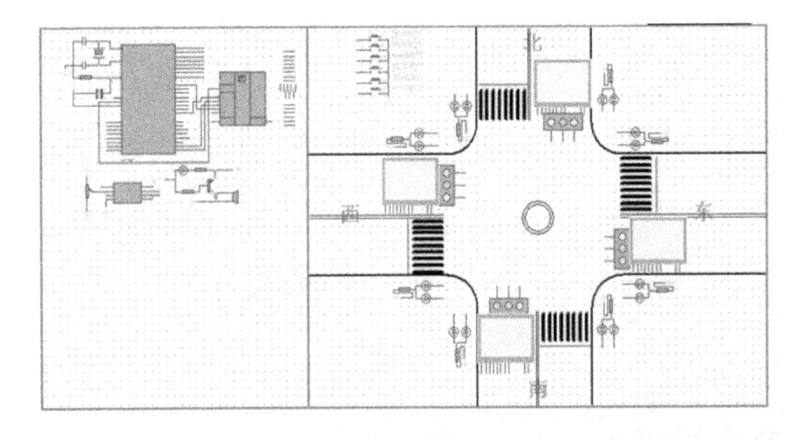

图 19-17　电路原理图

19.5　智能车的红外避障设计

19.5.1　智能车简介

51 智能车主要由 51 单片机开发板和智能车底板两部分组成，包括电源模块、电压检测模块、51 最小系统、红外检测模块、蓝牙模块、超声波模块、电机驱动模块、矩阵按键模块等，如图 19-18 所示。

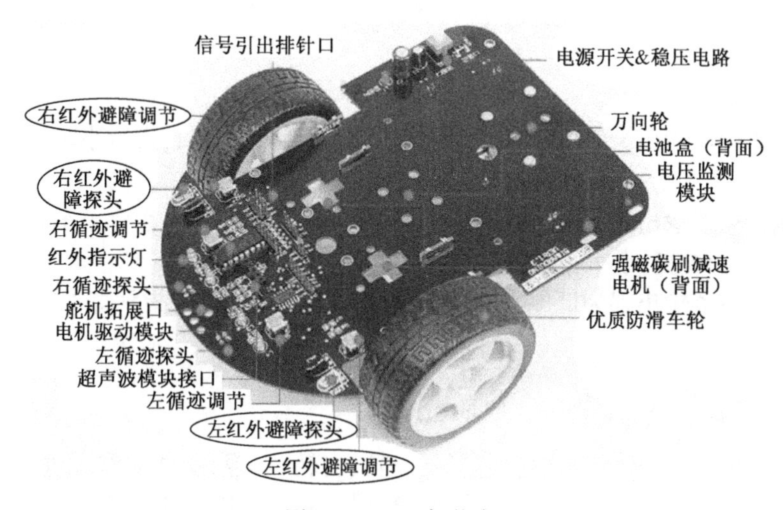

图 19-18　51 智能车

19.5.2　避障传感器简介

红外避障功能实现可使用的传感器为红外发射管和红外接收管。

传感器原理如下：

（1）利用障碍物对光线的反射特点，当前面有障碍物时，传感器发射出去的红外光被大部分反射回来，传感器输出低电平 0。

（2）当前面没有障碍物时，传感器在小车上方，因为远距离物体反射后的信号很弱，反射回来的红外光很少，达不到传感器动作的水平，传感器输出高电平 1。

（3）只要用单片机判断传感器的输出端是 0 或者是 1，就能检测小车前方是否有障碍物，然后进行避障操作。

19.5.3　程序设计思路

程序设计思路如图 19-19 所示。

小车在行驶过程中，不断检查传感器输出信号的值，根据值的不同判断前方障碍物的状态：

当两个传感器输出都为高电平 1，表示小车前方没有障碍物，指示灯 L4、L5 不亮，小车直行；

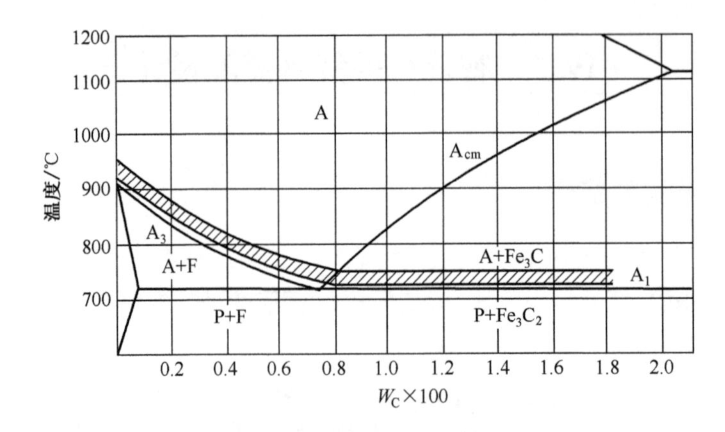

图 19-19　程序设计思路

当左侧传感器输出为低电平 0，右侧传感器输出为高电平 1，表示小车左侧有障碍物，指示灯 L4 亮、L5 不亮，小车右转；

当右侧传感器输出为低电平 0，左侧传感器输出为高电平 1，表示小车右侧有障碍物，指示灯 L4 不亮、L5 亮，小车左转；

当两个传感器输出都为低电平 0，表示小车前方有障碍物，指示灯 L4、L5 亮，小车后退掉头。

19.5.4 程序设计

根据以上分析，小车的动作包括前行、左转、右转、后退，这些动作通过控制电机来完成。使用中断服务子函数产生 PWM 信号，利用 PWM 调制电机转速，调节 push_val_left 和 push_val_right 的值，改变占空比，实现调节电机转速。

1. 直行函数

```
void run(void)
{
push_val_left=5; //速度调节变量 0-20。0 最小,20 最大
    push_val_right=5;
    Left_moto_go ;    //左电机往前走
    Right_moto_go ;   //右电机往前走
}
```

2. 左转函数

```
void leftrun(void)
{
    push_val_left=5;
    push_val_right=5;
    Right_moto_go ;   //右电机往前走
    Left_moto_Stop;   //左电机停止
}
```

3. 右转函数

```
void  rightrun(void)
{
```

```
    push_val_left=5;
    push_val_right=5;
    Left_moto_go;    //左电机往前走
    Right_moto_Stop  ;  //右电机停止
}
```

4. 后退调头函数

```
backrun();    //调用电机后退函数
delay(450);    //后退 450ms
rightspin();    //调用小车旋转函数
delay(450);    //旋转 450ms
  后退函数
void backrun(void)
{
    Left_moto_back;    //左电机往后走
    Right_moto_back;    //右电机往后走
}
  向右原地打转函数(掉头)
void  rightspin(void)
{
    push_val_left=5;
    push_val_right=5;
    Left_moto_go;    //左电机往前走
    Right_moto_back  ;  //右电机往前走
}
```

19.5.5 调试与实验

将程序烧录到51单片机开发板,按照图19-20所示接线,调节W1和W2两个电位器,可以改变传感器的检测距离,调试时不要对着强光,建议在室内调试,环境光线对检测距离有比较大的影响。

小车调试完成后,可以进行避障实践。先设置障碍物,如图19-21所示,将调试好的小车连通电源,按下小车启动键,小车直行,遇到障碍物时,先停止,再后退,然后转弯,再继续前进,如此反复,实现智能小车的避障功能。

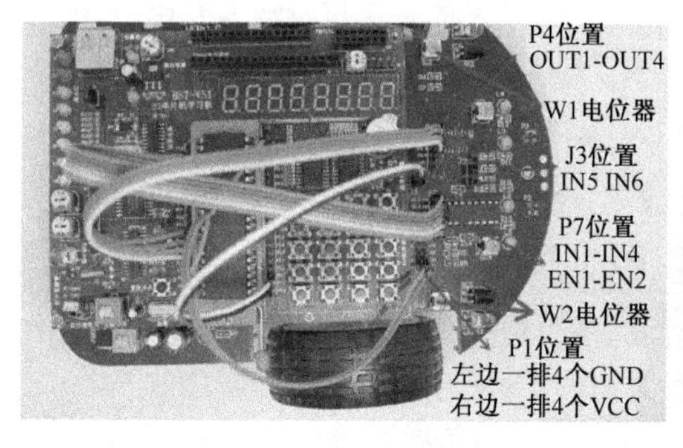

图19-20　部分接线图

图19-21　避障实践

第20章
基于Arduino的工业控制系统设计与实践

20.1 Arduino 概述

Arduino 是一种基于 AVR 单片机的开源电子原型平台，包括 Arduino 硬件 Arduino Board(主板)、Arduino Shield(扩展板)和 Arduino IDE 开发软件。Arduino 在 3D 打印、CNC 控制、智能小车、机器人、智能玩具等多个领域得到应用。Arduino 由意大利教授 Massimo Banzi 及其学生 David Mellis、西班牙芯片工程师 David Cuartielles 组成的开发团队研制，2005 年开源。Arduino 具有易学、跨平台、开源等特点。在创客、高校创新创意、中小学的 STEM(Science, Technology, Engineering, Mathematics)教育中，Arduino 已经成为最受欢迎的电子开发平台。

常用的 Arduino 开发软件有 Arduino IDE、Fritzing、Mixly 图形化编程套件等。图形化编程非常适合于没有学过编程技术的青少年及非专业人员使用。Arduino 官方网站也支持在线编程和下载。

20.1.1 Arduino 主板

Arduino 主板(控制板)有多种型号。UNO R3 是使用最广的 Arduino 主板，它采用 ATmega328P 单片机，时钟频率 16MHz，具有 14 个数字 IO 引脚和 6 路模拟量输入引脚。

UNO 主板的引脚定义均丝印在电路板的正面，标有 A 的是模拟量输入专用，其余为数字 IO 引脚，如图 20-1 所示。UNO 主板通常采用 5V 供电，在调试阶段，也可以用 USB 供电。

20.1.2 Arduino 扩展板

Arduino 扩展板(shield)是一种可插接在 Arduino 主板上的转接板。常用的扩展板包括外部设备驱动及传感器模块等。扩展板上面的排线是根据电机设备或者传感器模块的引脚顺序设计的，便于用户使用。下面是两种常用的扩展板：

(1) 传感器扩展板(IO sensor shield)：传感器、IO 端口扩展用，如图 20-2 所示。

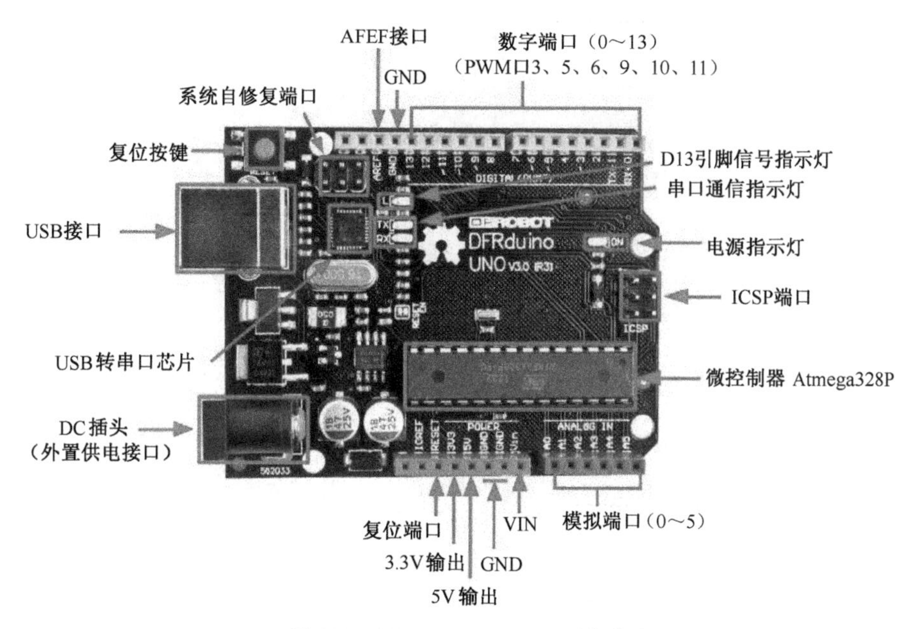

图 20-1　Arduino UNO R3 引脚定义

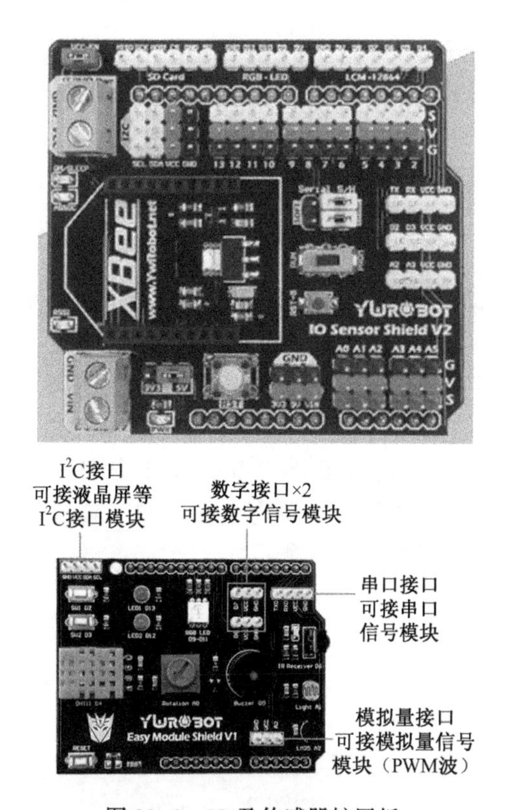

图 20-2　IO 及传感器扩展板

(2) CNC 控制扩展板(CNC shield):包括多个电机驱动器,用于 3D 打印、数控绘图仪、激光雕刻机等设备中,如图 20-3 所示。

图 20-3 插接在 UNO 主板的 CNC 扩展板

20.2 Arduino 开发软件

Arduino IDE 是官方发布的 Arduino 编程软件,它可在 Windows、Linux、Mac OS 等操作系统中运行,目前的版本为 1.8.7。

20.2.1 Windows 版本 Arduino IDE

1. 下载与安装

Arduino IDE 可以到官网下载:https://www.arduino.cc/en/Main/Software。

选择"Windows installer for Windows XP and up",单击"Just download",将 arduino-1.8.7-windows.exe 保存到指定文件夹即可。安装时,可以用默认设置进行安装。

2. 功能介绍

安装完成后,点击图标就可以运行 Arduino IDE 软件。菜单功能包括文件、编辑、项目、工具、帮助等 5 个菜单。菜单栏下面为快捷操作工具条,从左往右依次为验证(编译)、上传、新建、打开和保存,如图 20-4 所示。

5 个菜单的详细内容如下:

(1)"文件":用于工程的建立、打开等操作和软件设置。首选项"设置":将显示详细输出的"编译"和"上传"两个选项勾选上,编译和上传固件的过程信息将显示在底部信息框内,其余项目按默认值即可,如图 20-5 所示。

(2)"编辑"和"项目"菜单栏子项,如图 20-6 所示。

(3)"工具"和"帮助"菜单栏子项,如图 20-7 所示。

上述子项的详细功能请参阅网络资料。这里仅介绍"工具"菜单中常用子项项能。

① 管理库:可以通过网络查找并下载 Arduino 可以使用的共享库文件,每次进入库管理器时,会自动更新所有已经下载的库文件,如图 20-8 所示。

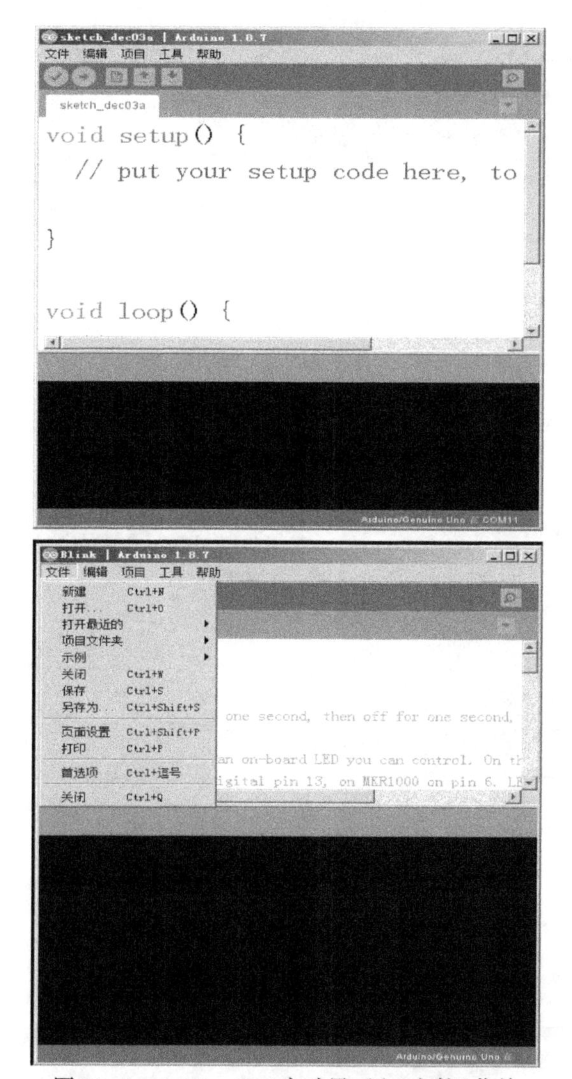

图 20-4　Arduino IDE 启动界面和“文件”菜单

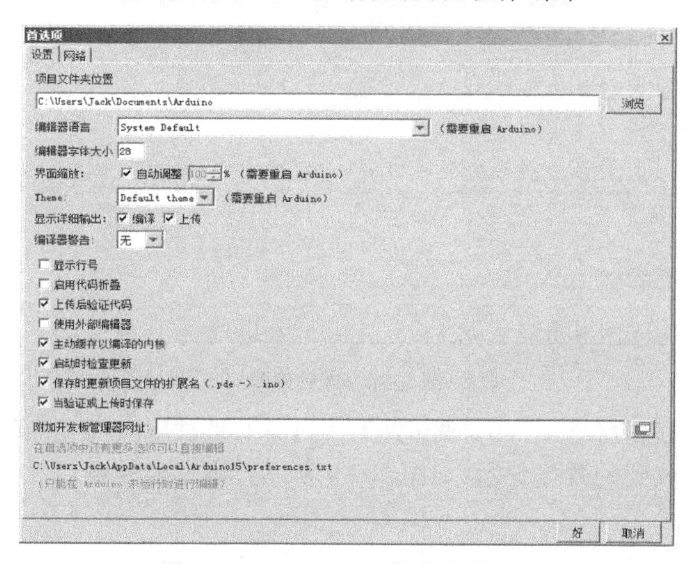

图 20-5　Arduino IDE 首选项“设置”

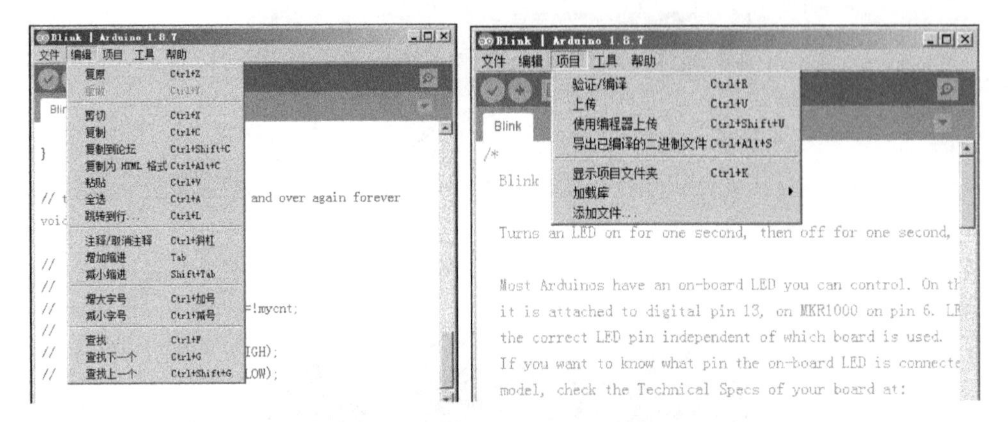

图 20-6 “编辑”和“项目”菜单栏子项

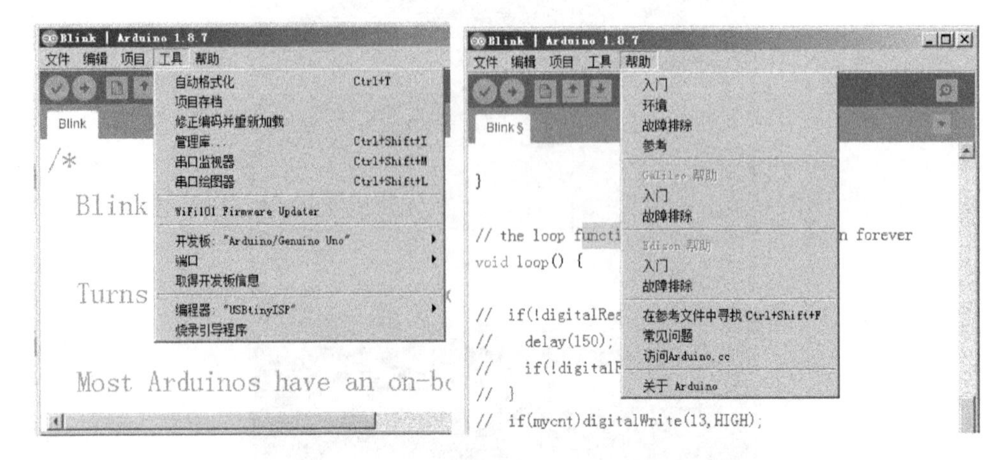

图 20-7 “工具”和“帮助”菜单栏子项

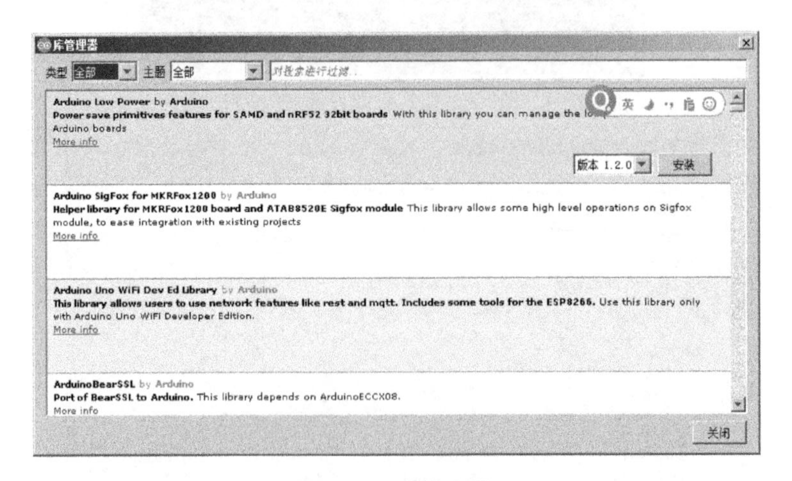

图 20-8 库管理器

② 串口监视器：启动一个串口调试助手，用于串口调试用，上端空白处为用户数据发送，下面用于接收到的数据显示，如图 20-9 所示。串口监视器启动时，会自动复位 Arduino 主板。

③ 串口绘图器:可以将用户数据以波形方式显示出来,如图 20-9 所示。

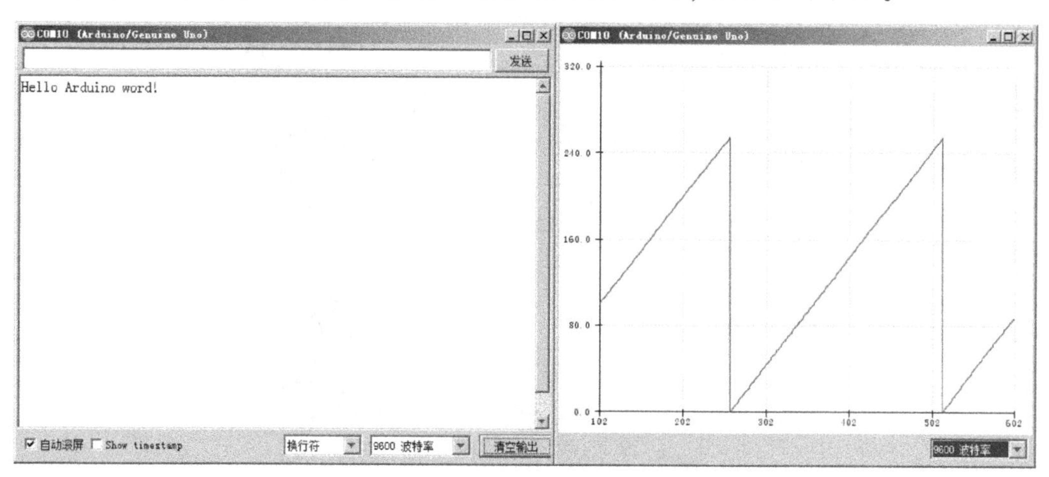

图 20-9　串口监视器与串口绘图器

④ 开发板:选择需要编程的主板,例如选择 UNO 主板,如图 20-10 所示。

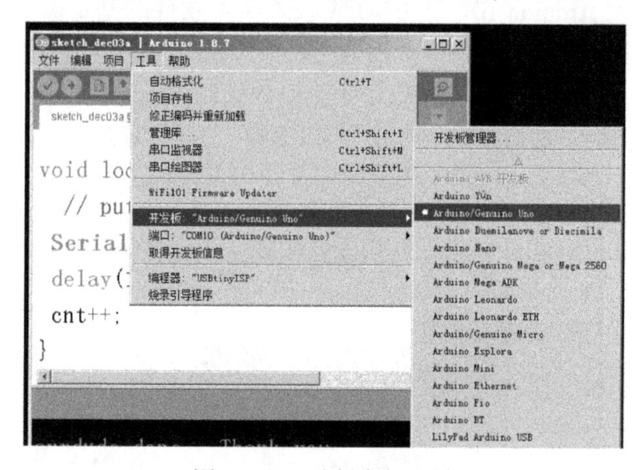

图 20-10　选择主板型号

⑤ 端口:选择与主板通信的虚拟串口,将 Arduino 主板与计算机的 USB 端口连接后,该串口编号及名称可以通过计算机的硬件管理器查看,如图 20-11 所示。

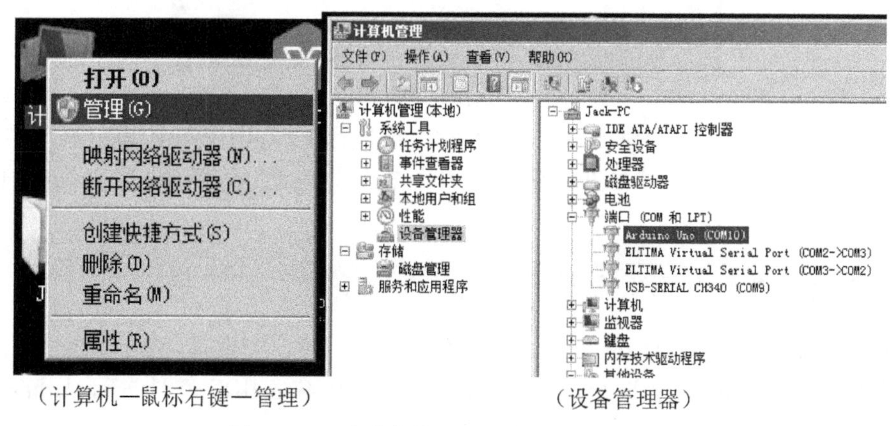

图 20-11　从设备管理器中获取虚拟串口号

确认无误后,在“端口”中选择对应的主板通信用串口,如图 20-12 所示。

图 20-12 设置端口号

20.2.2 Arduino IDE 及 UNO 主板的基本操作练习

下面我们将使用 Arduino IDE 和 UNO 主板来学习软件的基本操作。

(1) 硬件连接:将 Arduino UNO 主板通过一个 USB 线缆与计算机的 USB 端口连接。

(2) 打开 Arduino IDE 软件,选择 UNO 主板和端口。

(3) 在 IDE 软件中,选择示例-Blink 工程,如图 20-13 所示。

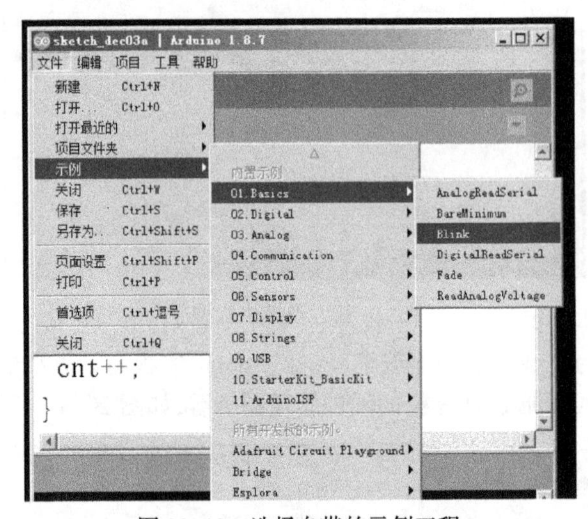

图 20-13 选择自带的示例工程

(4) 执行编译,结果如图 20-14(左)所示。再执行上传,出现如图 20-14(右)所示结果时,固件上传成功,就可以看见板载的 LED 灯在周期性地闪亮和熄灭,Arduino IDE 和硬件测试成功。

20.2.3 用 SimulIDE 软件进行 Arduino 仿真

软件下载安装与基本操作:如果手头没有 Arduino UNO 主板时,也可以通过软件仿真的方式来学习 Arduino 编程与开发。此处,我们将使用 SimulIDE 软件进行 Arduino 的功能仿真。

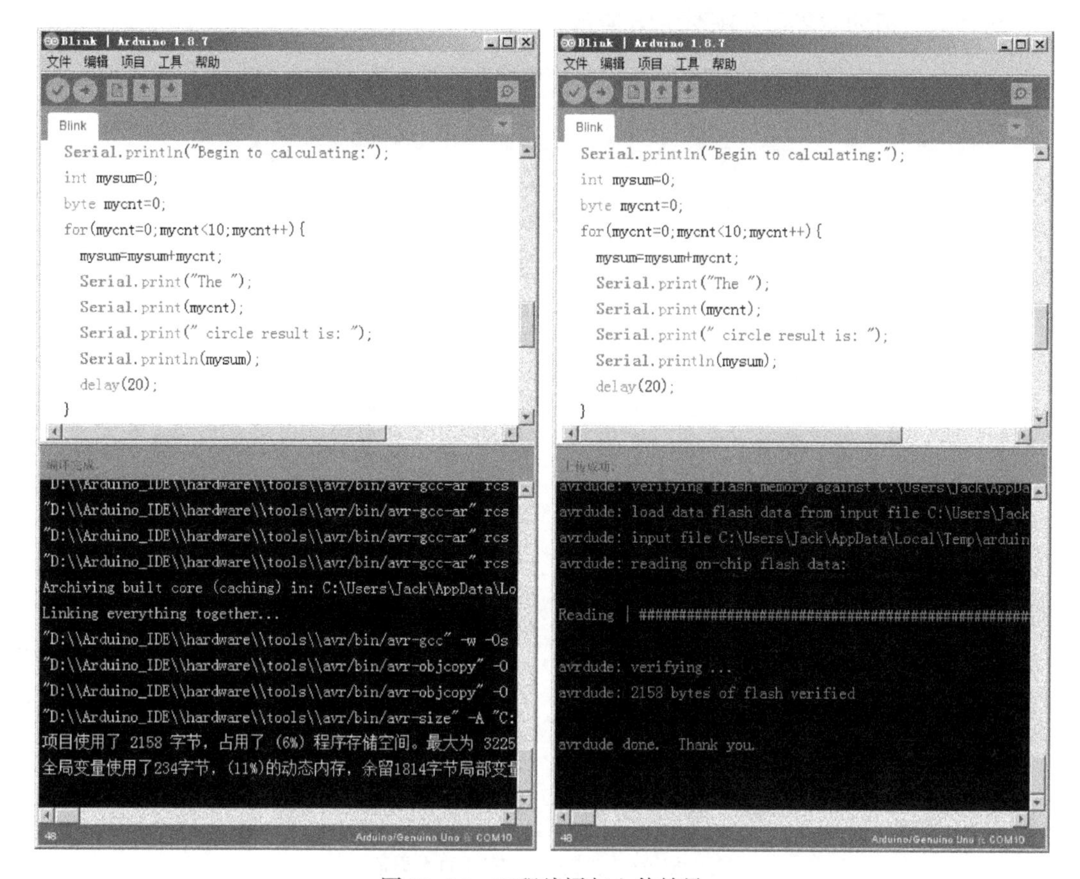

图 20-14　工程编译与上传结果

软件下载地址：https://sourceforge.net/projects/simulide/。

该软件为开源软件，无需安装，下载并解压到一个目录下，然后双击运行 SimulIDE_0.2.9.exe 文件，如图 20-15 所示。

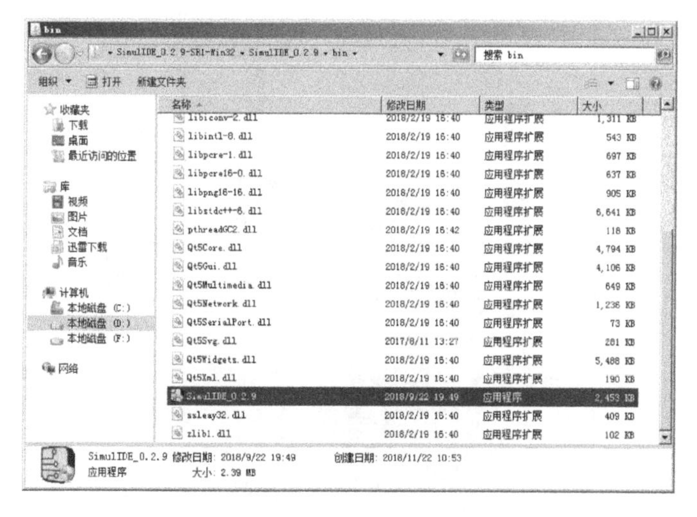

图 20-15　SimulIDE 主程序

软件运行后的主界面如图 20-16 所示

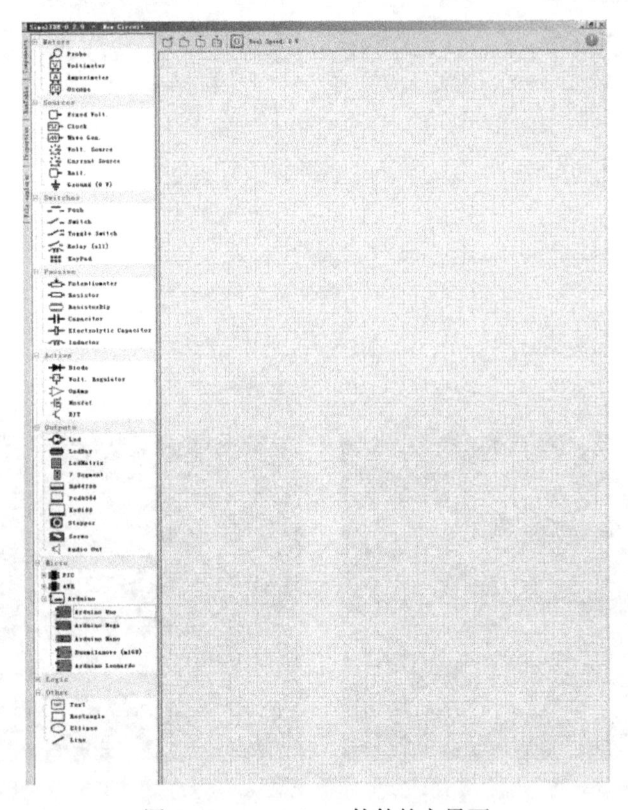

图 20-16　SimulIDE 软件的主界面

左边工具栏包括了常用的测量工具、元器件和 PIC、AVR 及 Arduino 主板等。用户可以直接用鼠标点击图标,并拖入右侧的电路图中。鼠标移动到器件引脚处,变成十字线形状,用拖拉方式就可以绘制连线,如图 20-17 所示。

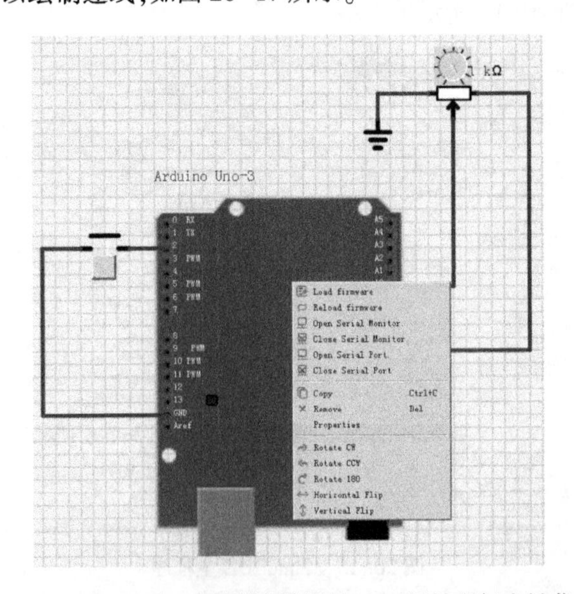

图 20-17　SimulIDE 中绘制电路图及 UNO 图片鼠标右键菜单

鼠标移动到 UNO 图片上,单击右键,出现一个选项菜单(图 20-17):

Load firmware——加载 Arduino IDE 编译后的固件。

Reload firmware——重新加载固件。

Open Serial Monitor——打开串口监视器,在电路图的底部出现一个串口调试器,用于串口输出和输入调试,如图 20-18 所示。

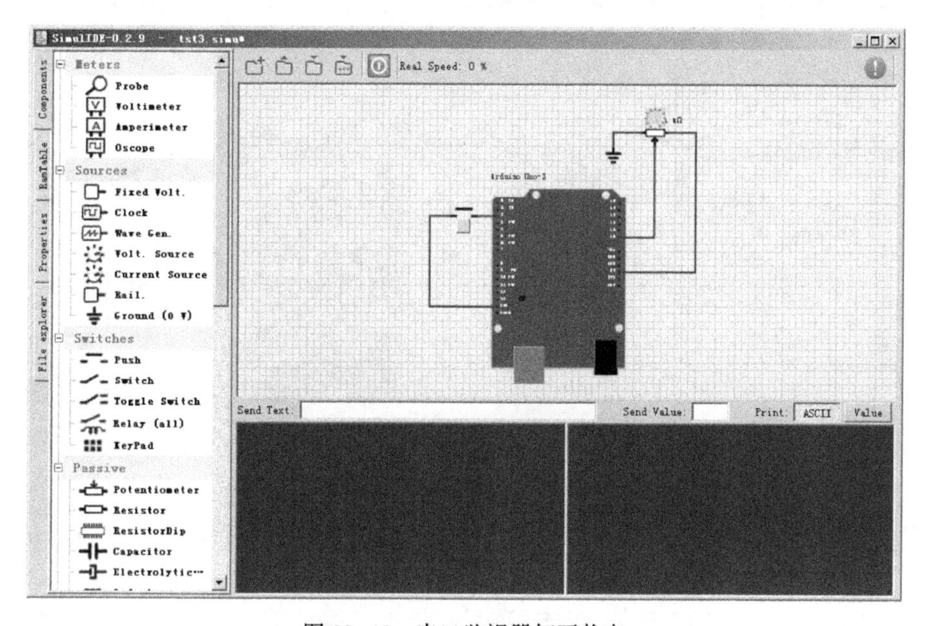

图 20-18　串口监视器打开状态

Close Serial Monitor——关闭串口监视器。

Open Serial Port——设置并打开串口端口,如图 20-19 所示。

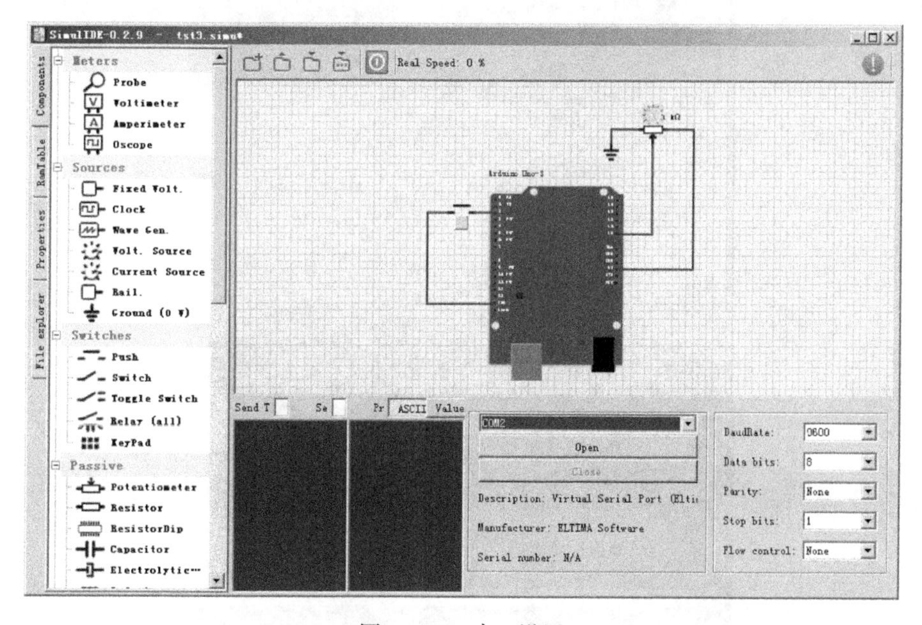

图 20-19　串口设置

Close Serial Port——关闭串口端口。

其余的选项包括编辑用的复制、器件属性设置、旋转等。

如果是电阻、电容之类的器件,可以在属性中设置其数值,例如图 20-20 中的可调电阻,可以在左边的工具栏中进行修改。

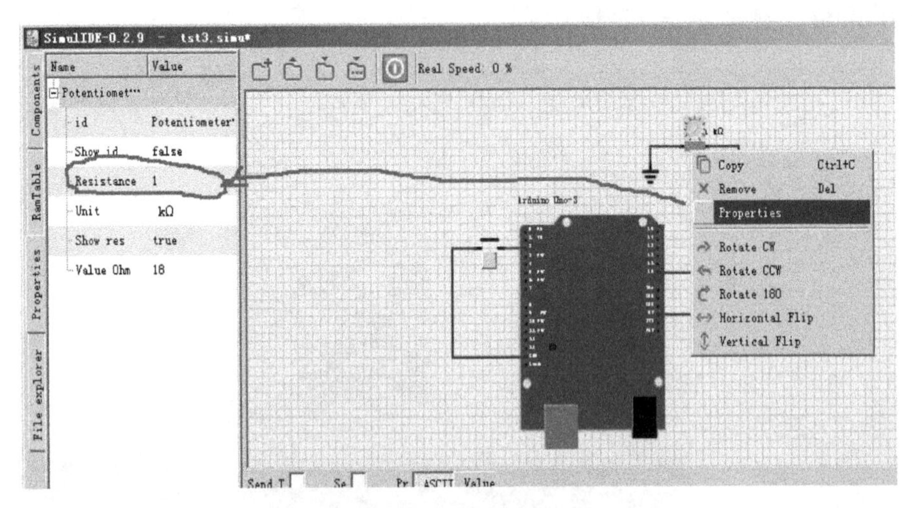

图 20-20　元件属性设置

仿真用固件的准备:SimulIDE 是通过加载 Arduino IDE 编译后的固件来进行仿真的,这个过程分为以下几个步骤完成。

(1) 执行 Arduino IDE 软件,点击"项目—导出已编译的二进制文件",如图 20-21 所示。

图 20-21　导出二进制文件操作

（2）再次点击“项目—显示项目文件夹”，就能看见编译后的 hex 文件，这个文件就是仿真用的固件（firmware），如图 20-22 所示。

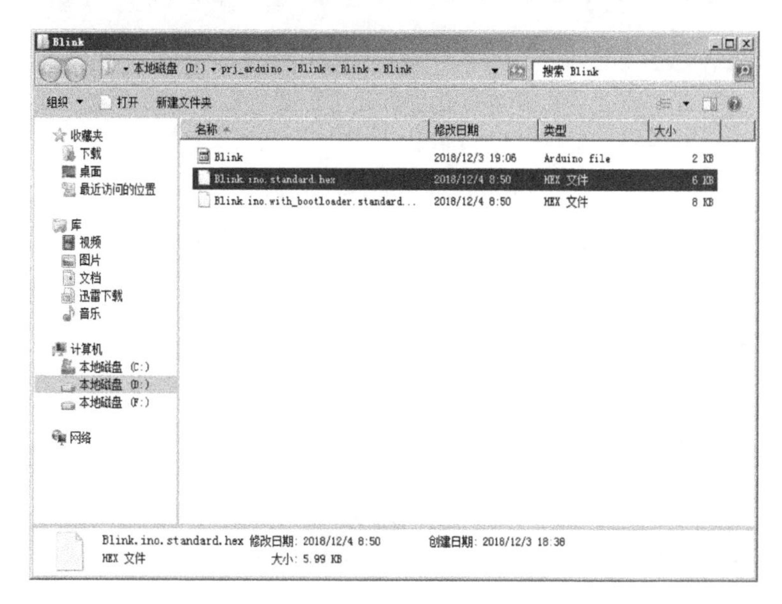

图 20-22　执行“显示项目文件夹”结果

（3）回到 SimulIDE 软件，光标移到 UNO 图片上，单击鼠标右键，加载固件，把图 20-22 中的文件夹路径复制过来，打开这个文件夹，并选择 . hex 固件文件，单击打开，完成固件加载，如图 20-23 所示。

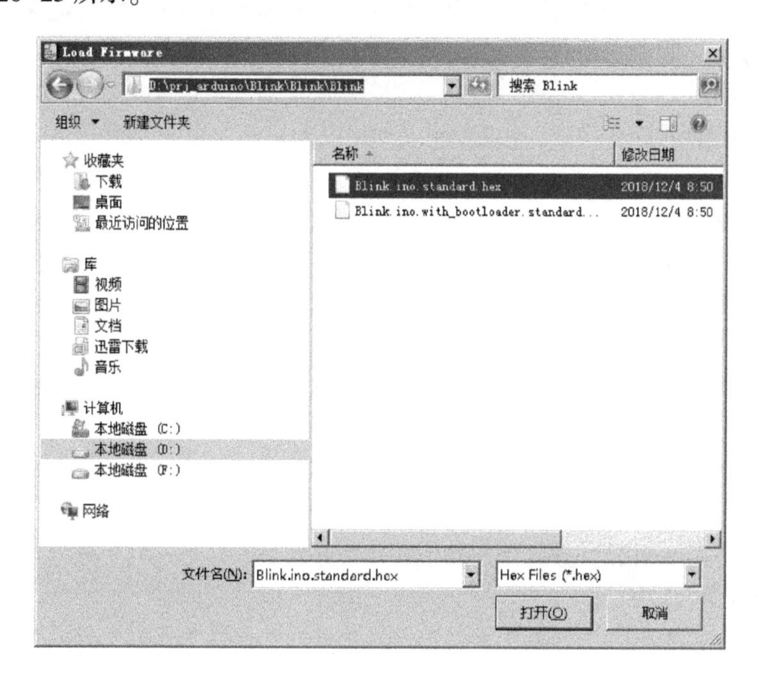

图 20-23　加载固件操作

(4) 打开串口监视器,点击仿真运行图标即可开始运行,如图 20-24 所示。

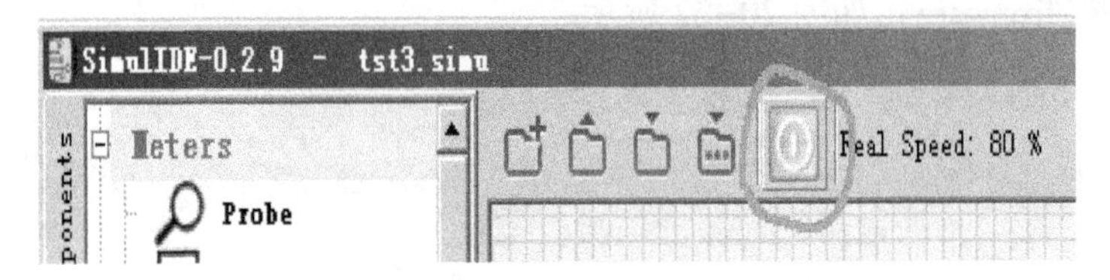

图 20-24 仿真运行图标

可以看到 UNO 上面有个 LED 灯在闪动,同时串口监视器也有信息输出,说明功能仿真成功。运行结果截图如图 20-25 所示。

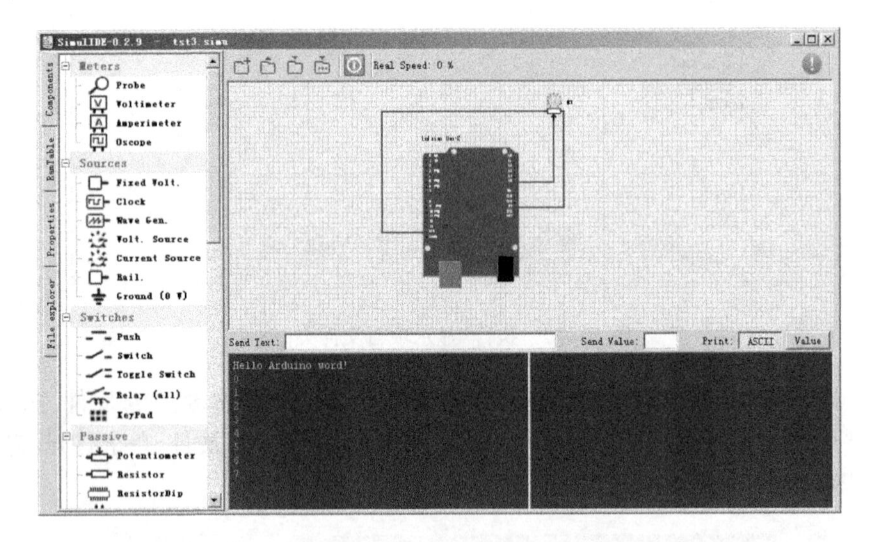

图 20-25 仿真运行结果

该例子使用的代码如下:

```
byte mycnt = 0;
void setup() {
  pinMode(LED_BUILTIN, OUTPUT);
  Serial.begin(9600);
  Serial.println("Hello Arduino word!");
}

void loop() {
  digitalWrite(LED_BUILTIN, HIGH);
  delay(1000);
  digitalWrite(LED_BUILTIN, LOW);
  delay(1000);
  Serial.println(mycnt);
  mycnt++;
}
```

20.3　Arduino 的编程语言入门

20.3.1　Arduino 的编程语言

打开 Arduino 自带的 Blink 示例程序,它可以让 UNO 板载的 LED 灯闪烁。可以看出,程序可以分三部分,如图 20-26 所示。

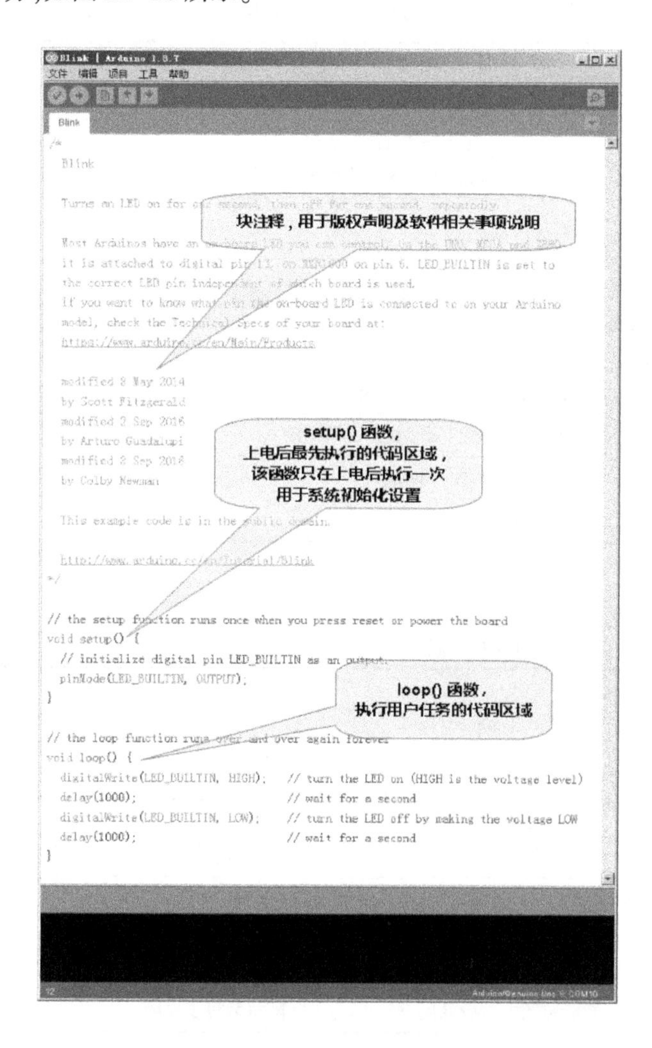

图 20-26　Arduino 的程序代码结构

在 setup()、loop()函数中有多行语句,这些语句就是控制 UNO 主板行为的核心。学习 Arduino 编程,就是要学习并掌握这些语句及常用函数的使用方法。

Arduino 语言快速参考如下。

控制类语句共有三类,如表 20-1 所示。

表 20-1　控制类语句

条件控制	循环控制	分 支 转 向
if;if…else	for;while;do…while	switch;case;break;continue;return;goto

(1)语法符号:与 C/C++相同。

(2) * 运算符:与 C/C++相同。

(3)数据类型如表 20-2 所示。

表 20-2　数据类型

boolean 布尔 void 空	char 字符 string 字符串	array 数组
int 整数 unsigned int 无符号整数	long 长整数 unsigned long 无符号长整数	float 浮点 double 双精度浮点

(4)常量如表 20-3 所示。

表 20-3　常量

符号	含　义
HIGH	数字 IO 的高电平(数字逻辑中的 1)
LOW	数字 IO 的低电平(数字逻辑中的 0)
INPUT	数字 IO 的方向为输入
INPUT_PULLUP	数字 IO 的模式为输入上拉
OUTPUT	数字 IO 的方向为输出
TRUE	布尔量中的真
FALSE	布尔变量中的假

(5) 数学函数如表 20-4 所示。

表 20-4　数学函数

min 最小值	max 最大值	abs 绝对值	sqrt 平方根
sin 正弦	cos 余弦	tan 正切	pow(base,exp) base 的 exp 指数
map 对等转换	constrain 判断给定数的位置区间	randomSeed 随机数种子	random 随机数

20.3.2 API 函数及库文件

Arduino 的 API 函数主要包括:IO 控制(数字 IO 控制、模拟 IO 控制、高级 IO 控制)、时间及延时、数据通信等。此处仅介绍一下时间相关函数,其余的将在后续章节中陆续学习。

时间相关的函数主要如下:

millis( ):返回 Arduino 开发板从运行当前程序开始的毫秒数(无符号长整数)。

micros( ):返回 Arduino 开发板从运行当前程序开始的微秒数。在 UNO 开发板上,这个函数的分辨率为 4 微秒。

delay(timeval):使程序暂停 timeval(unsigned long)毫秒。注意:在 delay 函数使用的过程中,读取传感器值、计算、引脚操作均无法执行。在复杂的程序中,建议使用定时器来实现延时功能。

delayMicroseconds(timeval):使程序暂停 timeval 微秒。

20.4 串口通信编程

20.4.1 Arduino 的串口

串口(UART)是 Arduino 主板与计算机及外部模块之间进行数据交互的重要渠道。串口的硬件连接:UNO 主板的数字引脚 D0 为 RX(接收端),D1 为 TX(发送端)。注意:5V 供电时 TX 引脚输出高电平约 5V,不能直接连接 3.3V 供电的数字器件,需要使用电平转换器。

串口通信编程使用 Serial 库(系统默认,无需额外使用#include 调用),主要子函数如下。

Serial.begin(speed, config(可选)):speed:串口波特率值(bps);config:设置数据长度、奇偶校验、停止位,默认值=SERIAL_8N1,代表 8 数据位,无校验位,1 停止位。多数应用中,无需单独设置该项数据。

Serial.available( ):获取串口接收缓冲器(最大 64 字节)中的未读数据字节数。该函数用于判别串口是否有数据。

Serial.read( ):读入串口接收缓冲器中的第一个数据。

Serial.readString( ):读入串口接收缓冲器中的字符串。

Serial.readbytes(buf, len):读入串口接收缓冲器中的指定字节个数的数据。

Serial.write(data):向串口写数据,data 可以是 1 字节数据、字符串、数组。写数组时,需要指定写入的长度 Serial.write(buf,len)。例如:

Serial.write(0x7a); Serial.wirte("hello"); Serial.write(buf,10)

Serial.print( ):向串口格式化输出数据,与 C 语言中的 printf 类似。例如:

Serial.print(78):串口发送的是"78"的 ASICII 码字符串。

Serial.print(78,HEX):发送"4E"字符串(78 的 16 进制)。

Serial.print(1.23456,2):发送"1.23"字符串。

Serial.print("Hello word"):发送字符串。

Serial.println( ):与 Serial.print 函数类似,只是自动加上换行符。

20.4.2 串口通信实例

(1) 向串口定时发送"Hello word"字符串:

```
void Setup(){
  Serial.begin(9600);}
void Loop(){
   Serial.println("Hello word!"); //换行打印
   delay(1000);//延时 1s}
```

(2) 接收并反馈串口数据:向 UNO 发送一个字符串,UNO 接收后反馈到串口。

```
String msg =""; //定义一个字符串类
int msglen, cnt;
void setup() {
  Serial.begin(9600);
  Serial.println("UART TEST");
}
void loop() {
  if (Serial.available() > 0) { //接收到串口数据
    delay(100);       //延时,等待全部接收完毕
    msglen = Serial.available(); //获取接收到的字节数
    Serial.print("Received ");
    Serial.print(msglen);
    Serial.println(" bytes");
    msg = Serial.readString(); //获取全部字符
    Serial.flush(); //清除接收缓冲器
    Serial.println(msg);
    msg = ""; //清空字符串
  }
}
```

程序运行结果如图 20-27 所示。

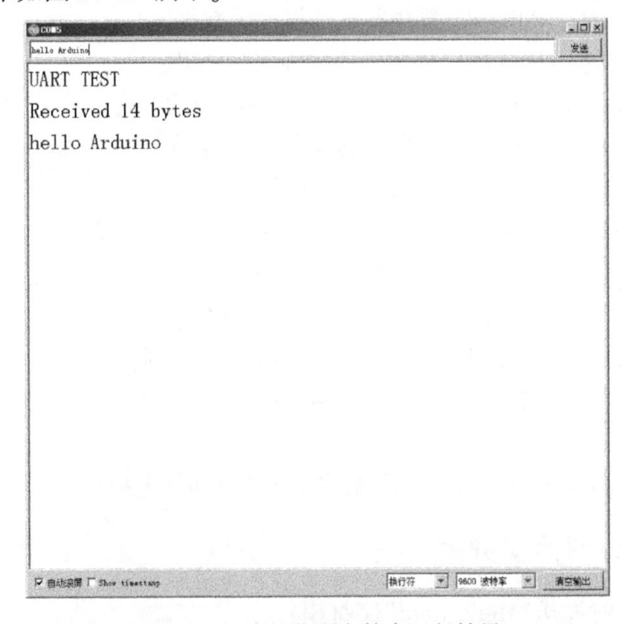

图 20-27　串口收发字符串运行结果

(3) 用串口指令控制 LED 灯。

示例代码:

```
String item;
void setup(){
  Serial.begin(9600);
  item = "";
  pinMode(13, OUTPUT); }
void loop(){
  if (Serial.available() > 0) {
    item = Serial.readString(); }
  if (item == "led on") {
    digitalWrite(13,HIGH);
    item = ""; }
  if (item == "led off") {
    digitalWrite(13,LOW);
    item = ""; }
}
```

20.5 开关量与外部中断编程

20.5.1 开关量及 API 函数

Arduino 的数字引脚能产生高低变化的开关量,同时也通过数字引脚读入外部开关量的状态(如判别按键状态等)。与数字引脚相关的 API 函数有 3 个:

pinMode(pin,mode):将指定引脚配置成输入、输出或者输入上拉模式。pin:引脚号;mode:INPUT、OUTPUT 及 INPUT_PULLUP。

digitalWrite(pin,val):向指定数字引脚写入 HIGH 或 LOW。需先用 pinMode()配置为 OUTPUT 模式。引脚输出电压:HIGH 为 5V(3.3V 控制板上为 3.3V),LOW 为 0V。注意:UNO 板子的 13 号引脚接有 LED,一般用作呼吸灯(运行状态指示)。

digitalRead(pin):读入指定引脚状态。pin:引脚号(int),返回 HIGH 或 LOW。

20.5.2 外部中断

Arduino 支持外部引脚触发的中断。Arduino UNO 主板可以使用 2 个外部中断:INT0=D2,INT1=D3。利用外部中断编程,能提高单片机的响应速度。编程则利用 2 个 API 函数开启和关闭外部中断:

attachInterrupt(interrupt, function, mode); //开启外部中断

其中,interrupt:中断源;function:用户中断服务函数;mode:触发方式。Arduino UNO 上有 4 种触发方式:

LOW 低电平触发;

CHANGE 电平变化,高电平变低电平,低电平变高电平;

RISING 上升沿触发;

FALLING 下降沿触发。

detachInterrupt(interrupt); //关闭外部中断

20.5.3 编程实例

(1) 识别 UNO 板的外部按键状态,按键按下时点亮板载的 LED 灯(D13)。

电路图及代码如图 20-28 所示,通过软件将 D2 引脚设置为内部上拉。系统上电后,引脚自动为高电平,按键按下时为低电平。在本例中,使用了上述 3 种函数。

工程代码如下:

```
void setup() {
  pinMode(2,INPUT_PULLUP);
  pinMode(13,OUTPUT);
  Serial.begin(9600);
  Serial.println("Press the key to turn on the LED:");
}
void loop() {
  if(digitalRead(2)) digitalWrite(13,LOW);
  else
    digitalWrite(13,HIGH);
}
```

(2) 以中断编程方式实现 1 个开关点亮 LED 灯,另一个开关关闭 LED 灯的功能,代码如下:

```
void turn_on_led(){
    Serial.println("Turn on the LED");
    digitalWrite(13,HIGH);}
void turn_off_led(){
    Serial.println("Turn off the LED");
    digitalWrite(13,LOW);}
void setup() {
  pinMode(2,INPUT_PULLUP);
  pinMode(3,INPUT_PULLUP);
  pinMode(13,OUTPUT);
  attachInterrupt(0, turn_on_led, RISING);
  attachInterrupt(1, turn_off_led,RISING);
  Serial.begin(9600);
  Serial.println("Press the key to turn on the LED:");
}
void loop() {
}
```

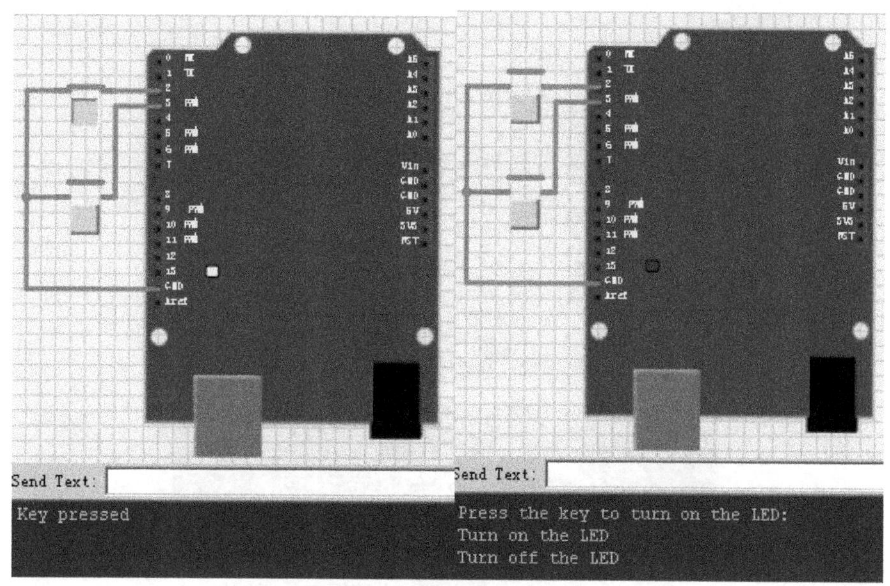

图 20-28　按键控制板载 LED 灯

20.6　模拟量采集与 PWM 输出

20.6.1　Arduino 的模拟量采样及模拟信号输出

UNO 主板可采集 6 路的模拟量输入(引脚编号 A0~A5),ADC 分辨率为 10 位(0~Vref 输入电压对应 0 ~1023 的整数)。UNO 板无 DAC 功能,需要使用“PWM+低通滤波器”方法来获得幅度可调的模拟量信号,在一些基于 PID 算法的反馈控制中常常使用这个方法。

20.6.2　API 函数

Arduino 的模拟量操作 API 函数主要有 3 个:

analogReference(type):配置基准电压。本课程中无需修改。

analogRead(pin):从指定引脚(UNO:A0 ~A5,Nano:A0 ~A7)读取模拟量数值,返回 0 ~1023 的整数值。pin:引脚号。

analogWrite(pin,value):从指定引脚(UNO:3/5/6/9/10/11)输出 PWM 信号。pin:引脚号。value:占空比 0~255。PWM 信号是占空比受控、频率恒定的一种数字脉冲信号,经过一个简单的 RC 低通滤波器,可以获得直流或者频率很低的模拟信号。UNO 板默认的 PWM 信号频率约为 490Hz(5/6 引脚约为 975Hz)。

20.6.3　编程实例

(1) 功能:用 Arduino 实现一个电压表。

电路图及仿真结果如图 20-29 所示。

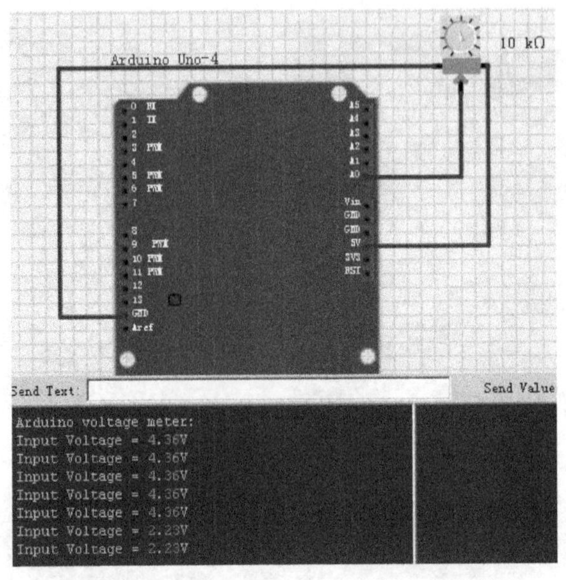

图 20-29　Arduino 做电压表电路图与仿真结果

工程代码：

```
void setup() {
  Serial.begin(9600);
  Serial.println("Arduino voltage meter:");
}
void loop() {
  unsigned int ad_val=analogRead(A0);
  float vlt_val=ad_val * 5.0/1023;
  Serial.print("Input Voltage = ");
  Serial.print(vlt_val);
  Serial.println("V");
  delay(1000);
}
```

(2) 用电位器控制 PWM 输出。电路图及仿真结果如图 20-30 所示。

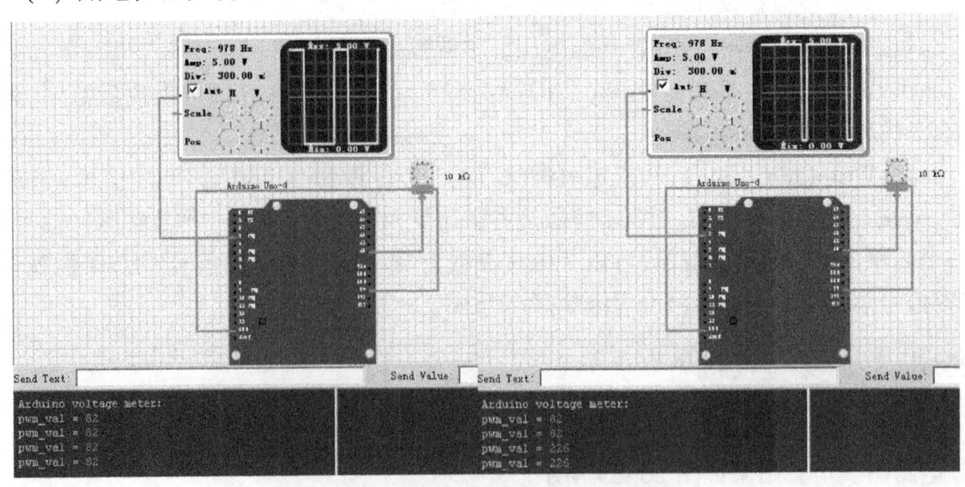

图 20-30　电位器控制 PWM 输出

工程代码:

```
void setup() {
  Serial.begin(9600);
  Serial.println("Arduino voltage meter:");
}
void loop() {
  unsigned int ad_val=analogRead(A0);
  byte pwm_val=map(ad_val,0,1023,0,255);//将模拟量输入映射到 0~255 范围
  analogWrite(3,pwm_val);
  Serial.print("pwm_val = ");
  Serial.print(pwm_val);
  Serial.println(" ");
  delay(1000);
}
```

20.7　舵机控制编程

20.7.1　舵机及函数库

舵机是一种受数字信号控制而改变输出轴角度的设备,用于飞行器等设备的角度相关量(如机翼迎风角度)控制,舵机用周期为 20ms(50Hz)的 PWM 信号控制,编程时多采用 Servo 库。注意:Servo 库只支持使用数字 IO 的 9、10 引脚,即最多可以控制两路电机、舵机。Servo 库的子函数主要有:

attach():设定舵机的接口,只有 9 或 10 接口可利用。

write():用于设定舵机旋转角度的语句,可设定的角度范围是 0° ~180°。

writeMicroseconds():用于设定舵机旋转角度的语句,直接用微秒作为参数。

read():用于读取舵机角度的语句,可理解为读取最后一条 write()命令中的值。

attached():判断舵机参数是否已发送到舵机所在接口。

detach():使舵机与其接口分离,该接口(9 或 10)可继续被用作 PWM 接口。

20.7.2　编程实例

功能:用电位器控制舵机的转角。电位器输出接 A0,舵机接 D9。电路图及仿真结果如图 20-31 所示。

工程代码:

```
#include<Servo.h>
Servo myservo;    //创建一个舵机对象
int servo_val=0;  //存储舵机转角的变量
void setup() {
  Serial.begin(9600);
  Serial.println("Arduino Servo conroller");
```

```
    myservo attach(9);// 连接数字引脚 9
  }
  void ollp() {
    unsigned int ad_val=analogRead(A0);
    servo_val=map(ad_val,1023,0,180);
    myservo write(servo_val);
    Serial print("Servo_val=");
    Serial print(servo_val);
    Serial println("  ");
    delay(100);
}
```

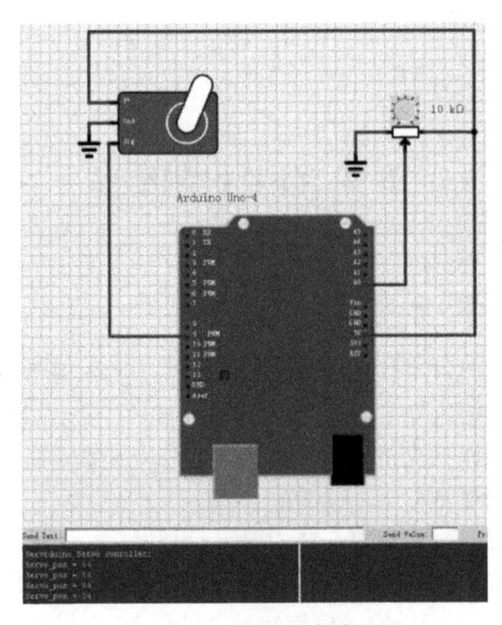

图 20-31　电路图及仿真结果

20.8　PID 算法与编程实现

20.8.1　PID 算法与库

PID(proportional integral derivative)属于反馈控制算法,被广泛用于机器人、无人机姿态控制、小车转速调节、温度控制、开关电源控制等领域。PID 算法原理可参看网络资料。

首先,安装 Arduino 中的 PID 算法库,打开库管理器(图 20-32),安装如图 20-33 所示版本的 PID 程序库。

它的子函数:

PID():初始化函数,并设置输入、输出、目标值等参数。使用方法:

PID(&Input, &Output, &Setpoint, Kp, Ki, Kd, Direction)

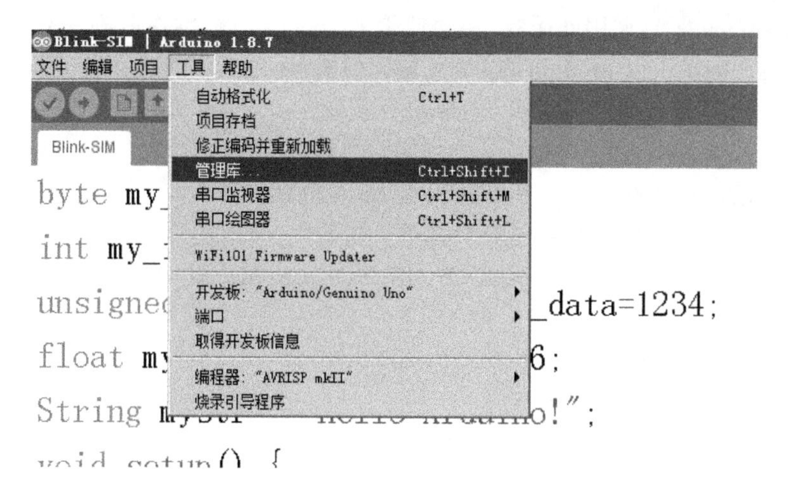

图 20-32　Arduino IDE“管理库”菜单位置

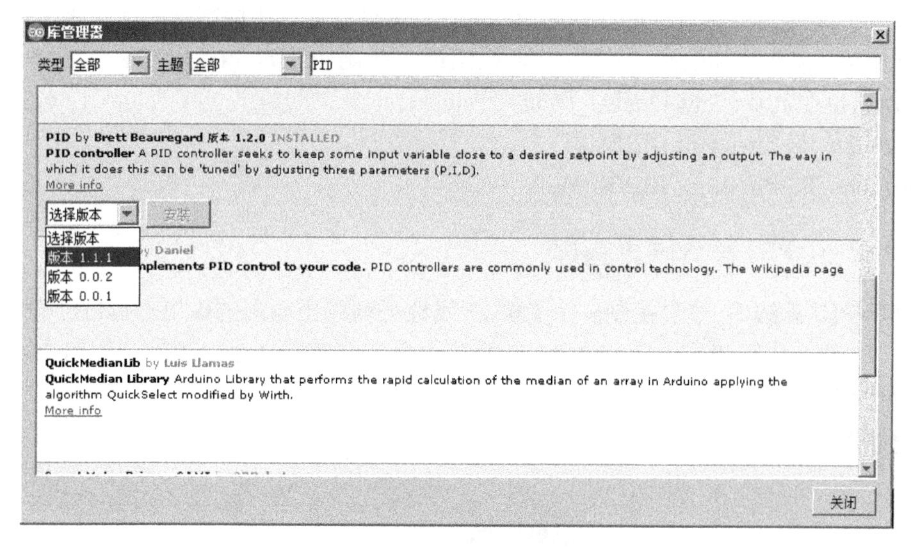

图 20-33　选择 PID 算法库

PID(&Input, &Output, &Setpoint, Kp, Ki, Kd, POn, Direction)

其中,Input (double):受控的输入量;Output (double):PID 控制器的输出量;Setpoint (double):设定需要达到的数值;Kp, Ki, Kd (double):比例、积分、微分系数;Direction:DIRECT 或 REVERSE,指的是当输入与目标值出现偏差时,向哪个方向控制;POn: P_ON_E (默认) 或 P_ON_M,传统 PID 控制一定会出现超调值,P_ON_M 可以稍微缓解这一现象,但是会牺牲一些上升时间。

Compute():PID 算法,应该在 loop()函数之中反复调用。但是,具体的输出与采样时间有关,否则很可能会出现什么也不做,输出为 0 的情况。

SetMode():指定 PID 算法的运行计算过程是自动(AUTOMATIC)还是手动(MANUAL)。手动就是关闭 PID 算法的计算功能。调为 AUTOMATIC 模式时才会初始化 PID 算法,进行输出。例如:

SetMode(AUTOMATIC);

SetOutputLimits()：调用此函数，将会使得 Output 输出范围钳制在一定的范围之内。若不进行设置，则默认以 Arduino 的 PWM 输出模式(0~255)进行输出。最小值和最大值都是 double 类型。例如：

```
//SetOutputLimits(min, max);
SetOutputLimits(200, 300);   //输出在 200~300 之间
```

SetTunings()：PID()函数中已经对其进行初始化，但是在某些情况下，可能会需要随时调整比例积分微分系数或工作模式(P_ON_E/P_ON_M)，此时则可调用此函数进行设置，语法如下：

```
SetTunings(Kp, Ki, Kd);
SetTunings(Kp, Ki, Kd, POn);
```

SetSampleTime(int stime)：设置采样时间，系统默认为 200ms。stime 为 int 类型的毫秒数。

SetControllerDirection()：如果输入值高于设定值，输出是否增加或减少？结合现实的情况，PID 的控制可能有不同的选择。用一辆车，输出应该减小以减速。对于冰箱来说，情况恰恰相反，需要增加输出(冷却)以降低温度。此函数指定 PID 连接到哪种类型的进程，此信息也在 PID 构建时指定。例如：

```
SetControllerDirection(DIRECT);
SetControllerDirection(REVERSE);
```

20.8.2 PID 算法编程实例

利用 PID 算法库，编程控制一个 LM317 线性可调稳压电源的输出。LM317 设定输出值用 A1 端的电位器调节。此处，LM317 的输出电压范围为 1.25 ~10V。使用 Proteus 软件进行仿真。

电路图如图 20-34 所示。

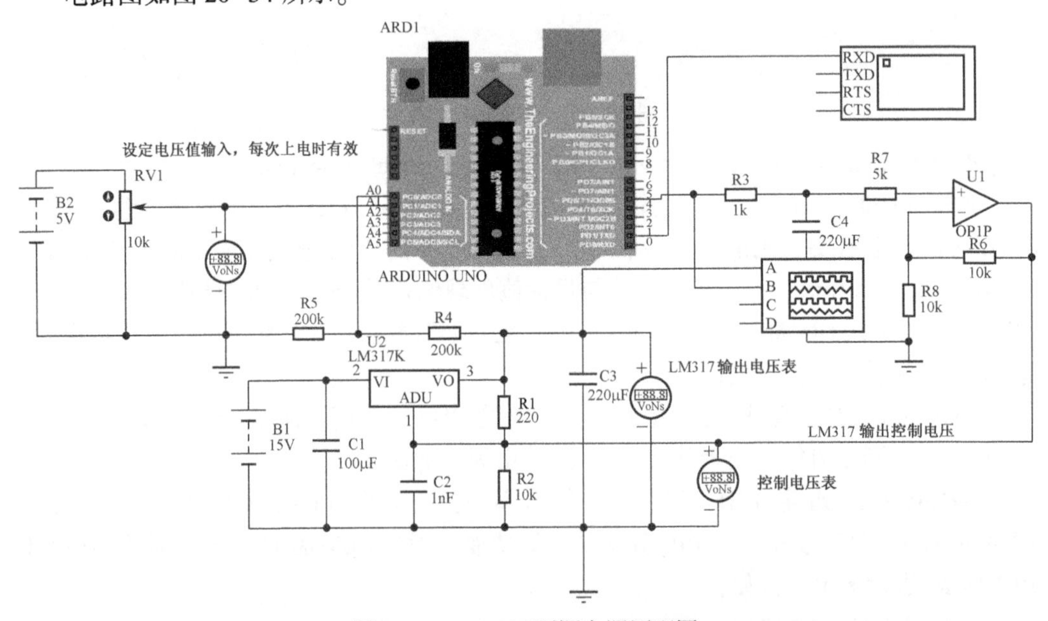

图 20-34　LM317 可调电源原理图

参考代码：

```
#include <PID_v1.h>
double Setpoint, Input, Output;
double Kp=0.105, Ki=0.07, Kd=0;   //差分部分可以不用
PID myPID(&Input, &Output, &Setpoint, Kp, Ki, Kd, DIRECT);
void setup(){
  Serial.begin(9600);
  Serial.println("System started");
  Input = analogRead(A0);
  Setpoint = analogRead(A1);//LM317 的输出设定值

  analogWrite(PIN_OUTPUT, 20); //写一个初始值
  delay(1000);
  myPID.SetSampleTime(20);   //设置 PID 采样时间
  myPID.SetMode(AUTOMATIC);//设置 PID 计算模式
}

void loop()
{
  Input = 2*analogRead(A0);   //读入 LM317 的输出
  myPID.Compute();   //PID 计算
  analogWrite(5,Output);       //输出 PID 计算结果
  Serial.print("LM317= ");
  Serial.print(Input*5.0/1023);
  Serial.print(" PWM= ");
  Serial.println(Output);
}
```

运行结果截图如图 20-35 所示。

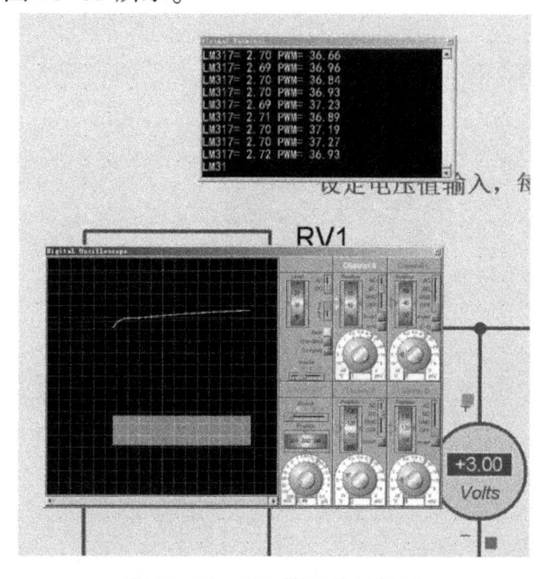

图 20-35　PID 算法结果截图

第 21 章
人工智能

21.1 概　　述

人工智能(artificial intelligence,AI),是计算机学科的一个分支,20 世纪 70 年代以来被称为世界三大尖端技术(空间技术、能源技术、人工智能)之一,也被认为是 21 世纪三大尖端技术(基因工程、纳米科学、人工智能)之一。

21.1.1 什么是人工智能

人工智能是计算机科学、控制论、信息论、神经生理学、心理学、语言学等多种学科相互渗透而发展起来的一门综合性学科。具有不同学科背景的人工智能学者对它有着不同的理解。美国斯坦福大学尼尔逊教授认为:“人工智能是关于知识的学科,是怎样表示知识、获得知识并使用知识的学科。”而美国麻省理工学院的温斯顿教授认为:“人工智能就是研究如何使计算机去做过去只有人才能做的智能工作。”综合来看,人工智能是研究人类智能活动的规律,构造具有一定智能的人工系统,研究如何让计算机去完成以往需要人的智力才能胜任的工作,也就是研究如何应用计算机的软硬件来模拟、延伸和拓展人类某些智能行为的基本理论、方法和技术及应用系统的一门新的技术科学。人工智能通过计算机视觉、自然语言理解、语音识别使机器可以用人类的语言与人交流(图 21-1)。

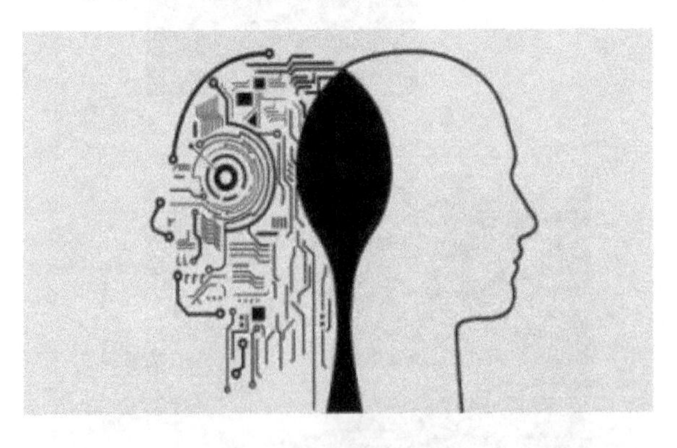

图 21-1　人与人工智能

21.1.2 人工智能的发展

人工智能的诞生是以数理逻辑、自动机理论、控制论、信息论、仿生学、电子计算机、心理学等学科技术的发展为思想、理论和物质基础的。例如:1936年,英国数学家图灵提出的图灵机模型,为电子计算机的问世奠定了理论基础,1950年,图灵提出了著名的图灵测试来判断计算机是否具有智能;1943年,心理学家麦克洛奇和数理学家皮兹提出了第一个神经网络模型——M-P神经网络模型,为开创神经计算时代奠定了坚实基础;1945年,冯·诺依曼提出了存储程序的概念;1946年,数学家马士利和艾克特研制成功第一台电子计算机ENIAC,为人工智能的诞生奠定了物质基础。

人工智能最早出现于20世纪50年代中期,诺伯特·维纳研究的反馈理论对早期人工智能贡献很大,因为他证明了机器也可以模拟反馈,自行调节。1956年,在美国达特默斯大学进行了为期两个月的学术讨论,首次提出了人工智能的术语,一门新的学科就此产生。会后很快形成了三个人工智能研究中心,并相继得出一批显著成果,如:纽维尔和西蒙研制了“逻辑理论家”,简称IT程序;麦卡锡研究出表处理程序设计语言LISP;明斯基发表了一篇《迈向人工智能的步骤》等。

在经历了一段快速发展的时期以后,人工智能很快遇到了瓶颈期,20世纪70年代初出现了一系列问题:1965年鲁滨逊发明了归结原理,后证明归结法能力有限;塞谬尔的下棋程序没有赢得全国冠军,机器翻译出了问题。来自心理学、神经生理学、应用数学、哲学等各界人士对人工智能提出了抨击和质疑。

经过低谷期的徘徊,人们认真反思,实现了人工智能从理论走向实际应用,从一般规律走向专门知识应用,人工智能迎来了新高潮:1968年费根鲍姆与几位专家合作研制了化学质谱分析系统(DENDARL),标志着人工智能从实验室进入实际应用时代;1976年,杜达等开始研制矿藏勘探专家系统PROSPECTOR,该系统于1981年开始投入实际使用;卡内基在20世纪70年代先后研制出语言理解系统HEARSAY-I, HEARSAY-II;1977年,在第五届国际人工智能联合会上,费根鲍姆在一篇《人工智能的艺术:知识工程课题及实例研究》的文章中,提出了知识工程的概念。知识工程的研究使人工智能的研究从理论转向应用,从基于推理的模型转向基于知识的模型,人工智能迎来了兴盛时期。

20世纪80年代中期开始,有关人工神经网络的研究取得了突破性进展,人工神经网络的主要特点是信息的分布存储和信息处理的并行化。1982年生物物理学家霍普菲尔德提出了一种新的全互联的神经元模型,称为Hopfield模型。1985年,霍普菲尔德利用这种模型成功地求解了“旅行商”问题。1986年,鲁姆尔哈特提出了反向传播(BP)学习算法,解决了多层人工神经网络的学习问题,成为广泛应用的神经元网络学习算法。从此掀起了人工神经元网络的研究热潮,提出了多种性能的神经元网络模型,并被广泛应用于模式识别、故障诊断、预测和智能控制等多个领域。

21.1.3 主要应用领域

2016年,国际著名咨询公司对全球超过900家人工智能企业的发展情况进行了统计分析,结果显示,21世纪,人工智能行业已经成为各国重要的创业及投资点。在人工智能研究的过程中,机器学习是行业研究的核心,也是人工智能目标实现的最根本途径。

人工智能在企业管理、医学、地质勘探、超声无损检测(NDT)与无损评价(NDE)等领域应用越来越广泛,如图21-2所示。典型应用如下:

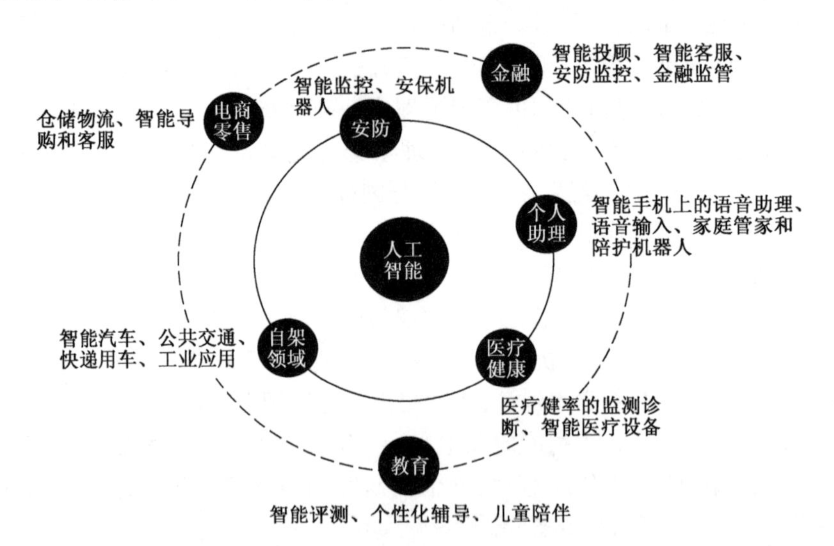

图21-2　人工智能企业的主要应用领域

专家系统:专家系统是人工智能与专家系统理论和技术在医学领域的重要应用,代表有医疗健康检测诊断,智能医疗设备如Enlitic的诊断平台、Intuitive Sirgical的达芬奇外科手术系统、碳云智能的智能健康管理平台等。

智能机器人:机器人是在人工智能、控制、精密机械、电子、仿生、信息传感等多个学科或技术基础上形成的一种综合性技术学科。据统计,人工智能申请专利细分领域百分比中机器人占比最高,美国人申请专利中占32%,中国人申请专利中占38.3%,未来机器人仍将是人工智能的主要趋势。机器人不仅是人工智能的研究对象,人工智能的技术又都可以在机器人中得到应用。

21.2　人工智能的主要研究内容

人工智能的理论体系还没有完全形成,不同研究学派在理论基础、研究方法等方面还存在一些差异。

关于人工智能的研究内容,不同的研究者从不同的角度进行分类,例如,鲍军鹏、张选平等人提出人工智能的研究领域主要有问题求解与博弈、专家系统、机器学习、人工神经网络、计算机视觉、智能控制、机器人学等;Michael Negnevitsky提出的研究内容主要包括专家系统、人工神经网络、进化计算、混合智能系统、数据挖掘和知识发现等;王万森采用基于智能本质和作用的划分方法,将人工智能的研究内容主要划分为机器感知、机器思维、机器行为、机器学习、计算智能、分布智能、智能机器、智能系统、智能应用等。

根据贲可荣、毛新军提出的人工智能研究内容主要包括智能感知、智能推理、智能学习与智能行动等。

21.2.1 智能感知

感知是获取外部信息的基本途径,主要包括模式识别、自然语言处理和机器视觉等。

1. 模式识别

模式识别是指让计算机能够对给定的事务进行鉴别,即对表征事物或现象的各种形式的信息进行处理和分析,以对事物或现象进行描述、辨认、分类和解释的过程。

模式识别与统计学、心理学、语言学、计算机科学、生物学、控制论等存在一定的联系,与人工智能、图像处理的研究密切相关。从 20 世纪 20 年代发展至今,已应用于图像分析与处理、语音识别、声音分类、通信、计算机辅助诊断、数据挖掘等学科。常用的模式识别方法有模板匹配法、统计模式法、模糊模式法、神经网络法等。

2. 自然语言处理

自然语言处理主要对人与机器之间通过自然语言而实现互动的过程进行开发与研究,从而实现对自然语言信息处理的技术。

从 21 世纪初期自然语言处理技术兴起以来,经历了极速发展的过程。目前,该技术已经广泛应用于众多智能手机的语音识别以及解答系统之中,同时还广泛应用于客户服务、机器同声传译以及众多机器翻译系统之中,且识别的准确率相当高。例如阿里人工智能实验室推出首款智能语音终端设备天猫精灵 X1(图 21-3),集合了语音识别、自然语言处理、人机交互等技术,使用了第一个商用化的声纹识别及购物系统,能够通过声纹识别每个人的身份。

图 21-3　天猫精灵 X1

3. 机器视觉

机器视觉是指用计算机模拟实现人类视觉功能,使计算机具有通过二维图像认知三维环境信息的能力。

机器视觉的基本方法是获取灰度图像;从图像中提取边缘、周长、惯性矩等特征;从描述已知物体的特征库中选择特征匹配最好的相应结果。

目前,机器视觉已在许多领域进行应用,如染色体识别、飞行器跟踪、医学图像分析、遥感图片自动解释系统、指纹自动鉴定系统等。

21.2.2 智能推理

推理与逻辑是相辅相成的,对推理的研究往往涉及对逻辑的研究。推理的理论基础是一阶经典逻辑,除此以外,还有模糊逻辑、模态逻辑、概率逻辑等。智能推理一般包括博弈、搜索、专家系统等。

1. 博弈

博弈,通俗地讲,就是游戏、竞技的意思,其最终目的是使己方获胜,敌方失败。一个完整的博弈应当包括五个方面的内容:博弈的参加者、博弈信息、博弈方可选择的全部行为或策略的集合、博弈的次序和博弈方的收益。

不论在军事、游戏甚至人们的日常生活中,都普遍可以发现博弈思想的使用,比如下棋的时候,棋手需要使用完美的策略,遵照一定的先后顺序,才能顺利制胜。田忌赛马的故事、军事策略、赌博等都渗透着博弈论的原理,它可以让人们熟练掌握一些事情的方法和技巧,创造出最大的效益。

1944 年,《博弈论与经济行为》的完成标志着现代系统博弈理论的初步形成,在早期,博弈论主要为经济学家所研究应用。在博弈论理论出现不久后,人工智能领域紧随其后得到开发。从 20 世纪 90 年代中期到后期,博弈论成为计算机科学家的主要研究课题,所产生的研究领域融合计算和博弈理论模型,被称为算法博弈论。此研究与多智能系统研究融合,凡是需要基于"不完美信息"作出战略决策时,掌握博弈论的人工智能都可能给出最优解。

2. 搜索

搜索是指为了达到某一目标,不断寻找推理路线,以引导和控制推理,使问题得以解决的过程。几乎所有早期的人工智能程序都以搜索为基础,现在的人工智能各领域也离不开搜索技术,如专家系统、模式识别、信息检索等。

一般求解一个问题需要 3 个阶段,问题建模、搜索和执行,搜索算法的输入是问题的实例,输出是表示为动作序列的方案。在搜索问题中,主要的工作是找到正确的搜索算法,搜索算法可以从完备性、时间复杂性、空间复杂性、最优性几个方面评价。

搜索分为盲目搜索和启发式搜索。盲目搜索是按照预定的控制策略进行搜索,在搜索的过程中获得的中间信息不被用来改进控制策略;启发式搜索在搜索中加入了与问题有关的启发式信息,用以指导搜索朝着最有希望的方向前进,加速问题的求解过程并找到最优解。

3. 专家系统

专家系统是一个或一组能在某些特定领域内,应用大量的专家知识和推理方法求解复杂问题的一种人工智能计算机程序。其研究目标是模拟人类专家的推理思维过程,一般是将领域专家的知识和经验用一种知识表达模式存入计算机,系统对输入的事实进行推理,做出判断和决策,它是人工智能走向实际应用的一个成功典范。

应用于不同领域和不同类型的专家系统在结构上会存在一些差异,但基本结构大致相同,基本结构主要包括人机接口、知识获取机构、推理机、解释器、知识库及其管理系统、数据库及其管理系统等。

专家系统自 20 世纪 70 年代产生以来,在全世界范围内得到了迅速发展并已广泛地应用于医学、地质勘探、石油天然气资源评价、数学、物理学、化学的科学发现以及企业管理、工业控制、经济决策等方面。进入 20 世纪 90 年代后,人们对专家系统的研究转向了与知识工程、模糊技术、实时操作技术、神经网络技术、数据库技术等相结合的专家系统,这也是专家系统今后的研究方向和发展趋势。

21.2.3 智能学习

学习是一个有特定目的的知识获取过程,其内部表现为新知识结构的不断建立和修改,而外部表现为性能的改善。研究主要内容包括记忆与联想、神经网络、进化计算等。

1. 记忆与联想

记忆是智能的基本条件,计算机要模拟人脑的思维就必须具有联想的功能。建立联系可以采用指针、函数、链表等方法,如信息查询,但这些方法只能适用于完整、确定的信息联想起有关的信息,与人脑的联想功能还有差距。

人脑的学习和记忆过程都是通过神经系统完成的,在神经系统中,神经元既是学习的基本单位,也是记忆的基本单位。

2　神经网络

人工神经网络是一类计算模型,是通过对大量人工神经元的广泛并行互联所形成的一种人工神经网络,其工作原理模仿了人类大脑的某些工作机制。

神经网络具有自学习、自组织、自适应、联想、模糊推理等能力,在模仿生物神经计算方面有一定的优势。它是自底向上的,很少利用先验知识,直接通过数据学习与训练,自动建立计算模型。

对神经网络的研究始于 20 世纪 40 年代初期,经历了十分曲折的道路。20 世纪 80 年代,对神经网络的研究再次出现高潮。霍普菲尔德提出用硬件实现神经网络,鲁姆尔哈特等人提出多层网络中的反向传播算法就是两个重要标志。

大量关于神经网络模型、算法、理论分析和硬件实现的研究,为神经网络计算机走向应用提供了物质基础。目前,神经网络已在模式识别、图像处理、组合优化、自动控制、机器人学等领域广泛应用。

3. 进化计算

进化计算算法受生物进化过程中"优胜劣汰"的自然选择机制和遗传信息的传递规律的影响,通过程序迭代模拟这一过程,把要解决的问题看作环境,在一些可能的解组成的种群中,通过自然演化寻求最优解。进化算法是一种基于自然选择和遗传变异等生物进化机制的全局性概率搜索算法,运用了迭代的方法。

进化计算是一种成熟的具有高鲁棒性和广泛适用性的全局优化方法,具有自组织、自适应、自学习的特性,能够不受问题性质的限制,有效地处理传统优化算法难以解决的复杂问题,借用生物进化的规律,通过繁殖、竞争、再繁殖、再竞争,实现优胜劣汰,一步步逼近复杂工程技术问题的最优解。

进化计算有着极为广泛的应用,在模式识别、图像处理、人工智能、经济管理、机械工程、电气工程、通信、生物学等众多领域都获得了较为成功的应用。

遗传算法、进化策略、进化规划和遗传规划是进化计算的四大分支,其中,遗传算法是进化计算中最初形成的一种具有普遍影响的模拟进化优化算法。

21.2.4 智能行动

智能行动是机器作用于外界环境的主要途径,主要包括智能控制、智能制造、分布式人工智能等方面。

1. 智能控制

智能控制是指将控制理论方法与人工智能技术相结合,适用于解决复杂的、不确定性的控制问题。

智能控制是同时具有以知识表示的非数学广义世界模型和数学公式模型表示的混合控制过程,也往往是含有复杂性、不完全性、模糊性或不确定性,以及不存在已知算法的非数学过程,并以知识进行推理,以启发来引导求解过程。因此,在研究和设计智能控制系统时,不把注意力放在数学公式的表达、计算和处理方面,而放在对任务和世界模型的描述、符号和环境的识别以及知识库和推理机的设计开发上。

目前,常用的智能控制方法主要包括模糊控制、神经网络控制、分层递阶智能控制、专家控制和学习控制等,已应用于智能机器人系统、计算机集成制造系统、复杂工业工程的控制系统、航空航天控制系统、环境及能源系统等。

2. 智能制造

智能制造是一种由智能机器和人类专家共同组成的人机一体化智能系统(图 21-4),它在制造过程中能进行智能活动,诸如分析、推理、判断、构思和决策等。通过人与智能机器的合作共事,去扩大、延伸和部分地取代人类专家在制造过程中的脑力劳动。它把制造自动化的概念更新扩展到柔性化、智能化和高度集成化,主要包括机器智能的实现技术、人工智能与机器智能的融合技术,多智能源的集成技术。

图 21-4 智能制造

在实际智能制造模式下,智能制造系统一般为分布式协同求解系统,其本质特征表现为智能单元的“自主性”与系统整体的“自组织能力”。

3. 分布式人工智能

分布式人工智能是随着计算机网络、计算机通信和并发程序设计技术而发展起来的一个新的人工智能研究领域。主要研究各智能体之间的合作与对话,包括分布式问题求解和多智能体系统两个领域,已应用于无人驾驶汽车、拍卖智能体、自主计算等方面,其中,多智能体系统具有更大的灵活性和适应性。

分布式人工智能系统一般由多个智能体组成,每个智能体又是一个半自治系统,智能体具有高度开放性,其结构直接影响到系统的智能和性能。多智能体系统的体系结构影响着单个智能体内部协作智能的存在,其结构选择影响着系统的异步性、一致性、自主性和自适应性的程度,并决定信息的储存方式、共享方式和通信方式。

21.3 人工神经网络

所谓的人工神经网络就是基于模仿生物大脑的结构和功能而构成的一种信息处理系统,是一种应用类似于大脑神经突触联接的结构进行信息处理的数学模型,是由大量处理单元互联组成的非线性、自适应信息处理系统。

21.3.1 生物神经元与人工神经元

生物神经系统是一个具有高度组织和相互作用的数量巨大的细胞组织群体,通过神经元及其联接的可塑性,使大脑具有学习、记忆、认知等各种智能。神经元是神经系统的基本单元,其基本结构如图 21-5 所示。

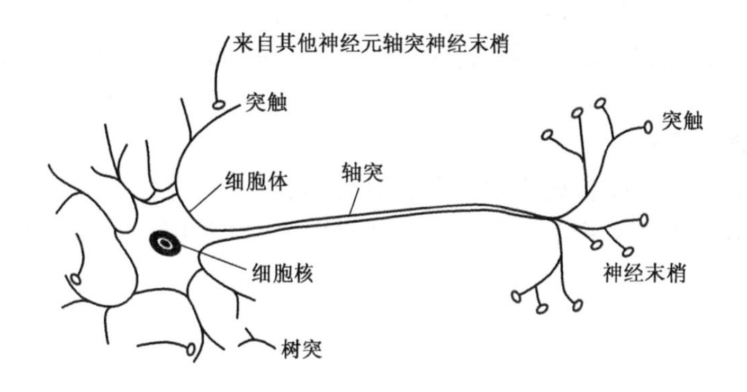

图 21-5　生物神经元基本结构

神经元主要包括细胞体、树突和轴突。细胞体由细胞核、细胞质和细胞膜等组成,是神经元的主体,主要处理由树突接收的其他神经元传来的信息;细胞膜的外面是许多向外延伸出的纤维,轴突是这些纤维中最长的一条分支,用来向外传递神经元产生的输出电信号;轴突的末端形成了许多很细的分支,称为神经末梢,每一条神经末梢可以与其他神经元形成功能性接触,该接触部位称为突触;细胞体向外延伸的除轴突以外的其他所有分支是树突,用于接收从其他神经元的突触传来的信号。

神经元有两种状态——抑制与兴奋,抑制是神经元在没有产生冲动时的状态,产生冲动则为兴奋状态。神经元的信息传递和处理是一种电化学活动,树突由于电化学作用接受外界的刺激;通过细胞体内的活动体现为轴突电位,当轴突电位达到一定的阈值产生冲动即进入兴奋状态,并通过轴突末梢传递给其他的神经元。

人工神经元是对生物神经元的抽象和模拟。1943 年心理学家麦卡洛克和数理逻辑学家皮茨模仿生物神经元结构和功能,提出了神经元的 MP 模型,如图 21-6 所示。

其中:X_i 是神经元 k 的 p 个输入;w_{kj}代表神经元 k 与神经元 j 之间的连接强度(模拟生物神经元之间的突触连接强度),称为连接权;u_k 代表神经元 k 的活跃值,即神经元状态;y_k 代表神经元 k 的输出,对于多层网络而言,也是另外一个神经元的一个输入;θ_k 代表神经元 k 的阈值。

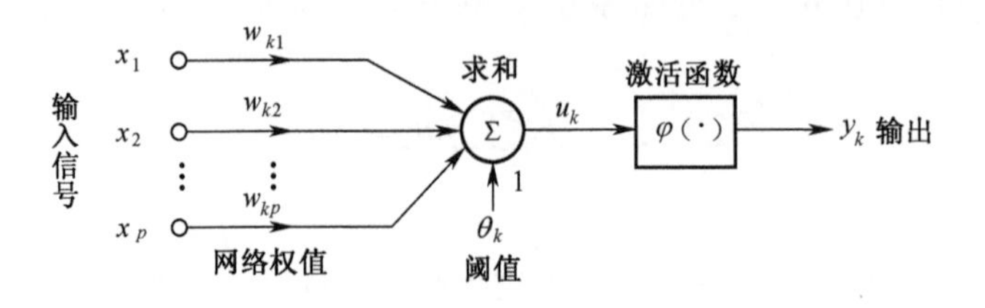

图 21-6　MP 人工神经元模型

$$u_k = \sum_{i=1}^{m} w_i x_i - \theta \tag{21-1}$$

$$y = \varphi\left(\sum_{i=1}^{m} w_i x_i - \theta\right) \tag{21-2}$$

式中：函数 φ 表达了神经元的输入、输出特性，称为神经元的激活函数。

神经元的模型有多种，其区别在于采用了不同的激活函数，不同的激活函数决定神经元的不同输出特性。常用的激活函数有阈值型激活函数、S 型激活函数、分段线性激活函数等。

1. 阈值型激活函数

这种激活函数最简单，其输出状态取二值（1、0 或+1、-1）分别代表神经元的兴奋和抑制。此激活函数是阶跃函数的形式，在 MP 模型中，激活函数就是这种类型，其波形如图 21-7 所示。

$$y = \varphi(x) = \begin{cases} 1, x \geqslant 0 \\ -1, x < 0 \end{cases} \tag{21-3}$$

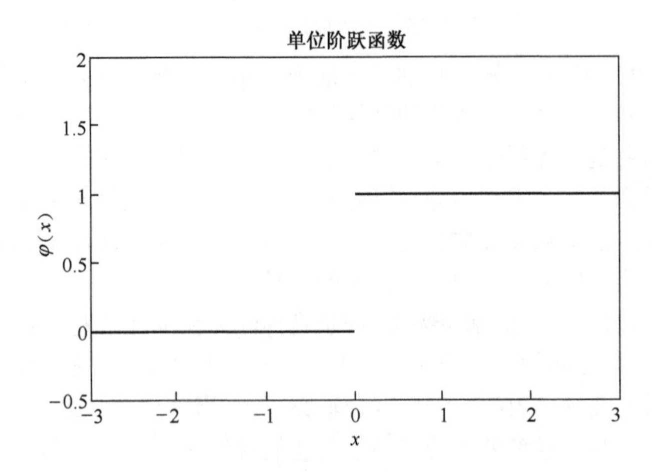

图 21-7　阈值型激活函数波形

2. S 型激活函数

神经元的状态与输入级之间的关系是在(0,1)内连续取值的单调可微函数。这种激活函数常用指数、对数或双曲正切等函数形式，它反映了神经元的饱和特性。

最常用的 S 型函数为

$$\varphi(x)=\frac{1}{1+e^{-x}} \tag{21-4}$$

式中，参数 a 可控制斜率，对应激活函数为单极型 S 函数，其波形如图 21-8 所示。

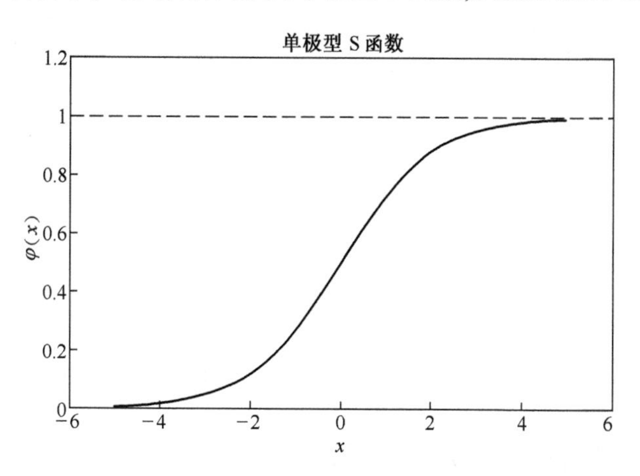

图 21-8　单极型 S 函数波形

另一种常用的 S 型函数为双曲正切对称 S 型函数，即

$$\varphi(x)=\frac{2}{1+e^{-x}}-1=\frac{1-e^{-x}}{1+e^{-x}} \tag{21-5}$$

对应激活函数为双极型 S 函数(波形如图 21-9 所示)，其与单极型 S 函数的区别在于输出值可正可负。

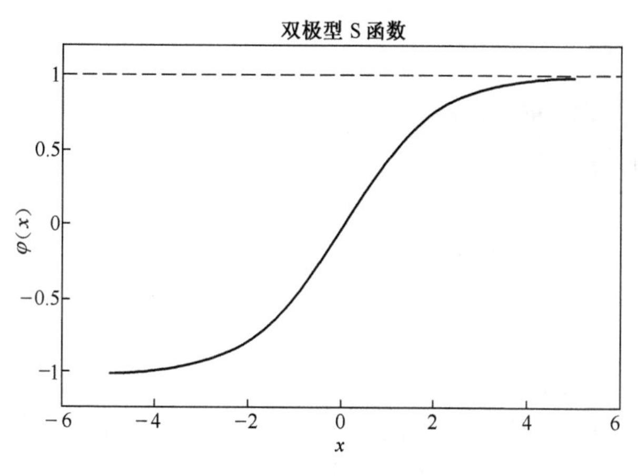

图 21-9　双极型 S 函数波形

3. 分段线性激活函数

这种激活函数是一个分段线性函数，该函数的输入、输出之间在一定范围满足线性关系，但输出有个最大值，其函数数学表达式和波形见式(21-6)和图 21-10。

$$\varphi(x)=\begin{cases}-1, x<-1\\ x, -1\leqslant x<1\\ 1, x\geqslant 1\end{cases} \tag{21-6}$$

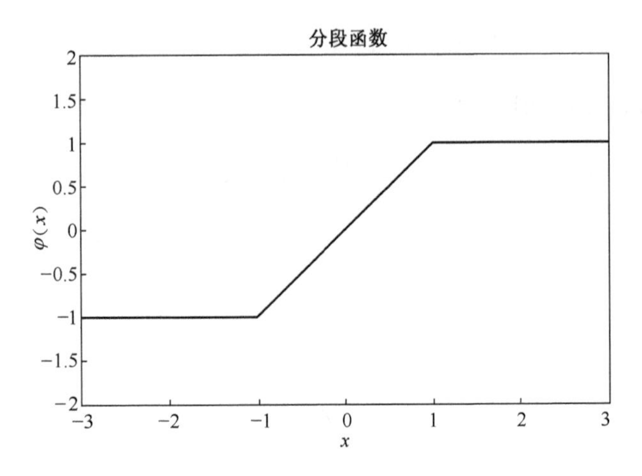

图 21-10　分段线性激活函数波形

21.3.2　网络拓扑结构和学习机理

人工神经网络是由神经元广泛互联形成的对人类神经系统的一种模拟,神经元之间互联的方式决定了神经网络的互连接构和信号处理方式。每个神经元能够与其他神经元连接,每种连接方法对应一个连接权重系数。

建立人工神经网络必须先选择网络的架构,然后决定使用什么样的学习算法,最后是训练神经网络,初始化网络的权值并通过一系列的实例训练改变权值。人工神经网络的复杂度主要取决于网络的结构和神经元的个数,当选定了神经元的模型,网络的拓扑结构和学习方法对该神经网络的特性将起主导作用。

1. 拓扑结构

神经元的连接方式不同,神经网络的拓扑结构就不同,根据拓扑结构的不同,可将人工神经网络分为两类:

1) 前馈网络

前馈网络又称为前向网络,特点是只包含前向连接,不存在其他连接方式,即每一层神经元只接收来自前一层神经元的输出,同层神经元之间没有互联,从输入层到输出层的信号通过单向连接流通。

根据神经元的层数,前馈网络又可以分为单层前馈网络和多层前馈网络。

单层前馈网络:只拥有单层计算节点的前馈网络,仅含有输入层和输出层。

多层前馈网络:除拥有输入层、输出层外,至少还含有一个隐含层的前馈网络。隐含层是指既不属于输入层,又不属于输出层的神经元所构成的中间层,其作用是通过对输入层信号的加权处理,将其转化成更能被输出层接受的形式。隐含层的加入大大提高了神经网络的非线性处理能力。多层前馈网络的典型代表是 BP 神经网络,其结构如图 21-11 所示。

2) 反馈网络

采用反馈连接方式形成的神经网络,从输出层到输入层有反馈的网络,同层神经元之间没有互联,其结构如图 21-12 所示。这种网络的每个神经元的输入都有可能包含该神

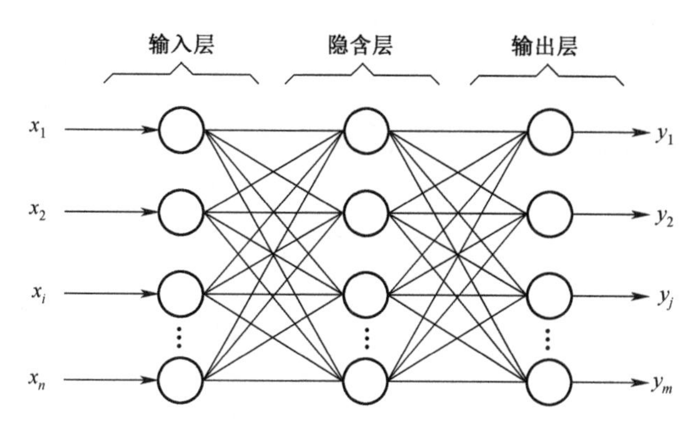

图 21-11　BP 神经网络结构示意图

经元先前输出的反馈信息,即每一个神经元的输出是由该神经元当前的输入和先前的输出共同决定的。

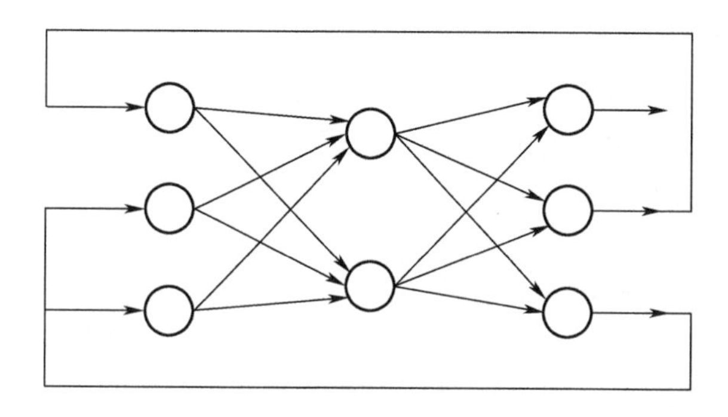

图 21-12　反馈网络结构示意图

反馈网络同样也可以分为单层反馈网络和多层反馈网络。单层反馈网络是不含隐含层的反馈网络,多层反馈网络是含有隐含层的反馈网络。反馈网络的典型代表是 Hopfield 网络。

2. 学习机理

神经网络通过相继输入的样本,按照一定的学习规则不断改变网络各层的连接权值,使网络的输出不断接近期望的输出,这一过程为神经网络的学习。人工神经网络具备强大的学习能力,它能够通过学习掌握训练样本数据的潜在规律,具体来说,神经网络学习的过程就是调整网络权值的过程。神经网络的结构和功能不同,学习方法也各不相同。

人工神经网络信息处理可以用数学过程来说明,这个过程可以分为两个阶段:执行阶段和学习阶段。学习是智能的基本特征之一,神经网络通过施加于它的权值和阈值调节的交互过程来学习它的环境,具有近似于人类的学习能力是其关键的方面之一。

按照广泛采用的分类方法,可以将神经网络的学习方法归纳如下。

1) 有导师学习

有导师学习是在有“导师”指导和考察的情况下进行学习的方式,又称为监督学习,如图 21-13 所示。在学习时需要给出导师信号或称为期望输出,也是衡量学习效果的准则。神经网络对外部环境是未知的,但可以将导师看作对外部环境的了解,由输入—输出样本集合表示。导师信号或期望响应代表了神经网络执行情况的最佳效果,即对于网络输入调整权值,使得网络输出逼近导师信号或期望输出,同时使误差信号逐渐减小。

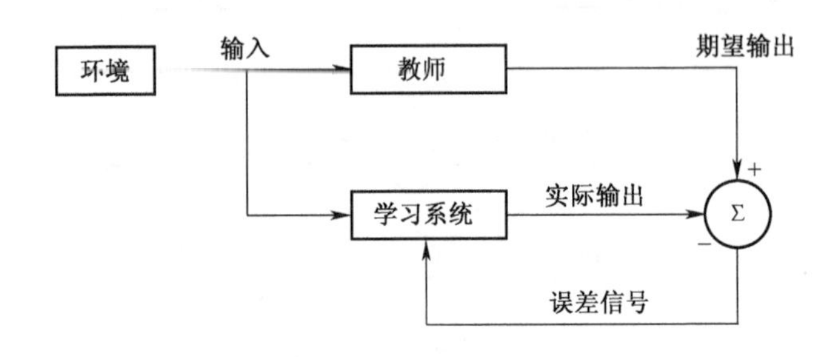

图 21-13 有导师学习

2) 无导师学习

无导师学习也称无监督学习。在进行无导师学习时,不存在“导师”信号,神经网络对连接权值进行调节只依赖于衡量学习效果的准则和本身独特的结构,其衡量学习效果的准则隐藏在网络内部。

它是一种自适应的学习规则,不存在“导师”的指导和考察,是靠神经网络本身完成的,当对网络进行输入后,网络由于没有现成的信息作为响应的校正,将按照其网络结构和预先设定的学习规则来自动调整权值,从而使网络的输出反映输入的某种固有特性。

3) 灌输式学习

灌输式学习是指将网络设计成记忆特别的例子,以后当给定有关该例子的输入信息时,例子便被回忆起来。灌输式学习中网络的权值不是通过训练逐渐形成的,而是通过某种设计方法得到的。权值一旦设计好,即一次性灌输给神经网络不再变动,因此网络对权值的“学习”是“死记硬背”式的,而不是训练式的。

从三种学习形式可看出,学习规则对神经网络起着重要的作用。在神经网络的学习中,各神经元的连接权值需按一定的规则调整,这种权值调整规则称为学习规则,一般有误差纠正规则(δ 学习规则)、HEBB 学习规则、竞争学习规则等。

(1) 误差纠正规则。

这种规则又称为梯度下降法,常用于有导师的神经网络学习,要求神经网络中每一个输出单元的实际输出与目标输出的差值最小。

(2) HEBB 学习规则。

这种学习规则为当任意一个连接两端的神经元同时处于同一情况下,比如同为激活状态或同为抑制状态,两者之间的连接强度会加强,相反强度会削弱。HEBB 既可以采用有导师的方式,也可以采用无导师的方式。

(3) 竞争学习规则。

在竞争学习过程中,神经网络的每个输出单元为了被激活,彼此之间互相竞争,只有在竞争过程中取得胜利的输出单元才拥有被激活的权利,其他输出单元还保持抑制状态。竞争学习规则在大部分情况下采用无导师的学习方式。

21.3.3 BP 神经网络

误差反向传播算法(back propagation)简称为 BP 算法,是在梯度下降法的基础上建立起来的，它被普遍用作函数临近、模式识别或者分类、各种数据压缩等。神经网络中的模型绝大部分是 BP 神经网络模型或者是它的演变样式，BP 神经网络是众多人工神经网络算法中使用最多最成熟的一种。

1. BP 神经网络的基本结构

BP 神经网络一般由输入层、隐含层和输出层三部分构成，属于多层前馈型网络结构，其中隐含层可以根据问题的复杂程度决定其层数，如图 21-14 所示。问题的信息从输入层的节点端输入，经过隐含层的各个神经元处理后，最终由输出层的输出节点输出，信息经过每层网络连接权值处理后，将输出层的值与期望值进行比较得到误差值，然后把误差值返回上一层，对上一层的网络连接权值进行逐层修正，最终使得输出误差值趋于最小。

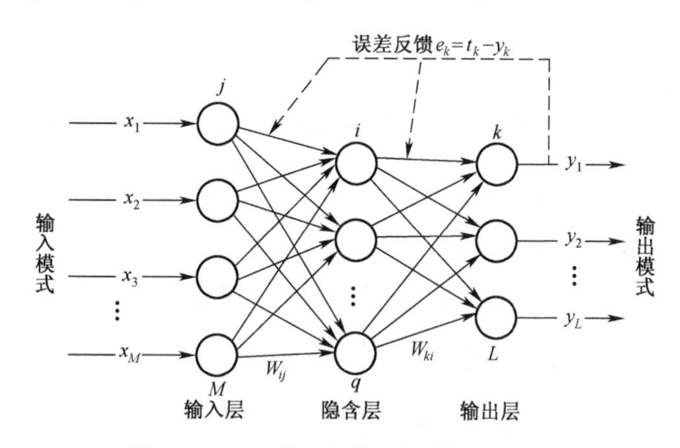

图 21-14　BP 神经网络基本结构(三层)图

图 21-14 中，输入节点数为 M，输出节点数为 L，隐含层神经元个数为 q。其中，x_1，x_2，…，x_M 为网络的实际输入，$y_1,y_2,\cdots,y_L$ 为网络的实际输出，$t_k(k=1,2,\cdots,L)$ 为网络的目标输出，$e_k(k=1,2,\cdots,L)$ 为网络的输出误差。

2. 学习过程

网络是在导师指导下进行学习的，其学习过程就是不断调节网络阈值和权值的过程，网络沿着误差梯度变化的反方向进行权值系数的调节，使网络误差达到最小。学习分为两个阶段，一个是信号的正向传输，另一个是差值的逆向传输。

1）信号的正向传输过程

在正向传播过程中，每一层神经元的状态只影响到下一层神经网络，如果输出层不能得到期望输出，就是实际输出值与期望输出值之间误差不能接受，那么转入反向传播过程。

隐含层第 i 个节点的输入 net_i 为

$$\mathrm{net}_i=\sum_{j=1}^{M}w_{ij}x_j+\delta_i \tag{21-7}$$

隐含层第 i 个节点的输出 o_i 为

$$o_i=\phi(\mathrm{net}_i)=\phi\left(\sum_{j=1}^{M}w_{ij}x_j+\delta_i\right) \tag{21-8}$$

输出层第 k 个节点的输入 net_k 为

$$\mathrm{net}_k = \sum_{i=1}^{q} w_{ki}y_i + \delta_k = \sum_{i=1}^{q} w_{ki}\phi\Big(\sum_{j=1}^{M} w_{ij}x_j + \delta_i\Big) + \delta_k \tag{21-9}$$

输出层第 k 个节点的输出 o_k 为

$$o_k = \psi(\mathrm{net}_k) = \psi\Big(\sum_{i=1}^{q} w_{ki}y_i + \delta_k\Big) = \psi\Big[\sum_{i=1}^{q} w_{ki}\phi\Big(\sum_{j=1}^{M} w_{ij}x_j + \delta_i\Big) + \delta_k\Big] \tag{21-10}$$

式中：x_j 为输入层第 j 个节点的输入，$j = 1,2,\cdots,M$；w_{ij} 为网络输入层第 j 个节点到中间隐含层第 i 个节点之间的权值；δ_i 为隐含层第 i 个节点的阈值；ϕ 为隐含层的激励函数；w_{ki} 为中间隐含层第 i 个节点到网络输出层第 k 个节点之间的权值，$i = 1,2,\cdots,q$；δ_k 为输出层第 k 个节点的阈值，$k = 1,2,\cdots,L$；ψ 为输出层的激励函数；o_k 为输出层第 k 个节点的输出。

2）误差的反向传输过程

误差的反向传输过程，即神经网络首先由最后的输出层开始，将误差信号沿原路返回逐层计算每一层神经元的输出误差，根据误差梯度下降法实现各层神经元的阈值和权值的调节，使最终网络输出与目标期望值相近。经过这两个过程的反复运算，使得误差信号达到要求时，神经网络学习过程结束。

对于标准的 BP 神经网络，每一个输入样本 p 的二次型误差函数可表示为

$$E_p = \frac{1}{2}\sum_{k=1}^{L}(t_k^p - o_k^p)^2 \tag{21-11}$$

式中：L 为网络输出节点数；o_k^p 为输出节点 k 在样本 p 作用时的输出；t_k^p 为样本 p 经过网络输入/输出作用时节点 k 的目标输出值。

神经网络在学习过程中，会按使误差函数 E_p 减小最快的方向来调整加权系数，直到获得满足条件的加权系数集。为使网络收敛，加权系数按二次型误差函数梯度变化的反方向进行调整。根据梯度法，可得到隐含层的任意神经元 i 和输出层的神经元 k 在样本 p 作用时的加权系数增量公式，表示为

$$w_{ij}(k+1) = w_{ij}(k) + \eta\delta_i^p o_j^p \tag{21-12}$$

$$w_{ki}(k+1) = w_{ki}(k) + \eta\delta_k^p o_i^p \tag{21-13}$$

$$\delta_{ki}(k+1) = \eta\delta_{ki}(k) \tag{21-14}$$

$$\delta_{ij}(k+1) = \eta\delta_{ij}(k) \tag{21-15}$$

其中

$$\delta_{ki}^p = o_k^p(1 - o_k^p)(t_k^p - o_k^p) \tag{21-16}$$

$$\delta_{ij}^p = o_i^p(1 - o_i^p)\Big(\sum_{k=1}^{L}\delta_k^p \cdot w_{ki}\Big) \tag{21-17}$$

式中：η 为学习速率，$\eta<0$；o_i^p 为隐含节点 i 在样本 p 作用时的输出；o_j^p 为输入节点 j 在样本 p 作用时的输出。

原理上，只要隐含层和隐节点数量足够多，BP 神经网络就可以通过任意非线性映射逼近各种函数；单个神经元的损坏对网络输入与输出关系影响很小，因此 BP 神经网络容错性较好。BP 神经网络的这些优点使其在非线性系统的建模、辨识和预测方面具有远大的应用前景。

3. 算法设计基本步骤

(1) 从训练样本集中取一样本,输入训练样本的值,提供神经网络的输入向量值;

(2) 设置网络的参数:权值、维数和学习率等;

(3) 计算出各层节点的正向输出;

(4) 计算网络的实际输出和期望输出的误差值;

(5) 判断误差值是否在误差所允许的范围之内,若在范围内,则结束训练,否则执行下一步;

(6) 从输出层开始反向计算到第一个隐含层,按一定的原则向减少误差的方向调整整个网络的各个连接权值;

(7) 对训练样本集中的每一个样本重复上述步骤,直到对整个网络训练样本集的误差达到要求为止。

4. BP 神经网络的缺陷及改进

BP 神经网络算法计算量小、网络简单、并行性高,是目前最为成熟、应用最多的神经网络算法。其算法的核心思想就是求解网络误差函数的最小值,通过非线性规划领域中的最速下降法,沿着误差函数的负梯度方向进行权值的修改,但这种算法并不完美,具有一定局限性,主要表现如下:

(1) 学习效率低,收敛速度过慢,训练时间较长;

(2) 训练过程易陷入局部极小值,使网络误差变大。

为了加快收敛速度,减小网络误差,许多专家学者对网络的学习算法进行了深入研究。有学者提出加入动量项来改善,有的学者提出通过改变学习速率步长来改善,还有的学者提出用遗传算法优化 BP 神经网络,前两种方法均加快了收敛速度,减小了网络迭代次数,但是网络误差依然较大;遗传算法与局部寻优算法不同,是一种全局寻优算法,通过在 BP 神经网络中融合遗传算法,不仅可实现网络快速收敛,而且能够全局寻优,减少网络误差。

1) 动量 BP 算法(momentum back propagation, MOBP)

动量 BP 算法是在梯度下降算法的基础上引入动量因子 $\eta(0 < \eta < 1)$,该算法以上一次的修正结果为基础影响本次修正量,因此相比标准的 BP 算法,具有更快的收敛速度、更短的学习时间。

2) 学习速率可变的 BP 算法(variable learning rare back propagation, VLBP)

根据误差性能函数自主地调整学习速率。该算法在计算本次迭代误差的同时与上次迭代相比较,当误差以减小的方式趋近时,说明修正方向正确,可乘以增量因子以增大学习速率;相反则乘以减量因子减小学习速率。该算法根据局部误差曲面动态调整学习速率,进一步优化学习算法的性能。

3) 基于遗传算法的优化

用遗传算法优化神经网络主要包括:优化学习规则、优化权系数及优化网络结构等。

21.4 遗传算法

遗传算法(genetic algorithm, GA)是进化计算中最初形成的一种具有普遍影响的模拟进化优化算法,是人们在模拟自然界生物遗传进化的过程中发展起来的一种全局自适应优化概率搜索算法。BP 算法能够实现精确的寻优,但它收敛速度慢、容易陷入局部极小值,而遗传算法以遗传规律和自然选择为基础,具有很强的寻优全局性和宏观搜索能力。

21.4.1 进化计算

进化计算是基于达尔文的进化论和孟德尔的遗传变异理论所形成的一种在基因和种群层次上模拟自然界生物进化过程与机制的问题求解技术。进化计算有着极为广泛的应用,在模式识别、图像处理、人工智能、经济管理、机械工程、电气工程、通信、生物学等众多领域都获得了较为成功的应用。

进化计算的核心思想认为,生物进化过程本身是一个自然的、并行的、稳健的优化过程,这一过程的目标是对环境的自适应性。生物种群通过"优胜劣汰"及遗传、变异来达到进化的目的。根据生物进化和遗传理论,进化过程通过繁殖、变异、竞争和选择这 4 种基本形式来实现。进化计算是建立在模拟生物进化过程基础上的随机搜索优化技术。

在进化算法中,从一组随机生成的个体出发,仿效生物的遗传方式,主要采用选择、交叉、变异这三种操作,衍生出下一代的个体。再根据适应度的高低进行个体的优胜劣汰,提高新一代群体的质量,经过反复多次迭代,逐步逼近最优解。从数学角度讲,进化算法实质上是一种搜索寻优的方法。

进化计算主要包括遗传算法、遗传规划、进化规划和进化策略等研究内容,其中遗传算法比较成熟,应用最为广泛。

进化计算方法主要包括编码策略、适应函数、变异算子、交叉算子、选择算子几部分。

(1) 编码策略就是决定如何用一个字符串来表示一个个体。编码的思想来自于生物 DNA 决定生物性状的表现型。

(2) 适应函数就是从编码字符串到表现型的映射,也就是评价一个具体编码串是否优劣的函数。适应函数的值称为适应度。

(3) 变异算子、交叉算子与选择算子共同决定具体的求解(搜索)过程。变异算子可随机改变一个编码串中的某几位,得到一个新的编码串,这个算子可用来模拟生物基因突变现象。交叉算子是把两个编码串进行混合得到新的编码串。选择算子是从一个群体中取出多个较优个体,用于繁衍下一代。

21.4.2 遗传算法特点

遗传算法从数学角度讲是一种概率性搜索算法,从工程角度讲是一种自适应迭代寻优过程。此算法的优点主要表现在以下几个方面:

(1) 算法处理的对象并不是参数本身,而是对参数集进行了编码的个体,遗传信息存储于其中;

(2) 是多点、多途径搜索寻优,且各路径之间有信息交换,因此能以很大概率找到全局最优解和近似全局最优解;

(3) 遗传算法具有潜在的学习能力,利用适应度函数,能把搜集空间集中与解空间集中期望值最高的部分,自动挖掘出较好的目标区域,适用于具有自组织、自适应和自学习的系统;

(4) 算法在选择、交叉和变异操作时,采用概率规则而不是确定性规则来指导搜索过程向适应度函数值逐步改善的搜索区域发展,克服了随机优化算法的盲目性;

(5) 自组织和自适应的特征赋予算法能够根据环境的变化自动发现环境的特征和规律,可以利用遗传算法解决结构尚无人能理解的复杂问题。

21.4.3 遗传算法的基本过程

1. 遗传算法涉及的主要概念

(1) 种群:初始给定的多个解的集合,是问题解空间的一个子集;

(2) 个体:种群中的单个元素,由一个用于描述其基本遗传结构的数据结构来表示;

(3) 染色体:对个体进行编码后得到的编码串,染色体中每一个位称为基因;

(4) 适应度:用来对种群中各个个体的环境适应性进行度量的函数;

(5) 遗传操作:作用于种群而产生新的种群的操作。

2. 基本过程

遗传算法主要由初始种群设定、适应度函数设定、遗传操作等部分组成,基本过程如下:

(1) 选择编码策略。

将问题搜索空间中每个可能的点用相应的编码策略表示出来。

如前所述,编码策略就是决定如何用一个字符串来表示一个个体,编码是把实际问题的结构变换为遗传算法的染色体结构。

遗传算法中的编码方法有二进制编码、格雷编码、实数编码和字符编码等。其中,二进制编码方案是遗传算法中最常用的一种编码方法。它所构成的个体基因型是个二进制编码符号串。二进制编码符号串的长度与问题求解精度有关。设某一参数的取值范围是$[U_{\min}, U_{\max}]$,则二进制编码的编码精度为

$$\delta = \frac{U_{\max} - U_{\min}}{2^l - 1} \tag{21-18}$$

式中:$U_{\max}$为参数最大值;$U_{\min}$为参数最小值;l为编码的码长。

例如,对于$x \in [0,255]$,若用8位长的二进制编码来表示该参数,则下述符号串:

00101011

就可表示一个个体,它所对应的参数值是$x=43$,此时编码精度为$\delta=1$。

二进制编码方法有如下优点:

① 编码、解码操作简单易行;

② 交叉、变异等遗传操作便于实现;

③ 符合最小字符集编码原则;

④ 便于利用图式(模式)定理对算法进行理论分析。

(2) 定义种群规模,交叉、变异方法,选择概率Pr、交叉概率Pc、变异概率Pm等。

(3) 令$t=0$,随机选择N个染色体初始化种群$P(0)$。

(4) 定义适应度函数$f(f>0)$。

(5) 计算$p(t)$中每个染色体的适应值。

(6) $t=t+1$。

(7) 运用选择算子,从 $p(t-1)$ 中得到 $p(t)$。

选择算子就是根据适者生存原则选择下一代的个体。选择算子以适应度为选择原则,体现出优胜劣汰的效果,可遵从下面的选择原则:

① 适应度较高的个体,繁殖下一代的概率较高(或者数目较多);

② 适应度较低的个体,繁殖下一代的概率较低(或者数目较少),甚至被淘汰。

选择的结果就是产生了对环境适应能力较强的后代,从问题求解角度来讲,就是选择和最优解较接近的中间解。

(8) 对 $p(t)$ 中的每个染色体,按概率 p_c 参与交叉。

执行交叉操作前,首先要进行随机配对。从被选中用于繁殖下一代的个体中,随机地选取两个个体组成一对。交叉算子按照一定概率在某个位置上交换配对编码的部分子串,其目的在于产生新的基因组合,也就是产生新的个体。交叉可分为单点交叉或多点交叉。

(9) 对染色体中的基因,以概率 p_m 参与变异。

根据生物遗传中基因变异的原理,变异算子以变异概率对某些个体的某些位执行变异。变异概率的取值较小,一般在 0.0001~0.1。这与生物体中突变概率极小的情况一致。

当最优个体的适应度达到给定的阈值,或者最优个体的适应度和群体适应度不再上升时,遗传算法迭代过程收敛,算法结束。否则,用经过选择、交叉、变异所得到的新一代群体取代上一代群体继续循环执行。

(10) 判断群体性能是否满足预先设定的终止标准,不满足返回(5)。

21.4.4 遗传算子

遗传算法中的遗传算子包括选择算子、交叉算子和变异算子。遗传算子中包含一些系统控制参数,如个体数 n、基因链长度 1、交叉概率 P_c 和变异概率 P_m 等。这些系统参数对算法的收敛速度及结果有很大影响。

1. 选择算子

选择算子就是从种群中选择出生命力强的、较适应环境的个体,使它们能够具有更多的机会被遗传到下一代中。选择的依据是每个个体的适应度,适应度越大被选中的概率就越大,其子孙在下一代产生的个数就越多,其作用在于根据个体的优劣程度决定它在下一代是被淘汰还是被复制。一般地,通过选择算子将使适应度大的个体有较大的存在机会,而适应度小的个体继续存在的机会较小。常见的选择方法主要有比例法、排序法、最优保存策略等。

1) 比例法

比例法也称为赌轮选择法,其基本思想是,各个个体被选中的概率与其适应度大小成正比。由于随机操作的原因,这种选择方法的选择误差比较大,有时甚至连适应度比较高的个体也选择不上。

设群体大小为 n,个体 i 的适应度为 f,则个体 i 被选中的概率为

$$P(x_i) = \frac{f_i}{\sum_{i=1}^{n} f_i} \tag{21-19}$$

根据每个个体的选择概率 $p(x_i)$ 将一个圆盘分成 N 个扇区，再设立一个固定指针，当进行选择时，可以假想转动圆盘，若圆盘静止时指针指向第 i 个扇区，则选择个体 x_i，如图 21-15所示。从统计的角度看，个体的适应度值越大，其对应的扇区的面积就越大，被选中的可能性也就越大。

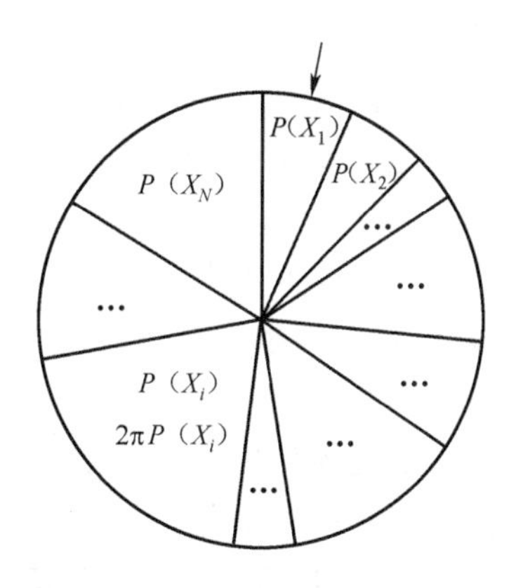

图 21-15　比例法选择示意图

2）排序法

这种方法的基本思想是，首先对种群中的所有个体按其相对适应度的大小进行排序，然后根据每个个体的排列顺序，为其分配相应的选择概率，最后基于这些选择概率，采用比例方法产生下一代种群。

3）最优保存策略

由于选择、交叉、变异等遗传操作的随机性，优良个体也有可能被破坏掉，这样会降低种群的平均适应度，并对遗传算法的运行效率、收敛性都有不利影响。最优保存策略可实现优胜劣汰的目的。这种方法是让当前群体中适应度最高的一个个体不参与交叉运算和变异运算，而是用它来替换掉本代群体中经过遗传操作后产生的适应度最低的个体。

2. 交叉算子

交叉算子是按照某种方式对选择的父代个体的染色体的部分基因进行交配重组，从而形成新的个体，这种算子在遗传算法中起着核心作用。

交叉算子的设计和实现与所研究的问题密切相关，其主要考虑两个问题：如何确定交叉点的位置以及如何进行部分基因交换。一般要求交叉算子既不要过分破坏个体编码中表示优良性状的优良图式，又要能够有效地产生出一些较好的新个体图式。

遗传算法中的交叉算子可分为二进制交叉和实值交叉两种。

1）二进制交叉

二进制交叉是指在二进制编码情况下所采用的交叉，主要包括单点交叉、双点交叉、多点交叉等。

单点交叉是简单遗传算法使用的交换算子。从种群中随机取出两个编码串，假设串长为 L，然后随机确定一个交叉点，它是 1 到 $L-1$ 间的正整数取值，将两个串的右半段互换再重新连接得到两个新串。

假设两个父代编码串分别为

A　11010110

B　01011001

交叉点在从左向右数第六位，将 A 第六位及之后的几位，与 B 第六位及之后的几位交换，形成两个新个体。

A＊11010001

B＊ 01011110

交叉得到的新串不一定都能保留在下一代，可以仅仅保留适应度大的那个串。

双点交叉是指在个体编码串中随机设置了两个交叉点，然后再进行部分基因交换，即交换两个交叉点之间的基因段。

多点交叉是指在个体编码串中随机设置了多个交叉点，然后进行基因交换。随着交叉点数的增多，个体的结构被破坏的可能性也逐渐增大。

2）实值交叉

实值交叉是在实数编码情况下采用的交叉算子，包括离散交叉和算术交叉。

离散交叉又可以分为部分离散交叉和整体离散交叉。部分离散交叉是先在两个父代个体的编码向量中随机选择一部分分量，然后对这部分分量进行交换，生成子代中的两个新的个体。

算术交叉是指由两个个体的线性组合而产生出的两个新个体。为了能够进行线性组合运算，算术交叉的操作对象一般是由浮点数编码所表示的个体。

假设在两个个体 A、B 之间进行算术交叉，则交叉运算后所产生的两个新个体为

$$A^* = \alpha B + (1 - \alpha)A$$

$$B^* = \alpha A + (1 - \alpha)B$$

式中：α 为一个参数，当它是一个常数时所进行的交叉运算称为均匀算术交叉。

3. 变异算子

变异也称为突变，就是对选中个体的染色体中的某些基因进行改变，以形成新的个体。变异算子可增加遗传算法找到全局最优解的能力。变异算子以很小的概率随机改变字符串某个位置上的值，在二进制编制码中就是将 0 变成 1，将 1 变成 0。

交叉算子可以接近最优解，但是无法对搜索空间的细节进行局部搜索。使用变异算子来调整个体中的个别基因，就可以从局部的角度出发使个体更加接近最优解。变异可分为二进制变异和实值变异。

1）二进制变异

当个体编码为二进制编码时，先随机地产生一个变异位，然后将该变异位置上的基因值由“0”变为“1”，或由“1”变为“0”，从而产生一个新个体。

假设个体 A=001101，若变异位置为 2，则新个体为

$$A' = 011101$$

2）实值变异

当个体编码为实数编码时采用。是指用另外一个在规定范围内的随机实数去替换原变异位置上的基因值，产生一个新个体。

假设个体 A=20 16 19 12 21 30，若变异位置为 2 和 4，则新个体为

A′=20 12 16 19 21 30

21.5 算法举例

在进行人工智能算法设计时,往往将多个算法进行融合使用,以改善单个算法的某些弊端。一般遗传算法可用于BP神经网络算法的优化,下面给出的例子是这两种算法的混合使用。

采用Matlab进行神经网络设计的一般流程如图21-16所示。

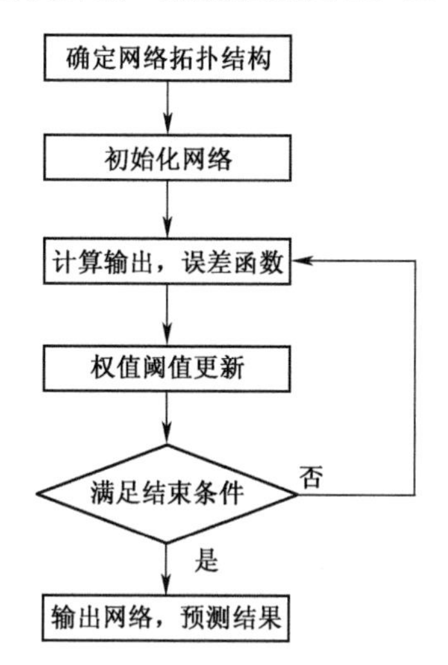

图21-16　BP神经网络设计一般流程

首先设计BP神经网络的拓扑结构,确定网络层数、每层节点数、激活函数的类型等。再输入样本值,完成正向计算和反向计算,优化权值和阈值,直到满足条件,结束。

假设需要设计一种算法,完成 $y = x_1^2 + x_2^2$ 的计算。算法的输入是一组两维数组 $[x_1, x_2]$,输出是一维的数据 y。由于输入、输出为非线性拟合关系,可以采用BP神经网络算法来实现。

21.5.1 基于标准BP神经网络的拟合

算法设计以BP神经网络为基本算法,遗传算法完成对BP神经网络算法的优化。首先需建立BP神经网络结构。

建立如图21-17所示的神经网络结构,共三层,输入层、输出层和隐含层,隐含层节点数为5个,激活函数选用S函数,输出层选用激活函数为线性函数。

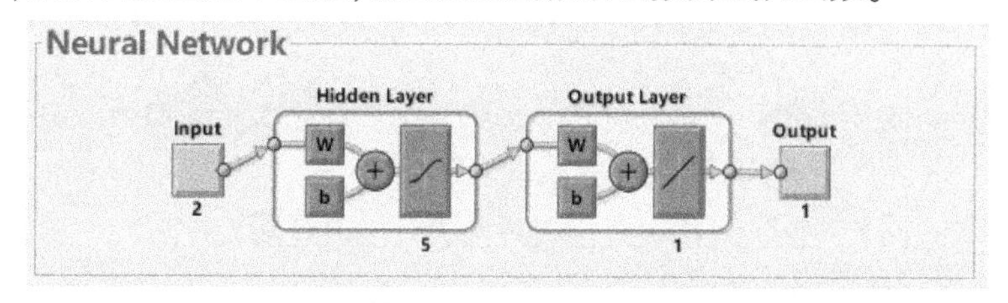

图21-17　BP神经网络结构图

部分模块程序如下：

```
.....
% 构建 BP 神经网络
net=newff(inputn,outputn,5,{'tansig','purelin'});
net.trainParam.epochs=100;
net.trainParam.lr=0.1;
net.trainParam.goal=0.0000004;
% BP 神经网络训练
net=train(net,inputn,outputn);
% 测试样本归一化
inputn_test=mapminmax('apply',input_test,inputs);
% BP 神经网络预测
an=sim(net,inputn_test);
% % 网络得到数据反归一化
BPoutput=mapminmax('reverse',an,outputs);
figure()
error=BPoutput-output_test;
plot(1:(N-M),error);
.....
```

程序训练过程、预测值和期望值的对比曲线、预测的误差曲线分别如图 21-18、图 21-19和图 21-20 所示。

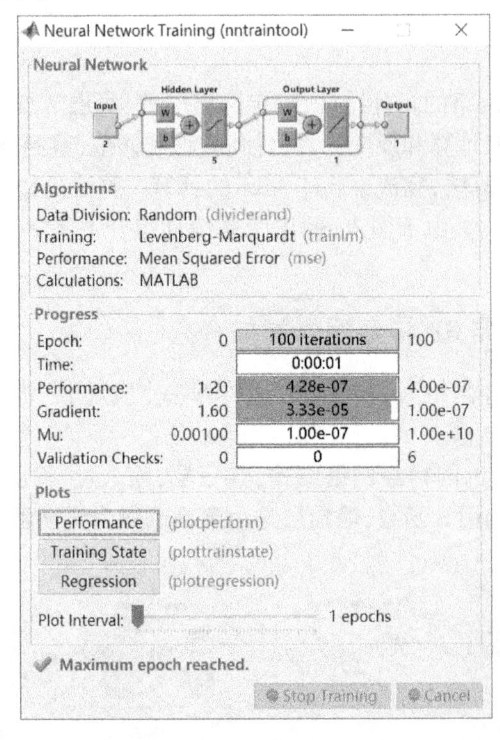

图 21-18　神经网络训练过程

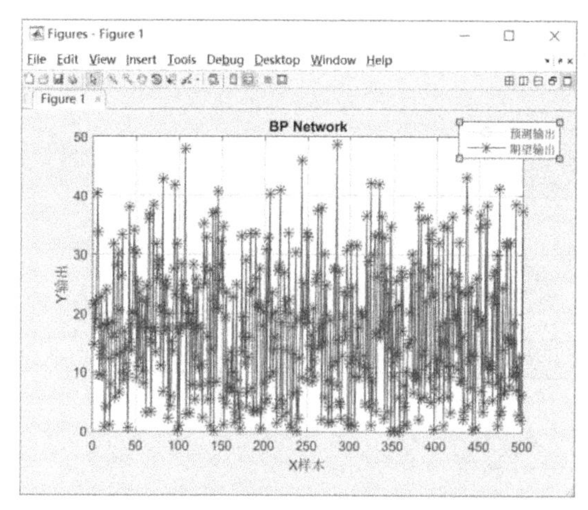

图 21-19　预测值和期望值的对比曲线

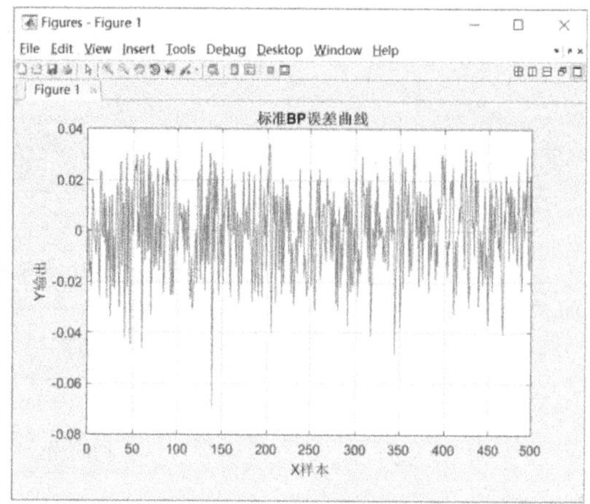

图 21-20　误差曲线

在程序中,设定最大迭代数为 100,当迭代 100 步时停止,误差数量级在 10^{-2}。

21.5.2 遗传算法对 BP 神经网络的优化

标准 BP 神经网络可以通过多种方法进行算法的优化,遗传算法进行优化是目前较常采用的方法之一。

将图 21-17 所建立的 BP 神经网络各节点的权值和阈值进行编码,形成染色体,通过遗传算法的遗传操作进行权值、阈值的优化。使用遗传算法优化时,需在相同路径下建立 5 个函数文件,其中包括主函数(main_gabp),code 子函数(用于染色体编码),fun 子函数(用来计算适应度值),select 子函数(选择操作),cross 子函数(交叉操作),mutation 子函数(变异操作)。

对遗传算法的参数(包括进化代数、种群规模、交叉概率、变异概率等)进行初始化后,可根据适应度函数进行更新。适应度函数根据实际问题确定,本例中适应度函数为神经网络的误差。

改进后的算法流程如图 21-21 所示。

编码由 code 子函数完成,给定编码位数和编码值范围,随机生成编码值以形成染色体。适应度函数采用神经网络的误差,所以每次计算适应度时都需要进行神经网络的运算,此步骤封装至 fun 函数中供函数调用。在初代种群中筛选出适应度最好的染色体,开始进行繁殖。依次对该染色体进行选择、交叉、变异操作,并计算适应度,共繁衍进化 10 代。筛选出适应度最好的染色体,划分出网络权值与阈值。

生成初代种群的程序如下:

```
.....
for i=1:sizepop     % 随机产生一个种群
individuals.chrom(i,:)=Code(lenchrom,bound);     % 编码
x=individuals.chrom(i,:);                        % 计算适应度
individuals.fitness(i) = fun(x, inputnum, hiddennum, outputnum, net, inputn,
outputn);
% 染色体的适应度
end
.....
```

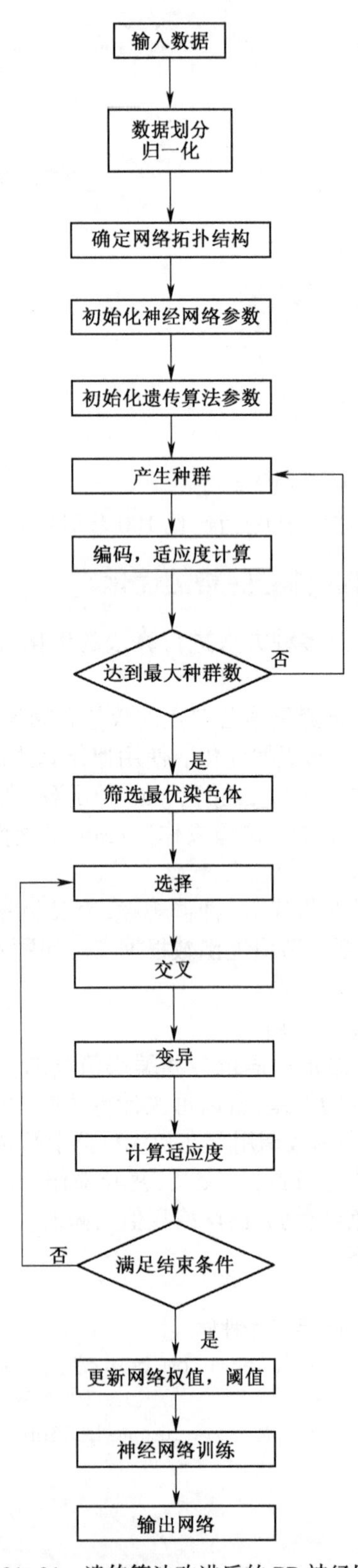

图 21-21　遗传算法改进后的 BP 神经网络

筛选初代种群中最好的染色体部分程序：

```
.....
[bestfitness bestindex]=min(individuals.fitness);
    bestchrom=individuals.chrom(bestindex,:);  % 最好的染色体
    avgfitness=sum(individuals.fitness)/sizepop; % 染色体的平均适应度
    trace=[avgfitness bestfitness]; % 记录每一代进化中最好的适应度和平均适应度
.....
```

进化繁衍过程如下：

```
.....
    for num=1:maxgen        % 选择
    individuals=select(individuals,sizepop);
    avgfitness=sum(individuals.fitness)/sizepop;     % 交叉
    individuals.chrom=Cross(pcross,lenchrom,individuals,sizepop,bound); % 变异
    individuals.chrom = Mutation(pmutation, lenchrom, individuals, sizepop, num, maxgen,bound);
    % 计算适应度
        for j=1:sizepop
            x=individuals.chrom(j,:); % 个体
    individuals.fitness(j) = fun(x, inputnum, hiddennum, outputnum, net, inputn, outputn);
        end
.....
```

设定最大迭代次数为100,当迭代100步时停止,误差数量级在10^{-3},误差曲线如图21-22所示。

将之前标准BP算法的误差与遗传算法优化后算法的网络误差在图21-22中进行对比,可见优化后的误差大幅降低。

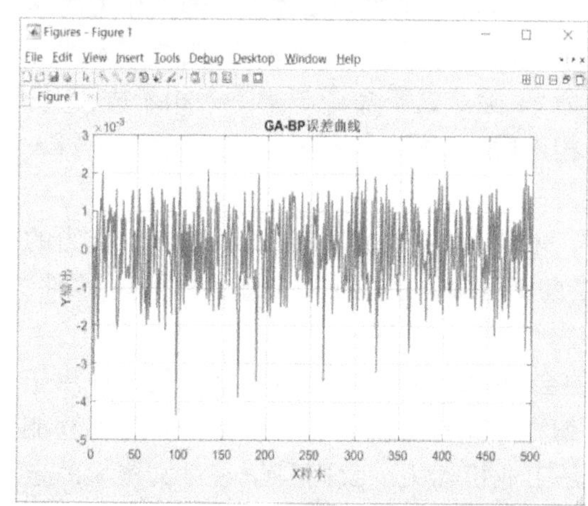

图21-22　改进算法后的误差曲线

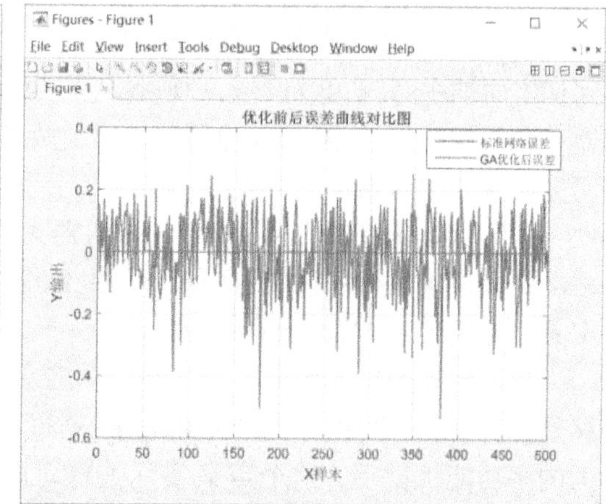

图21-23　经过遗传算法改进前后误差曲线

第22章
机器人设计与应用

22.1 机器人概述

机器人是现代科学技术发展的必然产物，自 1954 年世界第一台机器人诞生以来，到目前为止机器人产业的发展已经取得了巨大的成就，机器人被广泛应用于服务制造行业、医疗教育行业、救灾支援行业等各个行业，并开始对整个工业生产、太空和海洋探索以及人类生活的各方面产生越来越大的影响。

22.1.1 机器人的概念

由于机器人可实现的功能不断增多，并且机器人涉及了人的概念，所以，到目前为止机器人还没有一个统一、严格、准确的定义。1920 年，捷克斯洛伐克作家卡雷尔·恰佩克在科幻小说《罗萨姆的万能机器人》中，第一次提出“机器人”(Robot)这个概念。1950 年，阿西莫夫在小说《我，机器人》中，第一次定义了“机器人学”来描述与机器人相关的学科。其中，最重要的是其提出的机器人三守则：“①机器人不得伤害人类，或看到人类受到伤害而袖手旁观；②机器人必须服从人类的命令，除非这条命令与第一条相矛盾；③机器人必须保护自己，除非这种保护与以上两条相矛盾”。这三条守则，至今仍然是机器人研究所遵守的原则。

国际标准化组织(ISO)的定义：“机器人是一种自动的、位置可控的、具有编程能力的多功能机械手，这种机械手具有几个轴，能够借助于可编程序操作来处理各种材料、零件、工具和专用装置，以执行种种任务。”

目前大多数国家倾向于美国机器人工业协会(RIA)给出的定义：机器人是一种用于移动各种材料、零件、工具或专用装量，通过可编程序动作来执行各种任务并具有编程能力的多功能机械手。这个定义实际上针对的是工业机器人。我国科学家对机器人的定义：机器人是一种自动化的机器，所不同的是这种机器具备一些与人或生物相似的智能能力，如感知能力、规划能力、动作能力和协同能力，是一种具有高度灵活性的自动化机器。

22.1.2 机器人的分类

机器人技术作为 20 世纪人类最伟大的发明之一，从 60 年代初问世以来，经历四十多年的发展已取得长足的进步。

机器人从不同的角度可以有多种分类形式,如按照驱动形式分类可分为气压驱动、液压驱动和电驱动;按照用途分类可分为工业机器人、服务机器人和特种机器人。

在制造业中,工业机器人甚至已成为不可缺少的核心装备,比如汽车焊接、精密装配等(图 22-1 和图 22-2),它的高速发展提高了社会的生产水平和人类的生活质量;服务机器人可以为您治病保健、保洁保安(图 22-3 和图 22-4)。

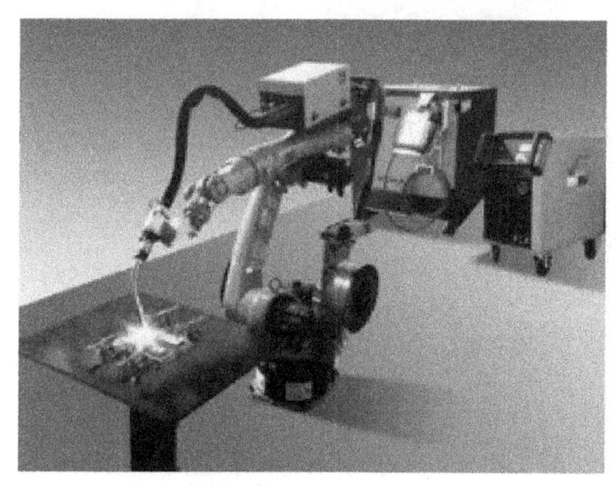

图 22-1　焊接机器人

图 22-2　智能制造生产线

特种机器人的种类也随着技术的进步不断丰富,如水下机器人、工程机器人、农业机器人、军用机器人等。

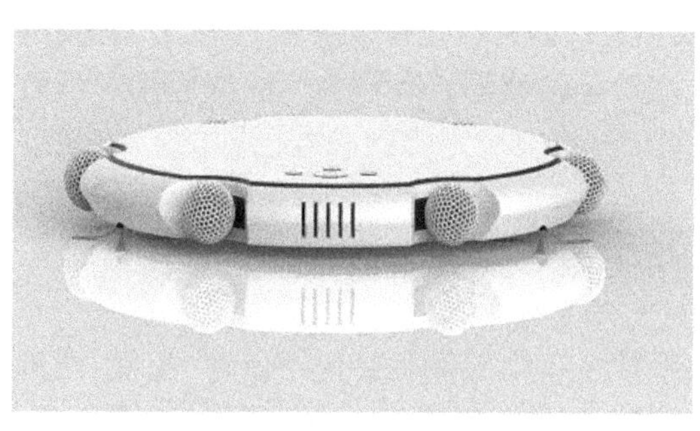

图 22-3　概念扫地机器人

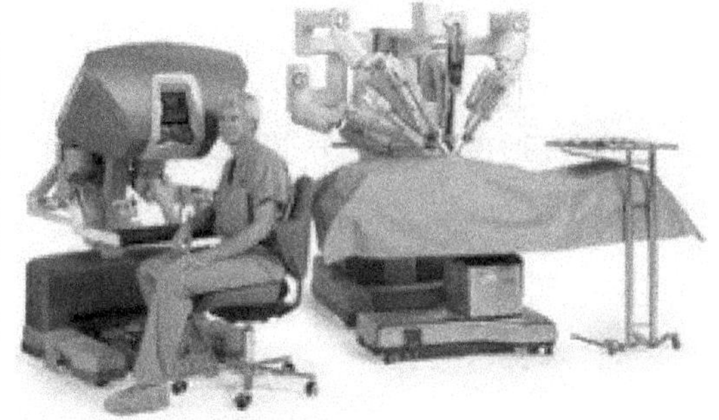

图 22-4　医疗机器人

生活中,喷漆、重物搬运等会对人体造成伤害的工作,精密装配等质量要求很高的工作,火山探险、空间探索、排爆等恶劣环境下(图 22-5 和图 22-6)人无法完成的工作都成为机器人大显身手的舞台。

科学在不断地发展,机器人制造工艺的各项性能水平也在不断地提升。从较早期只能执行简单程序、重复简单动作的工业机器人,到有较强智能表现的智能机器人,以及正在努力研制的具备犹如人类复杂意识般的意识化机器人,机器人的发展在应用面越来越宽,种类也会越来越多,智能化程度越来越强。

图 22-5　火星探测车

图 22-6　排爆机器人

22.2　机械臂基础

机械臂又称机械手臂,是从肩部到手部的部分,是一种集机械、自动控制和液压传动为一体的精准度高、工作效率显著的自动型机械系统,能模仿人手和手臂的某些功能,用以固定程序进行抓取、搬运物件或操作工具,不仅可以针对小批量精密仪器生产,也可以作为大型人力替代动力进行大规模的生产与活动。在一些特殊的工作环境下,机械臂能代替人类完成高难度、高危险性的工作,而且能进行反复的工作,减少工人的体力,极大程度地提高工作效率。

机械臂是机器人技术领域中得到最广泛实际应用的自动化机械装置,在工业制造、医学治疗、娱乐服务、军事、半导体制造以及太空探索等领域都具有较为广泛的应用。虽然机械臂在形态上具有差异,但都具有能够接受指令、精确地定位到三维(或二维)空间上的某一点进行作业的共同点。

22.2.1　机械臂基本结构及应用

机械臂的结构包括运动部件、驱动系统与手臂。运动部件主要包括齿轮、丝杠、同步齿形带、联轴器等;驱动系统主要包括动力源、控制芯片电路等;动力源主要包括液压式、气动式、电动式、机械式等;手臂主要包括基座、肩膀、手肘、手腕、夹具等。

机械臂的驱动方式一般分为液压驱动、气动驱动、电机驱动与机械驱动,其传动方式一般分为齿轮传动、谐波传动、RV 传动、同步带传动。

机械臂最早应用于汽车制造行业和核工业领域,后经过推广,不断发展到工业领域的焊接、喷涂、搬运、装配,也应用于军事、海洋探测、航天、医疗、农业、林业和服务娱乐等领域,机械臂在工业领域的应用主要如下:

(1) 搬运码垛机械臂:要求定位准确,起到搬运功能,搬上搬下,如图 22-7 所示。

(2) 喷涂机械臂:要求重复位置,轨迹精确,在同一位置不断重复喷涂工作,如图 22-8所示。

图 22-7　搬运码垛机械臂

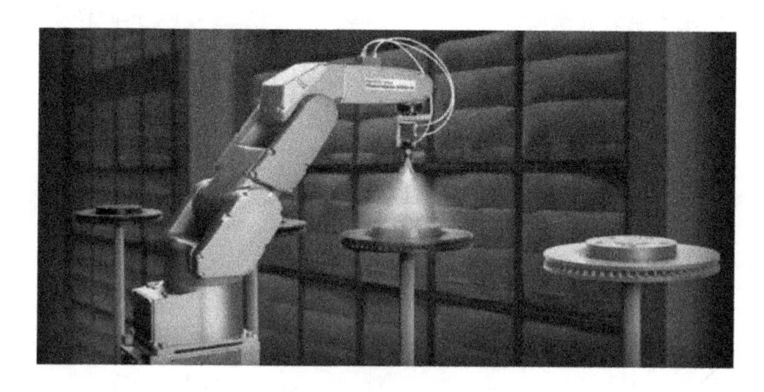

图 22-8　喷涂机械臂

（3）焊接机械臂：用于电焊，要求轨迹定位十分精确，如图 22-9 所示。

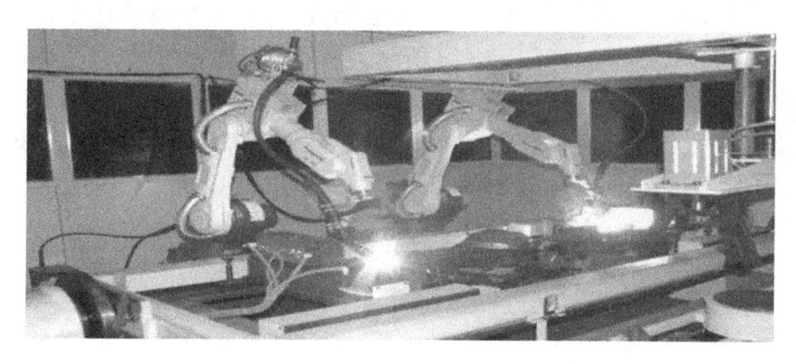

图 22-9　焊接机械臂

（4）装配机械臂：要求手部位置要更具柔性，抓取物品更容易，位置精度要求高。

除工业领域的应用外，机械臂还具有某些特定应用，如图 22-10 和图 22-11 所示。

22.2.2　机械臂的分类

机械臂按照操作机的位置或机构位置分为直角坐标型、圆柱坐标型、球（极）坐标型、关节型、水平型。直角坐标式又分为悬臂式、龙门式和立轴式；关节式机械臂又分为单关节和多关节等。

按照操作机轴数（自由度数）分为 4、5、6、7 自由度的机械臂。

（1）直角式坐标机械臂：结构简单，xyz 都可以平移运动，可以进行升降、伸缩、前后左右运动,如图 22-12 所示。占用空间大但是活动范围小,可以精确定位,较容易控制。

图 22-10　应用于航天的机械臂

图 22-11　排除作业的机械臂

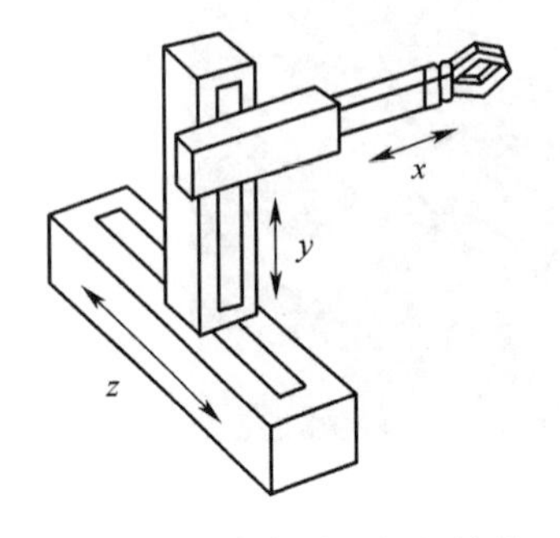

图 22-12　直角式坐标机械臂

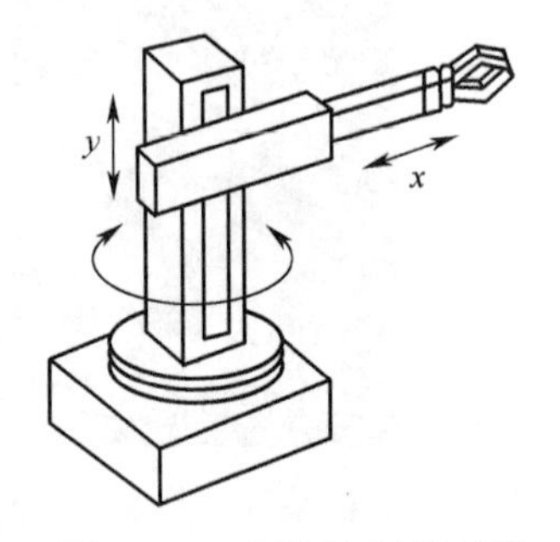

图 22-13　圆柱坐标机械臂

（2）圆柱坐标机械臂:不仅可以进行直线运动,还可以进行旋转运动,其底座可以旋转,并且可以完成升降和伸缩,如图 22-13 所示。和直角式坐标机械臂相比占地面积小,但是活动范围仍然很小,结构简单,定位精度高。

（3）球坐标机械臂:与圆柱坐标机械臂相比又多了一个旋转功能,基座和肩部可以旋转;手部可以伸缩;活动范围小。占地面积也小,如图 22-14 所示。可通过旋转抓取物体,但通常精度不高,甚至会存在过于晃动而导致物体滑落的情况。

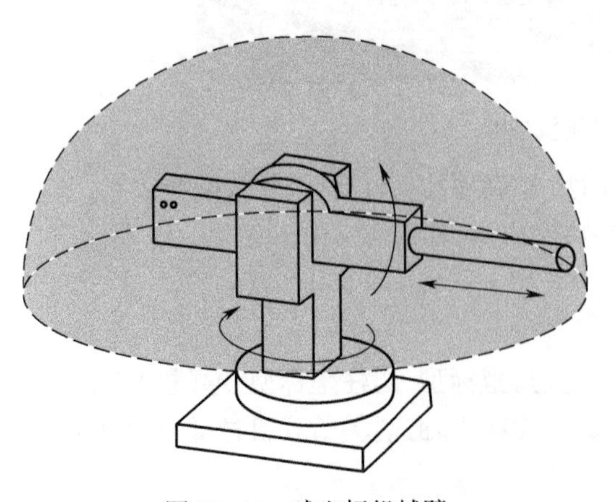

图 22-14　球坐标机械臂

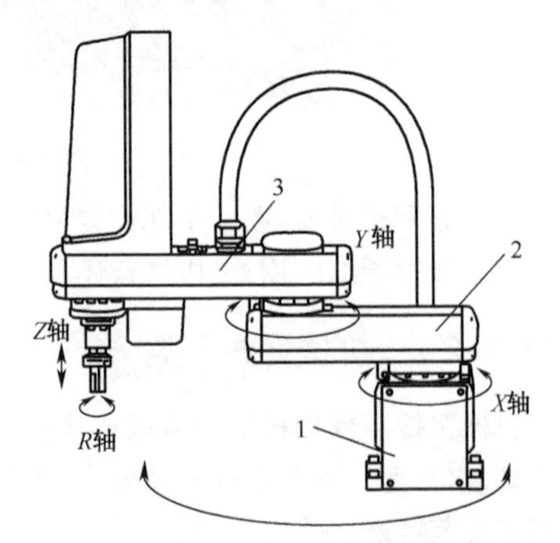

图 22-15　SCARA 机械臂
1—基座;2—大臂;3—小臂。

（4）SCARA（selective compliance assembly robot arm）机械臂：运动速度快，定位精度高，占地面积小，成本低，控制难度较大，如图22-15所示。

（5）关节型机械臂：这种机械臂的基座、肩部、手臂、腕部、手都可以进行旋转，如图22-16所示。活动灵活，运动复杂，活动范围较大；抓取物体更加快速、稳定，运动速度更快。

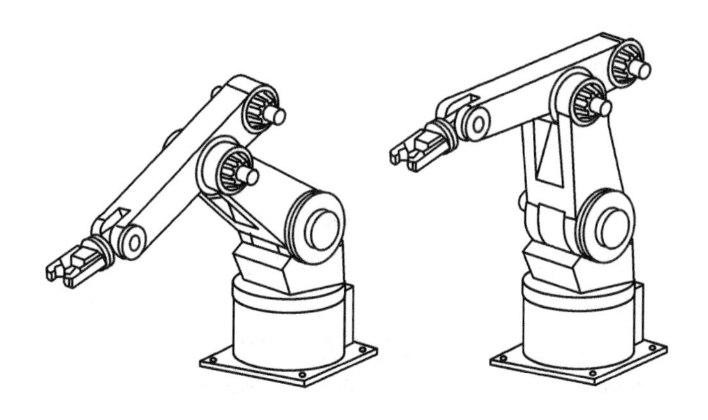

图22-16　关节型机械臂

22.2.3　机械臂驱动方式

机械臂的驱动方式主要包括以下两种：

（1）将驱动电机、传动机构、传感元器件及关键电路集成在空间关节内部，进行模块化的开发设计。这种结构的机械臂开发周期短，关节集成度高，但是会降低不同关节的差异化处理，容易造成传动效率低等问题。

（2）驱动电机与关节分离，通过传动机构带动关节的运动。这种结构的机械臂可以根据具体的需求进行设计，但是开发效率低，周期长，有疲劳松弛等缺陷。

图22-17所示为一个5自由度机械臂结构图。每个自由度通过1个舵机控制实现，其中1号舵机实现机械臂平台水平方向旋转，2、3、4号舵机实现机械臂垂直方向动作，采用方式一驱动，5号舵机完成夹取动作，采用方式二驱动。

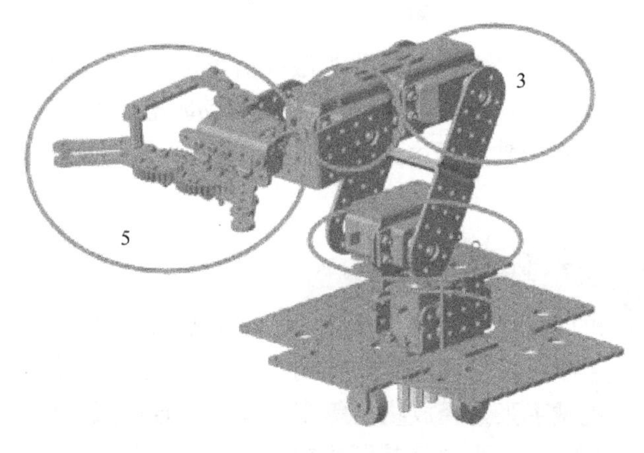

图22-17　5自由度机械臂结构图

如图 22-18 所示为 5 号机械手结构,由舵机与带角度的连杆、齿轮等部件组成,通过舵机转动带动连杆动作,经过咬合的齿轮,实现夹取动作。

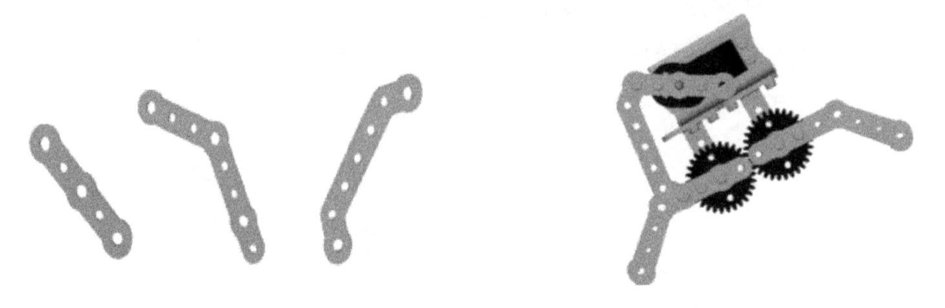

图 22-18　机械手结构

目前应用于机械臂控制系统的设计方法主要包括 PID 控制、自适应控制和鲁棒控制等, 然而由于它们自身所存在的缺陷,促使其与神经网络、模糊控制等算法相结合,一些新的控制方法也在涌现,很多算法是彼此结合在一起的。

舵机在机械臂控制中被广泛应用,其本身是一种位置伺服驱动器,可以控制输出角度,最大转角一般为 180°,部分机器人专用舵机转角可达 270°,甚至 300°。舵机工作电压一般为 4. 8V 或 6V。舵机主要由外壳、电路板、微型直流电机、变速齿轮组和可调电位器组成。舵机连接线一般是 3 根,中间红色为电源线,黑色为地线,棕色为舵机控制信号线,如图 22-19 所示。

图 22-19　直流舵机

其控制原理:将 PWM(脉宽调制)波作为激励信号输入电路产生一个偏置电压,触发电机输出轴通过减速齿轮带动电位器移动,当舵机转动时电位器电阻值会发生改变,根据其阻值大小可以判断舵机转轴是否达到指定位置,即当电压差为零时,电机停转,从而达到伺服的效果。

22. 2. 4　机械臂控制示例

以图 22-20 所示的 5 自由度机械臂为例,设计实现此机械臂的抓取动作控制。根据动作要求,抓取主要由初始姿态、机械臂前伸到指定位置并张开机械手、机械手抓取、机械臂回收到指定位置、机械手张开释放物料等多个姿态组合而成。使用 Arduino 与 Bigfish 驱动板,控制 5 个舵机转动角度,进而控制机械臂姿态以实现以上动作。

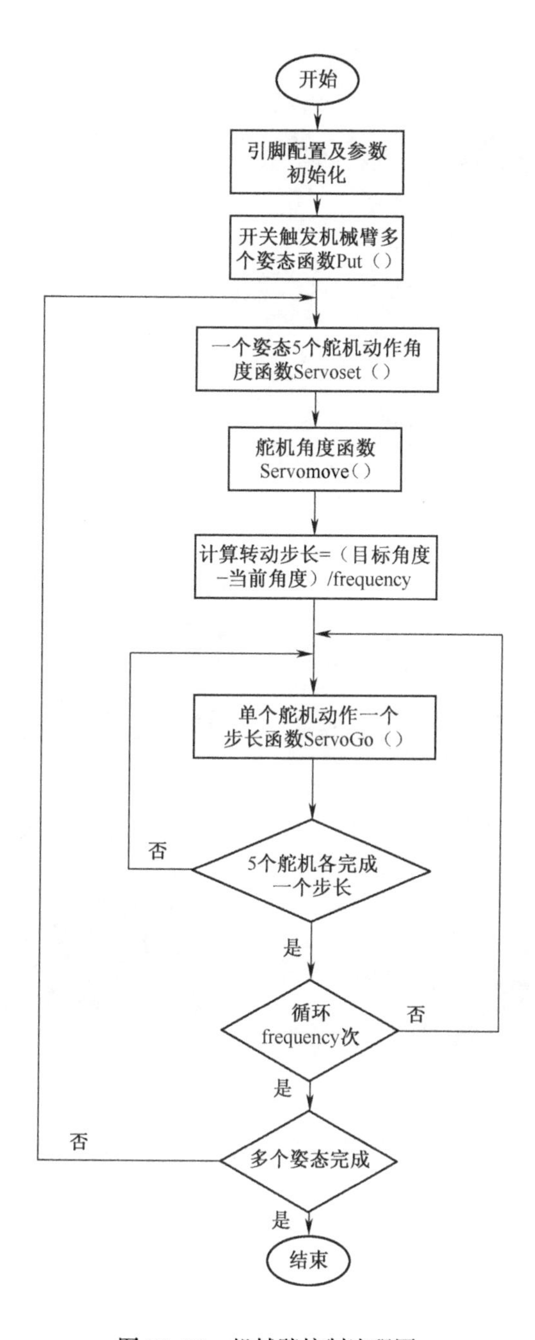

图 22-20 机械臂控制流程图

每一个姿态的实现通过控制 5 个舵机转动指定角度来完成。在每个姿态的控制中,可以把舵机的角度进行划分(如设定划分步数为变量:frequency),使 5 个舵机每次都转动各自的步长,通过 frequency 次达到指定的角度值。控制流程图如图 22-20 所示。

机械臂初始位置如图 22-21 所示(其他位置见图 22-22 和图 22-23):

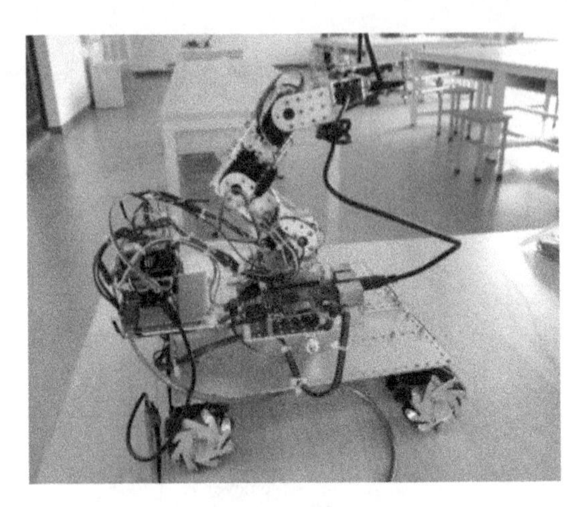

图 22-21　机械臂初始位置

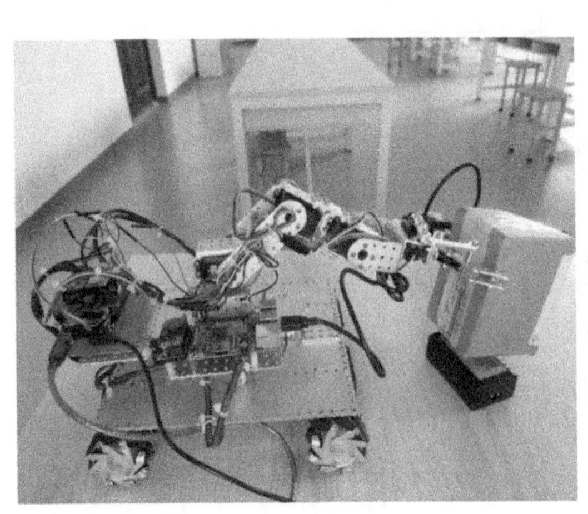

图 22-22　机械臂伸出夹取

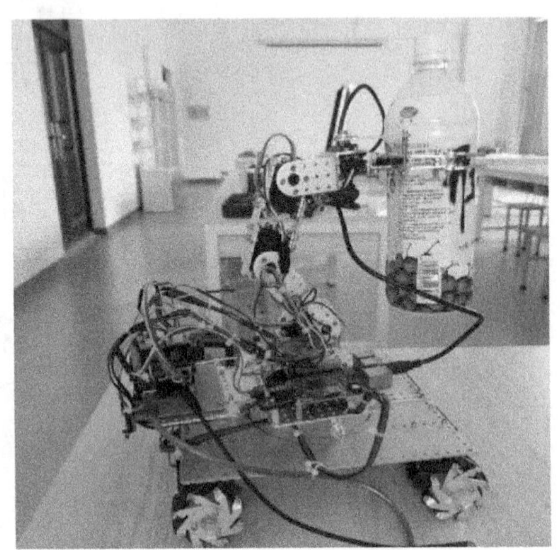

图 22-23　机械臂夹取后收回

确定需要转动的角度后,还需将其转换为对应脉宽的 PWM 信号,参考程序如下:

```
/*
  * 角度转换为 PWM 函数
  * 功能:将角度(0-180)转换为 PWM(500-2500)
  * /
float Angle2Pwm(float angle){
  return map(angle,0,180,500,2500);
}
```

22.3　四足机器人基础

足式机器人是目前研究最多的一类运动仿生机器人,根据足式机器人足的数量及其运动与控制特点,将其分为双足、四足和多足机器人。四足机器人在足式机器人中占有很大比例,因为从稳定性和控制难易程度及制造成本等方面综合考虑,四足机器人是最佳的足式机器人形式。四足机器人不仅能够以静态步行方式在复杂地形上缓慢行走,又能以动态步行方式在一般道路上高速行进,具有非常广泛的应用前景。

22.3.1 四足机器人研究与发展

四足机器人的研究工作开始于 20 世纪 60 年代,这个时期机器人进入了以机械和液压控制实现运动的发展阶段。美国学者 Shigley(1960)和 Baldwin(1966)都使用凸轮连杆机构设计了机动的步行车。这一阶段的研究成果最具代表性的是美国的 Mosher 于 1968 年设计的四足车"Walking Truck",如图 22-24 所示。

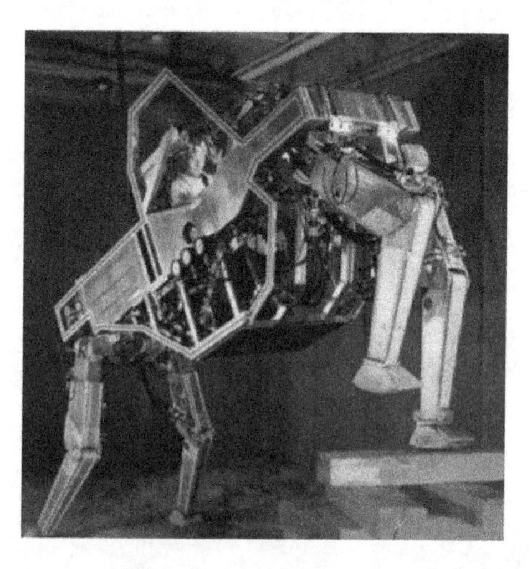

图 22-24　Walking Truck

20 世纪 80 年代,随着计算机技术和机器人控制技术的广泛研究和应用,机器人具有了一定的智能化特征,真正进入了具有自主行为的现代足式机器人的广泛研究阶段。美国在该领域的研究最具代表性与先进性。复杂的视觉和姿态采集运算可由机器人内部的处理器独立完成,机器人已经可以根据自身的实时运动状态进行自我或在线调整,并能够对一些突发情况进行准确判断和精确控制,使其真正开始具有一定的"意识"。

世界上第一台真正意义的四足步行机器人是由 Frank 和 McGhee 于 1977 年制作的。该机器人具有较好的步态运动稳定性,但因其关节部位由逻辑电路组成的状态机控制,机器人的步态受到一定程度限制。

现代四足机器人研究最系统和取得研究成果最多的是日本东京工业大学的広瀬茂男等领导的広瀬·福田机器人研究室(hirose · fukushima robtics lab),该实验室从 20 世纪 80 年代开始四足机的研究,共试制成功 3 个系列、12 款四足机器人。

除広瀬·福田机器人实验室之外,日本电气通信大学的木村浩等人还研制成功了具有宠物狗外形的机器人 Tekken-IV,如图 22-25 所示。该机器人的关节安装了陀螺仪、倾角计、触觉传感器等多种传感器,能够实现自适应不规则路面,同时利用高速摄影完成避障行为。该机器人具有创新性的成果是采用基于神经振荡子模型 CPG(central pattern generator)的控制策略,这是足式机器人近 10 年来在控制方面取得的最具突破性成果。

图 22-25 Tekken-Ⅳ 的前向视角(左)和后向视角(右)

美国的四足机器人的典型代表是卡耐基美隆大学的 Boston dynamics 实验室研制的 BigDog, BigDog 是国际四足机器人领域的翘楚,其涵盖了机械、电子、计算机、控制等多个领域,通过技术的集成,使得机器人的智能程度显著增加。该机器人可在负载的情况下行走于复杂地形,自适应能力比较强(图 22-26)。随后世界各研究机构在 BigDog 原机的基础上进行改进,衍生出各具特色的产品。

图 22-26 BigDog 仿生机器人

我国四足移动机器人的研究从 20 世纪 80 年代开始,也取得了一系列的成果。例如 1991 年,上海交通大学马培荪等研制出 JTUWM 系列四足步行机器人,JTUMM—Ⅲ机器人如图 22-27 所示。清华大学所研制的一款四足步行机器人如图 22-28 所示,它采用开环关节连杆机构作为步行机构完成上下坡行走、越障等功能。

图 22-27 JTUMM—Ⅲ机器人

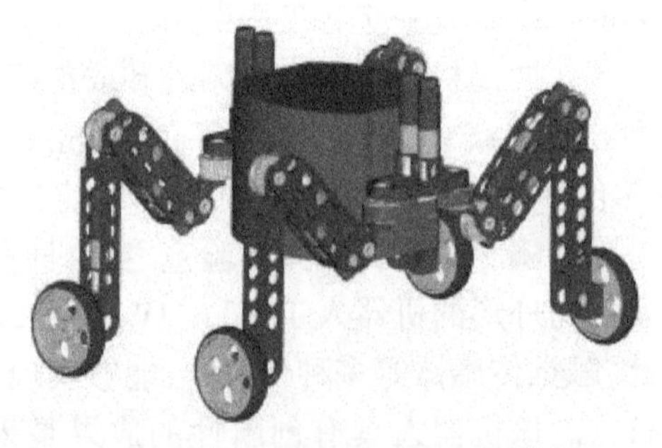

图 22-28 HIT-HYBTOR 机器人

22.3.2 关键技术

1. 运动稳定性研究和步态规划

行走稳定性和步态规划是研究足式机器人不可分割的两个基本问题。机械结构是机器人的基础,其结构设计是保证机器人运动稳定的前提。尤其是腿机构的设计,需考虑腿部结构是否稳定、材料刚性是否满足要求、运动是否会消耗不必要的能量等多方面因素。在机械结构稳定的前提下配合适当的步态规划,使整个机器人系统稳定工作。

2. 控制策略

四足机器人控制系统是非线性、多输入多输出的系统,突破单一的控制方法,采用多种控制手段相互补充的控制策略更有助于系统的稳定。随着控制理论的发展,新的运动控制方法被提出与应用,四足机器人的控制手段也将会更加丰富。

3. 能源供给

四足机器人的野外持续工作对能源供给提出了要求。传统的蓄电池组由于自身质量大、携带不便等因素限制了四足机器人走出实验室的步伐,随着新型电源的开发,四足机器人的能源供给也会更加多样可靠。

四足机器人的研究趋势如下:

(1) 实现腿机构的高能、高效性。

(2) 轮、足运动相结合。

(3) 步行机器人微型化。

(4) 增强四足步行机器人的负载能力。

(5) 机器人仿生的进一步深化。

(6) 机器人智能化的加强。

22.3.3 功能设计及实践

以四足机器人穿越障碍为例进行设计实践说明。设置不同高度的障碍物,使四足机器人进行穿越,如图 22-29 所示。四足机器人穿越障碍时根据障碍物的高低切换不同的行走姿态,行走姿态可分为高姿态、中姿态和低姿态,如图 22-30 所示。

图 22-29　穿越障碍设置

1. 传感器选择及简介

根据功能要求,选取传感器为 HC-SR04 超声波测距模块,此模块可提供 2~400cm 的

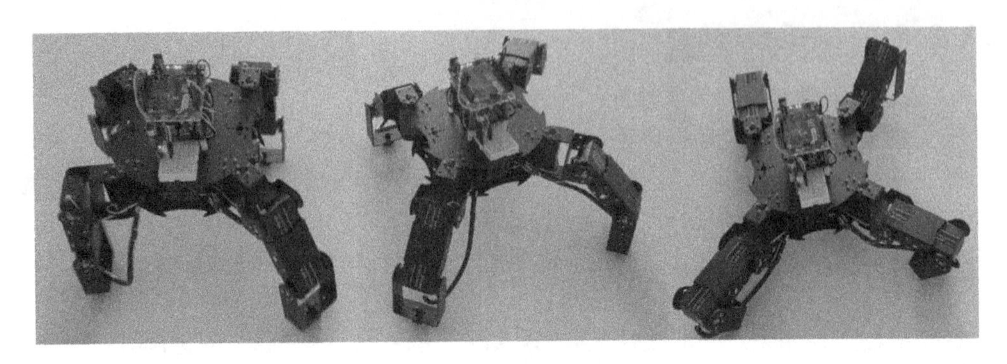

图 22-30 四足机器人的三种姿态

非接触式距离感测功能，测距精度可高达 3mm，模块包括超声波发射器、接收器与控制电路。

基本工作原理如下：

（1）采用 IO 口 TRIG 触发测距，给最少 10μs 的高电平信呈。

（2）模块自动发送 8 个 40kHz 的方波，自动检测是否有信号返回。

（3）有信号返回，通过 IO 口 ECHO 输出一个高电平，高电平持续的时间就是超声波从发射到返回的时间。测试距离=(高电平时间×声速(340m/s))/2。

如图 22-31 所示接线，VCC 供 5V 电 源，GND 为地线，TRIG 触发控制信号输入，ECHO 回波信号输出等四个接口端。

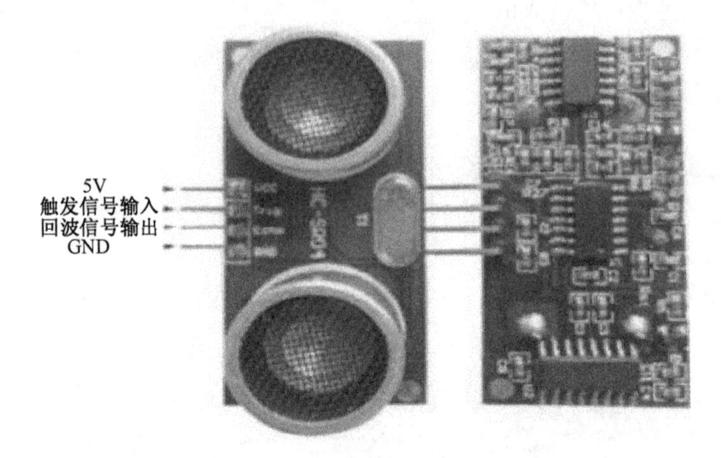

图 22-31 超声波模块实物图

2. 设计流程

四足机器人可以通过超声波模块检测障碍物高度，根据障碍物的高度来切换行走姿势。

具体的工作原理：四足启动之后以高姿态行走，超声波模块同时开始工作，当超声波模块检测到阻碍物时，切换到低姿态步态，超声波模块检测距离是否大于规定距离，若超声波测距大于规定距离，则以低姿态行走穿过障碍（穿越障碍所需要的步数可以根据实际情况在程序里自行调整），穿过障碍之后切换为高姿态行走；若超声波测距小于规定距离时，即代表低姿态也不能穿过障碍物，则向左侧横移，直到超声波测距大于规定距离，继续向前行走，整体的流程图如图 22-32 所示。

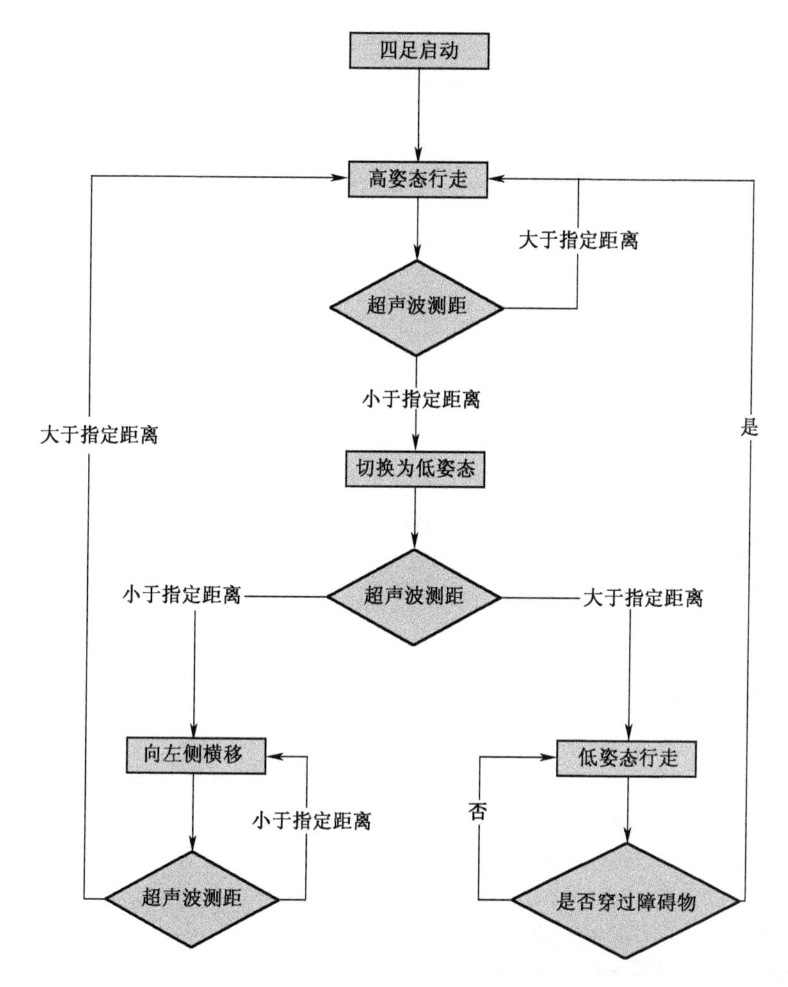

图 22-32　穿越障碍功能设计整体流程图

以上功能采用 Arduino 开发板设计实现，Arduino 主要的开发语言是 C 语言，其中的库大部分是用 C++编写的。本例的代码采用 C 语言编写，部分代码如下：

超声波测距部分：

确定通信串口，通过多次检测排除干扰，将检测到的距离返回到主函数。

```
LobotServoController Controller(Serial1);  //实例化舵机控制板二次开发类,使用1号串口作为通信接口
NewPing Sonar(TRIG, ECHO, MAX_DISTANCE);       //实例化超声波测距类
int getDistance() {                           //获得距离
uint16_t lEchoTime;              //变量,用于保存检测到的脉冲高电平时间
lEchoTime = Sonar.ping_median(6);      //检测 6 次超声波,排除错误的结果
int lDistance = Sonar.convert_cm(lEchoTime); //转换检测到的脉冲高电平时间为厘米
  return lDistance;                         //返回检测到的距离
}
```

主函数部分：

通过 switch-case 语句来执行，当嵌套的 if 比较少时（三个以内），用 if 编写程序会比

较简洁。但是当选择的分支比较多时,嵌套的 if 语句层数就会很多,导致程序冗长,可读性下降。因此这里我们选择用 switch 语句来处理多分支选择。对于超声波测距返回的距离值给出相对应的选择分支,实现不同姿态间的转换。

```
void cf()
{
  static uint32_t timer = 0;  //定义静态变量 timer,用于计时
  static uint8_t  step = 0;   //静态变量,用于记录步骤
  int distance;
  if (timer > millis())  //如果设定时间大于当前毫秒数,则返回,否则继续
    return;
  distance = getDistance(); //获取距离
  switch (step)  //根据步骤 step 做分支
  {
    case 0:  //步骤 0
    if (distance > MIN_DISTANCE || distance == 0) {  //如果测到距离大于指定距离
    Controller.runActionGroup(H_GO_FORWARD, 0); //不断运行高姿态前进动作组
    }
      step = 1;  //转移到步骤 1
      timer = millis() + 200;  //延时 200ms
      break; //结束 switch 语句
    case 1:
if (distance < MIN_DISTANCE  && distance > 0) {  //如果测得距离小于指定距离
     Controller.stopActionGroup();  //停止正在运行的动作组
        step = 2; //转移到步骤 2
   }
      timer = millis() + 200;  //延时 200ms
      break;  //结束 switch 语句
    case 2:  //步骤 2
      if (! Controller.isRunning) {  //如果没有动作组运行,即等待动作组运行完毕
        Controller.runActionGroup(L_STAND, 1); //运行低姿态立正动作组
        step = 3; //转移到步骤 3
      }
      timer = millis() + 200; //延时 200ms
      break;  //结束 switch 语句
    case 3: //步骤 3
      if (! Controller.isRunning) {  //如果没有动作组运行
        distance = getDistance();  //获取当前距离
        if (distance > MIN_DISTANCE  || distance == 0) { //距离大于指定的距离
          Controller.runActionGroup(L_GO_FORWARD, 6);    //以低姿态前进
          step = 6;  //转移到步骤 6
        } else {     //距离小于指定距离,转移到步骤 8
          step = 8;
 //低姿态立正测得的距离还是小于指定距离,那么就以低姿态也过不了障碍,
          //所以尝试侧移,是否可以通过,步骤 8 就是用于侧移
```

```
        }
      }
      timer = millis() + 200; //延时 200ms
      break;  //结束 switch 语句
    case 6: //步骤 6
if (! Controller.isRunning) { //没有动作组在运行时,即等待已在运行的动作组运行完毕
        Controller.runActionGroup(H_STAND, 1);  //执行高姿态立正
        step =  0;  //回到步骤 0
      }
      timer = millis() + 200; //延时 200ms
      break; //结束 switch 语句
    case 8:
  if (! Controller.isRunning) {   //等待已经在运行的动作组运行完毕
  Controller.runActionGroup(H_MOVE_LEFT, 20);  //运行高姿态向左侧移动作组
        step = 0; //转移到步骤 0
      }
      timer = millis() + 200; //延时 200ms
      break; //结束 switch 语句
  default:
      break;
  }
}
}
```

主循环部分:重复处理舵机控制板接收的数据,当编程时在一定条件下需要重复执行某些动作时,可以使用 loop 循环来实现。

```
void loop() { //主循环
  //put your main code here, to run repeatedly:
  Controller.receiveHandle();  //接收处理,用于处理从舵机控制板接收到的数据
  cf();  //穿越火线的逻辑实现
}
```

22.4　智能物料搬运机器人识别功能设计

全国大学生工程训练综合能力竞赛是基于国内各普通高等学校综合性工程训练教学平台,面向全国在校本科生开展的科技创新工程实践活动。

根据科技发展现状、社会对人才需求并结合新工科建设,2019 年第六届全国大学生工程训练综合能力竞赛增设“智能物料搬运机器人”竞赛项目,融合机、电、控等学科知识进行综合能力的训练。此竞赛项目基本要求如下:

所要设计的智能物料搬运机器人具有场地目标位置识别、自主路径规划、自主移动、二维码读取、物料颜色识别或形状识别、物料抓取和搬运等功能;主控电路采用嵌入式解决方案(包括嵌入式微控制器等)等。

22.4.1 总体方案设计

针对题目要求,搬运机器人设计分为机械和电控两大部分,机械部分主要实现车体的移动、物料的搬运等;电控部分主要实现二维码的识别、颜色识别、形状识别及路径规划等,并控制车体按预定方式进行移动,完成规定任务。

机械设计部分包括车体底盘、机械臂等结构。图 22-33 所示为此模块设计的参考结构。

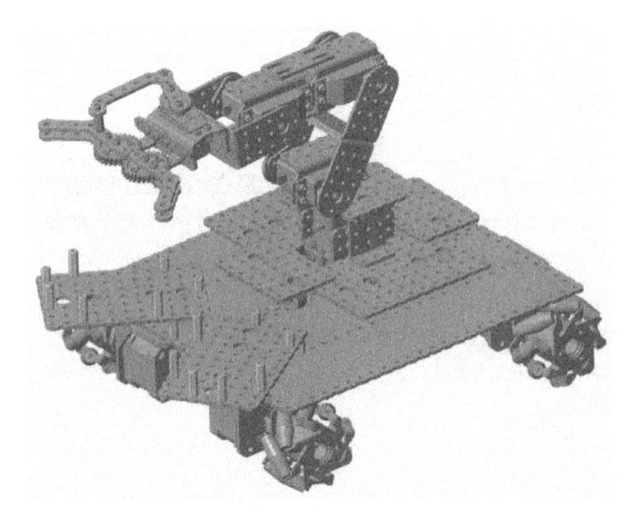

图 22-33 机械结构

根据任务要求可采取多种方法进行方案设计,如采用树莓派与 Arduino 相结合的方式实现路径规划、二维码扫描、颜色识别、物料抓取与放置等过程的控制。

这种方案主控制芯片采用 Arduino Mega2560,如图 22-34 所示,它最大的特点就是具有多达 54 路数字输入输出,具有 16 路模拟输入,4 路 UART 接口,一个 16MHz 晶体振荡器,一个 USB 口等。

图 22-34 Arduino 实物图

树莓派作为一个微型计算机具有进行图像处理的功能,只要通过 OpenCV 就可以在树莓派上使用帧差法把树莓派摄像头采集到的图像进行运动检测,再通过控制程序就可以直接控制执行机构。

树莓派进行图像处理,OpenCV 是首选工具。OpenCV 的全称是(open source computer vision libra),它是一个基于开源发行的跨平台计算机视觉库,可以运行在 Linux、Windows、Mac OS 等操作系统上,通过 C 语言等编程语言,同时提供了 Python、Ruby、Matlab 等语言的接口,能够实现图像处理和计算机视觉方面的多种通用算法。

22.4.2 二维码识别技术

条形码和二维码是常用的编码形式,条形码由粗细和间隔不同的黑色条纹构成,相对来说,条形码的读取模式较简单。二维码主要由“定位用图案”“资料储存区”和“组成单元”3 个部分组成。由于编码和读取的时候涉及横向和纵向两个方向,所以与一维的条形码形成对比,称为二维码。在读取二维码时,首先获取二维码 3 个角落上的定位方块,然后再按照固定的顺序,黑色方块是 1,白色方块是 0,进行解码。基于以上所选用的方案,二维码识别模块如图 22-35 所示。

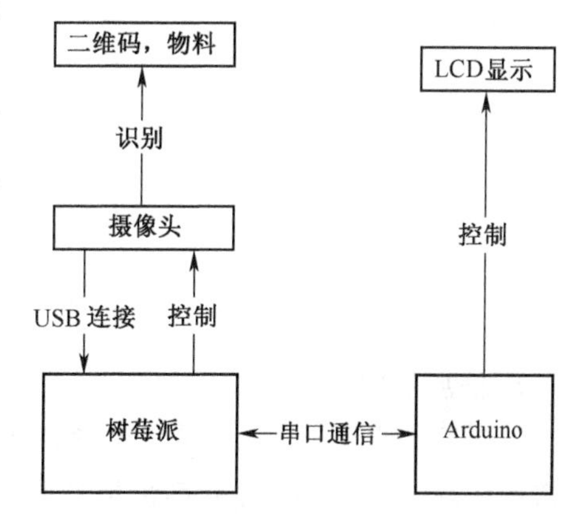

图 22-35　硬件系统关系图

1. 信息获取

二维码的获取采用 PC 平台外接摄像头完成,使用 OpenCV 库文件调用函数打开外接摄像头,并将捕捉到的图像以一定的采样间隔(帧率 10ms)进行保存。程序流程图如图 22-36所示。

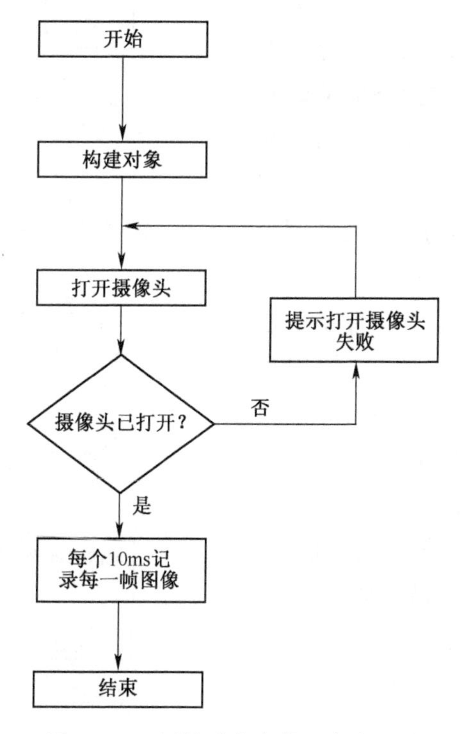

图 22-36　图像采集存储程序流程图

OpenCV 库文件在使用时要针对不同采集功能构建不同对象，图像采集构建对象使用类 VideoCapture 构建一个对象 cap，使用 cap 对象完成对各个函数的调用，而后使用 open( ) 函数打开摄像头，其参数为计算机外接摄像头 CAM1，部分程序如下：

```
/************************摄像头部分************************/
VideoCapture cap;
//打开摄像头设备
cap.open(CAM);
//判断摄像头是否打开
if(!cap.isOpened())
{
    cout << "open camera failed!" << endl;
    return -1;
}
else
{
    cout << "open camera successful!\n" << endl;
}

//存储每一帧图片
```

2. 信息获取

采用二维码识别工具包来进行条码识别不仅可以简化编程工作，还具有识别率高、速度快等优点，目前的识别工具包虽然有很多，但开源的开发工具主要包括 Zbar 和 ZXing 工具包。

Zbar 条码工具包的环境设置，只涉及一个库文件 libzbar-0. lib 和一个头文件 Zbar. h，把库文件复制到 OpenCV 的库文件目录下，把头文件 Zbar. h 加到当前编译的工程中就可以了，编译时就可以找到这些文件进行编译。

首先将摄像头捕捉到的视频文件调入程序，调用二维码识别库函数识别二维码信息，同 OpenCV 文件相同，Zbar 库函数在使用时同样需要构建相关对象，使用类 ImageScanner 构建一个 Scanner，使用 Scanner 对象实现对库函数文件的调用，之后使用 Mat 类构建对象 image 及 imageGray 分别对应彩色原始图像及灰度图像信息，调用函数 scan( ) 扫描二维码信息，最后将读入的信息存入 symbol 对象中。程序流程如图 22-37所示。

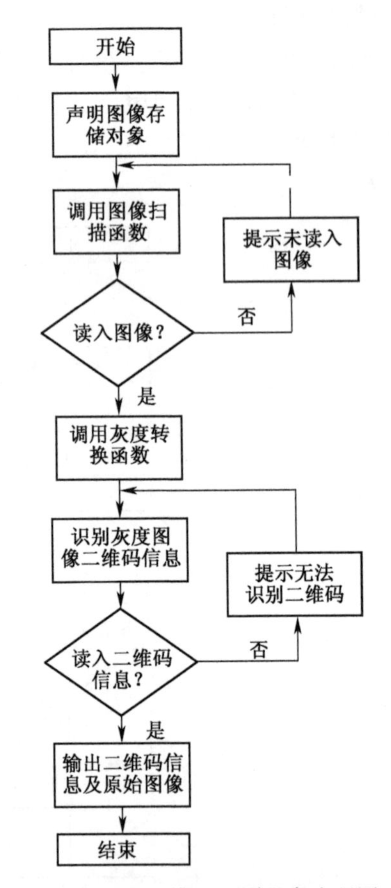

图 22-37　二维码识别程序流程图

```
31  //二维码检测，返回值为布尔值
32  bool readQRCode(const Mat inputImage)
33  {
34      ImageScanner scanner;
35      scanner.set_config(ZBAR_NONE, ZBAR_CFG_ENABLE, 1);    //设置二维码模式为自动识别
36      Mat imageGray;                                         //构建图像对象
37      cvtColor(inputImage,imageGray,CV_RGB2GRAY);            //将彩色图像转换为灰度图像
38      int width = imageGray.cols;
39      int height = imageGray.rows;                           //读出灰度图像的像素存入Width及height中
40      uchar *raw = (uchar *)imageGray.data;
41      Image imageZbar(width, height, "Y800", raw, width * height);
42      scanner.scan(imageZbar); //扫描条码                    //扫描图像二维码信息
43      Image::SymbolIterator symbol = imageZbar.symbol_begin();//存入二维码开始及结束信息
44      if(imageZbar.symbol_begin()==imageZbar.symbol_end())    //判断是否读入有效二维码信息
45      {
46          //cout<<"查询条码失败，请检查图片！"<<endl;
47          return false;
48      }
49      else
50      {
51          for(;symbol != imageZbar.symbol_end();++symbol)     //输出二位码类型及二维码类型
52          {
53              cout<<"Type: "<<endl<<symbol->get_type_name()<<endl<<endl;
54              cout<<"Code: "<<endl<<symbol->get_data()<<endl<<endl;
55              zbar_data = symbol->get_data();
56          }
57
58          //imshow("Source Image",inputImage);
59          imageZbar.set_data(NULL,0);
60          return true;
61      }
62  }
```

设定红色为 1,绿色为 2,蓝色为 3,将 3 种颜色物料的组合形成二维码,如图 22-38 所示,经过以上设备,返回结果如图 22-39 所示,通过传输将此顺序信息发送给 Arduino 控制模块,系统按此顺序进行物料抓取。

图 22-38　二维码

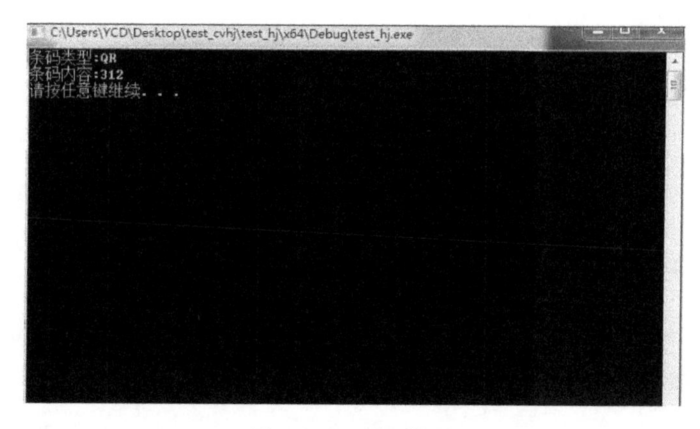

图 22-39　识别结果

3. 串口通信

此部分内容由上位机 PC 端及下位机 Arduino 部分组成,上位机完成的任务是设置相

同的波特率,将 symbol 对象中存储的二维码类型信息及内容信息通过串口传输至 Arduino 芯片,数据交由下位机之后由下位机处理数据并显示输出。

上位机主要完成波特率的设置,传输标志位的设置,并调用串口传输程序 m_Serial. serial_send( )完成对 symbol 内信息的传输,其主要部分程序如下:

```
136        //设置波特率
137        //m_Serial.set_speed(sfd, 9600);
138        //设置串口标志位
139        //ret = m_Serial.set_Parity(sfd, 8, 1, 'N');
140            if(serial_data != "")
141            {
142                if(serial_data == "qr")
143                {
144                    //接收下位机检测命令，进入二维码识别模式
145                    if(!readQRCode(frame))   //调用二维码识别函数，识别返回true，未识别返回false
146                    {
147                        cout << "No qr code is detected!" << endl;
148                        m_Serial.serial_send(sfd, "error", sizeof("error")); //未检测到二维码，发送错误标志，进行重复检测
149                    }
150                    else
151                    {
152                        m_Serial.serial_send(sfd, zbar_data.c_str(), sizeof(zbar_data.c_str()));
153                    }
154                }
155                //清空串口缓冲区
156                m_Serial.serial_clear();
```

下位机 Arduino 芯片编程由 arduino-1. 5. 2 专用软件编写,主要完成芯片串口设置,由函数 setup( )完成,波特率设置为 9600,串口读入数据后由 digitalRead( )函数读入程序,最后调用 LCDdisplay( )函数完成在 LCD 屏幕对上位机识别的二维码信息进行显示,其主要函数部分程序如下,程序检测结果如图 22-40 所示。

```
//Sensor
int debug_sensor=A3;      //程序触发传感器
void setup () {
  Serial.begin(9600);
  pinMode(debug_sensor,INPUT);
  lcd.begin ();
  lcd.clear ();
}
void loop () {
  if(! digitalRead(debug_sensor))
    SendCmd();
}
void serialEvent {}{
  while(Serial.available())
    Serial.read{};
}
//二维码信息显示函数
void LcdDisplay(String data){
  lcd.clear();
  lcd.setCursor(0,1);
  lcd.print(data);
}
```

图 22-40　二维码检测效果

22.4.3　颜色识别技术

颜色识别与二维码识别类似，仍然是基于树莓派、摄像头和 Arduino 基础平台，在 OpenCV 框架下，通过 C++语言实现。基本流程如图 22-41 所示。

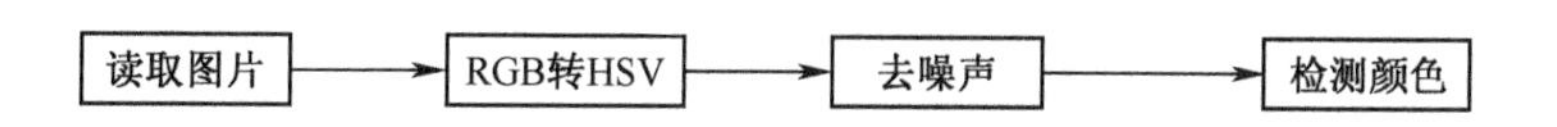

图 22-41　颜色识别流程

1. 颜色识别原理

数字图像处理通常采用 RGB（红、绿、蓝）和 HSV（色调、饱和度、亮度）两种模型。其中 RGB（red，green，blue）的应用较为广泛，但 R、G、B 数值和色彩三属性并没有直接关系，模型并不能很好地反映出物体具体的颜色信息；HSV（hue，saturation，value）是一种比较直观的颜色模型，它将颜色的亮度、色调和饱和度属性分离，因此采用 HSV 颜色空间来实现颜色的检测效果会更好。

OpenCV 下调用函数{cvtColor(imgOriginal, imgHSV, COLOR_BGR2HSV);}可以直接将 RGB 模型转换为 HSV 模型，HSV 的取值范围应该为 0~360, 0~1, 0~1；但是为了匹配目标数据类型 OpenCV，将每个通道的取值范围都做了修改，所以色调、饱和度和亮度的取值范围为 0~180，0~255，0~255，如表 22-1 所列。

H 分量基本能表示一个物体的颜色，S 和 V 的取值也有一定的范围，S 代表的是 H 所表示的那个颜色和白色的混合程度，S 越小，颜色越发白，也就是越浅；V 代表的是 H 所表示的那个颜色和黑色的混合程度，V 越小，颜色越发黑。一些基本的颜色 H 的取值可以按如下设置：

Green 38-75，Blue 75-130，Red 160-179。

表 22-1 HSV 色域范围

	黑	灰	白	红		橙	黄	绿	青	蓝	紫
h_{min}	0	0	0	0	156	11	26	35	78	100	125
h_{max}	180	180	180	10	180	25	34	77	99	124	155
S_{min}	0	0	0	43		43	43	43	43	43	43
Smax	255	43	30	255		255	255	255	255	255	255
Vmin	0	46	221	46		46	46	46	46	46	46
Vmax	46	220	255	255		255	255	255	255	255	255

根据 HSV 色域范围表，可以找到比赛中物料颜色红、绿、蓝的 S 值和 V 值的范围，相关程序如下：

```
switch(color)
  {
  case RED:
    iLowH=0;
    iHighH=10;
    break;
  case GREEN:
    iLowH=35;
    iHighH=77;
    break;
  case BLUE:
    iLowH=100;
    iHighH=124;
    break;
    }
```

2. 颜色识别方法

(1) 首先利用摄像头进行图像采集，将一帧图像用{cvtColor(imgOriginal, imgHSV, COLOR_BGR2HSV);}函数转为 HSV 模型。

(2) 转换模型形式后用以下函数进行颜色检测：

void inRange(InputArray src, InputArraylowerb, InputArray upperb, OutputArray dst);

其中：src 为输入的图像，lowerb 和 upperb 为灰度图像某个像素的低、高阈值，dst 为输出图像。

这个函数的作用就是检测 src 图像的每一个像素是不是在 lowerb 和 upperb 之间，如果是，这个像素就设置为 255，并保存在 dst 图像中，否则为 0，这样就生成了一副二值化的输出图像。

inRange(imgHSV, Scalar(iLowH, iLowS, iLowV), Scalar(iHighH, iHighS, iHighV), imgThresholded);

(3) 通过第二步操作可以得到目标颜色的二值图像，先对二值图像进行开操作，删除一些噪点，再使用闭操作，消除狭窄的间断和长细的鸿沟，消除小的孔洞，并填补轮廓线中小的断裂。

开操作（去除一些噪点）：

Mat element = getStructuringElement(MORPH_RECT, Size(5, 5))；

morphologyEx(imgThresholded, imgThresholded, MORPH_OPEN, element)；

闭操作（连接一些连通域）：

morphologyEx(imgThresholded, imgThresholded, MORPH_CLOSE, element)；

（4）函数返回值是检测到的颜色所对应的序号，如红色为1，绿色为2，蓝色为3，颜色检测完成后通过串口发送颜色信息至下位机进行下一步操作。

3. 检测结果

通过以上操作分别进行红、绿、蓝颜色的识别，结果如图22-42～图22-44所示。

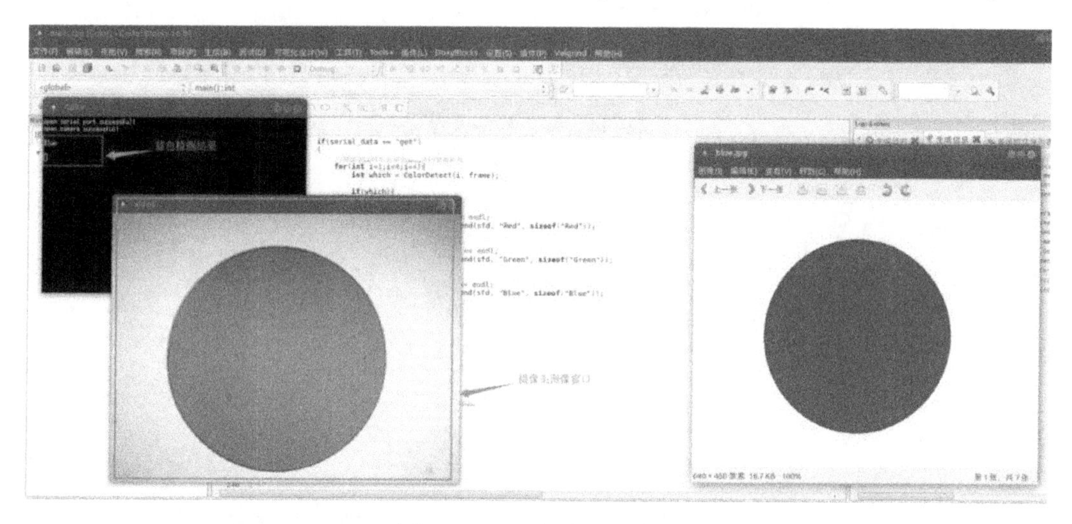

图22-42　蓝色检测及结果

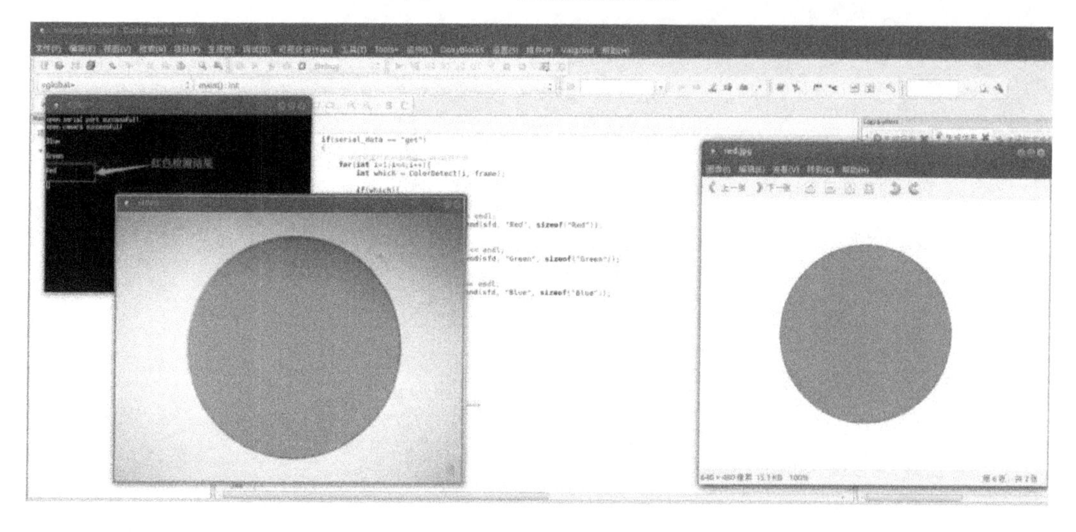

图22-43　红色检测及结果

机器人根据之前二维码收到的顺序信息，进行物料颜色的判断并决定抓取顺序，通过控制机械臂完成竞赛项目。

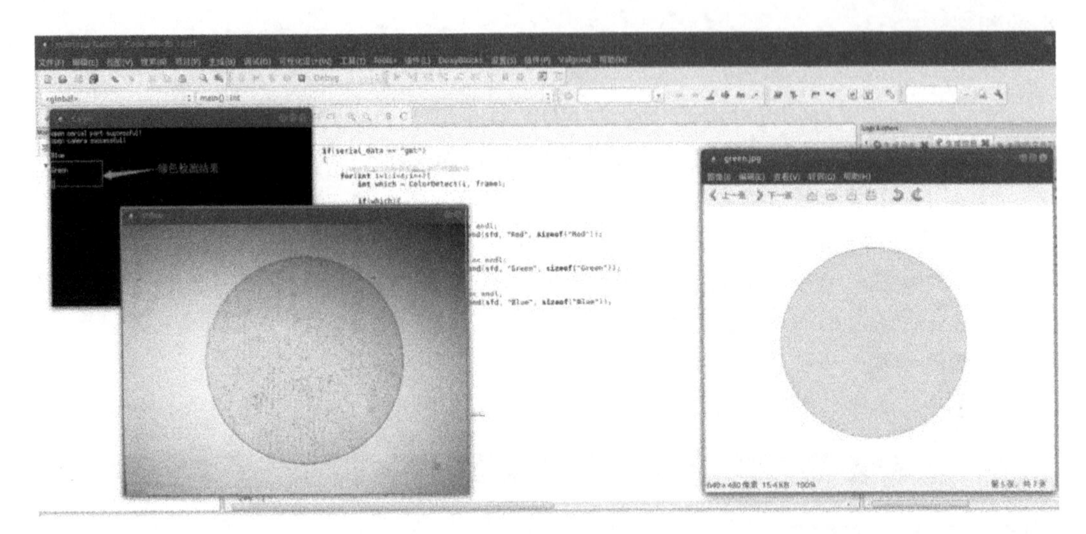

图 22-44　绿色检测及结果

参考文献

[1] 王峻．现代深孔加工技术[M]．哈尔滨:哈尔滨工业大学出版社,2005.

[2] 王世清．深孔加工技术[M]．西安:西北工业大学出版社,2003.

[3] 何玉辉,等．制造工程训练教程[M]．长沙:中南大学出版社,2015.

[4] 任家隆,等．工程材料及成形技术基础[M]．北京:高等教育出版社,2014.

[5] 付铁,等．制造技术训练教程[M]．北京:北京理工大学出版社,2018.

[6] 张彦华．工程材料与成型技术[M]．北京:北京航空航天大学出版社,2015.

[7] 佘世浩,等．材料成型导论[M]．北京:清华大学出版社,2018.

[8] 张文钺．焊接冶金学:基本原理[M]．北京:机械工业出版社,1999.

[9] 侯树林,等．机械工程实训[M]．北京:北京大学出版社,2015.

[10] 郭宗河,等．工程测量实训指南[M]．北京:中国电力出版社,2018.

[11] 沙春红,杨斌,许国红．MATLAB 应用与数学发现[J]．云南大学学报,2009,31(A1):198-202.

[12] 王秋雨．Matlab 图像处理的几个应用实例[J]．福建电脑,2011,27(11):6-7.

[13] 李剑清．Multisim 在电路实验教学中的应用[J]．浙江工业大学学报,2007,35(5):543-546.

[14] 熊伟．Multisim 7 电路设计及仿真应用[M]．北京:清华大学出版社, 2005.

[15] 邓奕．Altium Designer 原理图与 PCB 设计[M]．武汉:华中科技大学出版社, 2015.

[16] 王伟,张建兵,王建农．Altium Designer 15 应用与 PCB 设计实例[M]．北京:国防工业出版社, 2016.

[17] 刘超著．Altium Designer 原理图与 PCB 设计精讲教程[M]．北京:机械工业出版社, 2017.

[18] 李建兵,王妍,赵豫京．PCB 工程设计[M]．北京:国防工业出版社, 2015.

[19] 许晓平,孙晓彦,程传胜．PCB 设计标准教程[M]．北京:北京邮电大学出版社, 2008.

[20] 谢平．PCB 设计与加工[M]．北京:北京理工大学出版社, 2017.

[21] 邵小桃．电磁兼容与 PCB 设计[M]．北京:清华大学出版社, 2017.

[22] 林信良．Python 程序设计教程[M]．北京:清华大学出版社, 2017.

[23] 朱赟．Python 语言的 Web 开发应用[J]．电脑知识与技术,2017,13(32):95-96.

[24] 李岗．神奇的 Arduino[J]．电子制作,2013(8):44-46.

[25] 周杨,牛国锋,冒锦晨,等．基于 Arduino 与 LabVIEW 遥控智能小车设计[J]．电脑知识与技术,2018,14(05):209-211.

[26] CAD/CAM/CAE 技术联盟．SolidWorks 2014 中文版从入门到精通[M]．北京:清华大学出版社, 2016.

[27] 陈李军．SolidWorks 在机械制图中的应用[J]．艺术科技,2017,30(04):360.

[28] 李润,邹大鹏,徐振超,等．SolidWorks 软件的特点、应用与展望[J]．甘肃科技,2004(5).

[29] 王征,刘振宇．中文版 AutoCAD 2014 实用教程[M]．北京:清华大学出版社,2014.

[30] 解璞,等．Auto CAD 2007 中文版电气设计教程[M]．北京:化学工业出版社,2007.

[31] 全国计算机信息高新技术考试教材编写委员会．Atuo CAD2002 试题汇编(中高级绘图员)[M]．北京:北京希望电子出版社,2004.

[32] 周建国．Atuo CAD 2006 基础与典型应用一册通(中文版)[M]．北京:人民邮电出版社,2006.

[33] 天工在线．AutoCAD 2018 从入门到精通[M]．北京:中国水利水电出版社,2017.

[34] CAD/CAM/CAE 技术联盟．AutoCAD 机械绘图实例大全[M]．北京:清华大学出版社,2016.

[35] 北京兆迪科技有限公司．Pro/ENGINEER 中文野火版 5.0 高级应用教程[M]．北京:机械工业出版社,2017.

[36] 周四新,和青芳．Pro/ENGINEER Wildfire3.0 高级设计[M]．北京:电子工业出版社,2007.

[37] 樊旭平．Pro/ENGINEER 标准教程[M]．北京:清华大学出版社,2009.

[38] 谢晁北 . Solidworks2007 中文版机械设计与典型范例[M]. 北京:北京电子工业出版社,2007.
[39] 咏梅,康显丽,张瑞萍 . Pro/ENGINEER 机械设计案例教程[M]. 北京:清华大学出版社,2009.
[40] CAE 学术网 . ansys 使用技巧,2013-01-07.
[41] 邵学博 . 基于 ANSYS 的机翼的流固耦合分析[D]. 哈尔滨:哈尔滨工程大学,2012.
[42] 曹亮 . 基于 ANSYS 的移置式带式输送机驱动站设计与应用[D]. 北京:清华大学,2012.
[43] 介万奇,坚增运,等 . 铸造技术[M]. 北京:高等教育出版社,2013.
[44] 樊自田,吴保和,等 . 铸造质量控制应用技术[M]. 北京:机械工业出版社,2015.
[45] 侯书林,张炜,等 . 机械工程实训[M]. 北京:北京大学出版社,2015.
[46] 王鹏程 . 工程训练教程[M]. 北京:北京理工大学出版社,2014.
[47] 付铁,马树奇 . 制造技术训练教程[M]. 北京:北京理工大学出版社,2018.
[48] 张立红,尹显明 . 工程训练教程 机械类及近机类[M]. 北京:科学出版社,2017.
[49] 闫洪 . 锻造工艺与模具设计[M]. 北京:机械工业出版社,2012.
[50] 刘新,崔明铎 . 工程训练通识教程[M]. 北京:清华大学出版社,2011.
[51] 中华人民共和国国家标准 . GB/T 25135—2010 锻造工艺质量控制规范,北京:中国标准出版社,2010.
[52] 张文钺 . 焊接冶金学 基本原理[M]. 北京:机械工业出版社,2016.
[53] 张建勋 . 现代焊接制造与管理[M]. 北京:机械工业出版社,2013.
[54] 李亚江,刘强,等 . 焊接质量控制与检验[M]. 3 版 . 北京:化学工业出版社,2014.
[55] 沈兴全 . 现代数控编程技术及应用[M]. 北京:国防工业出版社,2009.
[56] 王爱玲 . 现代数控机床[M]. 北京:国防工业出版社,2009.
[57] 李亚江,李嘉宁 . 激光焊接/切割/熔覆技术[M]. 北京:化学工业出版社,2012.
[58] 刘志东 . 特种加工[M]. 北京:北京大学出版社,2017.
[59] 白基成,刘进春,等 . 特种加工[M]. 北京:机械工业出版社,2019.
[60] 杨琦,糜娜,等 . 3D 打印技术基础及实践[M]. 合肥:合肥工业大学出版社,2018.
[61] 李春玲 . 基于 RE_RP 技术电脑显示器底座快速原型制造研究[D]. 苏州:苏州大学,2011.
[62] 王世刚 . 工程训练与创新实践[M]. 北京:机械工业出版社,2017.
[63] 王鹏程 . 工程训练教程[M]. 北京:北京理工大学出版社,2014.
[64] 付铁,马树奇 . 制造技术训练教程[M]. 北京:北京理工大学出版社,2018.
[65] 张立红,尹显明 . 工程训练教程(机械类及近机类)[M]. 北京:科学出版社,2017.
[66] 刘国海.集散控制与现场总线[M].2 版.北京: 机械工业出版社,2011.
[67] 张德泉.集散控制系统原理及其应用[M].2 版.北京: 电子工业出版社,2015.
[68] 施仁.自动化仪表与过程控制[M].6 版.北京: 电子工业出版社,2018.
[69] 李国勇.过程控制系统[M].3 版.北京: 电子工业出版社,2015.
[70] 张凤珊.电气控制及可编程序控制器[M].2 版.北京: 中国轻工业出版社,2003.
[71] 郁汉琪.电气控制与可编程序控制器应用技术[M].南京: 东南大学出版社,2003.
[72] 李道霖.电气控制与 PLC 原理及应用[M].北京: 电子工业出版社,2004.
[73] 周国运.单片机原理及应用[M].北京:中国水利水电出版社,2014.
[74] 江世明.单片机原理及应用[M].上海:上海交通大学出版社,2013.
[75] 张幼麟.简介 5 1 单片机的定时器/计数器[J]. 内江科技,2018,39(12).
[76] 刘如意,常驰,李刚.基于 51 单片机的温度数据采集系统[J].电子制作,2018(21):8-10.
[77] 刘战峰.基于 5 1 单片机的 LED 电子时钟的设计与实现[J]. 山西电子技术,2018(6):56-59,96.
[78] 黄华 . 基于 51 单片机设计的交通灯分析与研究[J]. 魅力中国,2018(41):250.
[79] 孙波,刘士彩,等 . 基于 AT89C51 单片机的烟雾报警装置设计[J] . 实验室科学,2018,21(6):45-50.
[80] 陈吕洲 . Arduino 程序设计基础[M]. 2 版 . 北京:北京航空航天大学出版社,2015.
[81] Monk Simon. Arduino 编程从零开始 使用 C 和 C++[M]. 2 版 . 张懿,译 . 北京: 清华大学出版社,2018.
[82] 董慧慧 . 人工智能深度学习概念研究与综述[J]. 电脑编程技巧与维护 . 2018(08):153-155.
[83] 吕伟,钟臻怡,张伟 . 人工智能技术综述[J]. 上海电气技术,2018,11(01):62-64.

[84] 苏轩. 人工智能综述[J]. 数字通信世界,2018(1):105,112.
[85] 王永固,王蒙娜,李晓娟. 人工智能在儿童学习障碍教育中的应用研究综述[J]. 远程教育杂志,2018,36(1):72-79.
[86] 李开复,王咏刚. 人工智能[M]. 北京:文化发展出版社,2017.
[87] 马少平,朱小燕. 人工智能[M]. 北京:清华大学出版社,2004.
[88] 蔡瑞英,李长河. 人工智能[M]. 武汉:武汉理工大学出版社,2003.
[89] 李怡萌. 人工智能技术的未来发展趋势[J]. 电子技术与软件工程,2017(11):257.
[90] 杨婕. 全球人工智能发展的趋势及挑战[J]. 世界电信,2017(2):15-19.
[91] 工业和信息化部赛迪研究院. 人工智能发展趋势与产业化[J]. 电器工业,2018(03):41-44.
[92] 李文恺. 从阿尔法元的诞生看人工智能的发展趋势[J]. 河南科技,2017(23):26-28.
[93] 徐绮彬. 人工智能的应用和发展[J]. 电子技术与软件工程,2017(9):252.
[94] 丁俊杰. 人工智能的应用及其社会影响[J]. 中国科技投资,2018(1):317.
[95] 伍青桐. 博弈论的原理及应用[J]. 现代经济信息,2016(22):440.
[96] 安波. 人工智能与博弈论——从阿尔法围棋谈起[J]. 中国发展观察,2016(6):13,17.
[97] 王韩. 基于博弈论的机器人组群系统个体任务分配的算法[J]. 电子技术与软件工程,2017(21):79-80.
[98] 徐心和. 从计算机博弈到机器人足球:人工智能长期而持续的挑战[J]. 机器人技术与应用,2010(1):10.
[99] 徐心和,邓志立,王骄,等. 机器博弈研究面临的各种挑战[J]. 智能系统学报,2008(4)288-293.
[100]陈玉琼. 基于神经网络的汽车发动机信号采集和故障诊断系统的设计与实现[D]. 成都:成都理工大学,2013.
[101] 杨帛润. 基于改进的神经网络无刷直流电机控制的研究[D]. 大庆:东北石油大学,2013.
[102] 孙维丽. 基于人工神经网络的矿井素质评价系统研究[D]. 西安:西安科技大学,2013.
[103] 李霞. 基于BP神经网络的销售预测研究[D]. 上海:上海交通大学,2013.
[104] 王万森. 人工智能原理及其应用[M]. 北京:电子工业出版社,2017.
[105] 鲍军鹏,张选平. 人工智能导论[M]. 北京:机械工业出版社,2017.
[106] 蔡自兴,王勇. 智能系统原理、算法与应用[M]. 北京:机械工业出版社,2014.
[107] 贲可荣,毛新军,张彦铎,等. 人工智能实践教程[M]. 北京:机械工业出版社,2016.
[108] 丁昭. 中国机器人发展现状分析[J]. 南方农机,2018,49(13):195.
[109] 宋伟刚. 机器人技术基础[M]. 北京:冶金工业出版社, 2015.
[110] 韩建海. 工业机器人[M]. 武汉:华中科技大学出版社, 2009.
[111] 刘启印,柏赫. 常用机器人分类及关键技术[J]. 中国科技博览,2012(14):213-213.
[112] 卢栋才. 服务机器人任务理解的关键技术研究[D]. 合肥:中国科学技术大学,2017.
[113] 赵乃林. 机器人发展的历史·现状·趋势[J]. 哈尔滨工业大学学报,1989(6):4.
[114] 张雪松. 浅析新一代人工智能机器人的发展[J]. 电子世界,2017(21):50-52.
[115] 张锦荣, 赵茜. 四足机器人结构设计与运动学分析[J]. 现代制造工程,2009(8):146-149.
[116] Hirose S,Kato K. Study on Quadruped Walking Robot in Tokyo Institute of Technology-future[J]. Proceedings ICRA'00, IEEE international on Robotics and Automation, 2004(1):24-28.
[117] Todd D J. Walking machines: An Introduction to Legged Robots[M]. London:Kogan Page Ltd,1985.
[118] Hirose S Kato K. Study on quadruped walking robot in Tokyo Institute of Techonolgypast,present and future[C]//IEEE International Conference on Robotics & Automation. IEEE,2000.
[119] 王吉贷,卢坤缓,徐淑芳,等. 四足步行机器人研究现状及展望[J]. 制造业自动代,2009,31(02):4-6.
[120] Mosher R S. Test and Evaluation of a Versatile Walking Truck[J]. Proceeding of the Road Mobility Research. Symp, 1968:359-379.
[121] 江磊,刘大鹍,胡松,等. 四足仿生移动平台技术发展综述及关键技术分析[J]. 车辆与动力技术,2014(1):47-52.
[122] Kao Y J , Kee H Y . Mechanical Design of a Quadruped"Tekken3&4"and Navigation System Using Laser Range Sensor [J]. Physical Review B, 2005, 72(2):024502.
[123] Raibert M, Blankespoor K, Nelson G, et al. BigDog, the Rough - Terrain Quadruped Robot [C]// 2008:

10822-10825.
[124] 丁良宏，王润孝，冯华山，等．浅析 BigDog 四足机器人[J]．中国机械工程，2012(5)：505-514.
[125] 陈佳品，马培荪．四足机器人对角小跑步态的研究[J]．上海交通大学学报，1997(6)：18-23.
[126] 熊陵，黄德发，曹雄．机械臂的设计及动力学仿真研究[J]．工程技术研究，2017(2)：129-141.
[127] 孙亦齐．机械臂采摘研究[J]．语文课内外，2018(27)：317.
[128] 古家希．工业机械臂结构设计要点和性能探究[J]．山东工业技术，2018(6)：22.
[129] 陶子航．轻型机械臂结构及控制系统的设计研究[D]．合肥：中国科学技术大学，2017.
[130] 常斌．三自由度关节式机械臂的结构设计与轨迹控制研究[D]．武汉：湖北工业大学，2017.
[131] 侯宁有．自动化技术在机械设备制造中的应用[J]．自动化应用，2018(09)：142-144.
[132] 孙慧，张建龙．新型机械手结构设计研究[J]．农村牧区机械化，2018(03)：43-44.
[133] 胡学刚．基于 Flexsim 的自动化立体仓库仿真与优化[D]．南京：南京林业大学，2009.
[134] 王小奇．分拣储运系统设计与研究[D]．北京：北方工业大学，2018.
[135] 黄文正，张丹，朱佳，等．仿人机械臂和灵巧机械手的结构设计研究与实践[J]．绿色科技，2018(6)：168-173.
[136] 于世光．主从灵巧手的控制系统设计与实现[D]．杭州：浙江理工大学，2012.
[137] 王超．全自动核酸检测系统中耗材精确移取技术研究[D]．南京：东南大学，2017.
[138] 邵明海．基于 ZedBoard 下棋机器人设计与实现[D]．南昌：江西农业大学，2016.
[139] 田贺明．基于 UMAC 的六轴串联机器人开放式控制系统研究[D]．哈尔滨：哈尔滨工业大学，2015.
[140] 张洁．多关节机械臂前端运动控制研究[D]．合肥：安徽农业大学，2014.
[141] 刘磊．SCARA 型四自由度机械臂轨迹规划算法的设计与实现[D]．芜湖：安徽工程大学，2013.
[142] 刘顺芳．小直径深孔加工问题的讨论[J]．轻工机械，2006，24(4)：94-95.
[143] 刘俊，刘波，李家鲁．浅析深孔加工技术[J]．锅炉制造，2008(6)：61-63.
[144] 付琼芳．深孔的切削加工[J]．机械研究与应用，2009，11(2)：102-104.
[145] 贾玉菊，张真超．机械加工中深孔加工的方法探讨[J]．煤矿机械，2012，21(7)：139-140
[146] 杨保，柏长友．深孔钻技术的应用与研究[J]．甘肃科技，2012，15(6)：65-68.
[147] 付宏鸽．难加工材料深孔镗削技术研究[D]．西安：西安石油大学，2006.
[148] 蒿风花．高速深孔加工高效排屑系统的设计与研究[D]．太原：中北大学，2015.
[149] 李阳．高效深孔加工技术的研究[D]．兰州：兰州理工大学，2012.
[150] 马龙．高速深孔加工机床的稳定性研究[D]．太原：中北大学，2015.
[151] 薛万夫，孙苗琴．振动深孔加工技术[J]，现代制造工程，2009(12)：39-40.
[152] 沈兴全，庞俊忠．深孔加工关键技术研究[J]，中北大学学报(自然版)，2010，52(6)：43-46.
[153] 张斌．深孔加工的几种工艺方法[J]．机械工人，2004(3)：22-24.
[154] 罗兰特，深孔钻的结构设计问题[J]．赵宗淦，译．工具技术，1981(2)：27-35.
[155] 蒿风花，沈兴全，王慧荣，等．高速深孔 BTA 钻削系统的高效排屑设计与研究[J]．制造技术与机床，2014(10)：94-97.
[156] 蒋鉴毅．数控深孔钻床高压冷却排屑液压系统的设计分析[J]．机械制造，2008(9)：8-10.
[157] 张顺军．BTA 深孔钻削排屑与刀具状态监测技术研究[D]．西安：西安理工大学，2007.
[158] 段晓奎．深孔加工颤振分析及抑振方法的研究[D]．太原：中北大学，2014.